ENV

현대대수

황석근

이 책은 2012학년도 경북대학교 학술연구비에 의하여 저술되었음

책 머리에

수학의 역사에 있어서 가장 유명한 난제는 이른 바 삼대 작도 불능문제와 오차방정식의 대수적 해법 불가능성이다. 모든 문화가 그렇듯이 현대대수도 이러한 고전적 난제의 해결을 위한 노력이 불러온 산물이다. 그러나 현대대수는 그 이름이 나타내듯이 현대 수학의 대표적 모습을 하고 현대 정보 사회에 다양한 역할을 한다.

이 책은 고전적 문제 해결을 위한 과정에서 자연스럽게 발전해 온 군론, 환론, 체론의 기초 이론을 중심으로 수학 및 이공계 학생들의 대수학적 교양 함양을 목적으로 저술되었다.

현대 수학의 가장두드러진 특징이 추상화이다. 현대대수학은 추상대수학이다. 추상대수학은 이름 그대로 추상적인 표현과 공리적인 접근으로 인하여 아름답지만 어렵다. 이런 문제를 극복하기 위하여 이 책은 쉽고 새로운 설명 방식과 아울러 가급적 간결하고 시각적으로 이해할 수 있는 방법을 동원하였다. 비교적 짧은 시간에 현대대수의 주요 골격을 이해할 수 있게 하기 위하여 본문에서는 쉽고 간결한 내용만 다루고 보다 깊이 있는 내용과 이해를 필요로 하는 독자를 위해 여러가지 내용을 연습문제로 담거나 appendix로 첨부 하였다. 더욱이 모든 연습문제에 대한 해답 내지는 힌트를 달아 보다 깊이 있는 학습을 원하는 학생을 위한 지침이 되게 하였다.

모쪼록 이 책으로 공부하는 이들이 현대대수의 아름다움을 즐길 수 있고 그 과정에서 자연스럽게 많은 결실을 거두기를 진심으로 바란다.

2014년 3월 1일
복현골에서 저 자

ENV Modern Algebra

차례

CONTENTS

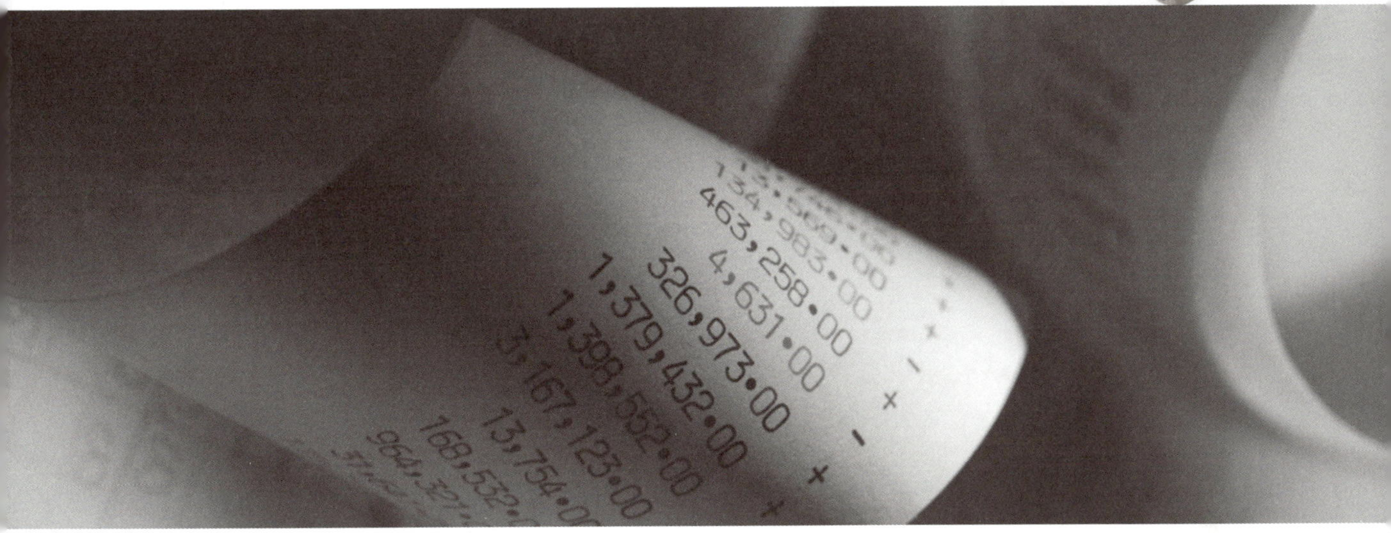

제2부 환

6 환의 기초

7 아이디얼과 준동형사상

8 여러 가지 정역

제3부 체

9 체의 확대

10 갈로아 이론

시작하면서

대수학이란 무엇인가? 현대대수란 무엇인가?
이 책으로 대수학 공부를 시작하기에 앞서 대수학의 의미에 대하여 간단히 살펴보고
아울러 이 책을 읽는데 필요한 몇 가지 기본적인 개념과 표현 방법을 소개한다

고전대수 vs 현대대수

대수학이란?

대수(代數)란 말의 사전적 뜻은 수를 대신한다는 것이다. 대수학(代數學)은 수를 대신하는 문자를 사용하여 방정식을 푸는 방법을 연구하는 데서 시작된 수학의 한 분야이다.

제곱이 자신보다 2만큼 더 큰 수는 찾아라. 그러한 수를 대신하여 문자 x를 쓰면 이문제는 방정식

$$x^2 = x + 2$$

로 바꾸어 쓸 수 있다.

대수학을 나타내는 단어 algebra의 어원은 9세기의 아랍 수학자 알 콰리즈미의 저서 'Hisab al-jabr w'al-muqabala'의 제목에서 비롯되었다.
이 제목은 'Restoring(복원) and simplification (단순화)' 또는 'Transposition(변환) and cancellation(소거)'로 번역된다. 이 제목 중 al-jabr의 'al'은 정관사이고 'jabr'는 흐트러진 것을 묶는다는 뜻이다. 방정식의 풀이 과정은, 이를테면

$$3x + 1 = x + 9 \Rightarrow 2x = 8 \Rightarrow x = 4$$

에서 알 수 있듯이 주어진 방정식을 변환하고, 소거를 통하여 단순한 꼴로 복원하는 것이다. 19세기 이전의 대수학은 방정식의 해법을 연구하는 것을 의미하였다. BC1600년 경 바빌로니아 사람들은 이차방정식의 근호에 의한 해법을 알고 있었다. 여기서 근호에 의한 해법이란 방정식의 근을 그 방정식의 계수와 근호를 이용하여 표현하는 것이다. 이 표현에는 계수와 사칙계산 및 거듭제곱근호만이 허용된다.

삼차방정식의 근호에 의한 해법은 1545년 카르다노에 의하여 발표되었지만 페로와 타르탈리아가 먼저 발견하였다. 이어 사차방정식의 해법은 페라리에 의하여 발견되었다.
그러나 오차방정식의 근호에 의한 해법은 존재하지 않는다. 이 사실은 1821년 19세의 젊은 수학자 아벨에 의하여 처음으로 밝혀졌다.

삼·사차 방정식의 해법이 발견된 이후 오차방정식의 근호에 의한 해법이 존재하지 않는다는 사실이

밝혀지기까지는 약 3 세기라는 시간적 간격이 존재한다. 이는 오차 방정식 문제가 수 세기에 걸친 난제(難題)였다는 사실을 말해준다.

이 이외에도 다음과 같은 역사적으로 유명한 난제가 있다.

- **삼대 작도 불능문제**

눈금이 없는 자와 컴퍼스로써

1. 임의의 각을 삼등분하는 것은 불가능하다.

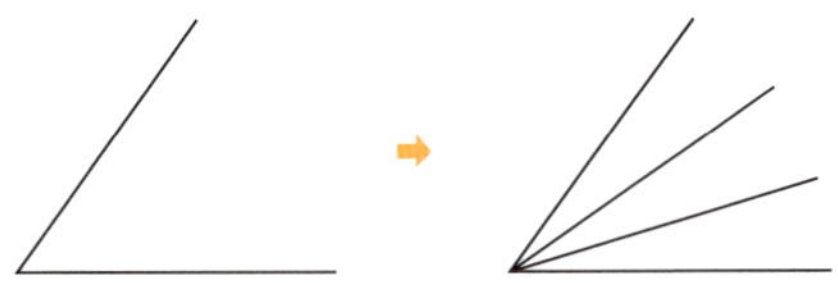

2. 주어진 정육면체의 부피의 2배를 부피로 갖는 정육면체를 작도하는 것은 불가능하다.

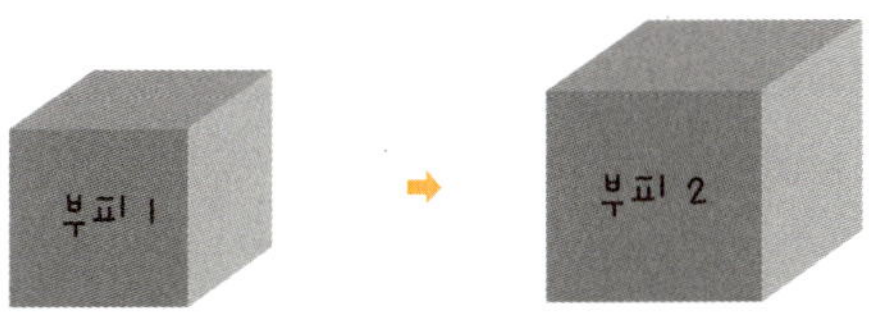

3. 주어진 원과 넓이가 같은 정사각형을 작도하는 것은 불가능하다.

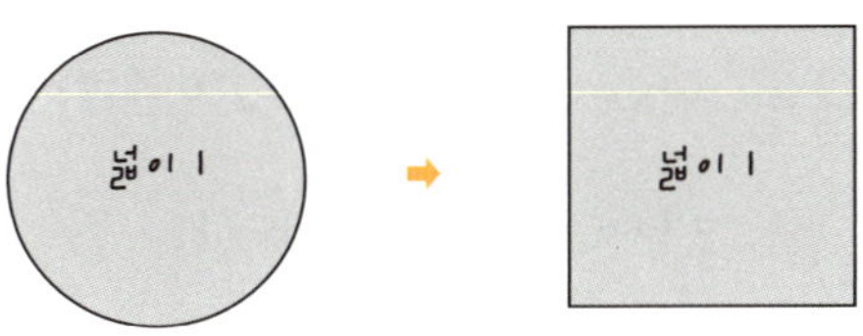

- **페르마의 최후 정리**

$n \geq 3$일 때, $x^n + y^n = z^n$, $xyz \neq 0$ 을 만족하는 정수의 조 x, y, z는 존재하지 않는다.

페르마의 최후 정리는 1637년 경 디오판투스의 Arithmetica라는 제목의 책 어느 쪽 여백에 "나는 이에 대한 기막힌 증명을 갖고 있지만 그것을 쓰기에는 이책의 여백이 너무 좁다"라는 문구와 함께 페르마가 쓴 것이다. 이 정리는 수세기를 거친 후에 1995년 Wiles에 의하여 그 증명이 완성되었다. 페르마의 최후 정리는 문제 자체의 아름다움은 물론 이의 해결을 위한 수많은 노력이 현대대수학 발전의 밑거름이 되었다는 역사적 가치를 가지고 있다.

현대대수란?

20세기 이후의 대수학(현대대수학)은 추상대수학이라고 하여 공리적인 대수체계의 연구를 의미한다.

오차방정식 문제, 작도 불능 문제, 페르마의 최후 문제 등은 고전적인 방법으로 풀수 없는 고전적인 문제이다. 이와 같이 정수론, 해석학, 기하학 등에서의 여러가지 고전적인 문제가 현대대수의 출현을 불러 왔다.

현대대수가 다루는 대상은 폭넓지만 가장 기본적인 것은 고전적 문제 해결과정에서 자연스럽게 발생 · 성장된 군(群, group), 환(環, ring), 체(體, field)의 이론이다. 이 책의 체론에서는 오차방정식의 대수적 해법 불가능성과 작도불능 문제를 다룬다.

현대대수는 고전적인 문제가 불러온 대수학이지만 그 역할과 대상은 이름처럼 너무나 현대적이고 방대하다. 현대인의 일상 생활에 접하는 바코드와 신용카드의 암호 기법은 군론에 바탕을 두고 있고 코딩이론이라는 우주 통신기법은 군론과 체론의 산물이다. 현대대수학의 주된 대상의 하나인 대칭성은 화학에서 다루는 결정체의 구조를 파악하는 도구이다.

준비

이 책을 읽기 위해서 독자는 집합론, 정수론, 선형대수의 기초적인 개념을 알고 있어야 한다. 아래에 이 중 이 책에서 인용되는 용어와 기호를 소개한다.

수의 집합

이 책에서는 별도의 언급 없이 다음과 같은 집합 기호를 사용한다.

$\boldsymbol{Z}$ = (정수 전체의 집합)

$\boldsymbol{Z}^+$ = (자연수 전체의 집합)

$\boldsymbol{Q}$ = (유리수 전체의 집합)

$\boldsymbol{Q}^+$ = (양의 유리수 전체의 집합)

$\boldsymbol{R}$ = (실수 전체의 집합)

$\boldsymbol{R}^+$ = (양의 실수 전체의 집합)

$\boldsymbol{C}$ = (복소수 전체의 집합)

$S^{\#} = S - \{0\}$, (단, S는 $\boldsymbol{Z}, \boldsymbol{Q}, \boldsymbol{R}, \boldsymbol{C}$ 중 하나)

$n\boldsymbol{Z} = \{\cdots, -2n, -n, 0, n, 2n, 3n, \cdots\}$, (단, n은 자연수)

$\boldsymbol{Z}_n = \{0, 1, 2, \cdots, n-1\}$, (단, n은 자연수)

$\boldsymbol{U}_n = \{a \in \boldsymbol{Z} \mid 1 \le a \le n, \gcd(a, n) = 1\}$. (단, n은 자연수)

예 (1) $3\boldsymbol{Z} = \{\cdots, -6, -3, 0, 3, 6, 9, \cdots\}$.
(2) $\boldsymbol{Z}_5 = \{0, 1, 2, 3, 4\}$.
(3) $\boldsymbol{U}_8 = \{1, 3, 5, 7\}$.

집합과 논리 기호

이 책은 다음 기호를 사용한다. 여기서 p, q는 명제를 나타내고 S는 집합을 나타낸다.

는(은)	을 나타낸다.
$\varnothing$	공집합
S의 크기, $\lvert S \rvert$	유한집합 S의 원소의 개수
$p \Rightarrow q, q \Leftarrow p$	p이면 q이다.
$p \Leftrightarrow q$	p일 필요충분조건은 q이다.
$\forall x \in S$	임의의 $x \in S$에 대하여
$p, (i = 1, 2, \cdots)$	모든 $i = 1, 2, \cdots$에 대하여 p
$\therefore$	그러므로
$\because$	왜냐하면

예 (1) 「$a^2 \ge 0, (\forall a \in \boldsymbol{R})$」은 「임의의 실수 a에 대하여, a^2은 음이 아니」라는 뜻이다.
(2) 「$n^2 \ge n, (i = 1, 2, \cdots)$」은 「모든 $i = 1, 2, \cdots$에 대하여, $n^2 \ge n$」이란 뜻이다.

집합 S의 일단의 부분집합 $A_i, (i \in I)$, 의 합집합 $\bigcup_{i \in I} A_i$와 교집합 $\bigcap_{i \in I} A_i$를 각각 다음과 같이 정의한다.

- $\bigcup_{i \in I} A_i = \{x \in S \mid x \in A_i$ 인 $i \in I$가 존재$\}$
- $\bigcap_{i \in I} A_i = \{x \in S \mid x \in A_i, \forall i \in I\}$

특히 $I = \{k, k+1, \cdots\}$일 때는 이 합집합과 교집합을 각각 $\bigcup_{i=k}^{\infty} A_i, \bigcap_{i=k}^{\infty} A_i$로 나타낸다.

예 $A_i = \{2, 4, \cdots, 2n\}, (n = 1, 2, \cdots)$일 때,
$\bigcup_{i=1}^{\infty} A_i = \{2n \mid n \in \boldsymbol{Z}^+\}$,
$\bigcap_{i=1}^{\infty} A_i = \{2\}$.

정수

정수 전체의 집합 $\mathbf{Z}$는 다음과 같은 중요한 성질을 가진다.

정렬성 자연수 전체의 집합 $\mathbf{Z}^+$의 임의의 부분집합 S는 최소원을 가진다. S의 최소원은 $\min S$로 나타낸다.

나눗셈 알고리즘 $a, b \in \mathbf{Z}, b \neq 0$, 에 대하여,

$$a = bq + r, (0 \leq r < |b|)$$

을 만족하는 $q, r \in \mathbf{Z}$가 존재한다. 이 때, q, r을 각각 q를 b로 나눈 **몫**(quotient)과 **나머지**(remainder)라고 한다.

산술의 기본정리 임의의 정수 $n > 1$은 유일한 소인수분해를 가진다. 즉, n은 소수들의 곱으로 표현될 수 있고,

$$n = p_1 p_2 \cdots p_r, (p_1 \leq p_2 \leq \cdots \leq p_r \text{은 소수}),$$
$$n = q_1 q_2 \cdots q_s, (q_1 \leq q_2 \leq \cdots \leq q_s \text{는 소수})$$

일 때, $r = s$이고, $p_i = q_i, (i = 1, \cdots, r)$, 이다.

$a(\neq 0), b \in \mathbf{Z}$에 대하여, $ax = b$를 만족하는 $x \in \mathbf{Z}$가 존재할 때, a는 b를 **나눈다**고 하고 $a|b$와 같이 나타낸다. $a|b$가 아닐 때, 이를 $a \nmid b$와 같이 나타낸다. $a|b$일 때, b는 a의 **배수**(multiple), a는 b의 **약수**(divisor)라고 한다.

a의 약수인 동시에 b의 약수인 정수를 a, b의 **공약수**(common divisor)라고 한다. a, b의 공약수 중 최대의 수를 a, b의 **최대공약수**(greatest common divisor)라고 하며, 기호 $\gcd(a, b)$로 나타낸다.

$a, b \in \mathbf{Z}$에 대하여, $\gcd(a, b) = d$라고 할 때, $ax + by = d$를 만족하는 $x, y \in \mathbf{Z}$가 존재한다.

a의 배수인 동시에 b의 배수인 수를 a, b의 **공배수**(common multiple)라고 한다. a, b의 양의 공배수 중 최소의 값을 a, b의 **최소공배수**(least common multiple)라고 하며, 기호 $\mathrm{lcm}(a, b)$로 나타낸다.

$a, b \in \mathbf{Z}$를 자연수 a으로 나눈 나머지가 같을 때, 이를

$$a \equiv b \ (\mathrm{mod}.\ n) \text{ 또는 } a \equiv_n b$$

으로 나타낸다.

다음은 정수론에서 잘 알려진 정리이다.

오일러의 정리 $n \in \mathbf{Z}^+$와 $a \in \mathbf{Z}$에 대하여, $\gcd(n, a) = 1$일 때,

$$a^{\phi(n)} \equiv 1 \ (\mathrm{mod}.\ n), (\text{단}, \phi(n) = |U_n|).$$

페르마의 정리 $n \in \mathbf{Z}^+$와 소수 p에 대하여

$$a^{p-1} \equiv 1 \ (\mathrm{mod}.\ p).$$

다항식

실수를 계수로 하는 다항식은 다음 성질을 가진다.

나눗셈 알고리즘 실수 계수 다항식 $f(x), g(x)$, (단, $g(x) \neq 0$), 에 대하여, $f(x) = g(x)q(x) + r(x)$, (단, $r(x) = 0$ 또는 $(r(x)\text{의 차수}) < (g(x)\text{의 차수})$)를 만족하는 실수 계수 다항식 $q(x), r(x)$가 존재한다. 이 때, $q(x), r(x)$를 각각 $f(x)$를 $g(x)$로 나눈 **몫**(quotient)과 **나머지**(remainder)라고 한다.

함수

집합 X, Y에 대하여 함수 $\phi: X \to Y$를 **X에서 Y로 가는 사상**(map)이라고도 한다.

사상 $\phi: X \to Y$에 의하여 $x \in X$에 대응하는 Y의 원소를 ϕ에 의한 **x의 상**(image) 또는 **x의 ϕ-상**이라 하고

$$x^\phi \text{ 또는 } \phi(x) \text{ 또는 } x\phi$$

로 나타낸다. 이 때, 함수 ϕ는 $x \to x^\phi$로 정의된다고 하며 ϕ는 x를 x^ϕ로 보낸다고도 한다. 이를테면, 각 $n \in \mathbf{Z}$을 $3n$으로 보내는 함수 $\phi: \mathbf{Z} \to \mathbf{Z}$는 $n \to 3n$으로 정의된다고 한다.

$a^\phi = b$일 때, 이를 $a \xrightarrow{\phi} b$와 같이 나타내기도 한다.

$A \subset X$에 대하여, 함수 $\phi: X \to Y$에 의한 A의 원소의 상 전체의 집합 $\{a^\phi \mid a \in A\}$을 **A의 ϕ-상**이라하고

$$A^\phi \text{ 또는 } \phi(A) \text{ 또는 } A\phi$$

로 나타낸다. 특히 정의역의 ϕ-상 X^ϕ는 $\mathrm{im}\phi$로 나타내기도 한다.

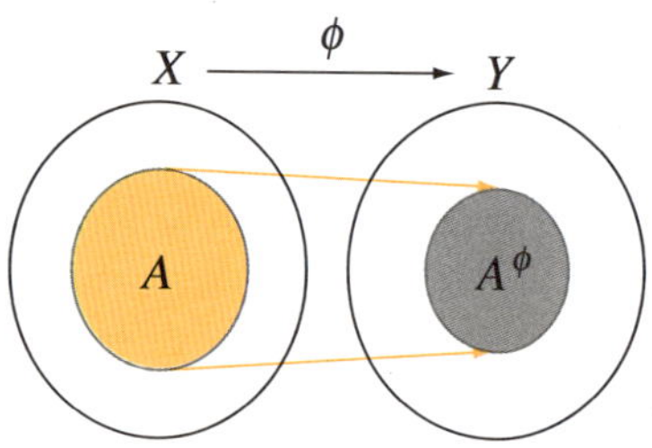

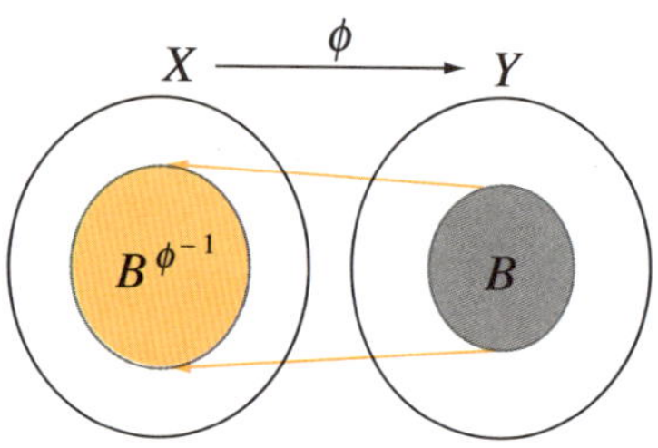

또 $B \subset Y$에 대하여, $\{x \in X \mid x^\phi \in B\}$를 **$B$의 ϕ-역상** (inverse image)이라 하고

$$B^{\phi^{-1}} \text{ 또는 } \phi^{-1}(B) \text{ 또는 } B\phi^{-1}$$

로 나타낸다.

함수 $\phi: X \to Y$가 조건

$$x_1 \neq x_2 \Rightarrow x_1^\phi \neq x_2^\phi, (x_1, x_2 \in X)$$

를 만족할 때, ϕ는 **단사**(one-to-one)라고 한다.

한편

$$\mathrm{im}\phi = Y$$

일 때, ϕ는 **전사**(onto)라고 한다. 함수 ϕ가 전사인 동시에 단사일 때, ϕ는 **전단사**(bijection)라고 한다. 함수 $\phi: X \to Y$가 전단사일 때, ϕ를 X, Y 사이의 **일대일대응** (one-to-one correspondence)이라고도 한다.

정의로부터 다음이 성립함을 쉽게 알 수 있다.

- 함수 ϕ가 단사일 필요충분조건은
$$x_1^\phi = x_2^\phi \Rightarrow x_1 = x_2.$$
- 함수 ϕ가 전사일 필요충분조건은 각 $y \in Y$에 대하여 $x^\phi = y$인 $x \in X$가 존재할 것이다.

X, Y가 유한집합이고, $|X| = |Y|$일 때, 함수 $\phi: X \to Y$가 단사일 필요충분조건은 ϕ가 전사일 것이다.

$\because$ $|X| = |Y| = n, X = \{x_1, x_2, \cdots, x_n\}$이라고 하자. ϕ가 단사일 때, $x_1^\phi, x_2^\phi, \cdots, x_n^\phi$은 모두 서로 다른 n개의 Y의 원소이다. 따라서 $X^\phi = \{x_1^\phi, x_2^\phi, \cdots, x_n^\phi\} = Y$이고, 그러므로 ϕ는 전사이다.
ϕ가 단사가 아닐때, $x_1^\phi, x_2^\phi, \cdots, x_n^\phi$중 어느 2개는 같으므로 $|X^\phi| < n = |Y|$이고, 따라서 ϕ는 전사가 아니다. ◆

두 함수 $\phi : X \to Y$, $\psi : Y \to Z$의 합성함수 $\psi \circ \phi : X \to Y$를, 이 책에서는, $\phi\psi$로 나타내기로 한다. (쓰는 순서에 유의).

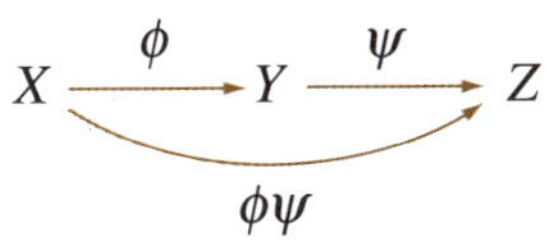

다음이 성립함은 명백하다.

- $\phi\psi$가 단사이면 ϕ가 단사이다.
- $\phi\psi$가 전사이면 ψ가 전사이다.

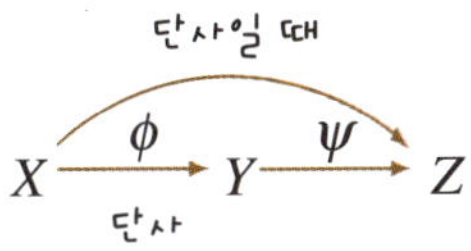

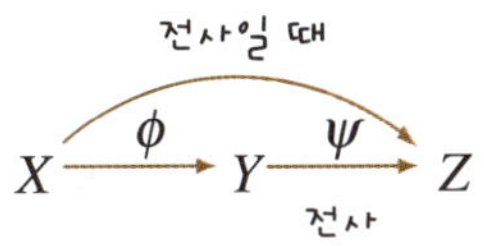

집합 S에서 자신으로 가는 항등함수를 id_S로 나타낸다.

함수 $\phi : X \to Y$와 $A \subset X$에 대하여, 정의역을 A로 하고 공역을 Y로 하면서 $a \to a^{\phi}$, $(a \in A)$, 로 정의되는 함수를 **ϕ의 A 상에의 축소**라 하고 $\phi|_A$로 나타낸다.

동치관계

집합 A, B의 원소의 순서쌍 전체의 집합

$$\{(a, b) \mid a \in A,\ b \in B\}$$

를 A, B의 **데카르트곱**(Cartesian product)이라고 하고 기호로 $A \times B$와 같이 나타낸다. 이를테면, $A = \{1, 2\}$, $B = \{x, y\}$일 때,

$$A \times B = \{(1, x), (1, y), (2, x), (2, y)\}$$

이고, 또, $\mathbf{R} \times \mathbf{R}$은 좌표평면이다.

집합 S에 대하여 $S \times S$의 임의의 부분집합을 S 상의 **관계**(relation)라고 한다. 이를테면,

$R = \{(a, b) \in \mathbf{R} \times \mathbf{R} \mid$ 점 (a, b)는 직선 $y = x$의 윗쪽에 있다.$\}$와 같이 정의된 집합 R은 $\mathbf{R}$ 상의 관계이다.

관계를 생각할 때, $(a, b) \in R$이라는 것을 aRb로 쓰기도 한다. 위의 R에서 aRb라는 것은 실제로 a, b 사이에 $a < b$와 같은 관계가 있음을 나타낸다.

흔히 관계 R를 기호 "$\sim$"로 나타내어, "aRb"로 쓰는 대신 "$a \sim b$"와 같이 쓴다.

집합 S 상의 관계 $\sim$가 조건

(i) $a \sim a$, $(\forall a \in S)$, (반사적, reflexive)

(ii) $a \sim b \Rightarrow b \sim a$, (대칭적, symmetric)

(iii) $a \sim b, b \sim c \Rightarrow a \sim c$ (추이적, transitive)

을 만족할 때, $\sim$를 **동치관계**(equivalence relation)라고 한다.

집합 S상의 관계 $\sim$가 동치관계일 때, $a \in S$에 대하여

$$[a] = \{x \in S \mid x \sim a\}$$

를 a를 포함하는 **동치류**(equivalence class)라고 한다. 이를테면 $\mathbf{Z}$상의 관계 $\sim$를

$$k \sim l \Leftrightarrow k \equiv l \ (\mathrm{mod.}\ 3)$$

으로 정의하면 $\sim$는 동치관계이다.

이 동치관계 $\sim$에 대하여, $0, 1, 2$를 포함하는 동치류는 각각

$$[0] = \{\cdots, -6, -3, 0, 3, 6, 9, \cdots\},$$
$$[1] = \{\cdots, -5, -2, 1, 4, 7, 10, \cdots\},$$
$$[2] = \{\cdots, -4, -1, 2, 5, 8, 11, \cdots\}.$$

집합 S의 부분집합의 모임 $\Omega = \{A_i \mid i \in I\}$가 조건

(i) $i \neq j$일 때, $A_i \cap A_j = \varnothing$,

(ii) $\bigcup_{i \in I} A_i = S$

를 만족할 때, Ω를 S의 **분할**(partition)이라고 한다. 이 때, Ω는 S를 **분할한다**고도 한다.

집합 S의 동치관계 $\sim$에 의하여 정의되는 동치류 전체의 모임은 S를 분할한다.

∵ 집합 S의 동치관계 $\sim$에 의하여 정의되는 동치류 전체의 모임은

$$\Omega = \{[a] \mid a \in S\}.$$

$a, b \in S$ 에 대하여 $[a] \cap [b] \neq \varnothing$이라고 하면 $c \in [a] \cap [b]$ 가 존재한다. 이 때, $a \sim c$, $c \sim b$이므로 $a \sim b$이다.

$x \in [a]$이면 $x \sim a$이다. $a \sim b$이므로 $x \sim b$.

$$\therefore\ x \in [b].\quad \therefore\ [a] \subset [b].$$

같은 방법으로 $[a] \subset [b]$를 보일 수 있고, 따라서

$$[a] = [b].$$

$$S = \cup_{a \in S}\{a\} \subset \cup_{a \in S}[a] \subset S$$

이므로 $\cup_{a \in S}[a] = S$. 그러므로 Ω는 S의 분할이다. ◆

$\Omega = \{A_1, A_1, \cdots, A_n\}$ 이 유한집합 S의 분할일 때, $|S| = |A_1| + |A_2| + \cdots + |A_n|$.

복소수

복소수 $z \in \boldsymbol{C}$는

$$z = x + yi,\ (x, y \in \boldsymbol{R},\ i\text{는 허수단위})$$

와 같이 표현된다.

$$x_1 + y_1 i = x_2 + y_2 i \Leftrightarrow x_1 = x_2,\ y_1 = y_2$$

이므로 하나의 복소수 $x + yi$ 에 오직 하나의 실수의 순서쌍 (x, y) 가 대응된다. 순서쌍 (x, y) 를 복소수 $x + yi$ 로 생각하면, 좌표평면은 복소수 전체를 나타낸 평면으로 볼 수 있다. 이 평면을 **복소평면**(complex plane) 또는 **가우스평면**(Gauss plane)이라고 한다.

복소평면에서 복소수 $z = x + yi$, $(x, y \in \boldsymbol{R})$, 와 그 켤레복소수 $\bar{z} = x - yi$ 는 z와 x 축에 관하여 대칭인 위치에 있다.

$z = x + yi \neq 0$일 때,

$$z\bar{z} = (x + yi)(x - y\,i) = x^2 + y^2 > 0$$

이다. $|z| = (x^2 + y^2)^{1/2}$를 z의 **크기**(magnitude)라고 한다.

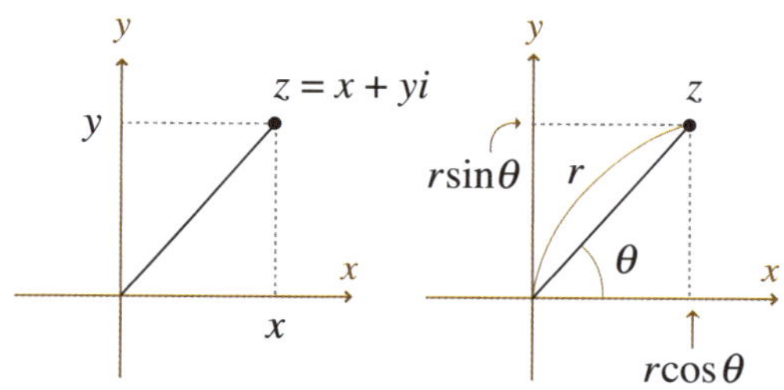

$z = x + yi \in \boldsymbol{C}^{\#}$ 에 대하여 $|z| = r$ 이라고 하면

$$\frac{x}{r} = \cos\theta,\quad \frac{y}{r} = \sin\theta,\quad (0 \leq \theta < 2\pi)$$

를 만족하는 θ가 유일하게 존재한다.이 때, z를

$$z = r(\cos\theta + i\,\sin\theta)$$

와 같이 나타낼 수 있다. $\cos\theta + i\,\sin\theta$ 를 $e^{i\theta}$로 나타낸다. 즉,

$$e^{i\theta} = \cos\theta + i\,\sin\theta.$$

이 때, 복소수 z는

$$z = re^{i\theta}$$

와 같이 표현될 수 있다. 이것을 z의 **극형식**(polar form)표현이라고 한다.

고정된 $n \in \boldsymbol{Z}^{+}$에 대하여, $\omega = e^{2\pi i/n}$로 두면

$$\omega^n = (e^{2n\pi i/n})^n = e^{2\pi i} = \cos 2\pi + i\,\sin 2\pi = 1$$

이다. 따라서 각 $k \in \{0, 1, \cdots, n-1\}$에 대하여

$$(\omega^k)^n = (\omega^n)^k = 1^k = 1$$

이므로 $1, \omega, \omega^2, \cdots, \omega^{n-1}$은 **이항방정식**(binomial equation) $x^n = 1$의 모든 근이다.

이들 n 개의 근은, 복소평면에서, 원점을 중심으로 하고 점 1을 한 꼭짓점으로 하는 정 n 각형의 모든 꼭짓점을 나타내는 복소수이다.

같은 방법으로, 실수 a에 대하여 $\omega = e^{2\pi i/n}$ 이라고 할 때, 이항방정식 $x^n = a$의 근은

$$\sqrt[n]{a},\ \sqrt[n]{a}\,\omega,\ \sqrt[n]{a}\,\omega^2, \cdots, \sqrt[n]{a}\,\omega^{n-1}$$

이다.

이 책에서는 집합 $\boldsymbol{T}$와 $\boldsymbol{T}_n$을 각각

$$\boldsymbol{T} = \{z \in \boldsymbol{C} \mid |z| = 1\},$$

$$\boldsymbol{T}_n = \{z \in \boldsymbol{C} \mid z^n = 1\} = \{1, \omega, \cdots, \omega^{n-1}\}, (\text{단}, \omega = e^{2\pi i/n})$$

과 같이 정의한다. $\boldsymbol{T}$는 복소평면상에서 원점을 중심으로 하는 단위원이고, $\boldsymbol{T}_n \subset \boldsymbol{T}$이다. $\boldsymbol{T}_n$은 원점을 중심으로 하고 1을 한 꼭지점으로 하는 정 n 각형의 꼭지점 전체의 집합이다.

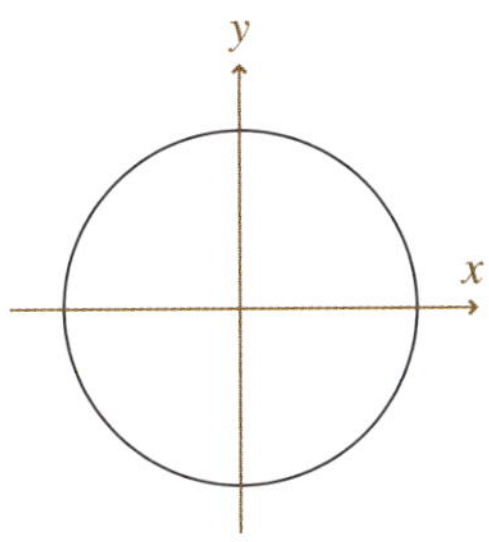

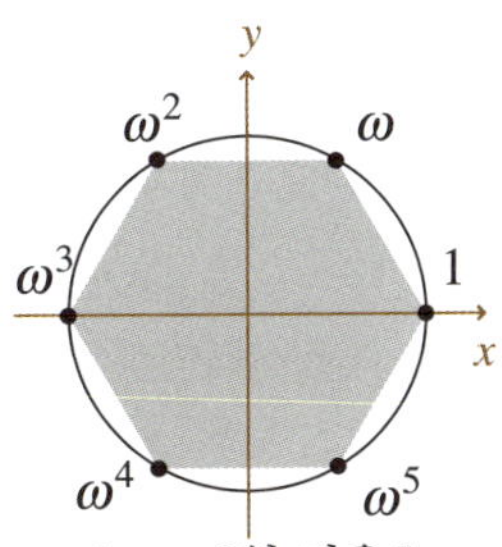

[$n = 6$일 경우]

이항연산

집합 S에 대하여 $S \times S$를 정의역으로 하고 S를 공역으로 하는 함수

$$\circ : S \times S \to S$$

를 S의 **이항연산**(binary operation)이라고 한다. 이를테면 수의 덧셈, 곱셈은 각각 $\boldsymbol{Z}$의 이항연산이다. 이항연산 $\circ$에 의한 $(a, b) \in S \times S$의 상을 보통 $a \circ b$와 같이 나타낸다.

이항연산 $\circ$이 정의된 집합 S의 부분집합 A에 대하여

$$a, b \in A \Rightarrow a \circ b \in A$$

가 성립할 때, A는 **$\circ$ 하에서 닫혀있다**(closed under $\circ$)고 한다. 이를테면 $2\boldsymbol{Z}$는 수의 덧셈 하에서 닫혀있다.

이 책에서는 정수 a를 자연수 n으로 나눈 나머지를 $[a]_n$ 으로 나타내고, 정수의 **법 n에 관한 덧셈 $+_n$**와 **법 n에 관한 곱셈 $\cdot_n$**을

$$a +_n b = [a + b]_n,\ a \cdot_n b = [ab]_n, (a, b \in \boldsymbol{Z})$$

와 같이 정의한다. 이 때, $+_n, \cdot_n$은 $\boldsymbol{Z}_n$의 이항연산이다.

이항정리

정수 $n, r \geq 0$에 대하여 n 개의 대상 중 r개를 택하는 조합의 수를

$$\binom{n}{r}$$

로 나타낸다. 조합의 수는 다음과 같다.

$$\binom{n}{r} = \frac{n(n-1)(n-2)\cdots(n-r+1)}{r!}.$$

이항정리 n이 자연수일 때, 임의의 실수 x에 대하여

$$(x+1)^n = \sum_{r=0}^{n} \binom{n}{r} x^r.$$

벡터공간

F가 $\boldsymbol{Q}, \boldsymbol{R}, \boldsymbol{C}, \boldsymbol{Z}_p$ (단, p는 소수), 중 하나라고 하자. 집합 $V \neq \varnothing$가 '덧셈' $+$를 이항연산으로 가지고, $v \in V$와 $a \in F$에 대하여 a와 v의 '스칼라곱' av가 정의되어 있다고 하자. 조건

(i) $u + v = v + u, (\forall u, v \in V)$.

(ii) $(u + v) + w = u + (v + w), (\forall u, v, w \in V)$.

(iii) $u + 0 = u, (\forall u \in V)$, 를 만족하는 $0 \in V$가 존재한다.

(iv) 각 $u \in V$에 대하여 $u + v = 0$를 만족하는 $v \in V$가 존재한다.

(v) $a(u + v) = au + av, (\forall a \in F, \forall u, v \in V)$

(vi) $(a + b)u = au + bu, (\forall a, b \in F, \forall u \in V)$

(vii) $(ab)u = a(bu), (\forall a, b \in F, \forall u \in V)$

(viii) $1u = u, (\forall a \in F, \forall u \in V)$

이 성립할 때, V는 **F 상의 벡터공간**(vector space over F) 또는 간단히 **F-벡터공간**(F-vector space)이라고 한다.

V가 F-벡터공간일 때, $v_1, \cdots, v_n \in V$의 F의 원소배의 합을 $v_1, \cdots, v_n$의 **F-일차결합**(F-linear combination)이라고 한다. V의 임의의 원소가 $v_1, \cdots, v_n$의 일차결합일 때, $v_1, \cdots, v_n$은 F 상에서 V를 **스팬한다**(span)고 한다.

$$a_1 v_1 + \cdots + a_n v_n = 0, (a_i \in F)$$
$$\Rightarrow a_1 = \cdots = a_n = 0$$

이 성립할 때, $v_1, v_2, \cdots, v_n$은 F 상에서 **일차독립**(linearly independent)또는 **F-일차독립**이라고 한다.

$v_1, v_2, \cdots, v_n$이 V를 스팬하고 일차독립일 때, $\{v_1, v_2, \cdots, v_n\}$을 F 상에서 V의 **기저**(basis) 또는 V의 **F-기저**라고 한다.

V가 n개의 원소로 이루어진 한 F-기저를 가질 때, V의 임의의 F-기저도 n개의 원소로 이루진다. 이 때, n을 F 상의 V의 **차원**(dimension)이라 하고

$$\dim_F V$$

로 나타낸다.

차원에 관하여 다음 성질이 성립한다.

- $\dim_F V = n$일 때, V의 n개의 일차독립인 원소는 V의 F-기저이다.
- V의 m개의 원소가 V를 스팬할 때,
$$\dim_F V \leq m.$$

고유치와 고유벡터

F의 원소를 성분으로 하는 $n \times 1$ 행렬을 **n-벡터**(n-vector)라고 한다. F의 원소를 성분으로 하는 $n \times n$ 행렬 A에 대하여

($xI - A$의 행렬식)

$$f_A(x) = \det(xI - A)$$

를 A의 **특성다항식**이라고 한다. 복소수 λ 및 적어도 하나의 성분은 0이 아닌 n-벡터 $\mathbf{x}$에 대하여,

$$A\mathbf{x} = \lambda\mathbf{x}$$

가 성립할 때, λ를 A의 **고유치**라 하고 $\mathbf{x}$를 고유치 λ에 대응하는 **고유벡터**라고 한다.

다음은 기초선형대수학에서 잘 알려진 사실이다.

- A의 고유치는 A의 특성방정식 $f_A(x) = 0$의 해이다.

appEndix • 삼·사차 방정식

• 삼차방정식

삼차방정식

$$t^3 + at^2 + bt + c = 0 \qquad \cdots\cdots ①$$

이 주어졌을 때, $t = x - \frac{a}{3}$로 두면, ①은

$$x^3 + px + q = 0 \qquad \cdots\cdots ②$$

꼴로 고쳐 쓸수 있다. 어떤 수 α, β에 대하여,

$$x^3 + (-3\alpha\beta)x + (\alpha^3 + \beta^3)$$
$$= (x + \alpha + \beta)(x + \omega\alpha + \omega^2\beta)(x + \omega^2\alpha + \omega\beta), \text{(단, } \omega = \frac{-1 + \sqrt{3}i}{2}\text{)}.$$

여기서

$$-3\alpha\beta = p, \qquad \cdots\cdots ③$$
$$\alpha^3 + \beta^3 = q \qquad \cdots\cdots ④$$

가 되도록 α, β를 잡을 수 있으면 방정식 ①의 근은

$$-\alpha - \beta, \quad -\omega\alpha - \omega^2\beta, \quad -\omega^2\alpha - \omega\beta$$

이다. α^3, β^3을 알면 α, β를 알 수 있다.

$$\alpha^3 + \beta^3 = q, \ \alpha^3\beta^3 = -\frac{p^3}{27}$$

이므로 α^3, β^3은

$$(y - \alpha^3)(y - \beta^3) = y^2 - qy - \frac{p^3}{27} = 0$$

의 근이다. 따라서

$$\alpha^3 = \frac{q}{2} + \sqrt{\frac{q^2}{4} + \frac{p^3}{27}}, \quad \beta^3 = \frac{q}{2} - \sqrt{\frac{q^2}{4} + \frac{p^3}{27}}. \qquad \cdots\cdots ⑤$$

이제, 조건 ③, ⑤로부터 α, β를 구할 수 있다.

• 사차방정식

사차방정식

$$t^4 + at^3 + bt^2 + ct + d = 0 \qquad \cdots\cdots ①$$

이 주어졌을 때, $t = x - \frac{a}{4}$로 두면, ①은

$$x^4 + 6px^2 + 4qx + r = 0 \qquad \cdots\cdots ②$$

꼴로 고쳐 쓸수 있다. 방정식 ②의 근 x가 세 수 α, β, γ의 합으로

$$x = \alpha + \beta + \gamma \qquad \cdots\cdots ③$$

와 같이 나타났다고 하고 이를 구하여 보자. ③ 에서

$$x-\alpha=\beta+\gamma,$$
$$x^2+\alpha^2-2\alpha x=\beta^2+\gamma^2+2\beta\gamma,$$
$$x^2+\alpha^2-\beta^2-\gamma^2=2\alpha x+2\beta\gamma,$$
$$x^4+2(\alpha^2-\beta^2-\gamma^2)x^2+\alpha^4+\beta^4+\gamma^4-2\alpha^2\beta^2-2\alpha^2\gamma^2+2\beta^2\gamma^2=4\alpha^2x^2+4\beta^2\gamma^2+8\alpha\beta\gamma x,$$
$$x^4-2(\alpha^2+\beta^2+\gamma^2)x^2-8\alpha\beta\gamma x+(\alpha^2+\beta^2+\gamma^2)^2-4(\alpha^2\beta^2+\alpha^2\gamma^2+\beta^2\gamma^2)=0.$$

그러므로

$$-2(\alpha^2+\beta^2+\gamma^2)=6p, \quad \cdots\cdots ④$$
$$-8\alpha\beta\gamma=4q, \quad \cdots\cdots ⑤$$
$$(\alpha^2+\beta^2+\gamma^2)^2-4(\alpha^2\beta^2+\alpha^2\gamma^2+\beta^2\gamma^2)=r \quad \cdots\cdots ⑥$$

이 되도록 α, β, γ를 잡을 수 있으면 ② 의 근은 ③ 과 같이 주어진다.
④, ⑤, ⑥ 으로부터

$$\alpha^2+\beta^2+\gamma^2=-3p, \quad \cdots\cdots ⑦$$
$$\alpha^2\beta^2\gamma^2=\frac{q^2}{4}, \quad \cdots\cdots ⑧$$
$$\alpha^2\beta^2+\alpha^2\gamma^2+\beta^2\gamma^2=\frac{1}{4}(9p^2-r). \quad \cdots\cdots ⑨$$

⑦, ⑧, ⑨로부터 $\alpha^2, \beta^2, \gamma^2$은

$$y^3+3py^2+\frac{1}{4}(9p^2-r)y-\frac{q^2}{4}=0 \quad \cdots\cdots ⑩$$

의 근이다. $y=z-p$로 두면 ⑩ 으로부터 삼차방정식

$$z^3+uz+v=0 \quad \cdots\cdots ⑪$$

을 얻고, ⑪ 의 세 근을 z_1, z_2, z_3이라고 하면,

$$\alpha^2=z_1-p,\ \beta^2=z_2-p,\ \gamma^2=z_3-p. \quad \cdots\cdots ⑫$$

이제, 조건 ⑤, ⑫로부터 α, β, γ를 구할 수 있다.

ENV현대대수

제1부 군 GROUP

1 군의 기초

1-1 군의 뜻과 예
1-2 군의 기본 성질
1-3 부분군
1-4 순환군

집합에 하나의 이항연산이 들어가서 일정한 조건을 만족하는 가장 간단한 대수 체계가 군이다. 군의 개념은 가장 기본이 되는 대수체계로서 정의는 단순하지만 아름다운 구조와 폭넓은 응용성으로 말미암아 현대대수의 바탕으로 자리매김하고 있다.

집합에 부분집합이 있고, 선형공간에 부분공간이 있듯이 군에도 부분군이 있다. 이 중단원에서는 군과 부분군의 기본적인 성질을 논의하고 가장 간단한 군인 순환군의 성질에 대하여 알아 본다.

1-1 군의 뜻과 예

❖ 이 절의 학습 내용

- 군의 뜻 / • 아벨군
- 유한군과 무한군 / • 군의 위수와 원소의 위수
- 강체운동군 / • 이면체군

군의 뜻

집합은 그 원소 사이에 연산이 들어 가면서 비로소 대수 체계가 된다. 군은 원소 사이에 1 개의 이항연산이 들어간 대수 체계로서 현대대수의 가장 기본적인 개념이다.

방정식 $2x=3$의 유리수해는 다음과 같이 구한다.

$$2x=3$$
$$\frac{1}{2}2x=\frac{1}{2}3$$
$$\left(\frac{1}{2}2\right)x=\frac{1}{2}3$$
$$1x=\frac{3}{2}$$
$$x=\frac{3}{2}$$

그러나 이 방정식의 정수해는 존재하지 않는다. $\boldsymbol{Q}$는 군이지만 $\boldsymbol{Z}$는 군이 아니기때문에 그렇다.

정의 집합 $G \neq \varnothing$와 G의 이항연산 $\circ$에 대하여 다음 조건

(i) $a\circ(b\circ c)=(a\circ b)\circ c, (\forall a, b, c \in G)$, ← "임의의 $a, b, c \in G$에 대하여"라는 뜻

(ii) 어떤 $e \in G$가 존재하여, $a\circ e = a = e\circ a, (\forall a \in G)$,

(iii) 각 $a \in G$에 대하여, $a\circ b = e = b\circ a$를 만족하는 $b \in G$가 존재한다.

가 성립할 때, G는 **이항연산 $\circ$에 관한 군**이라고 한다.

◀ 群 group

이 때 "G는 연산 $\circ$ 하에서 군을 이룬다"라고도 한다.

군의 조건 (i)을 **결합법칙**이라고 한다. 조건 (ii)의 e를 G의 **항등원**이라고 하고, 조건 (iii)의 b를 a의 **역원**이라고 한다.

◀ 結合法則 associative law
恒等元 identity
逆元 inverse

보기 1 (1) $\boldsymbol{Z}$는 수의 덧셈 하에서 군을 이룬다.

∵ • 정수의 합은 정수이므로 정수의 덧셈은 $\boldsymbol{Z}$의 **이항연산**이다.
- 정수의 덧셈은 **결**합법칙을 만족한다.
- 0이 **항**등원이다.
- $a \in \boldsymbol{Z}$의 덧셈에 관한 **역**원은 $-a \in \boldsymbol{Z}$이다.

(2) $\boldsymbol{Q}, \boldsymbol{R}, \boldsymbol{C}$는 수의 덧셈 하에서 군을 이룬다.

(3) $\boldsymbol{Q}^{\#}=\boldsymbol{Q}-\{0\}, \boldsymbol{R}^{\#}=\boldsymbol{R}-\{0\}, \boldsymbol{C}^{\#}=\boldsymbol{C}-\{0\}$ 은 수의 곱셈 하에서 군을 이룬다.

보기 2 (1) $\boldsymbol{Z}$는 수의 곱셈 하에서 군을 이루지 않는다.

∵ $a \in \boldsymbol{Z}, a \neq \pm 1$ 일 때, a의 곱셈에 관한 역원이 $\boldsymbol{Z}$ 내에 존재하지 않는다.

보기 3 자연수 n에 대하여, n의 배수 전체의 집합

$$n\boldsymbol{Z}=\{\cdots,-3n,-2n,-n,0,n,2n,3n,\cdots\}$$

은 수의 덧셈 하에서 군을 이룬다.

∵ • n의 배수의 합은 n의 배수이므로 수의 덧셈은 $n\boldsymbol{Z}$의 **이항연산**이다.
- 나머지는 보기 1 (1)의 증명과 같은 방법으로 증명된다.

보기 4 복소수, 실수, 유리수를 각각 성분으로 하는 $n \times n$ 가역행렬 전체의 집합

$$GL(n, \boldsymbol{C}),\ GL(n, \boldsymbol{R}),\ GL(n, \boldsymbol{Q})$$

는 각각 행렬의 곱셈에 관하여 군을 이룬다. (연습문제 1.1.3).

보기 5 2×2 실행렬 전체의 집합 $\mathrm{Mat}_2(\boldsymbol{R})$ 은 행렬의 덧셈 하에서는 군을 이루지만 행렬의 곱셈 하에서 군을 이루지 않는다. (연습문제 1.1.2).

군이란 곧 **이항연산**이 정의된 집합으로서 그 이항연산에 관하여 **결**합법칙이 성립하고, **항**등원을 가지고, 각 원소가 **역**원을 가지는 것으로 정의되는 대수 체계.

◀ 이 군을 **일반선형군**(一般線形群 general lineargroup)이라고 한다.

예제 1.1.1

다음을 증명하라. (단, n은 자연수)

(1) $\boldsymbol{Z}_n$은 법 n에 관한 덧셈 $+_n$에 관한 군이다.

(2) $\boldsymbol{U}_n$은 법 n에 관한 곱셈 $\cdot_n$에 관한 군이다.

증명 (1) 명백히 연산 $+_n$은 $\boldsymbol{Z}_n$의 **이항연산**이다.

결 v $a, b, c \in \boldsymbol{Z}_n$일 때,

$$(a +_n b) +_n c = [a+b]_n +_n c = [[a+b]_n + c]_n = [a+b+c]_n.$$

(여기서 $[\star]_n$은 ★을 n으로 나눈 나머지)

같은 식으로 $a +_n (b +_n c) = [a+b+c]_n$이므로

$$(a +_n b) +_n c = a +_n (b +_n c).$$

항 v 0이 **항등원**이다.

역 v 0의 역원은 0이고, $a \in \boldsymbol{Z}_n - \{0\}$의 **역원**은 $n - a \in \boldsymbol{Z}_n$이다.

따라서 $(\boldsymbol{Z}_n, +_n)$은 군이다.

(a, b 각각이 n과 서로 소일 때, ab도 n과 서로 소이다.)

(2) $a, b \in \boldsymbol{U}_n \Rightarrow \gcd(a, n) = 1 = \gcd(b, n) \Rightarrow \gcd(ab, n) = 1$

$$\Rightarrow [ab]_n \in \boldsymbol{U}_n \Rightarrow a \cdot_n b \in \boldsymbol{U}_n.$$

그러므로 $\cdot_n$는 $\boldsymbol{U}_n$의 **이항연산**이다.

결 v $a, b, c \in U_n$일 때,

$$(a \cdot_n b) \cdot_n c = [ab]_n \cdot_n c = [[ab]_n c]_n = [abc]_n.$$

같은 식으로 $a \cdot_n (b \cdot_n c) = [abc]_n$이므로

$$(a \cdot_n b) \cdot_n c = a \cdot_n (b \cdot_n c).$$

항 v $1 \in U_n$이 **항등원**이다.

역 v $a \in U_n$일 때, $\gcd(a, n) = 1$이므로

$$ax + ny = 1 \quad \cdots\cdots \text{①}$$

이면서 $1 \le x \le n-1$을 만족하는 $x, y \in \boldsymbol{Z}$가 존재한다. ①로부터 $\gcd(x, n) = 1$이므로 $x \in \boldsymbol{U}_n$이다. 다시 ①로부터 $a \cdot_n x = 1$이므로 x가 a의 **역원**이다.

따라서 $(\boldsymbol{U}_n, \cdot_n)$는 군이다. ◇

보기 6 $U_8 = \{1, 3, 5, 7\}$.

$3 \cdot 3 = 9 \equiv 1 \pmod{8}$이므로 $3 \cdot_8 3 = 1$. 같은 식으로,

$$3 \cdot_8 3 = 1,\ 5 \cdot_8 5 = 1,\ 7 \cdot_8 7 = 1.$$

$$3 \cdot_8 5 = 7,\ 3 \cdot_8 7 = 5,\ 5 \cdot_8 7 = 3.$$

군 $(G, \circ)$에 대하여 **교환법칙**

$$a \circ b = b \circ a, (\forall a, b \in G)$$

가 성립할 때, $(G, \circ)$를 **아벨군**이라고 한다. 또 아벨군이 아닌 군을 **비아벨군**이라고 한다.

군 $(G, \circ)$의 원소 a, b에 대하여 $a \circ b = b \circ a$일 때, a는 b와 **가환**이라고 한다.

◀ 交換法則 commutative law

◀ 아벨群 abelian group
非아벨群 non-abelian group

◀ a comutes with b

보기 7 (1) $(\boldsymbol{Z}, +), (\boldsymbol{C}^{\#}, \cdot), (\boldsymbol{Z}_n, +_n), (\boldsymbol{U}_n, \cdot_n)$은 아벨군이다.

(2) $(GL(n, \boldsymbol{R}), \cdot)$은 비아벨군이다.

◀ 행렬의 곱은 교환법칙을 만족하지 않는다.

군을 말할 때, 일일이 군 $(G, \circ)$라고 하는 대신 보통 연산 표기를 생략하고 간단히 군 G라고 말한다. 또, G의 두 원소 a, b를 연산한 결과 $a \circ b$를 연산 기호 $\circ$를 생략하여 간단히 ab로 쓴다.

지금부터 $\boldsymbol{Z}, \boldsymbol{Q}, \boldsymbol{R}, \boldsymbol{C}$는 각각 $(\boldsymbol{Z}, +), (\boldsymbol{Q}, +), (\boldsymbol{R}, +), (\boldsymbol{C}, +)$를 나타내는 것으로 하고, $\boldsymbol{Q}^{\#}, \boldsymbol{R}^{\#}, \boldsymbol{C}^{\#}, \boldsymbol{Z}_n, \boldsymbol{U}_n$는 각각 $(\boldsymbol{Q}^{\#}, \cdot), (\boldsymbol{R}^{\#}, \cdot), (\boldsymbol{C}^{\#}, \cdot)$, $(\boldsymbol{Z}_n, +_n), (\boldsymbol{U}_n, \cdot_n)$을 나타내는 것으로 한다.

정리 1.1.2

군 G에 대하여 다음이 성립한다.

(1) G의 항등원은 유일하다.

(2) 각 $a \in G$에 대하여 a의 역원은 유일하다.

증명 (1) e, e'가 군 G의 항등원이라고 하면,

$$e = ee' = e'.$$

(e'은 항등원, e는 항등원)

그러므로 G의 항등원은 유일하다.

(2) $b, c \in G$가 a의 역원이라고 하면,

$$b = be = b(ac) = (ba)c = ec = c.$$

(e는 항등원, $e = ac$, 결합법칙, $ba = e$, e는 항등원)

그러므로 a의 역원은 유일하다. ▌

지금부터 특별한 경우를 제외하고 항등원은 e로 나타내기로 하고, $a \in G$의 역원은 a^{-1}로 나타내기로 한다.

항등원은
영어로 identity
독일어로 Einheit

n이 자연수일 때, 군 G의 원소 g에 대하여

$$\underbrace{g\,g\cdots g}_{n\text{개}}\,,\quad \underbrace{g^{-1}g^{-1}\cdots g^{-1}}_{n\text{개}}$$

를 각각 g^n, g^{-n}으로 나타낸다. 또 $g^0 = e$로 약속한다.

연산이 덧셈인 경우는

$$\underbrace{g+\cdots+g}_{n\text{개}}\,,\quad \underbrace{(-g)+\cdots(-g)}_{n\text{개}}$$

를 각각 $ng, -ng$로 나타내고
$0g = 0$으로 약속한다.
(정수 0) (군의 항등원)

보기 8 $U_{10} = \{1, 3, 7, 9\}$에서

$3^3 = 3\cdot 3\cdot 3 = 7, \qquad 3^{-3} = (3^{-1})(3^{-1})(3^{-1}) = 7\cdot 7\cdot 7 = 3$

원소의 개수가 유한인 군을 **유한군**이라 하고 유한군이 아닌 군을 **무한군**이라고 한다. 유한군 G의 원소의 개수를 G의 **위수**라 하고

$$|G|$$

로 나타낸다.

◂ 有限群 finite group
無限群 infinite group
位數 order

보기 9 (1) $\boldsymbol{Z}_n = \{0, 1, 2, \cdots, n-1\}$은 위수가 n인 유한군이다.

(2) $\boldsymbol{U}_8 = \{1, 3, 5, 7\}$은 위수가 4인 유한군이다.

(3) $\boldsymbol{Z}, GL(n, \boldsymbol{R})$은 무한군이다.

$|\boldsymbol{Z}_n| = n$
$|\boldsymbol{U}_8| = 4$

군 G의 원소 g에 대하여 $g^k = e$를 만족하는 자연수 k가 존재할 때, 그러한 최소의 자연수, 즉, $\min\{k \in \boldsymbol{Z}^+ \mid g^k = e\}$를 g의 **위수**라 하고

$$\mathrm{o}(g)$$

로 나타낸다.

◂ 位數 order

NoTE 1 e의 위수는 1이고, 또, 위수 1인 원소는 e뿐이다.

군 G의 원소 g에 대하여 $\{k \in \boldsymbol{Z}^+ \mid g^k = e\} = \varnothing$일 때, g의 **위수는 무한**이라 하고 이를, 편의상, $\mathrm{o}(g) = \infty$와 같이 나타낸다. 이에 대하여 g가 유한인 위수를 가질 때, 이를 $\mathrm{o}(g) < \infty$와 같이 나타낸다.

보기 10 (1) 군 $U_{10}=\{1,3,7,9\}$에서 $o(3)=4$.

$\because$ $3\neq 1$, $3^2=9\neq 1$, $3^3=27=7\neq 1$, $3^4=81=1$.

(2) 군 $Z_4=\{0,1,2,3\}$에서 $o(3)=4$.

$\because$ $3\neq 0$, $3+3=6=2\neq 0$, $3+3+3=9=1\neq 0$,
$3+3+3+3=12=0$.

(3) $\mathbf{a}=\begin{bmatrix}1 & 0\\ 0 & -1\end{bmatrix}\in GL(2,\boldsymbol{R})$에 대하여, $o(\mathbf{a})=2$.

$\because$ $GL(2,\boldsymbol{R})$의 항등원은 $\mathbf{1}=\begin{bmatrix}1 & 0\\ 0 & 1\end{bmatrix}$이다.
$\mathbf{a}\neq\mathbf{1}$, $\mathbf{a}^2=\mathbf{1}$.

(4) $\mathbf{b}=\begin{bmatrix}1 & 1\\ 0 & 1\end{bmatrix}\in GL(2,\boldsymbol{R})$에 대하여, $o(\mathbf{b})=\infty$이다.

$\because$ 임의의 자연수 k에 대하여, $\mathbf{b}^k=\begin{bmatrix}1 & k\\ 0 & 1\end{bmatrix}\neq\mathbf{1}$이므로
$\{k\in Z^+\mid \mathbf{b}^k=\mathbf{1}\}=\varnothing$. $\therefore$ $o(\mathbf{b})=\infty$.

강체운동군

군의 대상은 수 또는 행렬뿐만 아니라 이항연산의 정의가 가능한 임의의 집합일 수 있다. 다음에 소개하는 강체운동군은 이러한 예 중 하나이다.

딱딱한 재질로 만든 도형(이를테면, 삼각자, 주사위 등) Δ가 공간에 있다. 이 Δ를 돌리거나 뒤집고 나서 정확히 원래 자리에 위치하도록 하는 조작을 생각한다. 이러한 조작은 원래의 형태를 유지하므로 **강체운동**이라고 한다. 이를테면, 직각이등변삼각형의 강체운동은

$\varepsilon=$ (움직이지 않기),

$\mu=$ (오른쪽 그림의 대칭축 l을 축으로 뒤집기)

의 2 개가 있다.

◀ 剛體運動 rigid motion

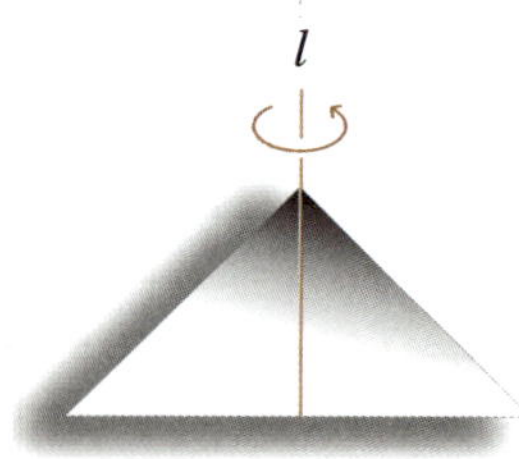

Δ의 강체운동 전체의 집합을 $\mathcal{M}_\Delta$라고 하자.

지금부터 $\mathcal{M}_\Delta$에 적당한 이항연산을 정의하여 $\mathcal{M}_\Delta$가 그 연산에 관한 군이 되게 하려고 한다.

$\alpha, \beta \in \mathcal{M}_{\Delta}$에 대하여

$$\alpha \circ \beta = (\Delta\text{에 } \alpha, \beta\text{를 이 순서대로 차례로 시행하는 것}) \cdots\cdots ①$$

으로 $\alpha \circ \beta$를 정의한다. 이 때, $\alpha \circ \beta$ 또한 Δ의 강체운동이므로
$\alpha \circ \beta \in \mathcal{M}_{\Delta}$이다.
그러므로 $\circ$는 $\mathcal{M}_{\Delta}$의 **이항연산**이다.

정리 1.1.3

집합 $\mathcal{M}_{\Delta}$는 ①로 정의된 이항연산 $\circ$ 하에서 군을 이룬다.

증명 **결∨** 임의의 $\alpha, \beta, \gamma \in \mathcal{M}_{\Delta}$에 대하여

$$\begin{aligned} \alpha \circ (\beta \circ \gamma) &= (\alpha, \beta \circ \gamma\text{를 차례로 시행하는 것}) \\ &= (\alpha, \beta, \gamma\text{를 차례로 시행하는 것}), \\ (\alpha \circ \beta) \circ \gamma &= (\alpha \circ \beta, \gamma\text{를 차례로 시행하는 것}) \\ &= (\alpha, \beta, \gamma\text{를 차례로 시행하는 것}) \end{aligned}$$

이므로 $\alpha \circ (\beta \circ \gamma) = (\alpha \circ \beta) \circ \gamma$이다.

항∨ ε이 항등원이다.

역∨ $\alpha \in \mathcal{M}_{\Delta}$에 대하여 α의 조작을 역으로 시행하는 것을 β라고 하면 β도 Δ의 강체운동이므로 $\beta \in \mathcal{M}_{\Delta}$이고 $\alpha \circ \beta = \varepsilon = \beta \circ \alpha$이다. ▌

정리 1.1.3의 군 $(\mathcal{M}_{\Delta}, \circ)$를 Δ의 **강체운동군**이라고 한다.

◀ 剛體運動群 rigid motion group

보기 11 직각이등변삼각형의 강체운동군은 앞서 소개한 강체운동 ε, μ로 이루어진 위수 2인 군 $\{\varepsilon, \mu\}$이다.

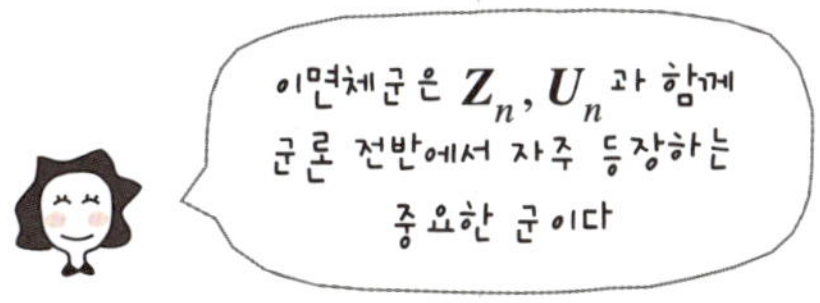

● *이면체군*

정 n각형 $(n \geq 3)$의 강체운동군을 **이면체군**이라 하고

$$D_n$$

으로 나타낸다.

◀ 二面體群 dihedral group

▸ 이면체군 D_3

오른쪽 그림의 l_1, l_2, l_3은 정삼각형의 대칭축 전체이다.
정삼각형의 강체운동은 다음 6개이다.

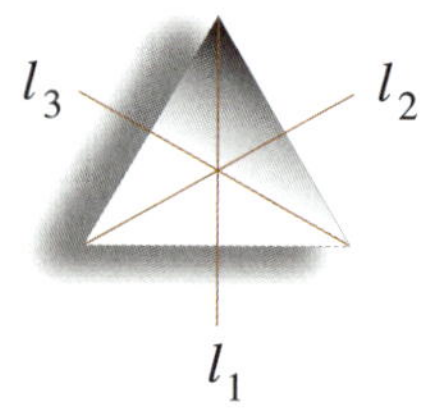

ε = (움직이지 않기), $f_1 = (l_1$을 축으로 뒤집기),
r_1 = (120°회전), $f_2 = (l_2$을 축으로 뒤집기),
r_2 = (– 120°회전), $f_3 = (l_3$을 축으로 뒤집기).

$\therefore\ D_3 = \{\varepsilon, r_1, r_2, f_1, f_2, f_3\}$.

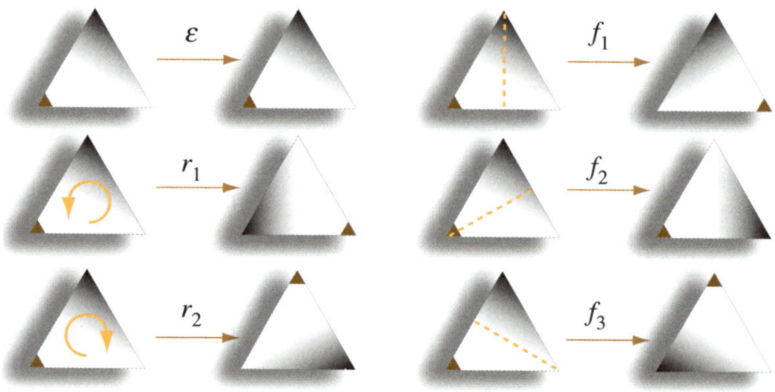

▸ 이면체군 D_4

다음 그림의 l_1, l_2, l_3, l_4는 정사각형의 대칭축 전체이다.

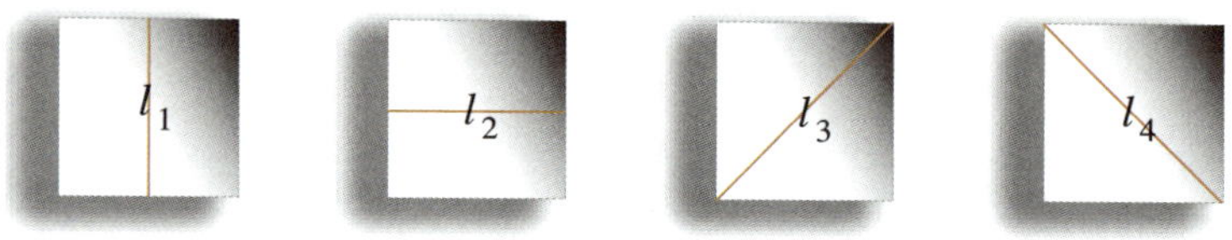

그러므로 정사각형의 강체운동은 다음 8개이다.

ε = (움직이지 않기), $f_1 = (l_1$을 축으로 뒤집기),
r_1 = (90°회전), $f_2 = (l_2$를 축으로 뒤집기),
r_2 = (180°회전), $f_3 = (l_3$을 축으로 뒤집기),
r_3 = (270°회전), $f_4 = (l_4$를 축으로 뒤집기).

$\therefore\ D_4 = \{\varepsilon, r_1, r_2, r_3, f_1, f_2, f_3, f_4\}$.

▸ 이면체군 D_n

정 n 각형 Δ_n은 n 개의 변과 n 개의 꼭짓점을 가진다. Δ_n의 대칭축은 꼭짓점과 Δ_n의 중심을 지나는 직선이거나 변의 중점과 Δ_n의 중심을 지나는 직선이다. 그러므로 Δ_n의 대칭축은 다음과 같다.

(i) n이 짝수일 때 : 마주 보는 두 변의 중점을 지나는 직선 또는
마주 보는 두 꼭짓점을 지나는 직선,

(ii) n이 홀수일 때 : 한 꼭짓점과 마주보는 변의 중점을 지나는 직선.

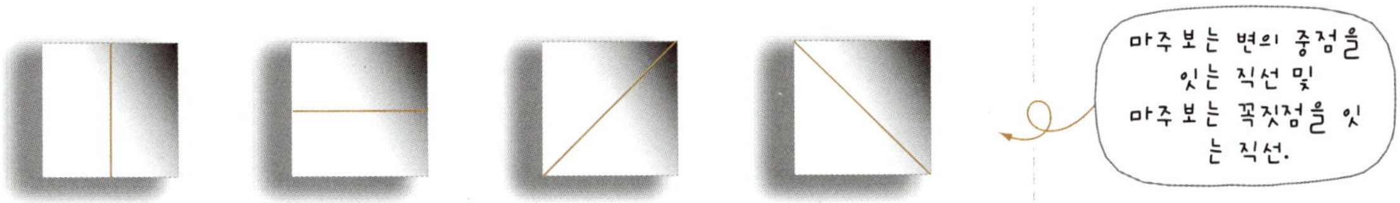

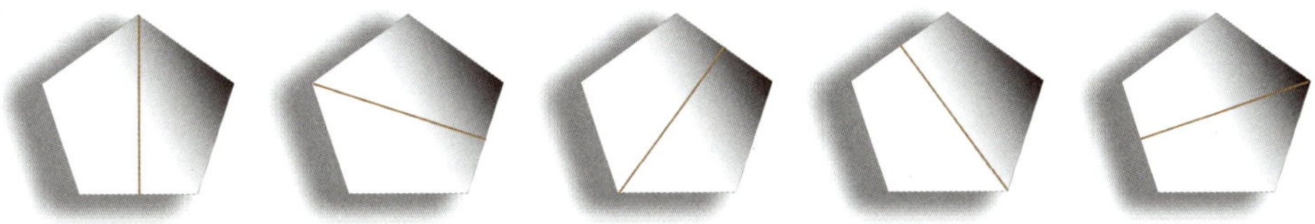

따라서 정 n각형의 대칭축의 개수는 n이다.
그러므로 다음 정리를 얻는다.

정리 1.1.4

(1) 정 n 각형의 강체운동군은 위수 $2n$인 군

$$D_n = \{\varepsilon, r_1, r_2, \cdots, r_{n-1}, f_1, f_2, \cdots, f_n\}$$

이다. 여기서,

ε = (움직이지 않기),

$r_k = \left(\left(\frac{360k}{n}\right)^\circ \text{ 회전}\right), (k = 1, 2, \cdots, n-1)$,

$f_i = (l_i$를 축으로 뒤집기$), (i = 1, 2, \cdots, n)$,

(단, $l_1, l_2, \cdots, l_n$은 정 n 각형의 n 개의 대칭축).

(2) D_n에서

$$\mathrm{o}(r_1) = n,\ \mathrm{o}(f_i) = 2, (i = 1, 2, \cdots, n).$$

증명 (2) 정 n 각형 Δ_n에 r_1을 n회 적용하면 원래의 Δ_n으로 돌아온다. 또, 각 $i = 1, 2, \cdots, n$에 대하여, Δ_n에 f_i를 2회 적용하면 원래의 Δ_n으로 돌아온다. ▌

예제 1.1.5

이면체군 D_n, $(n \geq 3)$, 의 원소

$$r \in \{r_1, \cdots, r_{n-1}\},\ f \in \{f_1, \cdots, f_n\}$$

에 대하여 다음을 증명하라.

(1) $rfrf = \varepsilon$ (2) $rfr = f$ (3) $frf = r^{-1}$

(4) 임의의 $i = 1, 2, \cdots, n$ 에 대하여, $r_1 f_i \neq f_i r_1$.

증명 (1) 정 n 각형의 임의의 꼭지점에 r, f, r, f 를 차례로 시행하면 원래의 위치로 돌아 간다. 그러므로 $rfrf = \varepsilon$ 이다.

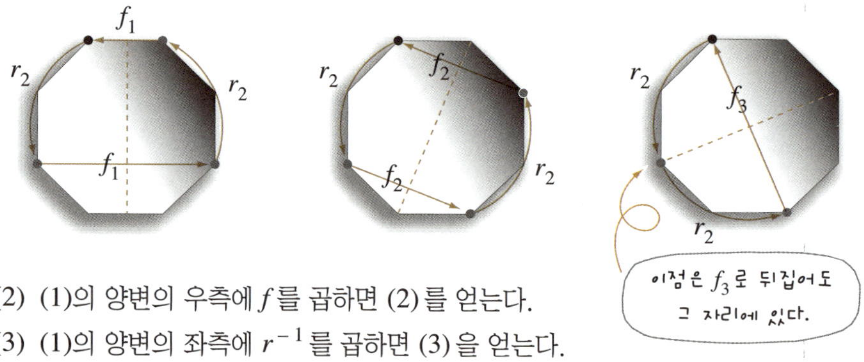

(2) (1)의 양변의 우측에 f를 곱하면 (2)를 얻는다.

(3) (1)의 양변의 좌측에 r^{-1}를 곱하면 (3)을 얻는다.

(4) $r_1 f_i = f_i r_1$이라면, (1)에 의하여

$$r_1^2 = r_1^2 f_i^2 = r_1 r_1 f_i f_i = r_1 f_i r_1 f_i = \varepsilon.$$

($f_i^2 = e$, 가정 : $r_1 f_i = f_i r_1$, (1))

그러나 $n \geq 3$이므로

$$r_1^2 = \left(2 \times \left(\frac{360}{n}\right)^\circ \text{회전}\right) \neq \varepsilon$$

이다. 따라서 $r_1 f_i \neq f_i r_1$이다. ◇

NOTE 2 예제 1.1.5 (4)로부터 D_n은 비아벨군이다.

D_n에서 $r = r_1, f = f_1$이라고 하면

$$\varepsilon, r, \cdots, r^{n-1}, f, rf, \cdots, r^{n-1}f$$

는 $2n$ 개의 서로 다른 원소이다. (연습문제 1.1.16). 그러므로

$$D_n = \{\varepsilon, r, \cdots, r^{n-1}, f, rf, \cdots, r^{n-1}f\}.$$

1-1 E · X · E · R · C · I · S · E · S 연습문제

1 다음 집합은 수의 곱셈에 관한 군임을 증명하라.
(1) $\boldsymbol{Q}^+ = \{q \in \boldsymbol{Q} \mid q > 0\}$.　　(2) $\boldsymbol{R}^+ = \{r \in \boldsymbol{R} \mid r > 0\}$.

2 $n \times n$ 실행렬 전체의 집합 $\mathrm{Mat}_n(\boldsymbol{R})$에 대하여 다음을 증명하라.
(1) $\mathrm{Mat}_n(\boldsymbol{R})$은 행렬의 덧셈에 관한 아벨군이다.
(2) $\mathrm{Mat}_n(\boldsymbol{R})$은 행렬의 곱셈에 관한 군이 아니다.

3 F가 $\boldsymbol{Q}, \boldsymbol{R}, \boldsymbol{C}$ 중 하나일 때, $GL(n, F)$는 행렬의 곱셈에 관한 군임을 증명하라.

4 $a, b \in \boldsymbol{Q}^+$에 대하여 $a \circ b = \frac{ab}{2}$ 로 정의된 $\boldsymbol{Q}^+$의 이항 연산 $\circ$ 하에서 $(\boldsymbol{Q}^+, \circ)$는 군을 이룸을 증명하라.

5 F 상의 벡터공간 V는 벡터의 덧셈에 관한 아벨군임을 설명하라. 단, F는 $\boldsymbol{Q}, \boldsymbol{R}, \boldsymbol{C}$ 중 하나.

6 이항연산 $\circ$이 정의된 집합 G에 대하여, 조건
(i) 이항연산은 결합법칙을 만족한다.
(ii) $a \circ e = a, (\forall a \in G)$, 를 만족하는 $e \in G$가 존재한다.
(iii) 각 $a \in G$에 대하여 $a \circ b = e$ 를 만족하는 $b \in G$가 존재한다.
가 성립할 때, $(G, \circ)$는 군임을 증명하라.

◀ e를 **우항등원**(right identity)이라고 한다.

◀ b를 a의 **우역원**(right inverse)라고 한다.

7 이항연산 $\circ$이 정의된 집합 G에 대하여, 이항연산이 결합법칙을 만족하고, 임의의 $a, b \in G$에 대하여 방정식 $a \circ x = b, y \circ a = b$가 G 내에서 해를 가질 때, $(G, \circ)$는 군임을 증명하라.

8 $G = \boldsymbol{R} - \{-1\}$이라하고, $a, b \in G$에 대하여, $a \circ b$를

$$a \circ b = a + b + ab$$

와 같이 정의할 때, $(G, \circ)$는 군임을 증명하라.

1-1 · E · X · E · R · C · I · S · E · S · 연습문제

9 직사각형의 강체운동군을 구하라.

10 다음 유한군의 원소를 모두 찾고 위수를 구하라.

(1) $\boldsymbol{Z}_5$ (2) $\boldsymbol{U}_{12}$ (3) $\boldsymbol{T}_6$

11 군 G의 원소 a에 대하여, $a^2 \neq e, a^6 = e$일 때, $\mathrm{o}(a) \in \{3, 6\}$임을 보여라.

12 군 G의 원소 a, b에 대하여, $ab = ba$, $\gcd(\mathrm{o}(a), \mathrm{o}(b)) = 1$일 때, $\mathrm{o}(ab) = \mathrm{o}(a)\mathrm{o}(b)$임을 증명하라.

13 유한군 G에 대하여 다음을 증명하라.

(1) $|G|$가 짝수일 때, G은 위수 2인 원소를 가진다.

(2) $A = \{a \in G \mid a^3 = e\}$ 일 때, $|A|$는 홀수이다.

(3) $B = \{b \in G \mid b^2 \neq e\}$ 일 때, $|B|$는 짝수이다.

14 위수 n인 유한군 G가 위수 2인 원소를 가지지 않을 때, G의 원소의 적당한 배열 $a_1, a_2, \cdots, a_n$이 있어서 $a_1 a_2 \cdots a_n = e$가 됨을 증명하라.

15 (윌슨의 정리) 임의의 소수 p에 대하여, $(p-1)! \equiv -1 \pmod{p}$임을 증명하라.

16 D_n의 원소

$$\varepsilon, r, \cdots, r^{n-1}, f, rf, \cdots, r^{n-1}f \qquad \cdots\cdots\cdots\cdots\cdots ①$$

에 대하여 다음을 증명하라.

(1) $fr = r^{-1}f$.

(2) ①에 나열된 원소는 모두 서로 다르다.

1-2 군의 기본 성질

✤ 이 절의 학습 내용

- 곱의 역원
- 소거율
- 연산표
- 군의 동형
- 동형사상

연산의 기본성질

군의 연산에 관한 기본적인 성질 몇 가지에 대하여 알아보자.

정리 1.2.1

G가 군일 때, 임의의 $a, b \in G$ 에 대하여

$$(ab)^{-1} = b^{-1}a^{-1}.$$

증명

$$(ab)(b^{-1}a^{-1}) = a(bb^{-1})a^{-1} = aea^{-1} = aa^{-1} = e.$$

(결합법칙, $bb^{-1} = e$)

$$(b^{-1}a^{-1})(ab) = b^{-1}(a^{-1}a)b = b^{-1}eb = b^{-1}b = e.$$

(결합법칙, $a^{-1}a = e$)

ab의 좌, 우 어느 쪽에 $b^{-1}a^{-1}$를 곱해도 e가 되므로

$$(ab)^{-1} = b^{-1}a^{-1}. \quad ▌$$

보기 1 군 $GL(n, \mathbf{R})$의 원소 A, B의 역원은 각각 그 역행렬 A^{-1}, B^{-1}이다. 역행렬의 성질에 의하여

$$(AB)^{-1} = B^{-1}A^{-1}.$$

정리 1.2.2 (소거율)

G가 군일 때, 임의의 $a, b, c \in G$에 대하여 다음이 성립한다.

(1) $ab = ac \Rightarrow b = c.$ **(좌소거율)**

(2) $ac = bc \Rightarrow a = b.$ **(우소거율)**

◂ 消去律 cancellation law
左消去律 left cancellation law
右消去律 right cancellation law

증명 (1) $ab = ac \Rightarrow a^{-1}(ab) = a^{-1}(ac) \Rightarrow (a^{-1}a)b = (a^{-1}a)c$ (양 변의 왼쪽에 a^{-1}를 곱한다.)

$\Rightarrow eb = ec \Rightarrow b = c.$

(2) $ac = bc \Rightarrow (ac)c^{-1} = (bc)c^{-1} \Rightarrow a(cc^{-1}) = b(cc^{-1})$ (양 변의 오른쪽에 c^{-1}를 곱한다.)

$\Rightarrow ae = be \Rightarrow a = b.$ ▮

방정식 $2x = 6$의 양변에 2의 역수 1/2을 곱하여
$(1/2)2x = (1/2)6$
$\therefore\ x = 3.$
이와 같이 푸는 것은 본질적으로 소거율에 의한 것이다.

예제 1.2.3

모든 $g \in G$에 대하여 $g^2 = e$를 만족하는 군 G는 아벨군임을 증명하라.

증명 G의 임의의 원소 a, b에 대하여

$$(ab)^2 = e = ee = a^2b^2. \quad \therefore\ abab = aabb.$$

여기에 좌 소거율, 우 소거율을 적용하면

$$abab = aabb \Rightarrow bab = abb \Rightarrow ba = ab.$$

(좌소거율, 우소거율)

그러므로 G는 아벨군이다. ◇

군의 연산표

유한군 $G = \{g_1(=e), g_2, \cdots, g_n\}$에 대하여 $g_i g_j$를 g_i 행, g_j 열이 만나는 곳에 써넣은 $n \times n$ 배열을 G의 **연산표** 또는 **케일리표**라고 한다.

◂ Cayley table
Cayley는 영국의 수학자

$\circ$	e	g_2	$\cdots$	g_n	
e	ee	eg_2	$\cdots$	eg_n	← e행
g_2	g_2e	g_2g_2	$\cdots$	g_2g_n	← g_2행
$\vdots$	$\vdots$	$\vdots$		$\vdots$	$\vdots$
g_n	g_ne	g_ng_2	$\cdots$	g_ng_n	← g_n행
	↑ e열	↑ g_2열	$\cdots$	↑ g_n열	

NOTE 1 군 $G=\{e, g_2, \cdots, g_n\}$의 연산표는 다음 성질을 가진다.

(i) e행(e열)은 $e, g_2, \cdots, g_n$을 이 순서대로 나열한 것이다.

(ii) 각 행(열)은 $e, g_2, \cdots, g_n$의 순열이다.

∵ (i) 은 e가 단위원이라는 사실로 부터 명백하다.

(ii) $G=\{g_1, g_2, \cdots, g_n\}$이라고 하면 연산표의 제 g_p 행은

$$(g_p g_1,\ g_p g_2, \cdots,\ g_p g_n). \quad \cdots\cdots\cdots\cdots\cdots \quad ①$$

①의 원소 중 어느 2 개, 이를테면 $g_p g_j$, $g_p g_k$가 같다고 하면

$$g_p g_j = g_p g_k \Rightarrow g_j = g_k$$

(↖ 좌소거율)

가 되어 모순이다. 따라서 ①의 원소는 모두 서로 다르고, 그러므로 ①은 G의 원소를 재배열한 것, 즉, G의 원소의 순열이다.

같은 논리로 연산표의 각 열도 G의 원소의 순열이다. ▮

보기 2 (1) 위수가 2인 군 $G=\{e, a\}$의 연산표는 다음과 같이 구한다.

연산표의 성질 (i)에 의하여 이런 모양으로 시작한다.

∘	e	a
e	e	a
a	a	

성질 (ii) →

∘	e	a
e	e	a
a	a	e

(2) 위수가 3인 군 $G=\{e, a, b\}$의 연산표는 다음과 같이 구한다.

연산표의 성질 (i)에 의하여 이런 모양으로 시작한다.

∘	e	a	b
e	e	a	b
a	a		
b	b		

성질 (ii) →

∘	e	a	b
e	e	a	b
a	a		e
b	b		

여기에 a 또는 b가 들어올 수 없으므로 e

성질(ii)를 이용하여 나머지 빈 부분을 채운다.

∘	e	a	b
e	e	a	b
a	a	b	e
b	b	e	a

예제 1.2.4

위수가 4 인 군 $G=\{e,a,b,c\}$ 에서,

$$a^2=b^2=c^2=e$$

일 때, G 의 연산표를 구하라.

풀 이 연산표의 성질 (i) 과 가정에 의하여 ㉮ 와 같은 모양으로 시작한다.

㉮	e	a	b	c
e	e	a	b	c
a	a	e	?	
b	b		e	
c	c			e

㉯	e	a	b	c
e	e	a	b	c
a	a	e	c	
b	b		e	
c	c			e

㉰	e	a	b	c
e	e	a	b	c
a	a	e	c	
b	b	c	e	
c	c			e

㉱	e	a	b	c
e	e	a	b	c
a	a	e	c	b
b	b	c	e	
c	c	b		e

㉲	e	a	b	c
e	e	a	b	c
a	a	e	c	b
b	b	c	e	a
c	c	b	a	e

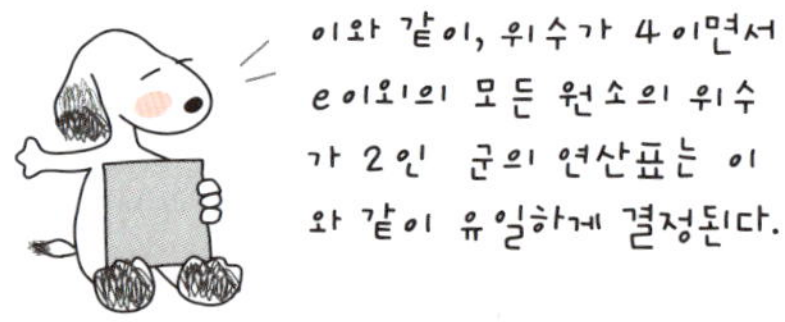

㉮에서 ? 는 a-행에 있으므로 연산표의 성질 (ii)에 의하여 ? $\neq a, e$.
? 는 b-열에도 있으므로 같은 이유로 ? $\neq b$.
그러므로 ? $=c$. 여기서 ㉯를 얻는다.

같은 논리로, ㉯ 의 b-행, a-열의 원소도 c이다. 이제 ㉰를 얻는다.

㉰에서 연산표의 성질 (ii)에 의하여 a-행, c-열의 원소와 c-행, a-열의 원소는 b임을 알 수 있다. 여기서 ㉱를 얻는다.

같은 이유로 ㉱에서 남은 칸의 원소는 a이다.
여기서 얻는 표 ㉲가 G의 연산표이다. ◇

예제 1.2.4의 군을 **클라인 4-군**이라 하고 V_4 로 나타낸다.

◀ Klein 4-group

NoTE 2 군 G가 아벨군일 필요충분조건은 G의 연산표가 대칭행렬일 것이다.

군의 동형

정의 군 $(G, \circ), (G', *)$에 대하여 조건

(i) $(x \circ y)^{\phi} = x^{\phi} * y^{\phi}, (\forall x, y \in G)$

을 만족하는 전단사함수

$$\phi : G \to G'$$

가 존재할 때, $(G, \circ), (G', *)$는 **동형**이라고 하고

$$(G, \circ) \cong (G', *)$$

와 같이 나타낸다. 이 때 ϕ를 **동형사상**이라고 한다.

x^{ϕ}, y^{ϕ}는 각각 $\phi(x), \phi(y)$를 나타낸다.

◀ 同型 isomorphic

◀ 同型寫像 isomorphism

보기 4 군 $\mathbf{Z} = \{\cdots, -1, 0, 1, 2, \cdots\}$, $10\mathbf{Z} = \{\cdots, -10, 0, 10, 20, \cdots\}$에 대하여 함수 $\phi : \mathbf{Z} \to 10\mathbf{Z}$를 $n^{\phi} = 10n, (n \in \mathbf{Z})$, 로 정의하면 ϕ는 전단사이다.

또, $m, n \in \mathbf{Z}$에 대하여

$$(m+n)^{\phi} = 10(m+n) = 10m + 10n = m^{\phi} + n^{\phi}.$$

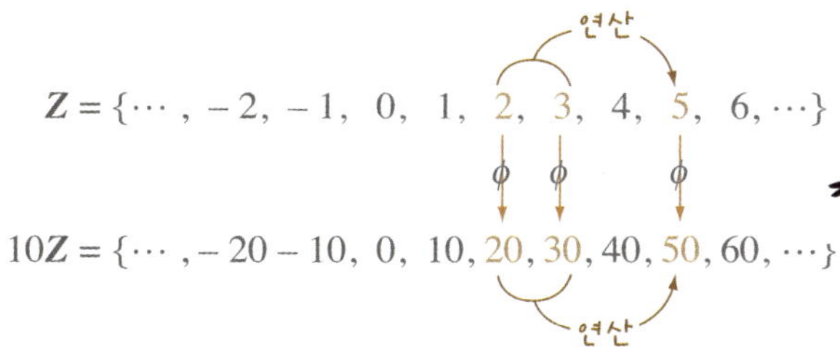

그러므로 ϕ는 동형사상이고, 따라서 군 $\mathbf{Z}$와 $10\mathbf{Z}$는 동형이다. 즉, $(\mathbf{Z}, +) \cong (10\mathbf{Z}, +)$.

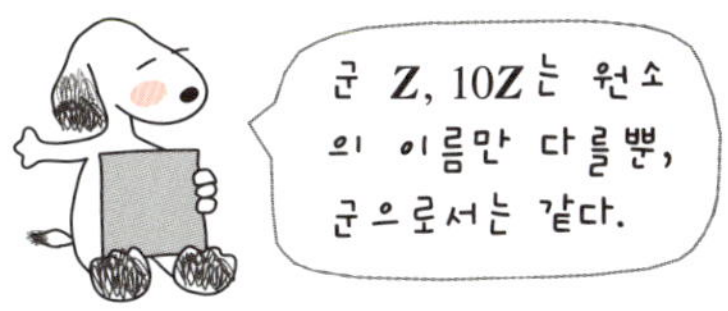

동형사상의 조건 (i)을 두고 "ϕ는 **연산을 보존한다**"고 한다.

연산을 굳이 언급할 필요가 없는 경우 $(G, \circ) \cong (G', *)$를 간단히 $G \cong G'$와 같이 나타내고 조건 (i)을 $(xy)^{\phi} = x^{\phi} y^{\phi}$로 나타낸다. 또, 군 G, G'이 동형이 아닐 때는 이를 $G \not\cong G'$와 같이 나타낸다.

보기 5 $(\boldsymbol{R}, +) \cong (\boldsymbol{R}^+, \cdot)$

∵ 함수 $\phi : \boldsymbol{R} \to \boldsymbol{R}^+$를 $x^\phi = 2^x, (x \in \boldsymbol{R})$, 로 정의한다.

- 명백히 ϕ는 전단사함수이다.
- $a, b \in \boldsymbol{R}$ 에 대하여

$$(a+b)^\phi = 2^{a+b} = 2^a 2^b = a^\phi b^\phi$$

이므로 ϕ는 연산을 보존한다.

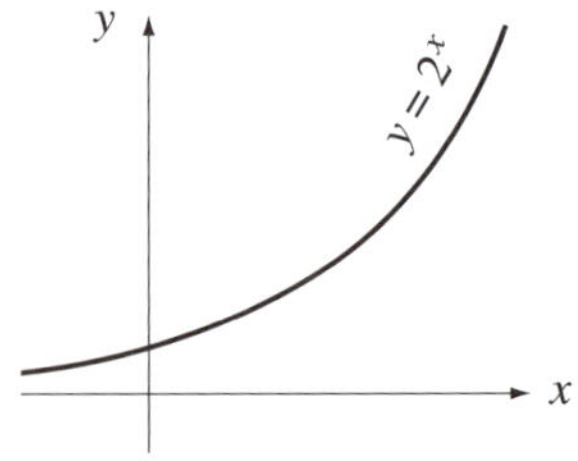

보기 6 위수 2인 군 $G = \{e, a\}$는 $\boldsymbol{Z}_2 = \{0, 1\}$과 동형이다.

∵ 함수 $\phi : G \to \boldsymbol{Z}_2$를 $e^\phi = 0, a^\phi = 1$ 로 정의하면,

(i) $(ee)^\phi = e^\phi = 0 = 0 +_2 0 = e^\phi +_2 e^\phi$

$(ea)^\phi = a^\phi = 1 = 0 +_2 1 = e^\phi +_2 a^\phi$

$(ae)^\phi = a^\phi = 1 = 1 +_2 0 = a^\phi +_2 e^\phi$,

$(aa)^\phi = e^\phi = 0 = 1 +_2 1 = a^\phi +_2 a^\phi$

이므로 ϕ는 연산을 보존한다.

(ii) 명백히 ϕ는 전단사이다.

그러므로 ϕ는 동형사상이다.

G

$\circ$	e	a
e	e	a
a	a	e

$\boldsymbol{Z}_2$

$+_2$	0	1
0	0	1
1	1	0

본질적으로 같은 연산표!

보기 7 (1) 위수가 3인 군 $G = \{e, a, b\}$는 $\boldsymbol{Z}_3$와 동형이다.

∵ $e \to 0, a \to 1, b \to 2$ 로 정의된 함수 $\phi : G \to \boldsymbol{Z}_3$은 전단사이다. 오른쪽 $G, \boldsymbol{Z}_3$의 연산표로부터 ϕ는 연산을 보존한다. 그러므로 ϕ는 동형사상이다.

G

$\circ$	e	a	b
e	e	a	b
a	a	b	e
b	b	e	a

$\boldsymbol{Z}_3$

$+_3$	0	1	2
0	0	1	2
1	1	2	0
2	2	0	1

(2) 클라인 4-군 $V_4 = \{e, a, b, c\}$는 $\boldsymbol{U}_8$과 동형이다.

∵ $e \to 1, a \to 3, b \to 5, c \to 7$로 정의된 함수 $\phi : G \to \boldsymbol{U}_8$는 전단사이다. 다음 $G, \boldsymbol{U}_8$의 연산표로부터 ϕ는 연산을 보존한다. 그러므로 ϕ는 동형사상이다.

G

$\circ$	e	a	b	c
e	e	a	b	c
a	a	e	c	b
b	b	c	e	a
c	c	b	a	e

예제 1.2.4

$\boldsymbol{U}_8$

$\cdot_8$	1	3	5	7
1	1	3	5	7
3	3	1	7	5
5	5	7	1	3
7	7	5	3	1

다음은 두 군이 동형이 아님을 보이는데 유용한 정리이다.

정리 1.2.5

$\phi : G \to G'$이 동형사상이고, $g \in G$일 때, 다음이 성립한다.

(1) e^{ϕ}는 G'의 항등원이다. (2) $(g^{-1})^{\phi} = (g^{\phi})^{-1}$.

증명 (1) $e^{\phi}e^{\phi} = (ee)^{\phi} = e^{\phi}$. $\therefore\ e^{\phi} = e'$, (단, e'은 G'의 항등원).

(2) $(g^{-1})^{\phi}g^{\phi} = (g^{-1}g)^{\phi} = e^{\phi} = e = e'$. $\therefore\ (g^{-1})^{\phi} = (g^{\phi})^{-1}$. ▮

따름정리 1.2.6

$\phi : G \to G'$이 동형사상이고, $g \in G$일 때, $\mathrm{o}(g^{\phi}) = \mathrm{o}(g)$이다.

증명 G'의 항등원을 e'이라고 할 때, $k \in \boldsymbol{Z}^{+}$에 대하여,

$$(g^{k})^{\phi} = (\underbrace{g \cdots g}_{k\text{개}})^{\phi} = \underbrace{g^{\phi} \cdots g^{\phi}}_{k\text{개}} = (g^{\phi})^{k}.$$

$$\therefore\ (g^{\phi})^{k} = e' \Leftrightarrow (g^{k})^{\phi} = e^{\phi} \underset{\phi\text{는 동형사상}}{\Leftrightarrow} g^{k} = e.$$

$$\therefore\ \mathrm{o}(g^{\phi}) = \min\{k \in \boldsymbol{Z}^{+} \mid (g^{\phi})^{k} = e'\} = \min\{k \in \boldsymbol{Z}^{+} \mid g^{k} = e\} = \mathrm{o}(g).$$ ▮

예제 1.2.7

다음을 증명하라.

(1) $\boldsymbol{Z}_4 \not\cong \boldsymbol{U}_8$ (2) $(\boldsymbol{C}^{\#}, \cdot) \not\cong (\boldsymbol{R}^{\#}, \cdot)$

증명 (1) $\boldsymbol{Z}_4$에서 $\mathrm{o}(1) = 4$이다.

동형사상 $\phi : \boldsymbol{Z}_4 \to \boldsymbol{U}_8$이 존재한다면, 정리 1.2.6에 의하여, 1^{ϕ}는 $\boldsymbol{U}_8$의 위수 4인 원소이어야 한다. 그러나 $\boldsymbol{U}_8$에서는 1 이외의 모든 원소의 위수가 2이다.

(2) $A = \{z \in \boldsymbol{C}^{\#} \mid z^4 = 1\}$ 이라고 하면, $A = \{1, -1, i, -i\}$,

$B = \{a \in \boldsymbol{R}^{\#} \mid a^4 = 1\}$ 이라고 하면, $B = \{1, -1\}$.

◂ $\boldsymbol{R}^{\#} = \boldsymbol{R} - \{0\}$, $\boldsymbol{C}^{\#} = \boldsymbol{C} - \{0\}$.

연산을 보존하는 함수 $\phi : \boldsymbol{C}^{\#} \to \boldsymbol{R}^{\#}$이 존재한다면,

$$z \in A \Rightarrow z^4 = 1 \Rightarrow (z^4)^{\phi} = 1^{\phi} = 1 \Rightarrow (z^{\phi})^4 = 1 \Rightarrow z^{\phi} \in B.$$

($(z^4)^{\phi} = (z^{\phi})^4$)

$$\therefore\ \{1^{\phi}, (-1)^{\phi}, i^{\phi}, (-i)^{\phi}\} \subset \{1, -1\}.$$

그러므로 ϕ는 단사함수가 될 수 없다. ◘

1-2 EXERCISES 연습문제

1 군 G의 원소 a, b, c, x에 대하여 다음을 증명하라.

(1) $ax = b \Rightarrow x = a^{-1}b$ (2) $xa = b \Rightarrow x = ba^{-1}$

2 다음을 증명하라.

(1) $\boldsymbol{Z}_n \cong \boldsymbol{T}_n$ (2) $\boldsymbol{Z}_4 \cong \boldsymbol{U}_{10}$ (3) $2\boldsymbol{Z} \cong 3\boldsymbol{Z}$

3 다음을 증명하라.

(1) $(\boldsymbol{Z}, +) \not\cong (\boldsymbol{Q}, +)$ (2) $(\boldsymbol{Q}, +) \not\cong (\boldsymbol{Q}^{\#}, \cdot)$

(3) $(\boldsymbol{R}, +) \not\cong (\boldsymbol{R}^{\#}, \cdot)$ (4) $\boldsymbol{U}_{10} \not\cong \boldsymbol{U}_{12}$

4 군 G, G'에 대하여, $G \cong G'$이면 $G' \cong G$임을 증명하라.

5 $G = \left\{ \begin{bmatrix} a & -b \\ b & a \end{bmatrix} \middle| \, a, b \in \boldsymbol{R}, a^2 + b^2 \neq 0 \right\}$에 대하여 다음을 증명하라.

(1) G는 행렬의 곱셈하에서 군을 이룬다.

(2) G는 $(\boldsymbol{C}^{\#}, \cdot)$와 동형이다.

6 $\phi : G \to G'$가 동형사상이라고 하자. 자연수 n과 $g \in G$에 대하여,

$$A = \{a \in G \mid a^n = g\}, \ B = \{b \in G' \mid b^n = g^{\phi}\}$$

가 유한집합일 때, $|A| = |B|$ 임을 증명하라.

7 동형사상이 아닌 전단사함수 $\phi : \boldsymbol{R} \to \boldsymbol{R}$의 예를 들어라.

8 $g^{\phi} = g^{-1}$로 정의되는 함수 $\phi : G \to G$가 동형사상일 필요충분조건은 G가 아벨군일 것임을 증명하라.

9 $\phi : G \to G', \psi : G' \to G''$이 동형사상일 때, $\phi\psi : G \to G''$도 동형사상임을 증명하라.

10 군 $(G, \circ)$의 원소 a, b에 대하여 $a * b = b \circ a$와 같이 이항연산 $*$를 다시 정의할 때, $(G, *)$는 $(G, \circ)$와 동형인 군임을 증명하라.

1-2 · E · X · E · R · C · I · S · E · S · 연습문제

11 행렬

$$I=\begin{bmatrix}1&0\\0&1\end{bmatrix},\ A=\begin{bmatrix}-1&0\\0&1\end{bmatrix},\ B=\begin{bmatrix}1&0\\0&-1\end{bmatrix},\ C=\begin{bmatrix}-1&0\\0&-1\end{bmatrix}$$

에 대하여, $G=\{I, A, B, C\}$라고 할 때, 다음을 증명하라.

(1) G는 행렬의 곱셈에 관하여 군을 이룬다.

(2) $G \cong V_4$.

12 한 명제에 역, 이, 대우를 취하는 것을 각각 α, β, γ, 그냥 두는 것을 ε이라 하고, $G=\{\varepsilon, \alpha, \beta, \gamma\}$라고 하자. $\phi,\ \psi \in G$에 대하여 명제에 ϕ를 취한 다음 ψ를 취하는 것을 $\phi \circ \psi$라고 할 때, 다음을 증명하라.

(1) $(G, \circ)$는 연산 $\circ$에 관하여 군을 이룬다.

(2) $G \cong V_4$.

13 $fr = r^{-1}f$ (연습문제 1.1.16) 을 이용하면 오른쪽 [표 1]과 같은 $D_3=\{\varepsilon, r, r^2, f, rf, r^2f\}$의 연산표를 얻는다. 이 연산표에서 g행, g열이 $\varepsilon, r, r^2, f, rf, r^2f$의 순열로서 동일한 $g \in D_3$를 찾아라.

	ε	r	r^2	f	rf	r^2f
ε	ε	r	r^2	f	rf	r^2f
r	r	r^2	ε	rf	r^2f	f
r^2	r^2	ε	r	r^2f	f	rf
f	f	r^2f	rf	ε	r^2	r
rf	rf	f	r^2f	r	ε	r^2
r^2f	r^2f	rf	f	r^2	r	ε

[표 1]

1-3 부분군

이 절의 학습 내용

- 부분군 / • 부분군의 판정법
- 블락 / • 블락곱 / • 부분군의 블락에 관한 조건
- 부분군의 블락곱이 부분군이 될 조건
- 중심 / • 이면체군의 중심

부분군의 뜻

정의 군 G의 공집합이 아닌 부분집합 H가 G의 연산 하에서 군을 이룰 때, H를 G의 **부분군**이라고 하고 기호로

$$H \leq G$$

와 같이 나타낸다.

◂ 部分群 subgroup

보기 1 (1) $\varnothing \neq \mathbf{R}^{\#} \subset \mathbf{C}^{\#}$이고, $\mathbf{R}^{\#}$는 복소수의 곱셈 하에서 군을 이루므로 $\mathbf{C}^{\#}$의 부분군이다. 즉 $\mathbf{R}^{\#} \leq \mathbf{C}^{\#}$.

(2) 자연수 n에 대하여, $\varnothing \neq n\mathbf{Z} \subset \mathbf{Z}$이고, $n\mathbf{Z}$는 정수의 덧셈 하에서 군을 이루므로 $\mathbf{Z}$의 부분군이다. 즉, $n\mathbf{Z} \leq \mathbf{Z}$.

임의의 군 G에 대하여 $\{e\}$와 G는 G의 부분군이다. $\{e\}$를 G의 **자명한 부분군**이라고 하고, G가 아닌 부분군을 **진부분군**이라고 한다. H가 G의 진부분군일 때, 이를 $H < G$와 같이 나타내고, H가 G의 부분군이 아닐 때, 이를 $H \nleq G$와 같이 나타낸다.

◂ trivial subgroup

◂ 眞部分群 proper subgroup

부분군 판정법

군의 부분집합이 어떤 경우에 부분군이 되는지를 판정하는 방법에 대하여 알아보자.

정리 1.3.1 *(Two Step Test)*

군 G의 부분집합 $H \neq \varnothing$에 대하여, $H \leq G$일 필요충분조건은

(i) $a, b \in H \Rightarrow ab \in H$ (ii) $a \in H \Rightarrow a^{-1} \in H$

증명 ($\Rightarrow$) 은 명백하다.

($\Leftarrow$) (i) 에 의하여 G 의 연산은 H 의 **이항연산**이다.

결 v 모든 $a, b, c \in G$ 에 대하여 성립하는 **결합법칙** $(ab)c = a(bc)$ 는 $a, b, c \in H$ 에 대해서도 물론 성립한다.

역 v (ii) 에 의하여 H 의 각 원소는 H 내에서 **역원**을 가진다.

항 v $H \neq \varnothing$이므로 $x \in H$ 를 잡을 수 있다. (ii)에 의하여

$$x^{-1} \in H.$$

$x, x^{-1} \in H$ 이므로 (i) 에 의하여

$$e = xx^{-1} \in H.$$

따라서 H는 **항등원**을 가진다. ∎

'군 G의 부분집합 H 가 조건 (i) 을 만족할 때, H 는 G의 연산 하에서 **닫혀있다**고 한다.

◀ H is closed under the operation of G

보기 2 $Q^+ = \{a \in Q \mid a > 0\}$ 는 $(Q^\#, \cdot)$의 부분군이다.

$\because$
- 명백히, $\varnothing \neq Q^+ \subset Q^\#$이다. ($\because 1 \in Q^+$).
- $a, b \in Q^+$일 때, $ab \in Q$이고 $ab > 0$이므로 $ab \in Q^+$.
  따라서 조건 (i) 이 성립한다.
- $a \in Q^+$에 대하여 $a^{-1} = \dfrac{1}{a} \in Q^+$.
  따라서 조건 (ii) 가 성립한다.

그러므로 two step test에 의하여 $Q^+ \leq Q^\#$이다.

정리 1.3.2 (One Step Test)

군 G의 부분집합 $H \neq \varnothing$에 대하여, $H \leq G$일 필요충분조건은

(iii) $$a, b \in H \Rightarrow ab^{-1} \in H$$

증 명 「Two step test의 (i) & (ii)」 $\Leftrightarrow$ (iii)

을 보이면 된다.

($\Rightarrow$) $$a, b \in H \underset{\text{(ii)}}{\Rightarrow} a, b^{-1} \in H \underset{\text{(i)}}{\Rightarrow} ab^{-1} \in H.$$

그러므로 (iii)이 성립한다.

($\Leftarrow$) $H \neq \varnothing$이므로 $x \in H$를 잡을 수 있다. 이 때, $e = xx^{-1} \underset{\text{(iii)}}{\in} H$.

- $$a \in H \Rightarrow a^{-1} = ea^{-1} \underset{\text{(iii)}}{\in} H.$$

그러므로 (ii)가 성립한다.

- $$a, b \in H \underset{\text{(ii)}}{\Rightarrow} a, b^{-1} \in H \Rightarrow ab = a(b^{-1})^{-1} \underset{\text{(iii)}}{\in} H.$$

그러므로 (i)이 성립한다. ▮

◀ (iii)을 가정하면 (ii)가 성립하므로 여기서는 (ii)를 사용할 수 있다.

보기 3 $T = \{z \in \mathbf{C} \,|\, |z| = 1\}$은 $(\mathbf{C}^{\#}, \cdot)$의 부분군이다.

∵
- $1 \in T$이므로 $T \neq \varnothing$이고, $T \subset \mathbf{C}^{\#}$이다.
- $z, w \in T$에 대하여, $|z| = |w| = 1$이므로

$$|zw^{-1}| = |z||w^{-1}| = |z|\frac{1}{|w|} = 1. \quad \therefore\ zw^{-1} \in T.$$

그러므로 one step test에 의하여 $T \leq \mathbf{C}^{\#}$이다.

보기 4 군 G의 원소 g에 대하여

$$\langle g \rangle = \{g^n \,|\, n \in \mathbf{Z}\}$$

로 정의되는 집합 $\langle g \rangle$는 G의 부분군이다.

∵
- $g \in \langle g \rangle$이므로 $\langle g \rangle \neq \varnothing$이다.
- $a, b \in \langle g \rangle \Rightarrow a = g^m, b = g^n, (m, m \in \mathbf{Z})$

$$\Rightarrow ab^{-1} = g^m g^{-n} = g^{m-n} \in \langle g \rangle.$$

그러므로 one step test에 의하여 $\langle g \rangle \leq G$ 이다.

◀ G의 연산이 덧셈일 때는
$\langle g \rangle = \{ng \,|\, n \in \mathbf{Z}\}$.
$a = mg, b = ng \in \langle g \rangle$
$\Rightarrow a - b = mg - ng$
$= (m-n)g \in \langle g \rangle$.

보기 4의 G의 부분군 $\langle g \rangle$를 g로 생성되는 **순환부분군**이라고 한다.

◀ 循環部分群 cyclic subgroup generated by g

정리 1.3.3 *(Finite Subgroup Test)*

군 G의 유한 부분집합 $H \neq \varnothing$에 대하여, $H \leq G$일 필요충분조건은

(i) $$a, b \in H \Rightarrow ab \in H$$

증명 이 경우, (i)로부터 two step test의 조건 (ii)가 도출된다는 것을 보이면 충분하다.

$H = \{h_1, h_2, \cdots, h_n\}$이라 하고, $a \in H$라고 하면, $ah_1, \cdots, ah_n$은 H에 속하고(∵ 조건 (i)), 모두 서로 다르다.

∵ $ah_i = ah_j$이면, 소거율에 의하여 $a_i = a_j$이다. ◆

$$\therefore \{ah_1, \cdots, ah_n\} = H. \quad \cdots\cdots ①$$

①에 의하여 $ah_i = a$인 h_i가 존재한다. 이 때 $e = h_i \in H$이다. (∵ 소거율).

다시 ①에 의하여 $ah_j = e$인 $h_j \in H$가 존재한다. 이 때, $h_j = a^{-1}$.

그러므로 two step test의 조건 (ii)가 성립한다. ▮

보기 5 자연수 n에 대하여 $T_n = \{1, \omega, \omega^2, \cdots, \omega^{n-1}\}$은 $(C^{\#}, \cdot)$의 부분군이다. (단, $\omega = 2\pi i/n$).

∵ • 명백히 $T_n \neq \varnothing$은 $C^{\#}$의 유한부분집합이다.

• $\omega^i, \omega^k \in T_n$일 때, $i +_n k = r$이라고 하면

$$\omega^i \omega^k = \omega^{i+k} = \omega^r \in T_n.$$

그러므로 finite subgroup test에 의하여 $T_n \leq C^{\#}$이다.

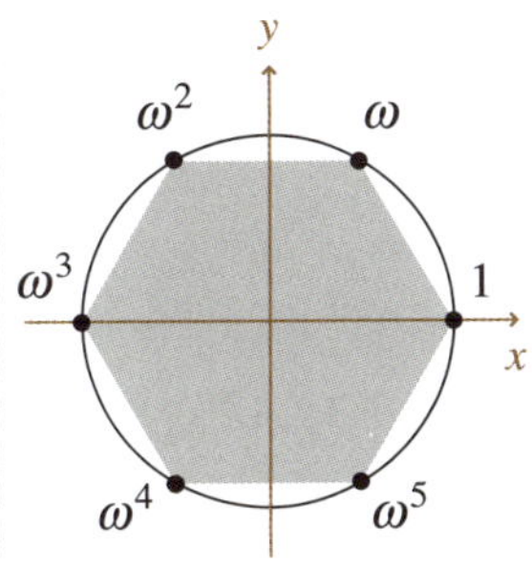

보기 6 이면체군 D_n에 대하여, $r = r_1, f = f_1$이라고 할 때,

(1) $H = \{\varepsilon, r, r^2, \cdots, r^{n-1}\}$은 D_n의 부분군이다.

∵ 보기 5와 같은 방법.

(2) $K = \{\varepsilon, f\}$는 D_n의 부분군이다.

∵ $\varepsilon\varepsilon = \varepsilon \in K, ff = \varepsilon \in K, \varepsilon f = f\varepsilon = f \in K$이므로 finite subgroup test에 의하여 $K \leq D_n$이다.

(3) $A = \{f, rf, r^2f, \cdots, r^{n-1}f\}$는 D_n의 부분군이 아니다.

∵ $rf, f \in A$에 대하여 $rff = re = r \notin A$이므로 A는 D_n의 연산 하에서 닫혀 있지 않다. 그러므로 $A \not\leq D_n$이다.

집합 G가 어떤 연산 하에서 군임을 보이기 위해서는 G가 같은 연산을 가지는 어떤 군의 부분군임을 보이면 충분하다.

보기 7 $\mathbf{1}=\begin{bmatrix}1&0\\0&1\end{bmatrix}$, $\mathbf{i}=i\begin{bmatrix}1&0\\0&-1\end{bmatrix}$, $\mathbf{j}=\begin{bmatrix}0&1\\-1&0\end{bmatrix}$, $\mathbf{k}=i\begin{bmatrix}0&1\\1&0\end{bmatrix}$,

(단, i는 허수단위),

라고 할 때,

$$Q_8=\{\mathbf{1},-\mathbf{1},\mathbf{i},-\mathbf{i},\mathbf{j},-\mathbf{j},\mathbf{k},-\mathbf{k}\}$$

는 행렬의 곱셈 하에서 군을 이룬다.

∵ $Q_8 \le GL(2,C)$ 임을 보이면 충분하다.

$\pm\mathbf{e},\pm\mathbf{i},\pm\mathbf{j},\pm\mathbf{k}$는 가역행렬이므로 $Q_8 \subset GL(2,C)$ 이다.

행렬을 직접 곱함으로써 다음이 성립함을 알 수 있다.

- $(-\mathbf{1})^2=\mathbf{1}$, $\mathbf{i}^2=\mathbf{j}^2=\mathbf{k}^2=-\mathbf{e}$,
- $\mathbf{ij}=\mathbf{k}=-\mathbf{ji}$, $\mathbf{jk}=\mathbf{i}=-\mathbf{kj}$, $\mathbf{ki}=\mathbf{j}=-\mathbf{ik}$.

그러므로 Q_8은 행렬의 곱셈 하에서 닫혀 있다. 따라서 finite subgroup test에 의하여 $Q_8 \le GL(2,C)$ 이다.

◂ $GL(2,C)$는 일반선형군 (1.1절, 보기 4)

◂ $\mathbf{i}^2=i^2\begin{bmatrix}1&0\\0&-1\end{bmatrix}\begin{bmatrix}1&0\\0&-1\end{bmatrix}=-\begin{bmatrix}1&0\\0&1\end{bmatrix}=-\mathbf{1}$

$\mathbf{ij}=i\begin{bmatrix}1&0\\0&-1\end{bmatrix}\begin{bmatrix}0&1\\-1&0\end{bmatrix}=i\begin{bmatrix}0&1\\1&0\end{bmatrix}=\mathbf{k}$

보기 7의 군 Q_8 을 **사원수군**이라고 한다.

◂ 四元數群 quarternion group

정리 1.3.4

H, K가 군 G의 부분군일 때, $H\cap K$도 G의 부분군이다.

증명 $a,b\in H\cap K \Rightarrow \begin{cases}a,b\in H\\a,b\in K\end{cases} \Rightarrow \begin{cases}ab^{-1}\in H\\ab^{-1}\in K\end{cases}$

$$\Rightarrow ab^{-1}\in H\cap K.$$

따라서, one step test에 의하여, $H\le G$이다. ▌

NoTE 1 일반적으로 군 G 의 부분군의 합집합이 G 의 부분군인 것은 아니다.

∵ $H=\{1,\omega^2,\omega^4\}, K=\{1,\omega^3\}$은 T_6의 부분군이다.

그러나 $H\cup K=\{1,\omega^2,\omega^3,\omega^4\}$는 T_6의 부분군이 아니다.

◂ $\omega^2\omega^3=\omega^5\notin H\cup K$

블락곱과 부분군

군 G의 공집합이 아닌 부분집합을 G의 **블락**이라고 한다. 군 G의 블락 A, B에 대하여, A와 B의 **블락곱** AB를

$$AB = \{ab \mid a \in A, b \in B\}$$

와 같이 정의한다. 특히 블락곱 $\{x\}A, A\{x\}$는 각각 간단히 xA, Ax로 나타낸다. 또, 블락 A의 **역블락** A^{-1}를

$$A^{-1} = \{a^{-1} \mid a \in A\}$$

와 같이 정의한다.

◂ block

◂ block multiplication

◂ inverse block

보기 8 (1) $A = \{1, \omega^2\}$, $B = \{\omega^2, \omega^4\} \subset T_6$에 대하여

$$AB = \{1\omega^2, 1\omega^4, \omega^2\omega^2, \omega^2\omega^4\} = \{1, \omega^2, \omega^4\}.$$

$$A^{-1} = \{1^{-1}, (\omega^2)^{-1}\} = \{1, \omega^4\}$$

(2) $H = \{1, f\}$, $K = \{1, rf\} \subset D_3$에 대하여

$$HK = \{1 \cdot 1, 1rf, f1, frf\} = \{1, rf, f, r^2\}$$

◂ $frf = r^{-1} = r^2$ (예제 1.1.5)

보조정리 1.3.5 (블락곱의 성질)

군 G의 블락 A, B, C에 대하여,

(1) $(AB)C = A(BC)$ (블락 결합법칙)

(2) $(AB)^{-1} = B^{-1}A^{-1}$

증명 (1) $(AB)C = \{ab \mid a \in A, b \in B\}C$

$$= \{(ab)c \mid a \in A, b \in B, c \in C\}$$
$$= \{a(bc) \mid a \in A, b \in B, c \in C\}$$
$$= A\{bc \mid b \in B, c \in C\} = A(BC).$$

(2) $(AB)^{-1} = \{(ab)^{-1} \mid a \in A, b \in B\}$

$$= \{b^{-1}a^{-1} \mid a \in A, b \in B\}$$
$$= \{yx \mid x \in A^{-1}, y \in B^{-1}\} = B^{-1}A^{-1}. \quad ▮$$

NOTE 2 $H \leq G$일 때, 다음이 성립한다. (연습문제 1.3.11)

㉮ $HH = H$ ㉯ $H^{-1} = H$

Two step test는 다음과 같이 블락을 써서 표현될 수 있다.

따름정리 1.3.6

군 G의 부분집합 $H \neq \varnothing$에 대하여, $H \leq G$일 필요충분조건은

(i)′ $HH \subset H$ (ii)′ $H^{-1} \subset H$

군 G의 부분군 H, K의 블락곱 HK가 G의 부분군인 것은 아니다.
HK가 G의 부분군이 되는 경우는 다음과 같다.

정리 1.3.7

군 G의 부분군 H, K에 대하여,

$$HK \leq G \Leftrightarrow HK = KH$$

증명 (⇒) $HK \leq G$를 가정하면,

$$HK \underset{㉠}{=} (HK)^{-1} \underset{㉡}{=} K^{-1}H^{-1} \underset{㉢}{=} KH.$$

(⇐) $HK = KH$를 가정하면,

(i)′ $(HK)(HK) \underset{㉣}{=} H(KH)K \underset{㉤}{=} H(HK)K \underset{㉥}{=} (HH)(KK) \underset{㉦}{=} HK.$

(ii)′ $(HK)^{-1} \underset{㉧}{=} K^{-1}H^{-1} \underset{㉨}{=} KH \underset{㉩}{=} HK.$

따라서, 따름정리 1.3.6에 의하여, $HK \leq G$이다. ▌

◀ ㉠ NoTє 2 ㉯
㉡ 보조정리 1.3.5 의 (2)
㉢ NoTє 2 ㉯
㉣ 블락 결합법칙
㉤ 가정 : $HK = KH$
㉥ 블락 결합법칙
㉦ NoTє 2 ㉮
㉧ 보조정리 1.3.5 의 (2)
㉨ NoTє 2 ㉯
㉩ 가정 : $HK = KH$

보기 9 (1) $T_6 = \{\varepsilon, \omega, \cdots, \omega^5\}$, (단, $\omega = e^{2\omega i/6}$), 의 부분군 $H = \langle \omega^2 \rangle, K = \langle \omega^3 \rangle$에 대하여, $HK = KH$. $\therefore HK \leq T_6$.

(2) D_3의 부분군 $H = \{\varepsilon, f\}$, $K = \{\varepsilon, rf\}$에 대하여

$$HK = \{\varepsilon\varepsilon, \varepsilon rf, f\varepsilon, frf\} = \{\varepsilon, rf, f, r^{-1}\},$$

$$KH = \{\varepsilon\varepsilon, \varepsilon f, rf\varepsilon, rff\} = \{\varepsilon, f, rf, r\}$$

이므로 $HK \neq KH$. $\therefore HK \nleq D_3$.

따름정리 1.3.8

G가 아벨군일 때, $H, K \leq G$이면 $HK \leq G$이다.

특별한 부분군

● 군의 중심

군 G의 모든 원소와 가환인 원소 전체의 집합

$$Z(G) = \{g \in G \mid gx = xg, \forall x \in G\}$$

를 G의 **중심**이라고 한다.

◀ 中心 center

명백히, G가 아벨군일 필요충분조건은 「$Z(G) = G$」 이다.

정리 1.3.9

군 G의 중심 $Z(G)$는 G의 부분군이다.

증명 $e \in Z(G)$이므로 $Z(G) \neq \varnothing$.

● $a, b \in Z(G)$라고 하면 a, b는 G의 모든 원소와 가환이다. 임의의 $x \in G$에 대하여

$$(ab)x = a(bx) = a(xb) = (ax)b = (xa)b = x(ab)$$

이므로 $ab \in Z(G)$이고, 따라서 two step test의 조건 (i)이 성립한다.

● $a \in Z(G)$라고 하면 임의의 $x \in G$에 대하여 $ax = xa$.

$$\begin{aligned} ax = xa &\Leftrightarrow a^{-1}axa^{-1} = a^{-1}xaa^{-1} \\ &\Leftrightarrow \quad xa^{-1} = a^{-1}x \end{aligned}$$

이므로 $a^{-1} \in Z(G)$이고, 따라서 two step test의 조건 (ii)가 성립한다.

그러므로, $Z(G) \leq G$이다. ▌

예제 1.3.10

자연수 $n \geq 3$에 대하여, 이면체군 $D_n = \{\varepsilon, r_1, r_2, \cdots, r_{n-1}, f_1, f_2, \cdots, f_n\}$ 의 중심은 다음과 같음을 보여라.

$$Z(D_n) = \begin{cases} \{\varepsilon, r_{n/2}\}, & (n\text{이 짝수일 때}), \\ \{\varepsilon\}, & (n\text{이 홀수일 때}). \end{cases} \quad \cdots\cdots\cdots \quad ①$$

증명 예제 1.1.5의 (4)에 의하여, $Z(D_n) \cap \{f_1, f_2, \cdots, f_n\} = \varnothing$.

$r_k \in Z(D_n)$이라고 하면 $r_k f_1 = f_1 r_k$이고, 따라서,

$$r_k^2 = r_k r_k = r_k r_k f_1 f_1 = r_k f_1 r_k f_1 = \varepsilon.$$

한편,

$$r_k^2 = \varepsilon \Leftrightarrow r_k^2 = (360° \text{ 회전}) \Leftrightarrow r_k = (180° \text{ 회전})$$

이므로, n 이 홀수일 때는 그러한 r_k 가 존재하지 않고, n 이 짝수일 때는 $r_k = r_{n/2}$이다.

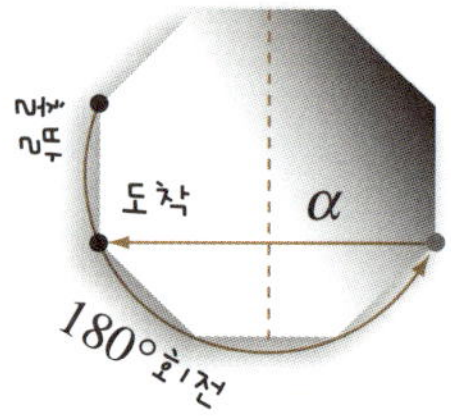

n 이 짝수일 때, 임의의 $\alpha \in D_n$에 대하여 정 n 각형을 180° 회전시킨 다음 α를 시행하는 것이나 α를 시행한 다음 180° 회전시키는 것은 같은 것이므로

$$r_{n/2}\,\alpha = \alpha\, r_{n/2}$$

이고, 따라서 $r_{n/2} \in \mathbf{Z}(D_n)$ 이다.

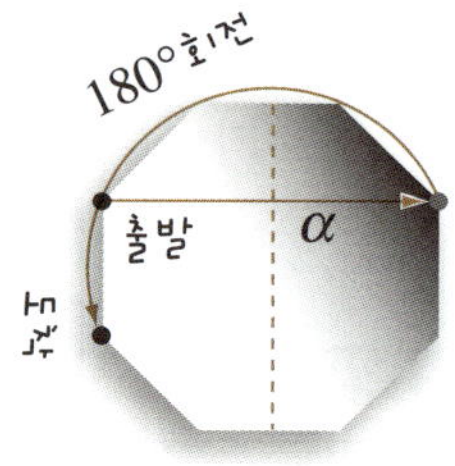

그러므로 $\mathbf{Z}(D_n)$ 은 ①과 같이 주어진다. ◘

● 군의 부분집합으로 생성되는 부분군

군 G의 부분집합 $X \neq \varnothing$ 에 대하여, X를 포함하는 G의 모든 부분군의 교집합은 G 의 부분군이다. (연습문제 1.3.7). 이 부분군을 X로 **생성되는 부분군**이라 하고

◀ subgroup generted by X

$$\langle X \rangle$$

로 나타낸다. 유한집합 $\{x_1, x_2, \cdots, x_n\}$ 으로 생성되는 부분군은

$$\langle x_1, x_2, \cdots, x_n \rangle$$

과 같이 나타낸다.

보기 10 D_n 의 원소 $r = r_1$, $f \in \{f_1, \cdots, f_n\}$에 대하여,

$$S = \{\varepsilon, r, \cdots, r^{n-1}, f, rf, \cdots, r^{n-1}f\}$$

라고 하자.

$$\varepsilon, r, \cdots, r^{n-1}, f, rf, \cdots, r^{n-1}f$$

은 모두 서로 다르므로, (연습문제 1.1.16), $|S| = 2n = |D_n|$이고, 따라서 $S = D_n$이다. $D_n = S \subset \langle r, f \rangle \subset D_n$ 이므로

$$\langle r, f \rangle = D_3.$$

그러므로 D_3은 r, f 에 의하여 생성된다.

appEndix • 케일리 유향그래프

오른쪽 [그림 1]과 같이 구별되는 몇 개의 꼭지점(여기서는 x, y, z, u) 및 꼭지점과 꼭지점 사이의 관계를 나타내는 선(이것을 **변**이라고 한다.)으로 이루어진 도형을 **그래프**라고 한다. [그림 2]와 같이 그래프의 각 변에 방향을 준 것(이것을 **유향변**이라고 한다.)을 **유향그래프**라고 한다.

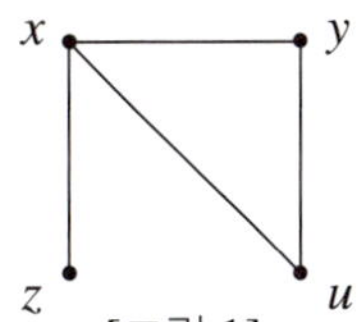

[그림 1]

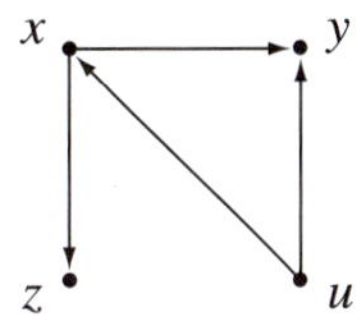

[그림 2]

유한군 G의 부분집합 X에 대하여 $\langle X\rangle = G$라고 할 때, G의 **케일리 유향그래프** $\mathrm{Cay}(X, G)$는 다음과 같이 정의된다.

(i) $\mathrm{Cay}(X, G)$의 꼭지점은 G의 각 원소이다.

(ii) $g, h \in G$에 대하여, g에서 h로 가는 유향변이 있을 필요충분조건은 $gx = h$를 만족하는 $x \in X$가 존재할 것이다.

예를 들어

$T_6 = \langle\omega\rangle$, (단, $\omega = e^{2\pi i/6}$),

$D_4 = \langle r, f\rangle$, (단, $r = (60°$ 회전$), f = ($한 대칭축으로 뒤집기$))$

의 케일리 유향그래프는 각각 [그림 3], [그림 4]와 같다.

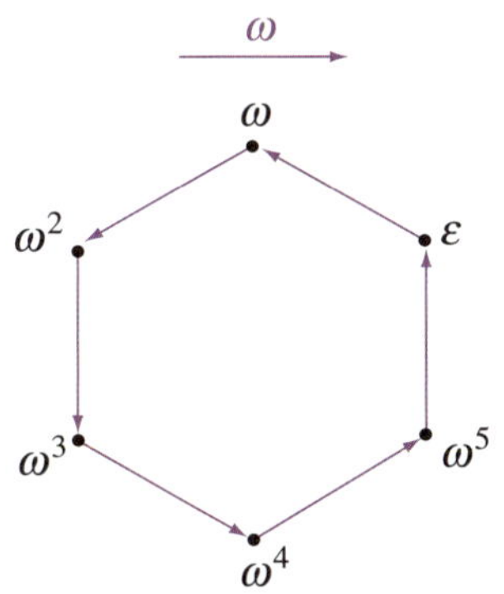

[그림 3]

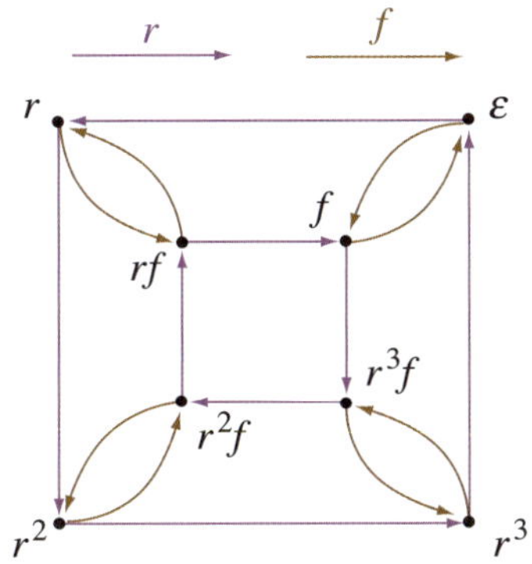

[그림 4]

케일리 유향그래프는 다음 성질을 가진다.

1. 임의의 $g, h \in G$에 대하여 g에서 h로 가는 경로가 존재한다.
2. 임의의 $g, h \in G$에 대하여 g에서 h로 가는 유향변은 1개 이하이다.
3. 각 $g \in G$에 대하여 g로 들어오고 나가는 유향변은 각각 꼭 1개씩 있다.

1-3 E·X·E·R·C·I·S·E·S 연습문제

1 G가 아벨군일 때, 고정된 자연수 n에 대하여, G 내에서 방정식 $x^n = e$의 해 전체의 집합은 G의 부분군임을 증명하라.

2 군 G의 원소 g에 대하여 $C_G(g) = \{x \in G \mid xg = gx\}$는 G의 부분군임을 증명하라.

◀ $C_G(g)$를 G 내에서 g의 **센트랄라이저** centralizer)라고 한다.

3 G가 유한군일 때, 각 $g \in G$에 대하여 $\mathrm{o}(g) \leq |G|$임을 증명하라.

4 군 G의 부분군 H, K에 대하여 다음을 증명하라.
(1) $H \cup K \leq G$인 것은 아니다.
(2) $HK \leq G$일 때, HK는 H, K를 포함하는 최소의 부분군이다.
(3) $H \cap K$는 H, K에 포함되는 최대의 부분군이다.
(단, 최소, 최대란 집합의 포함관계에 대한 최소, 최대를 뜻한다.)

5 $H = \left\{\begin{bmatrix} 1 & n \\ 0 & 1 \end{bmatrix} \middle| n \in \boldsymbol{Z}\right\}$는 $GL(2, \boldsymbol{R})$의 순환부분군임을 보여라.

6 $\boldsymbol{Q}[\sqrt{2}] = \{a + b\sqrt{2} \mid a, b \in \boldsymbol{Q}\}$라고 할 때, 다음은 군임을 보여라.
(1) $(\boldsymbol{Q}[\sqrt{2}], +)$ (2) $(\boldsymbol{Q}[\sqrt{2}] - \{0\}, \cdot)$

7 군 G의 일단의 부분군의 교집합은 G의 부분군임을 증명하라.

8 군 G의 부분집합 $X \neq \varnothing$에 대하여, $\langle X \rangle$는 $X \cup X^{-1}$의 유한개의 원소의 곱 전체의 집합임을 증명하라.

9 군 G에 대하여

$$X = \{[a, b] \mid a, b \in G\}, (\text{단}, [a, b] = a^{-1}b^{-1}ab)$$

로 생성되는 부분군을 G'으로 나타낸다. G가 아벨군일 필요충분조건은 $G' = \{e\}$임을 증명하라.

◀ $[a, b]$를 **교환자** (commutator)라 하고, G'을 G의 **교환자부분군** (commutator subgroup)이라고 한다.

1-3 · E · X · E · R · C · I · S · E · S · 연습문제

10 $\mathbf{a} = \begin{bmatrix} 0 & i \\ i & 0 \end{bmatrix}$, $\mathbf{b} = \begin{bmatrix} \omega & 0 \\ 0 & \omega^2 \end{bmatrix}$, (단, i 는 허수단위, $\omega = e^{2\pi i/3}$), 라고 할 때, $\langle \mathbf{a}, \mathbf{b} \rangle$ 는 $GL(2, \boldsymbol{C})$의 위수 12인 비아벨 부분군임을 증명하라.

11 군 G의 부분군 H에 대하여 다음이 성립함을 증명하라.

(1) $HH = H$ (2) $H^{-1} = H$

12 다음을 구하라.

(1) $3 \in \boldsymbol{Z}_{15}$ 로 생성되는 $\boldsymbol{Z}_{15}$ 의 순환부분군

(2) $\omega = e^{2\pi i/12}$일 때, $\alpha = \omega^3$ 으로 생성되는 $\boldsymbol{T}_{12}$ 의 순환부분군

13 행렬

$$P = \begin{bmatrix} 0 & 1 & 0 & 0 \\ 0 & 0 & 1 & 0 \\ 0 & 0 & 0 & 1 \\ 1 & 0 & 0 & 0 \end{bmatrix}$$

에 대하여 다음 물음에 답하라.

(1) $P \in GL(4, \boldsymbol{R})$ 임을 보여라.

(2) $\mathrm{o}(P)$ 를 구하라.

(3) P 로 생성되는 $GL(4, \boldsymbol{R})$ 의 순환부분군을 구하라.

14 D_n의 원소 $r = r_1$, $f \in \{f_1, \cdots, f_n\}$에 대하여 다음을 구하라.

(1) $\langle r \rangle$ (2) $\langle f \rangle$ (3) $\langle rf \rangle$

1-4 순환군

✤ 이 절의 학습 내용

- 순환군
- 생성원
- 원소의 위수
- 유한 순환군의 생성원의 조건
- 순환군의 부분군

순환군의 뜻

군 G의 원소 g로 생성되는 G의 순환부분군 $\langle g\rangle$는

$$\langle g\rangle=\{g^n \mid n\in \mathbf{Z}\}=\{\cdots, g^{-2}, g^{-1}, e, g, g^2, g^3, \cdots\}$$

과 같이 정의된다. (1.3절, 보기 4).

◀ G의 연산이 덧셈일 때는 $\langle g\rangle=\{ng \mid n\in \mathbf{Z}\}$.

정의 군 G에 대하여, 어떤 $g\in G$가 존재하여 $G=\langle g\rangle$일 때, G를 **순환군**이라 하고, g를 G의 **생성원**이라고 한다.

◀ 循環群 cyclic group
生成元 generator

보기 1 (1) $T_4=\{1,-1,i,-i\}$는 순환군이다. (단, i는 허수단위)

$\because\ \langle i\rangle=\{\cdots, i^{-1}, i^0, i^1, i^2, i^3, \cdots\}=\{1,-1,i,-i\}=T_4$.

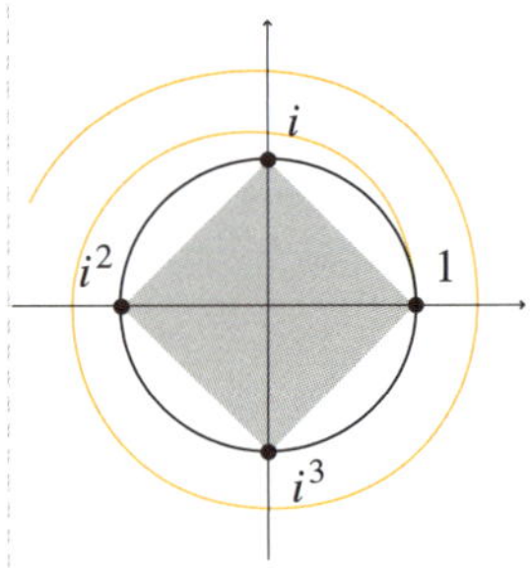

(2) 고정된 자연수 a에 대하여, a의 배수 전체의 집합 $a\mathbf{Z}$는 a로 생성되는 순환군이다.

$\because\ \langle a\rangle=\{na \mid n\in \mathbf{Z}\}=\{\cdots, -2a, -a, 0, a, 2a, \cdots\}=a\mathbf{Z}$.

연산이 덧셈이므로, $aaa=a^3$이 아닌 $a+a+a=3a$,
$a^{-1}a^{-1}a^{-1}=a^{-3}$이 아닌 $(-a)+(-a)+(-a)=-3a$.

보기 2 $Z_5=\{0,1,2,3,4\}$ 는 순환군이다.

$\because\ \langle 1\rangle=\{n1\mid n\in Z\}$

$=\{\cdots,-5,-4,-3,-2,-1,0,1,2,3,4,5,6,7,8,9,\cdots\}$

$=\{\cdots,\ 0,\ 1,\ 2,\ 3,\ 4,0,1,2,3,4,0,1,2,3,4,\cdots\}$

$=\{0,1,2,3,4\}=Z_5.$

보기 2와 같이 생각하면

> 임의의 자연수 $n\ge 2$에 대하여 Z_n은 순환군

임을 알 수 있다.

보기 3 $n\ge 2$가 자연수일 때, $T_n\cong Z_n$(연습문제 1.2.2) 이므로 T_n은 순환군이고, $\omega=e^{2\pi i/n}$는 T_n의 생성원이다. 즉, $T_n=\langle\omega\rangle$.

보기 4 (1) $U_{10}=\{1,3,7,9\}$ 는 순환군이다.

$\because\ \langle 3\rangle=\{\cdots,3^{-4},3^{-3},3^{-2},3^{-1},3^0,3^1,3^2,3^3,3^4,3^3,3^4\cdots\}$

$=\{\cdots,1\ ,3\ ,9\ ,7\ ,1\ ,3\ ,9\ ,7\ ,1\ ,3\ ,9\ \cdots\}$

$=\{1,3,7,9\}=U_{10}.$

◀ $3^1=3,$
$3^2=9,$
$3^3=27=7$
$3^4=81=1$

(2) $U_8=\{1,3,5,7\}$ 은 순환군이 아니다.

$\because\ \langle 1\rangle=\{1\}\ne U_8.$

임의의 $g\in U_8-\{1\}$ 에 대하여 $g^2=1$이므로

$$\langle g\rangle=\{1,g\}\ne U_8.$$

그러므로 U_8은 순환군이 아니다.

◀ $3^2=9=1$
$5^2=25=1$
$7^2=49=1.$

정리 1.4.1

순환군은 아벨군이다.

증명 G가 순환군이면 어떤 $g\in G$가 있어서 $G=\langle g\rangle$ 이다.
$x,y\in G$에 대하여 $x=g^k,\ y=g^l,\ (k,l\in Z)$ 이므로

$$xy=g^kg^l=g^{k+l}=g^lg^k=yx.\ ▌$$

유한 순환군의 생성원에 대하여 알아보자.

보조정리 1.4.2

군 G의 원소 g와 정수 k에 대하여,

$$g^k = e \Leftrightarrow \mathrm{o}(g) \mid k.$$

(k는 $\mathrm{o}(g)$의 배수!)

증명 $\mathrm{o}(g) = n$이라고 하자.

$(\Rightarrow)$ $\mathrm{o}(g) = n$이라 하고, k를 n으로 나눈 몫을 q, 나머지를 r이라고 하면,

$$k = nq + r, (0 \le r < n) \quad \cdots\cdots ①$$

이다. 이 때,

$$e = g^k = g^{nq+r} = (g^n)^q g^r = e^q g^r = eg^r = g^r.$$

$0 \le r < \mathrm{o}(g)$ 이므로, 위수의 정의에 의하여, $r = 0$ 이다.

◀ $\mathrm{o}(g) = \min\{l \in \mathbf{Z}^+ \mid g^l = e\}$

①로 부터 $k = nq$이고, 따라서 $n \mid k$ 이다.

$(\Leftarrow)$ $n \mid k \Rightarrow k = nq, (q \in \mathbf{Z})$

$\Rightarrow g^k = g^{nq} = (g^n)^q = e^q = e.$ ▌

따름정리 1.4.3

군 G의 원소 g에 대하여, $\mathrm{o}(g) < \infty$일 때,

$$\mathrm{o}(g) = |\langle g \rangle|.$$

증명 $\mathrm{o}(g) = n$이라고 하면, $g^n = e$이므로

$$\langle g \rangle = \{e, g, g^2, \cdots, g^{n-1}\}. \quad \cdots\cdots ②$$

임의의 $k \in \mathbf{Z}$에 대하여 g^k는

$$e, g, g^2, \cdots, g^{n-1} \quad \cdots\cdots ③$$

(이들 원소가 모두 달라야 $|\langle g \rangle| = n$이 성립한다.)

중 어느 하나와 같다. $i, j \in \{0, 1, 2, \cdots, n-1\}$에 대하여

$$g^i = g^j$$

라고 하자. 여기서 $i \ge j$라고 가정해도 좋다.

$$g^i = g^j \Rightarrow g^{i-j} = e \underset{㉠}{\Rightarrow} n \mid (i-j) \underset{㉡}{\Rightarrow} i - j = 0 \Rightarrow i = j$$

◀ ㉠ 보조정리 1.4.2
㉡ $0 \le i - j \le i < n$이므로 $i - j$는 음이 아닌 수로서 n보다 작은 n의 배수이다. 그러한 수는 0뿐이다.

따라서 ③에 나열된 원소는 모두 서로 다르고, 그러므로 ②에 의하여 $|\langle g \rangle| = n$이다. ▌

정리 1.4.4

군 G의 원소 g에 대하여 $o(g) = n$이라고 하면, 임의의 정수 k에 대하여

$$o(g^k) = \frac{n}{\gcd(k, n)}$$

증명 $\gcd(k, n) = d$라고 하고, $k = k'd, n = n'd$ 라고 하면 $\gcd(k', n') = 1$이다. 자연수 l에 대하여

$$(g^k)^l = e \Leftrightarrow g^{kl} = e \overset{\text{보조정리 1.4.2}}{\Leftrightarrow} n \mid kl \Leftrightarrow n'd \mid k'dl$$

$$\Leftrightarrow n' \mid k'l \underset{\gcd(k', n') = 1}{\Leftrightarrow} n' \mid l$$

$$\therefore \; o(g^k) = \min\{l \in \mathbf{Z}^+ \mid (g^k)^l = e\}$$

$$= \min\{l \in \mathbf{Z}^+ \mid n' \mid l\} = n' = \frac{n}{d} = \frac{n}{\gcd(k, n)}. \quad \blacksquare$$

보기 5 $\mathbf{Z}_{100}$에서 75의 위수는

$$o(75) = \frac{100}{\gcd(75, 100)} = \frac{100}{25} = 4.$$

따름정리 1.4.5

순환군 $\langle g \rangle$의 위수가 n일 때, $k \in \{1, 2, \cdots, n-1\}$에 대하여, $\langle g^k \rangle = \langle g \rangle$일 필요충분조건은 $\gcd(k, n) = 1$이다.

증명 $o(g) = n$이므로, $g^k \in G = \{e, g, g^2, \cdots, g^{n-1}\}$에 대하여

$$G = \langle g^k \rangle \Leftrightarrow o(g^k) = n \Leftrightarrow \frac{n}{\gcd(k, n)} = n \Leftrightarrow \gcd(k, n) = 1. \quad \blacksquare$$

보기 6 T_8의 생성원은

$$\omega^k, (k \in \{1, 2, \cdots, 7\}, \gcd(k, 8) = 1),$$

즉, $\omega, \omega^3, \omega^5, \omega^7$이다.

따름정리 1.4.6

U_n은 $\mathbf{Z}_n$의 생성원 전체의 집합이다.

◀ $U_n = \{k \in \mathbf{Z}_n \mid \gcd(k, n) = 1\}$

순환군의 부분군

정리 1.4.7

위수가 n인 순환군 $\langle g\rangle$에 대하여,

$$\mathscr{S}=\{H \mid H \leq \langle g\rangle\},\quad \mathscr{D}=\{\langle g^k\rangle \mid k\text{는 } n\text{의 약수}\}$$

라고 할 때, $\mathscr{D}=\mathscr{S}$이다.

증명 명백히, $\mathscr{D}\subset\mathscr{S}$이다.

$\mathscr{S}\subset\mathscr{D}$를 증명한다. $H\in\mathscr{S}$라고 하자. $o(g)=n$이라고 할 때,

$$\langle g\rangle=\{e, g, g^2, \cdots, g^{n-1}\}.$$

- $H=\{e\}$인 경우 : $H=\langle g^n\rangle\in\mathscr{D}$.
- $H\neq\{e\}$인 경우 : H는 $g, g^2, \cdots, g^{n-1}$중 적어도 한 원소를 포함한다. 이들 중 H에 속하는 첫 번 째 원소를 g^k라고 하자.

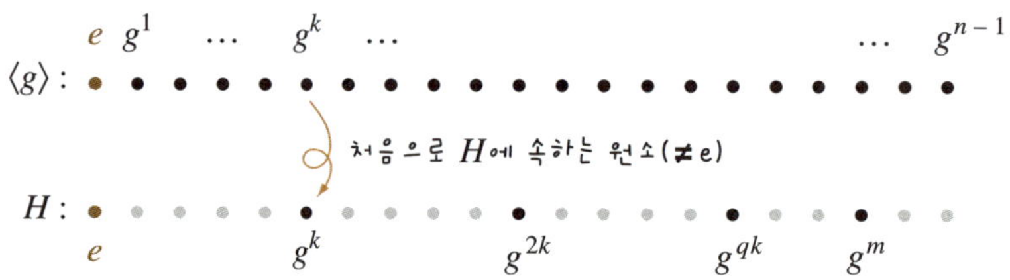

이 지수 k에 대하여 다음이 성립한다.

$$g^m\in H\Rightarrow k\mid m. \quad\cdots\cdots ①$$

∵ m을 k로 나눈 몫을 q, 나머지를 r이라고 하면

$$m=kq+r,\ (0\leq q<k).\quad\cdots\cdots ②$$

이 때, $g^m=g^{kp+r}=g^{kp}g^r$이다. $g^m, g^k\in H$이므로,

$$g^r=g^m(g^{kp})^{-1}\in H.$$

여기서, k의 선택에 의하여, $r=0$이고, 따라서, ②로부터, $m=kq$이다. 그러므로 $k\mid m$이다. ◆

- $g^n=e\in H$이므로, ①에 의하여 $k\mid n$이다.
- 이제 $H=\langle g^k\rangle$ 임을 보인다. 먼저 $g^k\in H$이므로,

$$\langle g^k\rangle\subset H. \quad\cdots\cdots ③$$

한편, $g^m \in H$이면, ①에 의하여, $m = kq, (q \in \mathbf{Z})$, 이고 따라서

$$g^m = g^{kq} \in \langle g^k \rangle.$$

$$\therefore \quad H \subset \langle g^k \rangle. \quad \cdots\cdots ④$$

③, ④에 의하여 $H = \langle g^k \rangle \in \mathscr{D}$이다.

그러므로 $\mathscr{S} \subset \mathscr{D}$가 증명되었다.

이상에서 $\mathscr{S} \subset \mathscr{D}$ 이고 $\mathscr{D} \subset \mathscr{S}$이므로 $\mathscr{S} = \mathscr{D}$ 이다. ▌

$k \mid n$ 일 때 $\frac{n}{k} \mid n$ 이고, $|\langle g^k \rangle| = \frac{n}{k}$, $|\langle g^{n/k} \rangle| = k$이다. 그러므로, 정리 1.4.7에 의하여, 다음을 얻는다.

유한군 G가 순환군이 아닐 경우에는 |G|의 약수 k에 대하여 위수가 k인 G의 부분군이 없을 수도 있고 여러 개 있을 수도 있다.

따름정리 1.4.8

(1) $\mathbf{Z}_n$의 부분군 전체의 집합은

$$\{\langle k \rangle \mid k\text{는 } n\text{의 약수}\}.$$

(2) n의 약수 k에 대하여, $\langle \frac{n}{k} \rangle$은 $\mathbf{Z}_n$의 위수 k인 유일한 부분군이다.

보기 7 12의 약수는 $1, 2, 3, 4, 6, 12$이다. $\mathbf{Z}_{12}$의 부분군과 그 위수는

$\langle 1 \rangle = \mathbf{Z}_{12}$, $\quad |\langle 1 \rangle| = 12$,

$\langle 2 \rangle = \{0, 2, 4, 6, 8, 10\}$, $\quad |\langle 2 \rangle| = 6$,

$\langle 3 \rangle = \{0, 3, 6, 9\}$, $\quad |\langle 3 \rangle| = 4$,

$\langle 4 \rangle = \{0, 4, 8\}$, $\quad |\langle 4 \rangle| = 3$,

$\langle 6 \rangle = \{0, 6\}$, $\quad |\langle 6 \rangle| = 2$,

$\langle 12 \rangle = \{0\}$, $\quad |\langle 12 \rangle| = 1$.

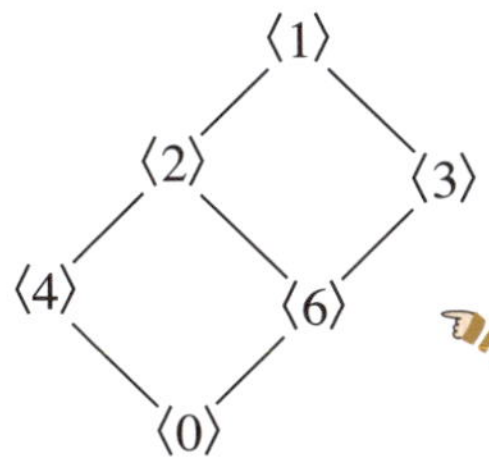

부분군 사이의 포함관계를 이와 같은 그림으로 나타내면 관찰하기에 편리하다. 이와 같은 그림을 **부분군래티스** (subgroup lattice)라고 한다.

순환군의 분류

임의의 순환군 $\langle g \rangle$는 그 생성원 g의 위수에 따라 다음 정리와 같은 두 종류뿐이다.

정리 1.4.9

순환군 $\langle g\rangle$에 대하여

(i) $o(g)=\infty$일 때, $\langle g\rangle\cong \mathbf{Z}$ 이고,

(ii) $o(g)=n<\infty$일 때, $\langle g\rangle\cong \mathbf{Z}_n$ 이다.

증명 (i) $o(g)=\infty$일 때 :

◂ (i) 의 경우 $\langle g\rangle=\{\cdots,g^{-1},e,g,g^2,\cdots\}$ 이고 $\cdots,g^{-1},e,g,g^2,\cdots$ 는 모두 서로 다르다.

함수 $\phi:\mathbf{Z}\to\langle g\rangle$를 $k\to g^k$로 정의한다.

임의의 $k,l\in\mathbf{Z},(k\ge l)$, 에 대하여

$$(k+l)^\phi=g^{k+l}=g^kg^l=k^\phi l^\phi$$

이므로, ϕ는 연산을 보존한다.

$$k^\phi=l^\phi\Rightarrow g^k=g^l\Rightarrow g^{k-l}=e\Rightarrow k-l=0\Rightarrow k=l$$

($o(g)=\infty$)

이므로, ϕ는 단사이다. 또,

$$x\in\langle g\rangle\Rightarrow x=g^m,(m\in\mathbf{Z})\Rightarrow x=m^\phi$$

이므로, ϕ는 전사이다.

그러므로 ϕ 는 동형사상이고, 따라서 $\mathbf{Z}\cong\langle g\rangle$이다.

◂ 연습문제 1.2.4 $G\cong G'\Rightarrow G'\cong G$.

$$\therefore\ \langle g\rangle\cong\mathbf{Z}.$$

(ii) $o(g)=n<\infty$일 때 :

◂ (ii) 의 경우 $\langle g\rangle=\{e,g,g^2,\cdots,g^{n-1}\}$

함수 $\phi:\mathbf{Z}_n\to\langle g\rangle$를 $k\to g^k$로 정의한다.

임의의 $k,l\in\mathbf{Z}_n,(k\ge l)$, 에 대하여

$$k^\phi l^\phi=g^{k+l}=g^{k+_nl}=(k+_nl)^\phi$$

이므로, ϕ는 연산을 보존한다. 또,

$$k^\phi=l^\phi\Rightarrow g^k=g^l\Rightarrow g^{k-l}=e\Rightarrow n\,|\,(k-l)\Rightarrow k-l=0\Rightarrow k=l$$

(보조정리 1.4.2, $o(g)=n$; $0\le k-l<n$)

이므로, ϕ는 단사이다. 또,

$$x\in\langle g\rangle\Rightarrow x=g^m,(m\in\mathbf{Z}_n)\Rightarrow x=m^\phi$$

이므로, ϕ는 전사이다.

그러므로 ϕ는 동형사상이고 따라서 $\mathbf{Z}_n\cong\langle g\rangle$ 이다.

$$\therefore\ \langle g\rangle\cong\mathbf{Z}_n.\ ▮$$

보기 8 $2\mathbf{Z}=\{\cdots,-2,0,2,4,\cdots\}\cong\mathbf{Z}$,

$T_6=\{1,\omega,\omega^2,\cdots,\omega^5\}\cong\mathbf{Z}_6$.

1-4 E·X·E·R·C·I·S·E·S 연습문제

1 다음 군을 구하라.

(1) 25 로 생성되는 $\mathbf{Z}_{30}$ 의 순환부분군

(2) $z = (1+i)/\sqrt{2}$ 로 생성되는 $(\mathbf{C}^{\#}, \cdot)$ 의 순환부분군

2 D_6 의 순환부분군 $\langle r_1 \rangle$ 의 모든 생성원을 구하라.

3 $\mathbf{Z}_{16}$ 의 모든 생성원을 구하라.

4 위수 20 인 순환군 $G = \langle g \rangle$ 의 모든 부분군을 찾아라.

5 위수 24 인 순환군 G 의 원소 g 에 대하여, $g^8 \neq e \neq g^{12}$ 일 때, g 는 G 의 생성원임을 보여라.

6 $\mathbf{Z}$ 의 모든 부분군을 찾아라.

7 군 G 의 원소 a 에 대하여, $\langle a \rangle \subset C_G(a)$ 임을 보여라.

8 $\mathbf{Z}_{500}$ 의 위수 5 인 원소를 모두 찾아라.

9 p, q 가 서로 다른 소수일 때, 다음 군의 부분군래티스를 그려라.

(1) $\mathbf{Z}_{p^3}$ (2) $\mathbf{Z}_{p^2 q}$ (3) $\mathbf{Z}_{p^2 q^2}$

10 p, q 가 서로 다른 소수일 때, 다음 군의 생성원의 개수를 찾아라.

(1) $\mathbf{Z}_{p^n}$, (단, n 은 자연수) (2) $\mathbf{Z}_{pq}$

11 $G = \{4, 8, 12, 16\}$ 은 법 20 에 관한 곱 하에서 순환군임을 보이고 모든 생성원을 찾아라.

12 $m, n \in \mathbf{Z}$ 에 대하여 $\langle m \rangle \cap \langle n \rangle$, $\langle m \rangle + \langle n \rangle$ 은 순환군임을 보이고 생성원을 찾아라.

1-4 · E · X · E · R · C · I · S · E · S · 연습문제

13 모든 진부분군은 순환군이지만 자기 자신은 순환군이 아닌 예를 들어라.

14 위수 4 인 순환부분군과 위수 6 인 순환부분군을 가지는 아벨군은 위수 12 인 순환부분군을 가짐을 보여라.

15 군 G의 원소 a, b에 대하여, $\gcd(\mathrm{o}(a), \mathrm{o}(b)) = 1$일 때, $\langle a\rangle \cap \langle b\rangle = \{e\}$ 임을 증명하라.

16 G가 아벨군일 때, 소수 p에 대하여,

$$H = \{x \in G \mid \mathrm{o}(x) = (p\text{의 거듭제곱})\}$$

은 G의 부분군임을 보여라.

17 $n \geq 3$ 일 때, $\mathbf{Z}_n$ 의 생성원의 개수는 짝수임을 증명하라.

18 $G = \langle g\rangle$가 무한군일 때, 자연수 r, s 에 대하여, 다음이 성립함을 증명하라.

(1) $\langle g^r\rangle \subset \langle g^s\rangle \Rightarrow s \mid r$. (2) $\langle g^r\rangle = \langle g^s\rangle \Leftrightarrow r = \pm s$.

19 임의의 무한군은 무한 개의 부분군을 가짐을 증명하라.

20 위수가 2 이상인 군 G가 $\{e\}, G$ 이외의 부분군을 가지지 않을 때, G는 위수가 소수인 순환군임을 증명하라.

21 n의 약수 d에 대하여 위수가 d의 약수인 $\mathbf{Z}_n$의 원소 전체의 집합은 $\langle \frac{n}{d}\rangle = \{0, \frac{n}{d}, 2\frac{n}{d}, \cdots, (d-1)\frac{n}{d}\}$ 임을 증명하라.

2 치환군과 대칭군

2-1 치환군
2-2 대칭군 S_n

연산이 정의되는 어떠한 집합도 군이 될 수 있다. 그러한 군 중 대표적인 것이 이 중단원에서 다룰 치환군이다. 치환이란 어떤 집합에서 그 자신으로 가는 전단사 함수인데 이는 순열의 일반화된 개념이다. 치환군이란 어떤 집합의 치환 전체의 집합으로 이루어진 군으로서 임의의 군은 어떤 치환군의 부분군이다.

대칭군이란 1 부터 n 까지의 자연수의 집합의 치환군을 말하며, 이 군은 군론에서 특히 중요한 역할을 한다.

2-1 치환군

이 절의 학습 내용

- 치환군 / • 대칭군
- 케일리의 정리
- 군의 자기동형군 / • 켤레짝의 성질
- 내부자기동형군
- $\mathrm{Aut}(\mathbf{Z}_n) \simeq \boldsymbol{U}_n$

치환군, 대칭군의 뜻

집합 Ω에서 자기 자신으로 가는 전단사함수를 Ω의 **치환**이라고 한다.

◀ 置換 permutation

보기 1 (1) 다음 [그림 1]과 같이 정의된 함수 ϕ는 $\Omega = \{1, 2, 3\}$의 치환이다.

(2) 좌표공간 $\boldsymbol{R}^2$의 점을 y축 관하여 대칭인 점으로 보내는 함수 $\psi : \boldsymbol{R}^2 \to \boldsymbol{R}^2$는 $\boldsymbol{R}^2$의 치환이다. ([그림 2]).

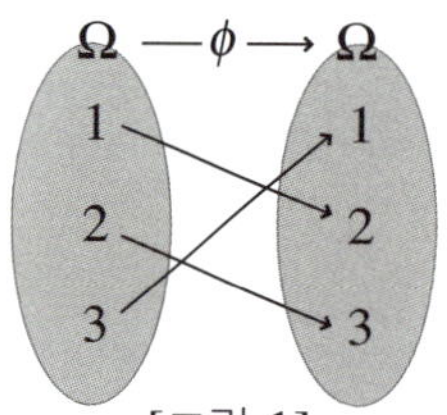

[그림 1]

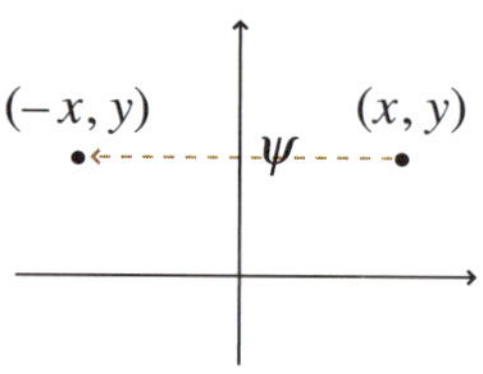

[그림 2]

집합 Ω의 치환을 원소로 하는 군을 구성하여 보자. 이를 위하여 먼저 Ω의 치환의 집합에 적당한 이항연산을 정의한다.

집합 $\Omega \neq \varnothing$의 치환 ϕ, ψ의 '곱' $\phi\psi$를 ϕ, ψ의 합성함수, 즉,

$(\phi\psi) = (\Omega$의 원소를 ϕ로 보낸 다음 ψ로 보내는 함수$)$ …… ①

로 정의한다.

정리 2.1.1

집합 $\Omega \neq \varnothing$의 치환 전체의 집합 $\mathscr{P}_\Omega$는 '함수의 합성' 연산 ① 하에서 군을 이룬다.

증명 Ω의 항등함수 id_Ω가 $\mathscr{P}_\Omega$의 원소이므로 $\mathscr{P}_\Omega \neq \varnothing$이다. 전단사 함수 $\phi, \psi : \Omega \to \Omega$의 합성함수 $\phi\psi : \Omega \to \Omega$도 전단사함수이므로, ①로 정의된 '곱'은 $\mathscr{P}_\Omega$의 **이항연산**이다.

결v ①은 '합성함수' 연산이므로, 임의의 $\phi, \psi, \mu \in \mathscr{P}_\Omega$에 대하여,

$$\phi(\psi\mu) = (\phi\psi)\mu .$$

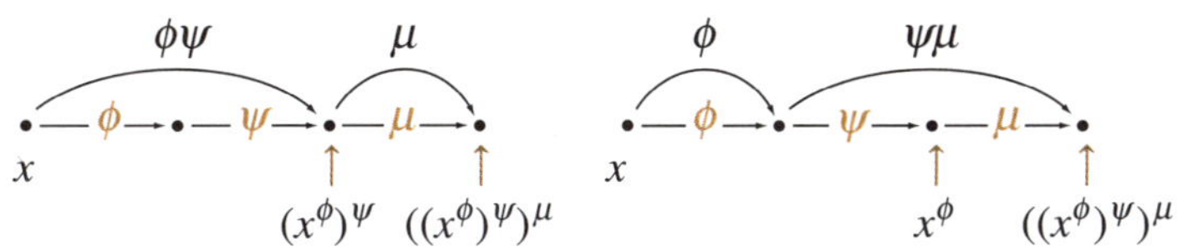

항v Ω의 항등함수 $\mathrm{id}_\Omega : \Omega \to \Omega$는 **항등원**이다.

역v $\phi \in \mathscr{P}_\Omega(\Omega)$에 대하여 ϕ의 역함수를 ψ라고 하면, $\psi \in \mathscr{P}_\Omega$이고, $\phi\psi = \mathrm{id}_\Omega = \psi\phi$이므로 ϕ의 **역원**은 ψ이다. ▌

정의 집합 $\Omega \neq \varnothing$의 치환 전체를 원소로 하고 함수의 합성을 이항연산으로 하는 군을 Ω 상의 **대칭군**이라 하고

$$\mathrm{Sym}(\Omega)$$

로 나타낸다.

$\mathrm{Sym}(\Omega)$의 부분군을 Ω 상의 **치환군**이라고 한다.

◀ 對稱群 symmetric group

◀ 置換群 permutation group

보기 2 $\Omega = \{1, 2\}$일 때, Ω 상의 대칭군은

$$\mathrm{Sym}(\Omega) = \{\varepsilon, \phi\}.$$

단, $\varepsilon = \mathrm{id}_\Omega$이고, ϕ는 오른쪽 그림의 함수이다.

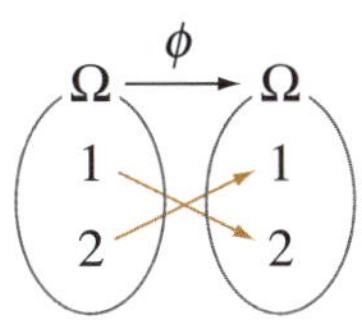

보기 3 $g \in G$에 대하여 함수 $\phi_g : G \to G$를 '우측에 g 곱하기', 즉,

$$x^{\phi_g} = xg, (x \in G)$$

로 정의하고, $\text{Cay}(G) = \{\phi_g \mid g \in G\}$라고 하면 $\text{Cay}(G)$는 G상의 치환군, 즉, $\text{Cay}(G) \le \text{Sym}(G)$이다.

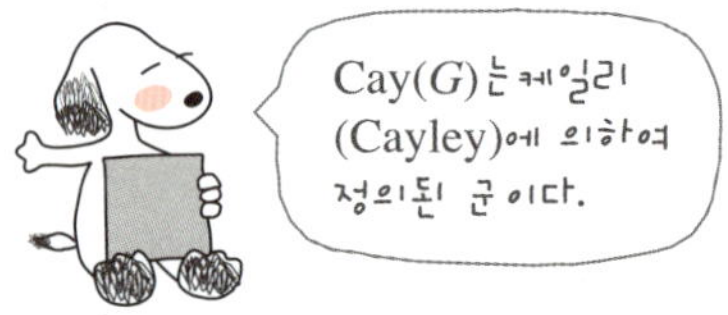

$\because$
- 먼저 $\varnothing \ne \text{Cay}(G) \subset \text{Sym}(G)$임을 보인다.
  $G \ne \varnothing$이므로 $\text{Cay}(G) \ne \varnothing$이다.
  $g \in G$에 대하여, ϕ_g가 전단사임을 보이면 충분하다.
  $x, y \in G$에 대하여, $x^{\phi_g} = y^{\phi_g} \Rightarrow xg = yg \Rightarrow x = y$이므로
  ϕ_g는 단사이다.
  $y \in G$에 대하여 $x = yg^{-1}$라고 하면 $x^{\phi_g} = yg^{-1}g = y$이다.
  따라서 ϕ_g는 전사이다. $\therefore \text{Cay}(G) \subset \text{Sym}(G)$.
- $\phi_g, \phi_h \in \text{Cay}(G)$에 대하여,
  $\phi_g\phi_h =$ (각 $x \in G$의 우측에 g를 곱한 다음 h를 곱하기)
  $=$ (각 $x \in G$의 우측에 gh를 곱하기) $= \phi_{gh} \in \text{Cay}(G)$
  이므로 $\text{Cay}(G)$는 $\text{Sym}(G)$의 연산 하에서 닫혀 있다.
- 명백히 ϕ_e는 $\text{Sym}(G)$의 항등원이다.
- $\phi_g \in \text{Cay}(G)$에 대하여
  $$\phi_g\phi_{g^{-1}} = \phi_{gg^{-1}} = \phi_e, \quad \phi_{g^{-1}}\phi_g = \phi_{g^{-1}g} = \phi_e$$
  이므로 $(\phi_g)^{-1} = \phi_{g^{-1}} \in \text{Cay}(G)$이다.

그러므로, two step test에 의하여, $\text{Cay}(G) \le \text{Sym}(G)$이다.

정리 2.1.2 (케일리의 정리)

임의의 군 G에 대하여 $G \cong \text{Cay}(G)$이다.

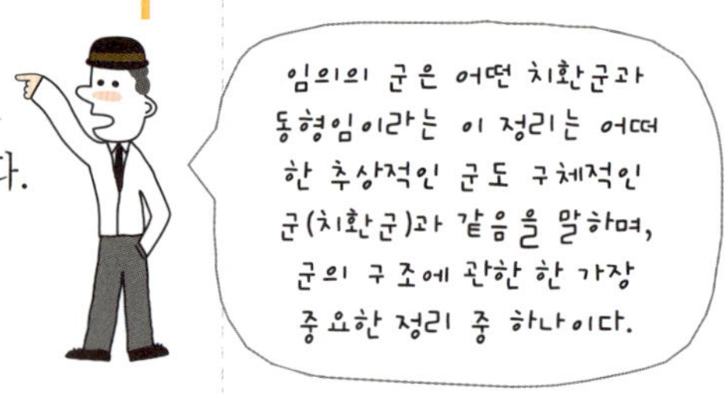

증명 함수 $\Phi : G \to \text{Cay}(G)$를 $g \to \phi_g, (g \in G)$로 정의한다.

$g, h \in G$에 대하여

$$(gh)^{\Phi} = \phi_{gh} = \phi_g\phi_h = g^{\Phi}h^{\Phi}$$

이므로 Φ는 연산을 보존한다. 또,

$$g^{\Phi} = h^{\Phi} \Rightarrow \phi_g = \phi_h \Rightarrow e^{\phi_g} = e^{\phi_h} \Rightarrow eg = eh \Rightarrow g = h$$

($x^{\phi_g} = x^{\phi_h}, (\forall x \in G)$, 이므로 특히 $e^{\phi_g} = e^{\phi_h}$)

이므로 Φ는 단사이다.

집합 $\text{Cay}(G)$의 정의에 의하여 Φ는 전사이다.

따라서 Φ는 동형사상이고, 그러므로 $G \simeq \text{Cay}(G)$이다. ∎

군의 자기동형군

군 G에서 자기 자신으로 가는 동형사상을 G의 **자기동형사상**이라고 한다. G의 자기동형사상 전체의 집합은 G 상의 치환군을 이룬다.

◀ 自己同型寫像 automorphism

∵ 명백히 $\varnothing \neq \mathrm{Aut}(G) \subset \mathrm{Sym}(G)$이다.

- $\phi, \psi \in \mathrm{Aut}(G)$라고 할 때, 임의의 $x, y \in G$에 대하여

$$(xy)^{\phi\psi} = ((xy)^{\phi})^{\psi} = (x^{\phi}y^{\phi})^{\psi} = (x^{\phi})^{\psi}(y^{\phi})^{\psi} = x^{\phi\psi}y^{\phi\psi}.$$

그러므로 $\phi\psi$는 연산을 보존한다.

명백히 $\phi\psi$는 전단사함수이다. $\therefore$ ① $\phi\psi \in \mathrm{Aut}(G)$.

- $\phi \in \mathrm{Aut}(G)$라 하고 ϕ의 역함수를 ϕ^{-1}라고 할 때, 임의의 $x, y \in G$에 대하여 $xy = (x^{\phi^{-1}\phi})(y^{\phi^{-1}\phi}) = (x^{\phi^{-1}}y^{\phi^{-1}})^{\phi}$.

$$\therefore \ (xy)^{\phi^{-1}} = x^{\phi^{-1}}y^{\phi^{-1}}.$$

그러므로 ϕ^{-1}는 연산을 보존한다.

ϕ^{-1}도 전단사함수이다. $\therefore$ ② $\phi^{-1} \in \mathrm{Aut}(G)$.

①, ②로부터 two step test에 의하여 $\mathrm{Aut}(G) \leq \mathrm{Sym}(G)$이다. ▮

이 군을 G의 **자기동형군**이라 하고

$$\mathrm{Aut}(G)$$

로 나타낸다.

◀ 自己同型群 automorphism group

예제 2.1.3

$r \in \boldsymbol{U}_{10}$에 대하여, $a \to ra$로 정의되는 함수를 $\phi_r : \boldsymbol{Z}_{10} \to \boldsymbol{Z}_{10}$이라고 할 때, $\mathrm{Aut}(\boldsymbol{Z}_{10}) = \{\phi_r \mid r \in \boldsymbol{U}_{10}\}$임을 보여라.

증명 $G = \{\phi_r \mid r \in \boldsymbol{U}_{10}\}$이라 하고, $G = \mathrm{Aut}(\boldsymbol{Z}_{10})$임을 보인다.
$\phi \in \mathrm{Aut}(\boldsymbol{Z}_{10})$이라 하고 $1^{\phi} = r$이라고 하면, $\mathrm{o}(r) = \mathrm{o}(1) = 10$이므로 (정리 1.2.6) $k \in \boldsymbol{U}_{10}$이다. $k \in \boldsymbol{Z}_{10}$에 대하여

◀ $\boldsymbol{U}_{10} = \{k \in \boldsymbol{Z}_{10} \mid \mathrm{o}(k) = 10\}$

$$k^{\phi} = (k1)^{\phi} = k(1^{\phi}) = kr = k^{\phi_r}.$$

◀ 예를들어 $k = 2$일 때, $2^{\phi} = (1+1)^{\phi} = 1^{\phi} + 1^{\phi} = 2(1^{\phi}) = 2r = 2^{\phi_r}$.

$$\therefore \ \phi = \phi_r \in S. \quad \therefore \ \mathrm{Aut}(\boldsymbol{Z}_{10}) \subset G.$$

역으로, $\phi_r \in G$라고 할 때, 임의의 $k, m \in \boldsymbol{Z}_{10}$에 대하여,

$$(k+m)^{\phi_r} = r(k+m) = rk + rm = k^{\phi_r} + m^{\phi_r}$$

이므로 ① ϕ_r은 $\boldsymbol{Z}_{10}$의 연산을 보존한다.

U_{10}에서 r의 역원을 s라고 하면, $k \in Z_{10}$에 대하여,

$$(sk)^{\phi_r} = r(sk) = srk = 1k = k$$

이므로, ② ϕ_r은 전사이다.

$k, m \in Z_{10}$에 대하여,

(s는 U_{10}에서 r의 역원)

$$k^{\phi_r} = m^{\phi_r} \Rightarrow rk = rm \Rightarrow srk = srm \Rightarrow k = m$$

이므로, ③ ϕ_r은 단사이다.

①, ②, ③에 의하여, $\phi_r \in \mathrm{Aut}(Z_{10})$이다. $\therefore\ G \subset \mathrm{Aut}(Z_{10})$.

U_{10}

$\cdot_{10}$	1	3	7	9
1	1	3	7	9
3	3	9	1	7
7	7	1	9	3
9	9	7	3	1

$\mathrm{Aut}(Z_{10})$

$\circ$	ϕ_1	ϕ_3	ϕ_7	ϕ_9
ϕ_1	ϕ_1	ϕ_3	ϕ_7	ϕ_9
ϕ_3	ϕ_3	ϕ_9	ϕ_1	ϕ_7
ϕ_7	ϕ_7	ϕ_1	ϕ_9	ϕ_3
ϕ_9	ϕ_9	ϕ_7	ϕ_3	ϕ_1

정리 2.1.4

자연수 $n \geq 2$에 대하여 $\mathrm{Aut}(Z_n) \cong U_n$이다.

증명 예제 2.1.3과 같은 방법으로 $\mathrm{Aut}(Z_n) = \{\phi_r \mid r \in U_n\}$이다.

함수 $\theta : U_n \to \mathrm{Aut}(Z_n)$를 $r^\theta = \phi_r$, $(r \in U_n)$, (Z_n의 각 원소에 r곱하기)

로 정의하면, $r, s \in U_n$에 대하여 $(rs)^\theta = r^\theta s^\theta$이다.

$$\because\ k^{\phi_r \phi_s} = (k^{\phi_r})^{\phi_s} = (kr)^{\phi_s} = (kr)s = k(rs) = k^{\phi_{rs}},\ (\forall k \in Z_n)$$

$$\therefore\ \phi_{rs} = \phi_r \phi_s. \quad \therefore\ (rs)^\theta = r^\theta s^\theta.$$

그러므로 ① θ는 연산을 보존한다.

$$r^\theta = s^\theta \Rightarrow \phi_r = \phi_s \Rightarrow 1^{\phi_r} = 1^{\phi_s} \Rightarrow 1r = 1s \Rightarrow r = s$$

이므로 ② θ는 단사이다.

집합 $\{\phi_r \mid r \in U_n\}$의 정의로부터 ② θ는 전사이다.

①, ②, ③에 의하여, θ는 동형사상이다. ▮

군 G의 원소 x, g에 대하여 x의 g-**켤레짝** x^g를

$$x^g = g^{-1}xg$$

와 같이 정의한다. 켤레짝은 다음 성질을 가진다.

◀ g-conjugate of x

정리 2.1.5 (켤레짝의 성질)

군 G의 원소 x, y, g, h에 대하여 다음이 성립한다.

(i) $(xy)^g = x^g y^g$ (ii) $(x)^{gh} = (x^g)^h$

증명 (i) $(xy)^g = g^{-1}xyg = (g^{-1}xg)(g^{-1}yg) = x^g y^g$.

(ii) $(x^g)^h = h^{-1}(g^{-1}xg)h = (h^{-1}g^{-1})x(gh) = (gh)^{-1}xgh = x^{gh}$. ▮

보기 4 군 G의 원소 g에 대하여, 함수 $\boldsymbol{i}_g : G \to G$를, g-켤레짝 취하기, 즉, $x \to x^g, (x \in G)$, 로 정의할 때, $\boldsymbol{i}_g$는 G의 자기동형사상이다.

∵ • $x, y \in G$에 대하여

$$(xy)^{i_g} = (xy)^g \overset{\text{켤레짝의 성질 (i)}}{=} x^g y^g = x^{i_g} y^{i_g}.$$

이므로 $\boldsymbol{i}_g$는 연산을 보존한다.

•
$$x^{i_g} = y^{i_g} \Rightarrow x^g = y^g \Rightarrow g^{-1}xg = g^{-1}yg \Rightarrow x = y$$

이므로 $\boldsymbol{i}_g$는 단사이다.

• 임의의 $y \in G$에 대하여 $x = y^{g^{-1}}$라고 하면

$$x^{i_g} = x^g = (y^{g^{-1}})^g \underset{\text{켤레짝의 성질 (ii)}}{=} y^{g^{-1}g} = y^e = y$$

이므로 $\boldsymbol{i}_g$는 전사이다. ▮

보기 4의 함수 $\boldsymbol{i}_g$를 g에 의하여 정의되는 G의 **내부자기동형사상** 또는 g-**켤레취하기**라고 한다. G의 내부자기동형사상 전체의 집합을

$$\mathrm{Inn}(G)$$

로 나타낸다. $\mathrm{Inn}(G) \le \mathrm{Aut}(G)$ 이다.

◂ 內部自己同型寫像
inner automorphism
g-conjugation

∵ • $G \ne \varnothing$이므로 $\mathrm{Inn}(G) \ne \varnothing$이다.
또, 보기 4에 의하여 $\mathrm{Inn}(G) \subset \mathrm{Aut}(G)$이다.

• $\boldsymbol{i}_g, \boldsymbol{i}_h \in \mathrm{Inn}(G)$라고 할 때, 임의의 $x \in G$에 대하여

$$x^{i_g i_h} = (x^{i_g})^{i_h} \overset{\text{켤레짝의 성질 (ii)}}{=} (x^g)^h = x^{gh} = x^{i_{gh}}.$$

$$\therefore\ \boldsymbol{i}_g \boldsymbol{i}_h = \boldsymbol{i}_{gh} \in \mathrm{Inn}(G). \quad \cdots\cdots ①$$

그러므로 $\mathrm{Inn}(G)$는 $\mathrm{Aut}(G)$의 연산하에서 닫혀 있다.

• $x^{i_e} = x^e = e^{-1}xe = x, (\forall x \in G)$, 이므로, $\boldsymbol{i}_e = \varepsilon$이다. ($\mathrm{Aut}(G)$의 항등원)
$\boldsymbol{i}_g \in \mathrm{Inn}(G)$ 라고 할 때,

$$\boldsymbol{i}_g \boldsymbol{i}_{g^{-1}} = \boldsymbol{i}_{gg^{-1}} = \boldsymbol{i}_e = \varepsilon, \quad \boldsymbol{i}_{g^{-1}} \boldsymbol{i}_g = \boldsymbol{i}_{g^{-1}g} = \boldsymbol{i}_e = \varepsilon.$$

(①에서 $\boldsymbol{i}_g \boldsymbol{i}_h = \boldsymbol{i}_{gh}$이므로)

$$\therefore\ \boldsymbol{i}_g^{-1} = \boldsymbol{i}_{g^{-1}} \in \mathrm{Inn}(G).$$

그러므로, two step test에 의하여, $\mathrm{Inn}(G) \le \mathrm{Aut}(G)$이다. ◆

$\mathrm{Inn}(G)$를 G의 **내부자기동형군**이라고 한다.

◂ 內部自己同型群
inner automorphism group

$\mathrm{Inn}(G) \le \mathrm{Aut}(G) \le \mathrm{Sym}(G)$ 이므로 $\mathrm{Inn}(G)$도 G 상의 치환군이다.

2-1 E · X · E · R · C · I · S · E · S 연습문제

1 $GL(2, R)$은 좌표평면 $\boldsymbol{R}^2$의 한 치환군과 동형임을 보여라.

2 $\Omega = \{1, 2, 3\}$에 대하여 다음 물음에 답하라.
(1) Ω의 대칭군의 원소의 개수를 구하라.
(2) Ω의 위수 3인 치환군을 하나 찾아라.

3 $x^{\phi} = x^3$으로 정의된 함수 $\phi : \boldsymbol{R} \to \boldsymbol{R}$에 대하여,
(1) $\phi \in \mathrm{Sym}(\boldsymbol{R})$임을 보여라.
(2) $\mathrm{Sym}(\boldsymbol{R})$에서 ϕ의 역원을 구하라.

4 행렬 $A = \frac{1}{2}\begin{bmatrix} 1 & -\sqrt{3} \\ \sqrt{3} & 1 \end{bmatrix}$에 대하여 다음 물음에 답하라.
(1) $A \in GL(2, \boldsymbol{R})$임을 보여라.
(2) $GL(2, \boldsymbol{R})$의 원소로서 A의 위수를 구하라.
(3) $\langle A \rangle$는 $\boldsymbol{R}^2$의 유한 치환군임을 보여라.

5 $\mathrm{Cay}(\boldsymbol{Z}_3)$의 원소를 모두 찾아라.

6 $\psi \in \mathrm{Sym}(G)$가 조건

$$\phi_g \psi = \psi \phi_g, (\forall g \in G), (\text{단}, \phi_g\text{는 우측에 } g \text{ 곱하기})$$

를 만족한다고 할 때, 어떤 $a \in G$가 존재하여

$$\psi = (\text{좌측에 } g \text{ 곱하기}), \text{ 즉}, x^{\psi} = ax, (\forall x \in G)$$

임을 증명하라.

7 G가 군일 때 $g \in G$에 대하여 함수 $\psi_g : G \to G$를
$x^{\psi_g} = g^{-1}x, (x \in G)$, 로 정의하고, $\mathrm{Cay}(G)^* = \{\psi_g \mid g \in G\}$라고 할 때, $\mathrm{Cay}(G)^*$는 군이고 $G \cong \mathrm{Cay}(G)^*$임을 증명하라.

8 각 자연수 n에 대하여, 위수 n인 군은 유한 개뿐임을 증명하라.
(단, 동형인 군은 같은 것으로 본다.)

2-1 · E · X · E · R · C · I · S · E · S · 연습문제

9 군 G의 원소 g와 $z \in Z(G)$에 대하여 $\boldsymbol{i}_{zg} = \boldsymbol{i}_g$임을 증명하라.

10 군 G의 원소 g, h에 대하여, $\boldsymbol{i}_g = \boldsymbol{i}_h$일 필요충분조건은 $gh^{-1} \in Z(G)$임을 증명하라.

11 다음 군의 위수를 구하라.
(1) $\text{Aut}(\mathbf{Z}_4)$ (2) $\text{Aut}(\mathbf{Z}_8)$ (3) $\text{Aut}(\mathbf{Z}_{10})$ (4) $\text{Aut}(\mathbf{Z}_{12})$

12 $\text{Aut}(\mathbf{Z}) \cong \mathbf{Z}_2$ 임을 보이고, $\text{Aut}(\mathbf{Z})$의 생성원을 찾아라.

13 $\text{Aut}(\mathbf{Z}_{16})$의 모든 원소를 찾고, 각 원소의 위수를 구하라.

14 $G \not\cong H$ 이지만 $\text{Aut}(G) \cong \text{Aut}(H)$ 인 군 G, H의 예를 들어라.

15 G가 아벨군일 필요충분조건은 「$\text{Inn}(G) = \{\varepsilon\}$」임을 증명하라.

16 클라인 4-군 $V_4 = \{e, x, y, z\}$에 대하여, $\text{Aut}(V_4) \cong \text{Sym}(\{x, y, z\})$ 임을 증명하라. (단, e는 V_4의 단위원).

2-2 대칭군 S_n

✣ 이 절의 학습 내용

- n-치환 / • 대칭군 S_n
- 치환의 곱셈법 / • $D_3 \cong S_3$
- 사이클 / • 치환의 사이클 표현 / • 치환의 위수
- 호환 / • 홀치환과 짝치환 / • 교대군 A_n

대칭군 S_n

이 절에서는 유한집합 Ω 상의 대칭군의 성질에 대하여 알아 본다. Ω 상의 대칭군을 말할 때, $|\Omega| = n$ 인 경우 $\Omega = \{1, 2, \cdots, n\}$ 이라고 해도 좋다.

정의 자연수 $n \geq 2$에 대하여, 대칭군 $\mathrm{Sym}(\{1, 2, \cdots, n\})$를

$$S_n$$

으로 나타낸다.

◂ 19세기 중엽까지 수학자들이 생각한 군은 대칭군 S_n이 전부였다.

S_n의 원소를 **n-치환**이라고 한다.

◂ n-置換 n-permutation

함수 $\sigma : \{1, 2, \cdots, n\} \to \{1, 2, \cdots, n\}$에 대하여 다음은 동치이다.

(i) σ는 전단사이다.

(ii) σ는 단사이다.

(iii) $(1^\sigma, 2^\sigma, \cdots, n^\sigma)$는 $1, 2, \cdots, n$ 의 순열이다.

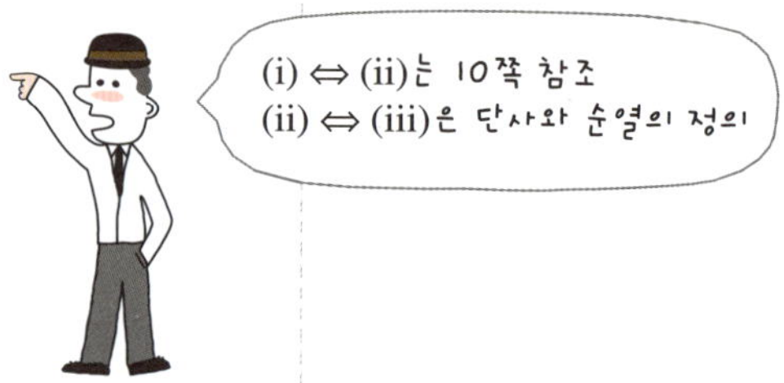

그러므로 n-치환의 개수는 개수 $n!$ 과 같다. 즉,

$$|S_n| = n!.$$

치환의 표현

● 행렬 표현

$$1^\sigma = 2,\quad 2^\sigma = 3,\quad 3^\sigma = 1,\quad 4^\sigma = 4$$

로 정의된 4-치환 $\sigma : \{1, 2, 3, 4\} \to \{1, 2, 3, 4\}$를

$$\sigma = \begin{pmatrix} 1 & 2 & 3 & 4 \\ 2 & 3 & 1 & 4 \end{pmatrix}$$

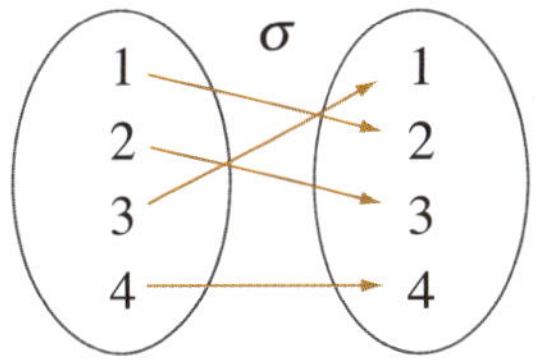

와 같이 나타낸다. 일반적으로 n-치환 σ를 다음과 같이 나타낸다.

$$\sigma = \begin{pmatrix} 1 & 2 & \cdots & n \\ 1^\sigma & 2^\sigma & \cdots & n^\sigma \end{pmatrix}.$$ ← $2 \times n$ 행렬꼴

보기 1 S_3의 $3! = 6$개의 원소는 다음과 같다.

$\varepsilon =$ 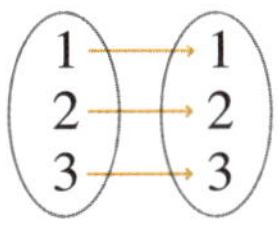 $= \begin{pmatrix} 1 & 2 & 3 \\ 1 & 2 & 3 \end{pmatrix}$, $\phi_1 =$ 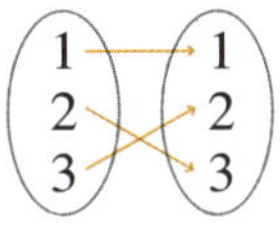 $= \begin{pmatrix} 1 & 2 & 3 \\ 1 & 3 & 2 \end{pmatrix}$,

$\rho_1 =$ 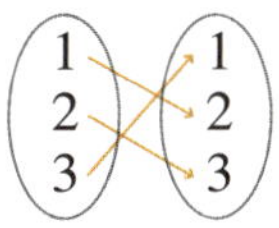 $= \begin{pmatrix} 1 & 2 & 3 \\ 2 & 3 & 1 \end{pmatrix}$, $\phi_2 =$ 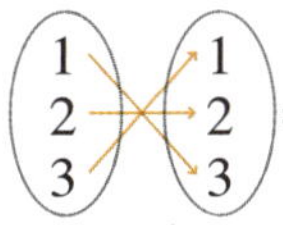 $= \begin{pmatrix} 1 & 2 & 3 \\ 3 & 2 & 1 \end{pmatrix}$,

$\rho_2 =$ 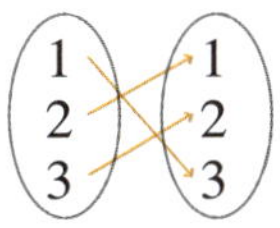 $= \begin{pmatrix} 1 & 2 & 3 \\ 3 & 1 & 2 \end{pmatrix}$, $\phi_3 =$ 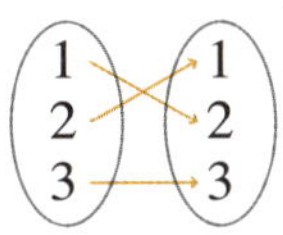 $= \begin{pmatrix} 1 & 2 & 3 \\ 2 & 1 & 3 \end{pmatrix}$.

S_3

3-치환	1	2	3	을
ε	1	2	3	
ρ_1	2	3	1	
ρ_2	3	1	2	으로
ϕ_1	1	3	2	
ϕ_2	3	2	1	
ϕ_3	2	1	3	

S_3의 원소

$$\sigma = \begin{pmatrix} 1 & 2 & 3 \\ 2 & 3 & 1 \end{pmatrix}, \tau = \begin{pmatrix} 1 & 2 & 3 \\ 1 & 3 & 2 \end{pmatrix}$$

에 대하여,

$$1 \xrightarrow{\sigma} 2 \xrightarrow{\tau} 3,\ 2 \xrightarrow{\sigma} 3 \xrightarrow{\tau} 2,\ 3 \xrightarrow{\sigma} 1 \xrightarrow{\tau} 1$$

이므로

$$\sigma\tau = \begin{pmatrix} 1 & 2 & 3 \\ 3 & 2 & 1 \end{pmatrix}.$$

이 곱은 기계적으로 오른쪽 그림과 같이 구할 수 있다.

$$\sigma = \begin{pmatrix} 1 & 2 & 3 \\ \downarrow & \downarrow & \downarrow \\ 2 & 3 & 1 \end{pmatrix}$$

$$\tau = \begin{pmatrix} 1 & 2 & 3 \\ \downarrow & \downarrow & \downarrow \\ 1 & 3 & 2 \end{pmatrix}$$

$$\therefore\ \sigma\tau = \begin{pmatrix} 1 & 2 & 3 \\ 3 & 2 & 1 \end{pmatrix}$$

[S_3의 연산표]

	ε	ρ_1	ρ_2	ϕ_1	ϕ_2	ϕ_3
ε	ε	ρ_1	ρ_2	ϕ_1	ϕ_2	ϕ_3
ρ_1	ρ_1	ρ_2	ε	ϕ_2	ϕ_3	ϕ_1
ρ_2	ρ_2	ε	ρ_1	ϕ_3	ϕ_1	ϕ_2
ϕ_1	ϕ_1	ϕ_3	ϕ_2	ε	ρ_2	ρ_1
ϕ_2	ϕ_2	ϕ_1	ϕ_3	ρ_1	ε	ρ_2
ϕ_3	ϕ_3	ϕ_2	ϕ_1	ρ_2	ρ_1	ε

$$\sigma = \begin{pmatrix} 1 & 2 & 3 & 4 & \cdots & n \\ 2 & 3 & 1 & 4 & \cdots & n \end{pmatrix}, \tau = \begin{pmatrix} 1 & 2 & 3 & 4 & \cdots & n \\ 2 & 1 & 3 & 4 & \cdots & n \end{pmatrix} \in S_n$$

에 대하여 $1 \overset{\sigma}{\to} 2 \overset{\tau}{\to} 1$, $1 \overset{\tau}{\to} 2 \overset{\sigma}{\to} 3$이므로 $\sigma\tau \neq \tau\sigma$이다.
그러므로 S_n은 비아벨군이다.

보기 2 (1) 정 n 각형 Δ_n의 꼭지점의 집합을 $\Omega = \{1, 2, \cdots, n\}$ 이라고 하자.

각 $\sigma \in D_n$에 대하여, $\bar{\sigma} = \sigma|_\Omega$라고 할 때, σ는 Δ_n의 서로 다른 꼭지점을 서로 다른 꼭지점으로 보내므로

$$\bar{\sigma} \in \text{Sym}(\{1, 2, 3\}) = S_n.$$

$\sigma \to \bar{\sigma}$로 정의된 함수 $\theta : D_n \to S_n$은 연산을 보존하는 단사함수이다.

$\because$ $\phi, \psi \in D_n$에 대하여,

$$(\phi\psi)^\theta = (\phi\psi)|_\Omega = (\phi|_\Omega)(\psi|_\Omega) = \phi^\theta \psi^\theta$$

이므로 θ는 연산을 보존한다.

$$\phi^\theta = \psi^\theta \Rightarrow \phi|_\Omega = \psi|_\Omega \Rightarrow \phi = \psi$$

이므로 θ는 단사이다.

그러므로, $D_n \cong \text{im}\theta \leq S_n$이다. (∵ 제 1 동형정리). 따라서 $\sigma \in D_n$와 $\bar{\sigma} \in \text{im}\theta$를 동일시 하면 $D_n \leq S_n$이다.

(2) $n = 3$일 때는 $|D_n| = 6 = |S_3|$ 이므로 $D_3 = S_3$이다.

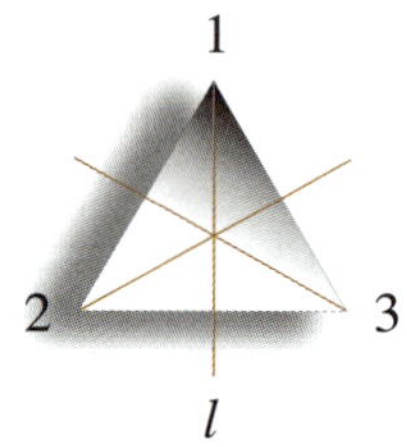

$r = (120°$ 회전$)$,
$f = (l$을 축으로 뒤집기$)$
라고 할 때,

$$\bar{r} = \begin{pmatrix} 1 & 2 & 3 \\ 2 & 3 & 1 \end{pmatrix},$$

$$\bar{f} = \begin{pmatrix} 1 & 2 & 3 \\ 1 & 3 & 2 \end{pmatrix}.$$

• 사이클 표현

$\Omega = \{1, 2, \cdots, n\}$라고 할 때, $\sigma \in S_n$는 Ω의 각 원소 $k \in \Omega$에 대하여 k에서 k^σ로 가는 화살표를 그려 넣은 그림으로 표현된다.

$$\sigma = \begin{pmatrix} 1 & 2 & 3 \\ 2 & 1 & 3 \end{pmatrix} \in S_3$$

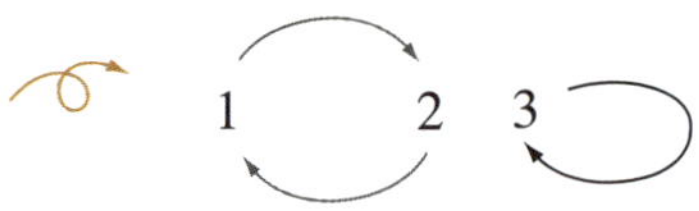

σ는 Ω에서 Ω로 가는 전단사함수이므로, $\sigma \in S_n$의 그림 표현에서, 각 $k \in \Omega$ 에 대하여, k로 들어가는 화살표와 k에서 나가는 화살표가 각각 꼭 하나씩 있다.

$\sigma \in S_n$를 나타내는 그림에서, Ω의 임의의 원소 k에서 출발하여 화살표를 따라 가면 결국 k로 돌아오게 되고, 따라서 k는 꼭 하나의 사이클에

포함된다. 그러므로 이 그림은 1개 이상의 **사이클**로 이루어져 있다. 그런 뜻에서 이 그림을 σ의 **사이클 표현**이라고 한다.

◂ cycle

◂ cycle representation

보기

3 6-치환

$$\sigma = \begin{pmatrix} 1 & 2 & 3 & 4 & 5 & 6 \\ 3 & 4 & 5 & 2 & 1 & 6 \end{pmatrix}$$

의 사이클표현을 찾아 보자.

(i) Ω의 한 원소, 이를테면, 1에서 $1^\sigma = 3$으로 가는 화살표를 긋고, 3에서 $3^\sigma = 5$로 가는 화살표를 긋고, 5에서 $5^\sigma = 1$로 가는 화살표를 그으면 사이클 ㉠을 얻는다.

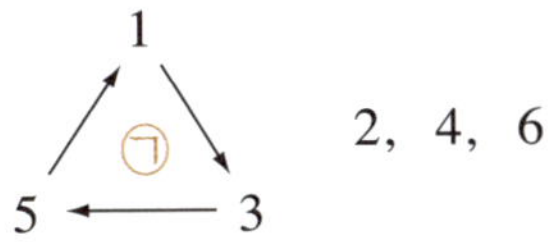

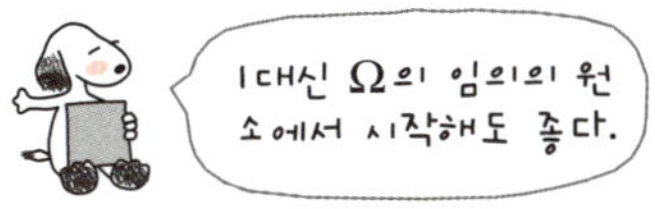

(ii) 사이클 ㉠에 포함되지 않는 한 원소, 이를테면, 2에서 $2^\sigma = 4$로 가는 화살표를 긋고, 4에서 $4^\sigma = 2$로 가는 화살표를 그으면 사이클 ㉡을 얻는다.

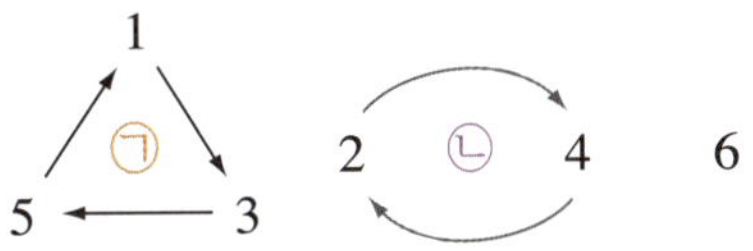

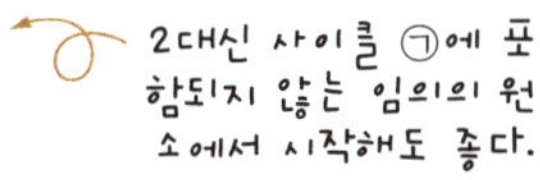

(iii) 사이클 ㉠, ㉡에 포함되지 않는 원소 6에서 $6^\sigma = 6$으로 가는 화살표를 그으면 사이클 ㉢을 얻고, 따라서 다음과 같은 σ의 사이클 표현이 완성된다.

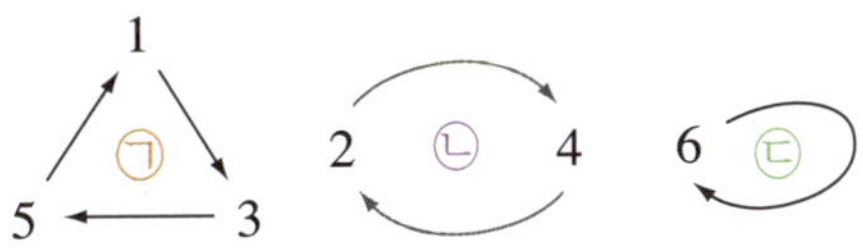

.... ①

보기 3의 σ의 사이클 표현 ①에서 ㉠, ㉡, ㉢을 각각 간단히

$$(1, 3, 5),\ (2,4),\ (6)$$

으로 나타낸다. 이 기호를 써서 σ의 **사이클 표현** ①을

$$\sigma = (1, 3, 5)(2,4)(6) \quad \cdots\cdots\cdots\cdots\cdots\cdots \text{②}$$

과 같이 보다 단순한 꼴로 나타낸다.

치환의 성질

임의의 n-치환 σ의 사이클 표현에서 $\{1, \cdots, n\}$의 어떠한 원소도 서로 다른 2 개의 사이클에 포함되지 않는다. 이 성질을 두고 이들 사이클은 **서로 소**라고 한다.

◂ disjoint

앞 쪽의 ②의 사이클 $(1, 3, 5)$를

$$1 \to 3, 3 \to 5, 5 \to 1 \text{이고 } k \to k, (k \neq 1, 3, 5)$$

로 정의된 치환, 즉,

$$(1, 3, 5) = \begin{pmatrix} 1 & 2 & 3 & 4 & 5 & 6 \\ 3 & 2 & 5 & 4 & 1 & 6 \end{pmatrix}$$

으로 간주한다. ②의 우변에 나타난 사이클

$$\alpha = (1, 3, 5), \beta = (2,4), \gamma = (6)$$

을 모두 이런 식으로 정의된 치환으로 생각하면,

3이 γ에 포함되지 않으므로

$$1 \xrightarrow{\alpha} 3 \xrightarrow{\beta} 3 \xrightarrow{\gamma} 3. \quad \therefore \ 1^{\alpha\beta\gamma} = 3.$$

3이 β에 포함되지 않으므로

같은 방법으로

$$2^{\alpha\beta\gamma} = 4, \ 3^{\alpha\beta\gamma} = 5, \ 4^{\alpha\beta\gamma} = 2, \ 5^{\alpha\beta\gamma} = 1, \ 6^{\alpha\beta\gamma} = 6$$

임을 알 수 있다. 따라서

$$\alpha\beta\gamma = \begin{pmatrix} 1 & 2 & 3 & 4 & 5 & 6 \\ 3 & 4 & 5 & 2 & 1 & 6 \end{pmatrix} = \sigma.$$

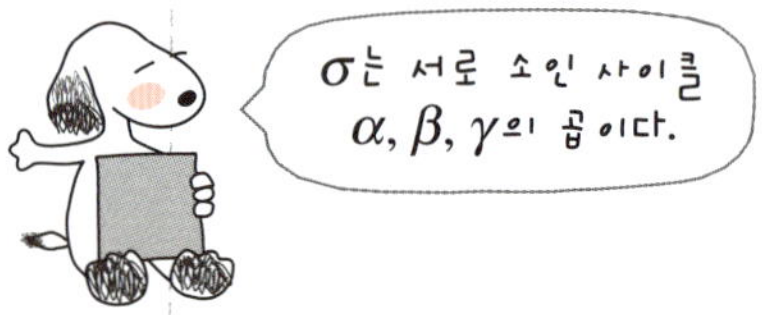

이와 같이 생각하면, 일반적으로, 다음 정리가 성립함을 알 수 있다.

정리 2.2.1

임의의 치환은 사이클 또는 서로 소인 사이클의 곱으로 표현된다.

정리 2.2.2

n-치환 α, β가 서로 소인 사이클이라고 하면 $\alpha\beta = \beta\alpha$이다.

증명 $\Omega = \{1, 2, \cdots, n\}$이라 하고, α에 포함되는 Ω의 원소 전체의 집합을 A, β에 포함되는 Ω의 원소 전체의 집합을 B라고 하자.

$x \in \Omega$에 대하여,

(i) $x \in A$ 일 때 : $x, x^{\alpha} \notin B$ 이므로,

$$x \xrightarrow{\alpha} x^{\alpha} \xrightarrow{\beta} x^{\alpha}, \quad x \xrightarrow{\beta} x \xrightarrow{\alpha} x^{\alpha}. \quad \therefore\ x^{\alpha\beta} = x^{\alpha} = x^{\beta\alpha}.$$

(ii) $x \in B$ 일 때 : 같은 방법으로, $x^{\alpha\beta} = x^{\beta} = x^{\beta\alpha}$.

(iii) $x \notin A \cup B$ 일 때 :

$$x \xrightarrow{\alpha} x \xrightarrow{\beta} x, \quad x \xrightarrow{\beta} x \xrightarrow{\alpha} x. \qquad \therefore\ x^{\alpha\beta} = x = x^{\beta\alpha}.$$

(i), (ii), (iii)으로부터

$$x^{\alpha\beta} = x^{\beta\alpha}, (\forall x \in \Omega). \quad \therefore\ \alpha\beta = \beta\alpha. \ ▮$$

한 사이클에 포함된 원소의 개수를 그 **사이클의 길이**라고 한다. 또, 길이가 k 인 사이클을 k-**사이클**이라고 한다.

◀ cycle length

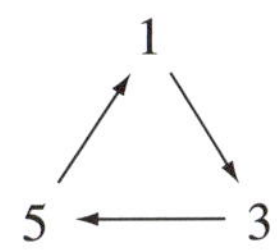

사이클 $\sigma = (1, 3, 5)$의 길이는 3, 즉, σ는 3-사이클. σ에 포함된 원소의 개수는 그림 표현에서 화살표의 개수와 같다.

다음 보조정리는 사이클의 정의에 의하여 명백하다.

보조정리 2.2.3

사이클의 위수는 그 사이클의 길이와 같다.

◀ 예를 들어, $\alpha = (1, 3, 5)$일 때,
$\alpha^2 = (1, 5, 3) \neq \varepsilon$
$\alpha^3 = (1)(5)(3) = \varepsilon$
이므로 $o(\alpha) = 3$.

정리 2.2.4

n-치환 σ의 위수는 σ의 사이클 표현에 나타난 서로 소인 사이클들의 길이의 최소공배수이다.

증명 $\sigma = \alpha_1 \cdots \alpha_r$, (단, $\alpha_1, \cdots, \alpha_r$은 서로 소인 사이클), 이라 하자. 또, 각 $i = 1, 2, \cdots, r$에 대하여 α_i에 포함된 $\Omega = \{1, \cdots, n\}$의 원소 전체의 집합을 Ω_i라고 하자.

◀ 예를들어,
$\sigma = (1, 3, 5)(2, 4)(6)$ (← α_1, α_2, α_3)
일 때,
$\Omega_1 = \{1, 5, 3\}$,
$\Omega_2 = \{2, 4\}$,
$\Omega_3 = \{6\}$.

$r = 1$일 때는 보조정리 2.2.3에 의하여 정리 2.2.4가 성립한다.

$r \geq 2$라고 하자.

$$o(\sigma) = k, \quad \mathrm{lcm}(o(\alpha_1), \cdots, o(\alpha_r)) = m$$

이라고 할 때, $\alpha_i^m = \varepsilon, (i = 1, 2, \cdots, r)$, 이므로

$$\sigma^m = (\alpha_1 \cdots \alpha_r)^m = \alpha_1^m \cdots \alpha_r^m = \varepsilon$$

($\because$ 정리 2.2.2)

이고, 따라서

$$k \mid m. \quad \cdots\cdots\cdots\cdots ①$$

한편,

$$\varepsilon \overset{o(\sigma)=k}{=} \sigma^k = (\alpha_1 \cdots \alpha_r)^k = \alpha_1^k \cdots \alpha_r^k$$

이고, 따라서

$$\alpha_1^k = \alpha_2^{-k} \cdots \alpha_r^{-k}.$$

$x \in \Omega$에 대하여,

(i) $x \in \Omega_1$ 일 때, $x^{\alpha_i} = x$, $(\forall i \geq 2)$.$(\because x \notin \Omega_2 \cup \cdots \cup \Omega_r)$.

$$\therefore\ x^{\alpha_1^k} = x^{\alpha_2^{-k} \cdots \alpha_r^{-k}} = x.$$

(ii) $x \notin \Omega_1$ 일 때, $x^{\alpha_1^k} = x$.$(\because x^{\alpha_1} = x)$.

(i), (ii)에 의하여

$$x^{\alpha_1^k} = x, (\forall x \in \{1, 2, \cdots, n\}),\text{ 즉, } \alpha_1^k = \varepsilon.\ \ \therefore\ o(\alpha_1) | k.$$

같은 방법으로 $o(\alpha_i)|k$, $(i = 1, 2, \cdots, r)$,이다. 따라서

$$m = \text{lcm}(o(\alpha_1), \cdots, o(\alpha_r)) | k. \quad \cdots\cdots\cdots\cdots ②$$

①, ②에 의하여

$$o(\sigma) = k \overset{①,\ ②}{=} m = \text{lcm}(o(\alpha_1), \cdots, o(\alpha_r))$$

$$= \text{lcm}((\alpha_1\text{의 길이}), \cdots, (\alpha_r\text{의 길이})). \ \blacksquare$$

(보조정리 2.2.3)

보기 4 보기 3의 6-치환 σ의 사이클 표현

$$\sigma = \begin{pmatrix} 1 & 2 & 3 & 4 & 5 & 6 \\ 3 & 4 & 5 & 2 & 1 & 6 \end{pmatrix} = (1, 3, 5)(2, 4)(6)$$

에 나타난 서로 소인 사이클 $(1, 3, 5)$, $(2, 4)$, (6)의 길이는 각각 3, 2, 1이므로, $o(\sigma) = \text{lcm}(3, 2, 1) = 6$.

홀치환과 짝치환

길이가 2인 사이클, 즉, 2-사이클을 **호환**이라고 한다.

◀ 互換 transposition

사이클 $(1, 2, 3, 4)$에 속하는 원소 1, 2, 3, 4를 각각 호환 $(1, 2)$, $(1, 3)$, $(1, 4)$의 곱 $(1, 2)(1, 3)(1, 4)$로 보내면

$$1 \xrightarrow{(1,2)} 2 \xrightarrow{(1,3)} 2 \xrightarrow{(1,4)} 2, \quad 2 \xrightarrow{(1,2)} 1 \xrightarrow{(1,3)} 3 \xrightarrow{(1,4)} 3,$$

$$3 \xrightarrow{(1,2)} 3 \xrightarrow{(1,3)} 1 \xrightarrow{(1,4)} 4, \quad 4 \xrightarrow{(1,2)} 4 \xrightarrow{(1,3)} 4 \xrightarrow{(1,4)} 1$$

이므로

$$(1,2)(1,3)(1,4) = \begin{pmatrix} 1 & 2 & 3 & 4 \\ 2 & 3 & 4 & 1 \end{pmatrix} = (1,2,3,4).$$

이와 같이 생각하면, 임의의 사이클 $(x, y_1, y_2, \cdots, y_k)$는

$$(x, y_1, y_2, \cdots, y_k) = (x, y_1)(x, y_2) \cdots (x, y_k)$$

와 같이 호환의 곱으로 표현될 수 있다.

한편, 임의의 치환은 사이클의 곱으로 표현될 수 있으므로 다음 정리를 얻는다.

정리 2.2.5

임의의 치환은 호환의 곱으로 표현될 수 있다.

보기 5 $\begin{pmatrix} 1 & 2 & 3 & 4 & 5 & 6 & 7 \\ 3 & 4 & 5 & 6 & 1 & 7 & 2 \end{pmatrix} = (1,3,5)(2,4,6,7).$

$$(1,3,5) = (1,3)(1,5), \quad (2,4,6,7) = (2,4)(2,6)(2,7)$$

이므로,

$$\begin{pmatrix} 1 & 2 & 3 & 4 & 5 & 6 & 7 \\ 3 & 4 & 5 & 6 & 1 & 7 & 2 \end{pmatrix} = (1,3)(1,5)(2,4)(2,6)(2,7).$$

하나의 치환 σ를 호환의 곱으로 표현하는 방법은 여러 가지이다. 이를테면,

$$\varepsilon = (1,2)(1,2) = (1,2)(1,2)(2,3)(2,3).$$

그러나 그 곱에 나타나는 호환의 개수가 홀수인지 짝수인지는 σ에 의하여 하나로 결정 된다. 이에 대하여 알아 보자.

이를 위하여, 치환 $\sigma \in S_n$의 사이클 표현에 나타난 사이클의 개수를 $T(\sigma)$로 나타내기로 한다.

◀ σ를 서로 소인 사이클의 곱으로 나타내는 방법은 유일하므로 $T(\sigma)$의 값이 하나로 정해진다.

보기 6 (1) $\varepsilon \in S_n$에 대하여 $\varepsilon = (1)(2) \cdots (n)$이므로,

$$T(\varepsilon) = n.$$

(2) 보기 5의 치환 $\alpha = (1,3,5)(2,4,6,7) \in S_7$에 대하여,

$$T(\alpha) = 2.$$

보조정리 2.2.6

임의의 치환 $\sigma \in S_n$와 임의의 호환 $\tau \in S_n$에 대하여,

$$T(\sigma\tau) = T(\sigma) \pm 1.$$

증 명 $\tau = (x, y)$ 라고 하고 σ에서 x의 직전 원소를 a, y의 직전 원소를 b라고 하자. (즉, $a \xrightarrow{\sigma} x, b \xrightarrow{\sigma} y$). 이 때,

$$\begin{cases} a \xrightarrow{\sigma} x \xrightarrow{\tau} y, \\ b \xrightarrow{\sigma} y \xrightarrow{\tau} x, \\ k \xrightarrow{\sigma} k^{\sigma} \xrightarrow{\tau} k^{\sigma}, (\forall k \notin \{a, b\}). \end{cases} \quad \cdots\cdots\cdots\cdots ①$$

x, y는 각각 σ의 사이클 표현에 나타난 꼭 하나의 사이클에 포함된다.

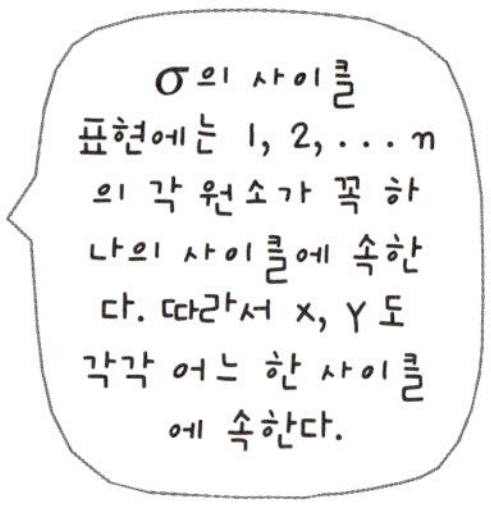

(i) x, y가 같은 사이클에 포함될 경우 :
σ에서 x, y를 포함하는 1개의 사이클([그림 1])이 $\sigma\tau$에서는 [그림 2]와 같이 x에서 출발하여 x로 돌아 오는 하나의 사이클과, y에서 출발하여 y로 돌아 오는 다른 하나의 사이클로 분리된다. (∵ ①에 의하여).

$$\therefore\ T(\sigma\tau) = T(\sigma) + 1.$$

x, y 이외의 원소는 τ를 적용해도 변하지 않는다.

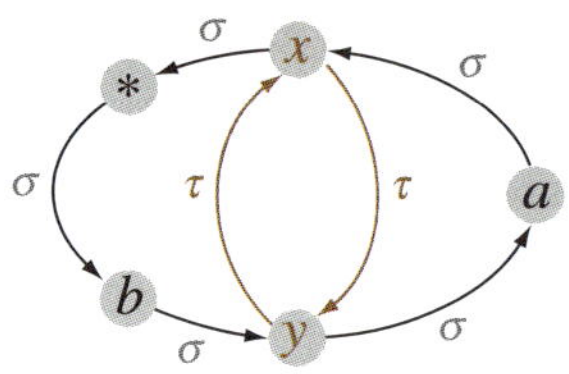

[그림 1]

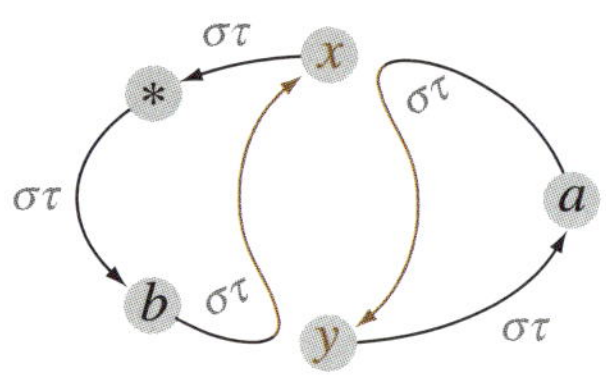

[그림 2]

(ii) x, y가 서로 다른 사이클에 포함될 경우 :
σ에서 x를 포함하는 사이클과 y를 포함하는 사이클([그림 3])이 [그림 4]와 같이 하나의 사이클로 통합된다. (∵ ①에 의하여).

$$\therefore\ T(\sigma\tau) = T(\sigma) - 1.$$

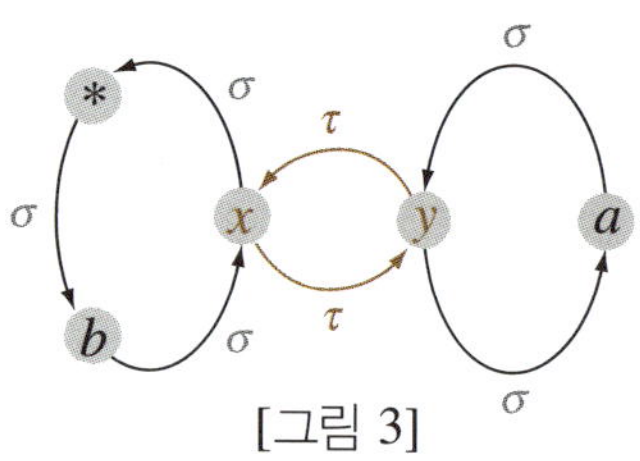

[그림 3]

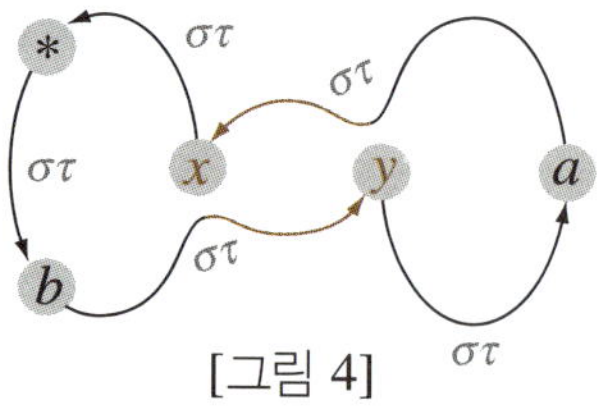

[그림 4]

(i), (ii)에 의하여 $T(\sigma\tau) = T(\sigma) \pm 1$. ▌

정리 2.2.7 (치환의 홀짝성)

하나의 치환이 r 개의 호환의 곱으로 표현되기도 하고, s개의 호환의 곱으로 표현되기도 하면, r, s는 모두 짝수이든지 모두 홀수이다.

증명 $\sigma \in S_n$에 대하여 $f(\sigma)$를

$$f(\sigma) = (-1)^{T(\sigma)}$$

와 같이 정의할 때, 임의의 호환 $\tau = (i, j) \in S_n$에 대하여,

$$f(\sigma\tau) = -f(\sigma). \quad \cdots\cdots ①$$

$\because \quad f(\sigma\tau) = (-1)^{T(\sigma\tau)} = (-1)^{T(\sigma) \pm 1} = -(-1)^{T(\sigma)} = -f(\sigma).$ ◆

(보조정리 2.2.6)

치환 $\sigma \in S_n$에 대하여, 호환 $\tau_1, \cdots, \tau_r, \mu_1, \cdots, \mu_s$가 있어서

$$\sigma = \tau_1 \cdots \tau_r, \quad \sigma = \mu_1 \cdots \mu_s$$

라고 하면

$$\sigma = \varepsilon\tau_1 \cdots \tau_r, \quad \sigma = \varepsilon\mu_1 \cdots \mu_s$$

이다. ①에 의하여

$$\begin{aligned} f(\sigma) &= f(\varepsilon\tau_1 \cdots \tau_{r-2}\tau_{r-1}\tau_r) = -f(\varepsilon\tau_1 \cdots \tau_{r-2}\tau_{r-1}) \\ &= (-1)^2 f(\varepsilon\tau_1 \cdots \tau_{r-2}) = \cdots = (-1)^r f(\varepsilon). \end{aligned}$$

같은 식으로

$$f(\sigma) = f(\varepsilon\mu_1\mu_2 \cdots \mu_s) = (-1)^s f(\varepsilon).$$

그러므로 $(-1)^r f(\varepsilon) = (-1)^s f(\varepsilon)$이다. $f(\varepsilon) = n \neq 0$ 이므로

$$(-1)^r = (-1)^s.$$

이 등식으로 부터 r, s는 모두 짝수이든지 모두 홀수이다. ▌

◂ $\varepsilon = (1)(2) \cdots (n)$

홀수 개의 호환의 곱으로 표현될 수 있는 치환을 **홀치환**, 짝수 개의 호환의 곱으로 표현될 수 있는 치환을 **짝치환**이라고 한다.

◂ 홀置換 odd permutation

◂ 짝置換 even permutation

보기 7 (1) 치환 $\sigma = (1, 3, 6)(2, 8)(4, 7, 5) \in S_9$는

$$\sigma = (1, 3)(1, 6)(2, 8)(4, 7)(4, 5)$$

와 같이 홀수 개의 호환의 곱으로 표현될 수 있으므로 홀치환이다.

(2) $\varepsilon = (1, 2)(1, 2)$이므로 ε은 짝치환이다.

(3) 임의의 호환은 홀치환이다.

정리 2.2.8

S_n의 짝치환 전체의 집합 A_n은 S_n의 부분군이다.

증명 $\varepsilon \in A_n$이므로, $A_n \neq \varnothing$이다.
$\alpha, \beta \in A_n$라고 하면, α, β는 각각 짝수 개의 호환의 곱으로 표현될 수 있으므로 $\alpha\beta$도 짝수 개의 호환의 곱으로 표현될 수 있다. 따라서

$$\alpha\beta \in A_n.$$

S_n은 유한군이므로, finite subgroup test에 의하여,

$$A_n \leq S_n. \quad \blacksquare$$

정의 S_n의 짝치환 전체로 이루어진 군 A_n을 $\{1, 2, \cdots, n\}$ 상의 **교대군**이라고 한다.

◀ 交代群 alternating group

보기 8 S_3의 원소를 호환의 곱으로 나타내면,

$$\varepsilon = (1, 2)(1, 2), \qquad \mu_1 = (2, 3),$$
$$\rho_1 = (1, 2, 3) = (1, 2)(1, 3), \qquad \mu_2 = (1, 3),$$
$$\rho_2 = (1, 3, 2) = (1, 3)(1, 2), \qquad \mu_3 = (2, 3).$$

이 중 짝치환은 $\varepsilon, \rho_1, \rho_2$이다. 따라서 $\{1, 2, 3\}$ 상의 교대군은

$$A_3 = \{\varepsilon, \rho_1, \rho_2\}.$$

정리 2.2.9

$$|A_n| = \frac{n!}{2}$$

증명 $B_n = S_n - A_n$이라 하고 $\tau = (1, 2)$라고 하면, 임의의 $\alpha \in A_n$에 대하여, $\alpha\tau \in B_n$이다.

∵ σ가 짝수 개의 호환의 곱이므로 $\sigma\tau$는홀수 개의 호환의 곱. ◆

함수 $\theta : A_n \to B_n$을

$$\alpha^\theta = \alpha\tau, (\alpha \in A_n)$$

으로 정의한다.

$\alpha_1, \alpha_2 \in A_n$에 대하여,

$$\alpha_1^{\theta} = \alpha_2^{\theta} \Rightarrow \alpha_1\tau = \alpha_2\tau \Rightarrow \alpha_1 = \alpha_2$$

이므로 θ는 단사이다.

한편, 임의의 $\beta \in B_n$에 대하여 $\alpha = \beta\tau$라고 하면 $\alpha \in A_n$이고

$$\alpha^{\theta} = (\beta\tau)^{\theta} = \beta\tau^2 = \beta$$

이므로 θ는 전사이다. 그러므로 θ는 전단사이고 따라서

$$|A_n| = |B_n|. \quad \cdots\cdots ①$$

한편,

$$A_n \cup B_n = S_n, \quad A_n \cap B_n = \varnothing$$

이므로

$$n! = |S_n| = |A_n| + |B_n|. \quad \cdots\cdots ②$$

①, ② 로부터 정리의 등식이 성립한다. ▌

사다리와 치환

1 다음 그림의 사다리는 4-치환 $\sigma = \begin{pmatrix} 1 & 2 & 3 & 4 \\ 2 & 4 & 3 & 1 \end{pmatrix}$을 정의한다.

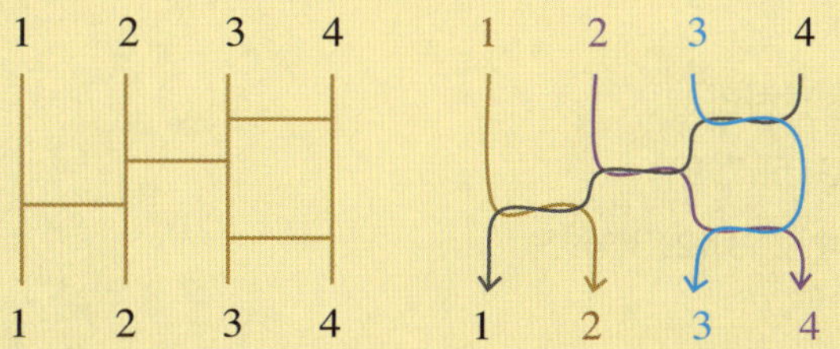

이 사다리는 4 개 (짝수 개)의 가로 막대를 가지고 있으므로 σ는 짝치환이다. 일반적으로 사다리로 정의되는 치환은 가로 막대의 개수가 짝수일 때 짝치환, 홀수일 때 홀치환이다.

2 주어진 치환 σ는, 오른쪽 그림과 같이 각 i와 i^{σ}를 선으로 이었을 때 생기는 점의 개수가 짝수일 때 짝치환, 홀수일 때, 홀치환이다.

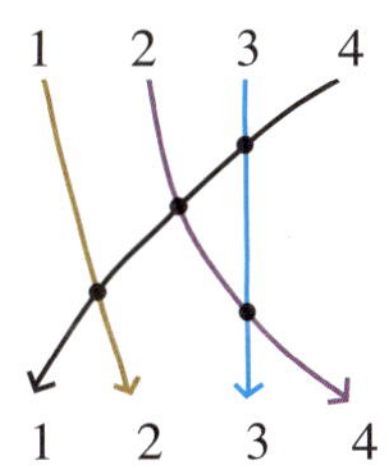

2-2 EXERCISES 연습문제

1 7-치환

$$\sigma=\begin{pmatrix}1&2&3&4&5&6&7\\2&4&5&1&6&3&7\end{pmatrix},\ \tau=\begin{pmatrix}1&2&3&4&5&6&7\\3&4&5&6&7&2&1\end{pmatrix}$$

에 대하여 다음을 구하라.

(1) $\sigma\tau$ (2) $\sigma\tau^2$ (3) $\sigma^{-1}\tau$

2 문제 1의 σ, τ에 대하여 다음을 구하라.

(1) $\sigma, \tau, \sigma\tau, \sigma^{-1}\tau$의 사이클표현

(2) $\sigma, \tau, \sigma\tau, \sigma^{-1}\tau$의 위수

3 정삼각형 Δ_3의 꼭지점의 집합을 $\Omega=\{1,2,3\}$이라 하고

$\rho_0=(0°\text{ 회전}), \rho_1=(120°\text{ 회전}), \rho_2=(240°\text{ 회전})$,

$\mu_i=$(꼭짓점 i와 Δ_3의 중심을 지나는 대칭축에 관한 뒤집기)

라고 할 때, 다음 물음에 답하라.

(1) S_3의 원소로서 $\rho_0, \rho_1, \rho_2, \mu_1, \mu_2, \mu_3$을 구하라.

(2) $\rho=\rho_1, \mu=\mu_1$일 때, $\langle\rho, \mu\rangle=S_3$임을 보여라.

4 다음 치환이 홀치환인지 짝치환인지를 말하라.

(1) $(1,2,3,4)$ (2) $(1,3,5,7,9)$

(3) $(1,2)(1,3,4)(1,5,2)$ (4) $(1,4,2,3)(2,3,4,5)$

5 $\sigma\in S_n$에 대하여, $n\times n$ 행렬 $P_\sigma=[a_{ij}]$를

$$a_{ij}=\begin{cases}1, (\sigma(i)=j\text{ 일 때}),\\0, (\sigma(i)\neq j\text{ 일 때})\end{cases}$$

로 정의하고, $\mathscr{P}_n=\{P_\sigma\mid\sigma\in S_n\}$이라고 할 때, 다음을 증명하라.

(1) $\mathscr{P}_n$은 행렬의 곱에 관한 군이다.

(2) $\mathscr{P}_n\cong S_n$.

6 S_8은 위수 15인 원소를 가진다. 그러한 원소를 하나 찾아라.

2-2 · E · X · E · R · C · I · S · E · S · 연습문제

7 S_3의 모든 부분군을 구하라.

8 $\sigma = (1, 2, 3, 4)(5, 6, 7)$의 역원을 구하라.

9 S_n은 다음과 같은 원소 σ, τ를 가짐을 보여라.
(1) $o(\sigma) = 2, o(\tau) = 2,\ o(\sigma\tau) = 3$, (단, $n \ge 3$).
(2) $o(\sigma) = 3, o(\tau) = 3,\ o(\sigma\tau) = 5$, (단, $n \ge 5$).

10 $\sigma \in S_7$에 대하여, $o(\sigma^3) = 7$일 때, $o(\sigma)$를 구하라.

11 A_4는 8 개의 3-사이클, 3 개의 서로 소인 두 호환의 곱 및 단위원으로 이루어져 있음을 보여라.

12 A_n의 각 원소는 3-사이클의 곱으로 표현됨을 증명하라.

13 σ가 사이클일 때, σ^2이 사이클인지 아닌지를 판정하라.

14 σ가 n-사이클일 때, σ^k이 n-사이클일 필요충분조건을 찾아라.

15 S_n의 홀치환 전체의 집합을 B_n이라고 할 때, $A_nB_n = B_n$ 임을 증명하라.

16 $\sigma \in S_n$이 고정된 홀치환일 때, 임의의 홀치환은 σ와 어떤 짝치환의 곱과 같음을 보여라.

17 $H \le S_n$일 때, H의 원소 중 모두가 짝치환이든지, 꼭 절반이 짝치환임을 증명하라.

18 S_n의 교환자 부분군 S_n'은 A_n의 부분군임을 증명하라.

2-2 · E · X · E · R · C · I · S · E · S · 연습문제

19 $\sigma, \tau, \mu \in S_n$ 에 대하여 다음을 증명하라.

(1) $\sigma = (x_1, x_2, \cdots, x_r)$ 일 때, $\sigma^{\mu} = (x_1^{\mu}, x_2^{\mu}, \cdots, x_r^{\mu})$.

(2) $(\sigma\tau)^{\mu} = \sigma^{\mu}\tau^{\mu}$.

20 $\sigma, \tau \in S_n$ 의 사이클 표현에서, 각 $k = 1, 2, \cdots, n$ 에 대하여

(σ에서 길이 k인 사이클의 개수) = (τ에서 길이 k인 사이클의 개수)

일 때, σ, τ는 같은 **사이클구조**를 가진다고 한다. S_4 에서 다음 치환과 사이클 구조가 같은 치환을 모두 구하라.

(1) $(1, 2, 3)$ (2) $(1, 2, 3, 4)$ (3) $(1, 2)(3, 4)$

21 $\sigma, \tau \in S_n$ 에 대하여 다음은 동치임을 증명하라.

(i) $\sigma^{\mu} = \tau$ 인 $\mu \in S_n$ 가 존재한다.

(ii) σ, τ는 같은 사이클구조를 가진다.

22 $n \geq 3$일 때, $Z(S_n) = \{\varepsilon\}$ 임을 증명하라.

23 $\langle (1, 2), (2, 3), \cdots, (n-1, n) \rangle = S_n$ 임을 증명하라.

24 $\sigma = (1, 2, \cdots, n)$, $\tau = (1, 2) \in S_n$에 대하여, $\langle \sigma, \tau \rangle = S_n$ 임을 증명하라.

25 $\sigma = (1, 2, 3, 4)$, $\tau = (1, 2)(3, 4) \in S_4$ 에 대하여,

(1) σ, τ 의 위수를 구하라.

(2) $\tau\sigma\tau = \sigma^{-1}$ 임을 증명하라.

(3) $\langle \sigma, \tau \rangle = D_4$ 임을 증명하라.

26 $\sigma \in S_n$ 에 대하여, σ가 짝치환일 필요충분조건은 σ의 사이클 표현에서 길이가 짝수인 사이클의 개수가 짝수일 것임을 보여라.

3 잉여류와 인자군

3-1 라그랑즈의 정리
3-2 인자군
3-3 준동형사상과 동형정리

임의의 정수를 자연수 n으로 나눈 나머지는 $0, 1, \cdots, n-1$ 중 하나이다. 이 사실에 바탕을 둔 잉여류의 개념은 정수론에서 중요한 역할을 한다. 이 중단원에서는 잉여류의 개념을 군론의 경우로 확장하고, 이를 이용하여 유한군의 위수는 그 부분군의 위수의 배수라는 라그랑즈의 정리를 증명한다.

아울러 군의 부분군의 우잉여류의 집합에 군의 구조를 부여하여 인자군을 정의한다.

준동형사상은 연산을 보존하는 군 사이의 함수이다. 준동형사상은 전단사 조건이 결여 되어 동형사상은 아니지만 인자군의 개념과 결부되어 동형사상이 갖지 못하는 풍부한 성질을 가지고 있다.

이 중단원에서는 준동형사상의 여러 가지 성질을 규명한다.

3-1 라그랑즈의 정리

이 절의 학습 내용

- 잉여류의 뜻 / • 흡수율 / • $Ha = Hb$일 조건
- 라그랑즈의 정리 / • 지수 $|G : H|$
- D_n을 r, f로 표현하기 / • Q_8을 $\mathbf{i}, \mathbf{j}$ 로 표현하기
- 위수가 7 이하인 군의 분류

우리는 정리 1.4.7, 따름정리 1.4.8에서, 유한 순환군 $\langle g\rangle$의 부분군의 위수는 $\langle g\rangle$의 위수의 약수임을 알았다. 순환군의 이러한 성질은, 실제로, 임의의 유한군에 대해서도 성립한다. 이 사실을 밝히는 것이 이 절의 목적이다. 그 증명의 주된 도구는 다음에 정의하는 잉여류의 개념이다.

잉여류의 뜻

3으로 나눈 나머지가 0, 1, 2인 정수 전체의 집합은 각각

$$3\mathbf{Z},\quad 3\mathbf{Z}+1=\{3n+1 \mid n\in \mathbf{Z}\},\quad 3\mathbf{Z}+2=\{3n+2 \mid n\in \mathbf{Z}\}$$

이다. 정수론에서는 이들 집합을 법 3에 관한 잉여류라고 한다. 이 개념을 군의 부분군에 대해서도 다음과 같이 정의한다.

정의 H가 군 G의 부분군일 때, $g\in G$에 대하여, 블락

$$Hg=\{hg \mid h\in H\},\quad gH=\{gh \mid h\in H\}$$

를 각각 G에서 g를 포함하는 H의 **우잉여류**, **좌잉여류**라고 한다.

◀ 右剩餘類 right coset
左剩餘類 left coset

보기 1 $\mathbf{Z}$의 부분군 $3\mathbf{Z}$에 대하여,

$$3\mathbf{Z}+0=\{\cdots,-3+0,0+0,3+0,6+0,\cdots\}$$
$$=\{\cdots,-3,0,3,6,\cdots\}=3\mathbf{Z}$$
$$3\mathbf{Z}+3=\{\cdots,-6+3,-3+3,0+3,3+3,\cdots\}$$
$$=\{\cdots,-3,0,3,6,\cdots\}=3\mathbf{Z}=3\mathbf{Z}+0$$
$$3\mathbf{Z}+1=\{\cdots,-3+1,0+1,3+1,6+1,\cdots\}$$
$$=\{\cdots,-2,1,4,7,\cdots\}$$
$$3\mathbf{Z}+4=\{\cdots,-6+4,-3+4,0+4,3+4,\cdots\}$$
$$=\{\cdots,-2,1,4,7,\cdots\}=3\mathbf{Z}+1$$

보기 2 $G=U_7$에서 부분군 $H=\{1,6\}$의 우잉여류는

$$H1=\{1\cdot1,6\cdot1\}=\{1,6\}=H$$
$$H6=\{1\cdot6,6\cdot6\}=\{6,1\}=H$$
같은 블락!

$$H2=\{1\cdot2,6\cdot2\}=\{2,5\}$$
$$H5=\{1\cdot5,6\cdot5\}=\{5,2\}$$
같은 블락!

$$H3=\{1\cdot3,6\cdot3\}=\{3,4\}$$
$$H4=\{1\cdot4,6\cdot4\}=\{4,3\}$$
같은 블락!

U_7	1	2	3	4	5	6
1	1	2	3	4	5	6
2	2	4	6	1	3	5
3	3	6	2	5	1	4
4	4	1	5	2	6	3
5	5	3	1	6	4	2
6	6	5	4	3	2	1

보기 2에서 알 수 있듯이, G의 부분군 H와 $a,b\in G$에 대하여 $a\neq b$라도 $Ha=Hb$일 수 있다. 두 잉여류가 같을 조건에 대하여 알아 보자.

보조정리 3.1.1 (흡수율)

군 G의 부분군 H와 $h\in G$에 대하여,

$$h\in H\Leftrightarrow Hh=H.$$

증명 $(\Rightarrow)$ $h\in H$일 때,

$Hh\subset HH=H.$ ······ ①

$H=He=H(h^{-1}h)=(Hh^{-1})h\subset HHh=Hh.$ ······ ②

(블락결합법칙) ($HH=H$)

①, ②에 의하여 $Hh=H.$

$(\Leftarrow)$ $h\in Hh=H.$ (가정) ▌

보조정리 3.1.2

군 G 의 부분군 H 와 $a, b \in G$ 에 대하여 다음은 동치이다.

(i) $Ha = Hb$ (ii) $ab^{-1} \in H$ (iii) $a \in Hb$

증 명 (i) $\Leftrightarrow$ (ii). $Ha = Hb \Leftrightarrow (Ha)b^{-1} = (Hb)b^{-1}$ ㉠

$\Leftrightarrow Hab^{-1} = H \Leftrightarrow ab^{-1} \in H.$ ㉡ ↖흡수율

(ii) $\Leftrightarrow$ (iii). $ab^{-1} \in H \Leftrightarrow ab^{-1}b \in Hb \Leftrightarrow a \in Hb$. ▌

◀ ㉠ $\Rightarrow$ 양변의 우측에 b^{-1}를 곱함.
$\Leftarrow$ 양변의 우측에 b를 곱함.
㉡ $(Ha)b^{-1} = H(ab^{-1})$
(블락 결합법칙)
$(Hb)b^{-1} = H(bb^{-1})$
$= He = H$.

라그랑즈의 정리

보기 2에서, 다음을 관찰 할 수 있다.

(i) U_7의 각 원소는 오직 하나의 $H = \{1, 6\}$의 우잉여류에 속한다.

(ii) 같은 우잉여류에 속하는 원소를 한 블락으로 묶으면 U_7은

$$U_7 = \{ \boxed{1, 6}, \boxed{2, 5}, \boxed{3, 4} \}$$

와 같이 몇 개의 서로 소인 블락으로 나뉜다.

(iii) 각 블락의 크기는 H의 크기와 같다.

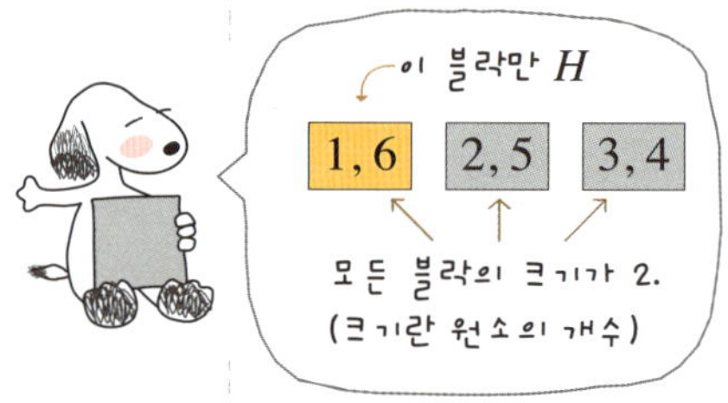

임의의 유한군 G와 그 부분군 H에 대해서도 이러한 성질이 성립한다. 지금부터 이에 대하여 알아본다.

보조정리 3.1.3

군 G의 부분군 H에 대하여 다음이 성립한다.

(1) 임의의 $a, b \in G$에 대하여 Ha, Hb 사이의 관계는

$$Ha = Hb \text{ 또는 } Ha \cap Hb = \varnothing$$

중 한 가지이다.

(2) H가 유한군일 때, 임의의 $g \in G$에 대하여 Hg와 H의 크기가 같다. 즉, $|Hg| = |H|$.

증 명 (1) $Ha \cap Hb \neq \varnothing$이라면 $x \in Ha \cap Hb$가 존재한다. 이 때, $x \in Ha$이므로 $Hx = Ha$. ($\because$ 보조정리 3.1.2). 같은 논리로 $Hx = Hb$.

$$\therefore\ Ha = Hb.$$

(2) 함수 $\phi : H \to Ha$를 $h \to ha, (h \in H)$, 로 정의한다.
$H^{\phi} = Ha$이므로 ϕ는 전사이다.
$h, k \in H$에 대하여

$$h^{\phi} = k^{\phi} \Rightarrow ha = ka \Rightarrow h = k$$

이므로 ϕ는 단사이다. 그러므로 ϕ는 전단사함수이다.

$$\therefore\ |H| = |Ha|\ . \quad ▌$$

예제 3.1.4

유한군 G의 부분군에 H, K 대하여

$$H \cap K = \{e\} \Rightarrow |HK| = |H||K|$$

임을 증명하라.

일반적으로 다음이 성립한다.

$$|HK| = \frac{|H||K|}{|H \cap K|}.$$

이 등식은 군작용(5.1절)으로 쉽게 증명할 수 있다. (예제 5.1.4)

증 명 $H = \{h_1, h_2, \cdots, h_n\}$, $K = \{k_1, k_2, \cdots, k_m\}$ 이라고 하면,

$$HK = Hk_1 \cup Hk_2 \cup \cdots \cup Hk_m\ . \quad \cdots\cdots ①$$

◀ $HK = \{h_1k_1, h_2k_1, \cdots, h_nk_1,$
$h_1k_2, h_2k_2, \cdots, h_nk_2,$
$\vdots$
$h_1k_n, h_2k_n, \cdots, h_nk_m\}$
$= Hk_1 \cup Hk_2 \cup \cdots \cup Hk_m.$

$Hk_i = Hk_j$라고 하면, $k_i k_j^{-1} \in H$이다. $k_i k_j^{-1} \in K$이므로

$$k_i k_j^{-1} \in H \cap K = \{e\}.$$

이 때, $k_i k_j^{-1} = e$이고, 따라서 $k_i = k_j$ 이다. 그러므로 $i \neq j$ 일 때, $Hk_i \neq Hk_j$이고, 보조정리 3.1.3의 (1) 에 의하여 $Hk_i \cap Hk_j = \varnothing$이다.
이제, ① 과 보조정리 3.1.3의 (2) 에 의하여,

$$\begin{aligned} |HK| &= |Hk_1| + |Hk_2| + \cdots + |Hk_m| \\ &= \underbrace{|H| + |H| + \cdots + |H|}_{m\text{개}} = |H|m = |H||K|\ . \quad ◘ \end{aligned}$$

정리 3.1.5 (라그랑즈의 정리)

유한군 G의 부분군의 위수는 G의 위수의 약수이다.

증 명

$$Ha_1, Ha_2, \cdots, Ha_m \quad \cdots\cdots ①$$

을 H의 모든 서로 다른 우잉여류라고 하자. 임의의 $g \in G$ 에 대하여 g를 포함하는 우잉여류 Hg는 ① 중 어느 하나와 같다.

$Hg = Ha_i$일 때,

$$g \in Hg = Ha_i \subset Ha_1 \cup Ha_2 \cup \cdots \cup Ha_r$$

이므로

$$G \subset Ha_1 \cup Ha_2 \cup \cdots \cup Ha_m.$$

한편 각 $i = 1, 2, \cdots, r$에 대하여 $Ha_i \subset G$ 이므로

$$Ha_1 \cup Ha_2 \cup \cdots \cup Ha_m \subset G.$$

$$\therefore \; G = Ha_1 \cup Ha_2 \cup \cdots \cup Ha_m.$$

보조정리 3.1.3의 (1)에 의하여, G의 각 원소는 ① 중 오직 하나의 우잉여류에만 속하므로

$$|G| = |Ha_1| + |Ha_2| + \cdots + |Ha_m|. \quad \cdots\cdots ②$$

보조정리 3.1.3의 (2)에 의하여,

$$|Ha_i| = |H|, (i = 1, 2, \cdots, r),$$

이므로 ②는

H의 서로 다른 우잉여류의 개수!

$$|G| = m|H|. \quad \cdots\cdots ③$$

과 같다. 그러므로 $|H|$는 $|G|$의 약수이다. ▌

정의 군 G에서 부분군 H의 서로 다른 우잉여류가 유한개일 때, 그 개수를 G에서 H의 **지수**라 하고

$$|G : H|$$

로 나타낸다.

◀ 指數 index

보기 3 (1) U_7에서 부분군 $H = \{1, 6\}$의 우잉여류는

$$\boxed{H} = \boxed{H6} \quad \boxed{H2} = \boxed{H5} \quad \boxed{H3} = \boxed{H4}$$

이다. 이 중 서로 다른 우잉여류는 3개이므로 $|U_7 : H| = 3$.

(2) $\mathbf{Z}$에서 부분군 $3\mathbf{Z}$의 서로 다른 우잉여류는

$$3\mathbf{Z}, 3\mathbf{Z}+1, 3\mathbf{Z}+2$$

의 3 개이므로 $|\mathbf{Z} : 3\mathbf{Z}| = 3$.

라그랑즈의 정리의 증명 중의 ③은 $|G| = |G : H||H|$ 와 같으므로 다음 따름정리가 성립한다.

따름정리 3.1.6

유한군 G의 부분군 H에대하여,

$$|G:H|=\frac{|G|}{|H|}.$$

보기 4 대칭군 S_n의 부분군인 교대군 A_n에 대하여

$$|S_n|=n!,\ |A_n|=\frac{n!}{2}.\quad \therefore |S_n:A_n|=\frac{n!}{n!/2}=2.$$

그러므로 S_n에서 A_n의 서로 다른 우잉여류의 개수는 2이다.

예제 3.1.7

이면군 D_n에 대하여 $r=r_1, f\in\{f_1,f_2,\cdots,f_n\}$이라고 할 때,

$$D_n=\{\varepsilon, r, r^2, \cdots, r^{n-1}, f, rf, r^2f, \cdots, r^{n-1}f\}$$

이다. (1.1절 끝부분). 우잉여류의 개념을 이용하여 이 사실을 증명하라.

증명 $\langle r\rangle=\{\varepsilon, r, r^2, \cdots, r^{n-1}\}\le D_n,\ |\langle r\rangle|=n,\ |D_n|=2n.$

◂ 1.3 절의 보기 6 (1)

따라서 $|D_n:\langle r\rangle|=2$ 이고, $\langle r\rangle$의 서로 다른 우잉려류의 개수는 2이다.

$f\notin\langle r\rangle$이므로 $\langle r\rangle\ne\langle r\rangle f$이고, 따라서 $\langle r\rangle, \langle r\rangle f$는 D_n에서 H의 모든 서로 다른 우잉려류이다.

$$\therefore\ D_n=\langle r\rangle\cup\langle r\rangle f=\{\varepsilon, r, r^2, \cdots, r^{n-1}, f, rf, r^2f, \cdots, r^{n-1}f\}.$$ ◻

예제 3.1.8

사원수군 $Q_8=\{\mathbf{1},-\mathbf{1},\mathbf{i},-\mathbf{i},\mathbf{j},-\mathbf{j},\mathbf{k},-\mathbf{k}\}$에 대하여

$$Q_8=\langle\mathbf{i},\mathbf{j}\rangle=\{\mathbf{1},\mathbf{i},\mathbf{i}^2,\ \mathbf{i}^3,\mathbf{j},\mathbf{ij},\mathbf{i}^2\mathbf{j},\ \mathbf{i}^3\mathbf{j}\}$$

임을 보여라.

◂ 1.3 절의 보기 7.

$(-\mathbf{1})^2=\mathbf{1}$

$\mathbf{i}^2=\mathbf{j}^2=\mathbf{k}^2=-\mathbf{1}$

$\mathbf{ij}=\mathbf{k}=-\mathbf{ji}$

$\mathbf{jk}=\mathbf{i}=-\mathbf{kj}$

$\mathbf{ki}=\mathbf{j}=-\mathbf{ik}$

증명 $\langle\mathbf{i}\rangle=\{\mathbf{1},\mathbf{i},\mathbf{i}^2,\ \mathbf{i}^3\}\le Q_8,\ |\langle\mathbf{i}\rangle|=4,\ |Q_8|=8.$

따라서 $|Q_8:\langle\mathbf{i}\rangle|=2$ 이고, $\langle\mathbf{i}\rangle$의 서로 다른 우잉려류의 개수는 2이다.

$\mathbf{j}\notin\langle\mathbf{i}\rangle$이므로 $\langle\mathbf{i}\rangle\ne\langle\mathbf{i}\rangle\mathbf{j}$이고, 따라서 $\langle\mathbf{i}\rangle, \langle\mathbf{i}\rangle\mathbf{j}$는 Q_8에서 H의 모든 서로 다른 우잉려류이다.

$$\therefore\ Q_8=\langle\mathbf{i}\rangle\cup\langle\mathbf{i}\rangle\mathbf{j}=\{\mathbf{1},\mathbf{i},\mathbf{i}^2,\ \mathbf{i}^3,\mathbf{j},\mathbf{ij},\mathbf{i}^2\mathbf{j},\ \mathbf{i}^3\mathbf{j}\}.$$ ◻

라그랑즈의 정리의 활용

정리 3.1.9

유한군 G의 원소 g에 대하여

(1) $\mathrm{o}(g)$는 $|G|$의 약수이다. (2) $g^{|G|} = e$

증명 (1) $g \in G$ 에 대하여 $\mathrm{o}(g) = |\langle g \rangle|$이므로, 라그랑즈의 정리에 의하여 $\mathrm{o}(g)$는 $|G|$의 약수이다.

(2) $\mathrm{o}(g) \,\big|\, |G|$ 이므로 $g^{|G|} = e$ 이다. ▌

(보조정리 1.4.2)

예제 3.1.10

유한군 G 의 위수가 4일 때,

$$G \cong \boldsymbol{Z}_4 \quad \text{또는} \quad G \cong \boldsymbol{U}_8$$

임을 보여라.

◂ $\boldsymbol{Z}_4 \ncong \boldsymbol{U}_8$ (예제 1.2.6)

풀이 정리 3.1.9에 의하여, G의 원소의 위수는 $1, 2, 4$ 중 하나이다.

- 위수가 4인 원소 $g \in G$가 존재할 경우 : $G = \langle g \rangle \cong \boldsymbol{Z}_4$.
- e 이외의 모든 원소의 위수가 2인 경우 : 예제 1.2.4 및 1.2절의 보기 7 (2)에 의하여 $G \cong \boldsymbol{U}_8$이다. ◇

보기 5 위수가 6인 군 G는 위수 3인 원소를 가진다.

∵ 정리 3.1.9에 의하여 G 의 원소의 위수는 $1, 2, 3, 6$ 중 하나이다. G 의 최대 위수의 원소를 a 라 하자.

▸ $\mathrm{o}(a) = 6$일 때, $\mathrm{o}(a^2) = 3$이다.

▸ $\mathrm{o}(a) = 2$라고 하면, $g^2 = e, (\forall g \in G)$, 이므로, 예제 1.2.3에 의하여 G 는 아벨군이다. $b \neq c$인 $b, c \in G - \{e\}$를 잡으면 $\langle b \rangle = \{e, b\}, \langle c \rangle = \{e, c\}$이고, $\langle b \rangle \cap \langle c \rangle = \{e\}$이므로 예제 3.1.4에 의하여 $|\langle b \rangle \langle c \rangle| = |\langle b \rangle||\langle c \rangle| = 4$ 이다. G가 아벨군이므로 $\langle b \rangle \langle c \rangle \leq G$이고, 라그랑즈의 정리에 의하여 4는 $|G| = 6$의 약수라는 모순이 따른다. ◆

예제 3.1.11

유한군 G의 위수가 6일 때,

$$G \cong \mathbf{Z}_6 \quad \text{또는} \quad G \cong D_3\ (\cong S_3)$$

임을 보여라.

증명 보기 5에 의하여 위수가 3인 원소 $x \in G$가 존재한다. 이 때,

$$\langle x\rangle = \{e, x, x^2\} = \{e, x, x^{-1}\}.$$

$|G:\langle x\rangle| = |G|/|\langle x\rangle| = 6/3 = 2$이므로, $y \in G - \langle x\rangle$ 를 잡으면,

$$G = \langle x\rangle \cup \langle x\rangle y = \{e, x, x^{-1}, y, xy, x^{-1}y\}.$$

이 때, $o(y) = 2$이다.

∵ $o(y) = 3$이라고 가정하자. 명백히 $\langle x\rangle \neq \langle x\rangle y \neq \langle x\rangle y^2$이다.
$\langle x\rangle = \langle x\rangle y^2$이면, $y^{-1} = y^2 \in \langle x\rangle$이고, 이 때 $y = (y^{-1})^{-1} \in \langle x\rangle$가 되어 모순이다. 그러므로 $\langle x\rangle \neq \langle x\rangle y^2$이고, 따라서 $\langle x\rangle, \langle x\rangle y, \langle x\rangle y^2$은 서로 다른 $\langle x\rangle$의 우잉여류이다.
이것은 $|G:\langle x\rangle| = 2$ 라는 사실에 위배된다. ◆

◀ $\langle x\rangle y = \langle x\rangle y^2$ 이면 $\langle x\rangle = \langle x\rangle y$

한편, $\{\langle x\rangle, y\langle x\rangle\}$는 G에서 $\langle x\rangle$의 좌잉여류 전체의 집합이고 또, $G = \langle x\rangle \cup y\langle x\rangle$이므로

$$y\langle x\rangle = G - \langle x\rangle = \langle x\rangle y$$

◀ $yx = y \Rightarrow x = e$

이다. 따라서

$$yx \in y\langle x\rangle = \langle x\rangle y = \{y, xy, x^{-1}y\}.$$

명백히 $yx \neq y$이다. 그러므로

$$yx \in \{xy, x^{-1}y\}.$$

(i) $yx = xy$ 일 경우 : $o(xy) = 2\cdot 3 = 6$. (∵ 연습문제 1.1.12)

$$\therefore\ G = \langle xy\rangle \simeq \mathbf{Z}_6.$$

(ii) $yx = x^{-1}y$ 일 경우 : 조건

$$x^3 = e, y^2 = e, yx = x^{-1}y$$

를 이용하면 G의 연산표는 오른쪽 [표 1]과 같음을 알 수 있다.
[표 1] 에서 x, y를 각각 r, f로 바꾼 것이 D_3의 연산표(연습문제 1.2.13)이므로 $G \cong D_3$. ◘

	e	x	x^2	y	xy	x^2y
e	e	x	x^2	y	xy	x^2y
x	x	x^2	e	xy	x^2y	y
x^2	x^2	e	x	x^2y	y	xy
y	y	x^2y	xy	e	x^2	x
xy	xy	y	x^2y	x	e	x^2
x^2y	x^2y	xy	y	x^2	x	e

[표 1]

정리 3.1.9는 정수론에서도 중요한 도구 역할을 한다.

보기 6 (오일러의 정리) $n \in \mathbf{Z}^+$에 대하여, $\phi(n) = |U_n|$이라고 할 때, $\gcd(a, n) = 1$인 임의의 $a \in \mathbf{Z}$에 대하여,

$$a^{\phi(n)} \equiv 1 \pmod{n}.$$

$\because$ a를 p로 나눈 나머지를 r이라고 하자. $\gcd(a, n) = 1$이므로, $\gcd(r, n) = 1$. $\therefore r \in U_n$.

U_n에서, $r^{\phi(n)} = 1$이므로, $r^{\phi(n)} \equiv 1 \pmod{n}$.

$$\therefore a^{\phi(n)} \equiv r^{\phi(n)} \equiv 1 \pmod{n}.$$

$\llcorner a \equiv r \pmod{n}$

NoTE 1 (페르마의 정리) p가 소수일 때, 오일러의 정리로부터, p의 배수가 아닌 임의의 $a \in \mathbf{Z}$에 대하여 $a^{p-1} \equiv 1 \pmod{p}$.

정리 3.1.12

위수가 소수 p인 군은 $\mathbf{Z}_p$와 동형이다.

증명 군 G의 위수가 p라고 하자.
$g \in G - \{e\}$를 잡으면 정리 3.1.9에 의하여 $o(g) \mid p$이다.
$g \neq e$이므로 $o(g) \neq 1$이고 p가 소수이므로 $o(g) = p$이다. 그러므로 $|\langle g \rangle| = p$이고, 따라서

$$G = \langle g \rangle \cong \mathbf{Z}_p. \quad \blacksquare$$

• 위수가 7 이하인 유한군

지금까지의 논의로부터 위수가 7 이하인 군은 다음 표의 군과 동형임을 알 수 있다.

위수	1	2	3	4	5	6	7
군	$\{e\}$	$\mathbf{Z}_2$	$\mathbf{Z}_3$	$\mathbf{Z}_4, \mathbf{U}_8$	$\mathbf{Z}_5$	$\mathbf{Z}_6, S_3$	$\mathbf{Z}_7$

이들 군 중에서 비아벨군은 위수 6인 군 S_3이 유일하다.

3-1 E·X·E·R·C·I·S·E·S 연습문제

1 $G = \mathrm{Mat}_{1\times 2}(\boldsymbol{R})$, $H = \{[x, 2x] \mid x \in \boldsymbol{R}\}$에 대하여,

(1) $H \leq G$임을 보여라.

(2) G를 좌표평면으로 볼 때, G에서 H의 우잉여류는 어떤 도형을 나타내는가?

2 군 G의 부분군 H에 대하여, G 상의 관계 $\sim$를

$$a \sim b \Leftrightarrow Ha = Hb, (a, b \in G)$$

로 정의할 때, 다음을 증명하라.

(1) $\sim$는 G 상의 동치관계이다.

(2) $a \in G$에 대하여 a를 포함하는 동치류는 Ha이다.

3 다음 군 G에서 부분군 H의 우잉여류를 모두 찾아라.

(1) $G = \boldsymbol{U}_{30}, H = \langle 11 \rangle$ (2) $G = \boldsymbol{Z}_{15}, H = \langle 5 \rangle$

4 $\sigma = (1, 2)(3, 4) \in S_4$에 대하여, 다음 물음에 답하라.

(1) $H = \{\sigma^{\phi} \mid \phi \in S_4\}$는 S_4의 부분군임을 증명하라.

(2) S_4에서 H의 우잉여류의 개수를 구하라.

5 다음 군의 모든 부분군의 위수와 지수를 말하라.

(1) 대칭군 S_3 (2) 사원수군 Q_8

6 유한군 G의 부분 H, K에 대하여 다음은 동치임을 증명하라.

(i) $|G| = |H||K|$ (ii) $G = HK, H \cap K = \{e\}$

7 $n \geq 2$일 때, $|\boldsymbol{U}_n|$은 짝수임을 보여라.

8 군 G의 위수가 pq, (단, p, q는 소수), 일 때, G의 진부분군은 순환군임을 보여라.

3-1 · E · X · E · R · C · I · S · E · S · 연습문제

9 $\{e\}$ 이외의 진 부분군을 가지지 않는 위수 2이상인 군은 위수가 소수인 유한 순환군임을 증명하라.

10 $D_4 = \{\varepsilon, r, r^2, r^3, f, rf, r^2f, r^3f\}$ 의 부분군 $H = \{\varepsilon, f\}$ 에 대하여 H의 우잉여류 전체의 집합 Ω_H 와 좌잉여류 전체의 집합 ${}_H\Omega$ 를 구하고 비교하라.

11 군 G 의 부분군 H와 $a, b \in G$ 대하여, 다음 명제가 참이면 증명하고 거짓이면 반례를 들어라.

(1) $Ha = Hb \Rightarrow aH = bH$

(2) $Ha = Hb \Rightarrow Ha^2 = Hb^2$

(3) $Ha = Hb \Rightarrow a^{-1}H = b^{-1}H$

12 군 G의 부분군 H의 우잉여류 전체의 집합 Ω_H 와 좌잉여류 전체의 집합 ${}_H\Omega$ 사이에 일대일 대응이 존재함을 증명하라.

13 아벨군 G의 위수가 $2n$, (단, n은 홀수), 일 때, G 내에는 위수 2인 원소가 꼭 하나 존재함을 증명하라.

14 군 $K \le H \le G$에 대하여 $\{Hg_j \mid j = 1, \cdots, n\}$을 G 내에서 H 의 서로 다른 우잉여류 전체의 집합, $\{Kh_i \mid i = 1, \cdots, m\}$을 H 내에서 K의 서로 다른 우잉여류 전체의 집합이라고 할 때,

$$\Omega = \{Kh_ig_j \mid i = 1, \cdots, m; j = 1, \cdots, n\}$$

은 G내에서 H의 서로 다른 우잉여류 전체의 집합임을 보여라.

3-2 인자군

❖ 이 절의 학습 내용

- 정규부분군 / • 정규부분군의 동치조건
- 인자군
- $G/Z(G)$가 순환군일 때 G는 아벨군
- 위수 8인 비아벨군
- 코시의 정리(비아벨군의 경우)

지금부터 군 G의 부분군 H에 대하여, G에서 H의 우잉여류 전체의 집을 Ω_H로 나타내기로 한다. 즉,

$$\Omega_H = \{Hg \mid g \in G\}.$$

집합 Ω_H는, 부분군 H에 따라, 블락곱 하에서 군이 될 수도 있고 되지 않을 수도 있다.

보기 1 (1) $T_4 = \{1, -1, i, -i\}$에서 $H = \langle -1 \rangle = \{1, -1\}$이라고 할 때, $\Omega_H = \{H, Hi\}$이고, Ω_H는 블락곱 하에서 군을 이룬다.

$\because$ $H = \{1, -1\} = H(-1),\ Hi = \{i, -i\} = H(-i)$

이므로 $\Omega_H = \{H, Hi\}$이다. 블락곱은 결합법칙을 만족하므로 오른쪽 곱셈표로부터 Ω_H는 블락곱에 관한 군이다.

Ω_H	H	Hi
H	H	Hi
Hi	Hi	H

(2) $D_3 = \{\varepsilon, r, r^{-1}, f, rf, r^{-1}f\}$에서 $F = \langle f \rangle = \{\varepsilon, f\}$라고 할 때, Ω_F는 블락곱에 관한 군이 아니다.

$\because$ F의 우잉여류 $Fr = \{r, fr\}$, $Fr^{-1} = \{r, fr^{-1}\}$ 에 대하여

$$(Fr)(Fr^{-1}) = \{r, fr\}\{r^{-1}, fr^{-1}\} = \{\varepsilon, rfr^{-1}, frr^{-1}, frfr^{-1}\}$$
$$= \{\varepsilon, r^2f, f, r^{-2}\} = \{\varepsilon, r^{-1}f, f, r\}$$

◂ $rfr = f,\ rfrf = \varepsilon$

은 크기가 4인 블락이므로 우잉여류가 아니다. 그러므로 블락곱은 Ω_F의 이항연산이 될 수 없다. (모든 우잉여류는 크기가 2)

블락곱이 Ω_H의 이항연산이 되려면 H의 임의의 우잉여류 Ha, Hb에 대하여 이들의 블락곱 $HaHb$가 다시 H의 우잉여류이어야 한다. $HaHb$는 ab를 포함하고 ab를 포함하는 H의 우잉여류는 Hab이므로, $HaHb$가 H의 우잉여류이려면

◀ $a \in Ha, b \in Hb$
$\therefore\ ab \in HaHb$

$$HaHb = Hab \quad \cdots\cdots \text{①}$$

이어야 한다. ①은 어떤 경우에 성립하는가? 만약

$$aH = Ha, (\forall a \in G) \quad \cdots\cdots \text{②}$$

가 성립하면 $HaHb \underset{②}{=} HHab \underset{HH=H}{=} Hab$ 와 같이 ①이 성립한다.

정의 군 G의, 조건 ②를 만족하는 부분군 H를 **정규부분군**이라고 한다. H가 G의 정규부분군이라는 것을

$$H \lhd G$$

와 같이 나타낸다.

◀ 定規部分群
normal subgroup

보기 2 (1) 군 G에 대하여, $\{e\}$ 와 G는 G의 정규부분군이다.

∵ 임의의 $a \in G$에 대하여,
$a\{e\} = \{a\} = \{ea\} = \{e\}a$, $aG = G = Ga$.

(2) 아벨군 G의 임의의 부분군 H는 G의 정규부분군이다.

∵ 임의의$a \in G$에 대하여,
$$aH = \{ah \mid h \in H\} = \{ha \mid h \in H\} = Ha.$$

(3) 군 G의 중심 $Z(G)$는 G의 정규부분군이다.

◀ $Z(G)$
$= \{z \in G \mid zg = gz, \forall g \in G\}$

∵ 임의의 $a \in G$에 대하여,
$$aZ(G) = \{az \mid z \in Z(G)\} = \{za \mid z \in Z(G)\} = Z(G)a.$$

보기 3 (1) 군 $D_3 = \{\varepsilon, r, r^2, f, rf, r^2f\}$의 부분군 $F = \langle f \rangle = \{\varepsilon, f\}$는 D_3의 정규부분군이 아니다.

∵ $r \in D_3$에 대하여,
$rF = r\{\varepsilon, f\} = \{r, rf\}$, $Fr = \{\varepsilon, f\}r = \{r, fr\} = \{r, r^{-1}f\}$.
$rf \neq r^{-1}f$이므로 $rF \neq Fr$이다.

◀ $fr = r^{-1}f$

예제 3.2.1

군 G의 부분군 H에 대하여 $|G:H|=2$일 때, $H \triangleleft G$임을 보여라.

증명 $a \in G$에 대하여, $aH = Ha$ 임을 보인다.

- $a \in H$인 경우 : $aH = H = Ha$.
- $a \notin H$인 경우 : $|G:H|=2$이므로 $\Omega_H = \{H, Ha\}$.
  $\therefore\ G = H \cup Ha.\ \therefore\ Ha = G - H.$
  같은 방법으로 $aH = G - H.\ \therefore\ aH = Ha.$

어떤 경우에도 $aH = Ha$ 이므로, $H \triangleleft G$이다. ◇

보기 4 (1) $|S_n : A_n| = \dfrac{|S_n|}{|A_n|} = \dfrac{n!}{n!/2} = 2$이므로, $A_n \triangleleft S_n$.

(2) $\langle r \rangle = \{\varepsilon, r, r^2, \cdots, r^{n-1}\} \leq D_n$에 대하여,

$$|D_n : \langle r \rangle| = \frac{|D_n|}{\langle r \rangle} = \frac{2n}{n} = 2 \text{ 이므로, } \langle r \rangle \triangleleft D_n.$$

● 정규부분군의 동치조건

앞으로의 논의에 유용한 정규부분군의 동치조건 몇 가지를 소개한다. 이를 위하여 먼저, 군 G의 블락(부분집합) S와 $g \in G$에 대하여 S의 g-**켤레짝** S^g를

◀ g-conjuagate of S

$$S^g = g^{-1}Sg$$

로 정의한다. 여기서 $g^{-1}Sg$는

$$g^{-1}Sg = \{g^{-1}xg \mid x \in S\} = \{x^g \mid x \in S\}$$

이다.

NOTE 1 G가 군일 때, $A, B \subset G, x, y \in G$에 대하여,

(i) $(AB)^x = A^x B^x$ (ii) $(A^x)^y = (A^x)^y$

$\because$ (i) $(AB)^x = \{(ab)^x \mid a \in A, b \in B\}$
$= \{a^x b^x \mid a \in A, b \in B\} = A^x B^x.$

(ii) $(A^x)^y = \{(a^x)^y \mid a \in A\} = \{a^{xy} \mid a \in A\} = A^{xy}.$ ◆

다음 보조정리는 주어진 군이 정규부분군인지 아닌지를 판정하는 도구이다.

보조정리 3.2.2

군 G의 부분군 H에 대하여 다음은 동치이다.

(i) $H^a \subset H,\ (\forall a \in G)$

(ii) $H^a = H,\ (\forall a \in G)$

(iii) $Ha = aH,\ (\forall a \in G)$

증명 (i) $\Rightarrow$ (ii) : $a \in G$일 때, (i)에 의하여, $H^a \subset H$.
$a \in G$일 때, $a^{-1} \in G$이므로 다시 (i)에 의하여, $H^{a^{-1}} \subset H$.

$$H^{a^{-1}} \subset H \Rightarrow H^{a^{-1}a} \subset H^a \Rightarrow H \subset H^a. \quad \therefore\ H^a = H.$$

($H^{a^{-1}a} = H^e = H$)

(ii) $\Rightarrow$ (i)은 명백하다.

(ii) $\Leftrightarrow$ (iii) : $a \in G$ 일 때,

$$H^a = H \Leftrightarrow a^{-1}Ha = H \Leftrightarrow Ha = aH. \ \blacksquare$$

($\Rightarrow$ 양변의 좌측에 a를 곱함, $\Leftarrow$ 양변의 좌측에 a^{-1}를 곱함)

인자군

보조정리 3.2.3

군 G의 부분군 H에 대하여 다음은 동치이다.

(i) $H \lhd G$

(ii) 블락곱은 Ω_H 의 이항연산이다.

증명 (i) $\Rightarrow$ (ii). $Ha, Hb \in \Omega_H$에 대하여

$$HaHb = HHab = Hab \quad \cdots\cdots \text{①}$$

◀ $H \lhd G$일 때, $aH = Ha$

이므로 H의 우잉여류의 블락곱은 H의 우잉여류이다. 따라서 (ii)가 성립한다.

(ii) $\Rightarrow$ (i). $a \in G$일 때, $H^a \subset H$임을 보이면 된다.
$HH^a = H$이기만 하면 $H^a = eH^a \subset HH^a = H$가 성립한다. 그런데

$$HH^a = H(a^{-1}Ha) = (Ha^{-1})(Ha)$$

와 같이 HH^a는 H의 우잉여류의 곱이다. 그러므로 (ii)에 의하여 HH^a는 H의 우잉여류이다. 더욱이 $e \in HH^a$이므로 HH^a는 e를 포함하는 우잉여류이다. e를 포함하는 우잉여류는 H이므로 $HH^a = H$이다.
따라서 $H^a \subset H$이다.
그러므로, 보조정리 3.2.2에 의하여 $H \lhd G$ 이다. $\blacksquare$

정리 3.2.4

군 G의 정규부분군 N에 대하여, Ω_N은 블락곱 하에서 군을 이룬다.

증명 $N \in \Omega_N$이므로 $\Omega_N \neq \varnothing$이다.

보조정리 3.2.3에 의하여 블락곱은 Ω_N의 **이항연산**이다.

$Na, Nb, Nc \in \Omega_N$에 대하여,

결∨ $(NaNb)Nc = (Nab)Nc = N(ab)c$

$$= Na(bc) = Na(Nbc) = Na(NbNc)$$

이므로 블락곱은 **결합법칙**을 만족한다.

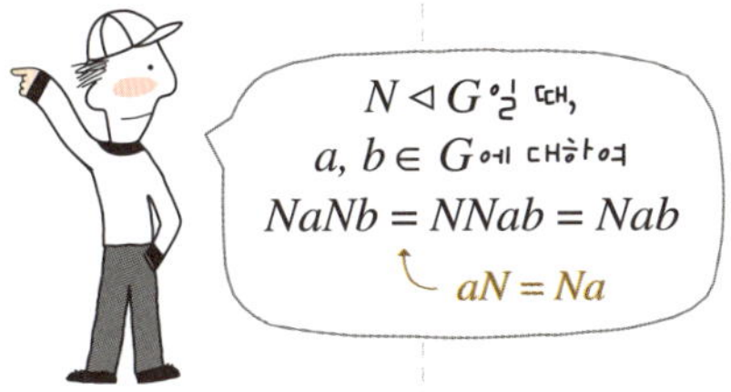

항∨ 임의의 $Na \in \Omega_N$에 대하여

$$NNa = Na,\ NaN = NNa = Na$$

이므로 N이 **항등원**이다.

역∨ $Na^{-1}Na = Na^{-1}a = Ne = N,$

$$NaNa^{-1} = Naa^{-1} = Ne = N$$

이므로 Na의 **역원**은 Na^{-1}이다. ▮

정의 군 G에서 정규부분군 N에 대하여 블락곱에 관한 군 Ω_N을 의 N에 의한 G의 **인자군**이라 하고

$$\frac{G}{N} \text{ 또는 } G/N$$

으로 나타낸다.

◀ 因子群 factor group

보기 5 (1) 군 $3\mathbf{Z} \lhd \mathbf{Z}$에 대하여, $3\mathbf{Z}, 3\mathbf{Z}+1, 3\mathbf{Z}+2$가 $\mathbf{Z}$에서 $3\mathbf{Z}$의 모든 우잉여류이므로, $3\mathbf{Z}$에 의한 $\mathbf{Z}$의 인자군은

$$\frac{\mathbf{Z}}{3\mathbf{Z}} = \{3\mathbf{Z}, 3\mathbf{Z}+1, 3\mathbf{Z}+2\}.$$

(2) $\langle r\rangle = \{\varepsilon, r, r^2, \cdots, r^{n-1}\} \lhd D_n$에 대하여, $\langle r\rangle, \langle r\rangle f$가 D_n에서 $\langle r\rangle$의 모든 우잉여류이므로, $\langle r\rangle$에 의한 D_n의 인자군은

$$\frac{|D_n|}{\langle r\rangle} = \{\langle r\rangle, \langle r\rangle f\}.$$

$\mathbf{Z}/3\mathbf{Z}$	$3\mathbf{Z}$	$3\mathbf{Z}+1$	$3\mathbf{Z}+2$
$3\mathbf{Z}$	$3\mathbf{Z}$	$3\mathbf{Z}+1$	$3\mathbf{Z}+2$
$3\mathbf{Z}+1$	$3\mathbf{Z}+1$	$3\mathbf{Z}+2$	$3\mathbf{Z}$
$3\mathbf{Z}+2$	$3\mathbf{Z}+2$	$3\mathbf{Z}$	$3\mathbf{Z}+1$

$D_n/\langle r\rangle$	$\langle r\rangle$	$\langle r\rangle f$
$\langle r\rangle$	$\langle r\rangle$	$\langle r\rangle f$
$\langle r\rangle f$	$\langle r\rangle f$	$\langle r\rangle$

예제 3.2.5

$G/Z(G)$가 순환군일 때, G는 아벨군임을 보여라.

풀이 $Z=Z(G)$ 라고 하면 G/Z가 순환군이므로 $Zg\in G/Z$가 존재하여 $G/Z=\langle Zg\rangle$이다.

$a,b\in G$라고 하자. $Za\in G/Z=\langle Zg\rangle$이므로, 어떤 정수 m이 있어서 $Za=(Zg)^m=Zg^m$이다. $a\in Za=Zg^m$이므로 어떤 $z\in Z$가 존재하여

$$a=zg^m.$$

마찬가지로 어떤 정수 k와 $x\in Z$가 존재하여 $b=xg^k$이다. 이 때,

$$ab=zg^mxg^k=zxg^mg^k=zxg^{m+k}=xg^kzg^m=ba$$

이므로 G는 아벨군이다. ◇

예제 3.2.6

유한군 G가 위수 8인 비아벨군일 때,

$$G\simeq D_4 \quad \text{또는} \quad G\simeq Q_8$$

임을 보여라.

증명 G가 위수 4인 원소를 가지지 않으면 $a^2=e,\ (\forall a\in G)$, 이므로 G는 아벨군이다. 그러므로 위수 4인 원소 $x\in G$가 존재한다. 이 때,

$$\langle x\rangle=\{e,x,x^2,x^3\}=\{e,x,x^2,x^{-1}\}.$$

$|G:\langle x\rangle|=2$이므로, $y\in G-\langle x\rangle$를 잡으면,

$$G=\langle x\rangle\cup\langle x\rangle y=\{e,x,x^2,x^{-1},y,xy,x^2y,x^{-1}y\}.$$

($|G:\langle x\rangle|=2$이므로 $\langle x\rangle\lhd G$)

$x^y\in\langle x\rangle^y=\langle x\rangle$ 인데, $o(x^y)=o(x)=4$이므로 $x^y\in\{x,x^{-1}\}$이다. ㉠

(y-켤레짝 취하기 i_y는 동형사상)

$x^y=x$ 이면 $y^{-1}xy=x$, 즉, $xy=yx$가 되어 G는 아벨군이 되어버린다. 그러므로 $x^y=x^{-1}$. 이 때, $y^{-1}xy=x^{-1}$이므로 $y^{-1}x^{-1}y=x$이다. ㉡

$$\therefore\ yx=x^{-1}y.$$

한 편, $o(y)\in\{1,2,4,8\}$인데, $o(y)\notin\{1,8\}$이므로 $o(y)\in\{2,4\}$. ㉢

$$\therefore\ y^4=e.$$

$G/\langle x\rangle=\{\langle x\rangle,\langle x\rangle y\}$는 위수가 2인 군이므로, $(\langle x\rangle y)^2=\langle x\rangle$이고, 따라서

$$y^2\in\langle x\rangle=\{e,x,x^2,x^{-1}\}.$$

$y^2=x^{\pm1}$이면 $x^2=y^4=e$가 되어 $o(x)=4$라는 사실에 위배된다.

◀ G의 원소의 위수는 $1,2,4,8$ 중 하나. 위수 8인 원소 a가 있다면 a^2의 위수는 4이다.

◀ ㉠ $\langle x\rangle=\{e,x,x^2,x^{-1}\}$의 원소 중 e,x^2의 위수는 각각 $1,2$.

㉡ $y^{-1}xy=x^{-1}$
$\Rightarrow(y^{-1}xy)^{-1}=(x^{-1})^{-1}$
$\Rightarrow y^{-1}x^{-1}y=x$
$\Rightarrow x^{-1}y=yx.$

㉢ $y\neq e$이므로 $o(y)\neq1$. $o(y)=8$이면 $G=\langle y\rangle$가 되어 G는 아벨군이 된다.

$$\therefore \quad y^2 \in \{e, x^2\}.$$

(i) $y^2 = e$ 일 때 : 조건

$$x^4 = e,\ y^2 = e,\ yx = x^{-1}y$$

로써 군 G의 연산표는 하나로 결정된다. 이면체군

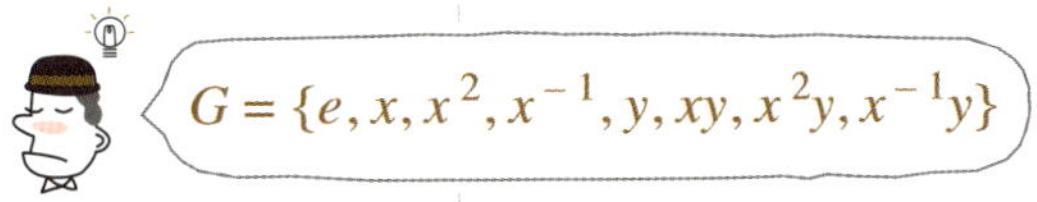

$$D_4 = \{\varepsilon, r, r^2, r^{-1}, f, rf, r^2f, r^{-1}f\}$$

의 연산표도 조건

$$r^4 = e,\ f^2 = e,\ fr = r^{-1}f$$

에 의하여 하나로 결정된다. 따라서 G의 연산표에서 x, y를 각각 r, f로 바꾸면 D_4의 연산표가 된다. 그러므로 $G \simeq D_4$이다.

(ii) $y^2 = x^2$ 일 때 : 조건

$$x^4 = e,\ x^2 = y^2,\ yx = x^{-1}y$$

로써 군 G의 연산표가 하나로 결정된다. 사원수군

$$Q_8 = \{\mathbf{1}, \mathbf{i}, \mathbf{i}^2,\ \mathbf{i}^3, \mathbf{j}, \mathbf{ij}, \mathbf{i}^2\mathbf{j},\ \mathbf{i}^3\mathbf{j}\}$$

의 연산표도 조건

$$\mathbf{i}^4 = \mathbf{1},\ \mathbf{i}^2 = \mathbf{j}^2,\ \mathbf{ji} = -\mathbf{ij}$$

에 의하여 하나로 결정된다. 따라서 G의 연산표에서 x, y를 각각 $\mathbf{i}, \mathbf{j}$로 바꾸면 Q_8의 연산표가 된다. 그러므로 $G \simeq Q_8$이다. ◇

정리 3.2.7 (코시의 정리)

G가 유한 아벨군일 때, $|G|$의 임의의 소인수 p에 대하여 G는 위수 p인 원소를 가진다.

증명 $|G|$에 관한 귀납법으로 증명한다.

$|G| = 1$일 때, $|G|$는 소인수를 가지지 않으므로 정리가 성립한다.

$|G| > 1$이라고 하자. $a \in G - \{e\}$를 잡고, $o(a)$의 소인수 q를 잡으면, $o(a) = qm, (m \in \mathbf{Z}^+)$, 이다. $x = a^m$으로 두면 $o(x) = q$이다.

- $q = p$일 때, $o(x) = p$이다.
- $q \neq p$일 때, $|G/\langle x\rangle| = \frac{|G|}{q}$ 는 p의 배수이므로 귀납법에 의하여

$G/\langle x\rangle$ 는 위수 p인 원소 $\langle x\rangle y$ 를 가진다. 이 때, $\langle x\rangle y^p = (\langle x\rangle y)^p = \langle x\rangle$ 이고, 따라서 $y^p \in \langle x\rangle$ 이다. $|\langle x\rangle| = q$ 이므로 $o(y^p) \in \{1, q\}$ 이다. $o(y^p) = 1$일 때, $o(y) = p$이고, $o(y^p) = q$일 때, $o(y^q) = p$ 이다. ▮

3-2 E·X·E·R·C·I·S·E·S 연습문제

1 $N \triangleleft G, H \leq G$일 때, 다음을 증명하라.

(1) $NH \leq G$ (2) $N \cap H \triangleleft H$

2 $N \triangleleft G, H \leq G$이지만 $N \cap H$은 G의 정규부분군이 아닌 예를 들어라.

3 $G = \left\{ \begin{bmatrix} a & b \\ 0 & d \end{bmatrix} \middle| a, b, d \in \mathbf{R}, ad \neq 0 \right\}, N = \left\{ \begin{bmatrix} 1 & b \\ 0 & 1 \end{bmatrix} \middle| b \in \mathbf{R} \right\}$ 일 때, $N \triangleleft G \leq GL(2, R)$을 증명하라.

4 $|G| = pq$, (단, p, q는 소수), 인 군 G에 대하여 다음을 증명하라.

(1) $p \neq q$이고, G가 아벨군일 때, $G \cong Z_{pq}$.

(2) $|Z(G)| \in \{1, pq\}$.

5 군 G의 부분군 N에 대하여, 다음은 동치임을 증명하라.

(i) $ab \in N \Rightarrow ba \in N, (\forall a, b \in G)$

(ii) $N \triangleleft G$.

6 $K \triangleleft N \triangleleft G$ 라도 K가 G의 정규부분군이 아닌 예를 들어라.

7 $K \triangleleft G, N \triangleleft G$일 때, 다음을 증명하라.

(1) $K \cap N \triangleleft G$ (2) $KN \triangleleft G$

8 $K \triangleleft G, N \triangleleft G$에 대하여, $K \cap N = \{e\}$ 일 때, 임의의 $k \in K$, $n \in N$에 대하여 $kn = nk$가 성립함을 증명하라.

9 순환군 $C = \langle a \rangle$가 유한군 G의 정규부분군일 때, C의 부분군은 G의 정규부분군임을 증명하라.

10 군 G에 대하여, $\mathrm{Inn}(G) \triangleleft \mathrm{Aut}(G)$ 임을 증명하라.

3-2 · E · X · E · R · C · I · S · E · S · 연습문제

11 군 G의 위수 2인 정규부분군은 $Z(G)$에 포함됨을 증명하라.

12 군 G의 부분군 H에 대하여 $N = \bigcap_{g \in G} H^g$은 G의 정규부분군임을 증명하라.

13 군 G의 위수 n인 부분군 전체의 교집합은 G의 정규부분군임을 증명하라.

14 $\mathbf{R}/\mathbf{Z}$의 유한 위수 원소 전체의 집합은 $\mathbf{Q}/\mathbf{Z}$임을 증명하라.

15 군 G의 교환자부분군 G'에 대하여 다음을 증명하라.

(1) $G' \triangleleft G$　　(2) G/G'은 아벨군이다.

(3) $N \triangleleft G$에 대하여 G/N이 아벨군일 때, $G' \leq N$이다.

16 다음 인자군의 위수를 구하라.

(1) $\mathbf{Z}_{18}/\langle 6 \rangle$　　(2) $\mathbf{Z}_{60}/\langle 15 \rangle$

17 다음 원소의 위수를 구하라.

(1) $\langle 6 \rangle + 4 \in \mathbf{Z}_{18}/\langle 6 \rangle$　　(2) $\langle 15 \rangle + 6 \in \mathbf{Z}_{60}/\langle 15 \rangle$

18 N이 S_4의 위수 12 인 부분군일 때, $N = A_4$임을 증명하라.

19 S_4는 위수 8 또는 3인 정규부분군을 가지지 않음을 증명하라.

20 군 G의 부분군 N에 대하여 N의 우잉여류 전체의 집합을 Ω_N, 좌잉여류 전체의 집합 ${}_N\Omega$라고 할 때, 「$N \triangleleft G \Leftrightarrow \Omega_N = {}_N\Omega$」임을 증명하라.

21 교대군 A_4는 위수가 6인 부분군을 가지지 않음을 증명하라.

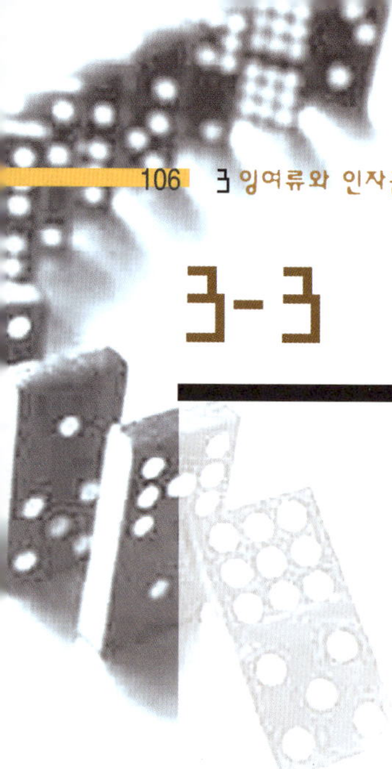

3-3 준동형사상과 동형정리

✣ 이 절의 학습 내용

- 준동형사상 / • 표준준동형사상
- 핵의 뜻과 성질
- 동형정리 / • $\dfrac{G}{Z(G)} \cong \mathrm{Inn}(G)$
- 일대일대응정리

준동형사상

정의 군 G에서 군 G'로 가는 함수 $\phi : G \to G'$이 조건

$$(xy)^{\phi} = x^{\phi}y^{\phi},\ (\forall x, y \in G)$$

를 만족할 때, 즉, 연산을 보존할 때, ϕ를 **준동형사상**이라고 한다.

동형사상은 곧 전단사 준동형사상!

◀ 準同型寫像 homomorphism

보기 1 (1) $a \to 2a$로 정의된 함수 $\phi : \mathbf{Z} \to \mathbf{Z}$는 준동형사상이다.

∵ $a, b \in \mathbf{Z}$에 대하여,

$$(a+b)^{\phi} = 2(a+b) = 2a + 2b = a^{\phi} + b^{\phi}.$$

(2) $x \to e^{xi}$로 정의된 함수 $\phi : (\boldsymbol{R}, +) \to (\boldsymbol{C}^{\#}, \cdot)$는 준동형사상이다. (단, $e^{xi} = \cos x + i\sin x$).

∵ $a, b \in \mathbf{Z}$에 대하여,

$$(x+y)^{\phi} = e^{(x+y)i} = e^{xi}e^{yi} = x^{\phi}y^{\phi}.$$

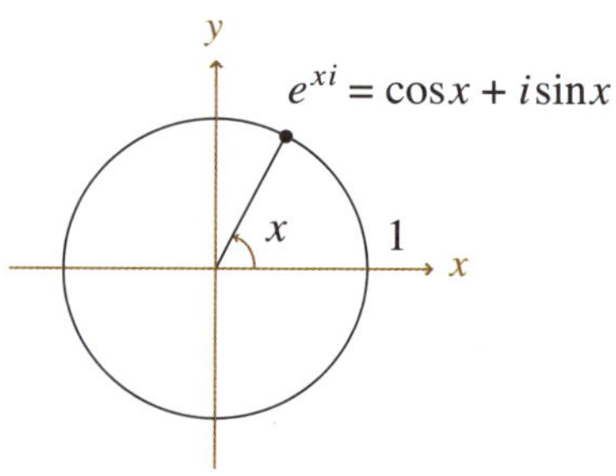

보기 2 군 G의 정규부분군 N에 대하여 $a \to Na$로 정의되는 함수 $\pi : G \to G/N$은 준동형사상이다.

$\because$ $a, b \in G$에 대하여,

$$(ab)^{\pi} = Nab = (Na)(Nb) = a^{\pi}b^{\pi}.$$

보기 2의 준동형사상 π를 N에 의하여 정의되는 **표준준동형사상**이라고 한다.

◀ 標準準同型寫像 cannonical homomorphism

동형사상과 마찬가지로, 준동형사상도 항등원을 항등원으로 보내고, 역원을 보낸 것은 보낸 것의 역원이다. (정리 1.2.5, 1.2.6의 증명과 동일).
이 사실 이외에도 준동형은 다음과 같은 중요한 성질을 가진다.

◀ $\phi : G \to G'$이 준동형사상이고 $g \in G$일 때,
(1) g^{ϕ}는 G'의 항등원.
(2) $(g^{-1})^{\phi} = (g^{\phi})^{-1}$.

정리 3.3.1

$\phi : G \to G'$이 준동형사상일 때,
(1) G의 부분군 H의 ϕ-상 H^{ϕ}는 G'의 부분군이다. 특히 $G^{\phi} \le G'$.
(2) G의 정규부분군 N의 ϕ-상 N^{ϕ}는 G^{ϕ}의 정규부분군이다.

증명 (1) $a^{\phi}, b^{\phi} \in H^{\phi} \Rightarrow a^{\phi}b^{\phi} = (ab)^{\phi} \in H^{\phi}$,
$a^{\phi} \in H^{\phi} \Rightarrow (a^{\phi})^{-1} = (a^{-1})^{\phi} \in H^{\phi}$

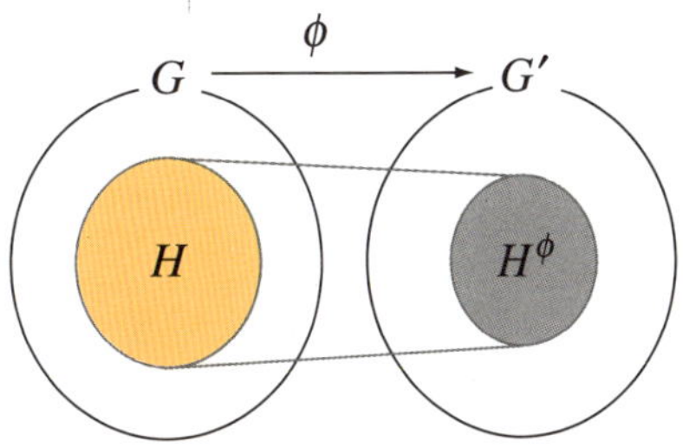

이므로 two step test에 의하여 $H^{\phi} \le G'$이다.

(2) 먼저 $N^{\phi} \le G^{\phi}$이다.
$g^{\phi} \in G^{\phi}, x^{\phi} \in N^{\phi}, (g \in G, x \in N)$, 일 때,

$$(g^{\phi})^{-1}x^{\phi}g^{\phi} = (g^{-1})^{\phi}x^{\phi}g^{\phi} = (g^{-1}xg)^{\phi} \in N^{\phi}$$

이므로, $N^{\phi} \lhd G^{\phi}$이다. ▌

보기 3 보기 1 (2) 의 준동형사상 ϕ에 대하여, $\boldsymbol{R}$의 ϕ-상은

$$\boldsymbol{R}^{\phi} = \{x^{\phi} \mid x \in \boldsymbol{R}\} = \{e^{xi} \mid x \in \boldsymbol{R}\} = \boldsymbol{T}$$

로서 $\boldsymbol{C}^{\#}$의 부분군이다.

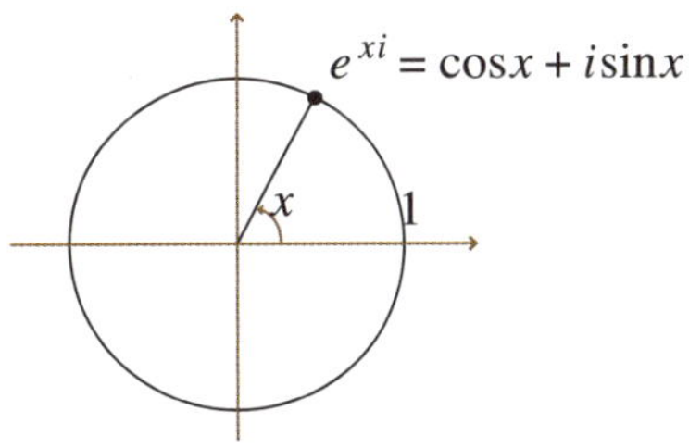

NoTE 1 $\phi : G \to G'$이 준동형사상일 때, G'의 부분군 L의 ϕ-역상 $L^{\phi^{-1}}$은 G의 부분군이고, $L \lhd G'$일 때 $L^{\phi^{-1}} \lhd G$이다. (연습문제 3.3.4)

◀ $L \lhd G^{\phi}$일 때도 $L^{\phi^{-1}} \lhd G$

예제 3.3.2

$\mathbf{Z}_{12}$에서 $\mathbf{Z}_{30}$으로 가는 준동형사상을 모두 찾아라.

풀이 $\mathbf{Z}_{12}$에서 $\mathbf{Z}_{30}$으로 가는 준동형사상 ϕ는 1에서의 값 $1^{\phi} = a$에 의하여 완전히 결정된다. ($1^{\phi} = a$ 일 때, $k \in \mathbf{Z}_{12}$에 대하여, $k^{\phi} = ka$)

이 때, $\mathrm{o}(a) \mid 12$이다.

$12(1^{\phi}) = 1^{\phi} + \cdots + 1^{\phi} = (1 + \cdots + 1)^{\phi} = 12^{\phi}$

$\because \quad 12a = 12(1^{\phi}) = (12)^{\phi} = 0^{\phi} = 0. \quad \therefore \quad \mathrm{o}(a) \mid 12.$ ◆

또, $a \in \mathbf{Z}_{30}$이므로 $\mathrm{o}(a) \mid 30$이다.

$$\therefore \ \mathrm{o}(a) \in \{1, 2, 3, 6\}. \quad \therefore \ a \in \{0, 15, 10, 20, 5, 25\}.$$

따라서 $1 \to a$로 정의되는 함수 $\phi : \mathbf{Z}_{12} \to \mathbf{Z}_{30}$를 ϕ_a로 나타낼 때, $\mathbf{Z}_{12}$에서 $\mathbf{Z}_{30}$으로 가는 준동형사상은

$$\phi_0, \phi_{15}, \phi_{10}, \phi_{20}, \phi_5, \phi_{25}$$

중 어느 하나이다. 이 중, 이를테면, ϕ_5는 준동형사상이다.

$\because \quad x, y \in \mathbf{Z}_{12}$에 대하여, $x + y = 12q + r, (0 \le r < 12)$,라고 할 때,

$$5x + 5y - 5r = 60q \equiv 0 \ (\mathrm{mod.}\ 30)$$

$$\therefore \ x^{\phi_5} +_{30} y^{\phi_5} = [5x]_{30} +_{30} [5y]_{30} \equiv [5r]_{30} = r^{\phi_5}.$$ ◆

같은 식으로 $\phi_0, \phi_{15}, \phi_{10}, \phi_{20}, \phi_5, \phi_{25}$는 모두 $\mathbf{Z}_{12}$에서 $\mathbf{Z}_{30}$으로 가는 준동형사상임을 보일 수 있다. ◘

$\mathbf{Z}_{30}$에서

a	$\mathrm{o}(a)$
0	1
15	2
10	3
20	3
5	6
25	6

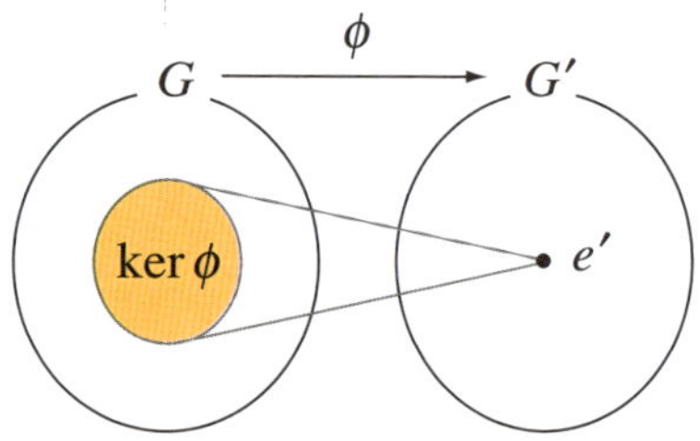

준동형사상 $\phi : G \to G'$에 대하여, G'의 항등원 e'의 ϕ-역상

$$(e')^{\phi^{-1}} = \{x \in G \mid x^{\phi} = e'\}$$

을 ϕ의 **핵**이라 하고 $\ker \phi$로 나타낸다.

◀ 核 kernel

kernel은 견과류의 씨앗을 뜻한다. (복숭아 씨앗 등)

보기 4 (1) 보기 1 (2)의 준동형사상 ϕ의 핵은

$$\ker \phi = \{x \in \boldsymbol{R} \mid e^{xi} = 1\} = \{2\pi n \mid n \in \boldsymbol{Z}\} = 2\pi \boldsymbol{Z}.$$

(2) 보기 2의 표준준동형사상 $\pi : G \to G/N$의 핵은

$$\ker \pi = \{a \in G \mid Na = N\} = \{a \in G \mid a \in N\} = N.$$

정리 3.3.3

준동형사상 $\phi: G \to G'$ 이 단사함수일 필요충분조건은 $\ker \phi = \{e\}$ 일 것이다.

증명 ϕ가 단사라고 하면

(G'의 항등원)

$$a \in \ker \phi \Rightarrow a^{\phi} = e' = e^{\phi} \Rightarrow a = e$$

(ϕ는 단사함수)

이므로 $\ker \phi \subset \{e\}$이고, 따라서 $\ker \phi = \{e\}$이다.

역으로 $\ker \phi = \{e\}$라고 하면, $a, b \in G$ 에 대하여

($a^{\phi}(b^{\phi})^{-1} = a^{\phi}(b^{-1})^{\phi} = (ab^{-1})^{\phi}$)

$$a^{\phi} = b^{\phi} \Rightarrow a^{\phi}(b^{\phi})^{-1} = e' \Rightarrow (ab^{-1})^{\phi} = e'$$
$$\Rightarrow ab^{-1} \in \ker \phi = \{e\} \Rightarrow ab^{-1} = e \Rightarrow a = b$$

이므로 ϕ는 단사함수이다. ▌

정리 3.3.4

$\phi: G \to G'$ 이 준동형사상일 때, $\ker \phi \lhd G$ 이다.

증명 $a, b \in \ker \phi$ 일 때, $a^{\phi} = e' = b^{\phi}$이고, 이 때,

$$(ab)^{\phi} = a^{\phi}b^{\phi} = e'e' = e'. \quad \therefore \quad ab \in \ker \phi,$$
$$(b^{-1})^{\phi} = (b^{\phi})^{-1} = (e')^{-1} = e'. \quad \therefore \quad ab \in \ker \phi.$$

그러므로 two step test에 의하여 $\ker \phi \leq G$이다.

더욱이, 임의의 $a \in G, k \in \ker \phi$ 에 대하여,

$$(a^{-1}ka)^{\phi} = (a^{-1})^{\phi}k^{\phi}a^{\phi} = (a^{-1})^{\phi}e'a^{\phi}$$
$$= (a^{-1})^{\phi}a^{\phi} = (a^{-1}a)^{\phi} = e^{\phi} = e'$$

이므로 $a^{-1}ka \in \ker \phi$ 이고, 따라서 $a^{-1}(\ker \phi)a \subset \ker \phi$ 이다.

그러므로 $\ker \phi \lhd G$ 이다. ▌

동형정리

$\phi: G \to G'$ 이 준동형사상일 때 G의 ϕ-상 G^{ϕ}는 군이고 또 $\ker\phi \lhd G$ 이므로 $G/\ker\phi$ 도 군이다. 이들 두 군은 군으로서 서로 같다. 이에 대하여 알아 보자. 이 논의에서 G^{ϕ}를 $\mathrm{im}\phi$ 로 나타내기로 한다.

정리 3.3.5 (제1동형정리)

$\phi : G \to G'$ 이 준동형사상일 때,

$$\frac{G}{\ker\phi} \cong \operatorname{im}\phi.$$

증명 $K = \ker\phi$ 로 두고, 함수 $\bar{\phi} : \frac{G}{K} \to G^{\phi}$ 를

$$Ka \to a^{\phi} \quad \cdots\cdots ①$$

로 정의한다.

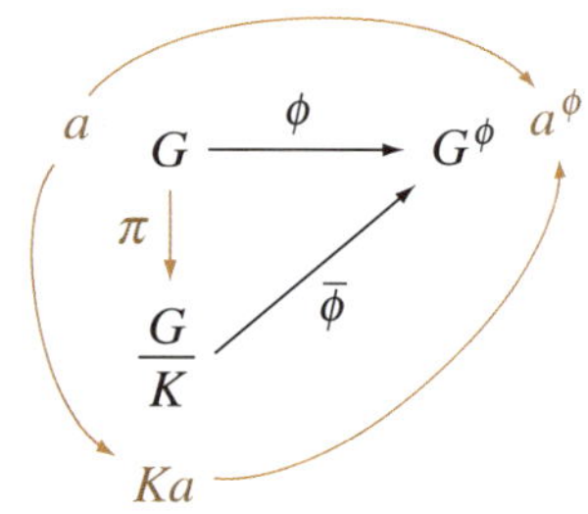

- G' 의 항등원을 e' 이라고 하면,

$$Ka = Kb \Leftrightarrow ab^{-1} \in K \Leftrightarrow (ab^{-1})^{\phi} = e'$$
$$\Leftrightarrow a^{\phi}(b^{\phi})^{-1} = e' \Leftrightarrow a^{\phi} = b^{\phi}. \quad \cdots\cdots ②$$

②의 한 방향 $Ka = Kb \Rightarrow a^{\phi} = b^{\phi}$ 으로부터 $\bar{\phi}$ 는 ①로 정의될 수 있다.

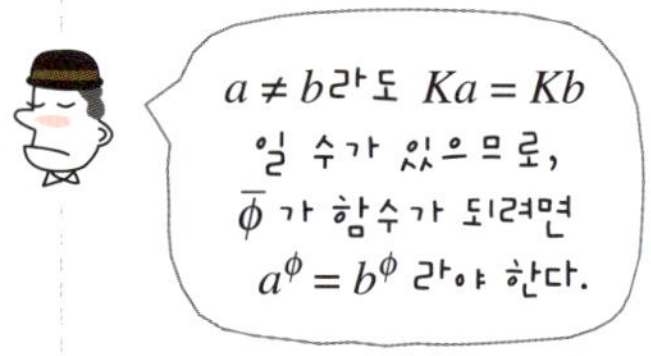

②의 다른 방향 $a^{\phi} = b^{\phi} \Rightarrow Ka = Kb$ 로부터 $\bar{\phi}$ 는 단사이다.

- 임의의 $x \in \operatorname{im}\phi$ 에 대하여 $a^{\phi} = x$ 인 $a \in G$ 가 존재한다. 이 때,

$$Ka \in \frac{G}{K}, \ (Ka)^{\bar{\phi}} = a^{\phi} = x$$

이므로 $\bar{\phi}$ 는 전사이다.

- $Ka, Kb \in \frac{G}{K}, (a, b \in G)$, 에 대하여,

$$(KaKb)^{\bar{\phi}} = (Kab)^{\bar{\phi}} = (ab)^{\phi} = a^{\phi}a^{\phi} = (Ka)^{\bar{\phi}}(Kb)^{\bar{\phi}}$$

이므로 $\bar{\phi}$ 는 준동형사상이다.

따라서 $\bar{\phi}$ 는 전단사 준동형사상, 즉, 동형사상이다. ▌

보기 5 (1) 보기 1 (2) 의 준동형사상 $\phi : \boldsymbol{R} \to \boldsymbol{C}^{\#}$ 에 대하여

$$\operatorname{im}\phi = \boldsymbol{T}, \ \ker\phi = \langle 2\pi \rangle.$$

제 1 동형정리에 의하여 $\frac{\boldsymbol{R}}{\langle 2\pi \rangle} \cong \boldsymbol{T}$ 이다.

(2) 자연수 n 에 대하여 함수 $\phi : \boldsymbol{Z} \to \boldsymbol{Z}_n$ 이 $a^{\phi} = [a]_n$ (a를 n으로 나눈 나머지) 으로 정의되었다고 할 때, $a, b \in \boldsymbol{Z}$ 에 대하여, a를 n으로 나눈 나머지

$$(a+b)^{\phi} = [a+b]_n = [a]_n +_n [b]_n = a^{\phi} +_n b^{\phi}$$

이므로, ϕ 는 준동형사상이다. 이 때,

$$\operatorname{im}\phi = \boldsymbol{Z}_n, \ \ker\phi = \{a \in \boldsymbol{Z} \mid [a]_n = 0\} = n\boldsymbol{Z}.$$

따라서, 제 1 동형정리에 의하여 $\frac{\boldsymbol{Z}}{n\boldsymbol{Z}} \cong \boldsymbol{Z}_n$.

따름정리 3.3.6

군 G에 대하여,

$$\frac{G}{Z(G)} \cong \mathrm{Inn}(G).$$

증명 함수 $\phi : G \to \mathrm{Inn}(G)$를 $x \to \boldsymbol{i}_x$로 정의하면, 임의의 $x, y \in G$에 대하여 $(xy)^\phi = \boldsymbol{i}_{xy} = \boldsymbol{i}_x \boldsymbol{i}_y = x^\phi y^\phi$이므로 ϕ는 준동형사상이다.
명백히 ϕ는 전사이므로, $\mathrm{im}\,\phi = \mathrm{Inn}(G)$이다.
$x \in G$에 대하여, (Inn(G)의 항등원: $\boldsymbol{i}_e$)

$$\begin{aligned} x \in \ker\phi &\Leftrightarrow x^\phi = \boldsymbol{i}_e \Leftrightarrow \boldsymbol{i}_x = \boldsymbol{i}_e \Leftrightarrow g^{i_x} = g^{i_e}, (\forall g \in G) \\ &\Leftrightarrow g^x = g^e, (\forall g \in G) \Leftrightarrow x^{-1}gx = g, (\forall g \in G) \\ &\Leftrightarrow gx = xg, (\forall g \in G) \Leftrightarrow x \in Z(G) \end{aligned}$$

이므로 $\ker\phi = Z(G)$이다.
그러므로 제 1 동형정리에 의하여

$$\frac{G}{Z(G)} \cong \mathrm{Inn}(G). \quad \blacksquare$$

예제 3.3.7

$\mathrm{Inn}(D_6) \cong D_3$ 임을 증명하라.

증명 $Z(D_6) = \{\varepsilon, r^3\}$이므로 $|Z(D_6)| = 2$이고, 따라서

$$|\mathrm{Inn}(D_6)| = \left|\frac{D_6}{Z(D_6)}\right| = \frac{12}{2} = 6.$$

그러므로 $\mathrm{Inn}(D_6)$은 $\boldsymbol{Z}_6$ 또는 D_3과 동형이다.
$\mathrm{Inn}(D_6) \cong \boldsymbol{Z}_6$이면 $D_6/Z(D_6)$가 순환군이므로 D_6이 아벨군이어야 한다.
D_6은 아벨군이 아니므로 $\mathrm{Inn}(D_6) \cong D_3$이다. ◇

◀ 위수 6인 군은 $\boldsymbol{Z}_6$ 또는 D_3과 동형이다.

정리 3.3.8 (일대일 대응정리)

군 G의 정규부분군 N에 대하여, 집합

$$\mathscr{G} = \{H \mid N \subset H \le G\},\ \overline{\mathscr{G}} = \left\{U \,\middle|\, U \le \frac{G}{N}\right\}$$

사이에 일대일대응이 존재한다. 더욱이 이 대응에 의하여 정규부분군은 정규부분군에 대응된다.

증명 연습문제 3.3.24.

3-3 EXERCISES 연습문제

1 $\sigma \in S_n$ 에 대하여

$$\operatorname{sgn}(\sigma) = \begin{cases} 1, (\sigma\text{가 짝치환일 때}), \\ -1, (\sigma\text{가 홀치환일 때}) \end{cases}$$

를 σ의 **부호**라고 한다. $\sigma \to \operatorname{sgn}(\sigma)$로 정의된 함수 $\phi : S_n \to \boldsymbol{T}_2$는 준동형사상임을 보여라.

2 군 G와 $H \leq G, g \in G$에 대하여 $H^g \leq G$임을 증명하라.

3 어떤 자연수 n에 대하여, H가 군 G의 위수 n인 유일한 부분군일 때, $H \lhd G$ 임을 증명하라.

4 준동형사상 $\phi : G \to G'$에 대하여, 다음을 증명하라.
(1) $L \leq G' \Rightarrow L^{\phi^{-1}} \leq G$ (2) $L \lhd G' \Rightarrow L^{\phi^{-1}} \lhd G$

5 자연수 m, n 에 대하여, $\gcd(m, n) = d$라고 할 때, 각

$$a \in \left\{0, \frac{n}{d}, \frac{2n}{d}, \cdots, \frac{(d-1)n}{d}\right\}$$

에 대하여, $\boldsymbol{Z}_m$의 각 원소에 a를 곱하는 함수 $\mu_a : \boldsymbol{Z}_m \to \boldsymbol{Z}_n$은 준동형사상이고, 또 $\boldsymbol{Z}_m$에서 $\boldsymbol{Z}_n$으로 가는 준동형사상은 이러한 함수뿐임을 증명하라.

6 $\boldsymbol{Z}_{90}$ 에서 $\boldsymbol{Z}_{108}$로 가는 준동형사상의 개수를 구하라.

7 군 G의 부분군 N에 대하여, $N \lhd G$ 일 필요충분조건은 어떤 준동형사상 $\phi : G \to G'$ 이 있어서 $N = \ker\phi$ 일 것임을 증명하라.

8 $\dfrac{3\boldsymbol{Z}}{12\boldsymbol{Z}} \cong \boldsymbol{Z}_4$ 임을 증명하라.

9 자연수 n에 대하여, 함수 $\phi : (\boldsymbol{Z}, +) \to (\boldsymbol{C}^{\#}, \cdot)$를 $x^{\phi} = e^{2\pi x i/n}$로 정의할 때, ϕ는 준동형사상임를 보이고 $\boldsymbol{Z}/n\boldsymbol{Z} \cong \boldsymbol{T}_n$임을 증명하라.

3-3 · E · X · E · R · C · I · S · E · S · 연습문제

10 $SL(n, \boldsymbol{R}) = \{A \in GL(n, \boldsymbol{R}) \mid \det A = 1\}$, (단, $\det A$는 A의 행렬식) 이라고 할 때, 다음을 증명하라.

$$SL(n, \boldsymbol{R}) \lhd GL(2, \boldsymbol{R}), \quad \frac{GL(n, \boldsymbol{R})}{SL(n, \boldsymbol{R})} \cong \boldsymbol{R}^{\#}.$$

11 (제 2 동형정리) 군 G와 $N \lhd G, H \leq G$에 대하여 다음을 증명하라.

$$\frac{NH}{N} \cong \frac{H}{N \cap H}.$$

12 $H \leq S_n$에 대하여 $H \not\subset A_n$일 때, 다음을 증명하라.

$$|H : H \cap A_n| = 2, \; H \cap A_n \lhd H.$$

13 (제 3 동형정리) 군 G와 $K \leq N \leq G$에 대하여, $K \lhd G, N \lhd G$일 때, 다음을 증명하라.

$$\frac{G/K}{N/K} \cong \frac{G}{N}.$$

14 군 G의 부분군 H에 대하여,

$$N_G(H) = \{g \in G \mid H^g = H\},$$
$$C_G(H) = \{g \in G \mid h^g = h, \forall h \in H\}$$

라고 할 때, 다음을 증명하라.

(1) $C_G(H) \lhd N_G(H) \leq G$ (2) $\dfrac{N_G(H)}{C_G(H)} \lessdot \mathrm{Aut}(H)$.

여기서, $A \lessdot B$는 군 A가 군 B의 어떤 부분군과 동형임을 나타낸다.

◂ $N_G(H), C_G(H)$를 각각 G에서 H의 **노말라이저**(normalizer), **센트랄라이저**(centralizer)라고 한다.

◂ (2)를 ***NC*-argument** 라고 한다.

15 유한군 G의 위수의 최소의 소인수를 p라고 할 때, G의 위수 p인 정규부분군 H는 $Z(G)$에 포함됨을 증명하라.

16 준동형사상 $\phi : G \to G'$와 $H \leq G$에 대하여 H가 아벨군이면 H^{ϕ}도 아벨군이고, H가 순환군이면 H^{ϕ}도 순환군임을 보여라.

3-3 · E · X · E · R · C · I · S · E · S · 연습문제

17 G, G'이 유한군이고 $\phi: G \to G'$이 준동형사상일 때, $|G^{\phi}|$는 $|G|$와 $|G'|$의 공약수임을 증명하라.

18 유한군 G와 $N \triangleleft G$, $g \in G$에 대하여 $\gcd(o(g), |G/N|) = 1$일 때, $g \in N$임을 증명하라.

19 유한군 G와 $N \le G$에 대하여 $|G:N| = 2$일 때, N은 모든 홀수인 위수의 원소를 포함함을 증명하라.

20 $|G| = p^n m$, (단, p는 소수, $\gcd(p, m) = 1$), 인 군 G에 대하여, $N \triangleleft G$, $|N| = p^n$이라고 할 때, $H \le G$, $|H| = (p$의 거듭제곱$)$ 인 H는 N에 포함됨을 증명하라.

21 군 G에 대하여, 교환자부분군 G'을 포함하는 G의 부분군은 정규부분군임을 증명하라.

22 군 G를 정의역으로 하는 준동형사상 ϕ에 대하여 $\mathrm{im}\,\phi$가 아벨군일 필요충분조건은 「$xyx^{-1}y^{-1} \in \ker\phi$, $(\forall x, y \in G)$」임을 증명하라.

23 $\mathrm{Inn}(Q_8) \cong V_4$임을 증명하라. (단, Q_8은 사원수군, V_4는 클라인4-군).

24 일대일 대응정리(정리 3.3.8)을 증명하라.

4 직적과 유한 아벨군

4-1 직적
4-2 유한 아벨군

두 개의 수직선을 서로 직교하도록 교차시키면 평면의 모든 점은 두 실수로 이루어진 순서쌍으로 표현된다. 즉, 평면은 두 개의 수직선의 데카르트곱이다.

두 개의 군의 데카르트곱은 적당한 연산을 도입함으로써 군이 되게 할 수 있다. 이 군이 직적이다. 직적의 개념은 일단의 군으로부터 새로운 군을 구성하는 방안 중 하나이다. 이 개념으로써 한 군을 보다 작은 군의 직적으로 표현하여 그 구조를 보다 용이하게 파악할 수 있다.

4-1 직적

이 절의 학습 내용

- 외직적 / • 외직적의 위수와 원소의 위수
- $\boldsymbol{Z}_m \times \boldsymbol{Z}_n$ 이 순환군일 조건
- 내직적
- $H \dot{\times} K$ 의 원소는 H, K 의 유일한 원소의 곱
- $H \dot{\times} K \cong H \times K$
- $\boldsymbol{U}_n$ 의 순환군 분해

직적의 뜻

군 $G_1, \cdots, G_n$ 에 대하여,

$$G = \{(x_1, \cdots, x_n) \mid x_i \in G_i, i = 1, 2, \cdots, n\}$$

의 원소 $(x_1, \cdots, x_n), (y_1, \cdots, y_n)$ 의 곱을 **'성분끼리의 곱'**, 즉,

◀ componentwise product

$$(x_1, \cdots, x_n)(y_1, \cdots, y_n) = (x_1 y_1, \cdots, x_n y_n)$$

으로 정의한다.

이와 같이 정의된 곱셈은 G 의 **이항연산**이다.

더욱이 G 는 이 곱셈 하에서 군을 이룬다.

∵ • 명백히, '원소끼리의 곱' 은 **결합법칙**을 만족한다.

• G 의 **항등원**은 $(e_1, \cdots, e_n)$. (단, e_i 는 G_i 의 항등원).

• $(x_1, \cdots, x_n) \in G$ 의 **역원**은 $(x_1^{-1}, \cdots, x_n^{-1})$.
(단, x_i^{-1} 는 G_i 내에서 x_i 의 역원). ◆

정의 이 군을 $G_1, \cdots, G_n$ 의 **직적**이라 하고

$$G_1 \times \cdots \times G_n$$

으로 나타낸다.

◀ 直積 direct product

NOTE 1 $G_1, G_2, \cdots, G_n$이 유한군일 때,

$$|G_1 \times G_2 \times \cdots \times G_n| = |G_1||G_2|\cdots|G_n|.$$

보기 1 (1) 군 $\mathbf{Z}_2 = \{0, 1\}, \mathbf{T}_3 = \{1, \omega, \omega^2\}$ 의 직적은

$$\mathbf{Z}_2 \times \mathbf{T}_3 = \{(0, 1), (0, \omega), (0, \omega^2), (1, 1), (1, \omega), (1, \omega^2)\}.$$

·	1	ω	ω^2
0	(0, 1)	$(0, \omega)$	$(0, \omega^2)$
1	(1, 1)	$(1, \omega)$	$(1, \omega^2)$

$\mathbf{Z}_2 \times \mathbf{T}_3$의 원소 $(1, \omega^2), (1, \omega)$의 '곱'은

$$(1, \omega^2)(1, \omega) = (1 +_2 1, \omega^2\omega) = (0, 1).$$

(2) 군 $\mathbf{Z}_3 = \{0, 1, 2\}$와 $\mathbf{Z}$의 직적은

$$\mathbf{Z}_3 \times \mathbf{Z} = \{(k, n) \mid k = 0, 1, 2\ ;\ n \in \mathbf{Z}\}.$$

$\mathbf{Z}_3 \times \mathbf{Z}$의 원소 $(1, 4), (2, 5)$의 '곱'은

$$(1, 4)(2, 5) = (1 +_3 2, 4 + 5) = (0, 9).$$

보기 2 클라인 4-군 V_4는 $\mathbf{Z}_2 \times \mathbf{Z}_2$와 동형이다.

∵ 군 $\mathbf{Z}_2 = \{0, 1\}, \mathbf{Z}_2 = \{0, 1\}$의 직적은

$$\mathbf{Z}_2 \times \mathbf{Z}_2 = \{(0, 0), (0, 1), (1, 0), (1, 1)\}.$$

$V_4 = \{e, x, y, z\}$라 하고, 함수 $\phi : V_4 \to \mathbf{Z}_2 \times \mathbf{Z}_2$를

$$e \to (0, 0), x \to (0, 1), y \to (1, 0), z \to (1, 1)$$

로 정의하면 다음 곱셈표에서 ϕ는 동형사상임을 알 수 있다.

V_4

	e	x	y	z
e	e	x	y	z
x	x	e	z	y
y	y	z	e	x
z	z	y	x	e

$\mathbf{Z}_2 \times \mathbf{Z}_2$

	(0, 0)	(0, 1)	(1, 0)	(1, 1)
(0, 0)	(0, 0)	(0, 1)	(1, 0)	(1, 1)
(0, 1)	(0, 1)	(0, 0)	(1, 1)	(1, 0)
(1, 0)	(1, 0)	(1, 1)	(0, 0)	(0, 1)
(1, 1)	(1, 1)	(1, 0)	(0, 1)	(0, 0)

$\mathbf{Z}_3 \times \mathbf{Z}, \mathbf{Z}_2 \times \mathbf{Z}_2$ 와 같이 연산이 덧셈인 군 $G_1, G_2, \cdots, G_n$의 직적을 **직합**이라 하고, $G_1 \oplus G_2 \oplus \cdots \oplus G_n$ 으로 나타내기도 한다.

다음 정리는 직적의 정의로부터 명백하다. (연습문제 4.1.2).

정리 4.1.1

군 A, B, C, X, Y에 대하여, 다음이 성립한다.

(1) $A \times B \cong B \times A$

(2) $(A \times B) \times C \cong A \times B \times C \cong A \times (B \times C)$

(3) $A \cong X, B \cong Y \Rightarrow A \times B \cong X \times Y$

정리 4.1.2

$g = (g_1, \cdots, g_n) \in G_1 \times \cdots \times G_n$에 대하여, $\mathrm{o}(g_i) < \infty, (i = 1, \cdots, n)$, 일 때,

$$\mathrm{o}(g) = \mathrm{lcm}(\mathrm{o}(g_1), \cdots, \mathrm{o}(g_n)).$$

증명 각 $i = 1, 2, \cdots, n$에 대하여 G_i의 단위원을 e_i라 하고, $\mathrm{o}(g_i) = m_i$라고 하면 자연수 k에 대하여

$$\begin{aligned} g^k = e &\Leftrightarrow (g_1^k, \cdots, g_n^k) = (e_1, \cdots, e_n) \\ &\Leftrightarrow g_i^k = e_i, (\forall i = 1, \cdots, n) \\ &\Leftrightarrow m_i \mid k, (\forall i = 1, \cdots, n) \\ &\Leftrightarrow k\text{는 } m_1, \cdots, m_n\text{의 공배수.} \end{aligned}$$

따라서 $\mathrm{o}(g) = \mathrm{lcm}(m_1, \cdots, m_n)$이다. ▮

◂ $\mathrm{o}(g) = \min\{k \in \mathbf{Z}^+ \mid g^k = e\}$

예제 4.1.3

$\mathbf{Z}_3 \times \mathbf{Z}_9$의 위수 3인 원소의 개수를 구하라.

풀이 $(a, b) \in \mathbf{Z}_3 \times \mathbf{Z}_9$에 대하여 $\mathrm{o}(a, b) = 3$일 때, $\mathrm{lcm}\{\mathrm{o}(a), \mathrm{o}(b)\} = 3$이므로 $\mathrm{o}(a, b) = 3$인 것은 다음 3가지 경우가 있다.

경우	a의 가짓수	b의 가짓수	(a, b)의 가짓수
$\mathrm{o}(a) = 1,\ \mathrm{o}(b) = 3$	1	2	2
$\mathrm{o}(a) = 3,\ \mathrm{o}(b) = 1$	2	1	2
$\mathrm{o}(a) = 3,\ \mathrm{o}(b) = 3$	2	2	4

따라서 $\mathbf{Z}_3 \times \mathbf{Z}_9$의 위수 3인 원소의 개수는 8이다. ◇

$\mathbf{Z}_3$

a	$\mathrm{o}(a)$
0	1
1	3
2	3

$\mathbf{Z}_9$

b	$\mathrm{o}(b)$
0	1
1	9
2	9
3	3
4	9
5	9
6	3
7	9
8	9

예제 4.1.4

다음 군에서 방정식 $4x=0$의 근의 개수를 구하라.

(1) $\mathbf{Z}_8$ (2) $\mathbf{Z}_8\times\mathbf{Z}_4$ (3) $\mathbf{Z}_8\times\mathbf{Z}_4\times\mathbf{Z}_2$

◀ $4x=x+x+x+x$

풀 이 이 예제에서 연산이 덧셈인 군 G에서 방정식 $4x=0$의 근 전체의 집합을 G^*라고 하자.

(1) $\mathbf{Z}_8$의 부분군 $\langle 2\rangle$는 위수 4인 유일한 부분군이고, $\mathbf{Z}_8$에서 방정식 $4x=0$의 모든 근을 포함한다.(따름정리 1.4.8). 더욱이 $\langle 2\rangle$의 모든 원소 x는 $4x=0$을 만족한다.

$$\therefore\ \mathbf{Z}_8^*=\langle 2\rangle\cong\mathbf{Z}_4.\quad \therefore\ |\mathbf{Z}_8^*|=4.$$

(2) 각 $(b,c)\in\mathbf{Z}_4\times\mathbf{Z}_2$에 대하여 $4(b,c)=(4b,4c)=(0,0)$이므로

$$(\mathbf{Z}_4\times\mathbf{Z}_2)^*=\mathbf{Z}_4\times\mathbf{Z}_2.\quad \therefore\ |(\mathbf{Z}_4\times\mathbf{Z}_2)^*|=|\mathbf{Z}_4\times\mathbf{Z}_2|=8.$$

(3) $(a,b,c)\in\mathbf{Z}_8\times\mathbf{Z}_4\times\mathbf{Z}_2$에 대하여

$$4(a,b,c)=(0,0,0)\Leftrightarrow a\in\mathbf{Z}_8^*,\ (b,c)\in(\mathbf{Z}_4\times\mathbf{Z}_2)^*$$

이므로

$$(\mathbf{Z}_8\times\mathbf{Z}_4\times\mathbf{Z}_2)^*=\mathbf{Z}_8^*\times(\mathbf{Z}_4\times\mathbf{Z}_2)^*\cong\mathbf{Z}_4\times\mathbf{Z}_4\times\mathbf{Z}_2.$$

$$\therefore\ |(\mathbf{Z}_8\times\mathbf{Z}_4\times\mathbf{Z}_2)^*|=|\mathbf{Z}_4\times\mathbf{Z}_4\times\mathbf{Z}_2|=32.$$ ◘

따름정리 4.1.5

$\mathbf{Z}_m\times\mathbf{Z}_n\cong\mathbf{Z}_{mn}$일 필요충분조건은 m,n이 서로 소일 것이다.

증 명 $(\Rightarrow)$ $\gcd(m,n)=d>1$이라고 하자.

임의의 $(a,b)\in\mathbf{Z}_m\times\mathbf{Z}_n$에 대하여,

$$o(a,b)=\operatorname{lcm}(o(a),o(b))\le\operatorname{lcm}(m,n)=\frac{mn}{d}<mn$$

◀ $o(a)|m,\ o(b)|n$

이므로 $\mathbf{Z}_m\times\mathbf{Z}_n$은 순환군이 아니다. 그러므로 $\mathbf{Z}_m\times\mathbf{Z}_n\ncong\mathbf{Z}_{mn}$이다.

$(\Leftarrow)$ $\gcd(m,n)=1$이라고 하자.

$$o(1,1)=\operatorname{lcm}(o(1),o(1))=\operatorname{lcm}(m,n)=mn=|\mathbf{Z}_m\times\mathbf{Z}_n|$$

이므로 $\mathbf{Z}_m\times\mathbf{Z}_n=\langle(1,1)\rangle$이다. 위수가 mn인 순한군은 $\mathbf{Z}_{mn}$과 동형이므로 $\mathbf{Z}_m\times\mathbf{Z}_n\cong\mathbf{Z}_{mn}$이다. ◘

보기 3 (1) $\mathbf{Z}_2\times\mathbf{Z}_3\cong\mathbf{Z}_6$ (2) $\mathbf{Z}_2\times\mathbf{Z}_3\times\mathbf{Z}_5\cong\mathbf{Z}_6\times\mathbf{Z}_5\cong\mathbf{Z}_{30}$.

내직적

군 G_1, G_2의 직적 $G = G_1 \times G_2$에 대하여,

$$H = G_1 \times \{e_2\}, K = \{e_1\} \times G_2, \text{(단, } e_i \text{는 } G_i \text{의 단위원)}$$

이라고 할 때, H, K는 G의 부분군이고, 또 다음 조건을 만족한다.

(i) $G = HK$,

(ii) $hk = kh, (\forall h \in H, \forall k \in K)$,

(iii) $H \cap K = \{e\}$.

정의 군 G의 부분군 H, K가 위의 조건 (i), (ii), (iii)을 만족할 때, G는 H, K의 **내직적**이라 하고,

$$G = H \dot{\times} K$$

와 같이 나타낸다.

◀ 內直積 internal direct product

이에 대하여 앞서 정의한 직적을 **외직적**(external direct product)이라고 한다.

보기 4 군 G_1, G_2에 대하여,

$$G = G_1 \times G_2, H = G_1 \times \{e_2\}, K = \{e_1\} \times G_2$$

라고 할 때, $G = H \dot{\times} K$.

보기 5 클라인 4-군 $V_4 = \{e, x, y, z\}$의 부분군 $H = \{e, x\}, K = \{e, y\}$에 대하여, $V_4 = H \dot{\times} K$.

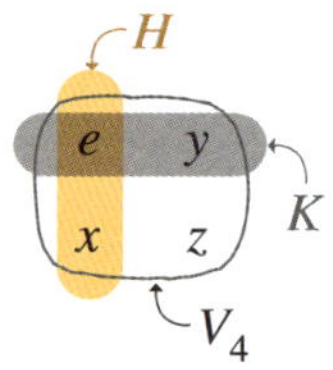

(i) $V_4 = HK$,
(ii) V_4는 아벨군
(iii) $H \cap K = \{e\}$.

내직적의 조건 (i), (ii), (iii)은 다음 조건과 동치이다.

(i) $G = HK$, (ii)′ $H \lhd G, K \lhd G$, (iii) $H \cap K = \{e\}$.

∵ 명백히 (ii) ⟹ (ii)′이다.

(i), (ii)′, (iii)을 가정하면, 임의의 $h \in H$, $k \in K$에 대하여

$h^{-1}k^{-1}hk = (k^{-1})^h k \in K$, $h^{-1}k^{-1}hk = h^{-1}h^k \in H$.

$\therefore h^{-1}k^{-1}hk \in H \cap K = \{e\}$. $\therefore h^{-1}k^{-1}hk = e$.

따라서 $xy = yx$이다. 즉, (ii)가 성립한다. ◆

보기 **6** D_3의 부분군 $\langle r\rangle=\{\varepsilon, r, r^2\}$, $\langle f\rangle=\{\varepsilon, f\}$에 대하여 $D_3=\langle r\rangle\langle f\rangle$이고, $\langle r\rangle\cap\langle f\rangle=\{\varepsilon\}$이지만, $\langle f\rangle$가 D_3의 정규부분군이 아니므로 D_3는 $\langle r\rangle, \langle f\rangle$의 내직적이 아니다.

정리 4.1.6

군 G의 부분군 H, K에 대하여, $G=H\dot{\times}K$일 때, 각 $g\in G$에 대하여

$$g=hk \quad \cdots\cdots ①$$

를 만족하는 유일한 $h\in H, k\in K$가 존재한다.

$G=H\dot{\times}K$일 때, H, K를 **내직적인자**(direct factor)라고 한다.
이 정리는 G의 각 원소는 내직적인자의 원소의 곱으로 유일하게 나타난다는 뜻이다.

증명 $G=HK$이므로 각 $g\in G$에 대하여 ①을 만족하는 $h\in H, k\in K$가 존재한다.
그러한 h, k의 유일성을 증명하기 위하여

$$g=h_1k_1, g=h_2k_2, (h_1, h_2\in H,\ k_1, k_2\in K)$$

라고 하면 $h_1k_1=h_2k_2$이다. 이 등식으로부터

$$\underbrace{h_2^{-1}h_1}_{\in H}=\underbrace{k_2k_1^{-1}}_{\in K}\in H\cap K=\{e\}$$

이므로 $h_2^{-1}h_1=e=k_2k_1^{-1}$이다. 따라서

$$h_1=h_2,\ k_1=k_2. \ \blacksquare$$

보기 **7** $T_6=\{1, \omega, \omega^2, \omega^3, \omega^4, \omega^5\}$의 부분군

$$\langle\omega^2\rangle=\{1, \omega^2, \omega^4\},\ \langle\omega^3\rangle=\{1, \omega^3\}$$

에 대하여, $T_6=\langle\omega^2\rangle\dot{\times}\langle\omega^3\rangle$이다.

$$1=1\cdot1,\quad \omega=\omega^4\omega^3,\quad \omega^2=\omega^2\cdot1,$$
$$\omega^3=1\cdot\omega^3,\quad \omega^4=\omega^4\cdot1,\quad \omega^5=\omega^2\omega^3.$$

T_6의 각 원소는 이와 같이 $\langle\omega^2\rangle, \langle\omega^3\rangle$의 원소의 곱으로 나타난다.

정리 4.1.7

$G=H\dot{\times}K$일 때, $G\cong H\times K$이다.

증명 함수 $\phi: H\times K\to G$를

$$(h, k)\to hk, ((h, k)\in H\times K)$$

로 정의한다. $(h, k), (h', k')\in H\times K$에 대하여,

$$[(h, k), (h', k')]^\phi=(hh', kk')^\phi=hh'kk'=hkh'k'=(h, k)^\phi(h', k')^\phi$$

(내직적의 조건 (ii))

이므로 ϕ는 준동형사상이다.

각 $g \in G$에 대하여, $g = hk$를 만족하는 $(h, k) \in H \times K$가 존재하므로 ϕ는 전사이고, 단 하나만 존재하므로(∵ 정리 4.1.6) ϕ는 단사이다.

그러므로 ϕ는 동형사상이다. ▮

보기 8 $V_4 \cong \mathbf{Z}_2 \times \mathbf{Z}_2$.

∵ $V_4 = \{e, x, y, z\}, H = \{e, x\}, K = \{e, y\}$라고 할 때,

$$V_4 = H \dot{\times} K \cong H \times K \cong \mathbf{Z}_2 \times \mathbf{Z}_2.$$

(첫 번째 $=$: 보기 5, 첫 번째 $\cong$: 정리 4.1.7, 두 번째 $\cong$: $H \cong \mathbf{Z}_2 \cong K$, 정리 4.1.1 (3))

군 G의 부분군 $H_1, H_2, \cdots, H_n$가 조건

(i) $G = H_1 H_2 \cdots H_n$,

(ii) $H_i \lhd G, (i = 1, 2, \cdots, n)$,

(iii) $H_i \cap (H_1 \cdots H_{i-1} H_{i+1} \cdots H_n) = \{e\}, (i = 1, 2, \cdots, n)$

을 만족할 때, G는 $H_1, H_2, \cdots, H_n$의 **내직적**이라 하고

$$G = H_1 \dot{\times} H_2 \dot{\times} \cdots \dot{\times} H_n$$

로 나타낸다.

이 때, 정리 4.1.6, 4.1.7은 다음과 같이 확장 된다. (연습문제 4.1.10).

1. G의 임의의 원소는 직적 인자의 원소의 곱으로 유일하게 표현된다.
2. $G \cong H_1 \times H_2 \times \cdots \times H_n$.

• 군 U_n의 구조

다음 정리는 $\boldsymbol{U}_n$의 구조를 밝히는데 유용한 도구이다. 증명은 생략한다.

정리 4.1.8

(1) 자연수 n의 소인수분해가 $n = p_1^{n_1} p_2^{n_2} \cdots p_r^{n_r}$이라고 할 때,

$$\boldsymbol{U}_n \cong \boldsymbol{U}_{p_1^{n_1}} \times \boldsymbol{U}_{p_2^{n_2}} \times \cdots \times \boldsymbol{U}_{p_r^{n_r}}.$$

◂ Appendix 참조

(2) $\boldsymbol{U}_{2^n} \cong \mathbf{Z}_2 \times \mathbf{Z}_{2^{n-2}}$, (단, $n \geq 3$),

$\boldsymbol{U}_{p^n} \cong \mathbf{Z}_{p^n - p^{n-1}}$, (단, p는 홀수인 소수).

보기 9 $360 \cong 2^3\, 2^2\, 5$이므로 $\boldsymbol{U}_{360} \simeq \boldsymbol{U}_{2^3} \times \boldsymbol{U}_{3^2} \times \boldsymbol{U}_5$.

$\boldsymbol{U}_{2^3} \cong \mathbf{Z}_2 \times \mathbf{Z}_{2^{3-2}} = \mathbf{Z}_2 \times \mathbf{Z}_{2^1} = \mathbf{Z}_2 \times \mathbf{Z}_2$,

$\boldsymbol{U}_{3^2} \cong \mathbf{Z}_{3^2 - 3^{2-1}} = \mathbf{Z}_{9-3} = \mathbf{Z}_6$,

$\boldsymbol{U}_5 \cong \mathbf{Z}_{5^1 - 5^{1-1}} = \mathbf{Z}_{5-1} = \mathbf{Z}_4$.

$\therefore\ \boldsymbol{U}_{360} \cong \mathbf{Z}_2 \times \mathbf{Z}_2 \times \mathbf{Z}_6 \times \mathbf{Z}_4$.

예제 4.1.9

$\boldsymbol{U}_{45}$의 위수가 최대인 원소의 개수를 구하라.

풀이 $45 = 5 \cdot 9$이므로

$$\boldsymbol{U}_{45} \cong \boldsymbol{U}_5 \times \boldsymbol{U}_9 \cong \mathbf{Z}_{5^1 - 5^0} \times \mathbf{Z}_{3^2 - 3^1} \cong \mathbf{Z}_4 \times \mathbf{Z}_6.$$

$(a, b) \in \mathbf{Z}_4 \times \mathbf{Z}_6$에 대하여

$$\mathrm{o}(a, b) = \mathrm{lcm}(\mathrm{o}(a), \mathrm{o}(b)) \le \mathrm{lcm}(4, 6) = 12$$

이고 $\mathrm{o}(1, 1) = \mathrm{lcm}(\mathrm{o}(1), \mathrm{o}(1)) = \mathrm{lcm}(4, 6) = 12$이므로 $\boldsymbol{U}_{45}$의 원소의 위수의 최댓값은 12이다.

$\mathrm{o}(a) \in \{1, 2, 4\}$, $\mathrm{o}(b) \in \{1, 2, 3, 6\}$이므로

$$\mathrm{lcm}(\mathrm{o}(a), \mathrm{o}(b)) = 12 \Leftrightarrow (\mathrm{o}(a), \mathrm{o}(b)) \in \{(4, 3), (4, 6)\}$$

이다.

$$\{a \in \mathbf{Z}_4 \mid \mathrm{o}(a) = 4\} = \{1, 3\},$$

$$\{b \in \mathbf{Z}_6 \mid \mathrm{o}(b) = 3\} = \{2, 4\},\ \{b \in \mathbf{Z}_6 \mid \mathrm{o}(b) = 6\} = \{1, 5\}$$

이므로 $\mathrm{o}(a, b) = 12$인 $(a, b) \in \mathbf{Z}_4 \times \mathbf{Z}_6$의 개수는

$$2 \cdot 2 + 2 \cdot 2 = 8.$$ ◻

appEndix • 군 U_n

자연수 n의 양의 약수 k에 대하여

$$U_n(k) = \{a \in U_n \mid a \equiv 1 \ (\mathrm{mod.}\ k)\}$$

라고 하면 $U_n(k) \le U_n$이다. 이 사실은 쉽게 증명된다.

서로 소인 자연수 s, t에 대하여 다음이 성립한다.

가 (1) $U_{st}(s) \cong U_t$,

(2) $U_{st} \cong U_{st}(s) \dot{\times} U_{st}(t) \cong U_s \times U_t$.

증명 (1) $x \in U_{st}(s)$에 대하여 x를 t로 나눈 나머지를 r이라고 하면, $\gcd(x, t) = 1$이므로 $\gcd(r, t) = 1$이다. 따라서 $r \in U_t$이다.

함수 $\phi : U_{st}(s) \to U_t$를 $x^{\phi} = (x$를 t로 나눈 나머지$)$ 로 정의한다.

명백히 ϕ는 준동형사상이다.

$x, y \in U_{st}(s)$에 대하여 $x \equiv_s 1, y \equiv_s 1$이므로 $x \equiv_s y$ 이다.

$x^{\phi} = y^{\phi}$이면 $x \equiv_t y$ 이므로 $x \equiv_{st} y$ 이다. 따라서 $U_{st}(s)$에서 $x = y$이고 그러므로 ϕ는 단사이다.

◀ $a \equiv_n b$은 $a \equiv b \ (\mathrm{mod.}\ n)$을 나타낸다.

$a \in U_t$에 대하여 $x^{\phi} = a$, 즉, $x \equiv_t a$인 $x \in U_{st}(s)$를 찾아 보자.

$\gcd(s, t) = 1$이므로 어떤 정수 m, n이 있어서 $sn + tm = 1$이다.

$y = a + tm(1-a)$로 두면, $y \equiv_t a$이고, $\gcd(a, t) = 1$이므로

$$\gcd(y, t) = 1. \quad \cdots\cdots ①$$

y를 st로 나눈 나머지를 x라고 하면,

$$y = stq + x, \ \ 0 \le x < st, \ \ (q, x \in \mathbf{Z}).$$

이때, $y \equiv_{st} x$, $y \equiv_s x$, $y \equiv_t x$이고,

$$y = a + (1 - sn)(1 - a) \equiv_s 1 \quad \cdots\cdots ②$$

$$\therefore \ \gcd(y, s) = 1. \quad \cdots\cdots ③$$

①, ③ 으로부터 $\gcd(y, st) = 1$이고, $x \equiv_{st} y$이므로

$$\gcd(x, st) = 1. \quad \cdots\cdots ④$$

따라서 $x \in U_{st}$이다. 한편 $x \equiv_s y \equiv_s 1$이므로 $x \in U_{st}(s)$이다.

또 $x \equiv_t y \equiv_t a$이므로 $x^{\phi} = a$이다. 그러므로 ϕ는 전사이다.

(2) $s = 1$ 또는 $t = 1$일 때는 명백히 (2)가 성립한다. $s, t \ge 2$라고 하자.

$x \in U_{st}(s) \cap U_{st}(t)$라고 하면 $s \mid (x-1), t \mid (x-1)$. $\therefore \ st \mid (x-1)$.

$1 \le x < st$이므로 $(x-1) = 0$. $\therefore \ x = 1$. $\therefore \ U_{st}(s) \cap U_{st}(t) = 1$.

$$\therefore\ |\boldsymbol{U}_{st}(s)\boldsymbol{U}_{st}(t)| = \frac{|U_{st}(s)||U_{st}(t)|}{|U_{st}(s)\cap U_{st}(t)|} = \frac{|U_t||U_s|}{1} = |\boldsymbol{U}_{st}|.$$

$$\therefore\ \boldsymbol{U}_{st} = \boldsymbol{U}_{st}(s)\boldsymbol{U}_{st}(t).$$

U_{st}가 아벨군이므로 $U_{st} \cong U_{st}(s) \dot{\times} U_{st}(t)$ 이고, 따라서

$$U_{st} \cong U_s \times U_t.$$

㉯ $\boldsymbol{U}_{2^n} = \boldsymbol{Z}_2 \times \boldsymbol{Z}_{2^{n-2}}$ (단, $n \geq 3$)

증명 $|\boldsymbol{U}_{2^n}| = 2^{n-1}$ 이다. 먼저 $\boldsymbol{U}_{2^n}$에서 $\mathrm{o}(5) = 2^{n-2}$ 임을 보인다.

각 $t = 0, 1, 2, \cdots$에 대하여 5^{2^t}은

$$5^{2^t} = 1 + 2^{t+2}m,\ (\text{단}, m \in \boldsymbol{Z}^+\text{은 홀수}) \cdots\cdots\cdots\cdots ①$$

의 꼴로 나타난다. t에 관한 귀납법으로 ①을 증명한다.

$t = 0$일 때, $5 = 1 + 2^2 \cdot 1$ 이므로 ①이 성립한다.

$t \geq 1$에 대하여 ①이 성립한다고 하면

$$5^{2^{t+1}} = (5^{2^t})^2 = (1 + 2^{t+2}m)^2 = 1 + 2 \cdot 2^{t+2}m + 2^{2t+4}m^2$$
$$= 1 + 2^{t+3}(m + 2^{t+1}m^2).$$

$m + 2^{t+1}m^2$ 이 홀수이므로 $t+1$에 대해서도 ①이 성립한다.

① 에 의하여, $5^{2^{n-2}} = 1 + 2^n m$, (단, m은 홀수), 이고, 따라서

$$5^{2^{n-2}} \equiv 1\ (\mathrm{mod.}\ 2^n).$$

U_{2^n} 에서 $\mathrm{o}(5) = k$라고 하면 $k \mid 2^{n-2}$ 이므로 $k = 2^s$, (단, $s \leq n-2$).

$$1 \equiv 5^k = 5^{2^s} = 1 + 2^{s+2}m\ (\mathrm{mod.}\ 2^n),\ (\text{단}, m\text{은 홀수}),$$

이므로 $2^n \mid 2^{s+2}m$ 인데, m이 홀수이므로 $2^n \mid 2^{s+2} \leq 2^n$ 이다. 따라서 $2^{s+2} = 2^n$, 즉, $s = n-2$. 그러므로 $\boldsymbol{U}_{2^n}$ 에서 $\mathrm{o}(5) = 2^{n-2}$ 이다.

$\boldsymbol{U}_{2^n}$ 에서 $H = \langle 5 \rangle$, $K = \langle 2^n - 1 \rangle$ 이라 하고 $\boldsymbol{U}_{2^n} = H \dot{\times} K$를 보인다.

$2^n - 1 \in H$라고 하면 $2^n - 1 = 5^k$ 인 $k \leq n-3$ 이 존재한다.

$$5^k = (2^2+1)^k = 2^{2k} + 2^{k+1} + 1 \equiv 1\ (\mathrm{mod.}\ 2^{k+1}),$$
$$2^n - 1 \equiv -1 \equiv 1\ (\mathrm{mod.}\ 2^{k+1})$$

이므로 $2^n - 1 \notin H$ 이다. $\mathrm{o}(2^n - 1) = 2$ 이므로 $|K| = 2$ 이다.

$|H| \,\big|\, |HK| \,\big|\, |\boldsymbol{U}_{2^n}| = 2^{n-1}$ 이고, $|H| < |HK|$ 이므로 $HK = \boldsymbol{U}_{2^n}$.

$$|HK| = \frac{|H||K|}{|H \cap K|} = \frac{2^{n-2} \cdot 2}{|H \cap K|} = 2^{n-1}$$

이므로 $|H \cap K| = 1$, 즉, $H \cap K = 1$. 따라서 $\boldsymbol{U}_{2^n} = H \dot{\times} K$.

$H = \boldsymbol{Z}_{2^{n-2}}$, $K = \boldsymbol{Z}_2$ 이므로 $\boldsymbol{U}_{2^n} \cong \boldsymbol{Z}_{2^{n-2}} \times \boldsymbol{Z}_2$.

다 $U_{p^n} = Z_{p^n - p^{n-1}}$ (단, p는 홀수인 소수, $n \geq 1$)

증명 $o(a) = p-1$인 $a \in U_p$에 대하여

$$a^{p-1} = 1 + pm, (p \nmid m) \quad \cdots\cdots ①$$

$$(a+p)^{p-1} = 1 + pm, (p \nmid m) \quad \cdots\cdots ②$$

중 적어도 하나를 만족하는 자연수 m이 존재함을 보인다.

먼저 $a^{p-1} \equiv 1 \pmod{p}$이므로 $a^{p-1} = 1 + pm$ (단, $m \in Z^+$).

$p \nmid m$이면 ①이 성립한다. $p \mid m$일 경우, $m = pm'$으로 두면 $a^{p-1} = 1 + p^2m'$이다. 이 때,

$$(a+p)^{p-1} = a^{p-1} + \binom{p-1}{1}p + p^2M$$
$$= a^{p-1} + p(p-1+pM) \equiv 1 \pmod{p}.$$

$p - 1 + pM \equiv -1 \not\equiv 1 \pmod{p}$이므로 ②가 성립한다..

따라서 U_p에서

$$o(x) = p-1,\ x^{p-1} = 1 + pm, (p \nmid m)$$

을 만족하는 $x \in U_p$를 잡을 수 있다.

$x \in U_{p^n}$이고, $|U_{p^n}| = p^n - p^{n-1}$이므로 U_{p^n}에서 $o(x) = k$라고 하면 $k \mid (p-1)p^{n-1}$이다. $x^k \equiv 1 \pmod{p^n}$이므로 $x^k \equiv 1 \pmod{p}$이고, 따라서 $(p-1) \mid k$이다. 그러므로 $k = (p-1)p^r, (0 \leq r \leq n-1)$, 이다.

$$x^k = (x^{p-1})^{p^r}$$
$$= (1 + pm_1)^{p^r} = (1 + \binom{p}{1}pm_1 + \cdots + \binom{p}{p}p^p {m_1}^p)^{p^{r-1}}$$
$$= (1 + p^2m_2)^{p^{r-1}}$$
$$\vdots$$
$$= 1 + p^{r+1}m_{r+1}\ x^k \equiv 1 \pmod{p^n},$$
$$(\text{단}, p \nmid m_i\ \forall i = 1, 2, \cdots, r+1).$$

따라서 $p^n \mid (x^k - 1) = p^{r+1}m_{r+1}$이다. $p \nmid m_{r+1}$ 이므로 $p^n \mid p^{r+1} \leq p^n$이고 여기서 $r+1 = n$, 즉, $r = n-1$을 얻는다.

따라서 U_{p^n}에서 $o(x) = (p-1)p^{n-1}$이다. 그러므로

$$U_{p^n} = \langle x \rangle \cong Z_{p^n - p^{n-1}}.$$

4-1 EXERCISES 연습문제

1 $\boldsymbol{Z}_3 \times \boldsymbol{T}_3$에서 다음을 구하라.

(1) $(0, \omega)(1, \omega)$ (2) $(2, \omega^2)^{-1}$

2 군 A, B, C, X, Y에 대하여, 다음을 증명하라.

(1) $A \times B \cong B \times A$

(2) $(A \times B) \times C \cong A \times B \times C \cong A \times (B \times C)$

(3) $A \cong X, B \cong Y \Rightarrow A \times B \cong X \times Y$

3 군 A, B, P, Q에 대하여, $P \lhd A, Q \lhd B$일 때, 다음을 증명하라.

$$P \times Q \lhd A \times B, \quad \frac{A \times B}{P \times Q} \cong \frac{A}{P} \times \frac{B}{Q}.$$

4 $\boldsymbol{Z}_8 \times \boldsymbol{Z}_{12}$의 위수 4인 원소의 개수를 구하라.

5 p가 소수일 때, 다음 군에서 방정식 $p^2 x = 0$의 근의 개수를 구하라.

(1) $\boldsymbol{Z}_{p^7} \times \boldsymbol{Z}_{p^3}$ (2) $\boldsymbol{Z}_{p^7} \times \boldsymbol{Z}_{p^2} \times \boldsymbol{Z}_p$

6 다음 군을 두 진부분군의 내직적으로 나타내어라.

(1) $\boldsymbol{Z}_{12}$ (2) $\boldsymbol{Z}_{21}$ (3) $\boldsymbol{Z}_{60}$

7 다음 군을 세 가지의 두 진부분군의 내직적으로 나타내어라.

(1) $\boldsymbol{Z}_{30}$ (2) $\boldsymbol{Z}_{60}$

8 다음 군은 2 개의 진부분군의 내직적으로 표현될 수 없음을 증명하라.

(1) S_3 (2) D_4 (3) Q_8 (4) $\boldsymbol{Q}$

9 군 G의 부분군 $H_1, \cdots, H_n$에 대하여, $G = H_1 \dot{\times} \cdots \dot{\times} H_n$일 필요충분조건은 다음과 같음을 증명하라.

4-1 · E · X · E · R · C · I · S · E · S · 연습문제

(i) $G = H_1 H_2 \cdots H_n$

(ii)′ $x_i x_j = x_j x_i$, $(\forall x_i \in H_i, \forall x_j \in H_j, i \neq j)$

(iii)″ $(H_1 \cdots H_{i-1}) \cap H_i = \{e\}$, $(i = 2, \cdots, n)$

10 군 G의 부분군 $H_1, \cdots, H_n$에 대하여, $G = H_1 \dot{\times} \cdots \dot{\times} H_n$이라고 할 때, 각 $g \in G$에 대하여 $g = x_1 \cdots x_n$를 만족하는 유일한 $x_i \in H_i$, $(i = 1, \cdots, n)$,이 존재함을 증명하라.

11 다음 군의 원소의 최대 위수를 구하라.

(1) $\mathbf{Z}_8 \times \mathbf{Z}_{10} \times \mathbf{Z}_{24}$ (2) $\mathbf{Z}_4 \times \mathbf{Z}_{18} \times \mathbf{Z}_{15}$

12 다음 군과 동형인 순환군 또는 순환군의 외적을 찾아라.

(1) $\boldsymbol{U}_{40}$ (2) $\boldsymbol{U}_{165}$

13 $\boldsymbol{U}_{1000}$의 최대 위수의 원소의 개수를 구하라.

14 $\text{Aut}(\mathbf{Z}_{20})$과 동형인 순환군 또는 순환군의 외적을 찾아라.

15 군 G에 대하여 $D = \{(a, a) \mid a \in G\}$라고 할 때, 다음을 증명하라.

(1) $D \leq G \times G$

(2) $D \triangleleft G \times G$일 필요충분조건은 G가 아벨군일 것이다.

16 군 G에 대하여 $G = H \dot{\times} K$이고, $N \triangleleft H$일 때, $N \triangleleft G$임을 증명하라.

17 다음을 증명하라.

(1) $\boldsymbol{Q}^{\#} = \boldsymbol{Q}^{+} \dot{\times} \langle -1 \rangle$

(2) $\boldsymbol{C}^{\#} = \boldsymbol{R}^{+} \dot{\times} \boldsymbol{T}$, (단, $\boldsymbol{T} = \{z \in \boldsymbol{C} \,\big|\, |z| = 1\}$

4-2 유한 아벨군

이 절의 학습 내용

- 유한 아벨군의 기본 정리
- 유한 아벨군의 순환군 직적 표현의 유일성

이 절의 목적은 유한 아벨군의 구조를 밝히는 것이다.
임의의 유한 아벨군은 순환군의 직적과 동형이다. 이를 설명하기 위하여 먼저 다음 개념을 소개한다.

정의 소수 p에 대하여, 각 원소의 위수가 p의 거듭제곱인 군을 **p-군**이라 하고, 군 G의 p-군인 부분군을 **p-부분군**이라고 한다. 군 G의 위수가

$$|G| = p^n m, \ (p \nmid m),$$

일 때, G의 위수 p^n인 부분군을 **실로우 p-부분군**이라고 한다.

◀ p-群 p-group
p-部分群 p-subgroup

◀ Sylow p-subgroup

보기 1 (1) 소수 p에 대하여 $\mathbf{Z}_{p^2}$은 p-군이다.

$\because$ $a \in \mathbf{Z}_{p^2}$에 대하여, $\mathrm{o}(a) \mid p^2$ 이므로

$$\mathrm{o}(a) \in \{1, p, p^2\} = \{p^0, p^1, p^2\}.$$

(2) 서로 다른 소수 p, q에 대하여 $G = \mathbf{Z}_{p^2} \times \mathbf{Z}_q$ 라고 할 때,
$H = \mathbf{Z}_{p^2} \times \{0\}$는 G의 실로우 p-부분군,
$K = \{0\} \times \mathbf{Z}_q$는 G의 실로우 q-부분군이다.

H가 유한 아벨군 G의 p-부분군일 때, $|H| = (p$의 거듭제곱$)$이다.

$\because$ $q(\neq p)$가 $|N|$의 소인수라면, 코시의 정리에 의하여, H는 위수 q인 원소를 가지므로 p-군이 아니다.

◀ 코시의 정리(정리 3.2.7) : 소수 q가 $|G|$의 약수이면 G는 위수 q인 원소를 가진다.

보조정리 4.2.1

유한 아벨군 G와 $|G|$의 소인수 p에 대하여,

$$N = \{x \in G \mid o(x) = (p\text{의 거듭제곱})\}$$

은 G의 실로우 p-부분군이다.

증명 $N \leq G$이다.($\because$ 연습문제 1.4.16). N이 유한군의 p-부분군이므로

$$|N| \text{은 } p \text{의 거듭제곱이다.} \quad \cdots\cdots \text{①}$$

$p \,\big|\, |G/N|$이라면 G/N은 위수 p인 원소 Nx를 가진다. 따라서 $x \in G - N$이고 $(Nx)^p = N$, 즉, $x^p \in N$이다. $o(x^p)$가 p의 거듭제곱이므로 $o(x)$도 p의 거듭제곱이고, 그러므로 $x \in N$이라는 모순이 따른다.

$$\therefore\ p \nmid |G/N|. \quad \cdots\cdots \text{②}$$

①, ②에 의하여 N은 G의 실로우 p-부분군이다. ▌

보조정리 4.2.2

유한 아벨군 G에 대하여, $|G|$의 소인수분해를

$$|G| = p_1^{n_1} \cdots p_r^{n_r}, (\text{단}, p_i\text{는 소수}, n_i \in \mathbf{Z}^+, i = 1, \cdots, r)$$

을 $|G|$의 소인수분해라하고, P_i를 G의 실로우 p_i-부분군이라고 하면,

$$G = P_1 \dot{\times} \cdots \dot{\times} P_r.$$

증명 각 i에 대하여 $p_i^{n_i} = |P_i| \,\big|\, |P_1 \cdots P_r|$이므로

$$|G| = (p_1^{n_1} \cdots p_r^{n_r}) \,\big|\, |P_1 \cdots P_r| \leq |G|$$

이다. 따라서 $|G| = |P_1 \cdots P_r|$이고, 그러므로

$$G = P_1 \cdots P_r. \quad \cdots\cdots \text{①}$$

$x \in P_1 \cap (P_2 \cdots P_r)$이라고 하면 $x_1 = x = x_2 \cdots x_r, (x_i \in P_i)$, 이다.

$$x_1^{|P_1|} = e, (x_2 \cdots x_r)^{|P_2| \cdots |P_r|} = e$$

이므로 $o(x)$는 $p_1^{n_1}$와 $p_2^{n_2} \cdots p_r^{n_r}$의 공약수이고, 따라서 $o(x) = 1$, 즉, $x = e$이다. 그러므로 $P_1 \cap (P_2 \cdots P_r) = \{e\}$ 이다. 같은식으로

$$P_i \cap (P_1 \cdots P_{i-1} P_{i+1} \cdots P_r) = \{e\}, (i = 1, \cdots, r). \quad \cdots\cdots \text{②}$$

①, ②에 의하여, $G = P_1 \dot{\times} \cdots \dot{\times} P_r$ 이다. ▌

다음 보조정리의 증명은 복잡하므로 생략한다.

보조정리 4.2.3

유한 아벨 p-군은 순환군이거나 순환군의 직적과 동형이다.

◀ Appendix 참조

예제 4.2.4

소수 p에 대하여 위수가 p^3인 아벨군을 모두 찾아라. 단, 동형인 군은 같은 것로 본다.

◀ $4x = x + x + x + x$

풀이 G가 위수 p^3인 아벨군이라고 하자.

보조정리 4.2.3과 정리 4.1.1에 의하여, G는 다음 중 하나와 동형이다.

$$G_1 = \mathbf{Z}_p \times \mathbf{Z}_p \times \mathbf{Z}_p, \quad G_2 = \mathbf{Z}_p \times \mathbf{Z}_{p^2}, \quad G_3 = \mathbf{Z}_{p^3}.$$

이들 3개의 군 중 어느 2개도 동형이 아니다.

∵ $m_i = (G_i$에서 방정식 $px = 0$의 근의 개수$)$

라고 하면, 예제 4.1.4에서와 같은 방법으로

$m_1 = |\mathbf{Z}_p \times \mathbf{Z}_p \times \mathbf{Z}_p| = p^3,$

$m_2 = |\mathbf{Z}_p \times \langle p \rangle| = |\mathbf{Z}_p||\langle p \rangle| = p^2,$

$m_3 = |\langle p^2 \rangle| = p.$

$\therefore G_1 \not\cong G_2, G_1 \not\cong G_3, G_2 \not\cong G_3.$ ◇

◀ 위수가 8인 군은 다음 5개의 군 중 어느 하나와 동형이다.

아벨군	비아벨군
$\mathbf{Z}_2 \times \mathbf{Z}_2 \times \mathbf{Z}_2$ $\mathbf{Z}_2 \times \mathbf{Z}_4$ $\mathbf{Z}_8$	D_4, Q_8

이와 같이, 위수가 p^n, (단, p는 소수), 인 아벨군은

$$\mathbf{Z}_{p^{n_1}} \times \cdots \times \mathbf{Z}_{p^{n_r}}$$

꼴의 군과 동형이다. 단,

$$n_1 + \cdots + n_r = n, \quad n_1 \le \cdots \le n_r. \quad \cdots\cdots\cdots\cdots ①$$

예제 4.2.4에서와 같은 방법으로 위수가 p^n인 아벨군의 개수는 n을 ①과 같이 몇 개의 자연수의 합으로 나타내는 방법수와 같음을 알 수 있다.

◀ 연습문제 4.2.10 참조

보기 2 4를 몇 개의 자연수의 합으로 나타내는 방법은 오른쪽 표와 같이 5가지이다. 그러므로 위수가 $16 = 2^4$인 아벨군은 다음 5개의 군

$$\mathbf{Z}_2 \times \mathbf{Z}_2 \times \mathbf{Z}_2 \times \mathbf{Z}_2, \ \mathbf{Z}_2 \times \mathbf{Z}_2 \times \mathbf{Z}_4, \ \mathbf{Z}_2 \times \mathbf{Z}_8, \ \mathbf{Z}_4 \times \mathbf{Z}_4, \ \mathbf{Z}_{16}$$

중 하나와 동형이다.

$$\begin{aligned} 4 &= 1 + 1 + 1 + 1 \\ &= 1 + 1 + 2 \\ &= 1 + 3 \\ &= 2 + 2 \\ &= 4 \end{aligned}$$

G가 유한 아벨군이라고 하면, 보조정리 4.2.2에 의하여,

$$G = P_1 \dot{\times} \cdots \dot{\times} P_r (\text{단}, P_i \text{는 } G\text{의 실로우 } p_i\text{-부분군}).$$

보조정리 4.2.3에 의하여 각 P_i는 순환 p_i-군이거나 순환 p_i-군의 직적과 동형이므로 다음 정리가 성립한다.

정리 4.2.5 (유한 아벨군의 기본정리)

유한 아벨군은 위수가 소수의 거듭제곱인 순환군 또는 그러한 순환군의 직적과 동형이다.

◀ Fundamental theorem of finite abelian group

보기 3 $|G| = 36$인 아벨군을 모두 찾아보자.

36의 소인수분해는 $36 = 2^2 3^2$이므로

$$G = P \dot{\times} Q, (|P| = 2^2, |Q| = 3^2)$$

인 $P, Q \leq G$가 존재한다.

$P \cong \mathbf{Z}_2 \times \mathbf{Z}_2$ 또는 $P \cong \mathbf{Z}_4$이고, $Q \cong \mathbf{Z}_3 \times \mathbf{Z}_3$ 또는 $Q \cong \mathbf{Z}_9$이므로 G는 다음 중 하나와 동형이다.

① $\mathbf{Z}_2 \times \mathbf{Z}_2 \times \mathbf{Z}_3 \times \mathbf{Z}_3$, ② $\mathbf{Z}_2 \times \mathbf{Z}_2 \times \mathbf{Z}_9$,
③ $\mathbf{Z}_4 \times \mathbf{Z}_3 \times \mathbf{Z}_3$, ④ $\mathbf{Z}_4 \times \mathbf{Z}_9$

정리 4.1.1과 따름정리 4.1.5에 의하여 보기 3의 4 개의 군은 각각 다음과 같이 표현될 수도 있다.

① $\mathbf{Z}_2 \times \mathbf{Z}_2 \times \mathbf{Z}_3 \times \mathbf{Z}_3 \cong \mathbf{Z}_6 \times \mathbf{Z}_6$, $6|6$

② $\mathbf{Z}_2 \times \mathbf{Z}_2 \times \mathbf{Z}_9 \cong \mathbf{Z}_2 \times \mathbf{Z}_{18}$, $2|18$

③ $\mathbf{Z}_4 \times \mathbf{Z}_3 \times \mathbf{Z}_3 \cong \mathbf{Z}_3 \times \mathbf{Z}_{12}$, $3|12$

④ $\mathbf{Z}_4 \times \mathbf{Z}_9 \cong \mathbf{Z}_{36}$

◀ $\gcd(m, n) = 1$일 때, $\mathbf{Z}_m \times \mathbf{Z}_n \cong \mathbf{Z}_{mn}$ [따름정리 4.1.5]

이와 방법에 의하여 유한 아벨군은 다음 정리와 같이 표현될 수도 있다.

정리 4.2.6

G가 유한 아벨군일 때, $G \cong \mathbf{Z}_{m_1} \times \cdots \times \mathbf{Z}_{m_r}$을 만족하는

$$m_1, m_2, \cdots, m_r \in \mathbf{Z}^+, (\text{단}, m_i | m_{i+1}, i = 1, 2, \cdots, r-1)$$

이 존재한다.

보기 4 $G = \mathbf{Z}_2 \times \mathbf{Z}_2 \times \mathbf{Z}_4 \times \mathbf{Z}_8 \times \mathbf{Z}_3 \times \mathbf{Z}_3 \times \mathbf{Z}_3 \times \mathbf{Z}_5 \times \mathbf{Z}_{25}$ 일 때,

$$\begin{aligned} G \cong\ & \mathbf{Z}_2 \times \mathbf{Z}_2 \times \mathbf{Z}_4 \times \mathbf{Z}_8 \\ & \qquad\ \times \mathbf{Z}_3 \times \mathbf{Z}_3 \times \mathbf{Z}_3 \\ & \qquad\qquad\quad \times \mathbf{Z}_5 \times \mathbf{Z}_{25} \\ \cong\ & \mathbf{Z}_2 \times \mathbf{Z}_6 \times \mathbf{Z}_{60} \times \mathbf{Z}_{600} \end{aligned}$$

여기서
$2|6,\ 6|60,\ 60|600$

유한 아벨군에 대해서는 라그랑즈의 역이 성립한다.

따름정리 4.2.7

G 가 유한 아벨군일 때, $|G|$의 임의의 양의 약수 d에 대하여 위수가 d 인 G의 부분군이 존재한다.

증명 G는 순환군의 외직적과 동형이다. 즉,

$$G \cong \mathbf{Z}_{m_1} \times \mathbf{Z}_{m_2} \times \cdots \times \mathbf{Z}_{m_r}.$$

이 때, $|G| = m_1 m_2 \cdots m_r$이다. $d | m_1 m_2 \cdots m_k$이므로

$$d_1 d_2 \cdots d_r = d, \quad d_i | m_i, (i = 1, 2, \cdots, r)$$

를 만족하는 자연수 $d_1, d_2, \cdots, d_r$을 잡을 수 있다. 각 $i = 1, 2, \cdots, r$ 에 대하여, H_i를 $\mathbf{Z}_{m_i}$ 의 위수 d_i인 부분군이라 하고

$$H = H_1 \times H_2 \times \cdots \times H_r$$

로 두면, $H \le \mathbf{Z}_{m_1} \times \mathbf{Z}_{m_2} \times \cdots \times \mathbf{Z}_{m_r}$이고,

$$|H| = |H_1||H_2| \cdots |H_r| = d_1 d_2 \cdots d_r = d. \ ▌$$

◀ H_i의 존재성은 따름정리 1.4.8에 의함

appendix ● ● ● ● ● ● ● ● ● ● ● ● ● ● ● 보조정리 4.2.3의 증명

Lemma 1 유한 아벨 p-군 G의 최대 위수의 순환부분군을 C라고 할 때, $C \neq G$이면 $G = B \dot{\times} C$를 만족하는 $B \le G$가 존재한다.

증명 $C \neq G$이므로 C에 속하지 않는 원소가 있다. C에 속하지 않는 최소 위수의 원소 x를 택한다. $x \neq e$ 이므로 $\mathrm{o}(x^p) < \mathrm{o}(x)$ 이다. ∴ ㉠ $x^p \in C$.
x^p가 C의 생성원이라면 $|\langle x\rangle| > |\langle x^p\rangle| = |C|$ 가 되어 C가 최대 위수의 순환부분군이라는 사실에 위배된다. 그러므로 x^p는 C의 생성원이 아니고, 따라서 $x^p = y^p$인 $y \in C$가 존재한다.

∵ $C = \langle c\rangle$ 라고 하면 C의 생성원의 집합은 $\{c^k \mid \gcd(k, p) = 1\}$.
$x^p \in \langle c\rangle$이고, x^p는 $\langle c\rangle$의 생성원이 아니므로 $x^p = c^{(p\text{의 배수})}$.
$x^p = c^{pm}$이라 하면, $x^p = (c^m)^p$. 이 때, $y = c^m$으로 잡는다. ◆

> ◀ ㉠ $\mathrm{o}(x)$는 p의 거듭제곱.
> $\mathrm{o}(x) = p^k, (k \ge 1)$일 때,
> $(x^p)^{p^{k-1}} = x^{p^k} = e$이므로
> $\mathrm{o}(x^p) = p^{k-1} < p^k = \mathrm{o}(x)$

이 때, ㉡ $xy^{-1} \in C$, ㉢ $(xy^{-1})^p = x^p(y^p)^{-1} = e$. ∴ $\mathrm{o}(xy^{-1}) = p$.
이제, $1 < \mathrm{o}(x) \underset{㉣}{\le} \mathrm{o}(xy^{-1}) = p$ 이므로 $\mathrm{o}(x) = p$ 이다.
$X = \langle x\rangle$ 라고 하면, $C \cap X \le X$, $|X| = p$ 이므로 ㉤ $|C \cap X| \,\big|\, p$.
$C \cap X \neq X$이므로 $|C \cap X| \neq p$. ∴ $|C \cap X| = 1$.

$$\therefore\ C \cap X = \{e\}.$$

따라서, 제 2 동형정리(연습문제 3.3.11)에 의하여

$$C^\pi \underset{㉥}{=} \frac{XC}{X} \cong \frac{C}{X \cap C} = C,\ (\text{단, } \pi : G \to G/X\text{는 표준준동형사상})$$

이므로 C^π는 순환군이고 $|C^\pi| = |C|$ 이다.
만약 G/X가 $|C^\pi|$ 보다 큰 위수의 순환부분군 $\langle g^\pi\rangle$를 가진다면

$$|\langle g\rangle| = \mathrm{o}(g) \ge \mathrm{o}(g^\pi) = |\langle g^\pi\rangle| > |C^\pi| = |C|$$

이고, 이는 C의 선택에 위배된다. 따라서 C^π는 G/X의 최대 위수 순환부분군이다. $|G/X| < |G|$이므로, 군의 위수에 관한 귀납법에 의하여

$$\frac{G}{X} = U \dot{\times} C^\pi$$

를 만족하는 $U \le G/X$가 존재한다. 일대일대응정리로 부터 $X \subset B$인 $B \le G$가 존재하여 $U = B^\pi$이다.

$$\therefore\ \frac{G}{X} = B^\pi \dot{\times} C^\pi.\quad \therefore\ \frac{G}{X} = B^\pi C^\pi.$$

$g \in G$에 대하여 $Xg \in B^\pi C^\pi$이므로 $Xg = Xb\,Xc, (b \in B, c \in C)$.
한편 $g \in Xg = XbXc \subset XBXC \underset{㉦}{\subset} BC$이므로 $G \subset BC$이다.

$$\therefore\ G = BC.\ \cdots\cdots\cdots\cdots\cdots\cdots ①$$

> ◀ ㉡ $xy^{-1} \in C$이면
> $x \in Cy = C$
> ㉢ $x^p = y^p$
> ㉣ xy^{-1}도 C 밖의 원소
> x는 C 밖의 원소 중 최소 위수의 원소
> ㉤ 라그랑즈의 정리
> ㉥ 제 2 동형정리의 증명 중

> ◀ ㉦ $X \subset B$이므로 $XBX = B$

$$z \in B \cap C \Rightarrow Xz = z^{\pi} \in B^{\pi} \cap C^{\pi} \underset{㉧}{=} \{X\} \Rightarrow Xz = X \Rightarrow z \in X.$$

$$\therefore\ z \in B \cap C \Rightarrow z \in C \cap X \underset{㉨}{\Rightarrow} z = e.$$

$$\therefore\ B \cap C = \{e\}. \quad \cdots\cdots\cdots\cdots \text{②}$$

①, ②에 의하여, $G = B \dot{\times} C$ 이다. ▮

㉧ $\frac{G}{X} = B^{\pi} \dot{\times} C^{\pi}$
㉨ $C \cap X = \{e\}$

보조정리 4.2.3. 유한 아벨 p-군은 순환군이든지 순환부분군의 내직적이다.

증명 G를 유한 아벨 p-군이라 하고, G의 최대 위수의 순환부분군을 C라고 할 때, Lemma 1에 의하여, $G = C$이든지 또는 어떤 $B \leq G$가 존재하여

$$G = B \dot{\times} C. \quad \cdots\cdots\cdots\cdots \text{③}$$

이 때, B도 유한 아벨 p-군이고, $|B| = |G|/|C| < |G|$이다.
B가 순환군이면 ①은 G가 순환부분군의 내직적임을 나타낸다.
B가 순환군이 아니면, 군의 위수에 관한 귀납법에 의하여, B의 순환부분군 $C_1, \cdots, C_r$이 존재하여

$$B = C_1 \dot{\times} \cdots \dot{\times} C_r. \quad \cdots\cdots\cdots\cdots \text{④}$$

③, ④에 의하여

$$G = B \dot{\times} C = C_1 \dot{\times} \cdots \dot{\times} C_r \dot{\times} C. \quad ▮$$

4-2 EXERCISES 연습문제

1 $\boldsymbol{Z}_{12}$의 실로우 2-부분군 H와 실로우 3-부분군 K를 구하라.

2 위수가 다음과 같은 동형이 아닌 아벨군을 모두 찾아라.

(1) $2^2 \cdot 3$ (2) $3^3 \cdot 5^2$ (3) $2^2 \cdot 3^2 \cdot 5^2$

3 다음 군과 동형인 군을 찾아 정리 4.2.5, 정리 4.2.6 꼴로 각각 나타내어라.

(1) $\boldsymbol{Z}_{100}$ (2) $\boldsymbol{Z}_6 \times \boldsymbol{Z}_{12} \times \boldsymbol{Z}_{18}$

(3) $\boldsymbol{Z}_{10} \times \boldsymbol{Z}_{20} \times \boldsymbol{Z}_{30}$ (4) $\boldsymbol{Z}_{12} \times \boldsymbol{Z}_{30} \times \boldsymbol{Z}_{100} \times \boldsymbol{Z}_{240}$

4 소수 p와 군 $G = \boldsymbol{Q}/\boldsymbol{Z}$ 에 대하여

$$G(p) = \{x \in G \mid \mathrm{o}(x) = p\text{의 거듭제곱}\}$$

을 찾아라.

5 군 $G = \boldsymbol{Z}_4 \times \boldsymbol{Z}_4$의 위수의 각 약수 d에 대하여, G의 위수 d인 부분군을 하나씩 찾아라.

6 위수 45인 아벨군은 위수 15인 원소를 가짐을 증명하라.

7 위수 n인 아벨군이 꼭 1 개인 자연수 n은 어떤 수인가? (단, 동형인 군은 같은 것으로 간주한다.)

8 소수 p와 아벨군 G에 대하여, $g^p = e, (\forall g \in G)$, 라고 할 때, $G \cong \boldsymbol{Z}_p \times \cdots \times \boldsymbol{Z}_p$ 임을 증명하라.

9 아벨군 G의 유한 위수 원소 전체의 집합을 T 라고 할 때, 다음을 증명하라.

(1) $T \leq G$.

(2) G/T 는 유한 위수의 원소를 가지지 않는다.

4-2 · E · X · E · R · C · I · S · E · S · 연습문제

10
$$n = n_1 + \cdots + n_r,\ (n_1 \le \cdots \le n_r),$$
$$n = m_1 + \cdots + m_s,\ (m_1 \le \cdots \le m_s)$$
을 만족하는 자연수 $n, n_1, \cdots, n_r, m_1, \cdots, m_s$에 대하여,
$$\mathbf{Z}_{p^{n_1}} \times \cdots \times \mathbf{Z}_{p^{n_r}} \cong \mathbf{Z}_{p^{m_1}} \times \cdots \times \mathbf{Z}_{p^{m_s}}$$
일 때, $(n_1, \cdots, n_r) = (m_1, \cdots, m_s)$임을 증명하라.

11 다음 쌍의 군이 동형인지 아닌지를 판정하라.
(1) $\mathbf{Z}_2 \times \mathbf{Z}_{12},\ \mathbf{Z}_4 \times \mathbf{Z}_6$
(2) $\mathbf{Z}_8 \times \mathbf{Z}_{10} \times \mathbf{Z}_{24},\ \mathbf{Z}_4 \times \mathbf{Z}_{12} \times \mathbf{Z}_{40}$

12 위수가 다음과 같은 아벨군의 개수를 구하라. 단, 동형인 군은 같은 것으로 본다.
(1) 2^4 (2) 2^5 (3) $2^2 \cdot 3^2 \cdot 5$ (4) $3^2 \cdot 11^2$

13 군 $\mathbf{Z}_4 \times \mathbf{Z}_4 \times \mathbf{Z}_9$에서 위수 6인 부분군을 모두 찾아라.

14 유한 아벨군 G에 대하여 다음은 동치임을 증명하라.
(i) G는 순환군이 아니다.
(ii) G는 $\mathbf{Z}_p \times \mathbf{Z}_p$, (단, p는 소수), 와 동형인 부분군을 가진다.

5 군작용과 실로우 정리

이 중단원은 집합 상의 군의 작용이라는 새로운 주제로 시작한다. 군 작용은 한 군의 새로운 부분군을 생산하거나 특정한 부분군의 개수를 헤아리는 데 유용한 도구 역할을 할뿐만 아니라 대칭성에 관련된 다양한 이산수학 문제의 해결사 노릇을 한다.

실로우 정리는 노르웨이의 수학자 실로우에 의하여 증명된 유명한 정리로 라그랑즈의 정리와 아울러 군론에서 가장 중요한 정리로 꼽힌다. 실로우 정리는 실로우 E-정리, 실로우 D-정리, 실로우 C-정리, 실로우 N-정리의 네 가지로 구성되어 있으며, 유한군의 구조를 밝히는데 필수적인 도구역할을 한다.

이 중단원에서는 군 작용을 이용하여 실로우의 정리를 증명하고, 일단의 유한군의 구조를 밝힌다.

5-1 군작용

❖ 이 절의 학습 내용

- 군작용 / • 궤도 / • 홑궤도
- FCP
- 궤도 / • 스테빌라이저
- 궤도방정식 / • 결레류방정식
- Fix(g)
- 코시-프로베니우스의 정리

군작용의 뜻과 FCP

집합 Ω와 군 G에 대하여, 준동형사상

$$\pi : G \to \mathrm{Sym}(\Omega)$$

를 **Ω상의 G-작용**이라고 한다.

◀ G-作用 G-action

$\pi : G \to \mathrm{Sym}(\Omega)$
$g \to \pi_g$

$\pi_g : \Omega \to \Omega$
$\alpha \to \alpha^{\pi_g}$

$g \in G$의 π-상을 $\pi_g \in \mathrm{Sym}(\Omega)$라고 할 때, π_g는 각 $\alpha \in \Omega$를 α^{π_g}로 보내는 Ω의 치환이다.

π가 알려져 있거나 완전히 일반적인 경우, 보통 π를 생략하고, α^{π_g}를

$$\alpha \cdot g$$

로 나타내고, $\cdot$을 **군작용**이라고 한다. Ω 상의 G-작용이 존재할 때, **G는 Ω 상에서 작용**한다고 한다.

◀ 群作用 group action

◀ G acts on Ω

$\alpha \cdot g$를 α에 g를 작용시킨 것이라고 한다.

보기 1 $\Omega = \{1, 2, 3\}$, $G = \mathrm{Sym}(\Omega)$ 라고 하자.
함수 $\pi : G \to \mathrm{Sym}(\Omega)$를 $\pi = \mathrm{id}_G$로 정의한다.
π는 준동형사상이므로, Ω 상의 G-작용이다.
$\sigma = (1, 2, 3) \in G$의 π-상은 $\pi_\sigma = \sigma^{\mathrm{id}_G} = \sigma$이다. 이 때,

$$1 \cdot \sigma = 1^{\pi_\sigma} = 1^\sigma = 2, \qquad 2 \cdot \sigma = 2^{\pi_\sigma} = 2^\sigma = 3,$$

$$3 \cdot \sigma = 3^{\pi_\sigma} = 3^\sigma = 1.$$

Ω 상의 G-작용에 대하여 다음 **군작용의 조건**이 성립한다.

(i) $(\alpha\cdot g)\cdot h = \alpha\cdot(gh)$, $(\forall\alpha\in\Omega, \forall g, h\in G)$,

(ii) $\alpha\cdot e = \alpha$, $(\forall\alpha\in\Omega)$.

$\because$ Ω 상의 G-작용을 $\pi: G\to \mathrm{Sym}(\Omega)$라고 할 때,

$\alpha\in\Omega$, $g, h\in G$에 대하여

$(\alpha\cdot g)\cdot h = (\alpha^{\pi_g})^{\pi_h} = \alpha^{\pi_g\pi_h} = \alpha^{\pi_{gh}} = \alpha\cdot(gh)$.

(π가 준동형사상이므로, $\pi_{gh} = \pi_g\pi_h$)

$\alpha\cdot e = \alpha^{\pi_e} = \alpha^{\varepsilon} = \alpha$. ◆

(π가 준동형사상이므로, $\pi_e = \varepsilon$)

역으로, $\alpha\in\Omega$와 $g\in G$에 대하여 Ω의 원소 $\alpha\cdot g$가 정의되어 군작용의 조건을 만족할 때, G는 Ω 상에서 작용한다.(연습문제 5.1.1).

보기 2 군 G에 대하여 $\Omega = G$라고 하자. $x\in\Omega, g\in G$에 대하여 $x\cdot g = x^g$라고 할 때, $\cdot$는 Ω 상의 G의 작용이다.

◀ 이 작용을 **켤레취하기 작용**(conjugation action)이라고 한다.

$\because$ (i) $(x\cdot g)\cdot h = (x^g)^h = x^{gh} = x\cdot(gh)$, $(\forall x\in\Omega, g, h\in G)$,

(ii) $x\cdot e = x^e = x$, $(\forall x\in\Omega)$.

군 G가 집합 Ω 상에 작용할 때, $\alpha\in\Omega$에 대하여

$$\alpha^G = \{\alpha\cdot g \mid g\in G\}$$

를 α를 포함하는 **궤도**라 하고,

◀ 軌道 orbit

$$G_\alpha = \{g\in G \mid \alpha\cdot g = \alpha\}$$

를 α의 **스테빌라이저**라고 한다. $\alpha\cdot g = \alpha$일 때, g는 α를 **고정시킨다**고 한다. G_α는 α를 고정시키는 G의 원소 전체의 집합이다.

◀ stabilizer
g fixes α

보기 3 $\Omega = \{1, 2, 3\}$, $G = S_3$라고 하자. $x\in\Omega$, $\sigma\in G$에 대하여, $x\cdot\sigma = x^\sigma$라고 하면 $\cdot$는 Ω 상의 G의 작용이다.

이 작용에 대하여, $1\in\Omega$를 포함하는 궤도는

$$1^G = \{1^\varepsilon, 1^{(1,2,3)}, 1^{(1,3,2)}, 1^{(1,2)}, 1^{(1,3)}, 1^{(2,3)}\} = \{1, 2, 3\}.$$

G의 원소 중 1을 고정시키는 것은 ε과 $(2, 3)$ 뿐이므로 1의 스테빌라이저는

$$1_G = \{\varepsilon, (2, 3)\}.$$

궤도와 스테빌라저 사이의 관계에 대하여 알아 보자.

보조정리 5.1.1

군 G가 집합 Ω 상에 작용할 때, 각 $\alpha \in \Omega$에 대하여, $G_\alpha \le G$ 이다.

증명 $\alpha \cdot e = \alpha$이므로 $e \in G_\alpha$ 이다. $\therefore G_\alpha \neq \varnothing$.

$g, h \in G_\alpha$일 때, $\alpha \cdot g = \alpha$, $\alpha \cdot h = \alpha$이므로

$$\alpha \cdot (gh) = (\alpha \cdot g) \cdot h = \alpha \cdot h = \alpha. \quad \therefore gh \in G_\alpha.$$

$g \in G_\alpha$일 때, $\alpha \cdot g = \alpha$이다.

$$\alpha \cdot g = \alpha \Rightarrow (\alpha \cdot g) \cdot g^{-1} = \alpha \cdot g^{-1} \Rightarrow \alpha = \alpha \cdot g^{-1}. \quad \therefore g^{-1} \in G_\alpha.$$

$$(\alpha \cdot g) \cdot g^{-1} = \alpha \cdot (gg^{-1}) = \alpha \cdot e = \alpha$$

그러므로 $G_\alpha \le G$. ▮

◀ 2-step test

정리 5.1.2 (FCP : Fundamental counting principle)

군 G가 집합 Ω 상에 작용한다고 하자. $\alpha \in \Omega$에 대하여 α^G가 유한집합일 때,

$$|\alpha^G| = |G : G_\alpha|.$$

특히 G가 유한군일 때는

$$|\alpha^G||G_\alpha| = |G|. \quad \cdots\cdots ①$$

증명 $g, h \in G$에 대하여,

$$\begin{array}{ccc} \alpha \cdot g = \alpha \cdot h & & G_\alpha g = G_\alpha h. \\ \Updownarrow & & \Updownarrow \\ \alpha \cdot (gh^{-1}) = \alpha & \Leftrightarrow & gh^{-1} \in G_\alpha \end{array}$$

이므로, $\alpha \cdot g = \alpha \cdot h \Leftrightarrow G_\alpha g = G_\alpha h$ 이다. 따라서

$$\alpha \cdot g \neq \alpha \cdot h \Leftrightarrow G_\alpha g \neq G_\alpha h. \quad \cdots\cdots ②$$

②는 $\alpha \cdot g, \alpha \cdot h$가 α^G의 서로 다른 원소일 필요충분조건은 $G_\alpha g, G_\alpha h$가 서로 다른 G_α의 우잉여류라는 것이다. 그러므로

$$|\{\alpha \cdot g \mid g \in G\}| = |\{G_\alpha g \mid g \in G\}|.$$

$$\therefore |\alpha^G| = |G : G_\alpha|. \ ▮$$

G가 유한군일 때, ①로부터,

각 궤도의 크기는 $|G|$의 약수이다.

예제 5.1.3

유한군 G의 부분군 H의 켤레짝의 개수는 $\dfrac{|G|}{|N_G(H)|}$ 와 같음을 증명하여라.

증명 $\Omega = \{H^x \mid x \in G\}$ 라고 하자. $H^x \in \Omega, g \in G$에 대하여, $H^x \cdot g = (H^x)^g$로 정의되는 $\cdot$는 Ω 상의 G의 작용이다.

∵ 임의의 $H^x \in \Omega$, 임의의 $g, h \in G$에 대하여,

(i) $(H^x \cdot g) \cdot h = ((H^x)^g)^h = H^{xgh} = H^{x(gh)} = H^x \cdot (gh)$.

(ii) $H^x \cdot e = (H^x)^e = H^x$. ◆

Ω상의 G의 켤레취하기작용에 대하여, $H \in \Omega$를 포함하는 궤도와 H의 스테빌라이저는 각각

$$H^G = \{H \cdot x \mid x \in G\} = \{H^x \mid x \in G\} = \Omega,$$
$$G_H = \{x \in G \mid H \cdot x = H\} = \{x \in G \mid H^x = H\} = N_G(H).$$

그러므로, FCP에 의하여,

$$|G| = |H^G||G_H| = |\Omega||N_G(H)|.$$
$$\therefore\ |\Omega| = \frac{|G|}{|N_G(H)|}.$$ ◇

예제 5.1.4

유한군 G의 부분군 H, K에 대하여,

$$|HK| = \frac{|H||K|}{|H \cap K|} \quad \cdots\cdots ①$$

이 성립함을 증명하여라.

증명 (1) $\Omega = \{Hx \mid x \in K\}$라고 할 때,

$$\cup_{x \in K} Hx = HK$$

이므로 Ω는 HK의 분할이고, 따라서

$$|HK| = |\Omega||H|. \quad \cdots\cdots ②$$

$Hx \in \Omega, k \in K$에 대하여, $Hx \cdot k = Hxk$로 정의되는 $\cdot$는 Ω 상의 K의 작용이다.

∵ 임의의 $Hx \in \Omega$, 임의의 $k, l \in K$에 대하여,

(i) $(Hx \cdot k) \cdot l = (Hxk) \cdot l = H(xk)l = Hx(kl) = Hx \cdot (kl)$,

(ii) $Hx \cdot e = Hxe = Hx$. ◆

이 작용에 대하여, $H\in\Omega$를 포함하는 궤도는

$$H^K=\{H\cdot k\mid k\in K\}=\{Hk\mid k\in K\}=\Omega,$$

H의 스테빌라이저는

$$K_H=\{k\in K\mid H\cdot k=H\}=\{k\in K\mid Hk=H\}$$
$$=\{k\in K\mid k\in H\}=H\cap K.$$

그러므로, FCP에 의하여,

$$|K|=|H^K||K_H|=|\Omega||H\cap K|. \quad \cdots\cdots\cdots\cdots ③$$

②, ③으로부터 ①이 성립한다. ◘

궤도방정식

집합 Ω 상의 군 G의 작용에 대하여,

$$\mathcal{O}_1, \mathcal{O}_2, \cdots, \mathcal{O}_r \quad \cdots\cdots\cdots\cdots ④$$

이 모든 서로 다른 궤도라고 할 때, FCP에 의하여

$$|\mathcal{O}_i|\,\big|\,|G|, (i=1, 2, \cdots, r).$$

임의의 $\alpha\in\Omega$에 대하여 α를 포함하는 궤도 α^G는 ④ 중 하나이므로,

$$\Omega=\mathcal{O}_1\cup\mathcal{O}_2\cup\cdots\cup\mathcal{O}_r.$$

$i\neq j$일 때, $\mathcal{O}_i\cap\mathcal{O}_j=\varnothing$이므로

$$|\Omega|=|\mathcal{O}_1|+|\mathcal{O}_2|+\cdots+|\mathcal{O}_r|. \quad \cdots\cdots\cdots\cdots ⑤$$

⑤를 이 군작용의 **궤도방정식**이라고 한다.

◂ 軌道方程式 orbit equation

크기가 1인 궤도를 **홑궤도**라 하고 홑궤도 전체의 합집합을 Ω_0으로 나타낸다. ④에서 홑궤도가 아닌 궤도 전체를 $\mathcal{O}_{m+1}, \cdots, \mathcal{O}_r$이라고 할 때, 궤도방정식 ⑤는

◂ 홑軌道 trivial orbit

$$|\Omega|=|\Omega_0|+|\mathcal{O}_{m+1}|+\cdots+|\mathcal{O}_r|, \quad \cdots\cdots\cdots\cdots ⑥$$
$$(\text{단}, \Omega_0=\{\alpha\in\Omega\mid\alpha^G=\{\alpha\}\})$$

와 같이 표현된다.

군 G의 $\Omega=G$ 상의 켤레취하기 작용에 대하여, $x\in\Omega$를 포함하는 궤도는

$$x^G=\{x^g\mid g\in G\}$$

이다. $\{x^g\mid g\in G\}$를 x를 포함하는 **켤레류**라 하고 $\mathrm{ccl}(x)$로 나타낸다.

◂ 켤레類 conjugate class

$$x \in \Omega_0 \Leftrightarrow x^G = \{x\} \Leftrightarrow x^g = x, (\forall g \in G)$$
$$\Leftrightarrow xg = gx, (\forall g \in G) \Leftrightarrow x \in Z(G)$$

이므로 $\Omega_0 = Z(G)$이다. 그러므로 궤도방정식 ⑥은

$$|G| = |Z(G)| + |\mathrm{ccl}(x_1)| + \cdots + |\mathrm{ccl}(x_r)|, \quad \cdots\cdots ⑦$$
$$(\text{단}, 2 \le |\mathrm{ccl}(x_i)| \,\big|\, |G|, i = 1, 2, \cdots, r)$$

과 같이 주어진다. 한편 $x \in \Omega$에 대하여

x의 센트랄라이저(연습문제 1.3.2)

$$G_x = \{g \in G \mid x^g = x\} = \{g \in G \mid xg = gx\} = C(x)$$

이므로,

$$|\mathrm{ccl}(x)| = |x^G| \overset{\text{FCP}}{=} |G|/|C(x)| = |G : C(x)|$$

이고, 따라서 ⑦은

$$|G| = |Z(G)| + |G : C(x_1)| + \cdots + |G : C(x_r)| \quad \cdots\cdots ⑧$$
$$(\text{단}, |C(x_i)| < |G|, i = 1, 2, \cdots, r)$$

과 같이 표현될 수 있다. ⑦또는 ⑧을 G의 **결레류방정식**이라고 한다.

◀ class equation

보기 4 두 n-치환이 서로의 결레짝일 필요충분조건은 그들이 같은 사이클구조를 가질 것(연습문제 2.2.20, 2.2.21)이므로

$$S_3 = \{\varepsilon, (1, 2, 3), (1, 3, 2), (1, 2), (1, 3), (2, 3)\}$$

의 결레류는

$$C_1 = \{\varepsilon\} = Z(S_3), \quad C_2 = \{(1, 2, 3), (1, 3, 2)\},$$
$$C_3 = \{(1, 2), (1, 3), (2, 3)\}.$$

이다. 그러므로 S_3의 결레류 방정식은

$$|S_3| = |Z(S_3)| + |C_2| + |C_3|.$$
$$6 = 1 + 2 + 3$$

← 1, 2, 3은 6의 약수

정리 5.1.5

군 $G \neq \{e\}$의 위수가 소수 p의 거듭제곱일 때, $|Z(G)| \ge 2$이다.

증명 $|G|$가 p의 거듭제곱(≥ 1)이므로, 결레류 방정식 ⑦에서 $|\mathrm{ccl}(x_i)|, (i = 1, 2, \cdots, r)$, 는 p의 배수이다. $|Z(G)| = 1$일 때,

$$(⑦\text{의 좌변}) \equiv 0 \not\equiv 1 \equiv (⑦\text{의 우변}) \pmod{p}$$

와 같은 모순이 따른다. ▌

예제 5.1.6

군 G의 위수가 $|G| = p^2$, (단, p는 소수), 일 때, G는 아벨군임을 보여라.

증명 $|Z(G)| \mid p^2$이고, 또, 정리 5.1.5에 의하여 $|Z(G)| \geq 2$이므로

$$|Z(G)| \in \{p, p^2\}.$$

이 때, $|G/Z(G)| \in \{1, p\}$이므로 $G/Z(G)$는 순환군이다. 그러므로 예제 3.2.5에 의하여 G는 아벨군이다. ◘

군작용의 활용

군 G가 집합 Ω 상에 작용할 때, $g \in G$에 의하여 고정되는 Ω의 원소 전체의 집합을 Fix(g)로 나타낸다. 즉,

$$\mathrm{Fix}(g) = \{\alpha \in \Omega \mid \alpha \cdot g = \alpha\}.$$

궤도의 개수와 $|\mathrm{Fix}(g)|$, $(g \in G)$, 사이의 관계에 대하여 알아 보자.

$G = \langle (1,2,3), (4,5) \rangle \leq S_5$라고 하면, $G = \{g_1, g_2, g_3, g_4, g_5, g_6\}$이다. 단,

$$g_1 = \varepsilon, \quad g_2 = (1,2,3), \quad g_3 = (1,3,2),$$
$$g_4 = (4,5), \quad g_5 = (1,2,3)(4,5), \quad g_6 = (1,3,2)(4,5).$$

$\Omega = \{1,2,3,4,5\}$라 하고, $\alpha \in \Omega$, $g \in G$에 대하여 $\alpha \cdot g = \alpha^g$라고 할 때, $\cdot$는 Ω 상의 G의 작용이다. 이 작용에서 궤도는

$$\mathscr{O} = \{1,2,3\}, \ \mathscr{P} = \{4,5\}$$

2 개이다. 다음 5×6 행렬의 (i,j)-성분은 $i \cdot g_j$이고, i 행에 있는 i에는 동그라미 ○를 쳤다. 이 행렬을 A라 하고

$$r_i = (A\text{의 } i \text{ 행에서 ○의 개수}),$$
$$c_j = (A\text{의 } j \text{ 열에서 ○의 개수})$$

라고 하자.

$$(A\text{의 } (i,j)\text{-성분}) = i \Leftrightarrow i \cdot g_j = i \Leftrightarrow g_j \in G_i$$

이므로

$$r_i = |G_i| = |G_i|/|i^G| = |G|/|\mathscr{O}| = |G|/3, \ (i = 1,2,3).$$

같은식으로

$$r_i = |G|/|\mathscr{P}| = |G|/2, \ (i = 4,5).$$

행렬 A

	$\alpha \backslash g$	g_1	g_2	g_3	g_4	g_5	g_6	
$\Omega =$ $\mathscr{O}=$	1	①	2	3	①	2	3	$\to r_1 = \lvert G\rvert/3$
	2	②	3	1	②	3	1	$\to r_2 = \lvert G\rvert/3$ (합 $\lvert G\rvert$)
	3	③	1	2	③	1	2	$\to r_3 = \lvert G\rvert/3$
$\mathscr{P}=$	4	④	④	④	5	5	5	$\to r_4 = \lvert G\rvert/2$ (합 $\lvert G\rvert$)
	5	⑤	⑤	⑤	4	4	4	$\to r_5 = \lvert G\rvert/2$
		$\downarrow c_1$	$\downarrow c_2$	$\downarrow c_4$	$\downarrow c_4$	$\downarrow c_5$	$\downarrow c_6$	
		$\lvert\mathrm{Fix}(g_1)\rvert$	……				$\lvert\mathrm{Fix}(g_6)\rvert$	

행렬 A에서 ○의 개수를 λ라고 하면,

$$\begin{aligned}\lambda &= r_1 + r_2 + r_3 + r_4 + r_5 \\ &= \frac{|G|}{3} + \frac{|G|}{3} + \frac{|G|}{3} + \frac{|G|}{2} + \frac{|G|}{2} \\ &= 3\frac{|G|}{3} + 2\frac{|G|}{2} = |G| + |G| \\ &= (\text{궤도의 개수}) \times |G|. \quad \cdots\cdots ①\end{aligned}$$

한편,

$$(A\text{의 } (i,j)\text{-성분}) = i \Leftrightarrow i \cdot g_j = i \Leftrightarrow i \in \mathrm{Fix}(g_j), (j = 1, \cdots, 6)$$

이므로

$$c_i = |\mathrm{Fix}(g_j)|, (j = 1, \cdots, 6).$$

그러므로

$$\lambda = c_1 + \cdots + c_6 = |\mathrm{Fix}(g_1)| + \cdots + |\mathrm{Fix}(g_6)|. \quad \cdots\cdots ②$$

①, ②에 의하여

$$(\text{궤도의 개수}) = \frac{1}{6}\left(|\mathrm{Fix}(g_1)| + \cdots + |\mathrm{Fix}(g_6)|\right). \quad (|G| = 6)$$

이 등식의 우변은 $|\mathrm{Fix}(g_1)|, \cdots, |\mathrm{Fix}(g_6)|$의 평균임에 유의한다.

이상과 같은 논리로, 일반적으로 다음 정리가 성립함을 알 수 있다.

정리 5.1.7 (코시-프로베니우스의 정리)

유한군 G가 유한집합 Ω 상에 작용할 때,

$$(\text{궤도의 개수}) = \frac{1}{|G|}\sum_{g \in G} |\mathrm{Fix}(g)|.$$

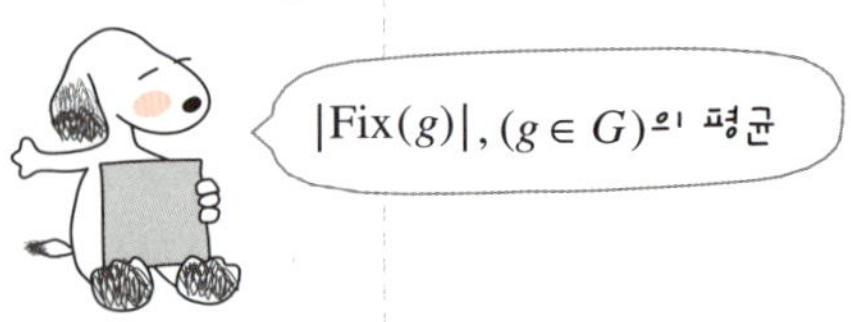

예제 5.1.8

정삼각형의 세 꼭짓점을 2가지의 색으로 채색하는 방법의 수를 구하여라.

풀이 꼭짓점 1, 2, 3을 고정된 위치에 있는 것으로 보면 오른쪽 그림과 같이 $2^3 = 8$ 가지의 채색이 있다. 이 채색의 집합을

$$\Omega = \{\alpha_1, \alpha_2, \cdots, \alpha_8\}$$

이라고 하자.

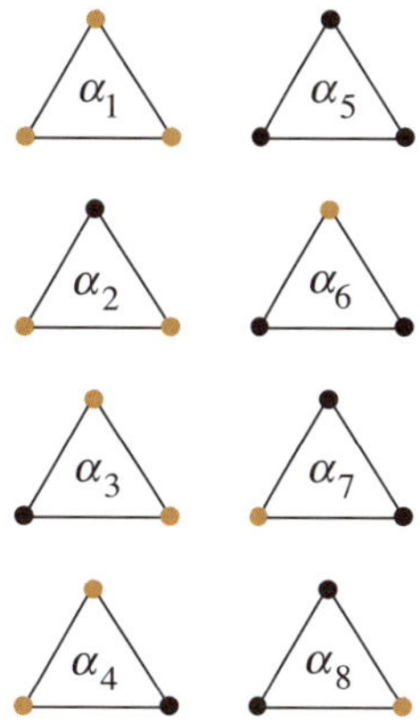

$\alpha \in \Omega, g \in D_3 = \{\varepsilon, r_1, r_2, f_1, f_2, f_3\}$에 대하여, 채색 α에 g를 '작용' 시키면 새로운 하나의 채색 $\alpha \cdot g$가 생긴다. 이를테면 α_2와 같이 채색된 정삼각형을 $120°$ 회전시키면 α_3이 되므로 $\alpha_2 \cdot r_1 = \alpha_3$이다. 이 때, $\cdot$은 Ω상의 D_3의 작용이다.

$\alpha, \beta \in \Omega$가 같은 채색이라는 것을 $\alpha \sim \beta$와 같이 나타내면,

$$\alpha \sim \beta \Leftrightarrow \text{어떤 } g \in D_3\text{가 존재하여 } \alpha g = \beta$$
$$\Leftrightarrow \alpha^G = \beta^G$$

이므로 서로 다른 채색의 수는 궤도의 개수와 같다.

$g \in D_3$	ε	r_1	r_2	f_1	f_2	f_3	계
$\lvert\text{Fix}(g)\rvert$	2^3	2	2	2^2	2^2	2^2	$2^3 + 3 \cdot 2^2 + 2 \cdot 2$

위의 표와 코시-프로베니우스의 정리로부터

$$(\text{서로 다른 채색의 수}) = \frac{1}{6}(2^3 + 3 \cdot 2^2 + 2 \cdot 2) = 4.$$

◀ 같은 방법으로 n가지 색으로 채색하는 방법수는

$$\frac{n^3 + 3n^2 + 2n}{6}$$

실제로 궤도는 다음 4 개이다.

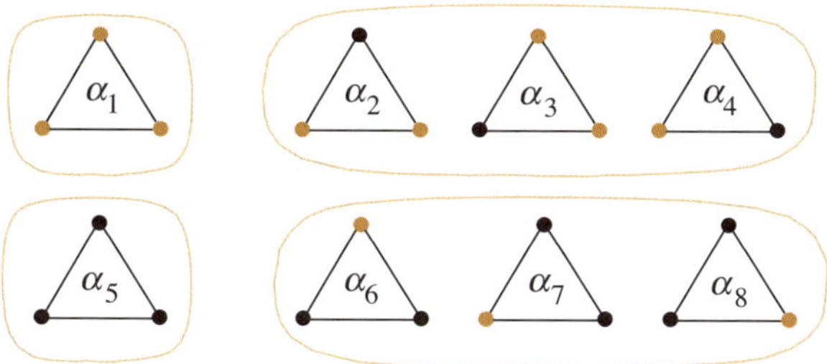

◆

5-1 EXERCISES 연습문제

1 $\alpha \in \Omega$와 $g \in G$에 대하여 Ω의 원소 $\alpha \cdot g$가 정의되어 군작용의 조건을 만족할 때, 다음을 증명하라.

(1) $g \in G$에 대하여, $\alpha \to \alpha \cdot g$로 정의된 함수 $\pi_g : \Omega \to \Omega$는 $\mathrm{Sym}(\Omega)$의 원소이다.

(2) $g \to \pi_g$로 정의된 함수 $\pi : G \to \mathrm{Sym}(\Omega)$는 준동형사상이다.

2 군 G에 대하여 $\Omega = G$라고 하자. $\alpha \in \Omega$와 $g \in G$에 대하여 $\alpha \cdot g = \alpha g$라고 할 때, $\cdot$은 Ω 상의 G-작용임을 증명하라.

◀ 이 작용을 G상의 G의 **우정규작용**(right regular action)이라고 한다.

3 군 G가 집합 Ω상에 작용한다고 할 때, $\alpha, \beta \in \Omega$에 대하여

$$\alpha \sim \beta \Leftrightarrow \alpha \cdot g = \beta \text{를 만족하는 } g \in G\text{가 존재한다.}$$

로 정의된 Ω 상의 관계 $\sim$에 대하여 다음을 증명하라.

(1) $\sim$는 Ω상의 동치관계이다.

(2) $\alpha \in \Omega$를 포함하는 동치류는 α를 포함하는 궤도이다.

4 군 G가 집합 Ω상에 작용한다고 할 때, $\alpha \in \Omega$, $g \in G$에 대하여 $G_\alpha^{\ g} = G_{\alpha \cdot g}$임을 보여라.

5 군 G내에서 부분군 H의 우잉여류 전체의 집합을 Ω라고 할 때, 다음 물음에 답하라.

(1) $Hx \in \Omega$, $g \in G$에 대하여, $Hx \cdot g = Hxg$라고 할 때, $\cdot$은 Ω 상의 G-작용임을 증명하라.

(2) G가 유한군일 때, FCP를 이용하여 $|\Omega| = |G|/|H|$ 임을 증명하라.

◀ 이 작용을 Ω상의 G의 **우정규작용**(right regular action)이라고 한다.

6 군 G의 위수의 최소의 소인수를 p라고 할 때, $|G : H| = p$ 인 G의 부분군 H는 정규부분군임을 증명하라.

◀ 지수가 2인 부분군은 정규부분군이란 것은 이 문제의 특별한 경우

7 위수가 소수 p의 거듭제곱인 군 G가 유한 집합 Ω 상에 작용할 때, $|\Omega| \equiv |\Omega_0| \pmod{p}$임을 증명하라.

5-1 · E · X · E · R · C · I · S · E · S · 연습문제

8 위수가 소수 p의 거듭제곱인 군 G의 $\{e\}$가 아닌 정규부분군 N에 대하여 $N \cap Z(G) \neq \{e\}$ 임을 증명하라.

9 유한군 G가 유한집합 Ω 상에 작용할 때, $G_\Omega = \bigcap_{\alpha \in \Omega} G_\alpha$라고 하면 $G_\Omega \lhd G$이고 G/G_Ω는 $\mathrm{Sym}(\Omega)$의 부분군과 동형임을 증명하라.

10 군 G의 부분군 H에 대하여, $\Omega = \{Hg \mid g \in G\}$라고 할 때, Ω 상의 G의 우정규작용에 대하여 $G_\Omega = \bigcap_{g \in G} H^g$ 임을 보여라.

11 FCP를 이용하여, $|D_n| = 2n$임을 보여라.

12 군 $G \neq \{e\}$의 위수가 소수 p의 거듭제곱일 때, G는 지수 p인 부분군을 가진다.

13 정사면체의 강체운동군은 A_4와 동형임을 보여라.

14 A_4의 각 원소에 대응하는 정사면체의 강체운동을 찾아라.

15 정육면체의 강체운동군은 S_4와 동형임을 보여라.

16 유한군 G의 원소 x, y가 같은 켤레류에 속하면 $|C_G(x)| = |C_G(y)|$ 임을 보여라.

17 유한군 G의 원소의 쌍 (x, y)를 임의로 택했을 때,

$$(xy = yx \text{ 일 확률}) = \frac{(\text{켤레류의 개수})}{|G|}$$

임을 보여라.

18 S_3의 원소의 쌍 (σ, τ)를 임의로 택했을 때, $\sigma\tau = \tau\sigma$일 확률을 구하라.

5-2 실로우 정리

이 절의 학습 내용

- 실로우 E-정리 / • 코시의 정리
- 실로우 D-정리
- 실로우 C-정리
- 실로우 N-정리
- n_p의 성질

실로우 정리

유한 아벨군 G의 위수의 소인수 p 에 대하여, G는 실로우 p-부분군을 가진다.(보조정리 4.2.1). 실제로 이 성질은 임의의 유한군에 대해서도 성립한다. 이 성질을 포함한 일련의 실로우군의 성질(실로우 E, D, C, N 정리로 대표된다.)에 대하여 알아 보는 것이 이 절의 목적이다.
이들 성질은 유한군의 구조를 파악하는 데 결정적인 도구 역할을 한다.

◂ $|G|=p^n m, (p\nmid m)$,일 때, $|P|=p^n$인 G의 부분군 P가 실로우 P-부분군이다.

정리 5.2.1 (실로우 E-정리)
p가 소수일 때, G는 실로우 p-부분군을 가진다.

◂ 실로우 존재정리 Sylow Existence Theorem

증명 $|G|$에 관한 귀납법으로 증명한다.
$|G|=1$ 또는 $p\nmid |G|$ 일 때, $1=p^0$ 이므로 $\{e\}$는 G의 실로우 p-부분군이다.
$p\,|\,|G|>1$이라 하고, 위수가 $|G|$보다 작은 군에 대하여 실로우 E-정리가 성립한다고 가정한다. $|G|=p^n m, (p\nmid m)$, 이라고 하자.

• 위수가 p^n 의 배수인 G의 진부분군 H가 존재할 경우 : 귀납법 가정에 의하여 H는 위수 p^n인 부분군 P를 가진다.
↳ G의 실로우 p-부분군

• 위수가 p^n 의 배수인 G의 진부분군이 존재하지 않을 경우 : G의 켤레류 방정식

$$|G| = |Z(G)| + |G : C(x_1)| + \cdots + |G : C(x_r)| \quad \cdots\cdots ①$$

을 생각한다. 각 $i = 1, \cdots, r$에 대하여

$$|G| = |G : C(x_i)||C(x_i)|, \ |C(x_i)| > 1$$

($|G|$: p^n의 배수, $|C(x_i)|$: p^n의 배수가 아님)

이므로 $p \,\big|\, |G : C(x_i)|$이다. 따라서 ①로부터 $p \,\big|\, |Z(G)|$이다.

$Z(G)$는 아벨군이므로 코시의 정리에 의하여 위수 p인 원소 z를 가진다. $Z = \langle z \rangle$로 두면 $Z \lhd G$이고, $|Z| = p$이다.

◂ 코시의 정리 (정리 3.2.7) : G가 아벨군일 때, 소수 p가 $|G|$의 약수이면 G는 위수 p인 원소를 가진다.

$|G/Z| = |G|/p$는 $|G|$보다 작은 p^{n-1}의 배수이므로, 귀납법 가정에 의하여, G/Z는 위수 p^{n-1}인 부분군 U를 가진다.

일대일대응정리 (정리 3.3.8)에 의하여, $Z \le H \le G$인 H가 존재하여 $H/Z = U$이다. 이 때,

$$|H| = |H/Z||Z| = |U||Z| = p^{n-1}p = p^n. \ ▌$$

◂ 실제로 H는

$$H = \{g \in G \mid Zg \in U\}$$

이다. $H/Z = U$임은 다음과 같이 바로 설명할 수도 있다.

$h \in H \Rightarrow Zh \in U$.

$\therefore H/Z \subset U$.

$u \in U$이면 $Zg = u$인 $g \in G$가 존재한다. 이 때, $g \in H$.

$\therefore u = Zg \in H/Z$.

$\therefore U \subset H/Z$.

보기 1 $|S_4| = 24 = 2^3 \cdot 3$이다.

$P = \langle \sigma, \tau \rangle \le S_4$, (단, $\sigma = (1, 2, 3, 4)$, $\tau = (1, 2)$), 라고 하면, $P \cong D_4$, $|D_4| = 8 = 2^3$이므로 P는 S_4의 실로우 2-부분군이다.

$Q = \langle \sigma \rangle \le S_4$, (단, $\sigma = (1, 2, 3)$), 이라고 하면, $Q \cong \mathbf{Z}_3$이므로 Q는 S_4의 실로우 3-부분군이다.

따름정리 5.2.2 (코시의 정리)

p가 유한군 G의 위수의 소인수일 때, G는 위수 p인 원소를 가진다.

증명 G의 실로우 p-부분군 P를 잡고, $x \in P - \{e\}$를 잡으면 $\mathrm{o}(x) \,\big|\, |P|$이므로, $\mathrm{o}(x) = p^k$인 정수 $k(\ge 1)$가 존재한다. 이 때,

($|P|$: p의 거듭제곱)

$$\mathrm{o}(x^{p^{k-1}}) = p. \ ▌$$

◂ $(x^{p^{k-1}})^p = x^{p^k} = e$.

G가 유한 p-군일 때, $|G|$는 p의 거듭제곱이다.

∵ $|G|$가 p의 거듭제곱이 아니면, $|G|$는 p 이외의 소인수 q를 가진다. 이 때, 코시의 정리에 의하여, G는 위수 q인 원소를 가진다. ▌

군 G의 실로우 p-부분군 전체의 집합은 $\mathrm{Syl}_p(G)$로 나타낸다.

따름정리 5.2.3

군 G의 위수가 $|G| = p^r m$, (단 p는 소수, $p \nmid m, r \geq 1$), 일 때, G는 각 $i = 0, 1, \cdots, r$에 대하여, 위수 p^i인 부분군을 가진다.

증명 실로우 E-정리에 의하여 $\mathrm{Syl}_p(G) \neq \varnothing$이다. $P \in \mathrm{Syl}_p(G)$를 잡으면 $|P| = p^r$이다.

$r \geq 1$일 때, 연습문제 5.1.12에 의하여 $|P:Q| = p$인 $Q \leq P$가 존재한다. 이 때, $|Q| = p^{r-1}$이다.

◂ 유한 p-군은 지수 p인 부분군을 가진다.(연습문제 5.1.12)

- $r = 1$일 때, $\{e\}, Q$가 정리의 조건을 만족하는 G의 부분군이다.
- $r \geq 2$일 때, Q에 위의 과정을 반복하면 Q는 위수가 $1, p, \cdots, p^{r-2}$인 부분군을 가진다. 이들 군은 G의 부분군이다. ▮

유한군 G의 p-부분군 사이의 관계에 대하여 알아 보자.

보조정리 5.2.4

유한군 G의 p-부분군 P와 실로우 p-부분군 S에 대하여, $P \subset S^x$를 만족하는 $x \in G$가 존재한다.

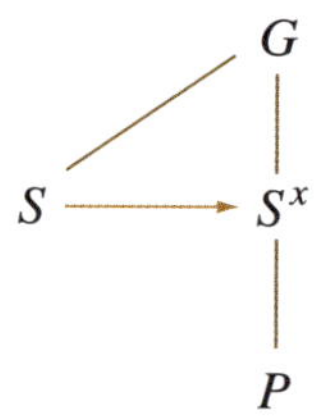

증명 $Sx \in \Omega = \{Sg \mid g \in G\}$와 $a \in P$에 대하여 $Sx \cdot a$를

$$Sx \cdot a = Sxa \quad (\text{우측에 } a \text{ 곱하기})$$

로 정의하면 $\cdot$는 Ω상의 P의 작용이다. 이 작용에서 궤도 방정식은

$$|\Omega| = |\Omega_0| + |\mathcal{O}_1| + \cdots + |\mathcal{O}_k|, \quad \cdots\cdots ①$$

$$(\text{단}, \Omega_0 = \{\alpha \in \Omega \mid \alpha^G = \{\alpha\}\}, 1 < |\mathcal{O}_i| \,\big|\, |P|, \forall i).$$

$|\Omega| = |G:S|$는 p의 배수가 아니고 $|\mathcal{O}_i|, (i = 1, \cdots, k)$, 는 p의 배수이므로 ①부터

$$0 \neq |\Omega| \equiv |\Omega_0| \ (\mathrm{mod}.\ p).$$

그러므로 $|\Omega_0| \neq 0$, 즉, $\Omega_0 \neq \varnothing$이고, 따라서 $Sx \in \Omega_0$가 존재한다.

이때, 임의의 $a \in P$에 대하여 $Sxa = Sx \cdot a = Sx$이다.

$$Sxa = Sx \Rightarrow x^{-1}Sxa = x^{-1}Sx, \text{ 즉}, S^x a = S^x$$

이므로 $a \in S^x$이다.

$$\therefore P \subset S^x. \ ▮$$

정리 5.2.5 (실로우 D-정리)

유한군 G의 p-부분군은 G의 어떤 실로우 p-부분군에 포함된다.

◀ 실로우 발전정리 Sylow Development Theorem

증명 P를 G의 p-부분군이라고 하자.
$S \in \mathrm{Syl}_p(G)$라고 하면, 보조정리 5.2.4에 의하여 $P \subset S^x$인 $x \in G$가 존재한다. $S^x \cong S$이므로 $|S^x| = |S|$이고, 따라서 $S^x \in \mathrm{Syl}_p(G)$이다. ▌

정리 5.2.6 (실로우 C-정리)

유한군 G의 임의의 두 실로우 p-부분군은 서로의 켤레짝이다.

◀ 실로우 켤레정리 Sylow Conjugacy Theorem

증명 $P, Q \in \mathrm{Syl}_p(G)$라고 하면, 실로우 D-정리에 의하여 $P \subset Q^x$인 $x \in G$가 존재한다. $|P| = |Q| = |Q^x|$이므로 $P = Q^x$이다. ▌

따름정리 5.2.7

유한군 G의 실로우 p-부분군 P에 대하여, 다음이 성립한다.
(1) $\mathrm{Syl}_p(G) = \{P^x \mid x \in G\}$.
(2) $|\mathrm{Syl}_p(G)| = |G : N_G(P)|$.
(3) $P \in \mathrm{Syl}_p(G)$에 대하여, $P \lhd G$일 필요충분조건은 P가 G의 유일한 실로우 p-부분군일 것이다.

증명 (1) 실로우 C-정리에 의함.
(2) 예제 5.1.3에 의하여, $|\{P^x \mid x \in G\}| = |G : N_G(P)|$이므로 (1)에 의하여 (2)가 성립한다.
(3) $P \lhd G \Leftrightarrow P^x = P, (\forall x \in G) \Leftrightarrow \mathrm{Syl}_p(G) = \{P\}$. ▌

지금부터, 소수 p에 대하여, 유한군 G의 실로우 p-부분군의 개수를

$$n_p(G) \text{ 또는 간단히 } n_p$$

로 나타내기로 한다. 즉, $n_p = |\mathrm{Syl}_p(G)|$.

따름정리 5.2.8

유한군 G와 소수 p에 대하여, $|G| = p^r m$, (단, $p \nmid m$) 일 때,

$$n_p \mid m.$$

증명 P를 G의 실로우 p-부분군이라고 하면, 따름정리 5.2.7.(2)에 의하여, $n_p = |G : N_G(P)|$이다.

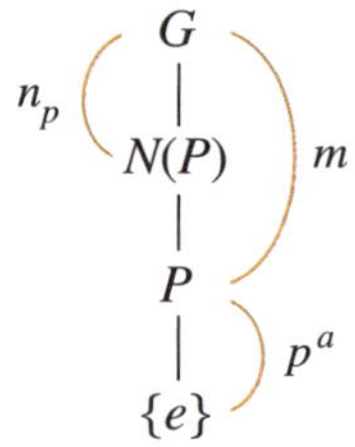

$$m = \frac{|G|}{|P|} = \frac{|G|}{|N_G(P)|}\frac{|N_G(P)|}{|P|}$$
$$= |G : N_G(P)||N_G(P) : P| = n_p|N_G(P) : P|$$

이므로, $n_p | m$ 이다. ▌

정리 5.2.9 (실로우 N-정리)

유한군 G와 소수 p에 대하여,

$$n_p \equiv 1 \pmod{p}.$$

◀ 실로우 개수정리 Sylow Number Theorem

증명 $\Omega = \mathrm{Syl}_p(G)$ 라고 하면 $n_p = |\Omega|$이다.
G의 실로우 p-부분군 P를 잡고, $S \in \Omega, a \in P$에 대하여, $S \cdot a$를

$$S \cdot a = S^a \quad (a\text{-켤레짝 취하기})$$

로 정의하면, $\cdot$는 Ω상의 P의 작용이다. 이 작용에서 궤도 방정식은

$$|\Omega| = |\Omega_0| + |\mathcal{O}_1| + \cdots + |\mathcal{O}_k|, \quad \cdots\cdots ①$$
$$(\text{단}, \Omega_0 = \{\alpha \in \Omega \mid \alpha^G = \{\alpha\}\}, 1 < |\mathcal{O}_i| \,|\, |P|, \forall i).$$

$|\Omega| = n_p$ 이고 $|\mathcal{O}_i|, (i = 1, \cdots, k)$, 는 p의 배수이므로 ① 로부터

$$n_p = |\Omega| \equiv |\Omega_0| \pmod{p}. \quad \cdots\cdots ②$$

$\Omega_0 = \{P\}$ 임을 보인다.

$$(P\text{를 포함하는 궤도}) = \{P^x \mid x \in P\} = \{P\}$$

이므로 $\{P\}$는 홑궤도이다. 그러므로 $P \in \Omega_0$ 이다.
한편, $S \in \Omega_0$ 라고 하면, $S = P$이다.

∵ $\{S\}$는 홑궤도이므로, 임의의 $x \in P$에 대하여 $S^x = S$이고, 따라서 $x \in N_G(S)$ 이다. 그러므로 $P \subset N_G(S)$ 이다.

$$\therefore P \in \mathrm{Syl}_p(N_G(S)) \quad \cdots\cdots ③$$

한편, $S \in \mathrm{Syl}_p(N_G(S))$ 이고 $S \lhd N_G(S)$ 이므로, 따름정리 5.2.7 (3)에 의하여, S는 $N_G(S)$의 유일한 실로우 p-부분군이다. 그러므로 ③으로부터 $P = S$이다. ◆

따라서 $\Omega_0 = \{P\}$ 이고, 그러므로 $|\Omega_0| = 1$ 이다.
이제 ② 에 의하여

$$n_p \equiv |\Omega_0| = 1 \pmod{p}. \ ▌$$

유한군의 구조

실로우 정리를 이용하여 유한군의 구조를 조사하여 보자.

정리 5.2.10

소수 p에 대하여, $|G| = 2p$일 때, $G \cong \mathbf{Z}_{2p}$ 또는 $G \cong D_p$이다.

증명 $P \in \mathrm{Syl}_p(G), Q \in \mathrm{Syl}_2(G)$라고 하면, P, Q 순환군이므로

$$P = \langle x \rangle, Q = \langle y \rangle, \mathrm{o}(x) = p, \mathrm{o}(y) = 2.$$

$|G : P| = 2$이므로 G에서 P의 우잉여류는 2개이다.

$y \notin P$이므로, ($\because y \in P$이면 $\mathrm{o}(y) | 7$. 그러나 $\mathrm{o}(y) = 2$).

$$G = P \cup Py = \{e, x, \cdots, x^{p-1}, y, xy, \cdots, x^{p-1}y\}. \quad \cdots\cdots ①$$

$$yxy = y^{-1}xy = x^y \in P^y = P = \{e, x, \cdots, x^{p-1}\}$$

($|G : P| = 2$이므로 $P \lhd G$)

이므로 어떤 $k \in \{1, 2, \cdots, p-1\}$이 존재하여

$$yxy = x^k. \quad \cdots\cdots ②$$

이 때, ($y^2 = e$) (예를 들어 $k = 3$일 때, $yx^3y = yxy^2xy^2xy = (yxy)^3$)

$$x = y^2xy^2 = y(yxy)y = yx^ky = (yxy)^k = (x^k)^k = x^{k^2}.$$

그러므로 $x^{k^2-1} = e$이고, 따라서

$$p | (k^2 - 1), \text{즉}, p | (k+1)(k-1). \quad \cdots\cdots ③$$

$1 \le k \le p-1$이므로, ③으로부터

$$k - 1 = 0 \text{ 또는 } k + 1 = p.$$

- $k - 1 = 0$일 때, $k = 1$이고, 이 때, $yx = xy$이다.($\because$ ②)

  $$\therefore \ \mathrm{o}(xy) = \mathrm{lcm}(\mathrm{o}(x), \mathrm{o}(y)) = \mathrm{lcm}(2, p) = 2p.$$

  그러므로, 이 때, $G \cong \mathbf{Z}_{2p}$이다. ($\because$ 위수 $2p$인 군 G가 위수 $2p$인 원소를 가짐).
- $k + 1 = p$일 때, $k = p - 1$이고, 이 때, $yxy = x^{p-1} = x^{-1}$이다.

  $$\therefore \ yx = x^{-1}y. \quad \cdots\cdots ④$$

  ①, ④로부터 $G \cong D_p$를 얻는다. ▌

보기 2 위수가 $6 = 2 \cdot 3,\ 10 = 2 \cdot 5,\ 14 = 2 \cdot 7$인 비아벨군은 각각 D_3, D_5, D_7과 동형이다.

정리 5.2.11

$p < q$이고 $p \nmid (q-1)$인 소수 p, q에 대하여, $|G| = pq$일 때,

$$G \cong \mathbf{Z}_{pq}.$$

증명 $P \in \mathrm{Syl}_p(G)$, $Q \in \mathrm{Syl}_q(G)$ 라고 하자.

$n_p \mid q$ 이므로 $n_p \in \{1, q\}$이다.

$n_p \equiv 1 \ (\mathrm{mod.}\ p)$, $q \not\equiv 1 \ (\mathrm{mod.}\ p)$ 이므로 $n_p = 1$이다.

$$\therefore\ P \lhd G. \quad \cdots\cdots \text{①}$$

(↖ 정리 5.2.7. (3))

$n_q \mid p$ 이므로 $n_q \in \{1, p\}$이다.

$n_q \equiv 1 \ (\mathrm{mod.}\ q)$, $p < q$ 이므로 $n_q = 1$이다.

$$\therefore\ Q \lhd G. \quad \cdots\cdots \text{②}$$

$|P \cap Q|$는 $|P| = p$, $|Q| = q$의 공약수이므로 $|P \cap Q| = 1$이다.

$$\therefore\ P \cap Q = \{e\}. \quad \cdots\cdots \text{③}$$

③으로부터 $|PQ| = |P||Q| = pq = |G|$이고, 따라서

$$\therefore\ G = PQ. \quad \cdots\cdots \text{④}$$

①, ②, ③, ④에서

$$G = P \dot{\times} Q \cong P \times Q \cong \mathbf{Z}_p \times \mathbf{Z}_q \cong \mathbf{Z}_{pq}. \ ▌$$

보기 3 위수가 15인 군은 $\mathbf{Z}_{15}$와 동형이다. ($\because 3 \nmid (5-1)$).

예제 5.2.12

위수가 45인 군은 아벨군임을 보여라.

증명 군 G에 대하여 $|G| = 45 = 3^2 \cdot 5$ 이라 하고, $P \in \mathrm{Syl}_5(G)$, $Q \in \mathrm{Syl}_3(G)$라고 하자.

n_5 는 $5k+1$ 꼴의 9의 약수이므로 $n_5 = 1$. $\therefore\ P \lhd G$. ($\because$ 정리 5.2.7. (3)).

n_3 은 $3k+1$ 꼴의 5의 약수이므로 $n_3 = 1$. $\therefore\ Q \lhd G$. ($\because$ 정리 5.2.7. (3)).

정리 5.2.11 의 증명에서와 같은 논리로

$$P \cap Q = \{e\},\ G = PQ.$$

$$\therefore\ G = P \dot{\times} Q \cong P \times Q.$$

P는 위수가 소수인 군이므로 아벨군이고, P는 위수가 소수의 제곱인 군이므로 아벨군이다. (예제 5.1.6). 따라서 $G \cong P \times Q$ 도 아벨군이다. ◘

◀ 따라서 위수가 45인 군은 $\mathbf{Z}_3 \times \mathbf{Z}_3 \times \mathbf{Z}_5$, $\mathbf{Z}_9 \times \mathbf{Z}_5$ 뿐이다.

예제 5.2.13

위수가 30인 군은

$$\mathbf{Z}_{30},\ D_{15},\ D_5\times\mathbf{Z}_3,\ D_3\times\mathbf{Z}_5 \quad \cdots\cdots\cdots\cdots\ ①$$

중 하나와 동형임을 보여라.

> 이들 4개의 군은 중심이 서로 다르므로 어느 2개도 동형이 아니다.
>
> $Z(\mathbf{Z}_{30})=\mathbf{Z}_{30}$
>
> $Z(D_{15})=\{\varepsilon\}$
>
> $Z(D_5\times\mathbf{Z}_3)$
> $=Z(D_5)\times Z(\mathbf{Z}_3)$
> $=\{\varepsilon\}\times\mathbf{Z}_3\cong\mathbf{Z}_3$
>
> $Z(D_3\times\mathbf{Z}_5)$
> $=Z(D_3)\times Z(\mathbf{Z}_5)$
> $=\{\varepsilon\}\times\mathbf{Z}_5\cong\mathbf{Z}_5$

증명 군 G에 대하여 $|G|=30=2\cdot3\cdot5$라고 하자.
먼저, n_3은 $3k+1$ 꼴의 10의 약수이므로 $n_3\in\{1,10\}$ 이다.
또, n_5는 $5k+1$ 꼴의 6의 약수이므로 $n_5\in\{1,6\}$ 이다.
$n_3=10$ 이고 $n_5=6$이라고 하면 G는 위수 3인 원소를 $2\cdot10=20$개, 위수 5인 원소를 $4\cdot6=24$ 개 가지게 되어 $|G|\geq 20+24=44$ 라는 모순이 따른다.

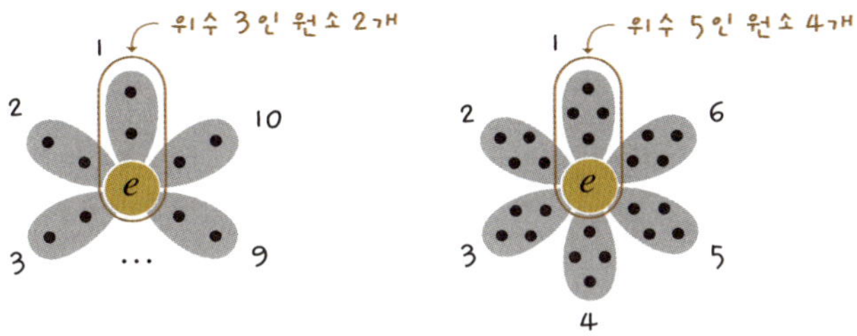

그러므로 $n_3=1$또는 $n_5=1$이다.

$$P_3\in \mathrm{Syl}_3(G),\quad P_5\in\mathrm{Syl}_5(G)$$

라고 할 때, P_3, P_5중 하나는 G의 정규부분군이다. 그러므로 $H=P_3P_5$ 라고 하면 $H\leq G$이다.
$P_3\cap P_5=\{e\}$ 이므로

$$|H|=|P_3||P_5|=3\cdot5=15.$$

따라서 보기 3에 의하여 $H\cong\mathbf{Z}_{15}$이고, 그러므로 위수 15인 $x\in G$가 존재하여

$$H=\langle x\rangle=\{e,x,x^2,\cdots,x^{14}\}.$$

코시의 정리에 의하여 위수 2인 원소 $y\in G$가 존재한다. 이 때, $y\notin H$ 이고, $|G:H|=2$이므로,

$$G=H\cup Hy=\{e,x,x^2,\cdots,x^{14},y,xy,x^2y,\cdots,x^{14}y\}.$$

$H\lhd G$이므로 $yxy\in\langle x\rangle$ 이고, 따라서 $yxy=x^k$ 인 k, $(1\leq k\leq 14)$, 가 존재한다. 이 때 $x=y^2xy^2=x^{k^2}$이므로 $x^{k^2-1}=e$ 이고, 그러므로

$o(y)=2$

$$15\,|\,(k^2-1). \quad \cdots\cdots\cdots\cdots\ ②$$

$1\leq k\leq 14$ 인 자연수 k 중 ②를 만족하는 것은 1, 4, 11, 14 의 4 개 뿐이다. 따라서 ①의 4개의 군이 위수 30인 동형이 아닌 군 전부이다. ■

단순군

지금까지 우리는 모든 유한 아벨군과 위수 8 이하인 모든 군을 포함한 일단의 유한군을 분류하였다.

유한군을 분류하는 필수적인 도구가 단순군의 개념이다. **단순군**이란 $\{e\}$ 이외의 정규 진부분군을 가지지 않는 군을 말한다. 명백히 단순 아벨군은 소수 위수의 순환군이다.

◂ 單純群 simple group

군 G의 정규 진부분군 N에 대하여, $N \subsetneq H \subsetneq G$인 G의 정규부분군 H가 존재하지 않을 때, N을 G의 **극대 정규부분군**이라고 한다.

◂ 極大正規部分群 maximal normal subgroup

유한군 G의 극대 정규부분군 G_1을 잡으면 G/G_1은 단순군이다. $G_1 \neq \{e\}$일 때, G_1의 극대 정규부분군 G_2를 잡으면 G_1/G_2는 단순군이다. 이와 같은 과정을 반복하면, G의 부분군의 열

$$\{e\} = G_n \leq \cdots \leq G_1 \leq G_0 = G \quad \cdots\cdots \text{①}$$

단, $G_i \lhd G_{i-1}$, G_{i-1}/G_i는 단순군, $(i = 1, \cdots, n)$

을 잡을 수 있다.

◂ G/G_1이 단순군이 아니면 $\{G_1\} < U < G/G_1$인 의 정규부분군 U가 존재한다. 이 때, 일대일 대응정리에 의하여 인 $G_1 < N < G, N/G_1 = U$를 만족하는 G의 정규부분군 N이 존재한다.

모든 단순군이 분류되어 있고, 열 ①로써 G의 구조를 규명하는 방도가 고안된다면 모든 유한군을 분류할 수 있다. 이와 같이, 단순군은 모든 군을 만드는 빌딩블락이다.

◂ 1981년에 25년간 계속 된 모든 단순군의 분류 작업이 완성되었다.

보기 4 위수가 20인 군은 단순군이 아니다.

∵ 군 G의 위수가 $|G| = 20 = 2^2 \cdot 5$라고 하자.
$n_5 \in \{1, 2, 4\}$, $n_5 \equiv 1 \ (\text{mod. } 5)$이므로 $n_5 = 1$이다.
그러므로 G의 실로우 5-부분군 P는 G의 정규부분군이다.
$\{e\} \subsetneq P \subsetneq G$이므로 G는 단순군이 아니다. ◆

200 이하의 자연수 중 비아벨 단순군의 위수가 될 수 있는 있는 수는 60과 168 뿐이라는 사실이 알려져 있다.

◂ appendix 참고

다음 예제에서 A_5는 위수 60인 단순군임을 보인다.

예제 5.2.14

A_5는 단순군임을 보여라.

증명 A_5의 $60 = 4 \cdot 3\ 5$ 개의 원소는 오른쪽 표와 같은 4 가지 유형으로 나뉜다.

유형	위수	개수
㉮ ε	1	1
㉯ $(\bullet,\bullet,\bullet)$	3	20
㉰ $(\bullet,\bullet)(\bullet,\bullet)$	2	15
㉱ $(\bullet,\bullet,\bullet,\bullet,\bullet)$	5	24

㉯ $\binom{5}{3}\times 2 = 20$ 개

㉰ $\dfrac{\binom{5}{2}\times\binom{3}{2}}{2} = 15$ 개

㉱ $4! = 24$ 개

N이 A_5의 정규 진부분군이라고 하자.

❶ $3 \,\big|\, |N|$이라고 하면, N의 실로우 3-부분군 P는 A_5의 실로우 3-부분군이다. $Q \in \mathrm{Syl}_3(A_5)$라고 할 때, 실로우 C-정리에 의하여 $Q = P^g$를 만족하는 $g \in A_5$가 존재한다. 이 때,

$$Q = P^g \subset N^g = N.$$

그러므로 N은 모든 실로우 3-부분군을 포함하고, 따라서 위수 3인 원소 20 개([표 1]의 유형 ㉯의 원소)를 모두 포함한다. 그러므로 $|N| > 20$이다. $|N|$은 60의 약수이어야 하므로, $|N| = 30$이다.

❷ $5 \,\big|\, |N|$이라고 하면, ❶의 경우와 같은 논리로 N은 위수 5인 원소 24 개([표 1]의 유형 ㉱의 원소)를 모두 포함한다. 그러므로 $|N| > 24$이고 따라서 $|N| = 30$이다.

❶, ❷에서 $|N|$이 3 또는 5의 배수일 때, $|N| = 30$이고, N은 위수 3인 원소 20 개와 위수 5인 원소 24 개를 모두 포함하므로

$$30 = |N| \ge 20 + 24 = 44$$

라는 모순이 따른다.

❸ 그러므로 N은 A_5의 2-부분군이고, 따라서 $|N| \in \{1, 2, 4\}$ 이다.

- $|N| = 4$일 때 : N은 A_5의 유일한 실로우 2-부분군이다. 따라서 N은 위수 2인 원소 15 개를 모두 포함하고, $4 = |N| > 15$라는 모순이 따른다.
- $|N| = 2$일 때 : 코시의 정리에 의하여 $o(\sigma) = 2$인 $\sigma \in A_5$가 존재하여 $N = \{\varepsilon, \sigma\}$이다. 이 때, σ는 [표 1]의 ㉰ 유형의 원소이다.
  $\sigma = (1,2)(3,4)$라고 해도 일반성을 잃지 않는다. $\tau = (1,2)(3,5)$라고 하면 $\tau \in A_5$이고,
  $$\sigma^\tau = (1^\tau, 2^\tau)(3^\tau, 4^\tau) = (2,1)(5,4) = (1,2)(4,5).$$
  (연습문제 2.2.19)
  $\sigma^\tau \in N^\tau = N$이므로 $\sigma^\tau = \sigma$. $\therefore (1,2)(3,4) = (1,2)(4,5)$.
  여기서 $(3,4) = (4,5)$라는 모순이 따른다.

그러므로 $|N| = 1$이고, 따라서 $N = \{e\}$이어야 한다. ∎

appEndix • • • • • • • • • • • • • • • 200 이하의 단순군의 위수

위수가 소수인 군은 단순군이다. 200 이하의 소수가 아닌 자연수 중 단순군의 위수가 될 수 있는 수는 60, 168 뿐이다. 이에 대하여 알아 보자. 이하, G는 어떤 유한군을 나타내는 것으로 하고 군 G가 군 G'의 어떤 부분군과 동형인 것을 $G \lessdot G'$으로 나타내기로 한다.

Lemma 1 $|G| = p^n$, (단, p는 소수, $n \geq 2$), 일 때, G는 단순군이 아니다.

증명 G는 지수 p인 부분군 H를 가진다.(연습문제 5.1.12). $\{e\} \neq H \lhd G$. ∎

Lemma 2 p-군이 아닌 군 G는 $n_p = 1$일 때, 단순군이 아니다.

증명 $n_p = 1$일 때, G의 실로우 p-부분군은 정규부분군이다.

Lemma 3 $|G| = 2 \times$(홀수)일 때, G는 단순군이 아니다.

증명 $|G| = 2n$, (단, n은 홀수), 라고 하자. $\text{Cay}(G)$가 단순군이 아님을 보이면 충분하다. G는 위수 2인 원소 g를 가진다. 이 때, ϕ_g를 G의 원소의 우측에 g곱하기라고 하면 $\phi_g \in \text{Cay}(G) \leq \text{Sym}(G)$이고 $\text{o}(\phi_g) = 2$이다. ϕ_g의 사이클 표현이 $\phi_g = \gamma_1 \gamma_2 \cdots \gamma_k$라고 할 때,

$$2 = \text{o}(\phi_g) = \text{lcm}((\gamma_1\text{의 길이}), (\gamma_2\text{의 길이}), \cdots, (\gamma_k\text{의 길이}))$$

이므로, 각 γ_i의 길이는 2이다.

$$\gamma_i = (a_i, b_i), (i = 1, 2, \cdots, k), S = \{a_1, b_1, a_2, b_2, \cdots, a_k, b_k\}$$

라고 할 때, $k < n$이면 $x \in G - S$가 존재한다. 이 때, $x^{\phi_g} = x$이다. $x^{\phi_g} = x$이면 $xg = x$이고 따라서 $g = e$가 되어 $\text{o}(g) = 2$라는 사실에 위배된다. 그러므로 $k = n$이고,따라서 ϕ_g는 홀치환이다. 이제 $\text{Cay}(G)$는 적어도 하나의 홀치환을 포함하는 $\text{Sym}(G)$의 부분군이다. 따라서 연습문제 2.2.17에 의하여 $N = \{\sigma \in \text{Cay}(G) \mid \sigma\text{는 짝치환}\}$은 $\text{Cay}(G)$의 지수 2인 부분군이다. 그러므로 $N \lhd G$. ∎

Lemma 4 유한 단순군 G가 지수 n인 부분군을 가질 때, $|G| \mid (n!/2)$.

증명 $H \leq G, |G : H| = n > 1$이라고 하자. $\Omega = \{Ha \mid a \in G\}$ 상의 G의 우정규작용에 대하여 $G_\Omega = \bigcap_{\alpha \in \Omega} G_\alpha$라고 하면, 연습문제 5.1.9에 의하여 $G_\Omega \lhd G$이고, $G/G_\Omega \lessdot \text{Sym}(\Omega) \cong S_n$. $G \neq H$이므로 $g \in G - H$를 잡을 수 있고, 이 g에 대하여 $Hg \neq H$이므로 $g \notin G_\Omega$이므로 $G_\Omega \neq G$이다. G가 단순군이므로 $G_\Omega = \{e\}$이고, 따라서 $G \lessdot S_n$. 실제로 $G \lessdot A_n$이다.

왜냐하면 $G \leqslant A_n$이 아닐 경우 연습문제 2.2.17에 의하여 지수 2인 부분군을 가지게 되어 G가 단순군이라는 사실에 위배된다. 따라서 $G \leqslant A_n$이다.
$\therefore |G| \,\big|\, (n!/2)$. ▮

Corollary $|G|$의 소인수 p에 대하여 $|G| \nmid \frac{n_p!}{2}$ 이면 G는 단순군이 아니다.

증명 $P \in \mathrm{Syl}_p(G)$에 대하여 $N_G(P)$는 G의 지수 n_p인 부분군이다. ▮

200 이하의 소수가 아닌 자연수를 써 놓고 다음과 같이 단순군의 위수가 아닌 수를 지워 나간다. 먼저 다음 꼴의 수를 모두 지운다.

(i) 소수의 거듭제곱. (Lemma 1).
(ii) $p \nmid (q-1), p < q$인 소수 p, q의 곱 pq. (정리 5.2.11).
(iii) $2 \times$(홀수)인 수 (Lemma 3).

이 단계 후에 남는 수는 다음과 같다.
12, 20, 21, 24, 28, 36, 39, 40, 44, 45, 48, 52, 55, 56, 57, 60, 63, 68, 72, 75, 76, 80, 84, 88, 92, 93, 96, 99, 100, 104, 105, 108, 111, 112, 116, 117, 120, 124, 129, 132, 135, 136, 140, 144, 147, 148, 152, 153, 155, 156, 160, 164, 165, 168, 171, 172, 175, 176, 180, 183, 184, 188, 189, 192, 195, 196, 200.

- 이들 수 중, 20은 Lemma 2에 의하여 단순군의 위수가 될 수 없고(보기 4), 12는 Lemma 4에 의하여 단순군의 위수가 될 수 없다.

◀ $|G| = 20 = 4 \cdot 5$일 때, n_5는 $5k+1$ 꼴의 4의 약수 $n_5 = 1$.
$|G| = 12 = 4 \cdot 3$일 때, $n_2 \neq 1$이면 $n_2 = 3$. $12 \nmid 3!$.

위의 리스트에서 12, 20과 같이 Lemma 2, Lemma 4로써 거를 수 있는 수를 모두 지우면 남는 수는

56, 60, 105, 112, 120, 132, 144, 168, 180.

- 이들 수 중, 56은 단순군의 위수가 될 수 없다.

$\because$ G가 위수 $56 = 8 \cdot 7$ 인 단순군이라고 하면, $n_7 \neq 1$이고 n_7은 $7k+1$ 꼴의 8의 약수이므로 $n_7 = 8$.
P, Q가 G의 서로 다른 실로우 7- 부분군이라면 $P \cap Q = \{e\}$.
$\therefore$ G에는 위수 7인 원소가 $6 \times 8 = 48$개 있다.
$n_2 \neq 1$이고 n_2는 $2k+1$꼴의 7의 약수이므로 $n_2 = 7$. R, S가 G의 서로 다른 실로우 2-부분군이라면 $|R \cap S|$는 8 미만인 8의 약수이므

로 $|R \cap S| \le 4$. $\therefore$ $|R \cup S| = |R| + |S| - |R \cap S| \ge 8 + 8 - 4 = 12$.
$\therefore$ G에는 위수가 2의 거듭제곱인 원소가 12개 이상 있다. 그러므로 G는 $48 + 12 = 60$ 개 이상의 원소를 가져야 한다. ◆

이와 같은 방법으로 105, 132 는 단순군의 위수가 될 수 없음을 보일 수 있다. 이제 200 이하의 자연수로서 단순군의 위수가 될 가능성이 있는 것은 60, 112, 120, 144, 168, 180 뿐이다.

- 위수가 144 인 군은 단순군이 아니다.

$\because$ G가 위수 $144 = 16 \cdot 9$ 인 단순군이라고 하면, $n_2 \ge 3$.
P, Q가 서로 다른 실로우 2- 부분군이라고 하면, $|P \cap Q| \le 8$ 이므로 $|P \cup Q| \ge 16 + 16 - 8 = 24$.
$\therefore$ ① G에는 위수가 2의 거듭제곱 또는 1인 원소가 24 개 이상 있다.
$n_3 \in \{4, 16\}$인데, $144 \mid n_3!$ 이어야 하므로 $n_3 = 16$.
실로우 3- 부분군에 대하여 다음 2가지 경우가 있다.
(i) 임의의 서로 다른 두 실로우 3- 부분군의 교집합이 $\{e\}$ 이다.
(ii) $|H \cap K| = 3$인 서로 다른 $H, K \in \mathrm{Syl}_3(G)$ 가 존재한다.
(i) 의 경우 : G에는 ② 위수가 3의 거듭제곱인 원소가 $8 \times 16 = 128$ 개 있다. ①, ②에 의하여 $|G| \ge 24 + 128 = 152$. 이는 불가능하다.
(ii) 의 경우 : $|H : H \cap K| = 3$, $|K : H \cap K| = 3$이므로, $H \cap K \lhd H, H \cap K \lhd K$이다.
$\therefore$ $H \subset N_G(H \cap K)$, $K \subset N_G(H \cap K)$.
$\therefore$ $9 = |H| \,\big|\, |N_G(H \cap K)|$, $HK \subset N_G(H \cap K)$.
$\therefore$ $|N_G(H \cap K)| \ge |HK| = |H||K|/|H \cap K| = 9 \cdot 9 / 3 = 27$.
$|N_G(H \cap K)|$은 27 이상인 9의 배수인 동시에 144의 약수이므로 $|N_G(H \cap K)| \in \{36, 72, 144\}$ 이고, 따라서 $|G : N_G(H \cap K)| \le 4$.
$\therefore$ $|G| \,\big|\, 4!$. 이는 불가능하다. ◆

이와 같은 방법으로 위수가 112, 120, 180 인 군은 단순군이 아님을 보일 수 있다. 이제 남은 수는 60 과 168 이다. 이 두 수는 실제로 단순군의 위수이다.

- A_5 는 위수가 60 인 단순군이다. (예제 5.2.14).
- $SL(2, 7) = \{A \in GL(2, \mathbf{Z}_7) \mid \det A = 1\}$이라고 할 때, $SL(2, 7)/Z(SL(2, 7))$은 위수 168 인 단순군이라는 사실이 알려져 있다.

5-2 EXERCISES 연습문제

1 $\mathbf{Z}_{10} \times \mathbf{Z}_{12} \times \mathbf{Z}_{15}$의 실로우 2-부분군, 실로우 3-부분군, 실로우 5-부분군을 찾아라.

2 다음 군의 실로우 2-부분군, 실로우 3-부분군을 모두 찾아라.
(1) S_4 (2) A_4

3 S_4의 위수 2, 4, 8인 부분군을 하나씩 찾아라.

4 $P \in \mathrm{Syl}_p(G), N \lhd G$일 때, $P \cap N \in \mathrm{Syl}_p(N)$임을 증명하라.

5 $P \in \mathrm{Syl}_p(G), N \lhd G, P \lhd N$일 때, $P \lhd G$임을 증명하라.

6 유한군 G의 모든 부분군이 정규부분군일 때, G는 실로우 부분군의 내직적임을 증명하라.

7 $P \in \mathrm{Syl}_p(G)$라 하고, $g \in G$의 위수가 p의 거듭제곱이고 $P^g = P$라고 할 때, $g \in P$임을 증명하라.

8 위수가 $245 = 5 \cdot 49$인 군은 위수 35인 원소를 가짐을 증명하라.

9 위수가 $375 = 3 \cdot 125$인 군은 위수 15인 원소를 가짐을 증명하라.

10 위수가 $105 = 3 \cdot 5 \cdot 7$인 군은 위수 35인 원소를 가짐을 증명하라.

11 위수가 $231 = 3 \cdot 7 \cdot 11$인 군 G의 실로우 11-부분군은 $Z(G)$에 포함됨을 증명하라.

12 위수가 $60 = 4 \cdot 3 \cdot 5$인 군 G의 실로우 3-부분군이 G의 정규부분군일 때, G의 실로우 5-부분군도 G의 정규부분군임을 증명하라.

5-2 · E · X · E · R · C · I · S · E · S · 연습문제

13 위수가 $255 = 3 \cdot 5 \cdot 17$인 군은 $\mathbf{Z}_{255}$와 동형임을 보여라.

14 $\mathbf{a} = \begin{bmatrix} 0 & i \\ i & 0 \end{bmatrix}$, $\mathbf{b} = \begin{bmatrix} \omega & 0 \\ 0 & \omega^2 \end{bmatrix}$, (단, i는 허수단위, $\omega = e^{2\pi i/3}$), 라고 할 때, $\langle \mathbf{a}, \mathbf{b} \rangle$는 위수 12인 비아벨군이다.(연습문제 1.3.10). 위수가 12인 비아벨군은 A_4, D_6, $\langle \mathbf{a}, \mathbf{b} \rangle$ 중 하나와 동형임을 증명하라.

15 G가 위수 60인 군일 때, $Z(G) \neq 4$임을 증명하라.

16 위수가 다음과 같은 군을 모두 찾아라.
(1) $70 = 2 \cdot 5 \cdot 7$ (2) $66 = 2 \cdot 3 \cdot 11$

17 위수가 $595 = 5 \cdot 7 \cdot 17$인 군은 $\mathbf{Z}_{595}$와 동형임을 증명하라.

18 위수가 다음과 같은 군은 단순군이 아님을 보여라.
(1) $105 = 3 \cdot 5 \cdot 7$ (2) $132 = 4 \cdot 3 \cdot 11$ (3) $210 = 2 \cdot 3 \cdot 5 \cdot 7$

19 A_5는 위수가 30 또는 20 또는 15인 부분군을 가지지 않음을 증명하라.

20 위수 60인 단순군은 A_5와 동형임을 증명하라.

21 $\{e\} < N \ntrianglelefteq S_5$일 때, $N = A_5$임을 증명하라.

22 서로 다른 소수 p, q, r에 대하여 위수가 pqr인 군은 단순군이 아님을 증명하라.

제2부 환

RING

6 환의 기초

6-1 환의 뜻과 기본성질
6-2 체와 정역

정수 전체의 집합 $\boldsymbol{Z}$는 수의 덧셈에 관하여 군이다. $\boldsymbol{Z}$는 수의 곱셈이라는 또다른 이항연산을 가지고 있으며, 곱셈은 결합법칙을 만족하고, 더욱이 덧셈과 곱셈은 함께 분배법칙을 만족한다. 이러한 성질을 일반화한 것이 환의 개념이다. 간단하게 말하여 환은 덧셈, 뺄셈, 곱셈이 가능한 대수체계이다. 그러나 실수 전체의 집합 $\boldsymbol{R}$은 덧셈, 뺄셈, 곱셈, 나눗셈이 가능한 대수 체계이다. 이러한 대수체계를 체라고 한다.

환의 개념은 페르마의 최후문제와 연계 되어 발전하였고, 체의 개념은 오차방정식의 대수적 해법의 불가능성, 삼대 작도불가능문제 등 고전적인 문제에 대한 답을 준다.

6-1 환의 뜻과 기본 성질

이 절의 학습 내용

- 환의 뜻 / • 1을 가지는 환 / • 가환환
- 직합 / • 다항식환
- 부분환 / • 부분환 테스트
- 환의 기본 성질

환의 뜻

이 중단원에서는 두 개의 이항연산을 가지는 대수 체계를 정의한다.

집합 $S \neq \varnothing$와 S의 이항연산 $\circ$에 대하여 결합법칙

$$a \circ (b \circ c) = (a \circ b) \circ c, \ (\forall a, b, c \in S)$$

가 성립할 때, S는 $\circ$에 관한 반군 또는 $(S, \circ)$는 **반군**이라고 한다. 예를 들어 $\mathbf{Z}$는 수의 곱셈에 관한 반군이다.

◀ 半群 semigroup

정의 2개의 이항연산, 덧셈 $+$와 곱셈 $\cdot$을 가지는 집합 $R \neq \varnothing$에 대하여, 다음 조건

(i) $(R, +)$는 아벨군이다.
(ii) $(R, \cdot)$는 반군이다.
(iii) $a(b+c) = ab + ac, \ (\forall a, b, c \in R)$. **(좌분배법칙)**
$(a+b)c = ac + bc, \ (\forall a, b, c \in R)$. **(우분배법칙)**

이 성립할 때, R을 **환**이라고 한다.

좌분배법칙, 우분배법칙을 통틀어서 **분배법칙**이라고 한다.

◀ 分配法則 distributive law

◀ 環 ring

보기 1 $\boldsymbol{Z}, \boldsymbol{Q}, \boldsymbol{R}, \boldsymbol{C}$는 수의 덧셈, 곱셈에 관한 환이다.

∵ $\boldsymbol{Z}, \boldsymbol{Q}, \boldsymbol{R}, \boldsymbol{C}$ 각각은 덧셈에 관한 아벨군이고, 곱셈에 관한 반군이고, 분배법칙이 성립한다.

보기 2 자연수 $n>1$에 대하여 $\boldsymbol{Z}_n$은 법 n에 관한 덧셈과 곱셈 하에서 환을 이룬다.

∵ $(\boldsymbol{Z}_n, +_n)$은 $+_n$ 아벨군이고, $(\boldsymbol{Z}_n, \cdot_n)$은 반군이다.
명백히 $+_n, \cdot_n$에 관한 분배법칙이 성립한다.

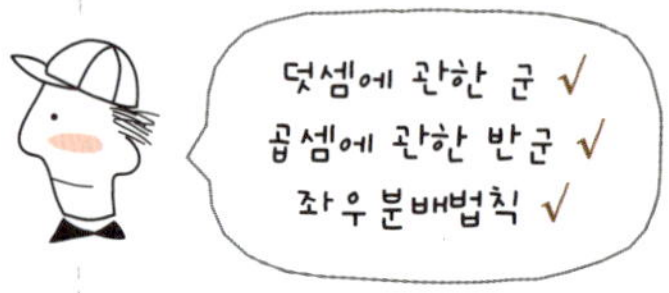

보기 3 자연수 $n>1$에 대하여 $n\boldsymbol{Z}$은 수의 덧셈, 곱셈에 관한 환이다.

∵ $n\boldsymbol{Z}$는 덧셈에 관한 아벨군이고, 곱셈에 관한 반군이고, 분배법칙이 성립한다.

보기 4 R이 $\boldsymbol{Z}, \boldsymbol{Q}, \boldsymbol{R}, \boldsymbol{C}$ 중 하나일 때, $\mathrm{Mat}_n(R)$은 행렬의 덧셈, 곱셈에 관한 환이다. $\mathrm{Mat}_n(R)$은 단위원을 가지는 비가환환이다.

∵ $\mathrm{Mat}_n(R)$은 행렬의 덧셈에 관한 아벨군이다.(연습문제 1.1.2).
행렬의 곱셈은 결합법칙을 만족하므로 $\mathrm{Mat}_n(R)$은 행렬의 곱셈에 관한 반군이다.
행렬의 덧셈, 곱셈은 분배법칙을 만족한다. ◆

환 R의 곱셈이 교환법칙을 만족할 때, R은 **가환환**이라고 한다. 이를테면 보기 1, 2, 3의 환은 모두 가환환이다. 가환환이 아닌 환을 **비가환환**이라고 한다.

◀ 可換環 commutative ring

◀ 非可換環 noncommutative ring

환 R의 덧셈에 관한 항등원을 0_R 또는 간단히 0으로 나타낸다.
환 R이 곱셈에 관한 항등원을 가질 때, 그 원소를 R의 **단위원**이라 하고, 1_R 또는 간단히 1로 나타낸다. 이 때, R을 **단위원을 가지는 환** 또는 **1을 가지는 환**이라고 한다. 이를테면 환 $\boldsymbol{Z}, \boldsymbol{Q}, \boldsymbol{R}, \boldsymbol{C}$은 단위원을 가지는 환이고 $2\boldsymbol{Z}$는 단위원을 가지지 않는 환이다.

◀ unity 또는 identity

◀ ring with unity 또는 ring with 1

보기 **5** R이 $\mathbf{Z}, \mathbf{Q}, \mathbf{R}, \mathbf{C}$ 중 하나일 때, $\mathrm{Mat}_n(R)$은 단위원을 가지는 비가환환이다.

∵ n 차 단위행렬이 $\mathrm{Mat}_n(R)$의 단위원이다.
행렬의 곱셈에 관해서 교환법칙이 성립하지 않는다. ◆

$$\begin{bmatrix}0&1\\1&0\end{bmatrix}\begin{bmatrix}1&0\\0&0\end{bmatrix}=\begin{bmatrix}0&0\\1&0\end{bmatrix}$$
$$\begin{bmatrix}1&0\\0&0\end{bmatrix}\begin{bmatrix}0&1\\1&0\end{bmatrix}=\begin{bmatrix}0&1\\0&0\end{bmatrix}$$

환으로써 환 구성하기

기존의 환으로써 다음과 같은 방법으로 새로운 환을 구성할 수 있다.

• 직합

환 $R_1, \cdots, R_n$에 대하여,

$$R = \{(x_1, \cdots, x_n) \mid x_i \in R_i, i = 1, 2, \cdots, n\}$$

이라 하자.

$x = (x_1, \cdots, x_n), y = (y_1, \cdots, x_n) \in R$에 대하여, x, y의 합과 곱을 **성분끼리의 합**과 **성분끼리의 곱**

$$x + y = (x_1 + y_1, \cdots, x_n + y_n), \quad \cdots\cdots ①$$
$$xy = (x_1y_1, \cdots, x_ny_n), \quad \cdots\cdots ②$$
(단, $x_i + y_i$와 x_iy_i는 R_i에서의 합과 곱)

으로 정의할 때, R은 이 덧셈, 곱셈 하에서 환을 이룬다.

∵ 각 $i = 1, \cdots, n$에 대하여 R_i는 아벨군이다.
R은 덧셈에 관하여, 아벨군의 외직적이므로, 아벨군이다.
$x = (x_1, \cdots, x_n), y = (y_1, \cdots, x_n), y = (z_1, \cdots, z_n) \in R$
에 대하여

$$\begin{aligned}(xy)z &= ((x_1y_1)z_1, \cdots, (x_ny_n)z_n)\\ &= (x_1(y_1z_1), \cdots, x_n(y_nz_n)) = x(yz)\end{aligned}$$

이므로 R은 곱셈에 관한 반군이다.

$$\begin{aligned}x(y+z) &= (x_1(y_1 + z_1), \cdots, x_n(y_n + z_n))\\ &= (x_1y_1 + x_1z_1, \cdots, x_ny_n + x_nz_n)\\ &= (x_1y_1, \cdots, x_ny_n) + (x_1z_1, \cdots, x_nz_n) = xy + xz.\end{aligned}$$

마찬가지로 $(x + y)z = xz + yz$.
그러므로 분배법칙이 성립한다. ◆

이와 같이 정의된 환을 $R_1, \cdots, R_n$의 **직합**이라 하고

$$R_1 \oplus \cdots \oplus R_n$$

으로 나타낸다.

◀ 直合 direct sum

NoTE 1 환 $R_1, \cdots, R_n$에 대하여 다음이 성립한다.

(1) 각 R_i가 가환환일 때, $R_1 \oplus \cdots \oplus R_n$도 가환환이다.

(2) 각 R_i가 단위원 1_i를 가질 때, $(1_1, 1_2, \cdots, 1_n)$은 $R_1 \oplus \cdots \oplus R_n$의 단위원이다.

보기 6 (1) $\mathbf{Z} \oplus \mathbf{Z}_2$는 단위원을 가지는 가환환이다.

(2) $\mathbf{Z} \oplus 2\mathbf{Z}$는 단위원을 가지지 않는 가환환이다.

(3) 환 $\mathbf{Z} \oplus \mathrm{Mat}_n(R)$은 단위원을 가지지만 가환환이 아니다.

● 다항식환

환 R과 문자 x에 대하여,

$$a_0 + a_1x + a_2x^2 + \cdots + a_nx^n, \qquad \cdots\cdots ①$$

$(n$은 음이 아닌 정수, $a_i \in R, (i = 0, 1, 2, \cdots, n)),$

꼴의 식을 x에 관한 R 상의 **다항식** 또는 R-**다항식**이라고 한다.

◀ 多項式 polynomial over R

R-다항식 전체의 집합을

$$R[x]$$

로 나타낸다.

R-다항식 ①에 사용된 문자 x를 **부정원**이라고 한다.

①에 나타난 $a_0, a_1x, \cdots, a_nx^n$을 각각 다항식 ①의 **상수항**, **일차항**, $\cdots$, n **차항**이라 하고 $a_i, (i = 1, \cdots, n),$를 x^i**의 계수** 또는 i **차항의 계수**라고 한다.

◀ 否定元 indeterminate
項 term
係數 coefficient
常數項 constant term

R이 단위원을 가지는 환일 때, ①에서 1_Rx는 간단히 x로 쓴다.
또 $x^0 = 1_R$로 약속하고 ①을

$$\textstyle\sum_{i=0}^{n} a_ix^i \quad \text{또는} \quad \displaystyle\sum_{i=0}^{n} a_ix^i$$

와 같이 나타내기도 한다.

$R[x]$ 의 원소

$$f = \sum_{i=0}^{n} a_i x^i = a_0 + a_1 x + a_2 x^2 + \cdots + a_n x^n,$$
$$g = \sum_{i=0}^{m} b_i x^i = b_0 + b_1 x + b_2 x^2 + \cdots + b_m x^m, \text{(단, } n \le m)$$

에 대하여, f, g의 서로 같음을

$$f = g \Leftrightarrow \begin{cases} a_i = b_i, (i \le n\text{일 때}), \\ b_i = 0, \ (i > n\text{일 때}) \end{cases}$$

와 같이 정의한다. 또, f, g의 합 $f+g$와 곱 fg를

㉮ $f + g = \sum_{i=0}^{m} (a_i + b_i) x^i$

$$= (a_0 + b_0) + (a_1 + b_1)x + \cdots + (a_m + b_m)x^m,$$
$$\text{(단, } n < m\text{일 때, } a_{n+1} = a_{n+2} = \cdots = a_m = 0),$$

㉯ $fg = \sum_{k=0}^{n+m} \left(\sum_{i+j=k} a_i b_j \right) x^k$

$$= a_0 b_0 + (a_0 b_1 + a_1 b_0)x + (a_0 b_2 + a_1 b_1 + a_2 b_0)x^2 + \cdots + a_n b_m x^{n+m}$$

과 같이 정의한다.

보기 7 $f = 2 + x, g = 4 + 3x \in \mathbf{Z}[x]$에 대하여,

$f + g = 2 + 4 + (1 + 3)x = 6 + 4x.$

$fg = 2 \cdot 4 + (2 \cdot 3 + 1 \cdot 4)x + (1 \cdot 3)x^2 = 8 + 10x + 3x^2.$

$R[x]$는 덧셈 ㉮와 곱셈 ㉯ 하에서 환을 이룬다.

∵ $f, g \in R[x]$에 대하여, ㉮, ㉯로 정의된 $f+g, fg$도 R-다항식이므로, 덧셈 ㉮와 곱셈 ㉯는 $R[x]$ 상의 이항연산이다.

▸ $f = \sum_{i=0}^{n} a_i x^i, \quad g = \sum_{j=0}^{m} b_j x^j, \quad h = \sum_{k=0}^{r} c_k x^k \in R[x]$

에 대하여, $n \le m \le r$이라고 할 때,

$$(f + g) + h = \sum_{i=0}^{r} ((a_i + b_i) + c_i) x^i$$
$$= \sum_{i=0}^{r} (a_i + (b_i + c_i)) x^i = f + (g + h)$$
$$\text{(단, } i > n\text{일 때, } a_i = 0;\ i > m\text{일 때, } b_i = 0)$$

이므로 덧셈 ㉮는 결합법칙을 만족한다.

▸ 0_R은 $R[x]$의 항등원이다.

▸ f의 덧셈에 관한 역원은 $\sum_{i=0}^{n}(-a_i)x^i$이다. (a_i의 덧셈에 관한 역원)

▸ $f+g=\sum_{i=0}^{m}(a_i+b_i)x^i=\sum_{i=0}^{m}(b_i+a_i)x^i=g+f$,
(단, $i>n$일 때, $a_i=0$)

이므로 $R[x]$는 덧셈에 관한 아벨군이다.

▸ $$(fg)h=\sum_{l=0}^{n+m+r}\left(\sum_{i+j+k=l}(a_ib_j)c_k\right)x^l$$
$$=\sum_{l=0}^{n+m+r}\left(\sum_{i+j+k=l}a_i(b_jc_k)\right)x^l=f(gh)$$

이므로 $R[x]$는 곱셈에 관한 반군이다.

▸ $$f(g+h)=\sum_{k=0}^{r}\left(\sum_{i+j=k}a_i(b_j+c_j)\right)x^k$$
$$=\sum_{k=0}^{r}\left(\sum_{i+j=k}a_ib_j+\sum_{i+j=k}a_ic_j\right)x^k$$
$$=\sum_{k=0}^{r}\left(\sum_{i+j=k}a_ib_j\right)x^k+\sum_{k=0}^{r}\left(\sum_{i+j=k}a_ic_j\right)x^k$$
$$=fg+fh.$$

마찬가지로 $(f+g)h=fh+gh$ 이므로 분배법칙이 성립한다. ◆

이 환 $R[x]$를 R 상의 **다항식환**이라고 한다.

◂ 多項式環 ring of polynomials over R

NoTE 2 (1) 환 R의 원소 a는, 이를테면

$$a=a+0_Rx$$

와 같이 표현될 수 있으므로, 다항식이다. 그러므로 $R\subset R[x]$이다.

(2) R이 가환환일 때 $R[x]$도 가환환이다.(연습문제 6.1.10.(1)).

(3) R이 단위원 1_R을 가질 때, 1_R은 $R[x]$의 단위원이다.(연습문제 6.1.10.(2)). 이 때, $R[x]$는 R을 포함하면서 조건

$$xa=ax,\ (\forall a\in R)$$

을 만족하는 새로운 원소 x를 또한 포함하는 환이다.

보기 8 다항식환 $\boldsymbol{Z}[x], \boldsymbol{Q}[x], \boldsymbol{R}[x]$는 단위원을 가지는 가환환이다.

부분환

정의 환 R의 공집합이 아닌 부분집합 S가 R의 연산 하에서 환을 이룰 때, S를 R의 **부분환**이라 하고 $S \le R$로 나타낸다.

◀ 部分環 subring

환 R에 대하여 $\{0\}$과 R은 R의 부분환이다. $\{e\}$를 R의 **자명한 부분환**이라고 하고, R이 아닌 부분환을 **진부분환**이라고 한다.

◀ trivial subring

◀ 眞部分環 proper subring

보기 9 환 $2\mathbf{Z}$는 수의 덧셈, 곱셈($\mathbf{Z}$의 덧셈, 곱셈) 하에서 환을 이루므로 (보기 3), $2\mathbf{Z}$는 $\mathbf{Z}$의 부분환, 즉, $2\mathbf{Z} \le \mathbf{Z}$이다.

환 R의 원소 a의 덧셈에 관한 역원을 $-a$로 나타내고, $a, b \in R$에 대하여 $a+(-b)$를 $a-b$로 나타낸다.

정리 6.1.1 *(Subring Test)*
환 R의 부분집합 $S \ne \varnothing$에 대하여, $S \le R$일 필요충분조건은

$$a, b \in S \Rightarrow a-b \in S,\ ab \in S.$$

증명 S가 덧셈에 관하여 R의 부분군일 필요충분조건은

$$a, b \in S \Rightarrow a-b \in S.$$

S가 R의 곱셈에 관하여 반군일 필요충분조건은 S가 R의 곱셈 하에서 닫혀있을 것, 즉, 「$a, b \in S \Rightarrow ab \in S$」일 것이다. ▌

◀ 결합법칙은 R에서 성립하므로 S에서도 성립한다.

보기 10 $S = \left\{ \begin{bmatrix} a & 0 \\ 0 & b \end{bmatrix} \middle| a, b \in \mathbf{R} \right\}$은 행렬의 덧셈, 곱셈에 관한 환이다.

$\because$ $\begin{bmatrix} a & 0 \\ 0 & b \end{bmatrix}, \begin{bmatrix} c & 0 \\ 0 & d \end{bmatrix} \in S$에 대하여

$$\begin{bmatrix} a & 0 \\ 0 & b \end{bmatrix} - \begin{bmatrix} c & 0 \\ 0 & d \end{bmatrix} = \begin{bmatrix} a-c & 0 \\ 0 & b-d \end{bmatrix} \in S,$$

$$\begin{bmatrix} a & 0 \\ 0 & b \end{bmatrix}\begin{bmatrix} c & 0 \\ 0 & d \end{bmatrix} = \begin{bmatrix} ac & 0 \\ 0 & bd \end{bmatrix} \in S$$

이므로 $S \le \mathrm{Mat}_2(\mathbf{R})$이다. 그러므로 S는 환이다.

예제 6.1.2

$$Z[i]=\{a+bi\,|\,a,b\in Z\},\ (\text{단, } i\text{는 허수단위})$$

는 수의 덧셈과 곱셈 하에서 단위원을 가지는 가환환임을 보여라.

> $Z[i]$를 가우스정수환(ring of Gaussian integers)이라고 한다.

증명 • $x=a+bi,\ y=c+di\in Z[i]$에 대하여,

$$x-y=(a+bi)-(c+di)=(a-b)+(c-d)i\in Z[i],$$

$$xy=(a+bi)(c+di)=(ac-bd)+(ad+bc)i\in Z[i]$$

이므로 $Z[i]$는 C의 부분환이다. C가 가환환이므로 $Z[i]$는 가환환이다.

• $Z[i]$의 단위원은 $1=1+0i\in Z[i]$이다. ◻

예제 6.1.3

$\mathbf{1}=\begin{bmatrix}1&0\\0&1\end{bmatrix},\mathbf{i}=\begin{bmatrix}i&0\\0&-i\end{bmatrix},\mathbf{j}=\begin{bmatrix}0&1\\-1&0\end{bmatrix},\mathbf{k}=\begin{bmatrix}0&i\\i&0\end{bmatrix}$, (단, i는 허수단위), 에 대하여 집합

$$H=\{a\mathbf{1}+b\mathbf{i}+c\mathbf{j}+d\mathbf{k}\,|\,a,b,c,d\in R\}$$

는 행렬의 덧셈과 곱셈 하에서 단위원을 가지는 비가환환임을 보여라.

> $\mathbf{1},\mathbf{i},\mathbf{j},\mathbf{k}$는 1.3절 보기 7의 사원수군의 행렬

> H를 사원수환(ring of quarternions)이라고 한다. 사원수는 1843년 해밀턴에 의하여 고안되었다.

증명 • 명백히 $\varnothing\neq H\subset \mathrm{Mat}_2(C)$이다.

$\mathbf{u}=a\mathbf{1}+b\mathbf{i}+c\mathbf{j}+d\mathbf{k},\ \mathbf{v}=x\mathbf{1}+y\mathbf{i}+z\mathbf{j}+u\mathbf{k}\in H$에 대하여,

$$\mathbf{u}-\mathbf{v}=(a-x)\mathbf{1}+(b-y)\mathbf{i}+(c-z)\mathbf{j}+(d-u)\mathbf{k}\in H.$$

또, 아래 곱셈표에 의하여

$$\mathbf{uv}=(ax-by-cz-du)\mathbf{1}+(ay+bx+cu-dz)\mathbf{i}$$
$$+(az-bu+cx+dy)\mathbf{j}+(au+bz-cy+dx)\mathbf{k}\in H.$$

그러므로, H는 $\mathrm{Mat}_2(C)$의 부분환이고, 따라서 환이다.

• $\mathbf{1}=1\cdot\mathbf{1}+0\mathbf{i}+0\mathbf{j}+0\mathbf{k}\in H$은 H의 항등원이다.

• $\mathbf{ij}=\mathbf{k}\neq-\mathbf{k}=\mathbf{ji}$이므로 H는 비가환환이다. ◻

$\mathbf{i}^2=\mathbf{j}^2=\mathbf{k}^2=-\mathbf{1}$,
$\mathbf{ij}=\mathbf{k}=-\mathbf{ji}$,
$\mathbf{jk}=\mathbf{i}=-\mathbf{kj}$,
$\mathbf{ki}=\mathbf{j}=-\mathbf{ik}$.

u \ v	$x\mathbf{1}$	$y\mathbf{i}$	$z\mathbf{j}$	$u\mathbf{k}$
$a\mathbf{1}$	$ax\mathbf{1}$	$ay\mathbf{i}$	$az\mathbf{j}$	$au\mathbf{k}$
$b\mathbf{i}$	$bx\mathbf{i}$	$-by\mathbf{1}$	$bz\mathbf{k}$	$-bu\mathbf{j}$
$c\mathbf{j}$	$cx\mathbf{j}$	$-cy\mathbf{k}$	$-cz\mathbf{1}$	$cu\mathbf{i}$
$d\mathbf{k}$	$dx\mathbf{k}$	$dy\mathbf{j}$	$-dz\mathbf{i}$	$-du\mathbf{1}$

정리 6.1.4

환 R의 부분환 S_i, ($i \in I$, I는 어떤 집합), 에 대하여 $S = \bigcap_{i \in T} S_i$는 R의 부분환이다.

◀ 부분환의 교집합은 부분환이지만 부분환의 합집합은 일반적으로 부분환이 아니다.

증명 $0_R \in S_i, (\forall i \in I)$, 이므로 $0_R \in S$이고, 따라서 $S \neq \varnothing$.

$$\begin{aligned} a, b \in S &\Rightarrow a, b \in S_i, (\forall i \in I) \\ &\Rightarrow a - b, ab \in S_i, (\forall i \in I) \\ &\Rightarrow a - b, ab \in S. \end{aligned}$$

그러므로, S는 R의 부분환이다. ▌

환의 기본 성질

정리 6.1.5

환 R과 $a, b \in R$에 대하여 다음이 성립한다.

(1) $a0 = 0 = 0a$　　　　(2) $(-a)b = -ab = a(-b)$

증명 (1) $a0 + a0 = a(0+0) = a0 = a0 + 0.$

$a0 + a0 = a0 + 0$로부터 소거율(정리 1.2.2)에 의하여 $a0 = 0$을 얻는다.
같은 논리로 $0a = 0$임을 보일 수 있다.

(2) $(-a)b + ab = ((-a) + a)b = 0b = 0.$

$(-a)b + ab = 0$의 양변에 $-ab$를 더하면, $(-a)b = -ab$.
같은 논리로 $a(-b) = -ab$임을 보일 수 있다. ▌

n이 자연수일 때, 환 R의 원소 a에 대하여, 1.1절의 경우와 마찬가지로

$$\underbrace{a + a + \cdots + a}_{n\text{개}}, \quad \underbrace{(-a) + (-a) + \cdots + (-a)}_{n\text{개}}$$

를 각각 $na, -na$로 나타내고, $0a = 0_R$로 약속한다. (정수 0)
또, $(R, \cdot)$은 반군이지만 군의 경우와 마찬가지로

$$\underbrace{a\,a \cdots a}_{n\text{개}}, \quad \underbrace{a^{-1} a^{-1} \cdots a^{-1}}_{n\text{개}}$$

를 각각 a^n, a^{-n}으로 나타낸다.

6-1 EXERCISES 연습문제

1 환 R에 대하여, $(R, +)$가 순환군일 때, R은 가환환임을 보여라.

2 $\mathbf{R}$에서 $\mathbf{R}$로 가는 연속함수 전체의 집합을 $C(\mathbf{R})$로 나타낸다. $f, g \in C(\mathbf{R})$의 합 $f+g$와 곱 fg를 다음과 같이 정의한다.

$$(f+g)(x) = f(x) + g(x),\ (fg)(x) = f(x)g(x),\ (\forall x \in \mathbf{R}).$$

이 덧셈과 곱셈 하에서 $C(\mathbf{R})$은 환을 이룸을 보여라.

◂ $C(\mathbf{R})$을 **연속함수환** (ring of continuous functions)이라고 한다.

3 $\mathbf{Z}[\sqrt{2}\,] = \{a + b\sqrt{2} \mid a, b \in \mathbf{Z}\}$는 수의 덧셈, 곱셈 하에서 단위원을 가지는 가환환임을 보여라.

4 환 R에 대하여 $a^n = a, (\forall a \in R)$, 을 만족하는 짝수인 자연수 n이 존재할 때, $a = -a, (\forall a \in R)$, 임을 증명하라.

5 환 R의 $a^2 = a$인 원소 a를 **멱등원**이라고 한다. 환 R의 모든 원소가 멱등원일 때, R은 가환환임을 증명하라.

◂ 冪等元 idempotent

6 $M_2(\mathbf{Z})$의 멱등원 4개를 들어라.

7 환 R의 원소 a에 대하여 $a^n = 0$인 자연수 n이 존재할 때, a를 **멱영원**이라고 한다. R이 0 이외의 멱영원을 가지지 않을 필요충분조건은 방정식 $x^2 = 0$의 해가 0 뿐일 것임을 증명하라.

◂ 冪零元 nilpotent

8 환 R의 원소 a가 멱등원일 때, $(xa - axa)^2 = 0,\ (\forall x \in R)$, 임을 증명하라.

9 환 R에 대하여 $Z(R) = \{x \in R \mid ax = xa, \forall a \in R\}$은 R의 부분환임을 보여라.

◂ $Z(R)$을 R의 **중심** (center)이라고 한다.

10 환 R에 대하여 다음을 증명하라.

(1) R이 가환환일 때 $R[x]$도 가환환이다.

6-1 · E · X · E · R · C · I · S · E · S · 연습문제

(2) R이 단위원 1_R을 가질 때 1_R은 $R[x]$의 단위원이다.

11 S, T가 환 R의 부분환일 때, $S \cup T$는 일반적으로 R의 부분환이 아님을 보여라.

12 환 R의 부분환 S에 대하여 다음을 설명하라.

(1) $0_S = 0_R$이다.

(2) R이 가환환일 때 S도 가환환이다.

(3) R이 단위원을 가질 때 S는 단위원을 가질 수도 있고 가지지 않을 수도 있다.

(4) R, S가 단위원을 가질 때 1_S는 1_R과 같을 수도 있고 다를 수도 있다.

13 $\left\{ \begin{bmatrix} 0 & a \\ 0 & b \end{bmatrix} \middle| a, b \in \mathbf{Z} \right\}$는 $\mathrm{Mat}_2(\mathbf{Z})$의 부분환임을 보여라.

14 $S = \{0, 2, 4\} \subset \mathbf{Z}_6$에 대하여 다음을 보여라.

(1) S는 $\mathbf{Z}_6$의 부분환이다.

(2) S는 단위원을 가지고, $1_R \neq 1_{\mathbf{Z}_6}$이다.

15 환 R의 원소 a, b, c에 대하여 다음이 성립함을 보여라.

(1) $(-a)(-b) = ab$　　(2) $-(a-b) = -a+b$

(3) $a(b-c) = ab - ac$　　(4) $(a-b)c = ac - bc$

16 환 R에 대하여 다음 집합은 R의 부분환임을 보여라.

(1) $a \in R$에 대하여, $Ra = \{ra \mid r \in R\}$.

(2) R이 1을 가질 때, $S = \{n1 \mid n \in \mathbf{Z}\}$.

17 환 $\mathbf{Z} \oplus \mathbf{Z}$는 부분환이 아닌 덧셈에 관한 부분군을 가짐을 보여라.

6-1 · E · X · E · R · C · I · S · E · S · 연습문제

18 환 $\boldsymbol{Q}$의 부분환으로서 $\frac{1}{2}$을 포함하는 최소의 부분환 S를 찾아라.

19 환 R의 모든 원소 a에 대하여 $S_a = \{r \in R \mid ar = 0\}$는 R의 부분환임을 보여라.

20 $S = \{f \in C(\boldsymbol{R}) \mid f(2) = 0\}$이 연속함수환 $C(\boldsymbol{R})$의 부분환인지 아니지를 판정하라. (연습문제 2 참조).

21 R, S가 환일 때, $R^* = \{(r, 0_S) \mid r \in R\}, S^* = \{(0_R, s) \mid s \in S\}$는 $R \oplus S$의 부분환임을 보여라. 또, R, S가 단위원을 가질 때, R^*, S^*가 단위원을 가지는지 가지지 않는지를 판정하라.

22 $S = \{0, 2, 4, 6, 8\}$은 $\mathbf{Z}_{10}$의 부분환임을 보이고, S가 단위원을 가지는지 가지지 않는지를 판정하라.

23 $\mathrm{Mat}_2(\mathbf{Z}_2)$는 원소의 개수가 16이고, 단위원을 가지는 비가환환임을 보여라.

◀ $\mathrm{Mat}_2(\mathbf{Z}_2)$는 $\mathbf{Z}_2$에서 원소를 가지는 2×2 행렬 전체의 집합.
행렬의 덧셈과 곱셈은 법 2에 관한 덧셈, 곱셈으로써 한다.

24 사원수환 $\boldsymbol{H}$에 대하여 다음을 증명하라.

(1) $\mathbf{u} = a\mathbf{1} + b\mathbf{i} + c\mathbf{j} + d\mathbf{k} \in \boldsymbol{H}$일 때, $\mathbf{u} = \begin{bmatrix} a + bi & c + di \\ -c + di & a - bi \end{bmatrix}$.

(2) $\mathbf{u} = a\mathbf{1} + b\mathbf{i} + c\mathbf{j} + d\mathbf{k}, \bar{\mathbf{u}} = a\mathbf{1} - b\mathbf{i} - c\mathbf{j} - d\mathbf{k} \in \boldsymbol{H}$일 때,
$\mathbf{u}\bar{\mathbf{u}} = \bar{\mathbf{u}}\mathbf{u} = (a^2 + b^2 + c^2 + d^2)\mathbf{1}$.

(3) $\mathbf{u} \in \boldsymbol{H}, \mathbf{u} \neq 0_H$일 때 $\mathbf{u}$는 곱셈에 관한 역원을 가진다.

(4) $\mathbf{x}^2 = -\mathbf{1}$을 만족하는 $\mathbf{x} \in \boldsymbol{H}$가 무수히 많이 존재한다.

6-2 체와 정역

✤ 이 절의 학습 내용

- 영인자 / • 정역
- 단위 / • 단위군 U_R
- 나눗셈환 / • 체
- 부분정역 / • 부분체
- 체와 정역과의 관계

조건이 부여된 환

이 절에서는 일정한 조건이 부여된 몇 가지의 특별한 환을 정의한다. 지금부터, 환 R에 대하여, $R-\{0\}$을 $R^{\#}$으로 나타낸다.

가환환 R의 원소 $a \neq 0$에 대하여 $ab=0$인 $b \in R^{\#}$이 존재할 때, a를 **영인자**라고 한다.

◀ 零因子 zero divisor

보기 1 (1) $\mathbf{Z}_6$에서 2, 3은 영인자이고, 5는 영인자가 아니다.

∵ $2 \cdot 3 = 6 = 0$이므로 2, 3은 영인자가 아니다.

$\mathbf{Z}_6^{\#}$의 곱셈표의 제 5행에 0이 없으므로 5는 영인자가 아니다.

(2) $\mathbf{Z}$는 영인자를 가지지 않는다.

$\mathbf{Z}_6^{\#}$의 곱셈표

·	1	2	3	4	5
1	1	2	3	4	5
2	2	4	0	2	4
3	3	0	4	0	3
4	4	2	0	4	2
5	5	4	3	2	1

정의 $1(\neq 0)$을 가지는 가환환 R이 영인자를 가지지 않을 때, 즉,

$$ab=0 \Rightarrow a=0 \text{ 또는 } b=0, \ (\text{단}, a, b \in R)$$

일 때, R을 **정역**이라고 한다.

정역의 언어적의미는 '정수적 영역'. 정역은 정수환 $\mathbf{Z}$를 일반화한 것.

◀ 整域 integral domain

보기 2 (1) 환 $\boldsymbol{Z}, \boldsymbol{Q}, \boldsymbol{R}, \boldsymbol{C}$는 정역이다.

∵ 0이 아닌 두 수의 곱은 0이 아니다.

정역의 조건과 동치인 조건은
$a \neq 0, b \neq 0 \Rightarrow ab \neq 0$

보기 3 환 $\boldsymbol{Z}_6, \boldsymbol{Z} \oplus \boldsymbol{Z}$은 정역이 아니다.

∵ $\boldsymbol{Z}_6$에서, $2 \neq 0, 3 \neq 0$이지만 $2 \cdot 3 = 6 = 0$.

$\boldsymbol{Z} \oplus \boldsymbol{Z}$에서 $(1,0) \neq (0,0), (0,1) \neq (0,0)$ 이지만

$(1,0)(0,1) = (0,0)$.

정리 6.2.1

1을 가지는 가환환 R이 정역일 필요충분조건은 $a, b, c \in R$에 대하여

$$a \neq 0, ab = ac \Rightarrow b = c. \text{ (소거율)}$$

증명 R을 정역이라 하고, $a, b, c \in R, a \neq 0$이라고 하자.

$$ab = ac \Rightarrow ab - ac = 0 \Rightarrow a(b-c) = 0 \Rightarrow b - c = 0 \Rightarrow b = c.$$

(R은 정역, $a \neq 0$)

역으로, $ab = 0, a \neq 0$라고 하면

$$ab = 0 \Rightarrow ab = a0 \Rightarrow b = 0$$

(소거율(가정)) ($0 = a0$ (정리 6.1.5의 (1)))

이므로 R은 정역이다. ▌

단위원 1을 가지는 환 R에서 곱셈에 관한 역원을 가지는 원소를 R의 **단위**라고 한다. 단위 a의 곱셈에 관한 역원은 유일하게 존재한다. ◀ 單位 unit

∵ x, y가 a의 곱셈에 관한 역원이라고 하면

$$x = 1x = (ya)x = y(ax) = y1 = y. \ ◆$$

단위 a의 곱셈에 관한 역원을 a^{-1} 또는 $\frac{1}{a}$로 나타낸다.

R의 단위 전체의 집합을 $\boldsymbol{U}_R$로 나타낸다. $\boldsymbol{U}_R$은 R의 곱셈 하에서 군을 이룬다.

∵ $a, b \in \boldsymbol{U}_R$에 대하여, $b^{-1}a^{-1}ab = 1 = abb^{-1}a^{-1}$이므로

$ab \in \boldsymbol{U}_R$. 또, $a^{-1}a = 1 = aa^{-1}$이므로 $a^{-1} \in \boldsymbol{U}_R$. ◆

$\boldsymbol{U}_R$을 R의 **단위군**이라고 한다. ◀ 單位群 group of units

보기 **4** (1) $U_{\mathrm{Mat}_n(\boldsymbol{R})} = GL(n, \boldsymbol{R})$

(2) $U_{\boldsymbol{Z}} = \{1, -1\}$

(3) $U_{\boldsymbol{Z}_n} = U_n$. (연습문제 6.2.5)

◀ $GL(n, \boldsymbol{R})$은 n차 가역행렬 전체로 이루어진 행렬의 곱셈에 관한 군
$U_n = \{a \in \boldsymbol{Z}_n \mid \gcd(a, n) = 1\}$

정의 1($\neq 0$)을 가지는 환 R에 대하여, 각 $a \in R^{\#}$이 단위일 때, R을 **나눗셈환**이라고 한다. 가환환인 나눗셈환을 **체**라고 한다.

즉, $R^{\#} = U_R$일 때

◀ 나눗셈環 division ring
體 field

보기 **5** (1) $\boldsymbol{Q}, \boldsymbol{R}, \boldsymbol{C}$는 체이다.

(2) $\boldsymbol{Z}$는 나눗셈환이 아니다. 따라서 $\boldsymbol{Z}$는 체가 아니다.

∵ $\boldsymbol{Z}$의 원소 2는 곱셈에 관한 역원을 가지지 않는다.

◀ $\boldsymbol{Q}, \boldsymbol{R}, \boldsymbol{C}$를 각각 **유리수체, 실수체, 복소수체**라고 한다.

보기 **6** 사원수환 $\boldsymbol{H}$는 나눗셈환이다.(연습문제 6.1.24). 그러나 $\boldsymbol{H}$는 체가 아니다.

∵ $\boldsymbol{H}$는 비가환환이다.

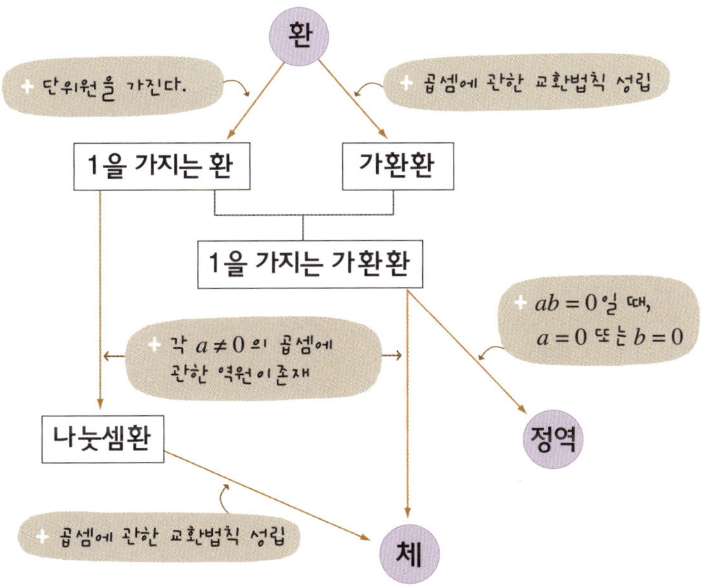

NoTE 1 환 R에 대하여

(1) R이 나눗셈환일 필요충분조건은 $(R^{\#}\ \cdot)$이 군일 것이다.

(2) R이 체일 필요충분조건은 $(R^{\#}\ \cdot)$이 아벨군일 것이다.

보기 **7** p가 소수일 때, 환 $\boldsymbol{Z}_p$는 체이다.

∵ $\boldsymbol{Z}_p$는 1을 가지는 가환환이다.

$\boldsymbol{Z}_p^{\#} = \boldsymbol{U}_p$이고, $\boldsymbol{U}_p$는 법 p에 관한 곱셈 하에서 아벨군이므로

$\boldsymbol{Z}_p$는 체이다.

예제 6.2.2

집합

$$\boldsymbol{Q}[\sqrt{2}\,] = \{a + b\sqrt{2} \mid a, b \in \boldsymbol{Q}\}$$

는 수의 덧셈과 곱셈 하에서 체임을 보여라.

증명 명백히 $\varnothing \neq \boldsymbol{Q}[\sqrt{2}\,] \subset \boldsymbol{R}$이다.

$x = a + b\sqrt{2},\ y = c + d\sqrt{2} \in \boldsymbol{Q}[\sqrt{2}\,]$에 대하여,

$$\begin{aligned} x - y &= (a + b\sqrt{2}) - (c + d\sqrt{2}) \\ &= (a - c) + (b - d)\sqrt{2} \in \boldsymbol{Q}[\sqrt{2}\,], \\ xy &= (a + b\sqrt{2})(c + d\sqrt{2}) \\ &= (ac + 2bd) + (ad + bc)\sqrt{2} \in \boldsymbol{Q}[\sqrt{2}\,] \end{aligned}$$

이므로 $\boldsymbol{Q}[\sqrt{2}\,]$는 $\boldsymbol{R}$의 부분환이다.

$\boldsymbol{R}$이 가환환이므로 $\boldsymbol{Q}[\sqrt{2}\,]$도 가환환이다.

$1 = 1 + 0\sqrt{2}$는 $\boldsymbol{Q}[\sqrt{2}\,]$의 단위원이다.

$a + b\sqrt{2} \neq 0$ 라고 하면 $a^2 - 2b^2 \neq 0$이다.

∵ $a^2 - 2b^2 \neq 0$일 때, $b \neq 0$이고, $\left|\frac{a}{b}\right| = \sqrt{2}$ 이다.

$\frac{a}{b}$는 유리수이고 $\sqrt{2}$는 무리수이므로 이는 모순이다. ◆

$$\begin{aligned} \frac{1}{a + b\sqrt{2}} &= \frac{a - b\sqrt{2}}{(a + b\sqrt{2}\,)(a - b\sqrt{2}\,)} \\ &= \frac{a}{a^2 - 2b^2} - \frac{b}{a^2 - 2b^2}\sqrt{2} \in \boldsymbol{Q}[\sqrt{2}\,] \end{aligned}$$

이므로 $\boldsymbol{Q}[\sqrt{2}\,]$는 체이다. ◻

체와 정역 사이의 관계

정리 6.2.3

임의의 체는 정역이다.

증명 R이 체라고 하고, $a, b \in R$에 대하여 $ab = 0$이라고 하자. $a \neq 0$라고 하면, $a^{-1} \in R$이다. 이 때,

$$ab = 0 \Rightarrow a^{-1}ab = a^{-1}0 \Rightarrow 1b = 0 \Rightarrow b = 0$$

이므로, R은 정역이다. ▌

예제 6.2.4

$\mathbf{Z}_n$이 정역일 필요충분조건은 n이 소수일 것임을 보여라. (단, n은 자연수)

증명 p가 소수일 때, $\mathbf{Z}_p$는 체이다.(보기 ㄱ). 그러므로 $\mathbf{Z}_p$는 정역이다. n이 소수가 아닐 때, $n = mk$, $1 < m, k < n$을 만족하는 자연수 m, k가 존재한다. 이 때, $\mathbf{Z}_n$에서 $m \neq 0, k \neq 0$이지만 $mk = n = 0$이고, 따라서 $\mathbf{Z}_n$은 정역이 아니다. ◘

예제 6.2.5

$n = 5, 6$일 때, 각각 환 $\mathbf{Z}_n$에서 이차방정식

$$x^2 - 3x + 2 = 0 \quad \cdots\cdots ②$$

을 풀어라.

풀이 $x^2 - 3x + 2 = (x-2)(x-1)$.

• $n = 5$일 때 : $\mathbf{Z}_5$는 정역($\because$ 보기 ㄱ, 정리 6.2.3)이므로,

$$(x-2)(x-1) = 0 \Leftrightarrow x - 2 = 0 \text{ 또는 } x - 1 = 0$$

따라서 ②의 해는 $x = 2$ 또는 $x = 1$.

• $n = 6$일 때 : $x-2, x-1$의 차는 1이다. $\mathbf{Z}_6$에서 차가 1이고 곱이 0인 두 수 $a \le b$의 쌍은 $(0, 1), (2, 3), (3, 4), (5, 6)$의 4 개이다.

$$(x-2)(x-1) = 0 \Leftrightarrow (x-2, x-1) \in \{(0, 1), (2, 3), (3, 4), (5, 6)\}$$
$$\Leftrightarrow x - 2 \in \{0, 2, 3, 5\} \Leftrightarrow x \in \{2, 4, 5, 1\}.$$

따라서 ②의 해는

$$x = 2 \text{ 또는 } x = 4 \text{ 또는 } x = 5 \text{ 또는 } x = 1.$$ ◘

정리 6.2.6

임의의 유한 정역은 체이다.

증명 $R = \{a_1, a_2, \cdots, a_n\}$이 정역이라 하고,
$a \in R^{\#}$에 대하여 $aR = \{aa_1, aa_2, \cdots, aa_n\}$이라고 하면
$aR \subset R$이고, $aa_1, aa_2, \cdots, aa_n$은 모두 서로 다르다.

$\because$ $aa_i = aa_j$이면, 소거율(정리 6.2.1)에 의하여 $a_i = a_j$이다. ◆

따라서, $|aR| = |R|$이고, 그러므로 $aR = R$이다.
R은 1을 가지므로 $aa_i = 1$인 i가 존재하고, 따라서 $a \in U_R$이다.
그러므로 $R^{\#} = U_R$이다. ▌

체 F의 부분환 S가 체일 때, S를 F의 **부분체**라고 한다. 또, 정역 D의 부분환 T가 정역일 때, T를 D의 **부분정역**이라고 한다.

◂ 部分體 subfield

◂ 部分整域 subdomain

보기 8 (1) $\mathbf{Q}$는 $\mathbf{R}$의 부분체이고, $\mathbf{R}$은 $\mathbf{C}$의 부분체이다.

(2) $\mathbf{Z}$는 $\mathbf{Q}$의 부분정역이다.

정리 6.2.7

체 F의 부분집합 S가 F의 부분체일 필요충분조건은

(i) $S^{\#} \neq \varnothing$

(ii) $a, b \in S \Rightarrow a - b \in S$

(iii) $a \in S, b \in S^{\#} \Rightarrow ab^{-1} \in S$

증명 $S \neq \varnothing$가 F의 부분체이면, 명백히 (i), (ii), (iii)이 성립한다.
(i), (ii), (iii)이 성립하면, S는 F의 부분환이다.
(ii)에 의하여 $(S^{\#}, \cdot)$는 군이다. 더욱이 $(F^{\#}, \cdot)$가 아벨군이므로 $(S^{\#}, \cdot)$도 아벨군이다. 그러므로 NOTE 1 로부터 S는 체이다. ▌

6-2 E·X·E·R·C·I·S·E·S 연습문제

1 $F=\left\{\begin{bmatrix} a & -b \\ b & a \end{bmatrix} \middle| a, b \in \boldsymbol{R}\right\}$은 행렬의 합과 곱에 관한 체임을 증명하라.

2 $F=\{(a, b) \mid a, b \in \boldsymbol{R}\}$의 원소 $(a, b), (c, d)$의 합과 곱을
$(a, b)+(c, d)=(a+c, b+d)$,
$(a, b)(c, d)=(ac-bd, ad+bc)$
와 같이 정의할 때, F는 이 덧셈, 곱셈에 관한 체임을 증명하라.

3 다음을 증명하라. 단, 연산은 수의 덧셈, 곱셈이다.
(1) $\boldsymbol{Q}[i]=\{a+bi \mid a, b \in \boldsymbol{Q}\}$는 체이다.
(2) $\boldsymbol{Z}[i]=\{a+bi \mid a, b \in \boldsymbol{Z}\}$는 정역이다.

4 2이상인 완전제곱수의 배수가 아닌 정수 d에 대하여, 다음을 증명하라.
(1) $\boldsymbol{Z}[\sqrt{d}]=\{m+n\sqrt{d} \mid m, n \in \boldsymbol{Z}\}$는 $\boldsymbol{C}$의 부분정역이다.
(2) $\boldsymbol{Q}[\sqrt{d}]=\{a+b\sqrt{d} \mid a, b \in \boldsymbol{Q}\}$는 $\boldsymbol{C}$의 부분체이다.

5 $U_{\boldsymbol{Z}_n}=U_n$을 증명하라.

6 연속함수환 $C(\boldsymbol{R})$(연습문제 6.1.2)은 정역이 아님을 보여라.

7 정역이 아니면서 영인자를 가지지 않는 가환환의 예를 들어라.

8 환의 영인자의 합은 영인자인가?

9 a가 환 R의 멱영원일 때, $1-a$는 R의 단위임을 보여라.

10 $\{0, 2, 4, 6, 8\}$은 법 10에 관한 합, 곱에 관한 체임을 보여라.

11 단위원을 가지는 가환환 R에서, 임의의 영이 아닌 한쌍의 원소의

6-2 · E · X · E · R · C · I · S · E · S · 연습문제

곱이 영이 아닐 때, $ab = 1 \Rightarrow ba = 1$임을 증명하라.

12 정역은 다음 성질을 만족함을 증명하라.
(1) 멱영원은 0뿐이다.
(2) 멱등원은 1, 0뿐이다.

13 정역에서 자기 자신을 곱셈에 관한 역원으로 가지는 원소를 모두 찾아라.

14 R이 영인자를 가지지 않는 가환환일 때, $R^{\#}$의 모든 원소의 덧셈에 관한 위수는 동일함을 증명하라.

15 유한체의 원소의 개수는 소수의 거듭제곱임을 증명하라.

16 Z_{12}에서 방정식 $x^3 - 2x^2 - 3x = 0$을 풀어라.

17 단위원을 가지는 유한환 R이 영인자를 가지지 않을 때, R은 나눗셈환임을 증명하라.

18 단위원을 가지는 가환환 R에서 $a^2 = 1$을 만족하는 원소 a에 대하여, $a+1, a-1$은 영인자임을 보여라.

19 F가 체일 때, $\mathrm{Mat}_2(F)$는 최소한 6개의 단위를 가짐을 보여라.

20 나눗셈 환에서는 n차 방정식이 $n+1$개 이상의 해를 가질 수 있음을 보이는 예를 들어라.

21 정역의 원소 a, b에 대하여 $a^m = b^m, a^n = b^n$을 만족하는 서로소인 자연수 m, n이 존재할 때, $a = b$임을 보여라.

7 아이디얼과 환준동형사상

군의 정규부분군과 환의 아이디얼은 정수론에서 합동 개념의 확장이다. 이 개념은 페르마의 최후 정리를 해결하려는 노력의 과정에서 쿰머(Kummer)에 의하여 개발된 이상수(ideal numbers)의 개념을 일반화한 것으로서 1876년 데데킨트의 책 Lectures on Number Theory에서 처음으로 소개 되었다. 이 개념은 후에 힐버트(Hilbert)와 뇌터(Nöther)에 의하여 확장되었다.

군 사이에 정의된 연산을 보존하는 함수를 준동형사상이라고 하듯이 환 사이에 정의된 연산을 보존하는 함수를 환준동형사상이라고 한다. 환중동형 사상은 아이디얼의 개념과 결부되어 많은 강력하고 아름다운 성질을 가지고 있다.

7-1 아이디얼과 잉여환

이절의 학습 내용

- 아이디얼 / • 주아이디얼
- 아이디얼에 관한 합동 / • 잉여환
- 소아이디얼 / • 극대아이디얼
- 소아이디얼과 정역 / • 극대아이디얼과 체

아이디얼의 뜻

합동의 개념을 일반적인 환의 경우로 확장하여 보자.
$\mathbf{Z}$에서 $a \equiv b \ (\mathrm{mod.}\ 3)$은 $a-b$가 3의 배수라는 뜻이다.
환 $\mathbf{Z}$에서 3의 배수 전체의 집합

$$3\mathbf{Z} = \{0, \pm 3, \pm 6, \cdots\}$$

은 덧셈에 관한 $\mathbf{Z}$의 부분환이고, 또 임의의 정수와 3의 배수의 곱은 3의 배수이므로 $3\mathbf{Z}$에 속한다. 다음에 소개하는 아이디얼의 개념은 이 성질을 환의 경우로 확장한 것이다.

R이 가환환일 때, 이 조건은 $r \in R, x \in I \Rightarrow rx \in I$ 하나로 줄어든다.

정의 환 R의 부분환 I가 조건

$$r \in R, x \in I \Rightarrow rx \in I,\ xr \in I$$

를 만족할 때, I를 R의 **아이디얼**이라 하고, $I \lhd R$과 같이 나타낸다.

◂ 이 조건을 **흡수율**이라고 한다.

◂ ideal

임의의 환 R에 대하여, $\{0\} \lhd R$, $R \lhd R$이다.

◂ $\{0\}$을 **자명한 아이디얼** (trivial ideal)이라고 한다.

보기 1 임의의 자연수 n에 대하여 $n\mathbf{Z}$는 $\mathbf{Z}$의 아이디얼이다.

$\because$ $n\mathbf{Z}$는 $\mathbf{Z}$의 부분환이다.

$k \in \mathbf{Z}$와 $na \in n\mathbf{Z}$에 대하여 $k(na) = n(ka) \in n\mathbf{Z}$. $\therefore$ $n\mathbf{Z} \lhd \mathbf{Z}$.

보기 2 $S = \left\{ \begin{bmatrix} a & 0 \\ 0 & b \end{bmatrix} \middle| a, b \in \boldsymbol{R} \right\}$은 $\mathrm{Mat}_2(\boldsymbol{R})$의 아이디얼이 아니다.

◀ 6.1절 보기 10

$\because$ $\begin{bmatrix} 1 & 0 \\ 0 & 1 \end{bmatrix} \in S$이지만, $\begin{bmatrix} 1 & 1 \\ 1 & 1 \end{bmatrix} \in \mathrm{Mat}_2(\boldsymbol{R})$에 대하여

$$\begin{bmatrix} 1 & 0 \\ 0 & 1 \end{bmatrix}\begin{bmatrix} 1 & 1 \\ 1 & 1 \end{bmatrix} = \begin{bmatrix} 1 & 1 \\ 1 & 1 \end{bmatrix} \notin S$$

이다. 그러므로 아이디얼의 흡수율 조건이 성립하지 않는다.

NOTE 1 1을 가지는 환 R의 아이디얼 I가 단위를 포함할 때, $I = R$.

◀ 특히 I가 1을 포함하면 $I = R$.

$\because$ $u \in I \cap U(R)$이라고 하면, 임의의 $r \in R$에 대하여

$r = r1 = (ru^{-1})u \in I$. $\therefore R \subset I$. $\therefore R = I$. ▌

다음은 환의 부분집합에 대한 아이디얼 판정법이다.

정리 7.1.1 (Ideal Test)

환 R의 부분집합 $I(\neq \varnothing)$가 R의 아이디얼일 필요충분조건은

(i) $x, y \in I \Rightarrow x - y \in I$,

(ii) $r \in R,\ x \in I \Rightarrow rx,\ xr \in I$.

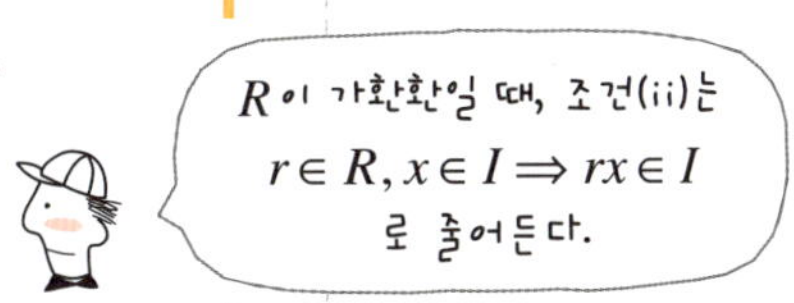

증명 $(\Rightarrow)$ 조건 (ii)가 성립하면, 조건

(iii) $\qquad x \in I,\ y \in I \Rightarrow xy \in I$

가 성립한다. 따라서 「(i), (ii) $\Leftrightarrow$ (i), (ii), (iii)」이다.

그런데 I가 R의 아이디얼일 조건은 (i), (ii), (iii)이다. ▌

보기 3 상수항이 짝수인 정수 계수 다항식 전체의 집합 I는 $\mathbf{Z}[x]$의 아이디얼이다.

$\because$ $f, g \in I$에 대하여 $f - g, fg$의 상수항은 짝수이므로

$f - g \in I, fg \in I$.

정리 7.1.2

환 R의 아이디얼 I, J의 **블락합**

$$I+J=\{x+y \mid x\in I, y\in J\}$$

는 R의 아이디얼이다.

증명 $a=x_1+y_1, b=x_2+y_2\in I+J, (x_1, x_2\in I, y_1, y_2\in J)$
에 대하여,

$$a-b=(x_1+y_1)-(x_2+y_2)=(x_1-x_2)+(y_1-y_2)\in I+J.$$

$r\in R, c=x+y\in I+J, (x\in I,\ y\in J)$에 대하여,

$$rc=r(x+y)=rx+ry\in I+J,$$
$$cr=(x+y)r=xr+yr\in I+J. \quad ▌$$

정리 7.1.3

환 R의 아이디얼 I, J에 대하여 $I\cap J$는 R의 아이디얼이다.

증명 먼저, 정리 1.3.4에 의하여 $(I\cap J, +)$는 $(R+)$의 부분군이므로

$$a, b\in I\cap J \Rightarrow a-b\in I\cap J.$$

$$r\in R, a\in I\cap J \Rightarrow \begin{cases} ra\in I, ar\in I \\ ra\in J, ar\in J \end{cases} \Rightarrow \begin{cases} ra\in I\cap J \\ ar\in I\cap J \end{cases}. \quad ▌$$

환 R의 원소 a에 대하여 집합 Ra, aR을 각각

$$Ra=\{ra \mid r\in R\},\quad aR=\{ar \mid r\in R\}$$

R이 가환환일 때는
$Ra = aR$

과 같이 정의한다. R이 가환환일 때, $a\in R$에 대하여, $Ra \lhd R$이다.

$\because$ $ra, sa\in Ra \Rightarrow ra-sa=(r-s)a\in Ra$

$x\in R, ra\in Ra \Rightarrow x(ra)=(xr)a\in Ra.$ ◆

R이 1을 가지는 가환환일 때, $a\in R$에 대하여, 아이디얼 Ra를 a로 생성되는 **주 아이디얼**이라 하고 $\langle a\rangle$로 나타낸다.

↳ 이 것은 a를 포함한다. ($\because a=1a\in Ra$)

◂ 主 아이디얼 principal ideal generted by a.

보기 4 정수환 $\mathbf{Z}$의 임의의 아이디얼은 주아이디얼이다.

$\because$ $I\lhd \mathbf{Z}$라고 하면 $(I, +)$는 $(\mathbf{Z}, +)$의 부분군이므로 순환군이다.

따라서 $I=n\mathbf{Z}=\langle n\rangle$, (단, n은 음이 아닌 어떤 정수), 이다.

보기 5 상수항이 0인 정수 계수 다항식 전체의 집합 I는 $x \in \mathbf{Z}[x]$로 생성되는 $\mathbf{Z}[x]$의 주 아이디얼, 즉, $I = \langle x \rangle$이다.

$\because$ $a_1x + a_2x^2 + \cdots + a_nx^n = x(a_1 + a_2x + \cdots + a_nx^{n-1})$

($a_1x + a_2x^2 + \cdots + a_nx^n$: I의 원소의 꼴, $x(a_1 + a_2x + \cdots + a_nx^{n-1})$: $\langle x \rangle$의 원소의 꼴)

1을 가지는 가환환 R의 원소 $a_1, a_2, \cdots, a_n$에 대하여,

$$\langle a_1 \rangle + \langle a_2 \rangle + \cdots + \langle a_n \rangle = Ra_1 + Ra_2 + \cdots + Ra_n$$

은 R의 아이디얼이다. (정리 7.1.2). 이것을 $a_1, a_2, \cdots, a_n$으로 **생성되는 아이디얼**이라 하고

$$\langle a_1, a_2, \cdots, a_n \rangle$$

으로 나타낸다.

◀ ideal generted by $a_1, a_2, \cdots, a_n$.

NoTE 2 R이 1을 가지는 가환환일 때, $a_1, a_2, \cdots, a_n \in R$에 대하여, $\langle a_1, a_2, \cdots, a_n \rangle$은 $a_1, a_2, \cdots, a_n$를 포함하는 최소의 아이디얼이다. (연습문제 7.1.16)

보기 6 상수항이 짝수인 정수 계수 다항식 전체의 집합을 I라고 할 때, $I = \langle 2, x \rangle$이다.

$\because$ $\langle 2, x \rangle = 2\mathbf{Z}[x] + x\mathbf{Z}[x]$에 속하는 다항식의 상수항은 짝수이다.

$\therefore \langle 2, x \rangle \subset I$.

임의의 $f \in I$는 $f = 2a_0 + x$(다항식) 꼴로 표현된다.

$\therefore$ $f \in 2\mathbf{Z}[x] + x\mathbf{Z}[x] = \langle 2, x \rangle$. $\therefore$ $I \subset \langle 2, x \rangle$.

보기 7 $\mathbf{Z}[x]$의 아이디얼 $I = \langle 2, x \rangle$는 주 아이디얼이 아니다.

$\because$ 먼저 $x \in \langle 2, x \rangle \subsetneq \mathbf{Z}[x]$ 임에 유의한다. (① $x \in \langle 2, x \rangle$, ② $\langle 2, x \rangle \subsetneq \mathbf{Z}[x]$)

$\langle 2, x \rangle = \langle f \rangle$인 $f \in \mathbf{Z}[x]$가 존재한다면, $2 \in \langle f \rangle$이므로 $2 = fg$인 $g \in \mathbf{Z}[x]$가 존재한다. 이 때, f는 정수이고 2의 약수이다. 그러므로 $f \in \{\pm 1, \pm 2\}$이다.

$f = \pm 1$일 때, $\langle f \rangle = \mathbf{Z}[x]$. (②에 위배).

$f = \pm 2$일 때, $\langle f \rangle = 2\mathbf{Z}[x]$이므로 $x \notin \langle f \rangle$. (①에 위배).

◀ ② $\because 1 \in \mathbf{Z}[x] - \langle 2, x \rangle$

• 아이디얼에 관한 합동

환 R의 원소 r, s의 아이디얼 I에 관한 **합동** $r \equiv s \pmod{I}$ 을

$$r \equiv s \pmod{I} \Leftrightarrow r - s \in I$$

와 같이 정의한다. 보조정리 3.1.2에 의하여

$$r \equiv s \pmod{I} \Leftrightarrow I + r = I + s.$$

◀ $r - s \in I \Leftrightarrow I + r = I + s$

예제 7.1.4

방정식 $x^3 + 10xy = 3237$ 의 양의 정수해를 구하여라.

풀 이 $x^3 \equiv x^3 + 10xy \equiv 3237 \equiv 1 \pmod{2\mathbf{Z}}$.

$$\therefore\ x \equiv 1 \pmod{2\mathbf{Z}}. \quad \therefore\ x \in \{1, 3, 5, \cdots\}.$$

$x^3 \equiv x^3 + 10xy = 3237 \equiv 2 \pmod{5\mathbf{Z}}$.

$$\therefore\ x \equiv 3 \pmod{5\mathbf{Z}}. \quad \therefore\ x \in \{3, 8, 13, 18, \cdots\}.$$

$$\therefore\ x \in \{1, 3, 5, \cdots\} \cap \{3, 8, 13, 18, \cdots\} = \{3, 13, 23, \cdots\}.$$

그러므로 $x = 10k + 3, (0 \le k \in \mathbf{Z})$, 이다.

$k \ge 2$이면 $x \ge 23$이고, 이 때, $x^3 + 10xy > 23^3 = 12167 > 3237$이다.
그러므로, $k \le 1$이어야 한다.
$k = 0$일 때, $x = 3$이고, 이 때, $3^3 + 10 \cdot 3y = 3237$에서 $y = 107$.
$k = 1$일 때, $x = 13$이고, 이 때, $13^3 + 10 \cdot 13y = 3237$에서 $y = 8$. ◘

정리 7.1.5

환 R의 아이디얼 I와 $r, s, r', s' \in R$에 대하여

$$r \equiv r' \pmod{I}, \quad s \equiv s' \pmod{I}$$

일 때,

(1) $r + s \equiv r' + s' \pmod{I}$ (2) $rs \equiv r's' \pmod{I}$

증 명 $r \equiv r' \pmod{I}, s \equiv s' \pmod{I}$이므로,

$$r - r' \in I, \quad s - s' \in I.$$

(1) $(r + s) - (r' + s') = \underbrace{(r - r')}_{\in I} + \underbrace{(s - s')}_{\in I} \in I.$

(2) $I \lhd R, r - r' \in I, s - s' \in I$이므로

$$(r - r')s \in I, r'(s - s') \in I.$$

$$\therefore\ rs - r's' = rs - r's + r's - r's' = \underbrace{(r - r')s}_{\in I} + \underbrace{r'(s - s')}_{\in I} \in I.$$ ▮

잉여환

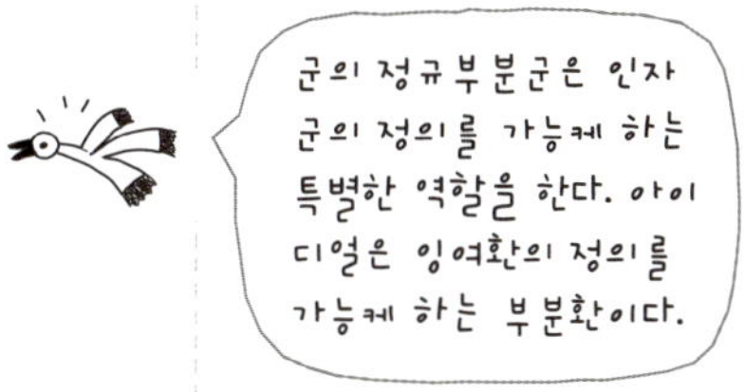

I가 환 R의 부분환일 때, $(I, +)$는 $(R, +)$의 정규부분군이다.
I의 잉여류 전체의 집합 $\Omega_I = \{I + r \mid r \in R\}$는 블락합, 즉

$$(I + r) + (I + s) = I + (r + s),\ (r, s \in R) \quad \cdots\cdots\cdots\ ①$$

로 정의되는 덧셈 하에서 군을 이룬다. (← 덧셈 ①에 관한 인자군 R/I)

Ω_I의 원소의 곱을

$$(I + r)(I + s) = I + rs,\ (r, s \in R) \quad \cdots\cdots\cdots\ ②$$

와 같이 정의하려고 한다. 이 곱셈이 정의되려면 조건

$$I + r = I + r',\ I + s = I + s' \Rightarrow I + rs = I + r's'$$

이 성립하여야 한다.

◀ 이 조건이 성립할 때, 곱셈 ②는 잘 정의되었다(well-defined)고 한다.

이제 어떤 경우에 이 조건이 성립하고, 또, 그 때, 연산 ①, ② 하에서 Ω_I가 환이 되는지에 대하여 알아 보자.

보조정리 7.1.6

환 R의 부분환 I에 대하여 집합 $\Omega_I = \{I + r \mid r \in R\}$ 상에서 곱셈 ②가 정의될 필요충분조건은 I가 R의 아이디얼일 것이다.

증명 (⇒) 곱셈 ②가 정의되었다고 하자. $r \in R, x \in I$라고 하면,

$$I + xr = (I + x)(I + r) = (I + 0)(I + r) = I + 0r = I + 0 = I.$$

(첫째 등호: 곱셈 ②의 정의, 둘째 등호: $I + x = I + 0$, 셋째 등호: 곱셈 ②의 정의)

$\therefore xr \in I.$ 마찬가지로 $rx \in I$. 따라서 $I \lhd R$이다.

(⇐) $I \lhd R$이라고 하자. $I + r = I + r',\ I + s = I + s'$이라고 하면

$$r \equiv r' \ (\text{mod. } I),\ s \equiv s' \ (\text{mod. } I).\ \therefore rs \equiv r's' \ (\text{mod. } I).$$

따라서 $I + rs = I + r's'$이고, 곱셈 ②가 정의된다. ▌

정리 7.1.7

환 R의 아이디얼 I에 대하여 $\Omega_I = \{I + r \mid r \in R\}$는 ①, ②로 정의된 덧셈, 곱셈 하에서 환을 이룬다.

증명 $(I, +)$는 $(R, +)$의 정규부분군이므로 Ω_I는 덧셈 ① 하에서 군을 이룬다. $(R, +)$이 아벨군이므로 $(\Omega_I, +)$도 아벨군이다.

보조정리 7.1.6 에 의하여 곱셈 ②는 Ω_I의 **이항연산**이다.

$I+r, I+s, I+t \in \Omega_I$에 대하여,

$$[(I+r)(I+s)](I+t) = (I+rs)(I+t) = I+(rs)t$$
$$= I+r(st) = (I+r)[(I+s)(I+t)]$$

이므로 곱셈 ②는 결합법칙을 만족한다.

$$(I+r)[(I+s)+(I+t)] = (I+r)(I+s+t) = I+r(s+t)$$
$$= I+rs+rt = (I+rs)+(I+rs) = (I+r)(I+s)+(I+r)(I+t).$$

같은 식으로

$$[(I+r)+(I+s)](I+t) = (I+r)(I+t)+(I+s)(I+t).$$

그러므로 분배법칙이 성립한다. 따라서 $(\Omega_I, +, \cdot)$는 환이다. ▮

정의 환 R의 아이디얼 I에 대하여 정리 7.1.7에서 정의되는 환 Ω_I를 I에 의한 R의 **잉여환**이라 하고

$$\frac{R}{I} \text{ 또는 } R/I$$

로 나타낸다.

◀ 剩餘環 residue class ring 잉여환은 인자환(因子環 factor ring) 또는 상환(商環 quotient ring) 이라고도 한다.

보기 8 환 $\mathbf{Z}[x]$의 아이디얼 $I = \langle 2, x\rangle$에 대하여

$$\mathbf{Z}[x]/I = \{I, I+1\}.$$

∵ I는 상수항이 짝수인 $\mathbf{Z}$-다항식 전체의 집합.

$I+1$은 상수항이 홀수인 $\mathbf{Z}$-다항식 전체의 집합.

NOTE 3 환 R의 아이디얼 I에 대하여

(1) R이 가환환이면 R/I도 가환환이다.

(2) R이 단위원 1_R을 가지면 R/I도 단위원 $I+1_R$을 가진다.

보기 9 환 $\mathbf{Z}$의 아이디얼 $3\mathbf{Z}$에 대하여,

$$\mathbf{Z}/3\mathbf{Z} = \{3\mathbf{Z}, 3\mathbf{Z}+1, 3\mathbf{Z}+2\}$$

는 단위원 $3\mathbf{Z}+1$을 가지는 가환환이다.

예제 7.1.8

환 $\boldsymbol{R}[x]$의 아이디얼 $I=\langle x^2+1\rangle$에 대하여 다음을 증명하라.

(1) $\boldsymbol{R}[x]/I=\{I+a+bx \mid a,b\in\boldsymbol{R}\}$.

(2) $\boldsymbol{R}[x]/I$는 체이다.

증명 (1) $\boldsymbol{R}[x]$에서 $f\in\boldsymbol{R}[x]$를 x^2+1로 나눈 몫을 q, 나머지를 $a+bx$라고 하면,

$$f=(x^2+1)q+a+bx\equiv a+bx \pmod{I}.$$

$$\therefore\ I+f=I+a+bx.$$

(2) NoTe 3 에 의하여 $\boldsymbol{R}[x]/I$는 단위원 $I+1$을 가지는 가환환이다. $I+a+bx\in\boldsymbol{R}[x]/I$에 대하여, $I+a+bx\neq I+0$이라고 하면 $(a,b)\neq(0,0)$이고, 따라서 $a^2+b^2\neq 0$이다. $r=a^2+b^2$로 두면,

$$\begin{aligned}(I+a+bx)(I+\tfrac{a}{r}-\tfrac{b}{r}x)&=I+(a+bx)(\tfrac{a}{r}-\tfrac{b}{r}x)\\&=I+\frac{a^2}{r}-\frac{b^2}{r}x^2=I+\frac{a^2}{r}-\frac{b^2}{r}(-1)\\&=I+\frac{a^2}{r}+\frac{b^2}{r}=I+\frac{a^2+b^2}{r}=I+1.\end{aligned}$$

그러므로 $U_{\boldsymbol{R}[x]/I}=(\boldsymbol{R}[x]/I)^{\#}$이고, 따라서 $\boldsymbol{R}[x]/I$은 체이다. ◇

잉여환이 정역 또는 체일 조건

• 소아이디얼

잉여환이 정역이나 체가 될 조건을 찾아 보자.
$p\in\boldsymbol{Z}$가 소수일 때, $a,b\in\boldsymbol{Z}$에 대하여, $p\mid ab$이면 $p\mid a$ 또는 $p\mid b$이다.
이것은 다음과 같이 표현될 수 있다.

$$ab\in\langle p\rangle \Rightarrow a\in\langle p\rangle \text{ 또는 } a\in\langle p\rangle.$$

이러한 성질을 환의 아이디얼로써 확장한 것이 다음 개념이다.

정의 가환환 R의 아이디얼 $P\subsetneq R$에 대하여 조건

$$a,b\in R,\ ab\in P\Rightarrow a\in P \text{ 또는 } b\in P$$

이 성립할 때, P를 **소아이디얼**이라고 한다.

◂ 素아이디얼 prime ideal

보기 10 (1) p가 소수일 때, $\langle p \rangle = p\mathbf{Z}$는 소아이디얼이다.
(2) $\mathbf{Z}$의 아이디얼 $\langle 6 \rangle$은 소아이디얼이 아니다.
$\because$ $2 \cdot 3 \in \langle 6 \rangle$이지만 $2 \notin \langle 6 \rangle, 3 \notin \langle 6 \rangle$.

보기 11 정역 D의 자명한 아이디얼 $\{0\}$은 소아이디얼이다.
$\because$ $a, b \in D$에 대하여,
$ab \in \{0\} \Rightarrow ab = 0 \Rightarrow a = 0$ 또는 $b = 0$
$\Rightarrow a \in \{0\}$ 또는 $b \in \{0\}$.

보기 12 $\mathbf{Z}[x]$의 아이디얼 $\langle x \rangle$는 소아이디얼이다.
$\because$ $f, g \in \mathbf{Z}[x]$에 대하여
$f \notin \langle x \rangle, g \notin \langle x \rangle \Rightarrow f, g$의 상수항은 0이 아니다.
$\Rightarrow fg$의 상수항은 0이 아니다 $\Rightarrow fg \notin \langle x \rangle$.

정리 7.1.9

단위원을 가지는 가환환 R의 아이디얼 P가 소아이디얼일 필요충분조건은 R/P가 정역일 것이다.

증명 ($\Rightarrow$) R/P는 단위원을 가지는 가환환이다.
P가 소아이디얼이라고 하면, $r, s \in R$에대하여
$(P + r)(P + s) = P + 0 \Rightarrow P + rs = P \Rightarrow rs \in P \Rightarrow r \in P$ 또는 $s \in P$
$\Rightarrow P + r = P + 0$ 또는 $P + s = P + 0$.
그러므로 R/P는 정역이다.

($\Leftarrow$) R/P가 정역이라고 하자. $r, s \in R$에 대하여
$rs \in P \Rightarrow P + rs = P \Rightarrow (P + r)(P + s) = P + 0$
$\Rightarrow P + r = P + 0$ 또는 $P + s = P + 0 \Rightarrow r \in P$ 또는 $s \in P$.
그러므로 P는 R의 소아이디얼이다. ▌

보기 13 $\mathbf{Z}[x]/\langle x \rangle$는 정역이다.
$\because$ $\langle x \rangle$는 $\mathbf{Z}[x]$의 소아이디얼이다. (보기12).

- 극대아이디얼

정의 환 R의 아이디얼 $M \subsetneq R$에 대하여 조건

$$M \subset I \lhd R \Rightarrow M = I \text{ 또는 } I = R$$

이 성립할 때, M을 **극대아이디얼**이라고 한다.

◀ 極大아이디얼 maximal ideal

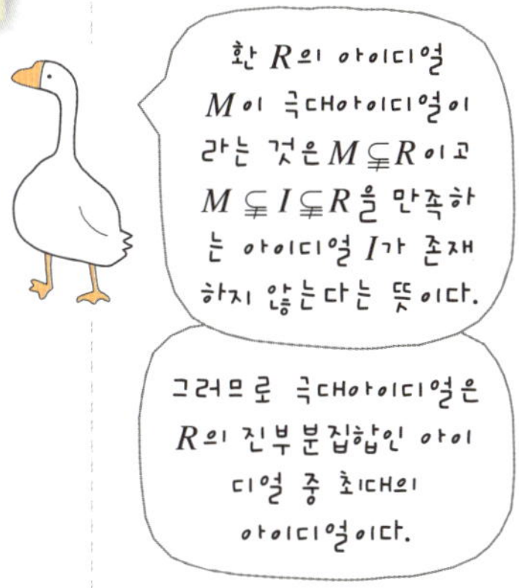

보기 14 $p \in \mathbf{Z}$가 소수일 때, $\langle p \rangle$는 $\mathbf{Z}$의 극대아이디얼이다.

$\because$ $\langle p \rangle = \mathbf{Z}p \subsetneq I \lhd \mathbf{Z}$라고 하면, $a \in I - p\mathbf{Z}$가 존재한다.

$\gcd(a, p) = 1$이므로 $xa + yp = 1$인 $x, y \in \mathbf{Z}$가 존재한다.

$a,\ p \in I$이므로

$$1 = xa + yp \in Ra + Rp \subset I + I = I. \quad \therefore I = \mathbf{Z}.$$

보기 15 체 F의 자명한 아이디얼 $\{0\}$은 극대아이디얼이다.

$\because$ $\{0\} \neq I \lhd R$에 대하여, $a \in I - \{0\}$이 존재한다.

$a \neq 0$이므로, a는 가역원이다. $\therefore I = R$.

보기 16 $\mathbf{Z}[x]$의 소아이디얼 $\langle x \rangle$는 극대아이디얼이 아니다.

$\because$ $\langle x \rangle \subsetneq \langle 2, x \rangle \subsetneq \mathbf{Z}[x]$

$\quad 2 \notin \langle x \rangle \quad 1 \notin \langle 2, x \rangle$

정리 7.1.10

단위원 1을 가지는 가환환 R의 아이디얼 M이 극대아이디얼일 필요충분조건은 R/M이 체일 것이다.

증명 ($\Rightarrow$) 먼저 R/M은 단위원 $M+1$을 가지는 가환환이다.
M이 R의 극대아이디얼일 때, $(R/M)^{\#}$의 각 원소가 단위임을 보인다.
$M + a \in (R/M)^{\#}$이라고 하면, $M + a \neq M + 0$이므로 $a \notin M$이다.
$M \subsetneq M + Ra \lhd R$이므로 $M + Ra = R$이고, 따라서 $1 = m + ba$인 $m \in M, b \in R$이 존재한다. 이 때,

$$(M+b)(M+a) = M + ba = M + m + ba = M + 1.$$

그러므로 $M + a$는 $(R/M)^{\#}$의 단위이다.

($\Leftarrow$) R/M이 체라고 하자. $M \subsetneq I \lhd R$이라 하고 $I = R$을 보인다. $M \subsetneq I$이므로 $x \in I - M$이 존재한다. 이 때, $M + x \neq M$, 즉, $M + x \in (R/M)^{\#}$이므로 어떤 $y \in R$이 존재하여

$$(M+x)(M+y) = M+1, \text{ 즉, } M+xy = M+1.$$

따라서 $1 - xy \in M$이고 그러므로

$$1 = (1-xy) + xy \in M + I \subset I + I = I.$$

따라서 $I = R$이다. ▌

보기 17 (1) p가 소수일 때, $\mathbf{Z}/p\mathbf{Z}$는 체이다.

∵ $p\mathbf{Z}$는 $\mathbf{Z}$의 극대아이디얼이다.

(2) $\langle x^2+1 \rangle$은 $\mathbf{R}[x]$의 극대아이디얼이다.

∵ $\mathbf{R}[x]/\langle x^2+1 \rangle$ 은 체이다. (예제 7.1.8).

따름정리 7.1.11

단위원을 가지는 가환환 R의 극대아이디얼은 소아이디얼이다.

증명 M이 R의 극대아이디얼일 때, R/M은 체이므로 정역이다. 따라서 M은 R의 소아이디얼이다. ▌

보기 18 $\mathbf{Z}[x]$의 아이디얼 $I = \langle 2, x \rangle$는 소아이디얼이다. (보기 8).

∵ $\mathbf{Z}[x]/I = \{I+0, I+1\}$는 체이다. 그러므로 $\langle 2, x \rangle$는 $\mathbf{Z}[x]$의 극대아이디얼이고 따라서 소아이디얼이다.

NOTE 4 1을 가지지 않는 가환환에서는 정리 7.1.10, 따름정리 7.1.11이 성립하지 않는다.

∵
- 덧셈에 관한 군으로서 $2\mathbf{Z}/4\mathbf{Z}$는 단순군이므로 $4\mathbf{Z} \subsetneq I \subsetneq 2\mathbf{Z}$를 만족하는 $I \lhd 2\mathbf{Z}$가 존재하지 않는다. 그러므로 $4\mathbf{Z}$는 $2\mathbf{Z}$의 극대아이디얼이다. 그러나 $2\mathbf{Z}/4\mathbf{Z} = \{4\mathbf{Z}+0, 4\mathbf{Z}+2\}$는 단위원을 가지지 않으므로 체가 아니다.
- $4\mathbf{Z}+2 \neq 4\mathbf{Z}+0$이지만 $(4\mathbf{Z}+2)(4\mathbf{Z}+2) = 4\mathbf{Z}+4 = 4\mathbf{Z}+0$이므로, $2\mathbf{Z}/4\mathbf{Z}$는 정역이 아니다. ▌

7-1 EXERCISES 연습문제

1 $I=\left\{\begin{bmatrix}0 & x\\ 0 & 0\end{bmatrix}\middle|\, x\in \mathbf{R}\right\}$은 $R=\left\{\begin{bmatrix}a & b\\ 0 & c\end{bmatrix}\middle|\, a,\ b,\ c\in \mathbf{R}\right\}$의 아이디얼임을 보여라.

2 1을 가지는 가환환 R이 체일 필요충분조건은 R은 $\{0\}, R$ 이외의 아이디얼을 가지지 않을 것임을 증명하라.

3 단위원을 가지는 환 R이 $\{0\}, R$만을 아이디얼로 가질 때 R은 나눗셈환인가?

4 환 R의 원소 a에 대하여,

$$J_a=\{r_1as_1+\cdots+r_nas_n \mid r_i, s_i\in R, n\in \mathbf{Z}^+\}$$

는 R의 아이디얼임을 증명하라.

5 환 R의 아이디얼일 I, J에 대하여

$$IJ=\{\textstyle\sum_{i=1}^{n} x_iy_j \mid x_i\in I, y_j\in J, n\in \mathbf{Z}^+\}$$

라고 할 때, 다음을 증명하라.

(1) $IJ \triangleleft R$ (2) $IJ\subset I\cap J$

6 환 R과 $\varnothing\neq I\subset R$에 대하여 $I\triangleleft R$일 필요충분조건은

(i) $a, b\in I \Rightarrow a-b\in I$ (ii) $RI\subset I,\ IR\subset I$

임을 증명하라.

7 환 R의 아이디얼 I, J에 대하여, 일반적으로 $I\cup J$은 R의 아이디얼이 아님을 보여라.

8 1을 가지는 가환환 R의 아이디얼 I, J에 대하여, $I+J=R$일 때, $I\cap J=IJ$임을 보여라.

7-1 · E · X · E · R · C · I · S · E · S · 연습문제

9 환 R의 아이디얼의 사슬 $I_1 \subset I_2 \subset I_3 \cdots$ 에 대하여
$I = I_1 \cup I_2 \cup I_3 \cup \cdots$ 라고 할 때, $I \triangleleft R$임을 보여라.

10 가환환 R과 $a \in R$에 대하여 $I_a = \{ra + na \mid r \in R, n \in \mathbf{Z}\}$ 은 a를 포함하는 최소의 아이디얼임을 증명하라.

11 환 R과 $I \triangleleft R$에 대하여 다음 집합은 R의 아이디얼임을 증명하라.
(1) $J = \{x \in R \mid xI = \{0\}\}$ (2) $K = \{x \in R \mid Rx \subset I\}$

12 $m, n \in \mathbf{Z}$에 대하여 다음을 증명하라.
(1) $\langle m \rangle + \langle n \rangle = \langle \gcd(m, n) \rangle$ (2) $\langle m \rangle \cap \langle n \rangle = \langle \operatorname{lcm}(m, n) \rangle$

13 환 R, S에 대하여 $I \triangleleft R, J \triangleleft S$일 때, $I \oplus J \triangleleft R \oplus S$임을 보여라.

14 환 R에 대하여, $I \triangleleft J \triangleleft R$일 때, $I \triangleleft R$인가?

15 $a, bx \in \mathbf{Z}[x]$, (단, $a, b \in \mathbf{Z}$), 에 대하여 $\langle a, bx \rangle$가 $\mathbf{Z}[x]$의 주아이디얼이면, $a = 0$ 또는 $a \mid b$ 임을 보여라.

16 1을 가지는 가환환 R의 원소 $a_1, a_2, \cdots, a_n$에 대하여
$\langle a_1, a_2, \cdots, a_n \rangle = Ra_1 + Ra_2 + \cdots + Ra_n$은 $a_1, a_2, \cdots, a_n$을 포함하는 최소의 아이디얼임을 증명하라.

17 $x^3 + 6x^2 + 15xy = 2387$의 양의 정수해를 구하라.

18 $\mathbf{Z} \oplus \{0\}$은 $\mathbf{Z} \oplus \mathbf{Z}$의 소아이디얼이지만 극대아이디얼이 아님을 증명하라.

19 $\mathbf{Z}_{72}$의 극대아이디얼을 모두 찾아라.

7-1 · E · X · E · R · C · I · S · E · S · 연습문제

20 다음을 증명하라.

(1) $\langle x^2+x+1 \rangle$은 $\mathbf{Z}_2[x]$의 극대 아이디얼이다.

(2) $\langle x^2+x+1 \rangle$은 $\mathbf{Z}_3[x]$의 소아이디얼이 아니다.

21 환 R에 대하여, $I \triangleleft R$일 때, $I[x] \triangleleft R[x]$임을 증명하라.

22 $\mathbf{Z}_n$의 부분환 S가 단위원을 가질 필요충분조건은 멱등원 $u \in S$가 존재하여 S는 아이디얼 $\langle u \rangle$와 같을 것임을 증명하라.

23 가환환 R의 멱영원 전체의 집합 I는 R의 아이디얼임을 증명하라.

24 $R = \{\frac{n}{m} \mid n \in \mathbf{Z}, m \in \mathbf{Z} - 2\mathbf{Z}, \frac{n}{m}$은 기약분수$\}$라고 할 때, 다음을 증명하라.

(1) R은 $\boldsymbol{Q}$의 부분환이다.

(2) $I = \{\frac{k}{m} \in R \mid k \in 2\mathbf{Z}\}$는 R의 아이디얼이다.

(3) R/I의 원소를 모두 구하라.

25 I, J가 환 R의 소아이디얼일 때, $I \cap J$는 R의 소아이디얼인가?

26 1을 가지는 유한 가환환 R의 소아이디얼 P는 극대아이디얼임을 증명하라.

27 $I = \{f \in C(\boldsymbol{R}) \mid f(2) = 0\}$는 연속함수환 $C(\boldsymbol{R})$의 극대아이디얼임을 보여라.

28 소수 p에 대하여, $M = \{f \in \mathbf{Z}[x] \mid f$의 상수항은 p의 배수$\}$는 $\mathbf{Z}[x]$의 극대아이디얼임을 보여라.

7-2 환준동형사상

❖ 이절의 학습내용

- 환의 동형 / • 환동형사상
- 환준동형사상 / • 표준준동형사상
- 동형정리
- 정역의 분수체
- 표수

환의 동형

환론에서는 $a \in R$의 ϕ-상을 a^{ϕ}로 쓰지 않고 $\phi(a)$로 쓰기로 한다.

정의 환 R, R'에 대하여 조건

(i) $\phi(a+b) = \phi(a) + \phi(b), (\forall a, b \in R)$,

(ii) $\phi(ab) = \phi(a)\phi(b), (\forall a, b \in R)$

을 만족하는 전단사함수 $\phi : R \to R'$이 존재할 때, R은 R'과 **동형**이라 하고,

$$R \cong R'$$

과 같이 나타낸다. 이 때 ϕ를 **환동형사상**이라고 한다.

◀ (i) ϕ는 덧셈을 보존한다.
(ii) ϕ는 곱셈을 보존한다.

◀ 同型 isomorphic
$R \cong R'$이 아닐 때 이를 $R \not\cong R'$으로 나타낸다.

◀ 環同型寫像
ring isomorphism

보기 1 $z \to \bar{z}$ (단, $\bar{z}$는 z의 켤레복소수)로 정의된 함수 $\phi : \boldsymbol{C} \to \boldsymbol{C}$는 환동형사상이다.

∵ $z, w \in \boldsymbol{C}$에 대하여

$\phi(z+w) = \overline{z+w} = \bar{z} + \bar{w} = \phi(z) + \phi(w)$,

$\phi(zw) = \overline{zw} = \bar{z}\,\bar{w} = \phi(z)\phi(w)$.

명백히 ϕ는 전단사함수이다.

보기 2 $R = \{(n, n) \mid n \in \mathbf{Z}\} \le \mathbf{Z} \oplus \mathbf{Z}$에 대하여 $n \to (n, n)$으로 정의된 함수 $\phi : \mathbf{Z} \to R$은 환동형사상이다. 따라서 $\mathbf{Z} \cong R$이다.

∵ $n, k \in \mathbf{Z}$에 대하여

$\phi(n+k) = (n+k, n+k) = (n, n) + (k, k) = \phi(n) + \phi(k)$,

$\phi(nk) = (nk, nk) = (n, n)(k, k) = \phi(n)\phi(k)$.

명백히 ϕ는 전단사함수이다.

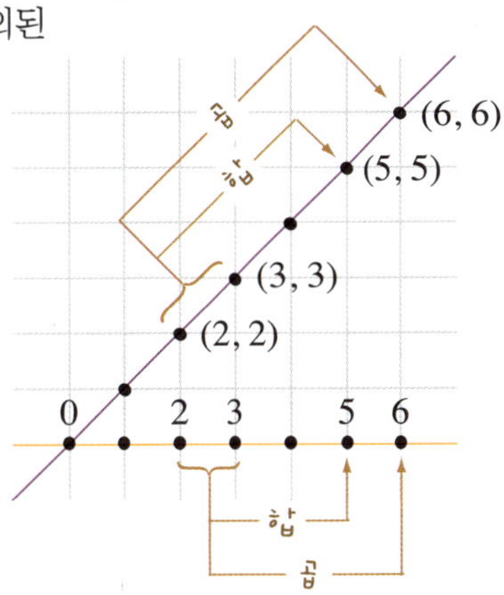

NOTE 1 R, R'이 단위원을 가지는 환이고, $\phi : R \to R'$이 환동형사상일 때, $\phi(1_R) = 1_{R'}$이다.

∵ ϕ가 전사함수이므로 $\phi(r) = 1_{R'}$인 $r \in R$이 존재한다. 이 때,

$\phi(1_R) = \phi(1_R)1_{R'} = \phi(1_R)\phi(r) = \phi(1_R r) = \phi(r) = 1_{R'}$.

환준동형사상

환의 연산을 보존하는 환에서 환으로 가는 함수를 다음과 같이 정의한다.

정의 환 R에서 환 R'로 가는 함수 $\phi : R \to R'$가 조건

(i) $\phi(a+b) = \phi(a) + \phi(b), (\forall a, b \in R)$,

(ii) $\phi(ab) = \phi(a)\phi(b), (\forall a, b \in R)$

을 만족할 때, 즉, 환의 연산을 보존할 때, ϕ를 **환준동형사상**이라고 한다.

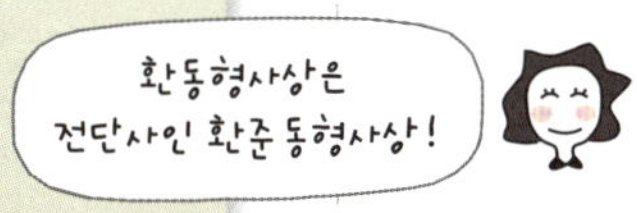

◀ 環準同型寫像 ring homomorphism

보기 3 자연수 $n > 1$에 대하여 $a \to [a]_n$으로 정의된 함수 $\phi : \mathbf{Z} \to \mathbf{Z}_n$은 환준동형사상이다. ($a$를 n으로 나눈 나머지)

∵ $a, b \in \mathbf{Z}$에 대하여

$\phi(a+b) = [a+b]_n = [[a]_n + [b]_n]_n = \phi(a) + \phi(b)$,

$\phi(ab) = [ab]_n = [[a]_n [b]_n]_n = \phi(a)\phi(b)$.

보기 4 $a \to 4a$로 정의된 함수 $\phi : \mathbf{Z}_6 \to \mathbf{Z}_6$는 환준동형사상이다.

$\because$ $a, b \in \mathbf{Z}_6$에 대하여,

$\phi(a+b) = 4(a+b) = 4a + 4b = \phi(a) + \phi(b)$,

$\phi(ab) = 4ab = 16ab = (4b)(4b) = \phi(a)\phi(b)$.

NoTE 2 $\phi : R \to R'$가 환준동형사상일 때, $\phi(1_R) \neq 1_{R'}$일 수 있다.

$\because$ 보기 4의 환준동형사상 ϕ에 대하여, $\phi(1) = 4 \neq 1$. ▌

NoTE 1과 비교해 보라.

예제 7.2.1

환 R이 가환환 T의 부분환이고 $\alpha \in T$라고 하자. $f \in R[x]$에 $x = \alpha$를 대입한 것을 $f(\alpha)$라고 할 때, $f(\alpha) \in T$이다. $f \to f(\alpha)$로 정의되는 함수 $\phi_\alpha : R[x] \to T$는 환준동형사상임을 보여라.

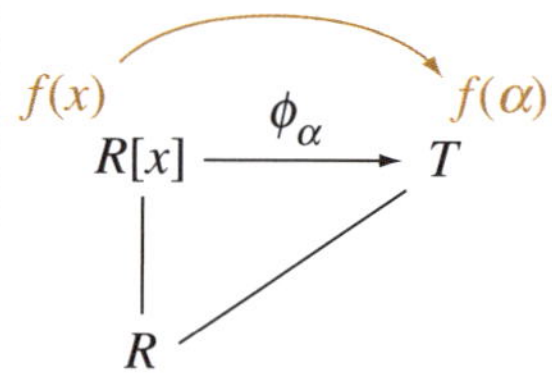

증명 $f = \sum_{i=0}^{n} a_i x^i$, $g = \sum_{i=0}^{m} b_i x^i \in R[x]$, (단, $n \leq m$), 일 때,

$$\phi_\alpha(f+g) = \phi_\alpha\left(\sum_{i=0}^{m}(a_i + b_i)x^i\right) = \sum_{i=0}^{m}(a_i + b_i)\alpha^i$$

$$= \sum_{i=0}^{m} a_i\alpha^i + \sum_{i=0}^{m} b_i\alpha^i = f(\alpha) + g(\alpha) = \phi_\alpha(f) + \phi_\alpha(g),$$

여기서 $n < m$일 때, $a_{n+1} = a_{n+2} = \cdots = a_m = 0$인 것으로 한다.

$$\phi_\alpha(fg) = \phi_\alpha\left(\sum_{k=0}^{n+m}\left(\sum_{i+j=k} a_i b_j\right)x^k\right) = \sum_{k=0}^{n+m}\left(\sum_{i+j=k} a_i b_j\right)\alpha^k$$

$$= \left(\sum_{i=0}^{n} a_i\alpha^i\right)\left(\sum_{j=0}^{m} b_j\alpha^j\right) = f(\alpha)g(\alpha) = \phi_\alpha(f)\phi_\alpha(g).$$ ◘

◂ ϕ_α를 $x = \alpha$를 **대입하는 준동형사상** (plug-in homomorphism)이라고 한다.

보기 5 $f \to f(i)$로 정의된 함수 $\phi : \mathbf{R}[x] \to \mathbf{C}$는 환준동형사상이다.

보기 6 $f \to$ (f의 상수항)으로 정의된 함수 $\phi : \mathbf{Z}[x] \to \mathbf{Z}$는 환준동형사상이다.

$\because$ f의 상수항은 $f(0)$이다.

보기 7 환 R의 아이디얼 I에 대하여 $r \to I + r$로 정의되는 함수 $\pi : R \to G/I$는 환준동형사상이다.

$\because$ $\pi(a+b) = I + a + b = (I+a) + (I+b) = \pi(a) + \pi(b)$.

$\pi(ab) = I + ab = (I+a)(I+b) = \pi(a)\pi(b)$.

◀ π를 I에 의하여 정의되는 **표준준동형사상** (canonical homomorphism)이라고 한다.

정리 7.2.2

$\phi : R \to R'$이 환준동형사상일 때,

$$r \in R, n \in \mathbf{Z}^+ \Rightarrow \phi(nr) = n\phi(r),\ \ \phi(r^n) = \phi(r)^n.$$

증명 $\phi(nr) = \phi(\underbrace{r + r + \cdots + r}_{n\text{개}}) = \underbrace{\phi(r) + \phi(r) + \cdots + \phi(r)}_{n\text{개}} = n\phi(r)$,

$\phi(r^n) = \phi(\underbrace{r \cdot r \cdot \cdots \cdot r}_{n\text{개}}) = \underbrace{\phi(r)\phi(r) \cdots \phi(r)}_{n\text{개}} = \phi(r)^n$. ▌

보기 8 $\mathbf{Z}$에서 $\mathbf{Z}$로 가는 환준동형사상은 영함수와 항등함수 $\mathrm{id}_{\mathbf{Z}}$ 뿐이다.

$\because$ $\phi : \mathbf{Z} \to \mathbf{Z}$가 환준동형사상이라고 할 때, 정리 7.2.2로부터

$$\phi(k) = \phi(k1) = k\phi(1),\ (\forall k \in \mathbf{Z}).$$

한편, $\phi(1) = \phi(1 \cdot 1) = \phi(1)\phi(1)$이므로 $\phi(1)(\phi(1) - 1) = 0$.

$$\therefore\ \phi(1) = 0 \text{ 또는 } \phi(1) = 1.$$

$\phi(1) = 0$일 때, $\phi(k) = k\phi(1) = k \cdot 0 = 0,\ (\forall k \in \mathbf{Z})$,

$\phi(1) = 1$일 때, $\phi(k) = k\phi(1) = k \cdot 1 = k,\ (\forall k \in \mathbf{Z})$.

그러므로 ϕ는 영함수 또는 항등함수이다.

보기 9 환 $\mathbf{Z}, 2\mathbf{Z}$는 동형이 아니다.

$\because$ $\phi : \mathbf{Z} \to 2\mathbf{Z}$가 환동형사상이라고 하면, 보기 8에서와 같이

$$\phi(1) = 0 \text{ 또는 } \phi(1) = 1.$$

$1 \notin 2\mathbf{Z}$이므로 $\phi(1) = 0$이다. 그러나 $\phi(1) = 0$일 때는

$$\phi(k) = \phi(k1) = k\phi(1) = k0 = 0,\ (\forall k \in \mathbf{Z})$$

이므로 ϕ는 영함수가 된다. 이는 ϕ가 동형사상이라는 사실에 위배된다.

정리 7.2.3

환준동형사상 $\phi: R \to R'$에 대하여,

(1) $S \le R$일 때, $\phi(S) \le R'$이다. 특히 $\phi(R) \le R'$이다.

(2) $I \lhd R$일 때, $\phi(I) \lhd \phi(R)$이다.

증명 (1) $x, y \in \phi(S)$일 때, $\phi(a) = x$, $\phi(b) = y$인 $a, b \in S$가 있다.

$$x - y = \phi(a) - \phi(b) = \phi(a-b) \in \phi(S),\ xy = \phi(a)\phi(b) = \phi(ab) \in \phi(S).$$

$$\therefore\ \phi(S) \le R'.$$

(2) $I \lhd R$일 때, $\phi(I) \le \phi(R)$이다.

$\because$ $\phi(I), \phi(R)$ 이 모두 R'의 부분환이고 $\phi(I) \subset \phi(R)$. ◆

$\phi(r) \in \phi(R), \phi(x) \in \phi(I), (r \in R, x \in I)$,에 대하여,

$$\phi(r)\phi(x) = \phi(rx) \in \phi(I),\quad \phi(x)\phi(r) = \phi(xr) \in \phi(I).$$

($rx \in I$, $xr \in I$)

$$\therefore\ \phi(I) \le \phi(R).$$ ▌

NoTE 3 환준동형사상 $\phi: R \to R'$에 대하여, $T \le R'$일 때 $\phi^{-1}(T) \le R$ 이고, $J \lhd R'$일 때, $\phi^{-1}(J) \lhd R$이다. (연습문제 7.2.13)

◀ $\phi^{-1}(J) = \{r \in R \mid \phi(r) \in J\}$. $J \lhd R^{\phi}$일 때도 $\phi^{-1}(J) \lhd G$.

정리 7.2.4

환준동형사상 $\phi: R \to R'$에 대하여,

$$\ker\phi = \{r \in R \mid \phi(r) = 0_{R'}\}$$

은 R의 아이디얼이다. ($\ker\phi$를 ϕ의 **핵**이라고 한다.)

◀ 核 kernel

증명 $K = \ker\phi$라고 하자. $x, y \in K$, $r \in R$에 대하여,

$$\phi(x-y) = \phi(x) - \phi(y) = 0_{R'} - 0_{R'} = 0_{R'}.\quad \therefore\ x - y \in K.$$

$$\phi(rx) = \phi(r)\phi(x) = \phi(r)0_{R'} = 0_{R'}.\quad \therefore\ rx \in K.$$

같은 식으로 $xr \in K$. ▌

보기 10 환 R의 아이디얼 I에 의하여 정의되는 표준준동형사상 $\pi: R \to R/I$의 핵은 $\ker\pi = I$이다.

NoTE 4 환준동형사상 $\phi: R \to R'$가 단사일 필요충분조건은 $\ker\phi = \{0_R\}$일 것이다. (정리 3.3.3 참조)

정리 7.2.5 (제1 동형정리)

$\phi : R \to R'$ 이 환준동형사상일 때,

$$R/\ker\phi \cong \operatorname{im}\phi. \quad (\phi(R))$$

증명 $K = \ker\phi$ 라 하고, 함수 $\overline{\phi} : R/K \to \operatorname{im}\phi$ 를

$$K + a \to \phi(a),\ (K + a \in R/K)$$

로 정의하면, $\overline{\phi}$ 는 군동형사상이다. (∵ 군의 제1동형정리(정리 3.3.5)).

그러므로 $\overline{\phi} : (R/K, +, \cdot) \to (\phi(R), +, \cdot)$ 은 덧셈을 보존하는 전단사함수이다.

$K + a, K + b \in R/K, (a, b \in R)$, 에 대하여,

$$\overline{\phi}((K + a)(K + b)) = \overline{\phi}(K + ab) = \phi(ab)$$
$$= \phi(a)\phi(b) = \overline{\phi}(K + a)\overline{\phi}(K + a)$$

이므로 $\overline{\phi}$ 는 곱셈 연산을 보존한다. 따라서 $\overline{\phi}$ 는 환동형사상이다. ▌

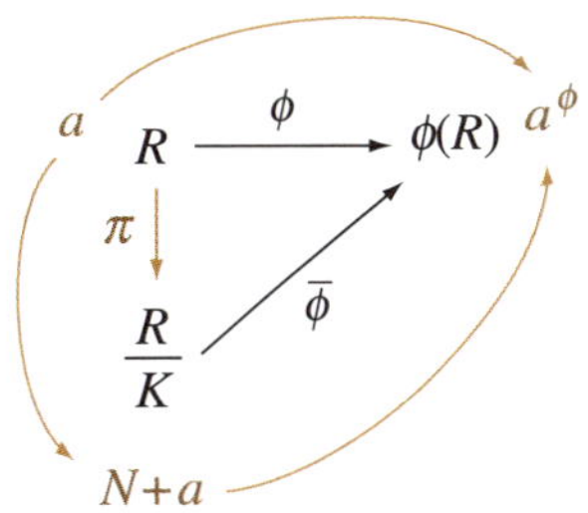

보기 11 자연수 $n > 1$에 대하여 $\mathbf{Z}/n\mathbf{Z} \cong \mathbf{Z}_n$이다.

∵ $a \to [a]_n$ 으로 정의된 환준동형사상 $\phi : \mathbf{Z} \to \mathbf{Z}_n$에 대하여,
$\operatorname{im}\phi = \mathbf{Z}_n$, $\ker\phi = n\mathbf{Z}$.

◀ 보기 3 참조

보기 12 $\mathbf{Z}[x]/\langle x \rangle \cong \mathbf{Z}$이다.

∵ $f \to$ (f의 상수항)으로 정의된 환준동형사상 $\phi : \mathbf{Z}[x] \to \mathbf{Z}$는 전사이므로 $\operatorname{im}\phi = \mathbf{Z}$.

$\ker\phi = \{f \in \mathbf{Z}[x] \mid f\text{의 상수항은 } 0\} = \langle x \rangle$.

◀ 보기 6 참조

보기 13 $\boldsymbol{R}[x]/\langle x^2 + 1 \rangle \cong \boldsymbol{C}$ 이다.

∵ $f \to f(i)$로 정의된 환준동형사상 $\phi : \boldsymbol{R}[x] \to \boldsymbol{C}$는 전사이므로 $\operatorname{im}\phi = \boldsymbol{C}$.

$f \in \boldsymbol{R}[x]$에 대하여, f를 $x^2 + 1$로 나눈 몫을 q 나머지를 $ax + b$라고 하면 $f = (x^2 + 1)q + ax + b$.

$$f \in \ker\phi \Leftrightarrow f(i) = 0 \Leftrightarrow ai + b = 0 \Leftrightarrow a = b = 0$$
$$\Leftrightarrow ax + b = 0 \Leftrightarrow f = (x^2 + 1)q \Leftrightarrow f(x) \in \langle x^2 + 1 \rangle$$

이므로 $\ker\phi = \langle x^2 + 1 \rangle$.

◀ 보기 5 참조

정역의 분수체

정리 7.2.6

D가 정역일 때, 조건

(i) $D \cong E \le \widetilde{D}$ (ii) $\widetilde{D} = \{rs^{-1} \mid r \in E, s \in E^{\#}\}$

을 만족하는 체 $\widetilde{D}$와 $\widetilde{D}$의 부분정역 E가 존재한다.

증명 집합 $D \times D^{\#} = \{(a, b) \mid a \in D, b \in D^{\#}\}$ 상의 관계 ~를 다음과 같이 정의한다.

$$(a, b) \sim (c, d) \Leftrightarrow ad = bc, \ ((a, b), (c, d) \in D \times D^{\#}).$$

이 때, ~ 는 동치관계이다. (∵ 연습문제 7.2.24).

$(a, b) \in D \times D^{\#}$를 포함하는 동치류를 $\frac{a}{b}$로 나타내기로 하고,

$$\widetilde{D} = \left\{ \frac{a}{b} \,\middle|\, (a, b) \in D \times D^{\#} \right\}$$

라고 하자. 동치류 $\frac{a}{b}, \frac{c}{d} \in \widetilde{D}$의 합과 곱을

$$\frac{a}{b} + \frac{c}{d} = \frac{ad + bc}{bd}, \quad \frac{a}{b}\frac{c}{d} = \frac{ac}{bd} \quad \cdots\cdots ①$$

와 같이 정의한다.

합과 곱 ①이 정의되는 이유

$\frac{a}{b} = \frac{a'}{b'}, \frac{c}{d} = \frac{c'}{d'}$ 일 때

★ $ab' = a'b, cd' = c'd$

★로부터

$(ad + bc)b'd'$

$= adb'd' + bcb'd'$

$= a'dbd' + bc'b'd$

$= (a'd' + b'c')bd.$

$\therefore \frac{ad + bc}{bd} = \frac{a'd' + b'c'}{b'd'}$

다시 ★로부터

$acb'd' = a'c'bd.$

$\therefore \frac{ac}{bd} = \frac{a'c'}{b'd'}$

①과 같이 정의된 합과 곱 하에서 $\widetilde{D}$는 체를 이룬다.

∵ ● $\frac{a}{b}, \frac{c}{d}, \frac{e}{f} \in \widetilde{D}$에 대하여,

▶ $\left(\frac{a}{b} + \frac{c}{d}\right) + \frac{e}{f} = \frac{ad + bc}{bd} + \frac{e}{f} = \frac{(adf + bcf) + bde}{bdf}$

$$= \frac{adf + (bcf + bde)}{bdf} = \frac{a}{b} + \frac{cf + de}{df}$$

$$= \frac{a}{b} + \left(\frac{c}{d} + \frac{e}{f}\right).$$

◀ $xzy = zyx$이므로 $\frac{xz}{yz} = \frac{x}{y}$.

▸ $0_{\widetilde{D}} = \frac{0}{1}$ 이고, ▸ $\frac{a}{b}$ 의 덧셈에 관한 역원은 $\frac{-a}{b}$ 이다.

▸ 명백히 $\frac{a}{b} + \frac{c}{d} = \frac{c}{d} + \frac{a}{b}$ 이다.

따라서 $(\widetilde{D}, +)$는 아벨군이다.

▸ $\left(\frac{a}{b}\frac{c}{d}\right)\frac{e}{f} = \frac{ac}{bd}\frac{e}{f} = \frac{ace}{bdf} = \frac{a}{b}\frac{ce}{df} = \frac{a}{b}\left(\frac{c}{d}\frac{e}{f}\right)$.

▸ $1_{\widetilde{D}} = \frac{1}{1}$ 이고, ▸ $\frac{a}{b} \in (\widetilde{D})^{\#}$의 곱셈에 관한 역원은 $\frac{b}{a}$ 이다.

▸ 명백히 $\frac{a}{b}\frac{c}{d} = \frac{c}{d}\frac{a}{b}$ 이다.

따라서 $((\widetilde{D})^{\#}, \cdot)$는 아벨군이다.

▸ $$\frac{a}{b}\left(\frac{c}{d} + \frac{e}{f}\right) = \frac{a}{b}\frac{cf + de}{df} = \frac{acf + ade}{bdf} = \frac{acf}{bdf} + \frac{ade}{bdf}$$
$$= \frac{ac}{bd} + \frac{ae}{bf} = \frac{a}{b}\frac{c}{d} + \frac{a}{b}\frac{e}{f}.$$

그러므로 $(\widetilde{D}, +, \cdot)$는 체이다. ◆

- 함수 $\phi : D \to \widetilde{D}$를 $a \to \frac{a}{1}$ 로 정의하면, $a, b \in D$에 대하여

$$\phi(a+b) = \frac{a+b}{1} = \frac{a}{1} + \frac{b}{1} = \phi(a) + \phi(b),$$

$$\phi(ab) = \frac{ab}{1} = \frac{a}{1}\frac{b}{1} = \phi(a)\phi(b)$$

이므로 ϕ는 환준동형사상이다.

$$a \in \ker\phi \Leftrightarrow \frac{a}{1} = \frac{0}{1} \Leftrightarrow a \cdot 1 = 0 \cdot 1 \Leftrightarrow a = 0$$

제1동형정리

이므로 $\ker\phi = \{0\}$ 이다. 이제, $\mathrm{im}\,\phi = E$ 라고 하면, $D \cong E \le \widetilde{D}$ 이다.

정리 7.2.3.(1)

따라서 조건 (i) 이 성립한다.

- $\frac{a}{b} \in \widetilde{D}$에 대하여, $\frac{a}{1} \in E$, $\frac{b}{1} \in E^{\#}$이고,

$$\frac{a}{b} = \frac{a}{1}\frac{1}{b} = \frac{a}{1}\left(\frac{b}{1}\right)^{-1}$$

이므로 조건 (ii) 가 성립한다. ▮

◂ $\frac{a}{b} \in \widetilde{D}$일 때, $b \neq 0$.

정역 D에 대하여, 체 K가 조건

(i) $D \cong E \le K$인 K의 부분정역 E가 존재한다.

(ii) $K = \{rs^{-1} \mid r \in E, s \in E^{\#}\}$

를 만족할 때, K를 D의 **분수체**라고 한다. 이를테면 정리 7.2.6의 $\widetilde{D}$는 D의 분수체이다.

◂ 分數體 field of quotient

실제로 정역 D의 임의의 분수체는 정리 7.2.6에서 정의된 $\widetilde{D}$와 환동형이다. (연습문제 7.2.25). 이런 의미에서 정역 D의 분수체는 유일하다. D의 분수체를 $\mathrm{qf}(D)$로 나타낸다.

NoTE 5 체 F의 부분정역 D에 대하여, D를 포함하는 F의 부분체는 $\overline{D}=\{ab^{-1} \mid (a,b)\in D\times D^{\#}\}$를 포함한다. (연습문제 7.2.26).

보기 14 $\boldsymbol{Q}$는 $\boldsymbol{Z}$의 분수체, 즉, $\boldsymbol{Q}=\mathrm{qf}(\boldsymbol{Z})$이다.

$\because$ $\widetilde{\boldsymbol{Z}}=\left\{\frac{m}{n} \,\middle|\, (m,n)\in \boldsymbol{Z}\times\boldsymbol{Z}^{\#}\right\}, \overline{\boldsymbol{Z}}=\{mn^{-1} \mid (m,n)\in\boldsymbol{Z}\times\boldsymbol{Z}^{\#}\}$ 이다. 함수 $\phi:\widetilde{\boldsymbol{Z}}\to\overline{\boldsymbol{Z}}$를 $\frac{m}{n}\to mn^{-1}$로 정의하면, ϕ는 환동형사상이다. 그런데 $\overline{\boldsymbol{Z}}=\boldsymbol{Q}$이다.

환의 표수

환 R에 대하여, 조건

$$na=0, (\forall a\in R) \quad \cdots\cdots \text{①}$$

을 만족하는 $n\in\boldsymbol{Z}^{+}$가 존재할 때, 그러한 최소의 수를 R의 **표수**라 하고, $\mathrm{char}(R)$로 나타낸다. 한편, 조건 ①을 만족하는 n이 존재하지 않을 때, R의 **표수는** 0이라 하고 $\mathrm{char}(R)=0$으로 나타낸다.

◀ 標數 characteristic

정리 7.2.7

단위원 1_R을 가지는 환 R에 대하여,

(1) 덧셈에 관한 1_R의 위수가 ∞일 때, $\mathrm{char}(R)=0$.

(2) 덧셈에 관한 1_R의 위수가 n일 때, $\mathrm{char}(R)=n$.

◀ $\mathrm{char}(\boldsymbol{Z}_n)=n$, $\mathrm{char}(\boldsymbol{Q})=0$, $\mathrm{char}(\boldsymbol{R})=0$, $\mathrm{char}(\boldsymbol{C})=0$

증명 (1) 표수의 정의에 의함.

(2) 임의의 $a\in R$에 대하여

$$na=\underbrace{a+a+\cdots+a}_{n\text{개}}=\underbrace{1_Ra+1_Ra+\cdots+1_Ra}_{n\text{개}}$$
$$=(\underbrace{1_R+1_R+\cdots+1_R}_{n\text{개}})a=(n1_R)a=0a=0$$

이다. 그러므로 $\mathrm{char}(R)=n$이다. ▌

따름정리 7.2.8

정역의 표수는 0 또는 소수이다.

증명 정역 R의 단위원 1_R의 덧셈에 관한 위수를 n이라 하고 n이 소수임을 보이면 된다. n이 소수가 아니라고 하면, $n = km, (1 < k, m < n)$을 만족하는 자연수 k, m이 존재한다. 이 때

$$(k1_R)(m1_R) = (\underbrace{1_R + 1_R + \cdots + 1_R}_{k\text{개}})(\underbrace{1_R + 1_R + \cdots + 1_R}_{m\text{개}})$$
$$= (\underbrace{1_R + 1_R + \cdots + 1_R}_{km\text{개}}) = (km)1_R = n1_R = 0$$

이므로 $k1_R = 0$ 또는 $m1_R = 0$이다.

이것은 덧셈에 관한 1_R의 위수가 n이라는 사실에 위배된다. ▌

> 표수가 소수라고 해서 정역인 것은 아니다. 예를들어 $\text{char}(\mathbf{Z}_3 \oplus \mathbf{Z}_3) = 3$은 소수이지만 $\mathbf{Z}_3 \oplus \mathbf{Z}_3$은 정역이 아니다.

환 R이 환 S의 어떤 부분환과 환동형일 때, 이를 $R \lessdot S$로 나타낸다.

정리 7.2.9

체 F에 대하여

(1) $\text{char}(F) = p$일 때, $\mathbf{Z}_p \lessdot F$. (2) $\text{char}(F) = 0$일 때, $\mathbf{Q} \lessdot F$.

증명 함수 $\phi : \mathbf{Z} \to F$를 $n \to n1_R$로 정의한다. $m, n \in \mathbf{Z}$에 대하여

$$\phi(m+n) = (m+n)1_R = m1_R + n1_R = \phi(m) + \phi(n),$$
$$\phi(mn) = (mn)1_R \underset{㉠}{=} (m1_R)(n1_R) = \phi(m)\phi(n)$$

이므로 ϕ는 환준동형사상이다.

> ㉠ $m = 0$ 또는 $n = 0$일 때는 명백하다.
> $m > 0$ 또는 $n > 0$일 때는 따름정리 7.2.8과 같은 방법.
> $m < 0$ 또는 $n > 0$일 때 $k = -m$이라 하면 $(m1_R)(n1_R) = (k(-1_R))(n1_R) = (kn(-1_R)) = (-kn)1_R = (mn)1_R$
> $m > 0$ 또는 $n < 0$일 때도 같은 방법으로 설명된다.

(i) $\text{char}(F) = p$일 때 :

$$\ker\phi = \{n \in \mathbf{Z} \mid n1_R = 0\} \overset{\text{정리 7.2.7, 보조정리 1.4.2}}{=} \{n \in \mathbf{Z} \mid n\text{은 } p\text{의 배수}\} = p\mathbf{Z}.$$
$$\therefore \mathbf{Z}/p\mathbf{Z} \cong \text{im}\,\phi \le F. \quad \therefore \mathbf{Z}_p \lessdot F.$$

(ii) $\text{char}(F) = 0$일 때 : $\ker\phi = \{n \in \mathbf{Z} \mid k1_R = 0\} = \{0\}$.

$$\therefore \mathbf{Z} \lessdot F. \quad \therefore \mathbf{Q} \lessdot F.$$ (연습문제 7.2.27). ▌

정리 7.2.9로부터, 임의의 체는 $\mathbf{Z}_p$, (단, p는 소수), 또는 $\mathbf{Q}$와 동형인 부분체를 가지고 있음을 알 수 있다. 그러므로 $\mathbf{Z}_p$와 $\mathbf{Q}$는 모든 체의 바탕이 되는 체이다. 그러한 의미에서 체 $\mathbf{Z}_p$와 $\mathbf{Q}$를 **소체**라고 한다.

> 素體 prime field

7-2 EXERCISES 연습문제

1 환 R, R'에 대하여, $R \cong R'$일 때, $R' \cong R$임을 보여라.

2 $F = \left\{ \begin{bmatrix} a & -b \\ b & a \end{bmatrix} \middle| a, b \in \boldsymbol{R} \right\}$은 복소수체 $\boldsymbol{C}$와 환동형임을 보여라.

3 $R = \left\{ \begin{bmatrix} a & 2b \\ b & a \end{bmatrix} \middle| a, b \in \boldsymbol{Z} \right\}$은 $\boldsymbol{Z}[\sqrt{2}]$와 환동형임을 보여라.

4 실수체 $\boldsymbol{R}$과 복소수체 $\boldsymbol{C}$는 환동형이 아님을 보여라.

5 R이 단위원을 가지는 환이고, $\phi : R \to S$가 환준동형사상일 때, $\phi(1_R) = 1_{\phi(R)}$임을 증명하라.

◂ $1_{\phi(R)} \neq 1_{R'}$일 수 있다. (NoTE 2와 비교해 보라.)

6 $\phi : R \to S$가 환준동형사상일 때,

$$a_0 + a_1 x + \cdots + a_n x^n \to \phi(a_0) + \phi(a_1)x + \cdots + \phi(a_n)x^n$$

으로 정의되는 함수 $\overline{\phi} : R[x] \to S[x]$는 환준동형사상임을 보여라.

7 R, S가 환일 때, $(r, s) \to r$로 정의되는 함수 $\phi : R \oplus S \to R$는 환준동형사상임을 보이고, $\ker \phi$를 구하라.

8 $4\boldsymbol{Z} + x \to [5x]_{10}$으로 정의되는 함수 $\phi : \boldsymbol{Z}/4\boldsymbol{Z} \to \boldsymbol{Z}_{10}$은 환준동형사상임을 증명하라.

9 $\boldsymbol{Q}$에서 $\boldsymbol{Q}$로 가는 환준동형사상을 모두 찾아라.

10 $\boldsymbol{Q}[\sqrt{2}]$와 $\boldsymbol{Q}[\sqrt{3}]$은 환동형이 아님을 보여라.

11 체 F에서 원소의 개수가 2 이상인 환으로 가는 전사인 환준동형사상은 환동형사상임을 증명하라.

12 $\det : \mathrm{Mat}_2(\boldsymbol{R}) \to \boldsymbol{R}$은 환준동형사상이 아님을 보여라.

7-2 · E · X · E · R · C · I · S · E · S · 연습문제

13 $\phi : R \to R'$이 환준동형사상일 때, R'의 부분환의 ϕ-역상은 R의 부분환이고, R'의 아이디얼의 ϕ-역상은 R의 아이디얼임을 보여라.

14 $n, k \in \mathbf{Z}^+$에 대하여 $\gcd(n, k) = d$라고 할 때, $\mathbf{Z}_n$에서 $\mathbf{Z}_k$로 가는 환준동형사상은 $\mathbf{Z}_n$의 각 원소에

$$a \in \left\{0, \frac{k}{d}, 2\frac{k}{d}, \cdots, (d-1)\frac{k}{d}\right\}, \quad a^2 \equiv a \pmod{n}$$

을 만족하는 a를 곱하는 함수 μ_a임을 증명하라.

15 $\mathbf{Z}_{12}$에서 $\mathbf{Z}_{30}$로 가는 환준동형사상은 μ_5, μ_{25}뿐임을 보여라.

16 실수환 $\mathbf{R}$에서 $\mathbf{R}$로 가는 연속함수 전체의 환 $C(\mathbf{R})$에 대하여 $I = \{f \in C(\mathbf{R}) \mid f(1) = 0\}$이라고 할 때, 다음을 증명하라.

(1) $I \lhd C(\mathbf{R})$　　(2) $C(\mathbf{R})/I \cong \mathbf{R}$

17 정역 R의 아이디얼 I에 대하여, R/I는 정역인가?

18 환 R의 아이디얼 I에 대하여,조건 $ab - ba \in I, (\forall a, b \in R)$, 이 성립할 때, R/I는 가환환임을 보여라.

19 소수 p에 대하여, $M = \{f \in \mathbf{Z}[x] \mid f$ 의 상수항은 p의 배수$\}$는 $\mathbf{Z}[x]$ 의 극대아이디얼임을 보여라.

20 다음은 $\mathbf{Z}[x]$의 극대아이디얼이 아닌 소아이디얼임을 보여라.

(1) $\langle x - 1 \rangle$　　(2) $\langle x^2 + 1 \rangle$

21 환 R의 아이디얼 I, J에 대하여 다음을 증명하라.

(1) $I \cap J \lhd I$　　(2) $J \lhd I + J$　　(3) $\dfrac{I+J}{J} \cong \dfrac{I}{I \cap J}$

◀ (3) 제 2 동형정리

22 환 R의 아이디얼 K, I에 대하여, $K \subset I$ 일 때, 다음을 증명하라.

7-2 · E · X · E · R · C · I · S · E · S · 연습문제

(1) $\frac{I}{K} \lhd \frac{R}{K}$　　　　(2) $\frac{R/K}{I/K} \cong \frac{R}{I}$

◀ (2) 제 3 동형정리

23 환 R의 아이디얼 I, J, K에 대하여, $I+K=R=J+K$일 때, $(I \cap J)+K=R$임을 증명하라.

24 정역 D에 대하여, 집합 $D \times D^{\#} = \{(a, b) \mid a \in D, b \in D^{\#}\}$ 상의 관계 ~를

$$(a, b) \sim (c, d) \Leftrightarrow ad = bc,\ \ ((a, b), (c, d) \in D \times D^{\#})$$

과 같이 정의할 때, ~는 동치관계임을 증명하라.

25 정역 D의 임의의 분수체는 정리 7.2.6에서 정의된 $\widetilde{D}$와 환동형임을 증명하라.

26 체 F의 부분정역 D에 대하여, $\overline{D} = \{ab^{-1} \mid a \in D, b \in D^{\#}\}$이라고 할 때, 다음을 증명하라.

(1) $\overline{D}$는 D의 분수체와 환동형이다. ($\therefore \overline{D}$는 F의 부분체이다.)

(2) $\overline{D}$는 D를 포함하는 F의 부분체 중 가장 작은 체이다.

27 체 F에 대하여 $\boldsymbol{Z} \leqslant F$이면 $\boldsymbol{Q} \leqslant F$임을 보여라.

28 환 R의 아이디얼 I, J에 대하여, $I+J=R$일 때, 다음을 증명하라.

(1) 임의의 $a, b \in R$에 대하여, 연립 합동식

$$x \equiv a \pmod{I},\ x \equiv b \pmod{J}$$

는 해를 가진다. 더욱이 이 합동식의 임의의 두 해는 법 $I \cap J$에 관하여 합동이다.

◀ (1) 중국인의 나머지정리
Chinese remainder theorem

(2) $\frac{R}{I \cap J} \cong \frac{R}{I} \oplus \frac{R}{J}$.

29 $\gcd(m, n) = 1$인 $m, n \in \boldsymbol{Z}$에 대하여, $\boldsymbol{Z}_{mn} \cong \boldsymbol{Z}_m \oplus \boldsymbol{Z}_n$임을 증명하라.

8 여러 가지 정역

정수환 $\mathbf{Z}$ 에서는 나눗셈 알고리즘이 성립하고, 임의의 아이디얼은 주 아이디얼이다. 임의의 자연수는 유일한 소인수분해를 가진다. 임의의 영이 아닌 두 정수 a, b 는 최대공약수를 가지고 그것은 a, b 의 정수배의 합이다.

이 중단원에서는 이러한 성질을 가지는 여러 가지 정역에 대하여 알아 본다. 아울러 정역에서 계수를 가지는 다항식의 산술적 성질과 인수분해에 대하여 논의한다.

8-1 특별한 성질의 정역

이 절의 학습 내용

- 유클리드정역(ED)
- 주아이디얼정역(PID)
- 유일인수분해정역(UFD)
- ED $\Rightarrow$ PID $\Rightarrow$ UFD
- UFD와 최대공약수
- 이차정수환 $\mathbf{Z}[\sqrt{d}\,]$의 성질

정수의 정역 $\mathbf{Z}$는 다음과 같은 특별한 성질을 가진다.

(i) 나눗셈 알고리즘이 성립한다.

(ii) 임의의 아이디얼은 주아이디얼이다.

(iii) 2 이상인 임의의 원소는 유일한 소인수분해를 가진다.

◀ 산술의 기본정리

정역 중에는 이들과 유사한 개념 중 하나 이상을 만족하는 것도 있고 그렇지 않은 것도 있다. 특히 성질 (iii)의 확장 개념은 페르마의 최후 문제와 가장 깊은 연관을 가지고 있다. 이 절에서는 이와 같은 특별한 성질을 일반적인 정역 상으로 확장한다.

유클리드 정역

정역 $\mathbf{Z}$에서의 나눗셈 알고리즘은 한 원소를 다른 원소로 나누었을 때, 몫과 나머지를 생산하는 도구이다. 이 때, 나머지는 나누는 원소보다 '작은' 원소이다. 정역에서 한 원소가 다른 원소보다 '작다' 고 하기 위해서는 정역의 각 원소에 어떤 '크기'를 매길 수 있어야 한다.

◀ $a = bq + r, (0 \le r < |b|)$

정의 정역 D에 대하여 어떤 함수 $\delta : D^{\#} \to \mathbf{Z}^{+} \cup \{0\}$이 존재하여 조건

(i) $\delta(a) \le \delta(ab), (\forall a, b \in D^{\#})$.

(ii) $a, b \in D, b \neq 0$에 대하여,

$$a = bq + r,\ (\text{단}, r = 0 \text{ 또는 } \delta(r) < \delta(b)),$$

인 $q, r \in D$가 존재한다.

를 만족할 때, D를 **유클리드정역(ED)**이라고 한다.

◀ 유클리드整域 Euclidean domain

보기 1 $\mathbf{Z}$는 유클리드정역이다.

∵ $n \in \mathbf{Z}$에 대하여, $\delta(n) = |n| \in \mathbf{Z}^{+} \cup \{0\}$ 으로 정의한다. (n의 절대값)

(i) $a, b \in \mathbf{Z}^{\#}$에 대하여,

$$\delta(ab) = |ab| = |a||b| \ge |b| = \delta(b).$$

(ii) $a, b \in \mathbf{Z}, b \neq 0$에 대하여, $\frac{a}{b}$와 가장 가까운 정수를 q라고 하면 $a = bq + (a - bq), a - bq \in \mathbf{Z}$이다. $a - bq \neq 0$일 때,

$\delta(a - bq) = |b(\frac{a}{b} - q)| = |b||\frac{a}{b} - q| \le \frac{1}{2}|b| < |b| = \delta(b).$

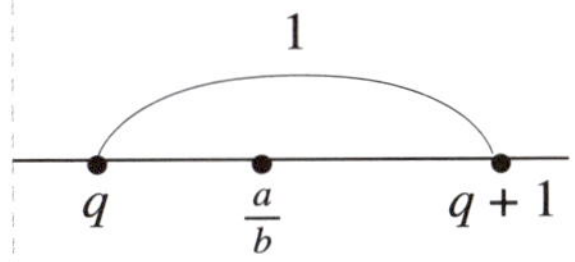

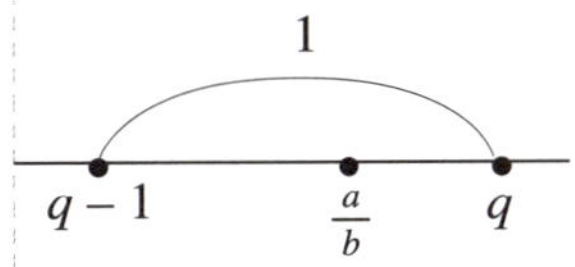

예제 8.1.1

$\mathbf{Z}[i] = \{a + bi \mid a, b \in \mathbf{Z}\}$는 유클리드정역임을 보여라. (단, i는 허수 단위)

◀ $\mathbf{Z}[i]$는 정역이다. (연습문제 6.2.3)

증명 $x = m + ni \in \mathbf{Z}[i]^{\#}$에 대하여, $\delta(x)$를

$$\delta(x) = |x|^2 = m^2 + n^2 \in \mathbf{Z}^{+} \cup \{0\}$$

으로 정의한다. ($|x|$는 복소수 x의 크기)

(i) $x, y \in \mathbf{Z}[i]^{\#}$에 대하여,

$$\delta(xy) = |xy|^2 = |x|^2|y|^2 \ge |x|^2 = \delta(x).$$

(ii) $x, y \in \mathbf{Z}[i], y \neq 0$에 대하여, $|\frac{x}{y} - q|$가 최소인 $q \in \mathbf{Z}[i]$를 잡으면 $|\frac{x}{y} - q| \le \frac{\sqrt{2}}{2}$ 이므로 $|\frac{x}{y} - q|^2 \le \frac{2}{4} = \frac{1}{2}$ 이다. 이 때,

$$x = yq + (x - yq),\ x - yq \in \mathbf{Z}[i].$$

$x - yq \neq 0$일 때,

$$\delta(x - yq) = |y(\tfrac{x}{y} - q)|^2 = |y|^2|\tfrac{x}{y} - q|^2 \le \tfrac{1}{2}|y|^2 < |y|^2 = \delta(y).$$ ◻

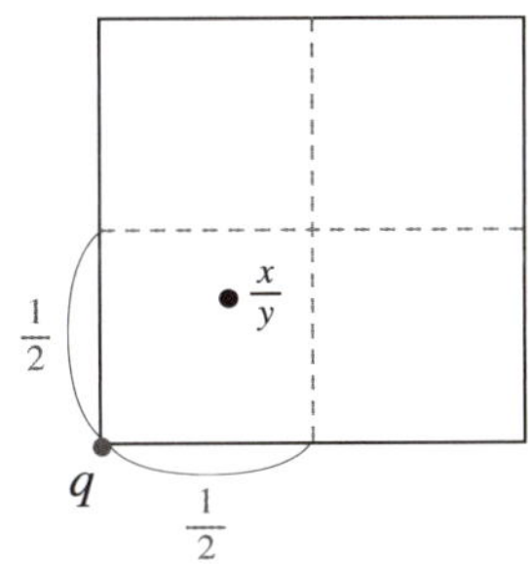

주아이디얼 정역

정의 임의의 아이디얼이 주 아이디얼인 정역을 **주아이디얼정역(PID)**이라고 한다.

◀ 主아이디얼整域 principal ideal domain

보기 2 $\mathbf{Z}$는 PID이고, $\mathbf{Z}[x]$는 PID가 아니다.

◀ 7.1 절 보기 4, 보기 7

정리 8.1.2

D가 ED이고 $\{0\} \neq I \lhd D$라고 할 때, δ값이 최소인 $I^{\#}$의 원소가 a일 때, $I = \langle a \rangle$이다.

증명 명백히 $\langle a \rangle \subset I$이다.
$x \in I$에 대하여 $x = aq + r$, (단, $r = 0$ 또는 $\delta(r) < \delta(b)$), 을 만족하는 $q, r \in D$를 잡으면, $r = x - aq \in I$이다. a의 선택에 의하여 $r = 0$이다. 그러므로 $x = aq \in \langle a \rangle$이고 따라서 $I \subset \langle a \rangle$이다. ▌

따름정리 8.1.3

D가 ED일 때, D는 PID이다.

유일 인수분해 정역

정역 D의 원소 $a \neq 0, b$에 대하여, $ac = b$를 만족하는 $c \in D$가 존재할 때, a는 b를 **나눈다**고 하고

◀ a divides b

$$a \mid b$$

로 나타낸다. 이 때 a는 b의 **약수** (또는 **인수**)라 하고, b는 a의 **배수**라고 한다. D의 단위가 아닌 원소 $a \neq 0$가 조건

◀ 約數 divisor 因數 factor 倍數 multiple

$$a = bc \Rightarrow b \in \boldsymbol{U}_D \text{ 또는 } c \in \boldsymbol{U}_D, (\text{단}, b, c \in D)$$

를 만족할 때, a는 **기약**이라 하고, 기약인 원소를 **기약원**이라고 한다.

◀ 旣約 irreducible

단위가 아닌 각 원소($\neq 0$)가 기약원 또는 유한개의 기약원의 곱으로 유일하게 분해되는 정역이 우리의 관심사이다.

$6=2\cdot 3=(-2)(-3)$에서 나타나듯이 정수의 기약원의 곱으로의 분해는 '진짜'로 유일하지는 않지만 부호만 다른 두 수를 같은 것으로 본다면 유일하다.
-2, -3은 각각 2, 3에 $\mathbf{Z}$의 단위 -1을 곱한것이다.

정역 D의 원소 a에 대하여, a와 단위와의 곱을 a의 **동반자**라고 한다. 이를테면, $n\in \mathbf{Z}$의 동반자는 $\pm n$이다. ($\because$ $\boldsymbol{U}_{\mathbf{Z}}=\{1,-1\}$).
$b\in D$가 a의 동반자일 때, 이를 $a\approx b$로 나타내고, $a\approx b$가 아닐 때, 이를 $a\not\approx b$로 나타낸다. 명백히 「$a\approx b \Leftrightarrow b\approx a$」이다.

◀ 同伴者 associate

◀ $b=ua, u\in \boldsymbol{U}_D$일 때, $a=u^{-1}b$.

보기 4 $\mathbf{Z}[\sqrt{2}\,]$에서 $2+\sqrt{2}\approx\sqrt{2}$.
$\because$ $2+\sqrt{2}=\sqrt{2}(\sqrt{2}+1)$이고, $\sqrt{2}+1\approx 1$. ← $(\sqrt{2}+1)(\sqrt{2}-1)=1$

NOTE 1 $a, b, c\in D$에 대하여 다음이 성립한다. (연습문제 8.1.8).
(i) $a\approx a$ (ii) $a\approx b\Rightarrow b\approx a$ (iii) $a\approx b, b\approx c\Rightarrow a\approx c$

보조정리 8.1.4

D가 정역일 때, $\boldsymbol{U}_D=\{u\in D\mid u\approx 1\}$.

증명 $u\in\boldsymbol{U}_D\Rightarrow u=u1\Rightarrow u\approx 1$.
$u\approx 1\Rightarrow uv=1, (v\in\boldsymbol{U}_D)\Rightarrow u\in\boldsymbol{U}_D$. ▮

정리 8.1.5

D가 정역일 때, 다음이 성립한다.
(1) $a\in D^{\#}-\boldsymbol{U}_D$가 기약일 필요충분조건은

$$a=bc, (b, c\in D)\Rightarrow b\approx 1 \text{ 또는 } c\approx 1$$

(2) D의 기약원의 동반자는 기약이다.

증명 (1) 기약의 정의와 보조정리 8.1.4.

(2) 기약원 $\pi\in D$의 동반자는 $u\pi$, (단, $u\approx 1$). $a, b\in D$에 대하여,
$u\pi=ab\Rightarrow\pi=(u^{-1}a)b\Rightarrow u^{-1}a\approx 1$ 또는 $b\approx 1\Rightarrow a\approx 1$ 또는 $b\approx 1$.
(← π는 기약) (← $u^{-1}a\approx 1\Leftrightarrow a\approx 1$)
따라서 $u\pi$는 기약이다. ▮

정리 8.1.6

D가 정역일 때, $a, b \in D^{\#}$에 대하여 다음은 동치이다.

(i) $a \approx b$ (ii) $a \mid b,\ b \mid a$ (iii) $\langle a \rangle = \langle b \rangle$.

증명 (i) $\Rightarrow$ (ii). $a \approx b \Rightarrow \begin{cases} a = ub, (u \in U_D) \Rightarrow b \mid a. \\ b \approx a \Rightarrow a \mid b. \end{cases}$

(ii) $\Rightarrow$ (i). $b \mid a \Rightarrow a = ub, (u \in D)$. $a \mid b \Rightarrow b = va, (v \in D)$.

이 때, $a = uva$. $\therefore uv = 1$.(∵ 소거율). $\therefore u \approx 1$. $\therefore a \approx b$.

(ii) $\Leftrightarrow$ (iii) 은 명백하다. ▌

정의 정역 D에서 조건

(i) $D^{\#} - U_D$의 임의의 원소 a는 기약원이든지 기약원의 곱으로 표현될 수 있다. (이 곱을 a의 **기약인수분해**라고 한다.)

(ii) $\pi_1 \pi_2 \cdots \pi_n = \beta_1 \beta_2 \cdots \beta_m$, (단, 각 π_i, β_j는 기약원), 일 때, $n = m$이고, (필요할 경우 $\beta_1, \beta_2, \cdots, \beta_m$의 배열 순서를 바꾸면), $\pi_i \approx \beta_i, (i = 1, 2, \cdots, n)$.

가 성립할 때, D를 **유일인수분해정역 (UFD)**이라고 한다.

◀ 既約因數分解 irreducible factorization

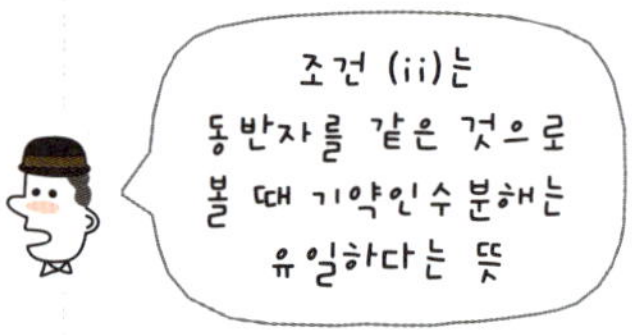

◀ 唯一因數分解整域 unique factorization domain

보기 5 $\mathbf{Z}$는 UFD이다.

∵ $n \in \mathbf{Z}$에 대하여 $|n|$의 소인수분해를

$$|n| = p_1 p_2 \cdots p_r, (\text{단, 각 } p_i\text{는 소수})$$

라고 할 때, $n = (\pm p_1) p_2 \cdots p_r$.

$|n|$의 소인수분해의 유일성에 의하여 n의 기약인수분해는

$n = (\pm p_1)(\pm p_2) \cdots (\pm p_r)$ 꼴이다.

• *PID는 UFD*

이제 임의의 PID는 UFD임을 증명한다.

정역 D의 임의의 아이디얼의 사슬 $I_1 \subset I_2 \subset \cdots$ 에 대하여 어떤 n이 존재하여 $I_n = I_{n+1} = \cdots$ 일 때, D를 **뇌터정역(ND)**이라고 한다.

◀ 뇌터整域 Nötherian domain

보조정리 8.1.7

임의의 PID는 ND이다.

증명 D의 아이디얼의 사슬 $I_1 \subset I_2 \subset \cdots$ 에 대하여,

$$I = I_1 \cup I_2 \cup \cdots$$

로 두면, $I \lhd D$이다.

∵ $a, b \in I,\ r \in D$라고 하면 $a, b \in I_n$인 n이 존재한다.

$I_n \lhd D$이므로, $a - b \in I_n \subset I,\ ra \in I_n \subset I.\quad \therefore I \lhd D.$

D가 PID이므로 $a \in D$가 존재하여 $I = \langle a \rangle$이다.

$a \in I$이므로 $a \in I_n$을 만족하는 n이 존재한다. 이 때,

$$I = \langle a \rangle \subset I_n \subset I_{n+1} \subset \cdots \subset I$$

이고, 그러므로

$$I_n = I_{n+1} = I_{n+2} = \cdots . \ \blacksquare$$

보조정리 8.1.8

D가 ND일 때, $D^\# - U_D$의 임의의 원소는 기약인수분해를 가진다.

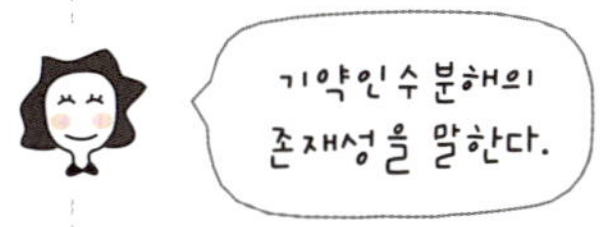

증명 기약인수분해를 가지지 않는 $D^\# - U_D$의 원소를 기약인수분해불가원이라고 하고, $D^\# - U_D$는 기약인수분해불가원을 가지지 않음을 증명한다. $a \in D^\# - U_D$가 기약인수분해불가원이라고 하면, 우선 a는 기약이 아니다. 따라서

$$a = a_1 b_1, (\text{단}, a_1 \not\approx 1, b_1 \not\approx 1).$$

여기서 a_1, b_1 중 하나는 기약인수분해불가원이다. 그러므로 a_1을 기약인수분해불가원이라고 해도 좋다. 이 때, $\langle a \rangle \subsetneq \langle a_1 \rangle$이다.

∵ 먼저 $a = a_1 b_1$이므로 $a \in \langle a_1 \rangle$. $\therefore \langle a \rangle \subset \langle a_1 \rangle$.

$\langle a \rangle = \langle a_1 \rangle$라고 하면 $a_1 \in \langle a \rangle$이므로 $a_1 = au, (u \in D)$. 이때,

$$a = a_1 b_1 = aub_1. \quad \therefore 1 = ub_1. \quad \therefore b_1 \approx 1.$$

이는 $b_1 \not\approx 1$라는 사실에 위배된다. ◆

◀ a가 기약원일 때는, $a = a$가 곧 a의 기약인수분해이다.

◀ a_1, b_1이 모두 기약인수분해를 가지면 $a_1 b_1$도 기약인수분해를 가진다.

인수분해불가원 a_1로써 위의 과정을 반복하면 D의 아이디얼의 사슬

$$\langle a \rangle \subsetneq \langle a_1 \rangle \subsetneq \langle a_2 \rangle \subsetneq \cdots$$

을 얻는다. 이는 D가 ND라는 가정에 위배된다. 그러므로 $D^\# - U_D$는 기약인수분해불가원을 가지지 않는다. $\blacksquare$

따름정리 8.1.9

D가 PID일 때, $D^{\#}-U_D$의 임의의 원소는 기약인수분해를 가진다.

이제, $D^{\#}-U_D$의 임의의 원소의 기약인수분해의 유일성 증명이 남았다. 이의 증명을 위하여 다음 개념을 소개한다.

정역 D의 원소 $\pi \neq 0$에 대하여 $\langle \pi \rangle$가 D의 소아이디얼일 때, π를 **소원**이라고 한다. 명백히, π가 소원일 필요충분조건은

◀ 素元 prime elememt

(i) $0 \neq \pi \not\approx 1$, (ii) $\pi | ab \Rightarrow \pi | a$ 또는 $\pi | b$.

↖ D의 소 아이디얼은 D의 진부분집합(소 아이디얼의 정의).

PID에서 기약인수분해의 유일성은 다음 보조정리 8.1.10, 8.1.11을 사용하여 증명한다.

보조정리 8.1.10

정역 D에서 다음이 성립한다.

(1) D의 소원은 기약원이다.

(2) $\pi \in D$가 소원일 때, $\pi | a_1 a_2 \cdots a_m$, $(a_1, a_2, \cdots, a_m \in D)$, 이면 $\pi | a_i$인 i가 존재한다.

(3) $\pi_1 \pi_2 \cdots \pi_n = \beta_1 \beta_2 \cdots \beta_m$, (단, 각 π_i는 소원, 각 β_i는 기약원), 일 때, $n = m$이고, (필요할 경우 β_i들의 순서를 재배열하면), $\pi_i \approx \beta_i$, $(i = 1, 2, \cdots, n)$, 이다.

증명 (1) $\pi \in D$가 소원이라고 하자.

$\pi = xy$라 하고 $x \approx 1$ 또는 $y \approx 1$임을 보인다.

$$\pi = xy \Rightarrow \pi | xy \Rightarrow {}^{①}\pi | x \text{ 또는 } {}^{②}\pi | y.$$

①$\pi | x$일 때, $x = \pi a$, $(a \in D)$. $\therefore\ \pi = xy = \pi a y$. $\therefore\ 1 = ay$. $\therefore\ y \approx 1$.

같은 식으로 ②$\pi | y$ 일 때, $x \approx 1$.

(2) m에 관한 귀납법으로 증명한다.

- $m = 1$일 때는 명백하다.
- $m > 1$, $\pi \nmid a_m$이라면, $\pi | (a_1 \cdots a_{m-1}) a_m$로부터 $\pi | a_1 \cdots a_{m-1}$을 얻고, 귀납법 가정에 의하여 π는 $a_1, \cdots, a_{m-1}$ 중 하나를 나눈다.

(3) n에 관한 귀납법으로 증명한다.

- $n=1$일 때 : π_1은 소원이므로 기약원이다.

$m \geq 2$라고 하면 $\pi_1 = \beta_1(\beta_2 \cdots \beta_m)$이다. π_1이 기약원이고 $\beta_1 \not\approx 1$이므로 $\beta_2 \cdots \beta_m \approx 1$이고 따라서 $\beta_2 \approx 1, \cdots, \beta_m \approx 1$이다. 이는 각 β_i가 기약이란 가정에 위배된다. 그러므로 $m=1$이고, 이 때, $\pi_1 = \beta_1$이다.

- $n \geq 2$일 때 : 위에서와 같은 논리로 $m \geq 2$이다.

π_1은 소원이고 $\pi_1 \mid \beta_1\beta_2 \cdots \beta_m$이므로 π_1은 $\beta_1, \cdots, \beta_m$ 중 하나, 이를 테면 β_1을 나눈다. 이 때, $\beta_1 = u\pi_1, (u \in D)$, 이다. 여기서 β_1은 기약이고 $\pi_1 \not\approx 1$이므로 $u \approx 1$이고, 따라서

$$\pi_1 \approx \beta_1.$$

다시 $\beta_1 = u\pi_1$로부터 $\pi_1\pi_2 \cdots \pi_n = u\pi_1\beta_2 \cdots \beta_m$이고, 이 등식에서 π_1을 소거하면

◀ $\pi_1\pi_2 \cdots \pi_n = \beta_1\beta_2 \cdots \beta_m$

$$\pi_2\pi_3 \cdots \pi_n = u\beta_2\beta_3 \cdots \beta_m.$$

여기서 $u\beta_2$도 기약이므로 n에 관한 귀납법에 의하여 $n=m$이고, (필요할 경우 $\beta_2, \beta_3, \cdots, \beta_m$의 배열 순서를 바꾸면),

◀ 정리 8.1.5 : 기약원의 동반자는 기약원

$$\pi_2 \approx u\beta_2 \approx \beta_2,\ \pi_3 \approx \beta_3,\ \cdots,\ \pi_n \approx \beta_n. \ \blacksquare$$

보조정리 8.1.11

D가 PID일 때, $\pi \in D$에 대하여 다음은 동치이다.

(1) π는 소원이다.

(2) π는 기약원이다.

(3) $\langle \pi \rangle$는 극대아이디얼이다.

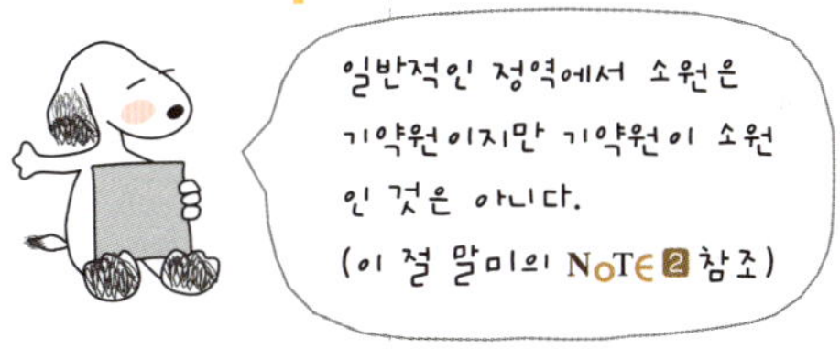

증명 (1) ⇒ (2) : 보조정리 8.1.10 의 (1).

(2) ⇒ (3) : π가 기약원이라고 하자. $a \in D$에 대하여,

$$\langle \pi \rangle \subset \langle a \rangle \lhd D \Rightarrow \langle \pi \rangle = \langle a \rangle \text{ 또는 } \langle a \rangle = D$$

가 성립함을 보인다. ↖ D가 PID이므로 임의의 아이디얼은 이런 꼴!

$\pi \in \langle \pi \rangle \subset \langle a \rangle$이므로 $\pi = ab, (b \in D)$, 이다. π가 기약이므로 여기서

$$①\, a \approx 1 \text{ 또는 } ②\, b \approx 1.$$

① $a \approx 1$일 때, $\langle a \rangle = D$이다.

② $b \approx 1$일 때, $a = \pi b^{-1} \in \langle \pi \rangle$. $\therefore \langle a \rangle \subset \langle \pi \rangle$. $\therefore \langle \pi \rangle = \langle a \rangle$.

(3) ⇒ (1) : $\langle \pi \rangle$가 극대아이디얼일 때 $\langle \pi \rangle$는 소아이디얼이다.
따라서 π는 소원이다. $\blacksquare$

정리 8.1.12

D가 PID일 때, D는 UFD이다.

증명 D에서 UFD의 조건 (i)이 성립함은 따름정리 8.1.9에 기술되었다. 한편,

$$\pi_1\pi_2\cdots\pi_n = \beta_1\beta_2\cdots\beta_m, \text{(단, 각 } \pi_i, \beta_j \text{는 기약원)}$$

일 때, 보조정리 8.1.11에 의하여 각 π_i는 소원이다. 따라서 보조정리 8.1.10에 의하여 $n = m$이고, (필요할 경우 $\beta_1, \beta_2, \cdots, \beta_m$의 배열 순서를 바꾸면) 각 i에 대하여 $\pi_i \approx \beta_i$이다. 따라서 D에서 UFD의 조건 (ii)가 성립한다. ∎

보기 6 $\mathbf{Z}[i]$는 ED이므로 PID이고, 따라서 UFD이다.

◀ 예제 8.1.1

• *UFD와 최대공약수*

정역 D의 모두가 0은 아닌 원소 $a_1, a_2, \cdots, a_n$의 공통인 약수를 $a_1, a_2, \cdots, a_n$의 **공약수**라고 한다. $a_1, a_2, \cdots, a_n$의 공약수 d가 있어서 $a_1, a_2, \cdots, a_n$의 임의의 공약수는 d의 약수일 때, d를 $a_1, a_2, \cdots, a_n$의 **최대공약수(gcd)**라 하고

$$\gcd(a_1, a_2, \cdots, a_n)$$

으로 나타낸다.

◀ 共約數 commom divisor

◀ 最大共約數 greatest commom divisor

d, e가 모두 $a_1, a_2, \cdots, a_n$의 최대공약수라면 $d|e, e|d$이므로 정리 8.1.6에 의하여 $d \approx e$. 따라서 최대공약수는 동반자를 같은 것으로 보면 유일하다. 그러므로 이를

$\gcd(a_1, a_2, \cdots, a_n)$

와 같이 나타낼 수 있다.

D가 UFD일 때 $a \in D^{\#} - U_D$의 기약인수분해가

$$a = \alpha_1\alpha_2\alpha_3\beta_1\beta_2 \quad \cdots\cdots ①$$

라고 하자. $\alpha_1 \approx \alpha_2 \approx \alpha_3 \approx \alpha$, $\beta_1 \approx \beta_2 \approx \beta$, $\alpha \not\approx \beta$라고 할 때 ①은

$$a = u\alpha^3\beta^2, (u \approx 1) \quad \cdots\cdots ②$$

과 같이 써질 수 있다. ②를 a의 **표준기약인수분해**라고 한다.

또 다른 원소 $b \in D^{\#} - U_D$의 표준기약인수분해가

$$b = v\beta^4\gamma^5, (v \approx 1) \quad \cdots\cdots ③$$

이라고 하자. a, b를 비교할 필요가 있을 때는 ②, ③을 각각

$$a = u\alpha^3\beta^2\gamma^0, \quad b = v\alpha^0\beta^4\gamma^5$$

와 같이 같은 기약인수와 0을 지수로 써서 표현한다.

◀ $\alpha_i = u_i\alpha, u_i \approx 1, (i = 1, 2, 3)$
$\beta_j = v_j\beta, v_j \approx 1, (j = 1, 2)$
라고 하면
$a = \underbrace{(u_1u_2u_3v_1v_2)}_{\approx 1}\alpha^3\beta^2$

보조정리 8.1.13

D가 UFD일 때 $c, d \in D^{\#} - U_D$의 표준기약인수분해가 각각

$$c = u\,\pi_1^{m_1}\,\pi_2^{m_2}\,\cdots\,\pi_k^{m_k}, (u \approx 1),$$
$$d = v\,\pi_1^{n_1}\,\pi_2^{n_2}\,\cdots\,\pi_k^{n_k}, (v \approx 1)$$

일 때,

$$c|d \Leftrightarrow m_i \le n_i,\ (i = 1, 2, \cdots, k).$$

증명 ($\Rightarrow$) $c|d$이면 $ca = d, (a \in D)$, 이다. a의 표준기약인수분해를

$$a = w\,\pi_1^{l_1}\,\pi_2^{l_2}\,\cdots\,\pi_k^{l_k}, (w \approx 1)$$

라고 하면,

$$uw\,\pi_1^{m_1+l_1}\pi_2^{m_2+l_2}\cdots\,\pi_k^{m_k+l_k} = v\,\pi_1^{n_1}\,\pi_2^{n_2}\,\cdots\,\pi_k^{n_k}.$$
$$\therefore\ m_i \le m_i + l_i = n_i,\ (i = 1, 2, \cdots, k).$$

($\Leftarrow$) 는 명백하다. ▌

◀ a는 $\pi_1, \pi_2, \cdots \pi_k$이외의 기약인수를 가지지 않는다.

정리 8.1.14

D가 UFD일 때, 모두가 0은 아닌 원소 $a_1, a_2, \cdots, a_n \in D$는 gcd를 가진다.

증명 $a_1, a_2, \cdots, a_n$의 gcd는 이들 중 0이외의 원소들의 gcd와 같으므로 $a_i \ne 0, (\forall i)$, 라고 가정할 수 있다. $a_1, a_2, \cdots, a_n$의 표준기약인수분해를 각각

$$a_1 = u_1\,\pi_1^{m_{11}}\,\pi_2^{m_{12}}\,\cdots\,\pi_r^{m_{1r}}, (u_1 \approx 1)$$
$$a_2 = u_2\,\pi_1^{m_{21}}\,\pi_2^{m_{22}}\,\cdots\,\pi_r^{m_{2r}}, (u_2 \approx 1)$$
$$\vdots$$
$$a_n = u_n\,\pi_1^{m_{n1}}\,\pi_2^{m_{n2}}\,\cdots\,\pi_r^{m_{nr}}, (u_n \approx 1)$$

이고 하자.

$$d = \pi_1^{k_1}\,\pi_2^{k_2}\,\cdots\,\pi_r^{k_r}, (u_1 \approx 1)$$
$$(\text{단, } k_j = \min\{m_{1j}, m_{2j}, \cdots, m_{rj}\},\ j = 1, 2, \cdots, r)$$

이라고 하면 d는 $a_1, a_2, \cdots, a_n$의 공약수이다.

c가 $a_1, a_2, \cdots, a_n$의 공약수라고 하면, c의 표준기약인수분해는

$$c = v\pi_1^{l_1}\,\pi_2^{l_2}\,\cdots\,\pi_r^{l_r}, (\text{단, } l_j\text{는 음이 아닌 정수}, v \approx 1),$$

꼴이고, 보조정리 8.1.13에 의하여, $l_j \le k_j, (\forall j)$, 이다. 다시 보조정리 8.1.13에 의하여 $c|d$이다. 그러므로 $d = \gcd(a_1, a_2, \cdots, a_n)$이다. ▌

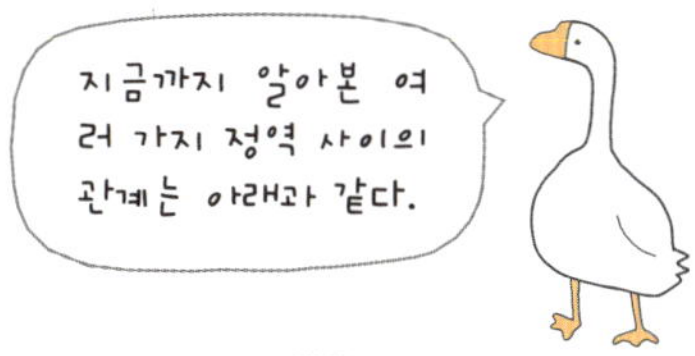

ND
⇑
ED ⇒ PID ⇒ UFD
⇓
gcd 존재

이차정수환

지금부터 UFD가 아닌 정역의 존재성에 대하여 알아 본다.

$d \neq 1$이 **square free**인 정수, 즉, 소수의 제곱의 배수가 아닌 정수일 때, $\mathbf{Z}[\sqrt{d}\,] = \{m + n\sqrt{d} \mid m, n \in \mathbf{Z}\}$는 복소수 체 $\boldsymbol{C}$에 포함되는 정역이다. ($\because$ 연습문제 6.2.4). 정역 $\mathbf{Z}[\sqrt{d}\,]$를 **이차정수환**이라고 한다.

$a = m + n\sqrt{d} \in \mathbf{Z}[\sqrt{d}\,]$에 대하여 $a^* = m - n\sqrt{d}$를 a의 **대수적 켤레짝**이라고 한다. 이 때, a, a^*의 합과 곱

$$a + a^* = 2m,\ \ aa^* = m^2 - n^2 d$$

는 모두 정수이다. 따라서 a, a^*는 정수계수 이차방정식

$$x^2 - 2mx + m^2 - n^2 d = 0 \quad \cdots\cdots\cdots ①$$

의 근이다. $aa^* = m^2 - n^2 d$를 a의 **노름**이라고 하고

$$N(a)$$

로 나타낸다. m, n, d가 모두 정수이므로 $N(a)$는 정수이다.

◂ 代數約켤레짝 algebraic conjugate

◂ 노름 norm

$d < 0$일 때
a^*는 a의 켤레복소수.
$\therefore N(a) = aa^* = |a|^2 \geq 0$.

보기 7 (1) $N(1 + 2\sqrt{3}\,) = -11$.

$\because$ $a = 1 + 2\sqrt{3}$ 이라고 할 때, $a^* = 1 - 2\sqrt{3}$.

$\therefore$ $N(a) = aa^* = (1 + 2\sqrt{3}\,)(1 - 2\sqrt{3}\,) = 1^2 - 2^2 \cdot 3 = -11$.

(2) $m \in \mathbf{Z}$일 때, $N(m) = m^2$.

$a = m$이라고 할 때, $a^* = m$. $\therefore$ $N(a) = aa^* = m^2$.

(3) $m, n \in \mathbf{Z}$일 때, $N(m + n\sqrt{2}i) \geq 0$.

$\because$ $a = m + n\sqrt{2}i$ 라고 할 때, $a^* = m - n\sqrt{2}i$.

$\therefore$ $N(a) = aa^* = (m + n\sqrt{2}i)(m - n\sqrt{2}i) = m^2 + 2n^2 \geq 0$.

$a, b \in \mathbf{Z}[\sqrt{d}\,]$에 대하여 $(ab)^* = a^* b^*$이다.

$\because$ $a = m + k\sqrt{d}, b = n + l\sqrt{d}$ 라고 하면,

$$a^* b^* = (m - k\sqrt{d}\,)(n - l\sqrt{d}\,) = mn + kld - (ml + nk)\sqrt{d}$$
$$= [mn + kld + (ml + nk)\sqrt{d}\,]^* = (ab)^*. \ ◆$$

이 성질에 의하여 다음 보조정리가 성립한다.

보조정리 8.1.15

정수 d가 square free일 때, $a, b \in \mathbf{Z}[\sqrt{d}]$에 대하여,

$$N(ab) = N(a)N(b).$$

증명 $N(ab) = ab(ab)^* = aba^*b^* = aa^*bb^* = N(a)N(b)$. ▌

다음 정리는 $\mathbf{Z}[\sqrt{d}\,]$의 원소가 단위인지 아닌지를 판정하는 도구이다.

정리 8.1.16

정수 d가 square free일 때, $u \in \mathbf{Z}[\sqrt{d}\,]$에 대하여,

$$u \approx 1 \Leftrightarrow N(u) = \pm 1.$$

증명 $(\Rightarrow)$ $u \approx 1$이면, $v \in \mathbf{Z}[\sqrt{d}\,]$가 있어서 $uv = 1$.
보조정리 8.1.15에 의하여, $N(u)N(v) = N(uv) = N(1) = 1^2 = 1$.
$N(u), N(v)$가 모두 정수이므로 $N(u) = \pm 1$.

$(\Leftarrow)$ $u \in \mathbf{Z}[\sqrt{d}]$에 대하여 $N(u) = \pm 1$이라고 하면 $uu^* = \pm 1$. 이 때, $u(\pm u^*) = 1$ 이므로 $u \approx 1$. ▌

$\mathbf{Z}[\sqrt{d}]$의 단위를 모두 찾아 보자.

정리 8.1.16에 의하여, $\mathbf{Z}[\sqrt{d}]$의 단위 $m + n\sqrt{d}$는 m, n에 관한 부정방정식

$$m^2 - dn^2 = \pm 1 \quad \cdots\cdots\cdots\cdots \text{①}$$

을 만족하는 정수 m, n을 찾음으로써 구할 수 있다.

- $d > 0$일 때, ①은 펠 방정식이며, 무수히 많은 해를 가진다.
- $d = -1$일 때, ① $\Leftrightarrow m^2 + n^2 = 1$.
  $m^2 + n^2 = 1 \Leftrightarrow (m, n) = (\pm 1, 0)$ 또는 $(m, n) = (0, \pm 1)$.
  $\Leftrightarrow m + n\sqrt{d} = \pm 1$ 또는 $m + n\sqrt{d} = \pm i$.
- $d < -1$일 때, ① $\Leftrightarrow m^2 + |d|n^2 = 1$.
  $m^2 + |d|n^2 = 1 \Leftrightarrow (m, n) = (\pm 1, 0) \Leftrightarrow m + n\sqrt{d} = \pm 1$.

◀ 펠 방정식(Pell's equation)은 정수론의 중요한 대상이며 그 풀이는 $\sqrt{d}$의 연분수에 의존한다. 상세한 내용은 참고문헌 [1] 단원 19를 참조.

이상의 논의에서 다음 정리를 얻는다.

정리 8.1.17

(1) $U_{\mathbf{Z}[i]} = \{1, -1, i, -i\}$.

(2) 정수 $d > 1$이 square free일 때,

- $U_{\mathbf{Z}[\sqrt{d}\,]}$는 무수히 많은 원소를 가진다.
- $U_{\mathbf{Z}[\sqrt{d}\,i]} = \{1, -1\}$.

보기 8 $(m, n) = (8, 3)$이 $m^2 - 7n^2 = 1$의 해이므로 $u = 8 + 3\sqrt{7}$은 $\mathbf{Z}[\sqrt{7}\,]$의 단위이다. 단위의 거듭제곱은 단위이므로 $\mathbf{Z}[\sqrt{7}\,]$은

$$u^2 = 127 + 48\sqrt{7},\ u^3 = 20025 + 2032\sqrt{7},\ \cdots$$

과 같이 무수히 많은 단위를 가진다.

정리 8.1.18

정수 d가 square free일 때, $a \in \mathbf{Z}[\sqrt{d}\,]$에 대하여 $|N(a)|$가 소수이면, a는 기약이다.

증명 $|N(a)|$가 소수이면, $0 \neq N(a) \neq \pm 1$이므로, $0 \neq a \not\approx 1$이다. $\mathbf{Z}[\sqrt{d}\,]$에서, $a = bc$라고 하면, $N(a) = N(b)N(c)$이므로

$$|N(a)| = |N(b)||N(c)|.$$

$|N(a)|$가 소수이므로, $|N(b)| = 1$ 또는 $|N(c)| = 1$이고, 따라서 정리 8.1.16에 의하여 $b \approx 1$ 또는 $c \approx 1$이다. 그러므로 a는 기약이다. ▮

보기 9 $\mathbf{Z}[i]$에서 $1 \pm i$는 기약이다.

$\because$ $N(1 \pm i) = |1 \pm i|^2 = 2$는 소수이다.

정리 8.1.19

정수 d가 square free일 때, $\mathbf{Z}[\sqrt{d}\,]^{\#} - U_{\mathbf{Z}[\sqrt{d}\,]}$의 각 원소는 기약인수분해를 가진다.

증명 $\mathbf{Z}[\sqrt{d}\,]^{\#} - U_{\mathbf{Z}[\sqrt{d}\,]}$에 기약인수분해를 갖지 않는 원소, 즉, 기약인수분해불가원이 존재한다고 하고, 노름의 절대값이 최소인 기약인수분해불가원을 a라고 하자.

우선, a는 기약이 아니므로

$$a = bc, (\text{단}, b, c \in \mathbf{Z}[\sqrt{d}]^{\#}, b \neq 1, c \neq 1).$$

여기서 b, c 중 하나는 기약인수분해불가원이다. b가 그 원소라고 하자. $b \neq 1, c \neq 1$이므로 정리 8.1.16에 의하여 $|N(b)| > 1, |N(c)| > 1$이다. 그러므로

$$|N(a)| = |N(bc)| = |N(b)N(c)| = |N(b)||N(c)| > |N(b)|. \cdots\cdots ①$$

①은 a의 선택에 위배된다. 따라서 $\mathbf{Z}[\sqrt{d}]^{\#} - U_{\mathbf{Z}[\sqrt{d}]}$에는 기약인수분해불가원이 존재하지 않는다. ∎

예제 8.1.20

정역 $\mathbf{Z}[\sqrt{5}i]$는 UFD가 아님을 보여라.

증명 $\mathbf{Z}[\sqrt{5}i]$에서 6은

(i) $$6 = 2 \cdot 3, \quad 6 = (1+\sqrt{5}i)(1-\sqrt{5}i)$$

와 같이 단위가 아닌 원소의 곱으로 분해된다.

◀ $N(2) = 4 \neq \pm 1$, $N(3) = 9 \neq \pm 1$, $N(1 \pm \sqrt{5}) = 6 \neq \pm 1$ 이므로 $2, 3, 1 \pm \sqrt{5}$는 단위가 아니다.

(ii) $2, 3, 1 \pm \sqrt{5}i$는 모두 기약원이다.

- 먼저, $\mathbf{Z}[\sqrt{5}i]$에는 $N(x) \in \{2, 3\}$인 원소 x가 존재하지 않는다.
  ∵ $m^2 + 5n^2 \in \{2, 3\}$인 $m, n \in \mathbf{Z}$가 존재하지 않는다. ◆
- $2 = ab, (a \neq 1, b \neq 1)$, 일 때,
  $$N(a) > 1,\ N(b) > 1,\ N(a)N(b) = N(ab) = N(2) = 4$$
  이므로 $N(a) = N(b) = 2$이다. 그러므로 2는 기약원이다.
- 같은 식으로, $3 = ab, (a \neq 1, b \neq 1)$, 일 때, $N(a) = N(b) = 3$이다. 그러므로 3은 기약원이다.
- $1 \pm \sqrt{5}i = ab, (a \neq 1, b \neq 1)$, 일 때,
  $$N(a)N(b) = N(ab) = N(1 \pm \sqrt{5}i) = 6$$
  이므로 $N(a), N(b)$ 중 하나는 2, 다른 하나는 3이다. 그러므로 $1 \pm \sqrt{5}i$는 기약원이다.

(iii) $2 \neq 1 \pm \sqrt{5}i, 3 \neq 1 \pm \sqrt{5}i$.

∵ $U_{Z[\sqrt{5}i]} = \{1, -1\}$ 이다.
$2 \cdot (\pm 1) \neq 1 \pm \sqrt{5}i,\ 3 \cdot (\pm 1) \neq 1 \pm \sqrt{5}i$. ◆

(i), (ii), (iii)에 의하여 6의 기약인수분해는 유일하지 않다. ◇

NoTE 2 정역 $\mathbf{Z}[\sqrt{5}i]$에서 기약원 2는 소원이 아니다.

∵ $2 \mid (1+\sqrt{5}i)(1-\sqrt{5}i)$이다. 2가 소원이면

$$2 \mid (1+\sqrt{5}i) \text{ 또는 } 2 \mid (1-\sqrt{5}i)$$

이다. $2 \mid (1 \pm \sqrt{5}i)$이면,

$$2(m \pm n\sqrt{5}i) = 1 \pm \sqrt{5}i$$

를 만족하는 $m, n \in \mathbf{Z}$가 존재한다. 이 때,

$$2m = 1,\ 2m = \pm 1. \quad \cdots\cdots\cdots\cdots \text{①}$$

그러나 ①을 만족하는 $m, n \in \mathbf{Z}$는 존재하지 않는다. ▮

페르마의 최후정리와 유일인수분해성

가우스는 사차합동식

$$x^4 \equiv c \pmod{n},\ (\text{단}, c, n \in \mathbf{Z})$$

의 정수해의 존재성에 대한 판정법을 찾았다. 이 때 가우스는 $\mathbf{Z}[i]$가 UFD 라는 사실을 이용하였다. 쿰머는

◂ Gauss 독일 수학자

◂ Kummer 독일 수학자

$$\mathbf{Z}[\omega] = \{a_0 + a_1\omega + \cdots + a_{p-1}\omega^{p-1} \mid a_i \in \mathbf{Z}\},\ (\text{단}, \omega = e^{2\pi i/p})$$

가 UFD 라면 이 사실을 이용하여 p차 합동식 $x^p \equiv c \pmod{n}$의 정수해의 존재성에 대한 판정법을 찾을 수 있을 것으로 생각했다. 그러나 일반적으로 $\mathbf{Z}[\omega]$는 UFD 가 아니라는 사실을 발견하였다. 1847 년 라메는 지수가 소수 p인 경우에 페르마의 최후정리에 대한 증명을 발견하였다고 생각했다.

◂ Lamé 프랑스 수학자

$x^p + y^p$은 $\mathbf{Z}[\omega]$에서

$$x^p + y^p = (x+y)(x+\omega y) \cdots (x+\omega^{p-1}y)$$

와 같이 분해된다. 라메의 증명은 $\mathbf{Z}[\omega]$가 UFD 라는 그릇된 가정과 이 분해에 바탕을 두었다.

쿰머는 소위 '아이디얼 수' 라는 개념을 도입하여 이들 수에 대해서는 유일 인수분해가 성립함을 증명함으로써, 페르마의 최후 정리는 많은 수의 소수 지수에 대하여 성립함을 증명하였다. 이 작업에서 쿰머는 $\mathbf{Z}[\sqrt{d}]$와 유사한 정역을 사용했다.

8-1 E·X·E·R·C·I·S·E·S 연습문제

1 $\mathbf{Z}[\sqrt{2}]$는 유클리드 정역임을 보여라.

2 ED의 조건 (ii)에서 q, r의 존재성은 유일하지 않을 수 있음을 보여라.

3 유클리드 정역 D의 함수 δ가 조건

$$\delta(a+b) \le \max\{\delta(a), \delta(b)\}, (\forall a, b \in R^{\#})$$

을 만족할 때, ED의 조건 (ii)의 q, r의 존재성은 유일함을 증명하라.

4 유클리드정역 D의 함수 δ에 대하여 다음을 증명하라.

(1) $\delta(1) \le \delta(a), \forall a \in D^{\#}$.　　(2) $u \in U(D) \Leftrightarrow \delta(u) = \delta(1)$.

5 D의 유클리드정역일 때, $a, b \in D^{\#}$에 대하여 다음을 증명하라.

(1) $a \approx b \Rightarrow \delta(a) = \delta(b)$.　　(2) $a \mid b, \delta(a) = \delta(b) \Rightarrow a \approx b$.

6 유클리드정역 D의 함수 δ가 상수함수일 때, D는 체임을 증명하라.

7 정역 D에 대하여 U_D는 1_D의 약수 전체의 집합임을 보여라.

8 정역 D의 원소 a, b, c에 대하여 다음이 성립함을 증명하라.

(i) $a \approx a$　　(ii) $a \approx b \Rightarrow b \approx a$　　(iii) $a \approx b, b \approx c \Rightarrow a \approx c$

9 정역 D의 소원의 동반자는 소원임을 증명하라.

10 $\mathbf{Z}[i]$의 아이디얼 $I \ne \{0\}$에 대하여 $\mathbf{Z}[i]/I$는 유한집합임을 보여라.

11 $\mathbf{Z}$의 기약원은 ±(소수)임을 보여라.

8-1 · E · X · E · R · C · I · S · E · S · 연습문제

12 정역 D의 원소 a, b에 대하여 $a \notin U_D$, $b \neq 0$일 때, $\langle ab \rangle \subsetneq \langle b \rangle$임을 보여라.

13 D가 PID일 때, D의 진부분집합인 아이디얼은 극대아이디얼에 포함됨을 증명하라.

14 D가 PID이고 $p \in D$가 기약일 때, $D/\langle p \rangle$는 체임을 증명하라.

15 소수 p에 대하여 $D = \left\{ \frac{a}{b} \,\middle|\, a, b \in \mathbf{Z},\ p \nmid b \right\}$라고 할 때, 다음을 증명하라.

(1) D는 $\mathbf{Z}$를 포함하는 정역이다.

(2) $\frac{a}{b} \in D$이고 $p \nmid a$일 때, $\frac{a}{b} \in U(D)$이다.

(3) $\{0\} \neq I \subsetneq D$일 때, $p^k \in I$인 자연수 k가 존재한다.

(4) D는 PID이다.

16 D가 PID이고 $\{0\} \neq \langle a \rangle \triangleleft D$일 때, $\langle a \rangle$를 포함하는 D의 아이디얼은 유한 개뿐임을 보여라.

17 $\mathbf{Q}[x]$의 부분정역 $\mathbf{Q_Z}[x] = \mathbf{Z} + x\mathbf{Q}[x]$에 대하여 다음을 증명하라.

(1) $\mathbf{U}_{\mathbf{Q_Z}[x]} = \{1, -1\}$.

(2) 임의의 소수는 $\mathbf{Q_Z}[x]$의 원소로서 기약원이다.

(3) $\mathbf{Q_Z}[x]$는 UFD가 아니다.

18 단위원을 가지는 가환환 R의 임의의 아이디얼이 유한개의 원소로 생성될 때, R의 아이디얼의 사슬 $I_1 \subset I_2 \subset \cdots$에 대하여 어떤 n이 존재하여 $I_n = I_{n+1} = I_{n+2} = \cdots$ 임을 보여라.

19 D가 PID일 때, $(a, b) \neq (0, 0)$인 $a, b \in D$에 대하여 $\gcd(a, b)$는 a, b의 일차결합으로 표현될 수 있음을 보여라.

8-1 · E · X · E · R · C · I · S · E · S · 연습문제

20 다음 정역은 UFD가 아님을 보여라.

(1) $\mathbf{Z}[\sqrt{5}i]$ (2) $\mathbf{Z}[\sqrt{6}i]$ (3) $\mathbf{Z}[\sqrt{10}]$

21 $\mathbf{Z}[\sqrt{5}i]$는 ED가 아님을 보여라.

22 $\mathbf{Z}[\sqrt{7}i]$에서 8을 2 개의 기약원의 곱, 3 개의 기약원의 곱으로 각각 나타내어라.

23 $\mathbf{Z}[\sqrt{2}]$에서 $(3+2\sqrt{2})^n$, (단, $n \in \mathbf{Z}$), 꼴의 임의의 원소는 단위임을 보여라.

24 $\mathbf{Z}[i]$에서 3은 기약이지만 5는 기약이 아님을 보여라.

25 $\mathbf{Z}[\sqrt{2}]$에서 다음 원소는 기약임을 보여라.

(1) $5+\sqrt{2}$ (2) $2-\sqrt{2}$ (3) $11-7\sqrt{2}$

26 $\mathbf{Z}[\sqrt{5}i]$에서 $6, 2+2\sqrt{5}i$는 gcd를 가지지 않음을 보여라.

27 $\mathbf{Z}[\sqrt{5}i]$의 아이디얼 $I=\langle 2, 1+\sqrt{5}i\rangle$에 대하여 다음을 보여라.

(1) $I=\{m+n\sqrt{5}i \mid m, n \in \mathbf{Z}, m \equiv n \pmod{2}\}$.

(2) $\gcd\{2, 1+\sqrt{5}i\}=1 \notin I$.

28 $d \neq 0$이 square free인 정수일 때, $a \in \mathbf{Z}[\sqrt{d}]$에 대하여, 「$a=0 \Leftrightarrow |N(a)|=0$」을 증명하라.

29 정역 D의 원소 a, b의 공통인 배수를 a, b의 **공배수**라고 한다. a, b의 공배수 l이 a, b의 임의의 공배수의 약수일 때, l을 a, b의 **최소공배수(lcm)**라고 한다. D가 UFD일 때, $D^{\#}-U_D$의 원소 a, b는 lcm을 가짐을 보여라.

8-2 다항식환의 산술적 성질

이절의 학습 내용

- 다항식의 나눗셈 알고리즘
- 다항식의 최대공약수
- 다항식의 근
- 나머지정리
- 인수정리

다항식의 차수

환 R에 대하여, 다항식환 $R[x]$는 R을 부분환으로 포함하고, 또, 다음 성질 (i), (ii), (iii)을 만족하는 환이다.

(i) $xa = ax, (\forall a \in R)$.

(ii) $R[x]$의 임의의 원소는 다음 꼴의 식이다.

$$a_n x^n + a_{n-1} x^{n-1} + \cdots + a_1 x + a_0, (n \geq 0, a_i \in R_i).$$

(iii) $R[x]$의 원소의 (ii) 꼴의 표현은 다음과 같은 의미에서 유일하다.

$$a_n x^n + \cdots + a_1 x + a_0 = b_m x^m + \cdots + b_1 x + b_0, (n \leq m)$$

$$\Leftrightarrow \begin{cases} a_i = b_i, (i \leq n\text{일 때}), \\ b_i = 0,\ (i > n\text{일 때}). \end{cases}$$

$f(x)=ax$, $g(x)=bx$일 때, $f(x)g(x)=abx^2$. 이 것은 성질 (i)의 결과이다.

$f \in R[x]$에 대하여

$$f = a_n x^n + a_{n-1} x^{n-1} + \cdots + a_1 x + a_0, (a_n \neq 0)$$

일 때, n을 f의 **차수**라 하고

$$\deg f$$

로 나타낸다. 또, 이 때, a_n을 f의 **선두계수**라고 한다. R이 1을 가지는 환일 때, 선두계수가 1인 다항식을 **모닉다항식**이라고 한다.

차수란 영이 아닌 계수를 가지는 최대의 x의 지수

◀ 次數 degree

◀ 先頭係數 leading coefficient
모닉多項式 monic polynomial

$R[x]$의 원소 중 R의 원소는 **상수다항식**이라고 한다. 0차 다항식, 즉, 차수가 0인 다항식은 곧 0_R이 아닌 상수다항식이다. 상수다항식 0_R을 **영다항식**이라고 한다. 영다항식은 차수를 가지지 않는다.

◀ 영다항식에는 계수가 0이 아닌 x의 거듭제곱이 없다.

정리 8.2.1

D가 정역일 때, $D[x]$는 정역이다.

증명 D가 정역일 때, $D[x]$는 단위원을 가지는 가환환이다.
$f, g \in D[x]$에 대하여, $f \neq 0, g \neq 0$이라면 f, g의 선두 계수는 0이 아니다.

$$(fg\text{의 선두 계수}) = (f\text{의 선두 계수})(g\text{의 선두 계수}) \neq 0$$

이고, 따라서 $fg \neq 0$이다. 그러므로 $D[x]$도 정역이다. ▌

정리 8.2.2

D가 정역일 때, $f, g \in D[x]^{\#}$에 대하여,

$$\deg fg = \deg f + \deg g.$$

◀ 정역이 아닐 때는 이 성질이 성립하지 않는다. 예를들어 $\mathbf{Z}_6[x]$에서 $(2x+3)(3x+2) = x$

증명 $\deg f = n, \deg g = m$이라고 하면 f, g는 각각

$$f = a_0 + a_1x + a_2x^2 + \cdots + a_nx^n,\ a_n \neq 0,$$
$$g = b_0 + b_1x + b_2x^2 + \cdots + b_mx^m,\ b_m \neq 0$$

으로 표현된다. 이 때,

$$fg = a_0b_0 + (a_0b_1 + a_1b_0)x + \cdots + a_nb_mx^{n+m},\ a_nb_m \neq 0.$$
$$\therefore\ \deg fg = n + m = \deg f + \deg g.\ ▌$$

◀ D가 정역이고 $a_n \neq 0, b_n \neq 0$이므로 $a_nb_n \neq 0$이다.

따름정리 8.2.3

D가 정역일 때, $\mathbf{U}_{D[x]} = \mathbf{U}_D$이다.

증명 명백히 $\mathbf{U}_D \subset \mathbf{U}_{D[x]}$이다.
$f \in \mathbf{U}_{D[x]}$라고 하면, $fg = 1, (g \in D[x])$,이다. 이 때,

$$\deg f + \deg g = \deg fg = \deg 1 = 0.$$

그러므로 $\deg f = 0, \deg g = 0$이고 따라서 $f, g \in D$이다. $fg = 1$이므로 f, g는 D의 단위이고, 특히 $f \in \mathbf{U}_D$이다. 따라서 $\mathbf{U}_{D[x]} \subset \mathbf{U}_D$이다. ▌

따름정리 8.2.4

F가 체일 때, $\boldsymbol{U}_{F[x]} = F^{\#}$이다.

증명 $\boldsymbol{U}_{F[x]} = \boldsymbol{U}_F = F^{\#}$. ▮

(따름정리 8.2.3)

따름정리 8.2.5

F가 체일 때, $f \in F[x]^{\#}$에 대하여, f가 기약일 필요충분조건은 f가 두 양수 차수 F-다항식의 곱이 아닐 것이다.

◀ $F[x]$의 원소를 F-다항식이라고 한다. (6.1 절)

증명 $F[x]$의 단위는 0차 다항식이다.

단위가 아닌 두 F-다항식의 곱은 두 양수 차수 F-다항식의 곱이다. ▮

따름정리 8.2.6

F가 체일 때, 임의의 일차 F-다항식은 기약이다.

◀ 두 양수차수 다항식의 곱의 차수는 2 이상이다.

나눗셈 알고리즘

실수 계수 다항식 $f \neq 0$, g에 대하여,

$$g = fq + r, \ (r = 0 \text{ 또는 } \deg r < \deg f)$$

를 만족하는 실수 계수 다항식 q, r이 존재한다. 이 성질을 **나눗셈알고리즘**이라고 한다. 나눗셈알고리즘은 임의의 체에서 계수를 가지는 다항식에 대해서도 성립한다.

정리 8.2.7 (나눗셈 알고리즘)

F가 체이고, $f, g \in F[x], f \neq 0$일 때, 조건

(i) $$g = fq + r, \ (\text{단}, r = 0 \text{ 또는 } \deg r < \deg f)$$

를 만족하는 $q, r \in F[x]$가 존재한다.

◀ 여기서 q, r을 각각 g를 f로 나눈 **몫**(quotient)과 **나머지**(remainder)라고 한다.

증명 $n = \deg f$, (f의 선두계수) $= a$라고 하자.

- $g = 0$ 또는 $\deg g < \deg f$일 때, $q = 0, r = g$로 잡으면 된다.
- $\deg g(x) = m \geq n$이라 하고 m에 관한 귀납법을 사용한다. g를 차수가 m보다 작은 다항식으로 대치했을 때, 정리가 성립함을 가정한다.

(g의 선두계수) $= b$라 하고, $h = ba^{-1}x^{m-n}f$라고 하면,

$$\deg h = \deg g,\ (h\text{의 선두계수}) = (g\text{의 선두계수})$$

이므로 $g-h$는 m차 이상의 항을 가지지 않는다. 따라서

$$g - h = 0 \text{ 또는 } \deg(g-h) < m.$$

귀납법 가정에 의하여

$$g - h = fq_1 + r, (\text{단}, r = 0 \text{ 또는 } \deg r < \deg f)$$

를 만족하는 $q_1, r \in F[x]$가 존재한다. h가 f의 배수이므로 (i) 을 만족하는 $q, r \in F[x]$가 존재한다. ▌

◀ $h = fh_1, (h_1 \in F[x])$, 이므로
$g = h + fq_1 + r$
$= fh_1 + fq_1 + r$
$= f(h_1 + q_1) + r.$
↖ 이것이 q이다.

NoTE 1 나눗셈 알고리즘의 q, r의 존재는 유일하다.

∵ $f = gq_1 + r_1 = gq_2 + r_2, (q_i, r_i \in F[x], r_i = 0\ \ \deg r_i \le \deg g)$ 라고 하면,

$$r_2 - r_1 = g(q_1 - q_2). \quad \cdots\cdots\cdots\cdots ①$$

$r_2 - r_1 \ne 0$라고 하면 $(q_1 - q_2) \ne 0$이고, 이 때
$\deg g > \deg(r_2 - r_1) = \deg g(q_1 - q_2) = \deg g + \deg(q_1 - q_2) \ge \deg g$
가 되어 모순이다. 그러므로 $r_2 - r_1 = 0$. 이 때, ①로부터 $q_1 - q_2 = 0$. ◆

보기 1 $\mathbb{Z}_5[x]$에서

$$g = x^4 - 3x^3 + 2x^2 + 4x - 1,\ f = x^2 - 2x + 3$$

에 대하여, g를 f로 나눈 몫 q와 나머지 r을 구하여 보자.
다음과 같이 g를 f로 나눈다.

$$\begin{array}{r l}
 & x^2 - x - 3 \quad \leftarrow \text{몫 } q \\
x^2 - 2x + 3 \,\big) & x^4 - 3x^3 + 2x^2 + 4x - 1 \\
 & x^4 - 2x^3 + 3x^2 \\ \hline
 & -x^3 - x^2 + 4x - 1 \\
 & -x^3 + 2x^2 - 3x \quad 4x - (-3x) = 7x = 2x \\ \hline
 & -3x^2 + 2x - 1 \\
 & -3x^2 + x - 4 \quad -3x^2 + 6x - 9 \\ \hline
 & x + 3 \quad \leftarrow \text{나머지 } r
\end{array}$$

◀ 이와 같이 나누는 것을 **long division** 이라고 한다.

$$\therefore\ q = x^2 - x - 3,\ r = x + 3.$$

따름정리 8.2.8

F가 체일 때, $F[x]$는 ED이다.

증명 함수 $\delta : F[x]^{\#} \to \mathbf{Z}^{+} \cup \{0\}$를 $\delta(f) = \deg f$로 정의하면, 정리 8.2.2에 의하여 δ는 ED의 조건 (i)을 만족한다.
정리 8.2.7에 의하여 δ는 ED의 조건 (ii)를 만족한다. ▌

따름정리 8.2.9

F가 체일 때, $F[x]$는 PID이다. 따라서 UFD이다

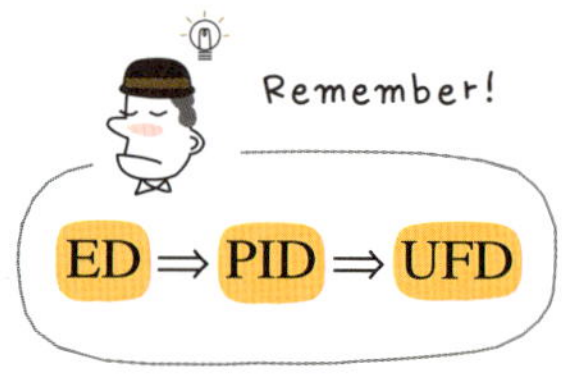

정리 8.1.2, 따름정리 8.2.8에 의하여 다음 따름 정리를 얻는다.

따름정리 8.2.10

체 F와 $F[x]$의 아이디얼 $I \neq \{0\}$에 대하여, $I^{\#}$의 원소 중 최소 차수의 다항식을 f라고 할 때, $I = \langle f \rangle$이다.

인수정리

R이 가환환일 때, $f \in R[x]$에 대하여 $f(a) = 0_R$을 만족하는 원소 $a \in R$을 다항식 f의 근이라고 한다.

◀ 根 root

보기 2 다항식 $f = x^2 - 3x + 2 \in \boldsymbol{R}[x]$의 근은 방정식 $f(x) = 0$의 해 1, 2이다.

보기 3 다항식 $f = x^2 + 1$은 $\boldsymbol{R}$에서 근을 가지지 않는다. 그러나 $\boldsymbol{C}$에서는 근 $i, -i$를 가진다.

◀ i는 허수단위

다항식의 근의 개념을 다항식의 기약성 체크에 활용할 수 있다.

정리 8.2.11 (나머지정리)

F가 체일 때, $f \in F[x]$, $a \in F$에 대하여, f를 $x-a$로 나눈 나머지는 $f(a)$이다.

증명 f를 $x-a$로 나눈 몫을 q, 나머지를 r이라고 하면

$$f = (x-a)q + r, \ (\text{단}, r \in F).$$

$$\therefore \ f(a) = (a-a)q(a) + r = 0_F q(a) + r = 0_F + r = r. \ \blacksquare$$

◀ 일차식으로 나누므로 나머지는 F의 원소이다.

정리 8.2.11의 $f \in F[x]$, $a \in F$에 대하여,

$$(x-a) \mid f(x) \Leftrightarrow (f(x)\text{를 } x-a\text{로 나눈 나머지}) = 0 \Leftrightarrow f(a) = 0$$

이므로 다음 인수정리가 성립한다.

따름정리 8.2.12 (인수정리)

F가 체일 때, $f \in F[x]$, $a \in F$에 대하여, $(x-a) \mid f$일 필요충분조건은 $f(a) = 0$일 것이다.

따름정리 8.2.5와 인수정리에 의하여 다음 따름정리가 성립한다.

따름정리 8.2.13

차수가 2 또는 3인 다항식 $f \in F[x]$가 기약일 필요충분조건은 f가 F에서 근을 가지지 않을 것이다.

따름정리 8.2.14

$f \in F[x]^{\#}$에 대하여 $\deg f = n$일 때, f의 근의 개수는 n이하이다.

증명 n에 관한 귀납법으로 증명한다.

$n = 0$일 때, $f = c$, $(c \in F^{\#})$이므로 f의 근의 개수는 0이다.

$n \geq 1$이라 하고, $n-1$ 차 이하의 다항식에 대하여 따름정리 8.2.14가 성립한다고 가정한다.

f가 근을 가지지 않으면 따름정리 8.2.14가 성립한다.

$a \in F$가 f의 근이라면 인수정리에 의하여,

$$f = (x-a)g,\ (\text{단},\ g \in F[x]).$$

$b \in F - \{a\}$가 f의 근이라면 $0 = f(b) = (b-a)g(c)$이다.

$c - a \neq 0$이고, F가 정역이므로 $g(c) = 0$, 즉, c는 g의 근이다.

따라서 f의 근은 a와 g의 근 뿐이다. 정리 8.2.2에 의하여

$$\deg g = \deg f - \deg(x-a) = n-1$$

이므로, 귀납법 가정에 의하여, g의 근의 개수는 $n-1$이하이고, 따라서 f의 근의 개수는 n 이하이다. ▮

● 최대공약수

F가 체일 때, $F[x]$는 UFD이므로 적어도 하나는 0이 아닌 $f, g \in F[x]$에 대하여, f, g의 최대공약수 d가 존재한다. 임의의 $a \in F^{\#}$에 대하여, ad도 f, g의 최대공약수이므로 d를 모닉다항식으로 택할 수 있다.

d, e가 f, g의 최대공약수(모닉다항식)일 때, $d \mid e,\ e \mid d$이므로

$$e = ud,\ d = ve,\ (u, v \in F[x]). \quad \cdots\cdots\cdots\cdots\cdots ①$$

이다. d, e가 모닉다항식이므로 ①로부터 $e = d$이다. 따라서 f, g의 최대공약수 $\gcd\{f, g\}$는 유일하다.

NOTE 2 F가 체일 때, 적어도 하나는 0이 아닌 $f, g \in F[x]$에 대하여 $\gcd(f, g)$는 f, g의 공약수 중 최대 차수의 모닉다항식이다.

∵ $e \in F[x]$가 $f, g \in F[x]$의 공약수 중 최대 차수의 모닉다항식이라 하고 $d = \gcd(f, g)$라고 하자. 이 때, $e \mid d$이므로

$$d = ue,\ (u \in F[x]). \quad \cdots\cdots\cdots\cdots\cdots ①$$

$\deg e \geq \deg d \geq \deg ue \geq \deg e$이므로 $\deg e = \deg ue$이고 따라서 $u \in F$이다. d, e가 모닉다항식이므로 ①로부터 $u = 1$이다. 그러므로 $d = e$이다. ◆

보기 4 $f = 4x^2 + 2x,\ g = 2x^2 + 3x + 1 \in \boldsymbol{Q}[x]$에 대하여

$f = 2x(2x+1) = 4x(x + \frac{1}{2})$,

$g = (2x+1)(x+1) = (x + \frac{1}{2})(2x+2)$.

$$\therefore\ \gcd(f, g) = x + \frac{1}{2}.$$

정리 8.2.15

F가 체일 때, 적어도 하나는 0이 아닌 $f, g \in F[x]$에 대하여

$$\gcd(f, g) = fu + gv$$

를 만족하는 $u, v \in F[x]$가 존재한다.

증명 $F[x]$의 아이디얼 $\langle f, g \rangle$에 속하는 최소 차수의 모닉다항식을 d라고 하면, 따름정리 8.2.10에 의하여,

$$\langle f, g \rangle = \langle d \rangle. \quad \cdots\cdots ②$$

② 로부터 $f, g \in \langle d \rangle$이므로 $d|f$, $d|g$, 즉,

d는 f, g의 공약수이다. ······ ③

다시 ② 로부터 $d \in \langle f, g \rangle = fF[x] + gF[x]$이므로

$$d = fu + gv \quad \cdots\cdots ④$$

를 만족하는 $u, v \in F[x]$가 존재한다.

$c \in F[x]$가 f, g의 공약수일 때, $c|f$, $c|g$이므로 ④ 에 의하여

$$c|d. \quad \cdots\cdots ⑤$$

③, ⑤ 로부터 $d = \gcd(f, g)$이고 증명이 완료되었다. ▮

보기 5 $f = 2x + 1$, $g = x^2 - 1 \in \mathbb{Q}[x]$에 대하여 $\gcd(f, g) = 1$.

$u = \frac{1}{3}(2x - 1)$, $v = -\frac{4}{3}$ 라고 하면

$$fu + gv = \frac{1}{3}(2x+1) - \frac{4}{3}(x^2 - 1) = 1.$$

◂ $\gcd(f, g) = 1$일 때, f, g는 **서로소**라고 한다.

8-2 E·X·E·R·C·I·S·E·S 연습문제

1 환 $\mathbf{Z}[x]$ 에서는 나눗셈 알고리즘이 성립하지 않음을 보여라.

2 $\mathbf{Z}_5[x]$ 에서 $f = x^3 + 2x + 4$ 를 $g = 3x + 2$ 로 나눈 몫 q와 나머지 r을 구하라.

3 $\mathbf{Z}_4[x]$ 에서 $f = 2x + 1$ 의 곱셈에 관한 역원을 구하라.

4 D가 정역일 때, 일차 이상의 D-다항식은 $D[x]$에서 곱셈에 관한 역원을 가지지 않음을 증명하라.

5 F가 체이고 $p \in F[x]$라고 하자. p보다 낮은 차수의 다항식 $f, g \in F[x]^{\#}$에 대하여 $\langle p \rangle + f = \langle p \rangle + g$일 때, $f = g$임을 보여라.

6 F가 체일 때, $I = \{f \in F[x] \mid f(1) = 0\}$ 라고 할 때, $I \lhd F[x]$ 임을 보이고 I의 생성원을 구하라.

7 $f \in F[x]$, (단, F는 체),에 대하여 f가 임의의 일차 이상의 다항식의 약수일 때, f는 상수다항식임을 보여라.

8 p가 소수일 때, $\mathbf{Z}_p[x]$ 에서 다음 등식이 성립함을 증명하라.

$$x^{p-1} - 1 = (x-1)(x-2) \cdots (x-(p-1))$$

9 $f = x + a + b,\ g = x^3 - 3abx + a^3 + b^3 \in \mathbf{Q}[x]$에 대하여 $\gcd(f, g)$를 구하라.

10 체 F에 대하여, $\alpha \in F^{\#}$가 $f = a_n x^n + \cdots + a_1 x + a_0 \in F[x]$의 근일 때, α^{-1}는 $g = a_0 x^n + \cdots + a_{n-1} x + a_n$의 근임을 보여라.

11 체 F에 대하여, $\alpha, \beta \in F$가 이차다항식 $ax^2 + bx + c \in F[x]$의 근일 때, $\alpha + \beta = -a^{-1}b,\ \alpha\beta = -a^{-1}c$임을 보여라.

8-2 · E · X · E · R · C · I · S · E · S · 연습문제

12 체 F에 대하여, $\alpha, \beta, \gamma \in F^{\#}$가 삼차 다항식 $ax^3 + bx^2 + cx + d \in F[x]$의 근일 때,

$$\alpha + \beta + \gamma = -a^{-1}b,\ \alpha\beta + \beta\gamma + \gamma\alpha = a^{-1}c,\ \alpha\beta\gamma = -a^{-1}d$$

임을 보여라.

13 F가 체이고 $f \in F[x]$라고 하자. 무수히 많은 $a \in F$에 대하여 $f(a) = 0$이라고 할 때, $f = 0$임을 보여라.

14 F가 체이고 $f, g, h \in F[x]$에 대하여 $\gcd(f, g) = 1$일 때, 다음을 증명하라.

(1) $f \mid gh \Rightarrow f \mid h$.

(2) $h \mid f \Rightarrow \gcd(h, g) = 1$.

15 체 F의 원소 a, b에 대하여 $a \neq b$일 때, $\gcd(x + a, x + b) = 1$임을 보여라.

8-3 다항식의 인수분해

이 절의 학습 내용

- D가 UFD일 때 $D[x]$도 UFD
- $\mathbf{Z}$-다항식의 기약성
  - 유리수근 판정법
  - Mod p test
  - 아이젠슈타인의 판정법

D가 UFD일 때, $D[x]$도 UFD

우리는 정리 8.1.12에서 D가 PID일 때 $D[x]$는 UFD임을 증명하였다. 실제로는 D가 UFD일 때도 $D[x]$는 UFD이다. 이 사실을, 보다 구체적인 이해를 위하여, $D=\mathbf{Z}$인 경우로써 증명한다.

K가 $\mathbf{Z}, \mathbf{Z}[x], \mathbf{Q}[x]$ 중 하나라고 하자. 지금부터, $\mathbf{Z}$-다항식 f가 K에서 기약일 때, f는 **K-기약**이라고 부르기로 하고, f가 K의 소원일 때, f는 **K-소원**이라고 부르기로 한다.

$\mathbf{Z}$-다항식 f의 계수의 최대공약수가 1일 때, f를 **원시다항식**이라고 한다. 두 양수 차수 $\mathbf{Z}$-다항식의 곱이 아닌 1 차이상의 $\mathbf{Z}$-다항식을 **단세포 다항식**이라고 부르기로 한다. 명백히

◀ 原始多項式 primitive polynomial

> 단세포 원시 $\mathbf{Z}$-다항식은 $\mathbf{Z}[x]$-기약이다.

주어진 $f\in\mathbf{Z}[x]$를 기약인수분해하여 보자. 일단 f를

$$f=f_1f_2\cdots f_m, \text{ (단, 각 } f_i\text{는 단세포 } \mathbf{Z}\text{-다항식)}$$

(f가 단세포일 때, $f=f_1$)

와 같이 분해한다. 각 i에 대하여 f_i의 계수의 최대공약수를 d_i라 하고

$f_i = d_i p_i$ 라고 하면 p_i 는 단세포 원시 $\mathbf{Z}$-다항식이다.
$d = d_1 d_2 \cdots d_m$ 이라 하고 $\mathbf{Z}$ 에서 d 의 기약인수분해를

$$d = \pi_1 \pi_2 \cdots \pi_n$$

이라고 하면 다음 보조정리를 얻는다.

보조정리 8.3.1

$f \in \mathbf{Z}[x] - \{0, 1, -1\}$ 일 때, f 는 다음과 같이 표현된다.

$$f = \pi_1 \pi_2 \cdots \pi_n p_1 p_2 \cdots p_m, \ (n, m \geq 0, n + m > 0)$$

(단, ㉮ 각 $\pi_i \in \mathbf{Z}$ 는 기약원, ㉯ 각 $p_j \in \mathbf{Z}[x]$ 는 단세포 원시다항식.)

◀ 곧 f 는 0도 아니고 단위도 아닌 $\mathbf{Z}$-다항식이다.
$U_{\mathbf{Z}} = \{1, -1\}$

보기 1 $\mathbf{Z}[x]$ 에서

$$12x^2 + 36x + 24 = 2 \cdot 2 \cdot 3\,(x+1)(x+2)$$

㉮ $\mathbf{Z}$의 기약원 ㉯ 단세포 원시다항식

유형 ㉮, ㉯의 원소가 모두 $\mathbf{Z}[x]$-소원이라고 가정하면, 보조정리 8.3.1에 나타난 f 의 분해는 기약인수분해이다. (∵ 일반적으로 소원은 기약원).
더욱이 보조정리 8.1.10. (iii) 에 의하여, 그 분해는 유일하다.

유형 ㉮ 유형 ㉯ 유형 ㉮ 유형 ㉯

$$\pi_1 \pi_2 \cdots \pi_n p_1 p_2 \cdots p_m = \tau_1 \tau_2 \cdots \tau_k q_1 q_2 \cdots q_l$$

Z[x]-소원 Z[x]-소원이므로 Z[x]-기약원

유형 ㉮, ㉯의 원소가 모두 Z[x]-소원이라고 가정하면, 이와같이, 보조정리 8.1.10. (iii)을 적용할 수 있는 상황이 된다.

지금부터 $\mathbf{Z}[x]$의 유형 ㉮, ㉯의 원소는 $\mathbf{Z}[x]$-소원임을 증명한다.

$a \in \mathbf{Z}$를 소수 π로 나눈 나머지를 $\bar{a} \in \mathbf{Z}_\pi$ 라고 할 때, $\bar{a}$ 는 a 를 **mod. π 로 읽은 것**이라고 한다. $f \in \mathbf{Z}[x]$ 의 각 계수를 mod. p로 읽어서 얻어지는 다항식 $\bar{f} \in \mathbf{Z}_\pi[x]$ 는 f 를 **mod. π 로 읽은 것**이라고 한다.
$a \to \bar{a}$ 로 정의된 함수 $\theta_\pi : \mathbf{Z} \to \mathbf{Z}_\pi$ 가 환준동형사상 (∵ 7.2절 보기 3) 이므로 $f \to \bar{f}$ 로 정의 된 함수 $\bar{\theta}_\pi : \mathbf{Z}[x] \to \mathbf{Z}_\pi[x]$ 도 환준동형사상이다. (∵ 연습문제 7.2.6). 즉, $\mathbf{Z}$-다항식을 mod. π 로 읽는 것은 $\mathbf{Z}[x]$ 에서 $\mathbf{Z}_\pi[x]$ 로 가는 환준동형사상이다.

보조정리 8.3.2

$\mathbf{Z}[x]$의 유형 ㉮의 원소(즉, $\mathbf{Z}$의 기약원)는 $\mathbf{Z}[x]$-소원이다.

증 명 $\mathbf{Z}$의 기약원 π와 $f, g \in \mathbf{Z}[x]$에 대하여

$$\pi | fg, (f, g \in \mathbf{Z}[x]) \Rightarrow \pi | f \text{ 또는 } \pi | g$$

임을 보인다.

$\pi = \pm(\text{소수})$이고, 또, $h \in \mathbf{Z}[x]$에 대하여, $\pi | h \Leftrightarrow (\pm\pi) | h$이므로, π를 소수라고 가정해도 좋다.

$\mathbf{Z}$-다항식을 mod. π로 읽는 함수 $\overline{\theta}_\pi : \mathbf{Z}[x] \to \mathbf{Z}_\pi[x]$가 환준동형사상이므로

($\pi | fg$이므로 $\overline{fg} = 0$)

$$\pi | fg \Rightarrow \overline{f}\,\overline{g} = \overline{fg} = 0 \Rightarrow \overline{f} = 0 \text{ 또는 } \overline{g} = 0 \Rightarrow \pi | f \text{ 또는 } \pi | g. \ ▌$$

($\mathbf{Z}_\pi[x]$는 정역)

따름정리 8.3.3

$f, g \in \mathbf{Z}[x]$에 대하여,

$$fg \text{는 원시다항식} \Leftrightarrow f, g \text{는 원시다항식.}$$

증 명 ($\Rightarrow$) f가 원시다항식이 아니라면, 어떤 소수 π가 있어서 $\pi | f$이다. 이 때, $\pi | fg$이고, 따라서 fg는 원시 다항식이 아니다.

g가 원시다항식이 아닐 때도 같은 논리로 fg는 원시 다항식이 아니다.

($\Leftarrow$) fg가 원시 다항식이 아니라면 어떤 소수 π가 있어서 $\pi | fg$이다. 이 때, $\pi | f$ 또는 $\pi | g$이고, 따라서 f도 g도 원시 다항식이 아니다. ▌

보조정리 8.3.4

$\mathbf{Z}[x]$의 유형 ㉯의 원소(즉, 단세포 원시 $\mathbf{Z}$-다항식)은 $\mathbf{Z}[x]$-소원이다.

증 명 $\mathbf{Z}$-다항식 p에 대하여 다음이 성립한다.

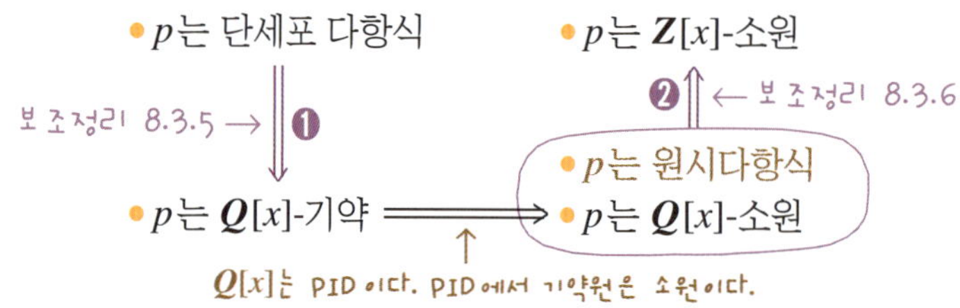

❶, ❷는 각각 보조정리 8.3.5, 8.3.6에서 밝힌다. ▌

보조정리 8.3.5

$f \in \boldsymbol{Z}[x]$가 단세포 다항식이면 f는 $\boldsymbol{Q}[x]$-기약이다. 보조정리 8.3.4의 ❶

증명 f가 $\boldsymbol{Q}[x]$-기약이 아니라면

$$f = gh, (g, h \in \boldsymbol{Q}[x]) \quad \cdots\cdots ①$$

이다. 이 때, $a, b, c, d \in \boldsymbol{Z}$와 원시다항식 $f_0, g_0, h_0 \in \boldsymbol{Z}[x]$가 있어서

$$f = af_0, \ g = \frac{b}{c} g_0, \ h = \frac{d}{e} h_0 .$$

◀ a는 f의 계수의 gcd
$g = \frac{1}{c} g_1 = \frac{b}{c} g_0$
c는 g의 계수의 분모의 lcm
b는 g_1의 계수의 분자의 gcd

이로써, ①로부터

$$acef_0 = bdg_0h_0 . \quad \cdots\cdots ②$$

f_0, g_0h_0가 원시다항식(∵ 따름정리 8.3.3)이므로 ②로부터 $ace = bd$.

$$\therefore \ f_0 = g_0h_0 . \quad \cdots\cdots ③$$

그러므로 ③의 양 변에 a를 곱함. / $\boldsymbol{Z}$-다항식

$$f = af_0 = ag_0 h_0 .$$

이는 f가 단세포다항식이라는 가정에 모순이다. ▌

보조정리 8.3.6

원시다항식 $p \in \boldsymbol{Z}[x]$가 $\boldsymbol{Q}[x]$-소원이면 p는 $\boldsymbol{Z}[x]$-소원이다. 보조정리 8.3.4의 ❷

증명

$$p|fg, (f, g \in \boldsymbol{Z}[x]) \quad \cdots\cdots ①$$

라 하고, $p|f$ 또는 $p|g$임을 보인다.

$p, f, g \in \boldsymbol{Q}[x]$이고, p는 $\boldsymbol{Q}[x]$-소원이므로 ①로부터 p는 $\boldsymbol{Q}[x]$에서 f, g 중 하나를 나눈다. 그러므로 p는 f를 나눈다고 해도 좋다. 이 때,

$$f = ph, (h \in \boldsymbol{Q}[x]). \quad \cdots\cdots ②$$

먼저 f를 다음과 같이 쓸 수 있다.

$$f = af_0, (\text{단}, f_0\text{는 원시다항식}, a \in \boldsymbol{Z}). \quad \cdots\cdots ③$$

◀ a는 f의 계수의 gcd

또, 따름정리 8.3.5의 증명에서와 같이 h를

$$h = \frac{b}{c} h_0, (\text{단}, h_0 \in \boldsymbol{Z}[x]\text{는 원시다항식}, b, c \in \boldsymbol{Z}) \quad \cdots\cdots ④$$

와 같이 쓸수 있다. ②, ③, ④로부터

$$caf_0 = bph_0 . \quad \cdots\cdots ⑤$$

f_0이 원시다항식이고, 또 ph_0도 원시다항식이므로 ⑤에서 $ac = b$이다.

따라서, 다시 ⑤로부터, ($\boldsymbol{Z}$-다항식)

$$f_0 = ph_0 . \quad \therefore \ f = af_0 = pah_0 .$$

그러므로 $\boldsymbol{Z}[x]$에서 $p|f$ 이다. ▌

이제, 보조정리 8.3.1, 8.3.2, 8.3.4 및 보조정리 8.1.10 의 (iii)에 의하여 다음 정리를 얻는다.

정리 8.3.7

$\mathbf{Z}[x]$ 는 UFD이다.

보기 2 $12x^2+36x+24$ 의 $\mathbf{Z}[x]$ 에서의 기약인수분해는

$$12x^2+36x+24=\underbrace{(\pm 2)(\pm 2)(\pm 3)}_{\text{부호는 이 곱이 양이 되도록 임의로 택함}}(x+1)(x+2).$$

$\mathbf{Z}[x]$ 가 UFD라는 사실을 증명할 때 우리는 $\mathbf{Z}$-기약원은 $\mathbf{Z}$-소원, 곧, $\pm$(소수) 꼴의 원소라는 사실을 사용하였다. 실제로 D가 임의의 UFD 일 때도 D-기약원은 D-소원이다. 다음 보조정리에서 이를 증명한다.

보조정리 8.3.8

D가 UFD일 때, $\pi\in D$가 D-기약이면 π는 D-소원이다.

증명 $(\Rightarrow)$ π가 D-기약이라 하고,

$$xy\in\langle\pi\rangle \Rightarrow x\in\langle\pi\rangle \text{ 또는 } y\in\langle\pi\rangle$$

임을 보인다. $xy\in\langle\pi\rangle$라고 하자

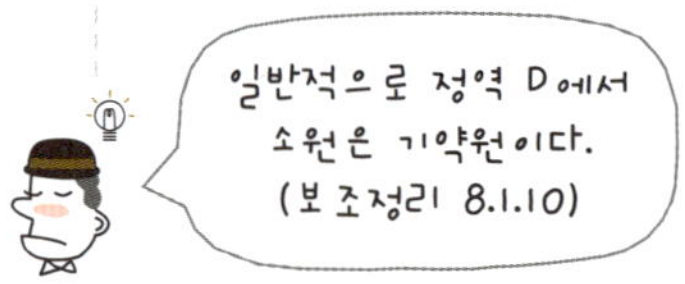

- $x\approx 1$일 경우, $xy\in\langle\pi\rangle$로부터 $y\in x^{-1}\langle\pi\rangle\subset\langle\pi\rangle$.
- $y\approx 1$일 경우도 같은 식으로 $x\in\langle\pi\rangle$.
- $x\not\approx 1, y\not\approx 1$일 경우, $xy\in\langle\pi\rangle$이므로 어떤 $a\in D$가 있어서

$$\pi a=xy.$$

$$a=a_1\cdots a_k,\quad x=x_1\cdots x_n,\quad y=y_1\cdots y_m$$

을 각각 a, x, y의 기약인수분해라고 하면

$$\pi a_1\cdots a_k=x_1\cdots x_n y_1\cdots y_m$$

의 좌변, 우변은 각각 $\pi a, xy$의 기약인수분해이다. π가 D-기약이므로 기약인수분해의 유일성에 의하여 $x_1,\cdots,x_n,y_1,\cdots,y_m$ 중 하나는 π의 동반자이다.

$x_i\approx\pi$일 때, $\langle\pi\rangle=\langle x_i\rangle$이다. 이 때, $x\in\langle x\rangle\subset\langle x_i\rangle=\langle\pi\rangle$이다.

$y_j\approx\pi$ 일 때, 같은 식으로 $y\in\langle\pi\rangle$이다. ▌

보조정리 8.3.8을 사용하면 D가 UFD일 때, $D[x]$가 UFD라는 사실에 대한 증명이 만들어 진다. 이 때 $\boldsymbol{Z}[x]$가 UFD라는 앞의 증명 과정에서 $\boldsymbol{Z}$를 정역 D로 대치하고, $\boldsymbol{Q}$를 D의 분수체 F로 대치한다. 아울러, 계수의 최대공약수가 단위인 D-다항식을 **원시다항식**이라 하고, 또, 보조정리 8.3.2에서, 소수 π로 읽는 것을 D의 소원 π에 의하여 유도되는, $D[x]$에서 $(D/\langle\pi\rangle)[x]$로 가는 준동형 사상으로 바꾼다.

$\boldsymbol{Q}[x]$에서의 인수분해

다음 정리는 $f \in \boldsymbol{Z}[x]$가 $\boldsymbol{Q}[x]$에서 일차 인수를 갖는지 않는지를 판정하는 중요한 도구이다.

정리 8.3.9 (유리수근 판정법)

$f \in \boldsymbol{Z}[x]$의 유리수 근은

$$\frac{f\text{의 상수항의 약수}}{f\text{의 선두계수의 약수}}$$

꼴의 수이다.

증명 $f(x) = a_n x^n + a_{n-1}x^{n-1} + \cdots + a_1 x + a_0$이라고 하자.
기약분수 $\frac{k}{m}, (k, m \in \boldsymbol{Z}^{\#})$, 가 $f(x)$의 근이라고 하면

$$a_n\left(\frac{k}{m}\right)^n + a_{n-1}\left(\frac{k}{m}\right)^{n-1} \cdots + a_1\left(\frac{k}{m}\right) + a_0 = 0.$$

$$\therefore\ a_n k^n + a_{n-1}k^{n-1}m + \cdots + a_1 k m^{n-1} + a_0 m^n = 0.$$

$$\therefore\ k(-a_n k^{n-1} - a_{n-1}k^{n-2}m - \cdots - a_1 m^{n-1}) = a_0 m^n.$$

$$\therefore\ k \mid a_0 m^n.$$

$\frac{k}{m}$가 기약분수이므로 $\gcd(k, m) = 1$이고, 따라서 $k \mid a_0$이다.
같은 방법으로 $m \mid a_n$이 성립한다. ▮

예제 8.3.10

$f = 2x^3 - x^2 + 3$은 $\boldsymbol{Q}[x]$-기약임을 보여라.

풀 이 $\deg f = 3$이므로, f가 $\boldsymbol{Q}[x]$에서 기약이 아니면 f는 $\boldsymbol{Q}[x]$에서 일차인수를 가지고, 따라서 유리수근을 가진다. 그 유리수 근은

$$\frac{f\text{의 상수항의 약수}}{f\text{의 선두계수의 약수}} = \frac{3\text{의 약수}}{2\text{의 약수}}$$

꼴의 수로서 $\pm 1, \pm 3, \pm \frac{1}{2}, \pm \frac{3}{2}$ 중 하나이다. ($\because$ 유리수근 판정법).
그러나 이 들 수 중 어느 것도 f의 근이 아니다. ◇

예제 8.3.11

$f = x^4 + 1$은 $\boldsymbol{Q}[x]$-기약임을 보여라.

증 명 보조정리 8.3.5에 의하여 f가 단세포 다항식임을 보이면 충분하다. f가 단세포 다항식이 아니라고 하자.
f의 선두계수와 상수항은 모두 1이므로

$$\frac{f\text{의 상수항의 약수}}{f\text{의 선두계수의 약수}} = \pm 1$$

이고, $f(\pm 1) = 1 + 1 \neq 0$이므로, f는 일차다항식 인수를 가지지 않는다. 따라서, f는 두 이차 $\boldsymbol{Z}$-다항식 g, h의 곱으로, $f = gh$와 같이 표현된다. 이 때, f가 모닉다항식이므로 g, h도 모닉다항식이다. 그러므로 이 곱을

$$x^4 + 1 = (x^2 + ax + b)(x^2 + cx + b) \quad \cdots\cdots\cdots\cdots\cdots \text{①}$$

와 같이 쓸 수 있다. ①의 양 변에 $x = 0$을 대입하면 $bd = 1$이므로 $b = d = \pm 1$이다. 따라서 ①은

$$x^4 + 1 = (x^2 + ax \pm 1)(x^2 + cx \pm 1)$$

과 같이 쓸 수 있고, 그러므로

$$x^4 + 1 = x^4 + (a + c)x^3 + (ac \pm 2)x^2 \pm (a + c)x + 1$$

이다. 여기서 계수를 비교하면

$$a + c = 0, \ \ ac \pm 2 = 0. \quad \cdots\cdots\cdots\cdots\cdots\cdots\cdots \text{②}$$

②를 만족하는 $a, c \in \boldsymbol{Z}$가 존재하지 않으므로 f는 $\boldsymbol{Z}[x]$-기약이다. ◇

유리수 근 판정법은 일차인수의 존재성을 판정하는 도구이다. 다음 판정법은 복잡한 계수의 다항식을 보다 간단한 다항식으로 전환하여 기약성을 판정하게 하는데 유용하다.

정리 8.3.12 *(mod p test)*

소수 p와 $f \in \mathbf{Z}[x]$에 대하여, f의 선두계수가 p의 배수가 아닐 때, f를 mod. p로 읽어서 얻은 $\mathbf{Z}_p$-다항식 $\bar{f}$ 가 $\mathbf{Z}_p[x]$-기약이면 f는 $\mathbf{Q}[x]$-기약이다.

증명 f가 단세포다항식임을 보이면 충분하다.

f가 단세포다항식이 아니라면, 양수 차수 $\mathbf{Z}$-다항식 g, h가 있어서

$$f = gh. \qquad \cdots\cdots ①$$

mod. p 로 읽는 것은 환준동형 사상이므로, ①의 양 변을 mod. p 로 읽으면

$\bar{f} = \overline{gh} = \bar{g}\,\bar{h}$

$$\bar{f} = \bar{g}\,\bar{h}. \qquad \cdots\cdots ②$$

단, $\bar{f}, \bar{g}, \bar{h}$ 는 각각 f, g, h 를 mod. p 로 읽은 것이다.

f, g, h의 선두계수를 각각 a, b, c 라고 하면 bc 는 gh의 선두계수이므로 $a = bc$ 이다.

$p \nmid a$ 이므로, $p \nmid b, p \nmid c$ 이고, 따라서 $\bar{b} \neq 0, \bar{c} \neq 0$이다. 그러므로 $\bar{g}, \bar{h}$ 는 양수 차수 다항식고, 따라서, ② 로부터, $\bar{f}$ 는$\mathbf{Z}_p[x]$-기약이 아니다. ▌

예제 8.3.13

$f = 9x^4 - 21x + 15$는 $\mathbf{Q}[x]$-기약임을 보여라.

증명 f를 mod. 2로 읽으면

$$\bar{f} = x^4 + x + 1 \in \mathbf{Z}_2[x].$$

$\bar{f}$ 가 $\mathbf{Z}_2[x]$-기약임을 보이면 된다.

$$\bar{f}(0) = 0^4 + 0 + 1 = 1, \quad \bar{f}(1) = 1^4 + 1 + 1 = 1$$

이므로 $\bar{f}$ 는 $\mathbf{Z}_2[x]$에서 1차 다항식을 인수로 가지지 않는다.

$\bar{f}$ 가 $\mathbf{Z}_2[x]$-기약이 아니면 $\bar{f}$ 는 두 2차 $\mathbf{Z}_2$-다항식의 곱으로 표현된다.

$\bar{f}$ 의 인수가 될 수 있는 2차 $\mathbf{Z}_2$-다항식은 $x^2 + 1, x^2 + x + 1$뿐이다.

그러나

$$(x^2+1)(x^2+1) = x^4 + 1 \neq \bar{f},$$
$$(x^2+1)(x^2+x+1) = x^4 + x^3 + x + 1 \neq \bar{f},$$
$$(x^2+x+1)(x^2+x+1) = x^4 + x^2 + 1 \neq \bar{f}$$

이므로 $x^2 + 1, x^2 + x + 1$ 중 어느 것도 $\bar{f}$ 의 인수가 아니다.

그러므로 $\bar{f}$ 는 $\mathbf{Z}_2[x]$-기약이다. ◘

정리 8.3.14 (아이젠슈타인의 판정법)

$f = a_n x^n + \cdots + a_1 x + a_0 \in \mathbf{Z}[x], (n \geq 1)$, 과 소수 p에 대하여 조건

(i) $p \nmid a_n$,

(ii) $p \mid a_{n-1}, \cdots, p \mid a_1, p \mid a_0$,

(iii) $p^2 \nmid a_0$

이 성립할 때, f는 $\boldsymbol{Q}[x]$-기약이다.

증명 f가 단세포다항식임을 보이면 충분하다.

f가 단세포다항식이 아니라면, 양수 차수 $\mathbf{Z}$-다항식

$$g = \sum_{i=0}^{m} b_i x^i,\ h = \sum_{i=0}^{k} c_i x^i$$

가 있어서 $f = gh$이다. 이 등식의 양변을 mod. p로 읽으면

$$\bar{f} = \bar{g}\bar{h}. \quad \cdots\cdots ①$$

f를 mod. p로 읽으면, 조건 (i), (ii)에 의하여,

$$\bar{f} = \bar{a}_n x^n,\ (\bar{a}_n \neq 0). \quad \cdots\cdots ②$$

$a_n = b_r c_s$가 p의 배수가 아니므로 b_r, c_s는 p의 배수가 아니다.

$$\therefore\ \bar{b}_r \neq 0,\ \bar{c}_s \neq 0.$$

$a_0 = b_0 c_0$은 p의 배수이고 p^2의 배수는 아니므로 b_0, c_0 중 꼭 하나만 p의 배수이다. 그러므로,

$$p \mid b_0, p \nmid c_0, \text{즉}, \bar{b}_0 = 0, \bar{c}_0 \neq 0$$

라고 해도 좋다. 이 때, $\bar{g}$의 상수항은 0이고 $\bar{h}$의 상수항은 0이 아니다. 따라서

$$\bar{g} = \bar{b}_r x^r + \cdots + \bar{b}_k x^k, (\bar{b}_k \neq 0) \quad \cdots\cdots ③$$

인 $k, (r \geq k > 0)$, 이 존재하고,

$$\bar{h} = \bar{c}_s x^s + \cdots + \bar{c}_1 x + \bar{c}_0, (\bar{c}_0 \neq 0). \quad \cdots\cdots ④$$

이제

$$0 = (\bar{f}\text{에서 } x^k\text{의 계수}) = (\bar{g}\bar{h}\text{에서 } x^k\text{의 계수}) = \bar{b}_k \bar{c}_0 \neq 0.$$

(첫 번째 등호: ②, 두 번째 등호: $\bar{f} = \bar{g}\bar{h}$, 세 번째 등호: ③, ④, $\neq 0$: $\bar{b}_k \neq 0, \bar{c}_0 \neq 0$이고 $\mathbf{Z}_p$는 정역)

이는 모순이다. ▮

보기 3 $f = 2x^5 - 10x + 5$은 $\boldsymbol{Q}[x]$-기약이다.

∵ 소수 $p = 5$는 f의 선두계수를 나누지 않고, 나머지 계수를 나눈다. $p^2 = 25$는 f의 상수항 5를 나누지 않는다.

8-3 E·X·E·R·C·I·S·E·S 연습문제

1 다음 정역에서 $4x^2 - 4x + 8$을 기약인수분해하라.

(1) $\boldsymbol{Z}[x]$ (2) $\boldsymbol{Q}[x]$ (3) $\boldsymbol{Z}_{11}[x]$

2 정역 D와 부정원 x, y에 대하여 $(D[x])[y]$를 $D[x, y]$로 나타낸다. D가 UFD일 때, $D[x, y]$도 UFD임을 보여라.

3 F가 체일 때, 다음을 증명하라.

(1) $F[x, y]$는 UFD이다. (2) $F[x, y]$는 PID가 아니다.

4 $\boldsymbol{Q}[x, y]$에서 $x^3 - y^3 = (x - y)(x^2 + xy + y^2)$은 $x^3 - y^3$의 기약인수분해임을 설명하라.

5 D가 UFD이고 F가 D의 분수체라고 할 때, $f \in D[x]$가 $F[x]$-기약이지만 f는 $D[x]$-기약이 아닌 예를 들어라.

6 F가 UFD D의 분수체이고, $\alpha \in F$일 때, 다음을 증명하라.

(1) $\alpha = ab^{-1}$, $\gcd(a, b) = 1$인 $a \in D, b \in D^{\#}$가 존재한다.

(2) α가 모닉 F-다항식의 근일 때, $\alpha \in D$이다.

7 임의의 자연수 n에 대하여 차수가 n인 $\boldsymbol{Q}[x]$-기약다항식 $f \in \boldsymbol{Q}[x]$가 무수히 많이 존재함을 보여라.

8 $f = x^3 + 3x + 2$는 $\boldsymbol{Z}_5[x]$-기약임을 보여라.

9 $f = 10x^3 - 8x + 5$는 $\boldsymbol{Q}[x]$-기약임을 보여라.

10 다음 다항식은 $\boldsymbol{Q}[x]$-기약임을 보여라.

(1) $x^4 - 10x^2 + 1$ (2) $25x^5 - 9x^4 + 3x^2 - 12$

8-3 · E · X · E · R · C · I · S · E · S · 연습문제

11 $f \neq g$ 인 $f, g \in F[x]$, (단, F는 체), 에 대하여, $\langle f, g \rangle \neq F[x]$일 때, f, g 중 하나는 기약이 아님을 보여라.

12 차수가 1 이상인 임의의 $f \in \boldsymbol{C}[x]$는 $\boldsymbol{C}$에서 해를 가진다는 것이 **대수학의 기본정리**이다. 대수학의 기본정리를 이용하여 차수가 2 이상인 임의의 $f \in \boldsymbol{C}[x]$ 는 $\boldsymbol{C}[x]$-기약이 아님을 보여라.

◂ 代數學의 基本定理 Fundamental theorem of algebra

13 2차 $\boldsymbol{R}$-다항식 $f = ax^2 + bx + c$, $(a \neq 0)$에 대하여

$$b^2 - 4ac$$

를 f 의 **판별식**이라고 한다. 차수가 2인 $f \in \boldsymbol{R}[x]$ 가 $\boldsymbol{R}$ 상에서 기약일 필요충분조건은 f 의 판별식이 음수일 것임을 보여라.

◂ 判別式 discriminant

14 모닉 $\boldsymbol{Z}$-다항식이 유리수 근을 가질 때, 유리수 근은 f 의 상수항의 약수인 정수임을 증명하라.

15 소수 p 에 대하여다음 물음에 답하라.

(1) $\boldsymbol{Z}_p[x]$ 에서 기약이 아닌 모닉 2 차 다항식의 개수를 구하라.

(2) $\boldsymbol{Z}_p[x]$ 에서 기약이 아닌 2 차 다항식의 개수를 구하라.

(3) $\boldsymbol{Z}_p[x]$ 에서 기약인 2 차 다항식의 개수를 구하라.

16 F가 체이고 $\alpha \in F^{\#}$가 $a_n x^n + \cdots + a_1 x + a_0$ 의 근일 때, $1/\alpha$ 는 $a_0 x^n + a_1 x^{n-1} + \cdots + a_{n-1} x + a_n$ 의 근임을 보여라.

17 a가 square free인 정수일 때, $x^n - a$ 는 $\boldsymbol{Q}[x]$-기약임을 보여라.

18 p가 소수일 때, $\Phi_p = x^{p-1} + x^{p-2} + \cdots + x + 1$은 $\boldsymbol{Q}[x]$-기약임을 보여라.

◂ Φ_p를 **원분다항식**(圓分多項式 cyclptomic polynomial)이라고 한다.

19 p가 소수일 때, 임의의 $a \in \boldsymbol{Z}_p$에 대하여 $x^p + a$는 $\boldsymbol{Z}_p[x]$-기약이 아님을 보여라.

ENV현대대수

제3부 체

FIELD

9 체의 확대

9-1 확대체의 기본개념
9-2 유한확대와 대수적 확대
9-3 분해체
9-4 분리확대와 유한체

군론에서는 주어진 군의 부분군에 관한 문제를 논하는 것이 일반적이다. 그러나 체론에서는 주어진 체를 부분체로 포함하는 더 큰 체, 즉, 확대체에 관한 문제가 주안점이다. 확대체는 여러개 있지만 그 중 어떤 다항식의 모든 해를 포함하는 최소의 확대체가 체론의 주된 관심사이다. 확대체의 개념은 작도 불능문제, 오차방정식의 풀이 문제 등 잘 알려진 난제를 설명하는 도구이다.

9-1 확대체의 기본 개념

이절의 학습 내용

- 확대체 / • 단순확대
- 대수적 / • 초월적
- 최소다항식 / • $|E:F|$
- 단순확대체의 기저

확대체의 뜻

체 F, E에 대하여 $F \subset E$일 때, 즉, F가 E의 부분체일 때, E를 F의 **확대체**라고 한다. 이를테면 $\boldsymbol{R}$은 $\boldsymbol{Q}$의 확대체이고 $\boldsymbol{C}$는 $\boldsymbol{R}$의 확대체이다. 지금부터 별도의 언급이 없는 한 F, E는 체를 나타내는 것으로 한다.

◀ 擴大體 extension field

◀ E가 F의 확대체일 때, 명백히 다음이 성립한다.
- $1_K = 1_F$
- $F[x] \subset E[x]$
- $\text{char}(F) = \text{char}(E)$.

군론에서는 보통 주어진 군의 부분군에 대한 문제를 다루는데 체론에서는 왜 부분체 보다는 확대체인가?

체론은 다항식의 근에 관심을 갖는다. $f \in F[x]$는 F에서 근을 가질 수도 있고 안 가질 수도 있다. f가 근을 가지는 다양한 체(확대체)의 성질을 규명하는 것이 체론의 관심사이다.

$\alpha \in E \supset F$에 대하여, 다음과 같은 자연스런 질문이 제기된다.

❶ E는 $F \cup \{\alpha\}$를 포함하는 체이다. $F \cup \{\alpha\}$를 포함하는 최소의 체는 무엇인가?

❷ α를 근으로 갖는 $f \in F[x]^{\#}$가 존재하는가?

❸ 그러한 f와 ❶의 최소의 체와의 관계는 무엇인가?

이들 질문에 답하기 위하여 먼저 집합 $F[\alpha]$를 다음과 같이 정의한다.

$$F[\alpha] = \{f(\alpha) \mid f(x) \in F[x]\}.$$

보기 **1** $\boldsymbol{R}[i] = \{a+bi \mid a, b \in \boldsymbol{R}\}$이다.

∵ 명백히 $\{a+bi \mid a, b \in \boldsymbol{R}\} \subset \boldsymbol{R}[i]$.

$\beta \in \boldsymbol{R}[i]$라고 하면 어떤

$$f = a_0 + a_1 x + \cdots + a_n x^n \in \boldsymbol{R}[x]$$

가 있어서 $\beta = f(i) = a_0 + a_1 i + \cdots + a_n i^n$.

$i^k \in \{\pm 1, \pm i\}$ 이므로 $f(i) = a + bi, (a, b \in \boldsymbol{R})$.

$\therefore$ $\boldsymbol{R}[i] \subset \{a+bi \mid a, b \in \boldsymbol{R}\}$. ▌

$F[\alpha]$는 E의 부분환이므로 정역이다.

∵ $f \in F[x]$에 $x = \alpha$를 대입하는 준동형사상 $\phi_\alpha : F[x] \to E$에 대하여, $\phi_\alpha(F[x]) = F[\alpha]$이다. 그러므로 $F[\alpha]$는 E의 부분환이고, 따라서 정역이다. ◆

◀ ϕ_α가 준동형사상이란 것은 예제 7.2.1에서 설명되었다. ($x = \alpha$를 대입하는 준동형사상)

환준동형사상에 의한 환의 상은 환이다.[정리 7.2.3.(1)]

지금부터 $u, v \in E$에 대하여 uv^{-1}를 $\frac{u}{v}$로 나타내기로 한다.

$$F(\alpha) = \left\{ \frac{u}{v} \,\middle|\, u, v \in F[\alpha], v \neq 0 \right\}$$

라고 하면, 연습문제 7.2.26에 의하여 $F(\alpha)$는 $F[\alpha]$의 분수체이며, $F \cup \{\alpha\}$를 포함하는 E의 최소의 부분체이다. $F(\alpha)$와 같이, 어떤 체에 단 하나의 원소를 첨가하여 얻는 체의 확대를 **단순확대**라고 한다.

◀ 單純擴大 simple extension

질문 ❷, ❸에 대한 답을 찾기 위하여 다음 개념을 정의한다.

체 $F \subset E$에 대하여 $\alpha \in E$가 어떤 $f \in F[x]^{\#}$의 근일 때, α는 F 상에서 **대수적**이라 하고, α가 F 상에서 대수적이 아닐 때, α는 F 상에서 **초월적**이라고 한다.

◀ 代數的 algebraic over F

◀ 超越的 transcendental over F

보기 **2** (1) $\sqrt{2} \in \boldsymbol{R}$은 $\boldsymbol{Q}$ 상에서 대수적이다.

∵ $f = x^2 - 2 \in \boldsymbol{Q}[x]$에 대하여, $f(\sqrt{2}) = 0$.

(2) $1 + 2i \in \boldsymbol{C}$는 $\boldsymbol{R}$ 상에서 대수적이다.

∵ $f = x^2 - 2x + 5 \in \boldsymbol{R}[x]$에 대하여, $f(1+2i) = 0$.

(3) 자연로그의 밑 e와 원주율 π는 $\boldsymbol{Q}$ 상에서 초월적이다.

◀ 이 사실의 증명은 간단하지 않다. appendix 참조.

최소다항식

$\alpha \in E \supset F$ 에 대하여, $f \in F[x]$ 에 $x = \alpha$ 를 대입하는 준동형사상을

$$\phi_\alpha : F[x] \to F[\alpha]$$

라고 할 때, α가 F 상에서 대수적일 필요충분조건은 $\ker \phi_\alpha \neq \{0\}$ 이다. $\ker \phi_\alpha$에 속하는 최소 차수의 모닉다항식을 μ 라고 하면

$$\ker \phi_\alpha = \langle \mu \rangle \ (\because \text{따름정리 8.2.10})$$

이고, 그러한 μ의 존재성은 유일하다.

$\because$ τ가 $\ker \phi_\alpha$에 속하는 최소 차수의 모닉다항식이라고 하면, $\langle \mu \rangle = \langle \tau \rangle$이므로 $\mu \mid \tau$, $\tau \mid \mu$이고, μ, τ가 모두 모닉다항식이므로 $\mu = \tau$이다. ◆

$\mu \in F[x]$를 F 상에서 α의 **최소다항식**이라고 하고

$$\mu_{\alpha/F}$$

로 나타낸다.

◀ 最小多項式 minimal polynomial

정리 9.1.1

$\alpha \in E \supset F$ 에 대하여, α가 F 상에서 대수적일 때,

(1) $\mu_{\alpha/F}$ 는 F 상에서 기약이다. (즉, $F[x]$-기약이다.)

(2) $f \in F[x]$ 에 대하여 $f(\alpha) = 0$이면 $F[x]$ 에서 $\mu_{\alpha/F} \mid f$이다.

증명 $\mu = \mu_{\alpha/F}$ 라고 하자.

(1) μ가 기약이 아니라면 $\mu = gh$인 μ보다 낮은 차수의 $g, h \in F[x]$가 존재한다. 이 때, $0 = \mu(\alpha) = g(\alpha)h(\alpha)$ 이므로 $g(\alpha) = 0$ 또는 $h(\alpha) = 0$ 이다. 이는 μ의 선택에 위배된다.

(2) $f(\alpha) = 0 \Rightarrow f \in \ker \phi_\alpha = \langle \mu \rangle \Rightarrow \mu \mid f$. ▮

$p \in \ker \phi_\alpha = \langle \mu_{\alpha/F} \rangle$가 모닉 기약다항식일 때, 우선 $\mu_{\alpha/F} \mid p$ 이므로

$$p = \mu_{\alpha/F}\, h, (h \in F[x]). \quad \text{①}$$

p 가 기약이므로 $h \in F$이다. 다시 $\mu_{\alpha/F}, p$ 가 모두 모닉이므로 $h = 1$ 이고, 따라서, ①로부터 $\mu_{\alpha/F} = p$이다. 그러므로 다음 따름 정리를 얻는다.

따름정리 9.1.2

$\alpha \in E \supset F$ 에 대하여, α가 F 상에서 대수적일 때, α를 근으로 가지는 모닉 기약다항식을 $p \in F[x]$라고 하면 $p = \mu_{\alpha/F}$ 이다.

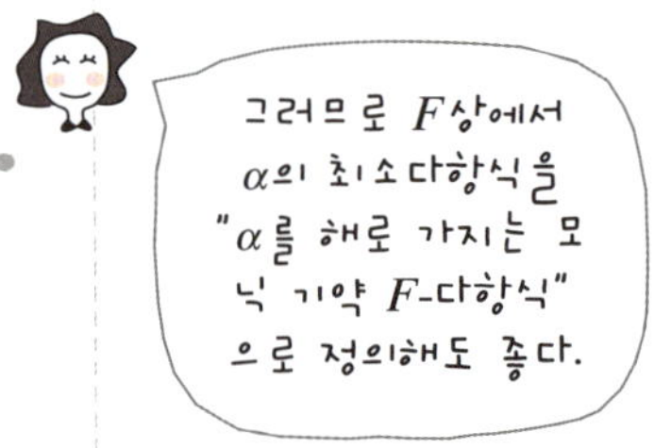

보기 2 $\boldsymbol{Q}$ 상에서 $\sqrt{2} \in \boldsymbol{R}$의 최소다항식은 $x^2 - 2$이다.

∵ $\sqrt{2}$는 $x^2 - 2 \in \boldsymbol{Q}[x]$의 근이다. $x^2 - 2$는 $\boldsymbol{Q}$상에서 모닉 기약 다항식이므로 $\mu_{\sqrt{2}/\boldsymbol{Q}} = x^2 - 2$이다.

예제 9.1.3

$\boldsymbol{Q}$ 상에서 $\sqrt{2} + \sqrt{3}$의 최소다항식을 구하라.

풀이 $\alpha = \sqrt{2} + \sqrt{3}$ 라고 할 때, $\alpha^4 - 10\alpha^2 + 1 = 0$ 이다.

∵ $\alpha - \sqrt{2} = \sqrt{3}$. $\alpha^2 - 2\sqrt{2}\,\alpha + 2 = 3$. $\alpha^2 - 1 = 2\sqrt{2}\,\alpha$.

$\alpha^4 - 2\alpha^2 + 1 = 8\alpha^2$. $\alpha^4 - 10\alpha^2 + 1 = 0$. ◆

그러므로 α는 $f = x^4 - 10x^2 + 1 \in \boldsymbol{Q}[x]$ 의 근이다. f는 $\boldsymbol{Q}$ 상에서 기약 (연습문제 8.3.10. (1))이므로 $f = \mu_{\alpha/\boldsymbol{Q}}$이다. ◘

따름정리 9.1.4

$\alpha \in E \supset F$ 에 대하여, α가 F 상에서 대수적일 때, $F[\alpha]$는 체이다.

증명 $f \in F[x]$ 에 α를 대입하는 환준동형사상 $\phi_\alpha : F[x] \to E$에 대하여, $\phi_\alpha(F[x]) = F[\alpha]$ 이고, $\ker \phi_\alpha = \langle \mu_{\alpha/F} \rangle$ 이다. 그러므로 제 1 동형정리에 의하여 $F[x]/\langle \mu_{\alpha/F} \rangle \cong F[\alpha]$ 이다.

$\mu_{\alpha/F}$가 F 상에서 기약이므로 $\langle \mu_{\alpha/F} \rangle$는 $F[x]$의 극대아이디얼이다. 따라서 $F[x]/\langle \mu_{\alpha/F} \rangle$는 체이고, 그러므로 $F[\alpha]$도 체이다. ▌

◀ 보조정리 8.1.11

◀ 정리 7.1.10

NoTE 2 $\alpha \in E \supset F$에 대하여

(1) α가 F 상에서 대수적일 때, $F[\alpha] = F(\alpha)$이다.

(2) α가 F 상에서 초월적일 때, $F[\alpha] \cong F(x)$이다.

∵ (1) $F(\alpha)$는 $F \cup \{\alpha\}$를 포함하는 E의 최소의 부분체이다.

(2) α가 F 상에서 초월적일 때, $\ker \phi_\alpha = \{0\}$ 이다. ▌

체 F가 정역 D의 부분환이고 $1_F = 1_R$일 때, D는 D의 덧셈, 곱셈 하에서 F 상의 벡터공간, 즉, F-벡터공간이다.
F-벡터공간으로서 D가 유한차원일 때, 그 차원 $\dim_F D$를

$$|D:F|$$

로 나타낸다. $\dim_F D$가 유한이라는 것을 $|D:F| < \infty$ 와 같이 나타내고, 그렇지 않은 것을 $|D:F| = \infty$ 와 같이 나타낸다.

◀ $(D, +)$는 아벨군이다. 또, $u, v, w \in D, a, b \in F$일 때,
$a(u+v) = au + av$,
$(a+b)u = au + bu$,
$(ab)u = a(bu)$,
$1u = u$
이다. 그러므로 D는 F-벡터공간이다.

보기 1 $|\boldsymbol{C} : \boldsymbol{R}| = 2$.

∵ $\boldsymbol{C} = \boldsymbol{R} + \boldsymbol{R}i$이므로 $\{1, i\}$는 $\boldsymbol{R}$ 상에서 $\boldsymbol{C}$를 스팬한다.

$$a + bi = 0, (a, b \in \boldsymbol{R}) \Rightarrow a = b = 0$$

이므로 $\{1, i\}$는 $\boldsymbol{R}$ 상에서 $\boldsymbol{C}$의 기저이다. 그러므로 $\boldsymbol{R}$ 벡터공간으로서 $\boldsymbol{C}$의 차원은 2이다. $\therefore\ |\boldsymbol{C} : \boldsymbol{R}| = 2$.

보기 2 체 $F \subset E$에 대하여, $|E:F| = 1 \Leftrightarrow E = F$.

∵ $(\Rightarrow)$ $|E:F| = 1$이면 하나의 원소로 이루어진 E의 F-기저 $\{e\}$가 존재한다.이 때, $E = Fe$이므로 $1 = ae, (a \in F)$.
$\therefore e = a^{-1} \in F$. $\therefore E = Fa^{-1} \subset F$. $\therefore E = F$.
$(\Leftarrow)$ $\{1\}$이 F상에서 F의 기저이므로 $|E:F| = 1$.

정리 9.1.5 (단순확대의 기저)

F 상에서 대수적인 $\alpha \in E \supset F$에 대하여 $\deg \mu_{\alpha/F} = n$이라고 할 때,
(1) $\{1, \alpha, \cdots, \alpha^{n-1}\}$은 $F[\alpha]$의 F-기저이다.
(2) $|F[\alpha] : F| = n$.

증명 (1) $\beta \in F[\alpha]$라고 하면, $\beta = f(\alpha)$인 $f \in F[x]$가 존재한다.
$F[x]$에서 f를 $\mu_{\alpha/F}$로 나눈 몫과 나머지를 각각 q, r이라고 하면

$$f = \mu_{\alpha/F}\, q + r, (\text{단}, r = 0 \text{ 또는 } \deg r \leq n-1).$$

$$\therefore\ \beta = f(\alpha) = \mu_{\alpha/F}(\alpha) q(\alpha) + r(\alpha) = r(\alpha)$$

이다.

$$r = b_0 + b_1 x + \cdots + b_{n-1} x^{n-1}, (b_i \in F)$$

라고 할 때,

$$\beta = r(\alpha) = b_0 + b_1 \alpha + \cdots + b_{n-1} \alpha^{n-1}$$

이므로 β는 $1, \alpha, \cdots, \alpha^{n-1}$의 F-일차결합이다. 그러므로

① $1, \alpha, \cdots, \alpha^{n-1}$은 F 상에서 $F[\alpha]$를 스팬한다.

이제, ② $1, \alpha, \cdots, \alpha^{n-1}$은 F 상에서 일차독립임을 보인다.

$$c_0 + c_1 \alpha + \cdots + c_{n-1} \alpha^{n-1} = 0, (c_i \in F)$$

이라고 할 때,

$$g = c_0 + c_1 x + \cdots + c_{n-1} x^{n-1} \in F[x]$$

로 두면, α는 g의 근이므로 $\mu_{\alpha, F} \mid g$ 이다. $g \neq 0$이라고 하면,

$$n - 1 \geq \deg g \geq \deg \mu_{\alpha/F} = n$$

이 되어 모순이다. 그러므로 $g = 0$이다. 이 때,

$$c_0 = c_1 = \cdots = c_{n-1} = 0$$

이다. 따라서 ②가 성립한다.

①, ② 로부터 $\{1, \alpha, \cdots, \alpha^{n-1}\}$은 F 상에서 $F[\alpha]$의 기저이다.

(2)는 (1)의 직접적 결과이다. ▌

보기 3 $\alpha = \sqrt[3]{2} \in \boldsymbol{R}$에 대하여

(1) $\mu_{\alpha/\boldsymbol{Q}} = x^3 - 2$

∵ α는 $x^3 - 2 \in \boldsymbol{Q}[x]$의 근이다. $x^3 - 2$ 는 $\boldsymbol{Q}$ 상에서 기약이므로 $\mu_{\alpha/\boldsymbol{Q}} = x^3 - 2$이다.

◀ 아이젠슈타인의 판정법

(2) $\{1, \alpha, \alpha^2\}$은 $\boldsymbol{Q}[\alpha]$의 $\boldsymbol{Q}$-기저이다.

∵ $\deg \mu_{\alpha/\boldsymbol{Q}} = \deg(x^3 - 2) = 3$이므로 정리 9.1.5에 의하여 $\{1, \alpha, \alpha^2\}$은 $\boldsymbol{Q}[\alpha]$의 $\boldsymbol{Q}$-기저이다.

(3) $|\boldsymbol{Q}[\alpha] : \boldsymbol{Q}| = 3$

∵ (2)에 의하여 $\boldsymbol{Q}[\alpha]$는 3 차원 $\boldsymbol{Q}$-벡터공간이다.

예제 9.1.6

다항식 $f = x^2 - x - 1 \in \boldsymbol{Q}[x]$의 한 근을 $\alpha \in \boldsymbol{C}$라고 하자. $\beta = 1 + 2\alpha$ 라고 할 때,

(1) β^{-1}를 $1, \alpha$의 $\boldsymbol{Q}$-일차결합으로 나타내어라.

(2) $\boldsymbol{Q}$ 상에서 β의 최소다항식을 구하라.

풀 이 (1) x^2-x-1은 $\boldsymbol{Q}$ 상에서 기약이므로 $\mu_{\alpha/\boldsymbol{Q}}=x^2-x-1$.
$\deg \mu_{\alpha/\boldsymbol{Q}}=2$이므로, 정리 9.1.5에 의하여 $\{1,\alpha\}$는 $\boldsymbol{Q}[\alpha]$의 $\boldsymbol{Q}$-기저이다.

$\beta^{-1}=a+b\alpha,\ (a,b\in\boldsymbol{Q})$, 로 두면

$$\begin{aligned}1=\beta\beta^{-1}&=(1+2\alpha)(a+b\alpha)\\&=a+b\alpha+2a\alpha+2b\alpha^2=a+2b+(2a+3b)\alpha.\end{aligned}$$

($0=f(\alpha)$이므로 $\alpha^2=\alpha+1$)

$$\therefore\ (a+2b-1)+(2a+3b)\alpha=0.$$

$\{1,\alpha\}$가 $\boldsymbol{Q}[\alpha]$의 $\boldsymbol{Q}$-기저이므로,

$$\begin{cases}a+2b=1,\\2a+3b=0.\end{cases}\qquad\therefore\ \begin{cases}a=-3,\\b=\ \ 2.\end{cases}$$

그러므로 $\beta^{-1}=-3+2\alpha$이다.

(2) 기저 $\{1,\alpha\}$의 각 원소에 β를 곱하면,

$$\begin{cases}\beta\cdot 1=1+2\alpha,\\\beta\alpha=2+3\alpha.\end{cases}\qquad\therefore\ \beta\begin{bmatrix}1\\\alpha\end{bmatrix}=\begin{bmatrix}1&2\\2&3\end{bmatrix}\begin{bmatrix}1\\\alpha\end{bmatrix}.$$

그러므로 β는 행렬 $\left[\begin{smallmatrix}1&2\\2&3\end{smallmatrix}\right]$의 고유치이다. 이 행렬의 특성다항식을 g라고 하면,

$$g=\det\begin{bmatrix}x-1&-2\\-2&x-3\end{bmatrix}=x^2-4x-1\in\boldsymbol{Q}[x]$$

이고, $g(\beta)=0$이다. g는 $\boldsymbol{Q}$ 상에서 모닉 기약다항식이므로

$$\mu_{\beta/\boldsymbol{Q}}=g=x^2-4x-1.$$ ◇

appEndix 대수적 수와 초월수

$\boldsymbol{Q}$ 상에서 대수적인 복소수를 **대수적 수**라 하고, $\boldsymbol{Q}$ 상에서 초월적인 복소수를 **초월수**라고 한다. 자연로그의 밑 e와 원주율 π는 초월수이다. 그러나 $\pi+e$, π^e, π^π가 대수적 수인지 초월수인지는 알려져 있지 않다.

◀ 代數的數 algebraic number
超越數 transcendental number

1 e의 초월성

g가 구간 $[0, k]$ 상에서 값을 취하는 미분가능 함수이면, 각 자연수 k에 대하여

$$g(k)-g(0)=(k-0)g'(k\theta_k)=kg'(k\theta_k),\ (0<\theta_k<1) \cdots\cdots ①$$

을 만족하는 실수 θ_k가 존재한다. (평균값 정리).

n 차 다항식 $f \in \boldsymbol{R}[x]$에 대하여

$$F=f^{(0)}+f^{(1)}+\cdots+f^{(n)},$$

(단, $f^{(0)}=f$, $f^{(i)}=(f^{(i-1)})'$이고, $'$은 미분 기호),

$$g=e^{-x}F$$

라고 하면,

$$g'=(e^{-x}F)'=-e^{-x}f. \cdots\cdots ②$$

$$\because\ (e^{-x}F)'=e^{-x}F'-e^{-x}F=e^{-x}(F'-F)$$
$$=e^{-x}(f'+\cdots+f^{(n)}-f-f'-\cdots-f^{(n)})=-e^{-x}f. \ ◆$$

①에 의하여

$$e^{-k}F(k)-F(0)=g(k)-g(0)=kg'(k\theta_k)=-ke^{-k\theta_k}f(k\theta_k).$$

이 등식의 양 변에 e^k을 곱하면

(ε_k라고 정의하자.)

$$F(k)-e^kF(0)=-ke^{k(1-\theta_k)}f(k\theta_k)=\varepsilon_k. \cdots\cdots ③$$

e가 대수적 수라면, 어떤 자연수 n과 정수 $c_0>0, c_1, \cdots, c_n$이 존재하여

$$c_ne^n+\cdots+c_1e+c_0=0$$

③의 양변에 c_k를 곱하면,

$$c_kF(k)-c_ke^kF(0)=c_k\varepsilon_k,\ (k=1, 2, \cdots, n)$$

$$\therefore\ c_1F(1)+\cdots+c_nF(n)-(c_1e+\cdots+c_ne^n)F(0)=c_1\varepsilon_1+\cdots+c_n\varepsilon_n.$$

$$\therefore\ c_1F(1)+\cdots+c_nF(n)+c_0F(0)=c_1\varepsilon_1+\cdots+c_n\varepsilon_n. \cdots\cdots ④$$

등식 ④는 임의의 다항식 f에 대하여 성립하므로 특히

$$f=\frac{1}{(p-1)!}x^{p-1}(1-x)^p(2-x)^p\cdots(n-x)^p$$

에 대해서도 성립한다. 단, p는 $p>\max\{n, c_0\}$을 만족하는 임의의 소수이다.
f는 다음과 같은 꼴로 전개된다.

$$f=\frac{(n!)^p}{(p-1)!}x^{p-1}+\frac{a_0}{(p-1)!}x^p+\frac{a_1}{(p-1)!}x^{p+1}+\cdots,\ (\text{단, 각 } a_i\text{는 정수}).$$

$i \geq p$일 때, $f^{(i)}$의 모든 계수는 p의 배수인 정수이다.

$\because$ $h = \frac{a_m}{(p-1)!} x^{p+m}, (p+m \geq i)$, 라고 할 때,

$$h^{(i)} = a_m \binom{p+m}{i} \frac{i!}{(p-1)!} x^{p+m-i}. \ ◆$$

그러므로 임의의 정수 j에 대하여

$$f^{(i)}(j) \in \mathbf{Z},\ f^{(i)}(j) \equiv 0 \ (\text{mod.}\ p),\ (i = p, p+1, \cdots, n). \cdots\cdots ⑤$$

f 의 정의로부터 각 $k \in \{1, 2, \cdots, n\}$에 대하여 $x = k$ 는 방정식 $f(x) = 0$ 의 p 중근이므로

$$f(k) = f'(k) = \cdots = f^{(p-1)}(k) = 0$$

이다. 따라서 각 $k \in \{1, 2, \cdots, n\}$에 대하여

$$F(k) = \sum_{i=0}^{p-1} f^{(i)}(k) + \sum_{i=p}^{n} f^{(i)}(k) = \sum_{i=p}^{n} f^{(i)}(k).$$

$$\therefore F(k) \in p\mathbf{Z},\ (k = 1, 2, \cdots, n) \ \cdots\cdots\cdots\cdots ⑥$$

또 $x = 0$은 방정식 $f(x) = 0$ 의 $p-1$ 중근이므로

$$f(0) = f'(0) = \cdots = f^{(p-2)}(0) = 0$$

이고 또,

$$f^{(i)}(0) = \frac{i!\, a_i}{(p-1)!} \in p\mathbf{Z},\ (i = p, p+1, \cdots, n),$$

$$f^{(p-1)}(0) = (n!)^p \in \mathbf{Z} - p\mathbf{Z}.\ (\because p \nmid n)$$

이다. 그러므로

$$F(0) = \sum_{i=0}^{p-2} f^{(i)}(0) + f^{(p-1)}(0) + \sum_{i=p}^{n} f^{(i)}(0)$$

$$= f^{(p-1)}(0) + \sum_{i=p}^{n} f^{(i)}(0).$$

$$\therefore F(0) \equiv f^{(p-1)}(0) \in \mathbf{Z} - p\mathbf{Z}. \ \cdots\cdots\cdots\cdots ⑦$$

$p > c_0$ 이므로 ⑥, ⑦로부터

$$c_0 F(0) + c_1 F(1) + \cdots + c_n F(n) \in \mathbf{Z} - p\mathbf{Z}. \ \cdots\cdots\cdots ⑧$$

한편, 각 $k \in \{1, 2, \cdots, n\}$에 대하여

$$\varepsilon_k = -ke^{k(1-\theta_k)} f(k\theta_k)$$

$$= -ke^{k(1-\theta_k)} \frac{1}{(p-1)!} (k\theta_k)^{p-1} (1-k\theta_k)^p (2-k\theta_k)^p \cdots (n-k\theta_k)^p$$

이므로

$$|\varepsilon_k| \leq ke^{k(1-\theta_k)} \frac{1}{(p-1)!} (k\theta_k)^{p-1} (1+k\theta_k)^p (2+k\theta_k)^p \cdots (n+k\theta_k)^p$$

$$\leq ke^n \frac{1}{(p-1)!} k^{p-1} [(1+k)(2+k) \cdots (n+k)]^p \leq \frac{n^p e^n [(2n)!]^p}{(p-1)!}.$$

$$\lim_{p \to \infty} \frac{n^p e^n [(2n)!]^p}{(p-1)!} = 0$$

이므로 충분히 큰 소수 $p > \max\{n, c_0\}$ 를 잡으면

$$|c_1 \varepsilon_1 + \cdots + c_n \varepsilon_n| < 1$$

되게 할 수 있다. 그러나

$$c_1 \varepsilon_1 + \cdots + c_n \varepsilon_n = c_0 F(0) + c_1 F(1) + \cdots + c_n F(n)$$

은 정수이고, 따라서 $c_0 F(0) + c_1 F(1) + \cdots + c_n F(n) = 0$ 이다. 이는 ⑧과 모순이다.

2 대수적 수 전체의 집합은 가부번 집합

집합 $\boldsymbol{Z}$와 일대일 대응관계에 있는 집합 A를 **가부번 집합**이라고 한다. 이 때 는 ◂ 可符番集合 countable set
가부번 개의 원소를 가진다고 한다. $\boldsymbol{Q}$는 가부번집합이고 $\boldsymbol{R}, \boldsymbol{C}$는 가부번집합이 아니라는 것은 집합론에서 잘 알려진 사실이다. $\boldsymbol{Q}[x]_n$을 n차 이하의 $\boldsymbol{Q}$-다항식 전체의 집합이라고 할 때, $\boldsymbol{Q}[x]_n$의 원소는

$$f = a_0 + a_1 x + \cdots + a_n x^n, \ (a_n \in \boldsymbol{Q})$$

꼴의 다항식이므로 $\boldsymbol{Q}[x]_n$은 가부번집합이다.

$$\boldsymbol{Q}[x] = \boldsymbol{Q} \cup \boldsymbol{Q}[x]_1 \cup \boldsymbol{Q}[x]_2 \cup \cdots$$

이므로 $\boldsymbol{Q}[x]$도 가부번집합이다. 각 $f \in \boldsymbol{Q}[x]$는 유한개의 근을 가지므로

$$\{\alpha \in \boldsymbol{C} \mid f(\alpha) = 0, f \in \boldsymbol{Q}[x]\}$$

는 가부번집합이다. 그러므로 대수적 수 전체의 집합은 가부번 집합이다.

9-1 EXERCISES 연습문제

1 체 F와 정역 D에 대하여, $F \le D$라고 하자. D가 유한차원 F-벡터 공간일 때, D는 체임을 증명하라.

2 다음 수의 $\boldsymbol{Q}$ 상의 최소다항식을 구하라.
(1) $\sqrt{3}i + \sqrt{2}$ (2) $\sqrt[3]{2} + \sqrt[3]{4}$

3 기약다항식 $f = x^3 - x + 1 \in \boldsymbol{Q}[x]$의 한 근을 $\alpha \in \boldsymbol{C}$라 하고, $\beta = 2 - 3\alpha + 2\alpha^2$라고 할 때, 다음 물음에 답하라.
(1) β^{-1}를 α의 식으로 나타내어라.
(2) $\boldsymbol{Q}$ 상에서 β의 최소다항식을 구하라.

4 $\boldsymbol{Q}[\sqrt[3]{5}]$의 $\boldsymbol{Q}$-기저를 구하라.

5 다음을 증명하라.
(1) $\boldsymbol{Q}[1+i] = \boldsymbol{Q}[2-3i]$ (2) $\boldsymbol{Q}[\sqrt{2}, \sqrt{3}] = \boldsymbol{Q}[\sqrt{2} + \sqrt{3}]$

6 $(3 + 4\sqrt{2})^{-1}$을 $a + b\sqrt{2}$, $(a, b \in \boldsymbol{Q})$, 꼴로 나타내어라.

7 $r, s \in \boldsymbol{Q}^{\#}$에 대하여, $\boldsymbol{Q}[\sqrt{r}] = \boldsymbol{Q}[\sqrt{s}]$ 일 필요충분조건은 $r = t^2 s$, $(t \in \boldsymbol{Q}^{\#})$, 임을 증명하라.

8 α와 F가 다음과 같이 주어졌을 때 $\mu_{\alpha/F}$를 구하라.
(1) $\alpha = (3 - \sqrt{6})^{1/2}$, $F = \boldsymbol{Q}$ (2) $\alpha = \sqrt{2} + i$, $F = \boldsymbol{Q}$
(3) $\alpha = \pi^2$, $F = \boldsymbol{Q}(\pi)$ (4) $\alpha = \pi^2$, $F = \boldsymbol{Q}(\pi^3)$
(5) $\alpha = \sqrt{\pi} + 1$, $F = \boldsymbol{Q}(\pi^2)$ (6) $\alpha = \sqrt{2} + \sqrt{\pi}$, $F = \boldsymbol{Q}(\pi)$

9 $\boldsymbol{Q}$ 상에서 대수적인 원소 $\alpha \in \boldsymbol{C}$ 에 대하여 $\deg \mu_{\alpha/\boldsymbol{Q}} = n$일 때, 다음 중 참인 것은 증명하고 참이 아닌 것은 반증하라.
(1) $f \in \boldsymbol{Q}[x]$, $f(\alpha) = 0$ 일 때, $\deg f \ge n$.
(2) $f \in \boldsymbol{R}[x]$, $f(\alpha) = 0$ 일 때, $\deg f \ge n$.

9-1 · E · X · E · R · C · I · S · E · S · 연습문제

10 (1) $\mathbf{Z}_3[x]$ 에서 차수 3인 기약다항식 p 를 하나 찾아라.

(2) (1) 의 p 에 대하여, $\mathbf{Z}_3[x]/\langle p\rangle$위수 27인 체임을 증명하라.

11 $\alpha, \beta \in E \supset F, c \in F^{\#}$에 대하여, 다음을 증명하라.

(1) $F[\alpha + c] = F[\alpha] = F[c\alpha]$.

(2) α^2이 F상에서 대수적이면 α는 F상에서 대수적이다.

(3) $\alpha + \beta$가 F상에서 대수적이면 α는 $F[\beta]$ 상에서 대수적이다.

(4) α가 F상에서 초월적이면 $\alpha + 1, c\alpha$는 F 상에서 초월적이다.

12 다음 수는 $\boldsymbol{Q}$ 상에서 대수적임을 보여라.

(1) $2 + \sqrt{3}\, i$ (2) $(1 + \sqrt{2}\, i)^{1/2}$ (3) $\sqrt[3]{2} + i$

13 다음을 구하라.

(1) $|\boldsymbol{Q}[\sqrt[5]{2}] : \boldsymbol{Q}|$ (2) $|\boldsymbol{Q}[2 + i] : \boldsymbol{Q}|$ (3) $|\boldsymbol{Q}[\sqrt{2} + \sqrt{3}] : \boldsymbol{Q}|$

14 체 F에 대하여 $F[x]$ 의 분수체를 $F(x)$ 로 나타낸다. 즉,

$$F(x) = \left\{ \frac{f}{g} \,\middle|\, f, g \in F[x], g \neq 0 \right\}.$$

$F \subset F[x]$ 이고 $F[x] \subset F(x)$이므로 $F \subset F(x)$는 체의 확대이다.

$x \in F(x)$는 F 상에서 초월적임을 보여라.

15 $\frac{x^2}{x+1} \in F(x)$는 F 상에서 초월적임을 보여라.

16 $\alpha \in E \supset F$에 대하여, α가 F상에서 초월적이면 $F(\alpha) - F$의 모든 원소는 F 상에서 초월적임을 증명하라.

9-2 유한확대와 대수적 확대

❖ 이 절의 학습 내용

- 유한확대
- 확대의 차수
- 확대체의 확대체에서 기저 사이의 관계
- 대수적 확대
- 유한확대와 대수적 확대 사이의 관계
- 작도불능 문제

유한 확대와 대수적 확대

체의 확대 $F \subset E$ 에 대하여, $|E:F| < \infty$ 일 때, $F \subset E$ 를 **유한확대**라 하고 $|E:F|$를 그 **확대의 차수**라고 한다. 이를테면 $\alpha \in E$ 가 F 상에서 대수적이고 $\deg \mu_{\alpha/F} = n$ 일때, 정리 9.1.5에 의하여 $F[\alpha]$는 F의 n 차 확대이다.

◂ 有限擴大 finite extension
擴大의 次數
degree of extension

보기 1 $|\boldsymbol{Q}[\sqrt[3]{2}]:\boldsymbol{Q}| = 3 < \infty$ 이므로 $\boldsymbol{Q}[\sqrt[3]{2}]$은 $\boldsymbol{Q}$의 차수 3인 유한확대체이다.

정리 9.2.1

체 $L \supset E \supset F$에 대하여, $|L:E| = m, |E:F| = n$ 이라 하자.

$\{\lambda_1, \lambda_2, \cdots, \lambda_m\}$이 L의 E-기저이고,

$\{\varepsilon_1, \varepsilon_2, \cdots, \varepsilon_n\}$이 E의 F-기저일 때,

$\{\lambda_i \varepsilon_j \mid 1 \le i \le m, 1 \le j \le n\}$

은 L의 F-기저이다.

증 명 $l \in L$이라고 하면, l은 $\lambda_1, \lambda_2, \cdots, \lambda_m$의 E-일차결합이므로,

$$l = \lambda_1 e_1 + \lambda_2 e_2 + \cdots + \lambda_m e_m, \ (\text{단}, e_i \in E). \quad \cdots\cdots \ ①$$

각 $i = 1, 2, \cdots, m$에 대하여, e_i는 $\varepsilon_1, \varepsilon_2, \cdots, \varepsilon_n$의 F-일차결합이므로,

$$e_i = \varepsilon_1 a_{i1} + \varepsilon_2 a_{i2} + \cdots + \varepsilon_n a_{in}, \ (\text{단}, a_{ij} \in F). \quad \cdots\cdots \ ②$$

①에 ②를 대입하면

$$l = \sum_{i=1}^{m} \lambda_i \left(\sum_{j=1}^{n} \varepsilon_j a_{ij} \right) = \sum_{i=1}^{m} \sum_{j=1}^{n} \lambda_i \varepsilon_j a_{ij}. \quad \cdots\cdots \ ③$$

③은 $\lambda_i \varepsilon_j$ 들의 F-일차결합이다. 그러므로 $\{\lambda_i \varepsilon_j \mid 1 \le i \le m, 1 \le j \le n\}$는 F 상에서 L을 스팬한다.

또한 $\{\lambda_i \varepsilon_j \mid 1 \le i \le m, 1 \le j \le n\}$는 F 상에서 일차독립이다. 왜냐 하면,

$$\sum_{i=1}^{m} \sum_{j=1}^{n} \lambda_i \varepsilon_j a_{ij} = 0, \ (\text{단}, a_{ij} \in F)$$

$$\Rightarrow \sum_{i=1}^{n} \lambda_i (\varepsilon_1 a_{i1} + \varepsilon_2 a_{i2} + \cdots + \varepsilon_n a_{in}) = 0$$

$\lambda_1, \cdots, \lambda_m$은 E 상에서 일차독립이고 → 이것은 E의 원소

$$\Rightarrow \varepsilon_1 a_{i1} + \varepsilon_2 a_{i2} + \cdots + \varepsilon_n a_{in} = 0, \ (i = 1, \cdots, m),$$

$$\Rightarrow a_{i1} = a_{i2} = \cdots = a_{in} = 0, \ (i = 1, \cdots, m),$$

$$\Rightarrow a_{ij} = 0, \ (i = 1, \cdots, m; j = 1, \cdots, n)$$

그러므로 $\{\lambda_i \varepsilon_j \mid 1 \le i \le m, 1 \le j \le n\}$은 L의 F-기저이다. ▌

$\{\lambda_i \varepsilon_j \mid 1 \le i \le m, 1 \le j \le n\}$가 F 상에서 일차독립이므로

$$(i, j) \ne (k, l) \Rightarrow \lambda_i \varepsilon_j \ne \lambda_k \varepsilon_l. \quad \cdots\cdots \ ④$$

따라서 L의 F-기저 $\{\lambda_i \varepsilon_j \mid 1 \le i \le m, 1 \le j \le n\}$은 mn 개의 원소를 가지는 집합이다. 그러므로 정리 9.2.1로부터

$$\dim_E L = m, \dim_F E = n \Rightarrow \dim_F L = mn. \quad \cdots\cdots \ ⑤$$

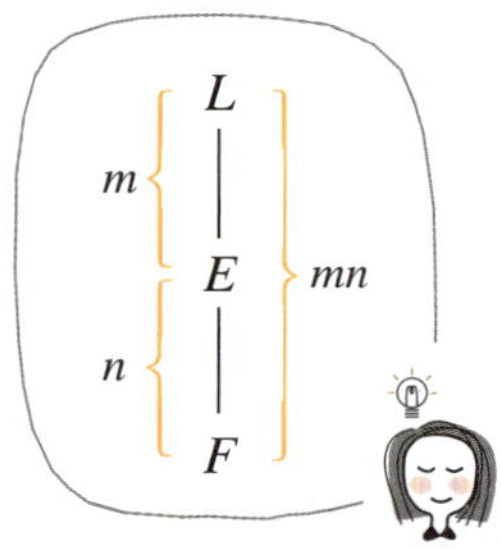

NOTE 1 ④는 다음과 같이 별도로 증명할 수도 있다.

$\lambda_i \varepsilon_j = \lambda_k \varepsilon_l$라고 하면, $\lambda_i \varepsilon_j - \lambda_k \varepsilon_l = 0$.

$i \ne k$이면, $\{\lambda_i, \lambda_k\}$가 E상에서 일차독립이므로 $\varepsilon_j = \varepsilon_l = 0$이 되어 모순이다.

$i = k$이면, $\lambda_i(\varepsilon_j - \varepsilon_l) = 0$이므로 $\varepsilon_j - \varepsilon_l = 0$이고, 따라서 $\varepsilon_j = \varepsilon_l$이다. 이 때, $j = l$이어야 한다. ▌

앞 쪽의 ⑤로부터 다음 따름정리를 얻는다.

따름정리 9.2.2

체의 확대 $L \supset E, E \supset F$가 유한 확대일 때, $L \supset F$도 유한확대이고,

$$|L : F| = |L : E||E : F|.$$

$\alpha_1, \alpha_2, \cdots, \alpha_n \in E \supset F, (n \geq 2)$, 에 대하여,

$$F_0 = F, F_1 = F_0[\alpha_1], F_2 = F_1[\alpha_2], \cdots, F_n = F_{n-1}[\alpha_n]$$

이라고 할 때, F_n을

$$F[\alpha_1, \alpha_2, \cdots, \alpha_n]$$

으로 나타낸다. $\alpha_1, \alpha_2, \cdots, \alpha_n$이 F 상에서 대수적일 때, 따름정리 9.1.4에 의하여 $F_1, F_2, \cdots, F_n$은 체이다. 각 $i = 1, 2, \cdots, n$에 대하여 F_i는 F_{i-1}의 단순확대이므로 정리 9.1.5에 의하여

$$|F_i : F_{i-1}| < \infty, (i = 2, 3, \cdots, n)$$

이다. 따라서, 따름정리 9.2.2에 의하여,

$$|F_n : F| = |F_n : F_{n-1}| \cdots |F_2 : F_1||F_1 : F| < \infty$$

이고, 그러므로 $F[\alpha_1, \alpha_2, \cdots, \alpha_n]$은 F의 유한 확대체이다.

보기 2 $\{1, \sqrt{2}, \sqrt{3}, \sqrt{6}\}$은 $\boldsymbol{Q}$ 상의 $\boldsymbol{Q}[\sqrt{2}, \sqrt{3}]$의 기저이다.

∵ $\boldsymbol{Q} \subset \boldsymbol{Q}[\sqrt{2}] \subset \boldsymbol{Q}[\sqrt{2}, \sqrt{3}]$임에 유의한다.

㉮ 먼저 $\{1, \sqrt{2}\}$는 $\boldsymbol{Q}$ 상의 $\boldsymbol{Q}[\sqrt{2}]$의 기저이다.

다음으로, $\sqrt{3}$은 $x^2 - 3 \in \boldsymbol{Q}[\sqrt{2}][x]$ 의 근이다.

$\sqrt{3} \notin \boldsymbol{Q}[\sqrt{2}]$이므로 $x^2 - 3$은 $\boldsymbol{Q}[\sqrt{2}]$에서 근을 가지지 않는다. 따라서 $\mu_{\sqrt{3}/\boldsymbol{Q}[\sqrt{2}]} = x^2 - 3$이다. 그러므로

㉯ $\{1, \sqrt{3}\}$은 $\boldsymbol{Q}[\sqrt{2}]$ 상의 $\boldsymbol{Q}[\sqrt{2}, \sqrt{3}]$의 기저이다.

㉮, ㉯ 로부터, 정리 9.2.1에 의하여 $\{1, \sqrt{2}, \sqrt{3}, \sqrt{2}\sqrt{3}\}$은 $\boldsymbol{Q}$ 상의 $\boldsymbol{Q}[\sqrt{2}, \sqrt{3}]$의 기저이다.

보기 3 $|\boldsymbol{Q}[\sqrt{2}, i] : \boldsymbol{Q}| = |\boldsymbol{Q}[\sqrt{2}, i] : \boldsymbol{Q}[\sqrt{2}]||\boldsymbol{Q}[\sqrt{2}] : \boldsymbol{Q}| = 2 \cdot 2 = 4.$

∵ $\mu_{i/\boldsymbol{Q}[\sqrt{2}]} = x^2 + 1$이므로 $|\boldsymbol{Q}[\sqrt{2}, i] : \boldsymbol{Q}[\sqrt{2}]| = 2.$

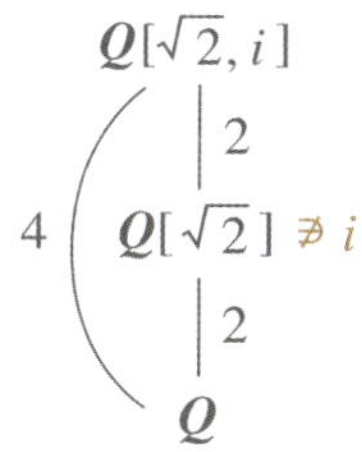

체 $F \subset E$에 대하여, 임의의 $\alpha \in E$가 F 상에서 대수적일 때, $F \subset E$를 **대수적 확대**라고 한다.

◀ 代數的擴大 algebraic extension

보기 4 $\mathbf{Q}[i]$는 $\mathbf{Q}$의 대수적 확대체이다.

∵ 임의의 $\alpha = a + bi \in \mathbf{Q}[i]$에 대하여, $f = (x-a)^2 + b^2$라고 할 때, $f \in \mathbf{Q}[x]$이고, α는 f의 근이다.

정리 9.2.3

$F \subset E$가 유한 확대일 때,

(1) $F \subset E$는 대수적 확대이다.

(2) $\alpha_1, \alpha_2, \cdots, \alpha_n \in E$가 있어서 $E = F[\alpha_1, \alpha_2, \cdots, \alpha_n]$이다.

증명 (1) $\alpha \in E$라고 하자. $|E : F| = n$이라고 하면, $1, \alpha, \cdots, \alpha^n$은 F-일차종속이다. (∵ n차원 벡터공간에서 $n+1$개의 벡터는 일차종속).

따라서 $a_0, a_1, \cdots, a_n \in F$가 있어서

$$a_0 + a_1\alpha + \cdots + a_n\alpha^n = 0.$$

$g = a_0 + a_1x + \cdots + a_nx^n$이라고 하면 $g \in F[x]$이고, $g(\alpha) = 0$이므로 α는 F상에서 대수적이다.

(2) $|E : F| = n$일 때, E는 n개의 원소로 이루어진 F-기저 $\{\alpha_1, \cdots, \alpha_n\}$을 가진다. $F\alpha_i = \{c\alpha_i \mid c \in F\}$, $(i = 1, \cdots, n)$,이라고 하면,

E의 임의의 원소는 $\alpha_1, \alpha_2, \cdots, \alpha_n$의 F-일차결합

$$E \subset F\alpha_1 + F\alpha_2 + \cdots + F\alpha_n \subset F[\alpha_1, \alpha_2, \cdots, \alpha_n] \subset E.$$

$$\therefore\ E = F[\alpha_1, \alpha_2, \cdots, \alpha_n]. \quad ▮$$

정리 9.2.4

$F \subset E$, $E \subset L$이 대수적 확대일 때, $F \subset L$도 대수적 확대이다.

증명 $\alpha \in L$라고 하자. α가 F의 어떤 유한확대에 속함을 보이면 된다. α는 E 상에서 대수적이므로, 어떤

$$f = e_0 + e_1x + \cdots + e_nx^n \in E[x]$$

의 근이다. $F \subset E$가 대수적 확대이므로 각 e_i는 F 상에서 대수적이다.

그러므로, $K = F[e_0, e_1, \cdots, e_n]$는 체이고, 또, 따름정리 9.2.2에 의하여 $|K : F| < \infty$이다.
한편 $f \in K[x]$, $f(\alpha) = 0$ 이므로 $K[\alpha]$는 체이고, $|K[\alpha] : K| < \infty$이다.

$$\therefore |K[\alpha] : F| = |K[\alpha] : K||K : F| < \infty.$$

그러므로 정리 9.2.3에 의하여 $K[\alpha]$는 F 상에서 대수적이다.
$\alpha \in K[\alpha]$이므로 증명이 완료되었다. ▌

작도불능 문제

눈금 없는 자와 콤파스 및 단위 길이 1인 선분을 사용(반복 사용 허용)하여, 길이 $|\alpha|$인 선분을 작도할 수 있을 때, $\alpha \in \boldsymbol{R}$은 **작도가능**하다고 한다. 작도가능한 수 전체의 집합을 $\mathscr{C}$로 나타내기로 하자.

◀ 作圖可能 constructible

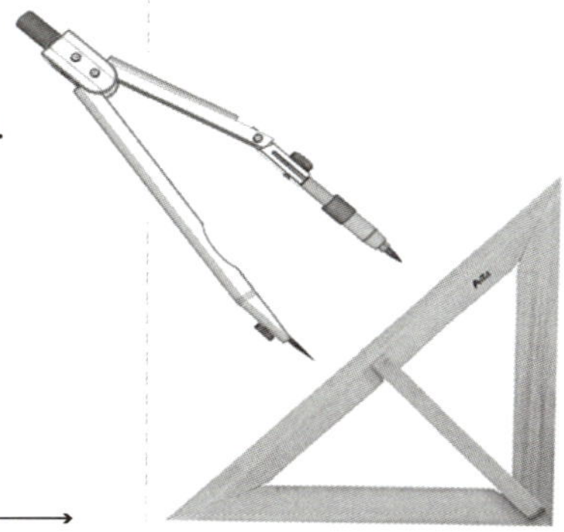

명백히 $\boldsymbol{Z} \subset \mathscr{C} \subset \boldsymbol{R}$이다.

$$\alpha, \beta \in \mathscr{C} \Rightarrow \alpha \pm \beta, \alpha\beta^{\pm 1} \in \mathscr{C}, \text{(단, } \alpha\beta^{-1}\text{은 } \beta \neq 0\text{인 경우)}.$$

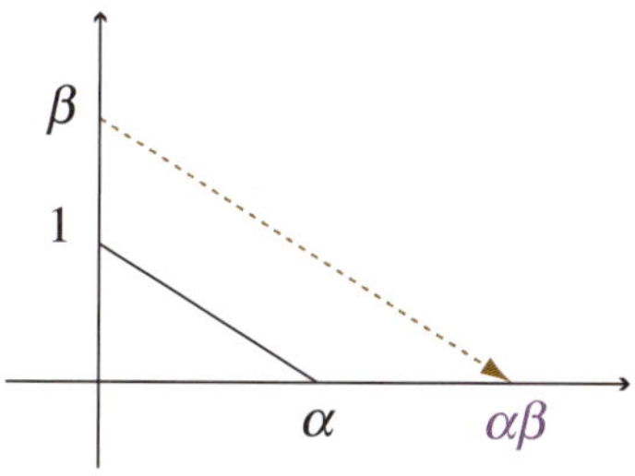

α, β로써 $\alpha\beta$를 작도하는 방법

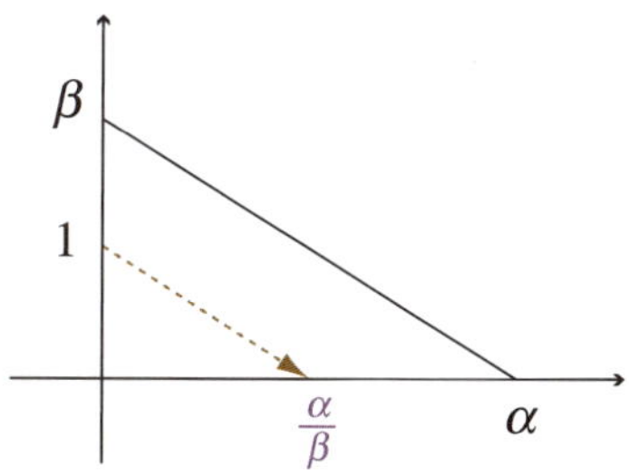

α, β로써 $\frac{\alpha}{\beta}$를 작도하는 방법

따라서 $\mathscr{C}$는 체이고, 또 $\boldsymbol{Z}$를 포함하므로

$$\boldsymbol{Q} \subset \mathscr{C} \subset \boldsymbol{R}$$

이다.

지금부터 작도가능한 수의 특성을 규명한다. 이를 위하여 다음 몇 가지의 용어를 정의한다.
체 $F \subset \mathscr{C}$에 대하여, F의 원소를 F-수, F-수를 사용하여 작도할 수 있는 점, 직선, 원을 F-점, F-직선, F-원이라 하고, 이들을 통틀어서 F-도형이라고 하자. 또, 두 F-도형의 교점의 x 좌표, y 좌표를 F-작도가능수라고 하자.

체 F의 확대체 E에 대하여, $|E:F|=2$일 때, $F \subset E$를 **이차확대**라고 한다. 또, 조건 $|E_i : E_{i-1}| = 2, (i=1, \cdots, r)$, 을 만족하는 확대체의 열

$$F = E_0 \subset E_1 \subset \cdots \subset E_r = E$$

이 존재할 때, $F \subset E$를 **반복된 이차확대**라고 한다.

◀ 二次擴大 quadratic extension

◀ repeated quadratic extension

보조정리 9.2.5

체 $F \subset \mathscr{C}$와 $\alpha \in \boldsymbol{R}$에 대하여, α가 F-작도가능수일 필요충분조건은 α가 F의 어떤 이차확대에 포함될 것이다.

증명 ($\Rightarrow$) α는 두 F-도형의 교점 P의 x 좌표 또는 y 좌표이다. 점 P는 다음 가지 중 하나이다.

(i) 두 F-직선의 교점 (ii) 두 F-원의 교점 (iii) F-직선과 F-원의 교점

(i)

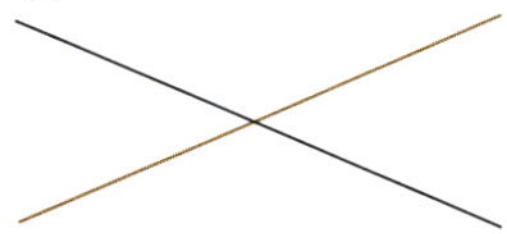

(ii)

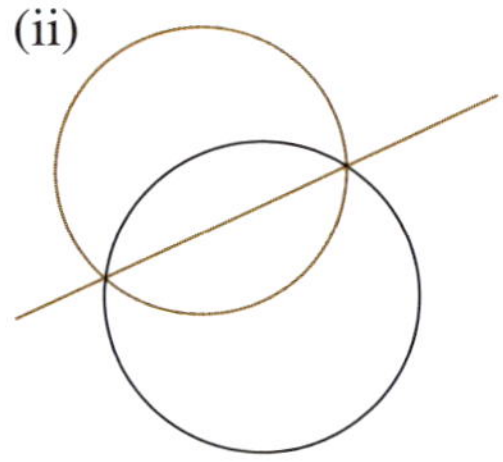

(iii)

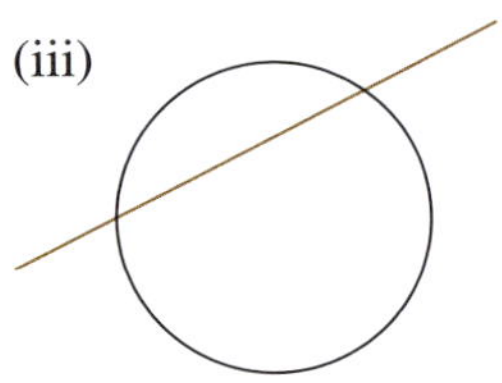

경우 (i) : $\alpha \in F$이고, 따라서 $F[\alpha] = F$. 그러므로 $|F[\alpha]:F| = 1$.

∵ 두 F-직선은 F-계수 일차 방정식

$$ax + by + c = 0,\ a'x + b'y + c' = 0$$

의 꼴이므로, 그 교점의 x 좌표, y 좌표는 F-수이다. ◆

경우 (ii)는 경우 (iii)으로 귀착된다.

∵ 두 F-원은 F-계수 이차 방정식

$$x^2 + y^2 + ax + by + c = 0,\ x^2 + y^2 + a'x + b'y + c' = 0$$

의 꼴이므로, 그 교점을 지나는 직선은 F-계수 일차 방정식

$$rx + sy + t = 0$$

이고, 직선은 두 F-점 $(\frac{-t}{r}, 0), (0, \frac{-t}{s})$를 지난다. ◆

경우 (iii) : F-직선과 F-원은 각각

$$ax + by + c = 0, \quad \cdots\cdots ①$$

$$x^2 + y^2 + a'x + b'y + c' = 0. \quad \cdots\cdots ②$$

와 같이 F-계수 일차 방정식, F-계수 이차 방정식으로 표현된다. P의 좌표는 ①, ② 에서 x, y 중 한 변수 (y라고 하자.)를 소거하여 얻은 F-계수 이차방정식

$$x^2 + rx + s = 0$$

의 근이다. 그러므로 $|F[\alpha]:F| \le 2$이다.

그러므로 어떤 경우에도 $F[\alpha] = F$또는 $|F[\alpha]:F| = 2$ 이다. 명백히 $\alpha \in F[\alpha]$ 이다.

(⇐) F의 어떤 이차확대 E가 있어서 $\alpha \in E, \alpha \notin F$ 라고 하자.

$$2 = |E : F| \geq |F[\alpha] : F| > 1$$

이므로 $|F[\alpha] : F| = 2$이다. 따라서 $\mu_{\alpha/F}$는 이차 F-다항식이다.

$$\mu_{\alpha/F} = x^2 + bx + c$$

라고 하면

$$\alpha = \tfrac{1}{2}(-b \pm \sqrt{D}), (\text{단}, D = b^2 - 4c).$$

D는 F-작도가능수이므로 오른쪽 그림에서 $\sqrt{D}$ 도 F-작도가능수이다.

따라서 α는 F-작도가능수이다. ▌

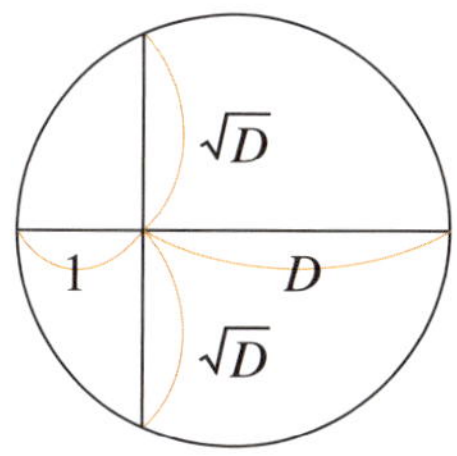

정리 9.2.6

$\alpha \in \boldsymbol{R}$이 작도가능할 필요충분조건은 α가 $\boldsymbol{Q}$의 어떤 반복된 이차확대에 속할 것이다.

증명 (⇒) α가 작도 가능하면 조건

- α_1은 $\boldsymbol{Q}$-작도가능수이다.
- 각 $i = 2, \cdots, n$에 대하여 α_i는 $\boldsymbol{Q}[\alpha_1, \cdots, \alpha_{i-1}]$-작도가능수이다.

를 만족하는 유한 수열 $\alpha_1, \alpha_2, \cdots, \alpha_n (= \alpha)$ 가 존재한다.
보조정리 9.2.5에 의하여 $\boldsymbol{Q}[\alpha_1, \cdots, \alpha_n]$ 은 $\boldsymbol{Q}$의 반복된 이차확대이다.

(⇐) E가 $\boldsymbol{Q}$의 반복된 이차확대라고 하면 이차확대체의 열

$$\boldsymbol{Q} \subset E_1 \subset \cdots \subset E_r = E$$

가 존재한다. 보조정리 9.2.5에 의하여, E_1의 모든 원소는 작도가능하다. E_2의 모든 원소는 E_1-작도가능수이므로 작도가능하다. 이러한 논리적 과정을 반복하면 E의 모든 원소는 작도가능하다.
따라서 α가 E에 속할 때 α는 작도가능하다. ▌

따름정리 9.2.7

$\alpha \in \boldsymbol{R}$이 작도가능하면 $|\boldsymbol{Q}[\alpha] : \boldsymbol{Q}|$는 2의 거듭제곱이다.

증명 α는 $\boldsymbol{Q}$의 어떤 반복된 이차확대 E에 속한다. 이 때,

$$\boldsymbol{Q}[\alpha] \subset E, \ |E : \boldsymbol{Q}| = (2\text{의 거듭제곱}).$$

한편,

$$|E : \boldsymbol{Q}| = |E : \boldsymbol{Q}[\alpha]||\boldsymbol{Q}[\alpha] : \boldsymbol{Q}|$$

이므로 $|\boldsymbol{Q}[\alpha] : \boldsymbol{Q}|$는 2의 거듭제곱이다. ▌

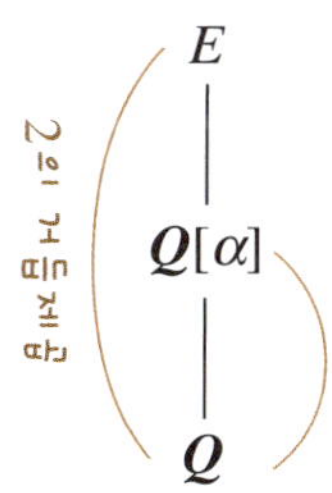

예제 9.2.8

주어진 정육면체의 부피의 2배를 부피로 가지는 정육면체는 작도가능하지 않음을 보여라.

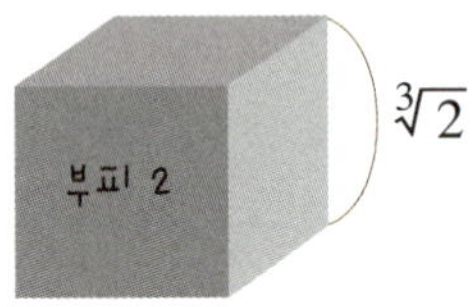

증명 주어진 정육면체의 부피를 1이라고 하면, 작도해야 할 정육면체의 부피는 2이다. 이 정육면체가 작도 가능할 필요충분조건은 $\sqrt[3]{2}$가 작도가능한 수일 것이다.
$\boldsymbol{Q}$ 상에서 $\sqrt[3]{2}$의 최소다항식은 x^3-2이므로 $|\boldsymbol{Q}[\sqrt[3]{2}]:\boldsymbol{Q}|=3$이다.
3은 2의 거듭제곱이 아니므로 따름정리 9.2.7에 의하여 $\sqrt[3]{2}$는 작도가능한 수가 아니다. ◘

예제 9.2.9

주어진 원과 넓이가 같은 정사각형은 작도가능하지 않음을 보여라.

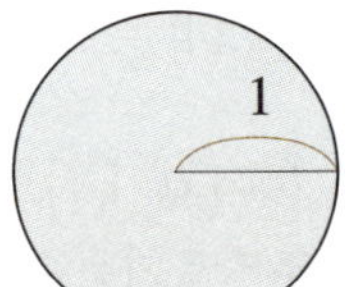

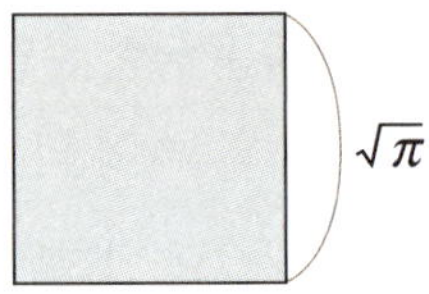

증명 주어진 원의 반지름을 1이라고 하면, 작도해야할 정사각형의 한 변의 길이는 $\sqrt{\pi}$이다. 이 정사각형이 작도 가능할 필요충분조건은 $\sqrt{\pi}$가 작도가능한 수일 것이다. $\sqrt{\pi}$가 작도가능하면 π도 작도가능하고 따라서 $|\boldsymbol{Q}[\pi]:\boldsymbol{Q}|=(2$의 거듭제곱$)$ 이다. 이 때 $\boldsymbol{Q}\subset\boldsymbol{Q}[\pi]$는 유한확대로서 대수적확대가 된다. 그러나 π는 $\boldsymbol{Q}$ 상에서 대수적이 아니다. ◘

예제 9.2.10

눈금 없는 자와 콤파스로써 60°를 삼등분하는 것은 불가능함을 증명하라.

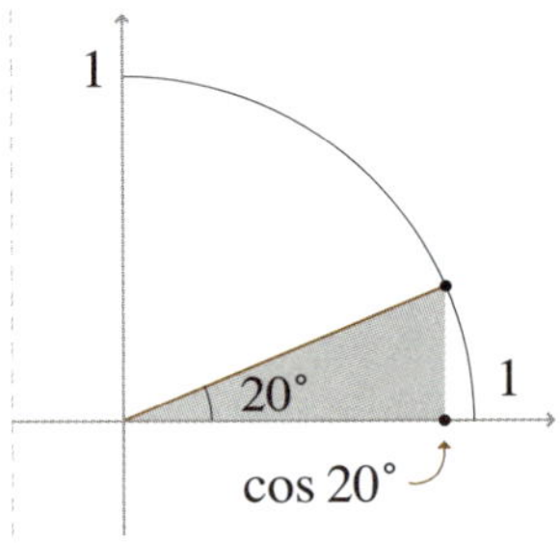

증명 눈금 없는 자와 콤파스로써 60°를 삼등분 할 수 있다고 하면 $\alpha=\cos 20^\circ$는 작도가능한 수이다. 임의의 실수 θ에 대하여

$$\cos 3\theta = 4\cos^3\theta - 3\cos\theta$$

이므로,

$$\frac{1}{2}=\cos 60^\circ = 4\cos^3 20^\circ - 3\cos 20^\circ = 4\alpha^3 - 3\alpha.$$

따라서 α는 $f=8x^3-6x-1\in\boldsymbol{Q}[x]$ 의 근이다.
f는 $\boldsymbol{Q}$ 상에서 기약이다. ($\because$ 유리수근 판정법).
그러므로 $|\boldsymbol{Q}[\alpha]:\boldsymbol{Q}|=3$이다. 3은 2의 거듭제곱이 아니므로 α는 작도가능한 수가 아니다. ◘

9-2 E·X·E·R·C·I·S·E·S 연습문제

1 $F_n = \boldsymbol{Q}[2^{1/2}, 2^{1/4}, \cdots, 2^{1/2^n}], (n \in \boldsymbol{Z}^+), E = \cup_{n=1}^{\infty} F_n$이라고 할 때, 다음을 증명하라.

(1) $\boldsymbol{Q} \le E$는 대수적 확대이다.

(2) $\boldsymbol{Q} \le E$는 유한확대가 아니다.

2 $\alpha \in E \supset F$에 대하여, $|E : F|$가 소수이고, α가 F 상에서 대수적일 때, $F[\alpha] = F$ 또는 $F[\alpha] = E$임을 보여라.

3 $\alpha \in E \supset F$에 대하여, α가 F 상에서 대수적이고, $\deg \mu_{\alpha/F}$가 홀수 일 때, $F[\alpha] = F[\alpha^2]$ 임을 보여라.

4 다음 체의 $\boldsymbol{Q}$ 상의 기저를 찾아라.

(1) $\boldsymbol{Q}[\sqrt{3}, \sqrt{5}]$ (2) $\boldsymbol{Q}[\sqrt{2}, \sqrt{3}, \sqrt{5}]$ (3) $\boldsymbol{Q}[\sqrt[3]{2}, \sqrt{3}]$

5 체 $F \subset E$에 대하여, F 상에서 대수적인 E의 원소 전체의 집합 A는 F를 포함하는 체임을 증명하라.

6 $a, b \in F$에 대하여, $F[\sqrt{a} + \sqrt{b}] = F[\sqrt{a}, \sqrt{b}]$임을 증명하라. (단, $\sqrt{a}, \sqrt{b}$는 각각 $x^2 - a, x^2 - b$의 근).

7 다음 체 상의 $\boldsymbol{Q}[\sqrt{3} + \sqrt{5}]$의 기저를 찾아라.

(1) $\boldsymbol{Q}$ (2) $\boldsymbol{Q}[\sqrt{15}]$

8 F 상에서 대수적인 원소 $\alpha, \beta \in E$에 대하여, $\mu_{\alpha/F} = m, \mu_{\beta/F} = n$이라고 하자.

(1) $\gcd(m, n) = 1$일 때, $|F[\alpha, \beta] : F| = mn$임을 증명하라.

(2) $\gcd(m, n) \ne 1$일 때, $|F[\alpha, \beta] : F| \ne mn$인 예를 들어라.

9 다음을 구하라.

(1) $|\boldsymbol{Q}[\sqrt{2}, \sqrt[3]{2}] : \boldsymbol{Q}|$ (2) $|\boldsymbol{Q}[\sqrt{2}, \sqrt[3]{2}, \sqrt[4]{2}] : \boldsymbol{Q}|$

9-2 · E · X · E · R · C · I · S · E · S · 연습문제

10 $\alpha \in E \supset F$에 대하여, $|F[\alpha] : F[\alpha^3]|$는 1 또는 3임을 보여라.

11 $|E : F|$가 소수일 때, E는 F의 단순확대임을 증명하라.

12 $x^2 - 3$ 은 $\mathbf{Q}[\sqrt[3]{2}]$ 상에서 기약임을 보여라.

13 40°가 작도가능하지 않음을 다음 각각의 방법으로 증명하라.

(1) 20°가 작도가능하지 않음을 이용

(2) 대수적인 논증

14 대수적인 논증으로 30°는 작도가능함을 증명하라.

15 다음 그림을 이용하여 36°는 작도가능함을 증명하라.

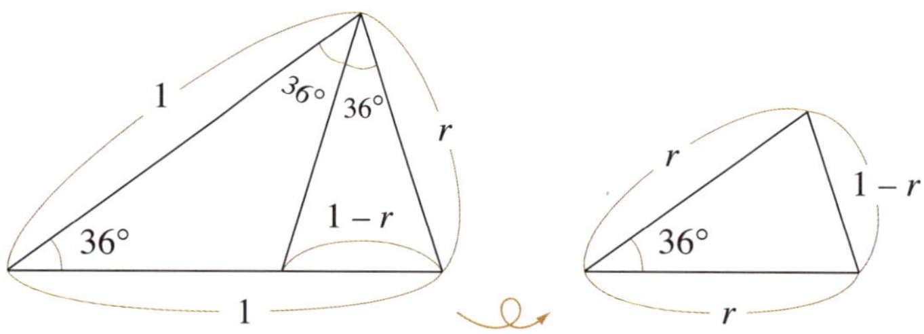

16 $n \in \{1, 2, \cdots, 360\}$에 대하여 $n°$가 작도가능할 필요충분조건은 「n은 3의 배수」임을 증명하라.

9-3 분해체

✤ 이 절의 학습 내용

- 분해체
- 동형사상 확장정리
- 분해체 불변 정리
- 분해체 유일성 정리
- 정규확대
- 정규확대는 분해체

분해체

우리는 앞 절에서, 체의 확대 $F \subset E$와 $\alpha \in E$에 대하여, α를 해로 가지는 $f \in F[x]$가 존재할 경우, f의 차수로써 $F[\alpha]$의 몇 가지 성질을 규명하였다. 이 절에서는 $f \in F[x]$가 주어졌을 때, f의 근을 포함하는 F의 확대체에 대하여 알아 본다.

◀ 有限擴大 finite extension
擴大의 次數
degree of extension

정리 9.3.1

F가 체일 때, 임의의 일차 이상의 $f \in F[x]$에 대하여, f의 한 근을 포함하는 F의 확대체가 존재한다.

증 명 $p \in F[x]$를 $F[x]$에서 f의 한 기약 인수라고 하자. p의 한 근을 포함하는 F의 확대체가 존재함을 보이면 충분하다.

p가 $F[x]$-기약이므로, $\langle p \rangle$는 $F[x]$의 극대아이디얼 ($\because$ 정리 8.1.11) 이고, 따라서

$$\frac{F[x]}{\langle p \rangle}$$

는 체이다. ($\because$ 정리 7.1.10). 이 체가 p의 한 근을 포함하는 F의 확대체임을 보인다.

◀ p가 $F[x]$에서 기약 일 때, $\langle p \rangle$는 $F[x]$의 극대아이디얼 [정리 8.1.11]

$P=\langle p\rangle$로 두고, 함수 $\phi : F \to F[x]/P$를 $\phi(a)=a+P$로 정의하면,

① ϕ는 환준동형사상이다.

∵ $a, b \in F$에 대하여

$\phi(a+b)=a+b+P=(a+P)+(b+P)=\phi(a)+\phi(b)$.

$\phi(ab)=ab+P=(a+P)(b+P)=\phi(a)\phi(b)$. ◆

② $\ker\phi=\{0\}$이다.

($F[x]/P$의 영) (a가 p의 배수라는 뜻)

∵ $a\in\ker\phi \Rightarrow \phi(a)=P \Rightarrow a+P=P \Rightarrow a\in P \Rightarrow a=0$. ◆

①, ② 로부터, 제 1 동형정리에 의하여

$$F \cong \phi(F)=[a+P \mid a\in F] \subset \frac{F[x]}{P}.$$

F와 $\phi(F)$는 체로서 같으므로 $F[x]/P$는 F의 확대체로 볼 수 있다.

따라서, 각 $a\in F[x]$에 대하여 a와 $a+P$를 동일시할 수 있다.

$\alpha=x+P$라고 하면, $\alpha\in F[x]/P$이다.

$$p=\sum_{i=0}^{n} a_i x^i,\ (a_i\in F)$$

라고 할 때,

(a_i와 a_i+P를 동일시!)

$$\begin{aligned} p(\alpha) &= \sum_{i=0}^{n} a_i\alpha^i = \sum_{i=0}^{n}(a_i+P)(x+P)^i \\ &= \sum_{i=0}^{n}(a_i+P)(x^i+P) = \sum_{i=0}^{n}(a_i x^i+P) \\ &= \left(\sum_{i=0}^{n} a_i x^i\right)+P = p+P = \boxed{0+P}. \end{aligned}$$

($F[x]/P$의 영.)

그러므로 α는 p의 근이다. ▮

보기 1 $p=x^2+1$는 $\mathbf{Q}[x]$-기약 다항식이므로 $\mathbf{Q}[x]/\langle p\rangle$는 체이다.

$\alpha=x+\langle p\rangle\in\mathbf{Q}[x]/\langle p\rangle$에 대하여,

$$\begin{aligned} p(\alpha) &= (x+\langle p\rangle)^2+(1+\langle p\rangle)=(x^2+\langle p\rangle)+(1+\langle p\rangle) \\ &= x^2+1+\langle p\rangle = p+\langle p\rangle=\langle p\rangle. \end{aligned}$$

따라서 α는 p의 근이다.

결국, $f\in F[x]$의 F상의 분해체란 조건
(i) E는 바탕체 F를 포함한다.
(ii) E상에서 f가 분해된다.
를 만족하는 최소의 체 E를 뜻한다.

정의 체 F의 확대체 E와 $f\in F[x]$에 대하여, f가 $E[x]$에서 일차식의 곱으로 표현될 때, **f는 E상에서 분해된다**고 한다.
f가 E 상에서는 분해되고, $F\subset S \subsetneq E$인 어떠한 체 S 상에서도 분해되지 않을 때, E를 **F 상의 f의 분해체**라고 한다.

◂ 分解 f splits over E

◂ 分解體 splitting field of f over F

보기 2 $E = \boldsymbol{Q}[i]$ 는 $\boldsymbol{Q}$ 상의 x^2+1 의 분해체이다..

∵ x^2+1 은 E 상에서 $x^2+1=(x+i)(x-i)$ 와 같이 분해된다.

$\boldsymbol{Q} \subset S \subsetneq E$ 인 체 S 에 대하여,

$$|E:S||S:\boldsymbol{Q}| = |E:\boldsymbol{Q}| = 2, \ |E:S| > 1$$

이므로 $|S:\boldsymbol{Q}|=1$ 이고, 따라서 $S=\boldsymbol{Q}$ 이다.

그런데, x^2+1 은 $\boldsymbol{Q}$ 상에서는 분해되지 않는다.

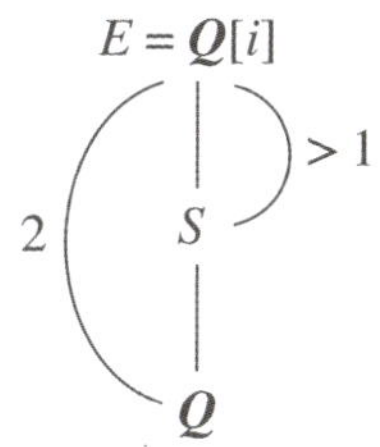

$f \in F[x]$ 의 F 상의 분해체는 항상 존재하는가? 존재할 경우 그 존재는 유일한가? 먼저 존재성에 대하여 알아 보자.

정리 9.3.2

체 F 와 일차 이상의 $f \in F[x]$ 에 대하여, 다음이 성립한다.

(1) f 가 L 상에서 분해되는 F 의 확대체 L 이 존재한다.

(2) f 가 L 상에서

$$f = a(x-\alpha_1)\cdots(x-\alpha_n) \quad \cdots\cdots\cdots ①$$

과 같이 분해될 때, $F[\alpha_1, \cdots, \alpha_n]$ 은 F 상의 f 의 분해체이다.

증명 (1) $\deg f$ 에 관한 귀납법으로 증명한다.

$\deg f = 1$ 이면 f 는 이미 일차식이다. 이 때, $E = F$ 이다.

$\deg f > 1$ 이라 하고 하자. 정리 9.3.1 에 의하여 f 의 한 근 α_1 을 포함하는 F 의 확대체 K 가 존재한다. $f(\alpha_1)=0$ 이므로 인수정리에 의하여

$$f = (x-\alpha_1)g, (\text{단}, g \in K[x]). \quad \cdots\cdots\cdots ②$$

$\deg g = \deg f - 1$ 이므로, 귀납법 가정에 의하여, K 의 확대체 L 이 존재하여, g 는 L 상에서,

$$g = a(x-\alpha_2)\cdots(x-\alpha_n) \quad \cdots\cdots\cdots ③$$

과 같이 분해된다. ②, ③으로부터, f 는 L 상에서 ①과 같이 분해된다.

(2) 명백히 f 는 $F[\alpha_1, \cdots, \alpha_n]$ 상에서 분해된다.

$$F \subset S \subset F[\alpha_1, \cdots, \alpha_n] \quad \cdots\cdots\cdots ④$$

인 체 S 상에서 f 가

$$f = b(x-\beta_1)\cdots(x-\beta_n)$$

와 같이 분해된다고 할 때, 각 $i = 1, \cdots, n$ 에 대하여,

$$0 = f(\alpha_i) = b(\alpha_i - \beta_1)\cdots(\alpha_i - \beta_n).$$

이 때, 어떤 j가 있어서 $\alpha_i - \beta_j = 0$이다. ($\because b \neq 0$).

$$\therefore\ \alpha_i = \beta_j \in S.\ \ \{\alpha_1, \cdots, \alpha_n\} \subset S.$$

S는 $F \cup \{\alpha_1, \cdots, \alpha_n\}$를 포함하는 체이므로

$$F[\alpha_1, \cdots, \alpha_n] \subset S. \quad \cdots\cdots \text{⑤}$$

④, ⑤로부터 $S = F[\alpha_1, \cdots, \alpha_n]$이다.

따라서 $F[\alpha_1, \cdots, \alpha_n]$는 f의 F 상의 분해체이다. ▌

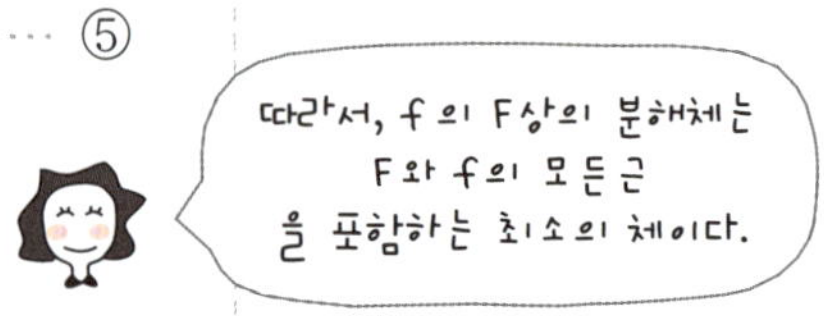

보기 3 $\boldsymbol{Q}[\sqrt[4]{2}, i]$는 $x^4 - 2$의 $\boldsymbol{Q}$ 상의 분해체이다.

$\because$ $\alpha = \sqrt[4]{2}$로 두면, $\boldsymbol{C}$ 상에서 다음과 같이 분해된다.

$$x^4 - 2 = x^4 - \alpha^4 = (x-\alpha)(x+\alpha)(x-\alpha i)(x+\alpha i).$$

그러므로 $\boldsymbol{Q}[\alpha, -\alpha, \alpha i, -\alpha i] = \boldsymbol{Q}[\alpha, i]$는 $\boldsymbol{Q}$ 상의 f의 분해체이다.

보기 4 $\boldsymbol{Q}[\sqrt[3]{2}, \omega]$는 $x^3 - 2$의 $\boldsymbol{Q}$ 상의 분해체이다. (단, $\omega = e^{2\pi i/3}$).

$\because$ $\alpha = \sqrt[3]{2}$로 두면, $x^3 - 2$는 $\boldsymbol{C}$ 상에서 다음과 같이 분해된다.

$$x^3 - 2 = (x-\alpha)(x-\alpha\omega)(x-\alpha\omega^2).$$

따라서 $x^3 - 2$의 $\boldsymbol{Q}$ 상의 f의 분해체는 $\boldsymbol{Q}[\alpha, \alpha\omega, \alpha\omega^2]$이다.

그런데, $\boldsymbol{Q}[\alpha, \alpha\omega, \alpha\omega^2] = \boldsymbol{Q}[\alpha, \omega]$이다. (연습문제 9.3.4).

따름정리 9.3.3 (분해체 불변 정리)

E가 $f \in F[x]$의 F 상의 분해체일 때, $F \subset K \subset E$인 임의의 체 K에 대하여 E는 f의 K 상의 분해체이다.

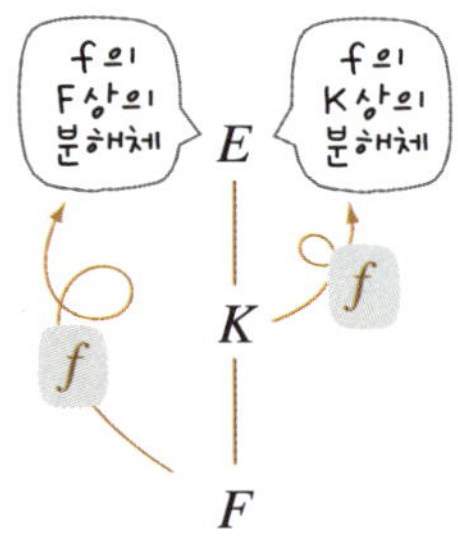

증명 $F \subset K$이므로 $f \in K[x]$이다. 또, $K \subset E$를 가정하고 있다. f는 E 상에서 분해되고, $F \subset K \subset S \subsetneq E$인 어떠한 체 S 상에서도 분해되지 않는다. 따라서 E는 f의 K 상의 분해체이다. ▌

보기 5 $\boldsymbol{Q}[\sqrt[4]{2}, i]$는 $f = x^4 - 2$의 $\boldsymbol{Q}[i]$ 상의 분해체이다.

$\because$ $\boldsymbol{Q}[\sqrt[4]{2}, i]$는 f의 $\boldsymbol{Q}$ 상의 분해체이고,

$\boldsymbol{Q} \subset \boldsymbol{Q}[i] \subset \boldsymbol{Q}[\sqrt[4]{2}, i]$이다.

체 F에 대하여, $f \in F[x]$ 의 F 상의 분해체는, 환동형인 F의 확대체를 같은 것으로 볼 때, 유일하다. 지금부터 이 사실을 증명한다.
이를 위하여 몇 가지 용어와 기호를 정의한다.

집합 $A \subset B$에 대하여, A의 각 원소를 자기 자신으로 보내는 함수를 **포함함수**라 하고

$$\kappa : A \to B$$

로 나타낸다.

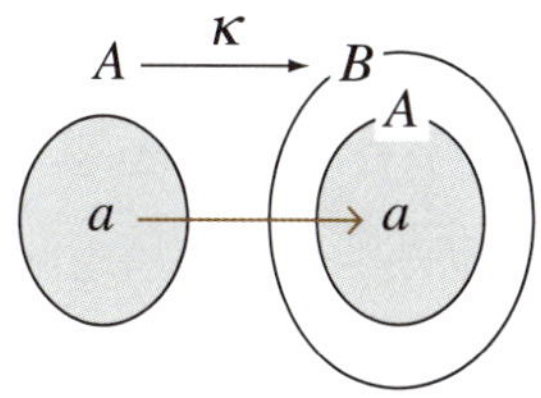

집합 $A \subset X, Y$와 함수 $\phi : X \to Y$에 대하여, 정의역, 공역을 각각 A, $\phi(A)$ 로 하고, $a \to \phi(a)$, $(a \in A)$, 로 정의되는 함수를 ϕ 의 A 상에의 **축소**라 하고,

$$\phi|_A : A \to \phi(A)$$

로 나타낸다.

'축소'의 일반적인 정의는 공역을 Y로 그냥 둔다. 이 중단원에서 우리는 특별히 공역을 $\phi(A)$로 한정한다.

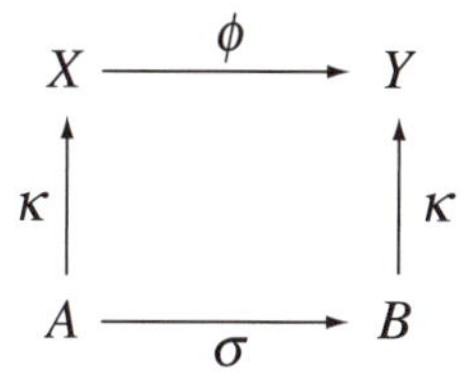

오른쪽 다이어그램에서 $\phi|_A = \sigma$ 일 때, ϕ 는 σ 를 **확장**한다고 한다.

보조정리 9.3.4

F, K가 체이고, $\sigma : F \to K$가 환동형사상이라고 하자.
각 $f \in F[x]$ 에 대하여, f의 각 계수 a_i를 $\sigma(a_i)$로 대치한 K-다항식을 $\bar{f}$ 로 나타낸다. 이 때, $f \to \bar{f}$ 로 정의된 함수

$$\bar{\sigma} : F[x] \to K[x]$$

는 환동형사상이다.

$f = \sum_{i=0}^{n} a_i x^i$ 일 때, $\bar{f} = \sum_{i=0}^{n} \sigma(a_i) x^i$.

증명 먼저 $\bar{\sigma}$ 는 환준동형사상이다. (연습문제 7.2.6).

σ가 전사이므로 $\bar{\sigma}$ 는 전사이다.

$\because$ $h = \sum_{i=0}^{n} c_i x^i \in K[x]$일 때,
$f = \sum_{i=0}^{n} \sigma^{-1}(c_i) x^i \in F[x]$이고, $\bar{\sigma}(f) = \bar{f} = h$. ◆

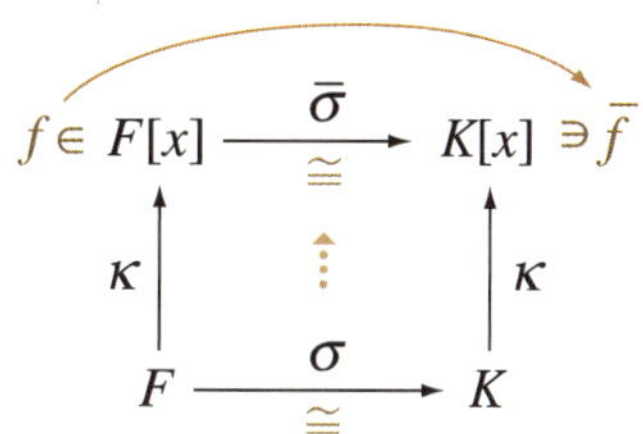

$\bar{\sigma}$ 는 단사이다.

$\because$ $f = \sum_{i=0}^{n} a_i x^i \in F[x]$에 대하여,

$\bar{\sigma}(f) = 0 \Rightarrow \sum_{i=0}^{n} \sigma(a_i) x^i = 0 \Rightarrow \forall \sigma(a_i) = 0 \Rightarrow \forall a_i = 0$ (σ는 단사)
$\Rightarrow f = 0$. 그러므로 $\ker \bar{\sigma} = \{0\}$. ◆ ▌

보조정리 9.3.5 (동형사상 확장정리)

체 F, K에 대하여,

(i) $\sigma: F \to K$는 환동형사상,

(ii) α는 F의 어떤 확대체에 속하는 F상에서 대수적인 원소,

(iii) $p = \mu_{\alpha/F}$, $\bar{p} = \bar{\sigma}(p)$, (단, $\bar{\sigma}$는 보조정리 9.3.4에서 정의된 함수),

(iv) β는 K의 어떤 확대체의 원소로서 $\bar{p}$의 근

이라고 할 때,

$$\theta(\alpha) = \beta$$

이면서 σ를 확장하는 환동형사상 $\theta: F[\alpha] \to K[\beta]$가 존재한다.

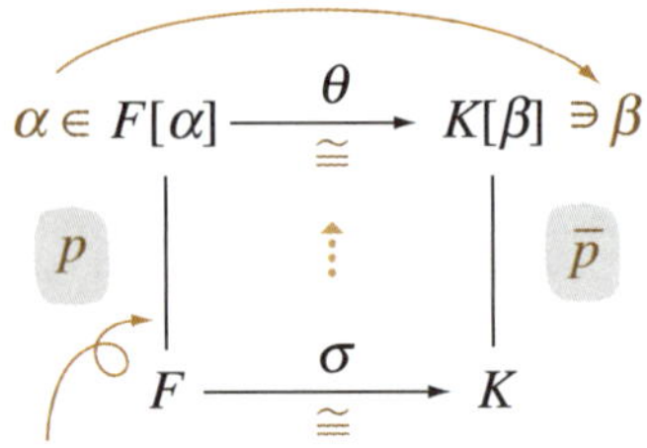

지금부터 때에 따라 포함함수 ↑ κ를 이와 같이 단순한 선분으로 나타내기도 한다.

증명 먼저, (iii)에서 정의된 $\bar{p}$는 $K[x]$에서 기약이다.

∵ $\bar{\sigma}$가 동형사상이므로 $K[x]$의 원소는 $\bar{f}$, $(f \in F[x])$, 로 쓸 수 있다.

$\bar{p} = \bar{f}\,\bar{g}$, $(f, g \in F[x]) \Rightarrow \bar{p} = \overline{fg} \Rightarrow p = fg \Rightarrow f \in F$ 또는 $g \in F$

$\Rightarrow \bar{f} \in K$ 또는 $\bar{g} \in K$. ◆

($\bar{\sigma}$는 환준동형사상, $\bar{\sigma}$는 단사, p는 기약)

다음 그림에 나타난 함수를 관찰하여 보자.

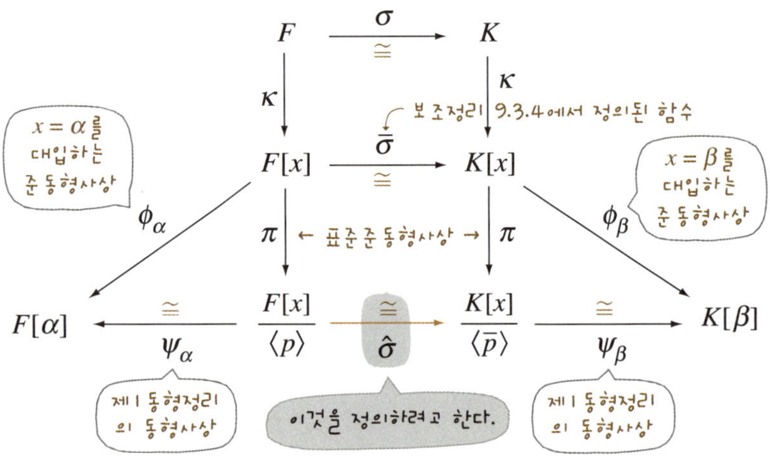

◂ $\phi_\alpha: F[x] \to F[\alpha]$에 대하여 $\ker \phi_\alpha = \langle \mu_{\alpha/F} \rangle = \langle p \rangle$. 제 1 동형정리에 의하여 동형사상 $\psi_\alpha: F[x]/\langle p \rangle \to F[\alpha]$가 존재한다.

함수 $\hat{\sigma}: F[x]/\langle p \rangle \to K[x]/\langle \bar{p} \rangle$를 $f + \langle p \rangle \to \bar{f} + \langle \bar{p} \rangle$로 정의한다. 이때, $\hat{\sigma}$는 잘 정의된 단사함수이다.

∵ $f + \langle p \rangle, g + \langle p \rangle \in F[x]/\langle p \rangle$에 대하여,

$f + \langle p \rangle = g + \langle p \rangle \Leftrightarrow f - g \in \langle p \rangle \Leftrightarrow f - g = hp$, $(h \in F[x])$

$\Leftrightarrow \overline{f - g} = \overline{hp} \Leftrightarrow \bar{f} - \bar{g} = \bar{h}\bar{p} \in \langle \bar{p} \rangle \Leftrightarrow \bar{f} + \langle \bar{p} \rangle = \bar{g} + \langle \bar{p} \rangle$. ◆

($\bar{\sigma}$는 환준동형사상)

$\hat{\sigma}$는 전사인 환준동형사상이다.

∵ $\hat{\sigma}([f+\langle p\rangle]+[g+\langle p\rangle])=\hat{\sigma}(f+g+\langle p\rangle)=\overline{f+g}+\langle \bar{p}\rangle$
$=\bar{f}+\bar{g}+\langle \bar{p}\rangle=\bar{f}+\langle \bar{p}\rangle+\bar{g}+\langle \bar{p}\rangle=\hat{\sigma}(f+\langle p\rangle)+\hat{\sigma}(g+\langle p\rangle)$,
$\hat{\sigma}([f+\langle p\rangle][g+\langle p\rangle])=\hat{\sigma}(fg+\langle p\rangle)=\overline{fg}+\langle \bar{p}\rangle$
$=\bar{f}\,\bar{g}+\langle \bar{p}\rangle=(\bar{f}+\langle \bar{p}\rangle)(\bar{g}+\langle \bar{p}\rangle)=\hat{\sigma}(f+\langle p\rangle)\,\hat{\sigma}(g+\langle p\rangle)$.
그러므로 $\hat{\sigma}$는 환준동형사상이다.
$h+\langle \bar{p}\rangle\in K[x]/\langle \bar{p}\rangle$에 대하여 $\bar{f}=h$인 $f\in F[x]$가 존재한다.
이 때, $\hat{\sigma}(f+\langle p\rangle)=h+\langle \bar{p}\rangle$이므로 $\hat{\sigma}$는 전사이다. ◆

그러므로 $\hat{\sigma}$는 환동형사상이다.

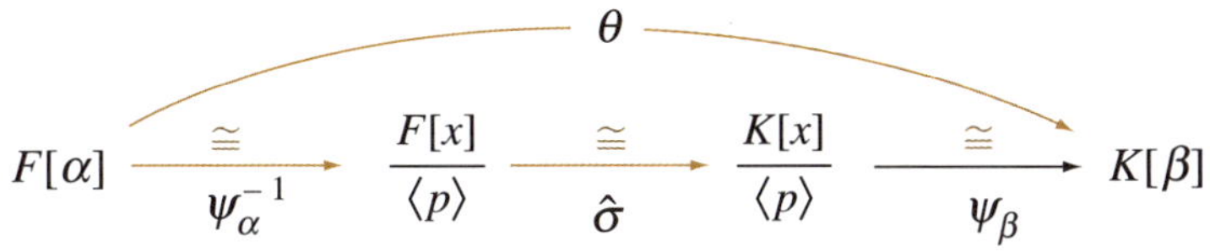

위의 그림과 같이 $\theta=\psi_{\alpha}^{-1}\hat{\sigma}\,\psi_{\beta}$라고 하면 $\theta: F[\alpha]\to F[\beta]$는 환동형사상이다.

◀ 환동형사상의 합성함수는 환동형사상이다.

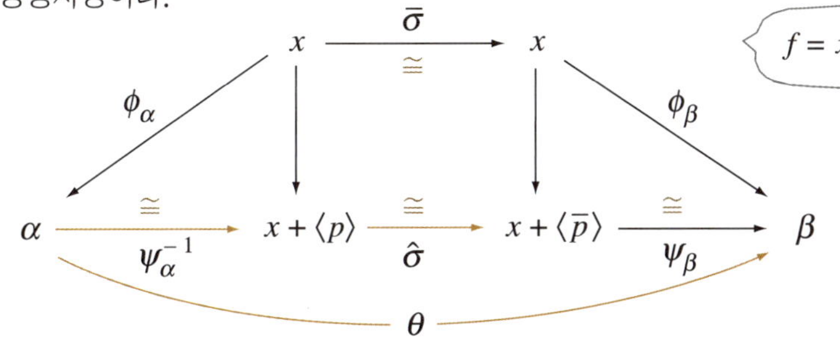

$f=x$일 때, $\bar{\sigma}(f)=\bar{f}=x$

$f=\sum_{i=0}^{n}a_ix^i$일 때, $\bar{\sigma}(f)=\bar{f}=\sum_{i=0}^{n}\sigma(a_i)x^i$ 이므로,

위의 그림에서 $\theta(\alpha)=\beta$이다. 또, 임의의 $a\in F$에 대하여

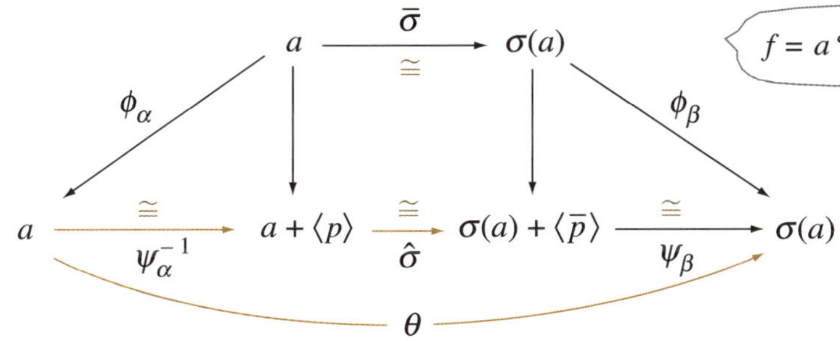

$f=a$일 때, $\bar{\sigma}(f)=\bar{f}=\sigma(a)$

이므로 $\theta(a)=\sigma(a)$이다. ▌

정리 9.3.6 (분해체 유일성 정리)

F, K는 체이고 $\theta : F \to K$는 환동형사상이라고 하자.

$f \in F[x]$에 대하여, (보조정리 9.3.4에서 정의된 환동형사상)

E가 f의 F상의 분해체이고, L은 $\bar{\theta}(f) = \bar{f}$ 의 K상의 분해체 일 때, θ를 확장하는 환동형사상 $\phi : E \to L$이 존재한다.

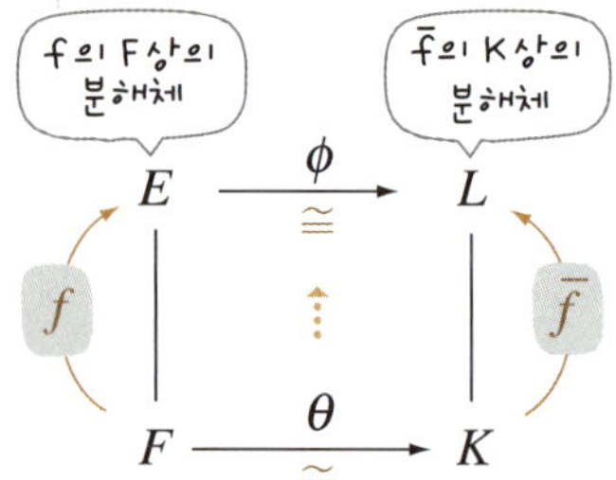

증명 $|E : F|$에 관한 귀납법으로 증명한다.

- $|E : F| = 1$일 경우 : $E = F$이다. 이 때, f는 F 상에서

$$f = c(x - a_1) \cdots (x - a_n)$$

와 같이 분해된다.

$\bar{\theta} : F[x] \to K[x]$ 가 환동형사상이므로, $\bar{f}$ 는 K 상에서

$$\begin{aligned}\bar{f} &= \bar{\theta}(c)\,\bar{\theta}(x - a_1) \cdots \bar{\theta}(x - a_n) \\ &= \theta(c)(x - \theta(a_1)) \cdots (x - \theta(a_n))\end{aligned}$$

과 같이 분해되고, 따라서 $K = L$이다. 그러므로, $\phi = \theta$를 택하면 된다.

(L은 K와 $\bar{f}$의 모든 근을 포함하는 최소의 체)

- $|E : F| > 1$일 경우 : F의 근 $\alpha \in E - F$가 존재한다.

$\mu_{\alpha/F} = p$라고 하면, $f = pg, (g \in F[x])$,이고, 따라서

$$\bar{f} = \bar{p}\,\bar{g}, (\bar{p}, \bar{g} \in K[x]).$$

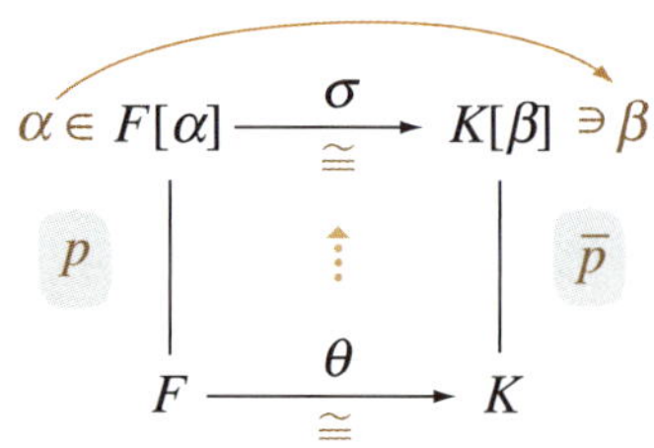

$L[x]$가 UFD이고, L 상에서 $\bar{f}$가 분해되므로 $\bar{p}$도 분해된다.
그러므로 $L[x]$에서 $\bar{p}$의 인수는 $\bar{f}$의 인수이고, 따라서
$\bar{p}(\beta) = 0$인 $\beta \in L$이 존재한다. 이때, $\sigma(\alpha) = \beta$이면서
θ를 확장하는 환동형사상

$$\sigma : F[\alpha] \to K[\beta]$$

가 존재한다. ($\because$ 동형사상 확장정리 (보조정리 9.3.5)).

$$F \subset F[\alpha] \subset E, K \subset K[\beta] \subset L$$

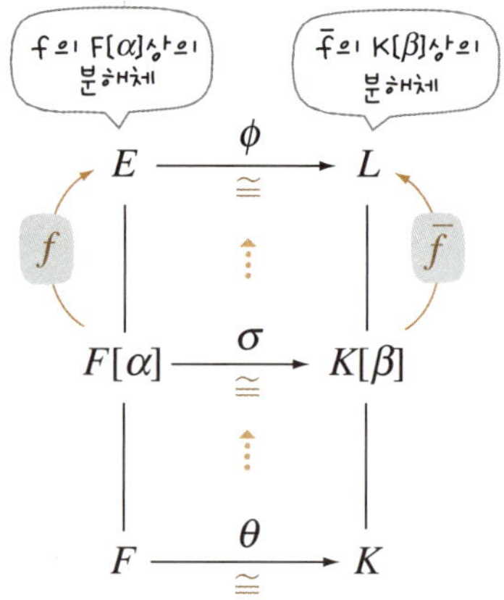

이므로, E는 f의 $F[\alpha]$ 상의 분해체이고, L은 $\bar{f}$의 $K[\beta]$ 상의 분해체이다. ($\because$ 분해체 불변정리 (따름정리 9.3.3)).

$\alpha \notin F$이므로 $|F[\alpha] : F| > 1$이고, 따라서 $|E : F[\alpha]| < |E : F|$이다. 그러므로, 귀납법 가정에 의하여, σ를 확장하는 환동형사상

$$\phi : E \to L$$

이 존재한다.

ϕ는 σ를 확장하고 σ는 θ를 확장하므로 ϕ는 σ를 확장한다. ∎

체 F의 확대체 E, L에 대하여 id_F 를 확장하는 환동형사상 $\phi : E \to L$ 을 **F-동형사상**이라고 한다. 이 때, E, L은 **F-동형**이라고 한다.

◀ F-同形寫像 F-isomorphism

정리 9.3.6에서 $F = K$, $\sigma = \mathrm{id}_F$ 로 두면 다음 따름정리를 얻는다.

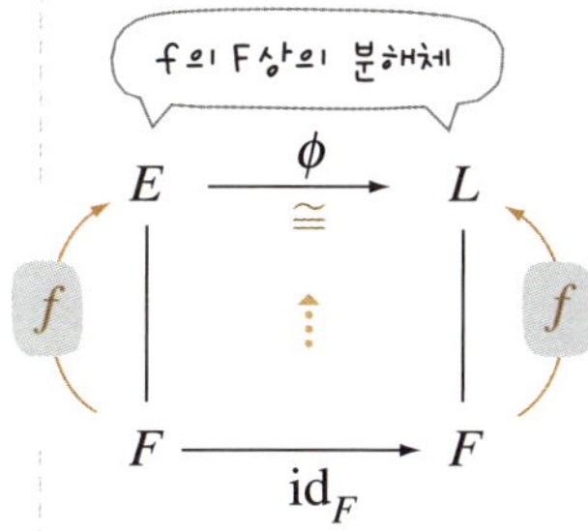

따름정리 9.3.7

$f \in F[x]$에 대하여, F 상의 f의 임의의 두 분해체는 F-동형이다.

지금부터 f의 F 상의 분해체를 $\mathrm{SF}(f/F)$로 나타내기로 한다.

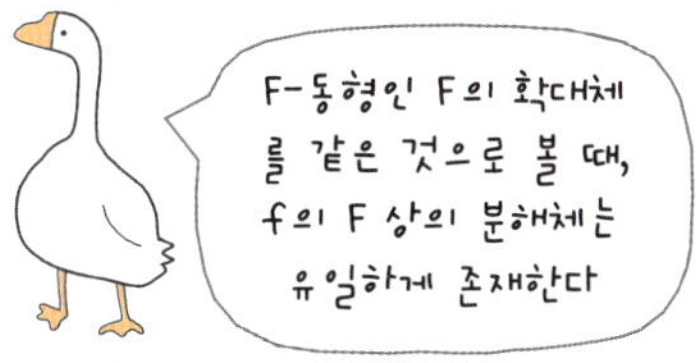

정규확대

$\alpha, \beta \in E \supset F$에 대하여,

α, β는 동일한 기약 F-다항식의 근이라는 뜻

$$\mu_{\alpha/F} = \mu_{\beta/F}$$

일 때, α, β는 서로의 **F-켤레원**이라고 한다. 정의에 의하여 동일한 기약 F-다항식의 모든 근은 서로의 F-켤레원이다.

◀ F-conjugate

보기 6 (1) $\sqrt{2}, -\sqrt{2}$는 서로의 $\boldsymbol{Q}$-켤레원이다.

$\because$ $\mu_{\sqrt{2}/Q} = x^2 - 2 = (x - \sqrt{2})(x + \sqrt{2})$.

$\therefore$ $x^2 - 2 = \mu_{\sqrt{2}/Q} = \mu_{-\sqrt{2}/Q}$.

(2) $\sqrt[3]{2}, \sqrt[3]{2}\omega, \sqrt[3]{2}\omega^2$는 서로의 $\boldsymbol{Q}$-켤레원이다. 단, $\omega = e^{2\pi i}/3$.

$\because$ $\alpha = \sqrt[3]{2}$ 라고 할 때,

$$\mu_{\alpha/Q} = x^3 - 2 = (x - \alpha)(x - \alpha\omega)(x - \alpha\omega^2).$$

$\therefore$ $x^3 - 2 = \mu_{\alpha/Q} = \mu_{\alpha\omega/Q} = \mu_{\alpha\omega^2/Q}$.

α의 모든 F-켤레원을 포함하는 확대체

정의 $F \subset E$가 대수적 확대이고, 임의의 $\alpha \in E$ 에 대하여 $\mu_{\alpha/F}$가 E 상에서 분해될 때, E 를 F의 **정규확대**라고 한다.

◀ 正規擴大 normal extension

보기 7 $Q \subset Q[\sqrt{2}]$는 정규확대이다.

∵ 우선 $Q \subset Q[\sqrt{2}]$는 대수적확대이다.

$\alpha = m + n\sqrt{2} \in Q[\sqrt{2}]$에 대하여,

$\mu_{\alpha/Q} = (x-m)^2 - 2n^2 = (x - m - n\sqrt{2})(x - m + n\sqrt{2})$

이므로 α의 Q-켤레원은 $m - n\sqrt{2} \in Q[\sqrt{2}]$ 이다.

$Q[\sqrt{2}]$ 모든 원소의 Q-켤레원은 $Q[\sqrt{2}]$ 에 속하므로

$Q[\sqrt{2}]$ 는 Q의 정규확대이다.

보기 8 $Q \subset Q[\sqrt[3]{2}]$는 정규확대가 아니다.

∵ 먼저, $Q[\sqrt[3]{2}] \subset R$ 임에 유의한다.

$\alpha = \sqrt[3]{2} \in Q[\sqrt[3]{2}]$의 켤레원은 $\alpha, \alpha\omega, \alpha\omega^2$이다. 이들 중

$\alpha\omega, \alpha\omega^2$은 실수가 아니므로 $Q[\sqrt[3]{2}]$에 속하지 않는다.

이 절의 마지막 주제로, F의 유한 정규확대란 곧 어떤 F-다항식의 F 상의 분해체라는 사실을 증명한다.

보조정리 9.3.8

체 F의 유한 확대체 E, L이 F-동형일 때, $|E:F| = |L:F|$이다.

증명 $\sigma: E \to L$이 F-동형이라고 하자.

$|E:F| = n$이라 하고, $\{\alpha_1, \cdots, \alpha_n\}$을 E의 F-기저라고 하면, $\{\sigma(\alpha_1), \cdots, \sigma(\alpha_n)\}$은 L의 F-기저이다.

∵ $\beta \in L$에 대하여, $\sigma(\alpha) = \beta$인 $\alpha \in L$이 존재한다. 이 때,

$\alpha = a_1\alpha_1 + \cdots + a_n\alpha_n, (a_1, \cdots, a_n \in F)$, 이므로

$\beta = \sigma(\alpha) = \sigma(a_1\alpha_1 + \cdots + a_n\alpha_n) = a_1\sigma(\alpha_1) + \cdots + a_n\sigma(\alpha_1)$.

이다, 따라서 $\{\sigma(\alpha_1), \cdots, \sigma(\alpha_n)\}$은 F상에서 L을 스팬한다. ◆

$a_1, \cdots, a_n \in F$에 대하여

$a_1\sigma(\alpha_1) + \cdots + a_n\sigma(\alpha_1) = 0 \Rightarrow \sigma(a_1\alpha_1 + \cdots + a_n\alpha_n) = 0.$

$\Rightarrow a_1\alpha_1 + \cdots + a_n\alpha_n = 0 \Rightarrow a_1 = \cdots = a_n = 0.$

따라서 $\{\sigma(\alpha_1), \cdots, \sigma(\alpha_n)\}$은 F상에서 일차독립이다. ◆

그러므로 $|L:F| = n = |E:F|$이다. ▮

정리 9.3.9

유한확대 $F \subset E$ 가 정규확대일 필요충분조건은 어떤 $f \in F[x]$가 있어서 $E = \mathrm{SF}(f/F)$ 일 것이다.

증명 (⇒) 먼저 $F \subset E$ 가 유한확대이므로 $\alpha_1, \cdots, \alpha_n \in E$가 존재하여,

$$E = F[\alpha_1, \cdots, \alpha_n].\ (\because \text{정리 } 9.2.3).$$

$\mu_i = \mu_{\alpha_i/F}$, $(i = 1, \cdots, n)$, 으로 두면, E 가 정규확대이므로 각 μ_i는 E 상에서 분해된다. 그러므로 $f = \mu_1 \cdots \mu_n$ 라고 할 때, f도 E 상에서 분해된다.

$$\Omega = \{\alpha \in E \mid f(\alpha) = 0\} \quad \cdots\cdots ①$$

으로 두면 $\{\alpha_1, \cdots, \alpha_n\} \subset \Omega$이다. ($\because$ 각 α_i는 μ_i의 근).

$$\therefore\ E = F[\alpha_1, \cdots, \alpha_n] \subset F[\Omega] \subset E.$$

$$\therefore\ E = F[\Omega] = \mathrm{SF}(f/F).$$

(정리 9.3.2)

(⇐) $f \in F[x]$에 대하여, $E = \mathrm{SF}(f/F)$ 라 하고 Ω를 ①과 같이 정의하면, $E = F[\Omega]$이다. 주어진 $\alpha \in E$에 대하여, $\mu = \mu_{\alpha/F}$ 가 E 상에서 분해됨을 보여야 한다.

이를 위하여, $L = \mathrm{SF}(\mu/E)$ 라 하고, $\beta \in L$이 μ의 근일 때, $\beta \in E$임을 보이면 충분하다. (β는 α의 F-켤레원)

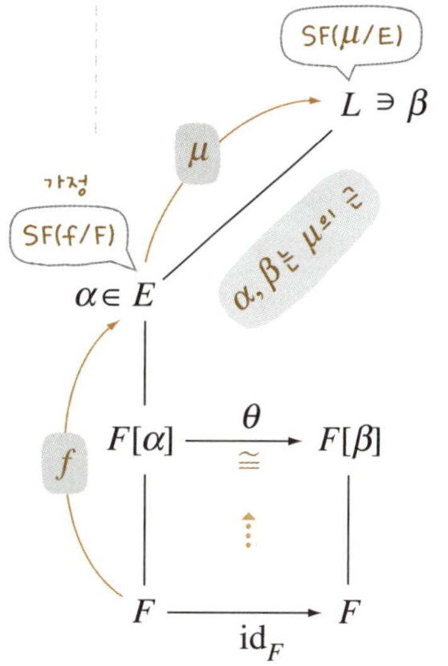

먼저 동형사상 확장 정리 (보조정리 9.3.5) 에 의하여 F-동형사상

$$\theta : F[\alpha] \to F[\beta]$$

가 존재한다. $F \subset F[\alpha] \subset E$ 이므로, 분해체 불변정리 (보조정리 9.3.3) 에 의하여 $\mathrm{SF}(f/F[\alpha]) = E$이다. 또,

$$\mathrm{SF}(f/F[\beta]) = (F[\beta])[\Omega] = (F[\Omega])[\beta] = E[\beta]$$

이다. 그러므로 분해체의 유일성 정리 (정리 9.3.6) 에 의하여 θ를 확장하는 동형사상

$$\phi : E \to E[\beta]$$

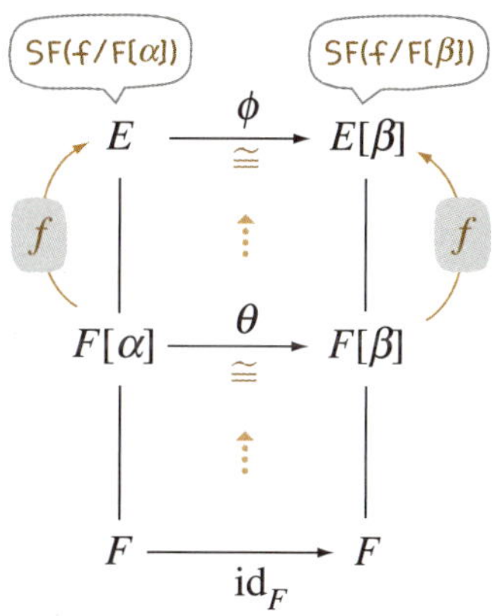

가 존재한다. ϕ는 θ를 확장하고, θ는 id_F 를 확장하므로, ϕ는 id_F 를 확장한다. 따라서 ϕ 는 F-동형사상이다. 그러므로 이 때, 보조정리 9.3.8 에 의하여,

$$|E : F| = |E[\beta] : F|. \quad \therefore\ |E[\beta] : E| = 1.$$

이 때, $E[\beta] = E$이므로 $\beta \in E$이다. ∎

appEndix 대수적으로 닫혀있다

임의의 $f \in F[x] - F$가 그 상에서 분해되는 F의 확대체 E가 존재하는가?
존재할 경우 체 E는 임의의 $f \in F[x] - F$의 모든 근을 포함한다.
그러한 확대체 E가 존재한다는 사실이 알려져 있다.

임의의 $f \in K[x] - K$가 $K[x]$에서 분해될 때, 체 K는 **대수적으로 닫혀있다**고 한다. 대수학의 기본정리에 의하면 임의의 $f \in \boldsymbol{C}[x] - \boldsymbol{C}$는 $\boldsymbol{C}$에서 한 근 α를 가진다. 그러므로 $\boldsymbol{C}[x]$에서 f는 $f = (x - \alpha)g$와 같이 표현되고 다항식의 차수에 관한 귀납법에 의하여 f는 $\boldsymbol{C}[x]$에서 분해된다. 따라서 복소수체 $\boldsymbol{C}$는 대수적으로 닫혀있는 체이다.

◀ algebraically closed

1 체 F가 대수적으로 닫혀있을 필요충분조건은 F는 F를 진부분집합으로 포함하는 대수적확대를 갖지 않을 것이다.

∵ ($\Rightarrow$) F가 대수적으로 닫혀있다고 하고, E가 F의 대수적 확대라고 하자. $\alpha \in E$라고 하면, $\mu_{\alpha/F}$는 F 상에서 분해되므로 $\alpha \in F$이다. $\therefore E \subset F$. $\therefore E = F$.
($\Leftarrow$) F가 대수적으로 닫혀있지 않다고 하면 F 상에서 분해되지 않는 F-다항식 f가 존재한다. 이 때, $F \subsetneq \mathrm{SF}(f/F)$. ◆

체 F의 대수적확대 K가 대수적으로 닫혀있을 때, K를 F의 **대수적폐포**라고한다. 대수적 폐포에 관하여 다음 사실이 알려져 있다.

◀ 代數的 閉包 algebraic closure

2 임의의 체 F는 대수적 폐포를 가진다. 더욱이 F의 임의의 두 대수적 폐포는 환동형이다.

$\boldsymbol{C}$는 $\boldsymbol{R}$의 대수적 폐포이다. 그러나 $\boldsymbol{C}$는 $\boldsymbol{Q}$ 상에서 대수적이지 않으므로 $\boldsymbol{Q}$의 대수적 폐포는 아니다. $\boldsymbol{Q}$의 대수적 폐포는 $\boldsymbol{Q}$ 상에서 대수적인 복소수 전체의 집합이다.

9-3 EXERCISES 연습문제

1 $\alpha \in E \supset \mathbf{Z}_2$에 대하여, α가 다음 $\mathbf{Z}_2$-다항식의 한 근일 때, $\mathbf{Z}_2[\alpha]$ 내에서 f의 모든 근을 찾아라.
(1) $f = x^2 + x + 1$ (2) $f = x^3 + x^2 + 1$

2 $\alpha \in E \supset \mathbf{Z}_2$에 대하여, α가 $f = x^3 + x^2 + 1 \in \mathbf{Z}_2[x]$의 한 근이라고 할 때, $\mathbf{Z}_2[\alpha] = \mathrm{SF}(f/\mathbf{Z}_2)$임을 보여라.

3 (1) $\mathbf{Z}_3[x]$ 에서 차수 3인 기약다항식 p를 하나 찾아라.
(2) 위수 27인 체가 존재함을 증명하라.

4 $\boldsymbol{Q}[\sqrt[3]{2}, \sqrt[3]{2}\omega, \sqrt[3]{2}\omega^2] = \boldsymbol{Q}[\sqrt[3]{2}, \omega]$ 임을 증명하라.

5 다음 다항식의 $\boldsymbol{Q}$ 상의 분해체를 구하라.
(1) $x^3 - 8$ (2) $x^4 - 16$ (3) $x^4 - 4$ (4) $x^4 + 1$

6 $\boldsymbol{Q}[\sqrt[3]{2}, \sqrt{3}i]$ 는 $x^3 - 2$ 의 $\boldsymbol{Q}$ 상의 분해체임을 증명하라.

7 다항식의 $(x^2 - 2)(x^3 - 2)$ 의 다음 체 상의 분해체를 구하라.
(1) $\boldsymbol{Q}$ (2) $\boldsymbol{Q}[\sqrt{2}]$ (3) $\boldsymbol{Q}[\sqrt[3]{2}]$ (4) $\boldsymbol{Q}[\sqrt{2}, \sqrt[3]{2}]$

8 다음을 구하라.
(1) $\sqrt{2}$의 $\boldsymbol{Q}$-켤레원 (2) $\sqrt{2}$의 $\boldsymbol{R}$-켤레원
(3) $2 + \sqrt{3}$의 $\boldsymbol{Q}$-켤레원 (4) $\sqrt{2} - \sqrt{3}$의 $\boldsymbol{Q}$-켤레원
(5) $\sqrt{2} + i$ 의 $\boldsymbol{Q}$-켤레원 (6) $\sqrt{2} + i$ 의 $\boldsymbol{R}$-켤레원
(7) $(1 + \sqrt{2})^{1/2}$의 $\boldsymbol{Q}$-켤레원 (8) $(1 + \sqrt{2})^{1/2}$의 $\boldsymbol{Q}[\sqrt{2}]$-켤레원

9 다음 다항식의 $\boldsymbol{Q}$ 상의 분해체를 E라고 할 때, $|E : \boldsymbol{Q}|$를 구하라.
(1) $x^2 + 3$ (2) $x^4 - 1$ (3) $(x^2 - 2)(x^2 - 3)$
(3) $x^3 - 3$ (4) $x^3 - 1$ (6) $(x^2 - 2)(x^3 - 2)$

9-3 · E · X · E · R · C · I · S · E · S · 연습문제

10 $f \in F[x]$에 대하여 $\deg f = n$일 때, $|\mathrm{SF}(f/F) : \boldsymbol{Q}| \le n!$임을 증명하라.

11 p가 소수일 때, $|\mathrm{SF}((x^p - 1)/\boldsymbol{Q}) : \boldsymbol{Q}|$을 구하라.

12 $\mathrm{SF}((x^2 - 3)/\boldsymbol{Q}) = \mathrm{SF}((x^2 - 2x - 2)/\boldsymbol{Q})$임을 증명하라.

13 $E = \mathrm{SF}((x^4 - 4x^2 - 5)/\boldsymbol{Q})$를 찾고, $|E : \boldsymbol{Q}|$를 구하라.

14 $|E : F| = 2$일 때, E는 F의 정규확대임을 증명하라.

15 F 상에서 대수적인 $\alpha \in E$에 대하여 $F[\alpha]$가 F의 정규확대일 때, $F[\alpha] = \mathrm{SF}(\mu_{\alpha/F}/F)$임을 증명하라.

16 $\mathrm{SF}((x^4 + 2x^3 - 8x^2 - 6x - 1)/\boldsymbol{Q}) = \boldsymbol{Q}[\sqrt{2}, \sqrt{3}]$임을 증명하라.

17 다음을 구하라.

(1) $\mathrm{SF}((x^2 + 1)/\boldsymbol{Z}_3)$

(6) $\mathrm{SF}((x^3 + x + 1)/\boldsymbol{Z}_2)$

18 대수적으로 닫혀있는 유한체는 존재하지 않음을 증명하라.

9-4 분리확대와 유한체

❖ 이 절의 학습 내용

- 분리확대
- 유한 분리확대는 단순확대
- 유한체의 구조
- 갈로아체 $GF(p^n)$
- $GF(p^n)$의 부분체

분리확대

이 절에서도 F, E는 체를 나타내는 것으로 한다.

$f \in F[x]$에 대하여, $\mathrm{SF}(f/F)$ 상에서 f가 일차식의 제곱을 인수로 가질 때, f **는 중근을 가진다**고 한다. 기약다항식 $p \in F[x]$가 중근을 가지지 않을 때, p는 **분리가능**이라고 한다.

◂ 重根 repeated root

◂ 分離可能 separable

$f \in F[x]$ 의 각 $F[x]$-기약인수가 **분리가능**일 때, f는 **F 상에서 분리가능**이라고 한다.

보기 1 $f = (x-2)^5(x^2+1)^3$ 은 $\boldsymbol{Q}$ 상에서 분리가능이다.

$\because$ $\boldsymbol{Q}[x]$ 에서 f의 기약인수는 $x-2,\ x^2+1$이고, 이들 각각은 중근을 갖지 않는다.

$f = a_n x^n + \cdots + a_2 x^2 + a_1 x + a_0 \in F[x]$ 에 대하여, 다항식

$$f' = \begin{cases} 0, & (f = a_0 \text{일 때}), \\ n a_n x^{n-1} + \cdots + 2a_2 x^2 + a_1, & (n \geq 1 \text{일 때}) \end{cases}$$

를 f의 **형식적 미분** 또는 간단히 **미분**이라고 한다.

◂ 形式的微分 formal derivative

$f, g \in F[x]$에 대하여, 다음 성질이 성립한다. (연습문제 9.4.1).

(i) $(f+g)' = f' + g'$ (ii) $(fg)' = f'g + fg'$

보조정리 9.4.1

$f \in F[x]$, $\alpha \in E = \mathrm{SF}(f/F)$ 에 대하여,

$$E[x]\text{에서 } (x-\alpha)^2 \mid f \Leftrightarrow f(\alpha) = 0 = f'(\alpha).$$

> $f(\alpha) = 0 = f'(\alpha)$인 α를 f, f' 의 **공통근**(共通根 common root)라고 한다.

증명 ($\Rightarrow$) $E[x]$에서 $(x-\alpha)^2 \mid f$ 이면

$$f = (x-\alpha)^2 g, (g \in E[x]).$$

$$\therefore\ f' = 2(x-\alpha)g + (x-\alpha)^2 g'.$$

$$\therefore\ f(\alpha) = 0 = f'(\alpha).$$

($\Leftarrow$) $f(\alpha) = 0 = f'(\alpha)$라고 하자.

$f(\alpha) = 0$이므로 $E[x]$에서 $(x-\alpha) \mid f$ 이고, 따라서

$$f = (x-\alpha)h, (h \in E[x]). \cdots\cdots ①$$

이다. 이 때, $f' = h + (x-\alpha)h'$ 이므로

$$0 = f'(\alpha) = h(\alpha) + (\alpha-\alpha)h'(\alpha) = h(\alpha).$$

그러므로, 인수정리에 의하여

$$(x-\alpha) \mid h \cdots\cdots ②$$

이다. ①, ②로부터 $(x-\alpha)^2 \mid f$ 이다. ▮

따름정리 9.4.2

기약 다항식 $p \in F[x]$ 가 중근을 가질 필요충분조건은 $p' = 0$ 일 것이다.

증명 $E = \mathrm{SF}(p/F)$라고 하자.

($\Rightarrow$) p가 중근을 가지면 $E[x]$에서 $(x-\alpha)^2 \mid p$인 $\alpha \in E$가 존재한다.

$$\therefore\ p(\alpha) = 0 = p'(\alpha). \ (\because \text{ 보조정리 } 9.4.1).$$

$p(\alpha) = 0$ 이므로 $p = \mu_{\alpha/F}$ 이다.

$p'(\alpha) = 0$ 이므로 $p \mid p'$이고 ($\because$ 정리 9.1.1), 따라서 $p' = 0$ 이다.

> $p' \neq 0$일때, $\deg p' < \deg p$

($\Leftarrow$) $p' = 0$ 이라고 하자. $\alpha \in E$가 p의 근이라고 하면

$$p(\alpha) = 0 = p'(\alpha).$$

따라서 $(x-\alpha)^2 \mid p$ 이고, 그러므로 p는 E에서 중근을 가진다. ▮

보기 2 부정원 y에 관한 다항식으로 이루어진 정역 $\mathbf{Z}_2[y]$의 분수체를 F라고 할 때, $p = x^2 - y \in F[x]$는 분리가능이 아니다.

$\because$ • 먼저 p는 $F[x]$-기약이다. 왜냐하면, p가 $F[x]$-기약이 아닐 경우에는 $(\frac{g}{h})^2 - y = 0$을 만족하는 $g, h \in F = \mathbf{Z}_2(y)$가 존재한다. 이 때, $g^2 = h^2 y$이다. y에 관한 다항식으로서 $\deg(g^2)$은 짝수이고 $\deg(h^2 y)$은 홀수이므로 이는 모순이다.

• $p' = 2x = 0$이므로, p는 중근을 가진다. ($\because$ 따름정리 9.4.2).

정의 $\alpha \in E \supset F$에 대하여, $\mu_{\alpha/F}$가 분리가능일 때, α는 F 상에서 **분리가능**이라 하고, E의 각 원소가 F 상에서 분리가능일 때, $F \subset E$를 **분리확대**라고 한다.

◀ 分離擴大 separable extension

보기 3 $Q[\sqrt{2}]$는 Q의 분리확대체이다.

$\because$ $\alpha = a + b\sqrt{2} \in Q[\sqrt{2}]$, $(b \neq 0)$, 에 대하여, $\mu_{\alpha/Q}$는 $(x - (a + b\sqrt{2}))(x - (a - b\sqrt{2}))$로서, 중근을 갖지 않는다.

보기 4 보기 2의 체 F와 다항식 p에 대하여, $E = \mathrm{SF}(p/F)$는 F의 분리확대체가 아니다.

$\because$ $\alpha \in E$가 $p = x^2 - y \in F[x]$의 근이라고 하면, $\mu_{\alpha/F} = p$이다. p가 분리가능이 아니므로 α는 F 상에서 분리가능이 아니다.

정리 9.4.3

$\mathrm{char}(F) = 0$일 때, $F \subset E$가 대수적 확대이면 $F \subset E$는 분리확대이다.

증명 $\alpha \in E$에 대하여 $p = \mu_{\alpha/F}$라고 하자. p의 최고차 항을 ax^n이라고 하면 $n \geq 1, a \neq 0$이고, p'의 최고차 항은 nax^{n-1}이다.
$\mathrm{char}(F) = 0$이므로 $na \neq 0$이고, 따라서 $p' \neq 0$이다. 그러므로 p는 중근을 갖지 않는다. ($\because$ 따름정리 9.4.2). 즉, p는 분리가능이다. ▌

다음 정리는 갈로아이론의 기본정리(정리 10.2.11)의 증명에 사용된다. 증명은 다소 복잡하고 기술적이므로 생략한다.

정리 9.4.4

$F\subset E$가 유한 분리확대이면, $F\subset E$는 단순확대, 즉, $\alpha\in E$가 존재하여 $E=F[\alpha]$이다.

◀ appendix 참조

보기 5 $\boldsymbol{Q}[\sqrt{2},\sqrt{3}]$는 $\boldsymbol{Q}$의 유한확대이고 또 $\mathrm{char}(\boldsymbol{Q})=0$이므로 $\boldsymbol{Q}[\sqrt{2},\sqrt{3}]$는 $\boldsymbol{Q}$의 단순확대이다.
실제로 $\boldsymbol{Q}[\sqrt{2},\sqrt{3}]=\boldsymbol{Q}[\sqrt{2}+\sqrt{3}]$이다. (연습문제 9.1.5.(2)).

유한체

임의의 유한체 F는 다음 성질을 가진다.

- $\mathrm{char}(F)$는 소수이다. (따름정리 7.2.8).
- $\mathrm{char}(F)=p$인 유한체 F는 $\boldsymbol{Z}_p$의 유한 확대체이다. (정리 7.2.9).

이 사실을 바탕으로 유한체의 구조를 밝혀 보자.

정리 9.4.5

F가 표수 p인 유한체일 때, $|F|$는 p의 거듭제곱이다.
$|F|=p^n$일 때, 다음이 성립한다.
(1) $(F,+)\cong \boldsymbol{Z}_p\times\boldsymbol{Z}_p\times\cdots\times\boldsymbol{Z}_p$. ($n$개의 $\boldsymbol{Z}_p$의 외직적)
(2) $(F^{\#},\cdot)\cong\boldsymbol{Z}_{p^n-1}$.

증명 F는 표수 p인 유한체이므로 $\boldsymbol{Z}_p$의 유한확대이다.
$|F:\boldsymbol{Z}_p|=n$이라고 하면, n개의 원소로 이루어진 F의 $\boldsymbol{Z}_p$-기저 $\{\alpha_1,\alpha_2,\cdots,\alpha_n\}$이 존재한다. 이 때,

$$F=\boldsymbol{Z}_p\alpha_1+\boldsymbol{Z}_p\alpha_2+\cdots+\boldsymbol{Z}_p\alpha_n.$$

그러므로 $|F|=|\boldsymbol{Z}_p|^n=p^n$이다. 이제, 함수

$$\phi:(F,+)\to\boldsymbol{Z}_p\times\boldsymbol{Z}_p\times\cdots\times\boldsymbol{Z}_p$$

를 $\phi(a_1\alpha_1 + \cdots + a_n\alpha_n) = (a_1, \cdots, a_n)$으로 정의하면, ϕ는 군동형사상이다.

$\because$ • 명백히 ϕ는 전단사함수이다.

• $\alpha = a_1\alpha_1 + \cdots + a_n\alpha_n$, $\beta = b_1\alpha_1 + \cdots + b_n\alpha_n \in F$에 대하여,

$\alpha + \beta = (a_1 + b_1)\alpha_1 + \cdots + (a_n + b_n)\alpha_n$ 이므로

$$\begin{aligned}\phi(\alpha+\beta) &= (a_1 + b_1, \cdots, a_n + b_n)\\ &= (a_1, \cdots, a_n) + (b_1, \cdots, b_n) = \phi(\alpha) + \phi(\beta).\end{aligned}$$

그러므로 ϕ는 군준동형사상이다. ◆

따라서 $(F, +) \cong \mathbf{Z}_p \times \mathbf{Z}_p \times \cdots \times \mathbf{Z}_p$ 이 성립한다.

$(F^\#, \cdot)$은 유한 아벨군이므로 유한 아벨군의 기본정리에 의하여

$$(F^\#, \cdot) \cong \mathbf{Z}_{m_1} \times \mathbf{Z}_{m_2} \times \cdots \times \mathbf{Z}_{m_r}, \quad \cdots\cdots ①$$

(단, $m_i \in \mathbf{Z}^+$, m_i 는 m_{i+1}의 배수).

$$\therefore\ p^n - 1 = |F^\#| = m_1 m_2 \cdots m_r. \quad \cdots\cdots ②$$

①로부터 임의의 $\alpha \in F^\#$는 $\alpha^{m_1} = 1$을 만족하므로 $x^{m_1} - 1$의 근이다.

$x^{m_1} - 1$은 m_1 이하 개의 근을 가지므로

$$|F^\#| \le m_1. \quad \cdots\cdots ③$$

②, ③으로부터, $r = 1, p^n - 1 = |F^\#| = m_1$이고, 따라서

$$(F^\#, \cdot) \cong \mathbf{Z}_{m_1} = \mathbf{Z}_{p^n-1}.$$ ▮

보기 6 $\alpha \in E \supset \mathbf{Z}_2$가 $x^2 + x + 1$의 한 근이라고 할 때,

$\mathbf{Z}_2[\alpha] = \{a + b\alpha \mid a, b \in \mathbf{Z}_2\} = \{0, 1, \alpha, 1+\alpha\} \cong \mathbf{Z}_2 \times \mathbf{Z}_2$

$\mathbf{Z}_2[\alpha]^\# = \{1, \alpha, 1+\alpha\} = \{1, \alpha, \alpha^2\} = \langle\alpha\rangle \cong \mathbf{Z}_3$

$\alpha^3 = \alpha^2 + \alpha = 1$

따름정리 9.4.6

F가 유한체일 때, $F \subset E$가 유한 확대이면, $F \subset E$는 단순확대이다.

증명 F가 유한체이고 $F \subset E$가 유한 확대이므로 E도 유한체이다.

정리 9.4.5 에 의하여 $(E^\#, \cdot)$는 순환군이므로

$$E^\# = \langle\beta\rangle = \{1, \beta, \cdots, \beta^m\}$$

을 만족하는 $\beta \in E^\#$이 존재한다. 이 때,

$$E = \{0\} \cup E^\# = \{0\} \cup \langle\beta\rangle \subset F[\beta] \subset E. \quad \therefore E = F[\beta].$$ ▮

이제 위수 p^n인 체는 $x^{p^n}-x$의 $\mathbf{Z}_p$ 상의 분해체임을 증명한다. 이 증명은 다음 보조정리에 의존한다.

보조정리 9.4.7 (mod.p 이항정리)

char$(F)=p$인 체 F의 원소 a, b에 대하여,

$$(a+b)^p = a^p + b^p.$$

증명 각 $r=1, \cdots, p-1$에 대하여,

$$\binom{p}{r} = \frac{p!}{r!(p-r)!}. \quad \cdots\cdots ①$$

①의 좌변은 정수이다. ①의 우변의 분수를 약분했을 때, 분자의 p는 약분되지 않는다. 따라서 $p\,|\binom{p}{r}$이고, 그러므로, $\binom{p}{r}=0$이다.

$$\therefore\ (a+b)^p = a^p + \sum_{r=1}^{p-1}\binom{p}{r}a^r b^{p-r} + b^p = a^p + b^p. \ ∎$$

정리 9.4.8

소수 p, 자연수 n에 대하여, F가 위수 p^n인 유한체일 필요충분조건은 $F=\mathrm{SF}((x^{p^n}-x)/\mathbf{Z}_p)$일 것이다.

증명 $f=x^{p^n}-x$라고 하자.

($\Rightarrow$) $|F|=p^n$일 때, $(F^{\#}, \cdot) \cong \mathbf{Z}_{p^n-1}$이다.

$\therefore\ \alpha^{p^n-1}=1, (\forall \alpha \in F^{\#})$. $\therefore\ \alpha^{p^n}=\alpha$, 즉, $f(\alpha)=0, (\forall \alpha \in F)$.

따라서 F는 f의 p^n개의 근의 집합이고, 그러므로 f는 F 상에서 분해된다. $S \subsetneq F$의 임의의 체 S에 대하여, $|S|<p^n$이므로, S 상에서는 f가 분해되지 않는다. 따라서 $F=\mathrm{SF}(f/\mathbf{Z}_p)$이다.

($\Leftarrow$) $F=\mathrm{SF}(f/\mathbf{Z}_p)$라 하고, $|F|=p^n$임을 보인다.

$$\Omega = \{\alpha \in F \mid f(\alpha)=0\}$$

라고 하자. $f'=p^n x^{p^n-1}-1=-1 \neq 0$이므로 f, f'는 공통인 근을 갖지 않는다. 따라서 f는 중근을 갖지 않는다. (따름정리 9.4.2).

$$\therefore\ |\Omega| = \deg f = p^n.$$

더욱이 Ω는 F의 부분체이다.

$\because$ $\alpha, \beta \in \Omega$에 대하여

$(\alpha-\beta)^{p^n} = [\alpha+(-\beta)]^{p^n} \overset{\text{mod. } p \text{ 이항정리}}{=} \alpha^{p^n}+(-\beta)^{p^n} = \alpha-\beta.$

$\therefore\ \alpha-\beta\in\Omega$. $\therefore\ (\Omega,+)$는 $(F,+)$의 부분군이다.

$\beta\neq 0$일 때, $(\alpha\beta^{-1})^{p^n}=\alpha^{p^n}(\beta^{-1})^{p^n}=\alpha^{p^n}(\beta^{p^n})^{-1}=\alpha\beta^{-1}$.

$\therefore\ \alpha\beta^{-1}\in\Omega^{\#}$. $\therefore\ (\Omega^{\#},\cdot)$는 $(F^{\#},\cdot)$의 부분군이다. ◆

그러므로 $\Omega=\mathrm{SF}(f/\mathbf{Z}_p)$이다. $\therefore\ \Omega=F$. $\therefore\ |F|=p^n$. ▌

따름정리 9.4.9

임의의 소수 p와 임의의 자연수 n에 대하여 위수 p^n인 체가 유일하게 존재한다.

증명 위수 p^n인 체는 $f=x^{p^n}-x$의 $\mathbf{Z}_p$ 상의 분해체 (정리 9.4.8) 이고, 분해체는 유일하다. (분해체 유일성정리). ▌

소수 p와 자연수 n에대하여 위수 p^n인 체를 **갈로아체**라 하고 $GF(p^n)$으로 나타낸다.

• *유한체의 부분체*

$GF(p^n)$의 부분체를 모두 찾아 보자.

정리 9.4.10

자연수 n의 각 약수 k에 대하여, $F=GF(p^n)$는 위수 p^k인 유일한 부분체 K를 가진다. 더욱이 $GF(p^n)$의 부분체는 이러한 부분체뿐이다.

증명 $k\,|\,n$일 때, $(x^{p^k}-x)\,|\,(x^{p^n}-x)$이다.

$\because$ $k\,|\,n$일 때 $n=km$과 같이 쓸 수 있고,

$p^n-1=p^{km}-1=(p^k-1)(p^{k(m-1)}+p^{k(m-2)}+\cdots+p^k+1)$

이다. 그러므로 $k\,|\,n$일 때 $(p^k-1)\,|\,(p^n-1)$이고, 따라서

$$(x^{p^k-1}-1)\,|\,(x^{p^n-1}-1).$$

$$\therefore\ (x^{p^k}-x)\,|\,(x^{p^n-1}-x).\ ◆$$

F는 $x^{p^n}-x$의 근 전체의 집합이고, $(x^{p^k}-x)\,|\,(x^{p^n}-x)$이므로 F는 $\mathbf{Z}_p$ 상의 $x^{p^k}-x$의 분해체 K를 포함한다. 이 때, $|K|=p^k$이다.

F가 위수 p^k인 서로 다른 두 부분체를 가진다고 하면 $x^{p^k}-x$는 F에

서 p^k개 보다 많은 근을 가지게되어 모순이다. 따라서 K는 F의 위수 p^k인 유일한 부분체이다.

L이 F의 부분체라 하면, $|L| = p^k$인 자연수 k가 존재한다. 이 때, $|L : \mathbf{Z}_p| = k$이고,

$$n = |F : \mathbf{Z}_p| = |F : L||L : \mathbf{Z}_p| = k|F : L|$$

이므로 $k|n$이다. ▮

보기 7 소수 p에 대하여 $GF(p^{12})$의 부분체는 오른쪽 표와 같다.

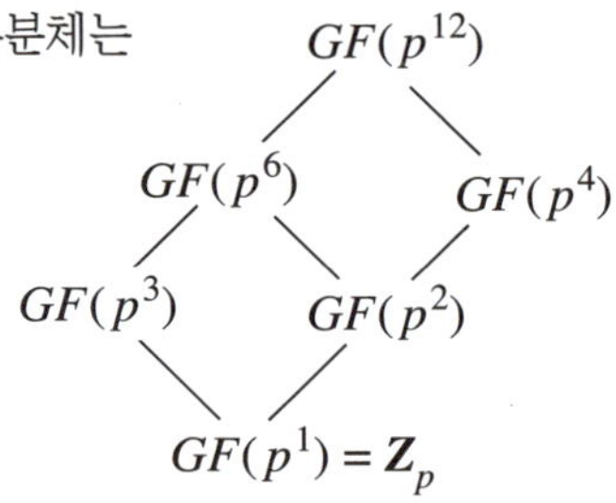

appEndix • 유한분리확대는 단순확대

정리 4.2.3 유한 분리확대는 단순확대이다.

증명 $F \subset E$가 유한 분리확대라 하고, $E = F[\gamma]$인 $\gamma \in E$가 존재함을 보인다.

• F가 무한체일 때 : $\alpha, \beta \in E$에 대하여 $F[\alpha, \beta] = F[\gamma]$ 인 $\gamma \in E$ 가 존재함을 보이면 충분하다. $S = \mathrm{SF}(\mu_{\alpha/F}\mu_{\beta/F} / F)$라고 하면, $S[x]$에서 $\mu_{\alpha/F}$, $\mu_{\beta/F}$는 각각 다음과 같이 분해된다.

$$\mu_{\alpha/F} = (x-\alpha)(x-\alpha_2)\cdots(x-\alpha_n), \quad \text{①}$$

$$\mu_{\beta/F} = (x-\beta)(x-\beta_2)\cdots(x-\beta_m). \quad \text{②}$$

α, β가 F 상에서 분리가능이므로 $\alpha, \alpha_2, \cdots, \alpha_n$은 모두 서로 다르고 $\beta, \beta_2, \cdots, \beta_m$ 도 모두 서로 다르다. F가 무한체이므로

$$c \notin \{(\alpha_i - \alpha)/(\alpha - \alpha_j) \mid i = 2, \cdots, n; j = 2, \cdots, m\}$$

인 $c \in F$가 존재한다. 이 때

$$\alpha + c\beta \notin \{\alpha_i + c\beta_j \mid i = 2, \cdots, n; j = 2, \cdots, m\}. \quad \text{③}$$

$\gamma = \alpha + c\beta$ 로 두고, $F[\alpha, \beta] = F[\gamma]$임을 보인다.

먼저, $\gamma = \alpha + c\beta \in F[\alpha, \beta]$이므로, $F[\gamma] \subset F[\alpha, \beta]$이다.

이제 $F[\gamma] \supset F[\alpha, \beta]$임을 보이기 위하여

$$f = \mu_{\alpha/F}(\gamma - cx) \in F_\gamma[x], (\text{단}, F_\gamma = F[\gamma])$$

라고 하면,

$$f(\beta) = \mu_{\alpha/F}(\gamma - c\beta) = \mu_{\alpha/F}(\alpha) = 0, \quad \text{④}$$

$$\gcd\{f, \mu_{\beta/F}\} = h, (F_\gamma[x] \text{ 에서}) \quad \text{⑤}$$

라고 하면, $h = x - \beta$ 이다. ↳ 이것은 F-다항식이므로 F_γ-다항식이다.

∵ $h = fu + \mu_{\beta/F} v, (u, v \in F_\gamma[x])$ 이므로 ④ 로부터

$$h(\beta) = f(\beta)\,u(\beta) + \mu_{\beta/F}(\beta)\,v(\beta) = 0.$$

그러므로 $\deg h > 0$이고, 또, $F[\gamma, \beta]$ 상에서 $(x-\beta) \mid h$ 이다.

$h \neq x - \beta$ 라고 하면, ② 로부터 $(x - \beta_j) \mid h$ 인 $j \in \{2, \cdots, m\}$가 존재한다. $h(\beta_j) = 0$이므로 ⑤ 로부터 $f(\beta_j) = 0$, 즉, $p(\gamma - c\beta_j) = 0$이다.

따라서 ① 로부터 $\gamma - c\beta_j \in \{\alpha, \alpha_2, \cdots, \alpha_n\}$.

$\gamma - c\beta_j = \alpha$ 라고 하면 $c\beta - c\beta_j = 0$, 즉, $\beta = \beta_j$가 되어 모순이므로 $\gamma - c\beta_j = \alpha_i$인 $i \in \{2, \cdots, n\}$이 존재한다. 이 때,

$$\alpha + c\beta - c\beta_j = \alpha_i, \text{ 즉, } \alpha + c\beta = \alpha_i + c\beta_j$$

가 성립한다. 이는 ③에 위배된다. 그러므로 $h = x - \beta$ 이다. ◆

$h = x - \beta \in F_\gamma[x]$이므로 $\beta \in F_\gamma = F[\gamma]$. $\therefore\ \alpha = \gamma - c\beta \in F[\gamma]$.

그러므로 $F[\alpha, \beta] \subset F[\gamma]$이다.

• F가 유한체일 때 : 따름정리 9.4.6 에서 증명되었다.

◂ 일반적인 경우 $F \subset E$가 유한확대이므로

$$\gamma_1, \gamma_2, \cdots, \gamma_k \in E$$

가 있어서

$$E = F[\gamma_1, \gamma_2, \cdots, \gamma_k]$$

이다. $F[\alpha, \beta] = F[\gamma]$를 만족하는 γ를 찾는 과정을 유한 회 반복하면 $F \subset E$가 단순확대임이 증명된다.

9-4 EXERCISES 연습문제

1 $f, g \in F[x]$에 대하여 다음을 증명하라.
(1) $(f+g)' = f' + g'$ (2) $(fg)' = f'g + fg'$

2 $f \in F[x]$와 자연수 n에 대하여 $(f^n)' = nf^{n-1}f'$ 임을 증명하라.

3 (1) $\mathrm{char}(F) = 0$일 때, $f \in F[x]$에 대하여 $f' = 0$ 이면 $f \in F$임을 증명하라.
(2) $\mathrm{char}(F) \neq 0$일 때, (1)이 성립하지 않는 예를 들어라.

4 기약다항식 $f \in F[x]$가 분리가능일 필요충분조건은 $\gcd(f, f') = 1$ 임을 증명하라.

5 다음 체를 $\boldsymbol{Q}[\alpha]$ 꼴로 나타내어라.
(1) $\boldsymbol{Q}[\sqrt{3}, \sqrt{5}]$ (2) $\boldsymbol{Q}[\sqrt{2}, i]$ (3) $\boldsymbol{Q}[\sqrt{2}, \sqrt{3}, \sqrt{5}]$

6 p, q가 서로 다른 소수일 때, $\boldsymbol{Q}[\sqrt{p}, \sqrt{q}] = \boldsymbol{Q}[\sqrt{p} + \sqrt{q}]$임을 증명하라.

7 체 $F \subset K$에 대하여, $|F| = q$, $|K : F| = n$일 때, $|K| = q^n$ 임을 증명하라.

8 p가 소수일 때, 임의의 자연수 n에 대하여, n차 기약 $\boldsymbol{Z}_p$-다항식이 존재함을 증명하라.

9 F가 표수 p인 체일 때, $a \to a^p$로 정의된 함수 $\sigma : F \to F$는 환동형사상임을 증명하라. (이 동형사상 σ를 **프로베니우스 동형사상**이라고 한다.)

10 표수 p인 체 F의 임의의 원소 a에 대하여, F는 $x^p = a$의 근을 가짐을 증명하라.

9-4 · E · X · E · R · C · I · S · E · S · 연습문제

11 표수 p인 체 F의 임의의 원소 α가 $f\in \mathbf{Z}_p[x]$ 의 근일 때, α^p도 f의 근이다.

12 다음을 증명하라.

(1) $\dfrac{\mathbf{Z}_3[x]}{\langle x^3 - x + 1\rangle} \cong GF(27)$ (2) $\dfrac{\mathbf{Z}_2[x]}{\langle x^4 + x + 1\rangle} \cong GF(16)$

13 표수 p인 유한체 K의 부분체 F에 대하여, $L = \{a\in K \mid a^p \in F\}$라고 할 때, $L = F$ 임을 증명하라.

14 유한체 K의 부분체 F, E가 환동형일 때, $F = E$ 임을 증명하라.

15 $\mathbf{Z}_p$ 의 확대체 K에 대하여 $|K| = p^3$일 때, 임의의 이차 기약다항식 $f\in \mathbf{Z}_p[x]$ 는 $K[x]$-기약임을 증명하라.

16 유한체의 임의의 원소는 2개의 제곱의 합으로 표현됨을 증명하라.

17 다음 체의 모든 부분체를 구하라.

(1) $GF(64)$ (2) $GF(243)$

18 기약다항식 $f\in \mathbf{Z}_p[x]$ 에 대하여 $f\,|\,(x^{p^n} - x)$ 일 때, $(\deg f)\,|\,n$임을 증명하라.

19 소수 p에 대하여 표수 p인 무한체의 예를 들어라.

20 유한체의 유한확대는 갈로아확대임을 증명하라.

10 갈로아 이론

갈로아 이론은 여러 가지 상이한 수학 이론을 동원하여 역사적인 수학적 난제 해결의 도구를 창조한 아름답고 힘 있는 논리이다. 갈로아 이론은 체의 확장과 군, 환, 및 선형대수의 개념까지를 아우르는 폭넓고 아름다운 이론으로서 수학에 있어서 종합 예술이라고 할 수 있다.

이 중단원에서는 갈로아 이론에 대하여 알아 보고 이를 이용하여 오차 이상의 다항방정식은 근의 공식을 가질 수 없다는 사실에 대하여 알아 본다.

10-1 갈로아군

이 절의 학습 내용

- 갈로아군
- 갈로아확대
- 갈로아군의 위수와 확대차수와의 관계
- 갈로아군과 대칭군과의 관계
- 특별한 확대체의 갈로아군 구하기

갈로아군

체 E에서 자신으로 가는 환동형사상을 E의 **자기동형사상**이라고 한다. E의 자기동형사상 σ가, 어떤 $\alpha \in E$에 대하여, $\sigma(\alpha) = \alpha$를 만족할 때, σ는 α를 **고정시킨다**고 하고, α는 σ에 의하여 **고정된다**고 한다.

◀ 自己同形射像 automorphism

◀ 固定 fix

체 $F \subset E$에 대하여, F의 각 원소를 고정시키는 E의 자기동형사상, 즉, E의 F-동형사상 전체의 집합을 (↳ F상에의 축소가 id_F 라는 뜻)

$$\mathrm{Gal}(E/F)$$

로 나타낸다. $\mathrm{Gal}(E/F)$는 $\mathrm{Sym}(E)$의 부분군이다.

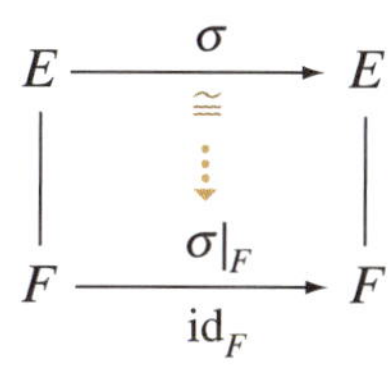

$\because$
- $\varnothing \neq \mathrm{Gal}(E/F) \subset \mathrm{Sym}(E)$이다. ($\because$ $\mathrm{id}_E \in \mathrm{Gal}(E/F)$.).
- $\sigma, \tau \in \mathrm{Gal}(E/F)$에 대하여, $\sigma\tau : E \to E$는 환동형사상이고 $(\sigma\tau)|_F = \mathrm{id}_F$이다. $\therefore$ $\sigma\tau \in \mathrm{Gal}(E/F)$.
- $\sigma \in \mathrm{Gal}(E/F)$에 대하여, $\sigma^{-1} : E \to E$는 환동형사상이다. $\sigma(a) = a, (\forall a \in F)$, 이므로, $a = \sigma^{-1}(a), (\forall a \in F)$. $\therefore$ $\sigma^{-1} \in \mathrm{Gal}(E/F)$. ◆

오차 이상의 다항방정식의 근의 공식이 존재하지 않음을 증명하기 위하여 갈로아는 체의 확대에 **갈로아군**이라는 군을 결부시키고, 그 군의 특성으로써 근의 공식이 존재할 수 없음을 규명하였다.

$\mathrm{Gal}(E/F)$를 F 상의 E의 **갈로아군**이라고 한다.

◀ 갈로아群 Galois group

이제 갈로아군을 찾는데 필요한 몇 가지 이론적 바탕을 준비한다.
지금부터 별도의 언급이 없는 한 F, E는 체를 나타내는 것으로 한다.

보조정리 10.1.1

$\alpha \in E \supset F$일 때, 임의의 $f \in F[x]$와 $\phi \in \mathrm{Gal}(E/F)$에 대하여,

$$\phi(f(\alpha)) = f(\phi(\alpha)).$$

증명 $f = \sum_{i=0}^{n} a_i x^i$라고 하면 $f(\alpha) = \sum_{i=0}^{n} a_i \alpha^i$이다. 따라서

$$\phi(f(\alpha)) = \phi\left(\sum_{i=0}^{n} a_i \alpha^i\right) \overset{\phi\text{는 환준동형사상}}{=} \sum_{i=0}^{n} \phi(a_i \alpha^i)$$

$$= \sum_{i=0}^{n} \phi(a_i)\phi(\alpha^i) = \sum_{i=0}^{n} a_i \phi(\alpha)^i = f(\phi(\alpha)).$$ ▌

(ϕ는 환준동형사상) (ϕ는 F-동형사상, $\phi(\alpha^i) = \phi(\alpha)^i$)

따름정리 10.1.2

$\alpha \in E \supset F$, $\phi \in \mathrm{Gal}(E/F)$에 대하여,

(1) α가 $f \in F[x]$의 근일 때, $\phi(\alpha)$도 f의 근이다.

(2) $\phi(\alpha)$는 α의 F-켤레원이다.

증명 (1) $f(\alpha) = 0$일 때, $f(\phi(\alpha)) = \phi(f(\alpha)) = \phi(0) = 0$. (보조정리 10.1.1)

(2) $\mu = \mu_{\alpha/F}$라고 하면, $\mu(\alpha) = 0$이므로 (1)에 의하여 $\mu(\phi(\alpha)) = 0$이고, 따라서 $\mu = \mu_{\phi(\alpha)/F}$이다. ▌

보기 1 $z = a + bi \in \boldsymbol{C}$를 $\overline{z} = a - bi$로 보내는 함수를 $\sigma : \boldsymbol{C} \to \boldsymbol{C}$라고 할 때, $\mathrm{Gal}(\boldsymbol{C}/\boldsymbol{R}) = \{\varepsilon, \sigma\}$. (단, i는 허수단위, $\varepsilon = \mathrm{id}_{\boldsymbol{C}}$).

∵ 명백히 $\{\mathrm{id}_{\boldsymbol{C}}, \sigma\} \subset \mathrm{Gal}(\boldsymbol{C}/\boldsymbol{R})$.

$\mu_{i/\boldsymbol{R}} = x^2 + 1 = (x - i)(x + i)$이므로, i의 $\boldsymbol{R}$-켤레원은 $\pm i$.

∴ $\phi \in \mathrm{Gal}(\boldsymbol{C}/\boldsymbol{R})$일 때, $\phi(i) = \pm i$. (따름정리 10.1.2.(2)).

- $\phi(i) = i$일 때 : 임의의 $a + bi \in \boldsymbol{C}$에 대하여,
  $\phi(a + bi) = \phi(a) + \phi(b)\phi(i) = a + bi$. ∴ $\sigma = \varepsilon$.
- $\phi(i) = -i$일 때 : 임의의 $a + bi \in \boldsymbol{C}$에 대하여,
  $\phi(a + bi) = \phi(a) + \phi(b)\phi(i) = a - bi$. ∴ $\phi = \sigma$.

그러므로 $\mathrm{Gal}(\boldsymbol{C}/\boldsymbol{R}) = \{\varepsilon, \sigma\}$.

보조정리 10.1.3

$E=F[\alpha_1, \cdots, \alpha_k]$가 F의 대수적 확대라고 하자.

(1) $\phi \in \mathrm{Gal}(E/F)$라고 할 때, 각 $e \in E$에 대하여, $\phi(e)$는 $\phi(\alpha_1), \cdots, \phi(\alpha_k)$와 F의 원소의 식으로 표현된다.

(2) $\phi, \psi \in \mathrm{Gal}(E/F)$에 대하여

$$\phi=\psi \Leftrightarrow \phi(\alpha_i)=\psi(\alpha_i), (i=1, \cdots, k).$$

증명 설명을 간단히 하기 위하여 $k=2$인 경우에 대하여 증명한다.
$\alpha_1=\alpha, \alpha_2=\beta$라고 하면, $E=F[\alpha, \beta]$는

$$\{\alpha^i\beta^j \mid 0 \le i \le m, 0 \le j \le n\}$$

꼴의 F-기저를 가진다.(∵ 정리 9.1.5, 9.2.1). 따라서 $e \in E$라고 할 때, e는

$$e=\sum_{i=0}^{m}\sum_{j=0}^{n} a_{ij}\alpha^i\beta^j, (\text{단}, a_{ij} \in F) \quad \cdots\cdots\cdots ①$$

와 같이 표현된다. 이 때,

(1) $$\phi(e)=\sum_{i=0}^{m}\sum_{j=0}^{n} a_{ij}\phi(\alpha)^i\phi(\beta)^j.$$ ← 이 등식의 우변은 $\phi(\alpha), \phi(\beta)$와 F의 원소의 식이다.

(↑ ϕ는 F-동형사상)

(2) $(\Rightarrow)$는 명백하다.

$(\Leftarrow)$ $$\phi(\alpha)=\psi(\alpha), \ \phi(\beta)=\psi(\beta) \quad \cdots\cdots\cdots ②$$

를 가정하고 $\phi=\psi$임을 보인다. $e \in E$의 표현 ①로부터,

$$\begin{aligned}\phi(e)&=\sum_{i=0}^{m}\sum_{j=0}^{n} a_{ij}\phi(\alpha)^i\phi(\beta)^j\\ &=\sum_{i=0}^{m}\sum_{j=0}^{n} a_{ij}\psi(\alpha)^i\psi(\beta)^j=\psi(e).\end{aligned}$$ ▌

(조건 ②)

따름정리 10.1.4

$F \subset E$가 유한 확대일 때, $|\mathrm{Gal}(E/F)|<\infty$이다.

증명 $|E:F|<\infty$이므로, $E=F[\beta_1, \cdots, \beta_n]$.(∵ 정리 9.2.3).
각 $i=1, \cdots, n$에 대하여,

$$C_i=\{a \in E \mid a\text{는 } \beta_i\text{의 } F\text{-켤레원}\}$$ ← 유한 집합

이라고 하면, $\phi(\beta_i) \in C_i, (\forall \phi \in \mathrm{Gal}(E/F))$,이다. (∵ 따름정리 10.1.2.(2)).
따라서, 각 $\phi \in \mathrm{Gal}(E/F)$에 대하여

$$(\phi(\beta_1), \cdots, \phi(\beta_n)) \in C_1 \times \cdots \times C_n.$$ ← 데카르트 곱

ϕ는 $\phi(\beta_1), \cdots, \phi(\beta_n)$에 의하여 완전히 결정(∵ 보조정리 10.1.3) 되므로

$$\therefore \ |\mathrm{Gal}(E/F)| \le |C_1 \times \cdots \times C_n| < \infty.$$ ▌

다음 정리는 정리 10.1.6과 함께 갈로아 군을 결정하는 핵심 도구이다.

> 이 정리는 갈로아군의 구조에 관한 정리이다.

정리 10.1.5

$f \in F[x]$, $E = \mathrm{SF}(f/F)$라고 할 때, E 내에서 f의 근 전체의 집합을 Ω라고 하면, $\mathrm{Gal}(E/F) \lesssim \mathrm{Sym}(\Omega)$이다.

◂ $\mathrm{Gal}(E/F) \lesssim \mathrm{Sym}(\Omega)$는 $\mathrm{Gal}(E/F)$가 $\mathrm{Sym}(\Omega)$의 어떤 부분군과 동형이라는 뜻

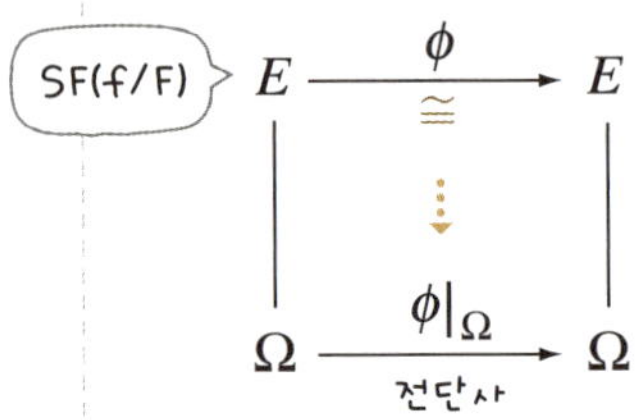

증명 $G = \mathrm{Gal}(E/F)$라고 하자.

(i). 각 $\phi \in G$에 대하여, $\bar{\phi} = \phi|_{\Omega}$로 두면 $\bar{\phi} \in \mathrm{Sym}(\Omega)$이다.

$\because$ $\phi \in G, \alpha \in \Omega$일 때, $\phi(\alpha) \in \Omega$이다. ($\because$ 따름정리 10.1.2).
그러므로 $\bar{\phi} = \phi|_{\Omega}$는 Ω에서 Ω로 가는 함수이다.
원래 ϕ가 단사이므로 $\bar{\phi}$도 단사이다.
유한집합에서 자기 자신으로 가는 단사함수는 전사이므로 $\bar{\phi}$는 전사이다.

(ii). $\phi \to \bar{\phi}$로 정의된 함수 $\theta : G \to \mathrm{Sym}(\Omega)$는 군준동형사상이다.

$\because$ $\phi, \psi \in \mathrm{Gal}(E/F)$에 대하여,
$\theta(\phi\psi) = \overline{\phi\psi} = (\phi\psi)|_{\Omega} = (\phi|_{\Omega})(\psi|_{\Omega}) = \bar{\phi}\,\bar{\psi} = \theta(\phi)\theta(\psi)$.
(↳ $\phi\psi$로 보낸 것은 ϕ로 보낸 다음 ψ로 보낸 것)

(iii). (ii)에서 정의된 함수 θ는 단사이다.

$\because$ $\Omega = \{\alpha_1, \cdots, \alpha_k\}$라고 하면 $E = F[\alpha_1, \cdots, \alpha_k]$이다.
$\sigma \in \ker\theta \Rightarrow \bar{\sigma} = \mathrm{id}_{\Omega} \Rightarrow \sigma(\alpha_i) = \alpha_i, (i = 1, \cdots, k) \Rightarrow \sigma = \mathrm{id}_{\Omega}$ (보조정리 10.1.3)
이므로 $\ker\theta = \{\mathrm{id}_{\Omega}\}$이다.

그러므로 $G \cong \theta(G) \leq \mathrm{Sym}(\Omega)$ 이다. ∎

(유한: E의 원소의 F-켤레원이 E에 속한다.)
(분리: E의 원소의 F 상의 최소다항식이 중근을 갖지 않는다.)

정의 $F \subset E$가 유한, 정규, 분리확대일 때, $F \subset E$를 **갈로아확대**라고 한다.

◂ Galois extension

$\mathrm{char}(F) = 0$일 때는, 임의의 다항식이 중근을 갖지 않으므로, F의 갈로아확대란 곧 어떤 F-다항식의 F 상의 분해체이다.

> F의 유한 정규확대는 어떤 $f \in F[x]$의 F상의 분해체이다. [정리 9.3.9]

$F \subset E$가 갈로아확대일 때는 $\mathrm{Gal}(E/F)$의 위수가 다음 정리와 같이 정확히 정해진다.

정리 10.1.6

$F \subset E$가 갈로아확대일 때, $|\mathrm{Gal}(E/F)| = |E:F|$ 이다.

증 명 $F \subset E$는 유한 분리확대이므로 단순확대, 즉, $\alpha \in E$가 존재하여 $E = F[\alpha]$이다. (∵ 정리 9.4.4). $\mu = \mu_{\alpha/F}$, $\deg \mu = n$이라고 하면

$$|E:F| = n. \quad \cdots\cdots ①$$

$F \subset E$는 정규 분리확대이므로 μ는 E 내에서 n개의 서로 다른 근

$$\alpha_1(=\alpha), \alpha_2, \cdots, \alpha_n$$

을 가진다. 이 때, 각 $i = 1, \cdots, n$에 대하여, $\sigma_i(\alpha) = \alpha_i$를 만족하는 F-동형사상 $\sigma_i : F[\alpha] \to F[\alpha_i]$가 존재한다. (∵ 동형사상 확장정리(보조정리 9.3.5)). 이 때, $F[\alpha_i] = E = F[\alpha]$이다.

∵ $|F[\alpha_i]:F| = n = |F[\alpha]:F| = |E:F|$ 이므로 $|E:F[\alpha]| = 1$. ◆

따라서 $\sigma_i \in \mathrm{Gal}(E/F)$이고, 그러므로

$$\{\sigma_1, \sigma_2, \cdots, \sigma_n\} \subset \mathrm{Gal}(E/F). \quad \cdots\cdots ②$$

$\phi \in \mathrm{Gal}(E/F)$라고 할 때, $\phi(\alpha)$는 μ의 근이므로 $\phi(\alpha) = \alpha_j$인 j가 존재한다. $\mathrm{Gal}(E/F)$의 원소는 α에서의 값에 의하여 완전히 결정되므로 (∵ 보조정리 10.1.3), 이 때, $\phi = \sigma_j$이다. 그러므로

$$\mathrm{Gal}(E/F) \subset \{\sigma_1, \sigma_2, \cdots, \sigma_n\}. \quad \cdots\cdots ③$$

②, ③에서 $\mathrm{Gal}(E/F) = \{\sigma_1, \sigma_2, \cdots, \sigma_n\}$이다.

$$\therefore \ |\mathrm{Gal}(E/F)| = n = |E:F|. \ (①) \ ▮$$

◀ 유한 분리확대는 단순확대이다. [정리 9.4.4]

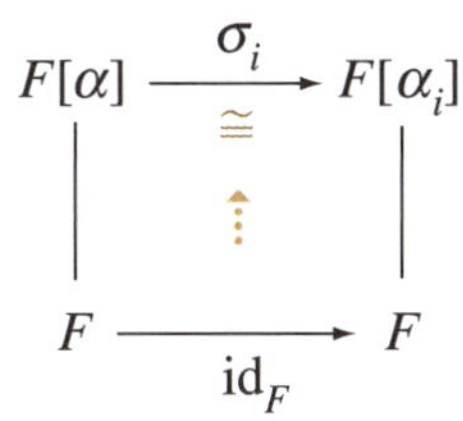

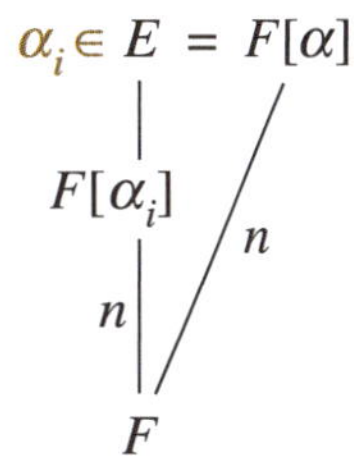

예제 10.1.7

$E = \mathrm{SF}((x^3-2)/\boldsymbol{Q})$라고 할 때, $G = \mathrm{Gal}(E/\boldsymbol{Q})$를 찾아라.

풀 이 $\alpha = \sqrt[3]{2}$, $\omega = e^{2\pi i/3}$이라고 할 때,

$$x^2 - 2 = (x-\alpha)(x-\alpha\omega)(x-\alpha\omega^2)$$

이므로 x^2-2의 근 전체의 집합은 $\Omega = \{\alpha, \alpha\omega, \alpha\omega^2\}$이다.
그러므로 정리 10.1.5에 의하여

$$G \leqslant \mathrm{Sym}(\Omega) \cong S_3.$$

한편, E는 $\boldsymbol{Q}$의 갈로아확대이고 $E = \boldsymbol{Q}[\alpha, \omega]$이다. 따라서

$$|E:F| = |\boldsymbol{Q}[\alpha,\omega] : \boldsymbol{Q}[\alpha]||\boldsymbol{Q}[\alpha]:\boldsymbol{Q}| = 2 \cdot 3 = 6.$$

그러므로, 정리 10.1.6에 의하여, $|G| = 6$이다.

$$\therefore \ G \cong \mathrm{Sym}(\Omega) \cong S_3. \ ◘$$

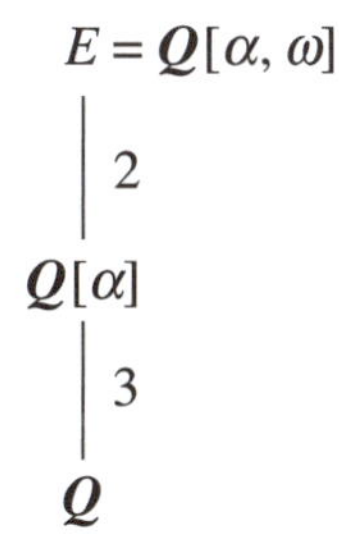

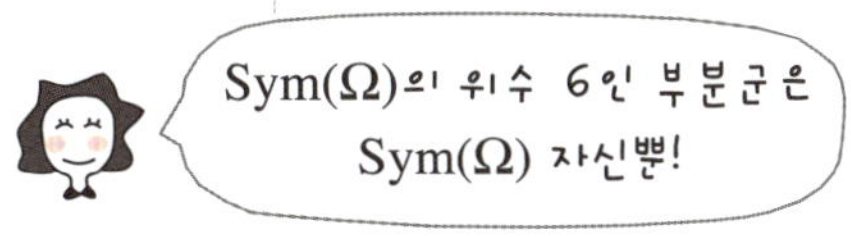

$f \in F[x]$에 대하여,

$$E = \mathrm{SF}(f/F),\ G = \mathrm{Gal}(E/F),\ \Omega = \{\alpha \in E \mid f(\alpha) = 0\}$$

라고 할 때, $E = F[\Omega]$이고, 각 $\sigma \in G$는 $\sigma|_\Omega \in \mathrm{Sym}(\Omega)$에 의하여 완전히 결정되므로, 지금부터, 갈로아군의 논의에서,

σ와 $\sigma|_\Omega$를 동일시한다.

이 때, 예제 10.1.7의 갈로아군 G의 원소는 다음 그림과 같다.

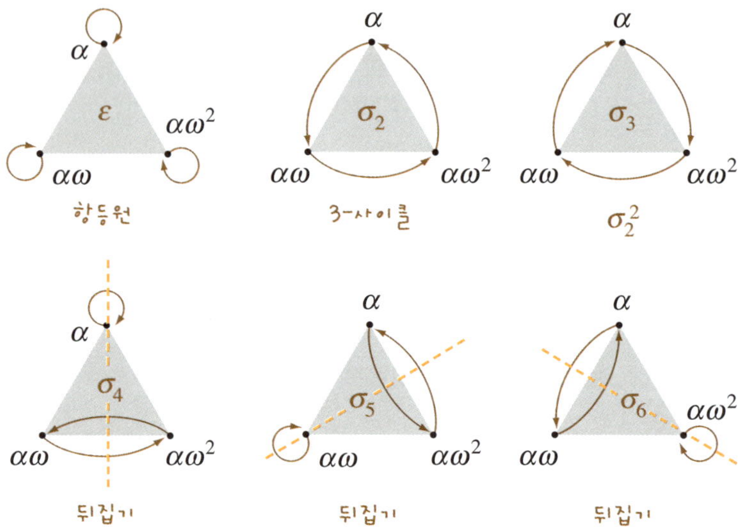

예제 10.1.8

$E = \boldsymbol{Q}[\sqrt{2}, \sqrt{3}]$이라고 할 때, $G = \mathrm{Gal}(E/\boldsymbol{Q})$를 찾아라.

풀이 $|E : \boldsymbol{Q}| = |E : \boldsymbol{Q}[\sqrt{2}]||\boldsymbol{Q}[\sqrt{2}] : \boldsymbol{Q}| = 2 \cdot 2 = 4.$

$\boldsymbol{Q} \subset E$는 갈로아확대이므로 $|G| = |E : \boldsymbol{Q}|$. ↖따름정리 9.2.2

◀ E는 $\boldsymbol{Q}$의 유한, 정규, 분리확대, 즉, 갈로아확대이다.

$$\therefore\ |G| = 4.\ (\because \text{ 정리 } 10.1.6).$$

각 $\sigma \in G$는 $\sqrt{2}, \sqrt{3}$에서의 값 $\sigma(\sqrt{2}), \sigma(\sqrt{3})$에 의하여 완전히 결정된다.

$\sigma(\sqrt{2})$는 $\sqrt{2}$의 $\boldsymbol{Q}$-켤레원, $\sigma(\sqrt{3})$은 $\sqrt{2}$의 $\boldsymbol{Q}$-켤레원이어야 한다.

$\sqrt{2}$의 $\boldsymbol{Q}$-켤레원은 $\pm\sqrt{2}$이고, $\sqrt{3}$의 $\boldsymbol{Q}$-켤레원은 $\pm\sqrt{3}$이므로

$$\sigma(\sqrt{2}) = \pm\sqrt{2},\quad \sigma(\sqrt{3}) = \pm\sqrt{3}$$

이다. 따라서 $\sqrt{2}$, $\sqrt{3}$에서의 σ의 작용은 다음 4가지 경우 밖에 없다.

~를	~으로			
$\sqrt{2}$	$\sqrt{2}$	$\sqrt{2}$	$-\sqrt{2}$	$-\sqrt{2}$
$\sqrt{3}$	$\sqrt{3}$	$-\sqrt{3}$	$\sqrt{3}$	$-\sqrt{3}$
경우	①	②	③	④

$|G|=4$ 이므로, 위의 사실로부터, ①, ②, ③, ④의 각 경우 해당하는 G의 원소가 꼭 하나씩 존재한다. 이들을 각각 $\varepsilon, \sigma_2, \sigma_3, \sigma_4$ 라고 하면,

$$G=\{\varepsilon, \sigma_2, \sigma_3, \sigma_4\}.$$

명백히 ε은 G의 항등원이고, $\sigma_i^2=\varepsilon, (i=2,3,4)$, 이므로 G에는 위수 4 인 원소가 없다. 그러므로 G는 순환군이 아니다.

$$\therefore\ G \cong \mathbf{Z}_2 \times \mathbf{Z}_2.$$

◀ 위수 4인 군은 $\mathbf{Z}_4, \mathbf{Z}_2 \times \mathbf{Z}_2$ 뿐이다. $\mathbf{Z}_4$는 순환군이고 $\mathbf{Z}_2 \times \mathbf{Z}_2$는 순환군이 아니다.

$f=(x^2-2)(x^2-3)$ 이라고 할 때, f의 근 전체의 집합은

$$\Omega=\{\sqrt{2}, -\sqrt{2}, \sqrt{3}, -\sqrt{3}\}$$

이고, $E=\mathrm{SF}(f/\boldsymbol{Q})$ 이다. 따라서

$$G \leqslant \mathrm{Sym}(\Omega) \cong S_4$$

이다. $\mathrm{Sym}(\Omega)$ 의 부분군으로서 G의 원소는 다음 그림과 같다.

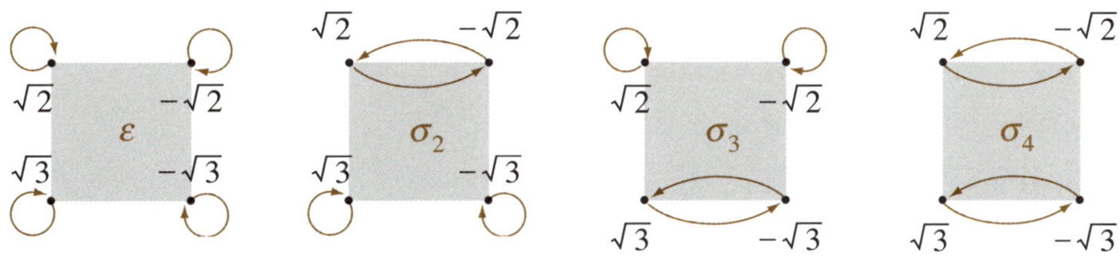

$\sigma_4=\sigma_2\sigma_3$

◇

예제 10.1.9

$E=\mathrm{SF}(x^4-2/\boldsymbol{Q})$ 라고 할 때, $G=\mathrm{Gal}(E/\boldsymbol{Q})$를 찾아라.

풀이 $\alpha=\sqrt[4]{2}$, 라고 할 때,

$$x^4-2=(x+\alpha)(x-\alpha)(x+\alpha i)(x-\alpha i).$$

이므로 x^4-2의 근 전체의 집합은

$$\Omega=\{\alpha, -\alpha, \alpha i, -\alpha i\}$$

이고, $E=\boldsymbol{Q}[\alpha, i]$ 이다.

$$|E:\boldsymbol{Q}| = |\boldsymbol{Q}[\alpha, i]:\boldsymbol{Q}[\alpha]||\boldsymbol{Q}[\alpha]:\boldsymbol{Q}| = 2\cdot 4 = 8.$$

$$\therefore\ |G| = 8\ (\because \text{ 정리 } 10.1.6).$$

$\mu_{\alpha/\boldsymbol{Q}} = x^4 - 2$ 이므로 α 의 $\boldsymbol{Q}$-켤레원은 $\alpha, -\alpha, \alpha i, -\alpha i$ 이다.
또, i 의 $\boldsymbol{Q}$-켤레원은 $i, -i$ 이다. 그러므로 각 $\sigma\in G$에 대하여,

$$\sigma(\alpha)\in\Omega,\ \ \sigma(i)\in\{i, -i\}$$

이고 따라서 α, i 에서의 σ 의 작용은 다음 8 가지 경우 이외는 없다.

~를	~으로							
i	i	i	i	i	$-i$	$-i$	$-i$	$-i$
α	α	$-\alpha$	αi	$-\alpha i$	α	$-\alpha$	αi	$-\alpha i$
경우	①	②	③	④	⑤	⑥	⑦	⑧

$|G| = 8$ 이므로, 위의 사실로부터, ①, ⋯ , ⑧의 각 경우 해당하는 G의 원소가 꼭 하나씩 존재한다. 이들을 각각 $\varepsilon, \sigma_2, \cdots, \sigma_8$ 이라고 하면,

$$G = \{\varepsilon, \sigma_2, \cdots, \sigma_8\}.$$

α 는 $\sigma_3\sigma_7, \sigma_7\sigma_3$에 의하여 각각

$$\alpha \xrightarrow{\sigma_3} \alpha i \xrightarrow{\sigma_7} (\alpha i)(-i) = -i^2\alpha = \alpha,$$

$$\alpha \xrightarrow{\sigma_7} \alpha i \xrightarrow{\sigma_3} (\alpha i)\, i = i^2\alpha = -\alpha$$

와 같이 서로 다른 원소로 보내어지므로, $\sigma_3\sigma_7 \neq \sigma_7\sigma_3$이다. 그러므로 G는 비아벨군이다. 위수 8인 비아벨군은 이면체군 D_4 뿐이므로

$$G \cong D_4.$$

Sym(Ω) 의 부분군으로서 G의 원소를 찾아 보자.
명백히 ε은 각 $\beta\in\Omega$을 β로 보낸다. 따라서 $\varepsilon = \varepsilon_\Omega$ 이다.

$$\sigma_2(\alpha) = -\alpha,$$
$$\sigma_2(-\alpha) = \alpha,$$
$$\sigma_2(\alpha i) = \sigma_2(\alpha)\sigma_2(i) = (-\alpha)i = -\alpha i,$$
$$\sigma_2(-\alpha i) = \sigma_2(-\alpha)\sigma_2(i) = \alpha i$$

이므로,

$$\alpha \xrightarrow{\sigma_2} -\alpha \xrightarrow{\sigma_2} \alpha\ ,\ \ \alpha i \xrightarrow{\sigma_2} -\alpha i \xrightarrow{\sigma_2} \alpha i$$

이다.

이와 같이 생각하면 G의 원소는 다음과 같음을 알 수 있다.

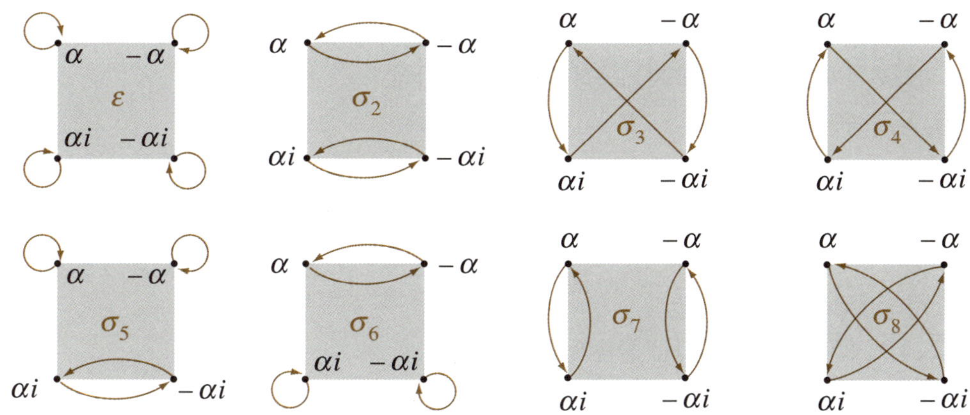

◇

10-1 EXERCISES 연습문제

1 E가 $\boldsymbol{Q}$의 확대체일 때, 임의의 E의 자기동형사상 ϕ에 대하여, $\phi|_{\boldsymbol{Q}} = \mathrm{id}_{\boldsymbol{Q}}$ 임을 증명하라.

2 $f \in F[x]$, $E = \mathrm{SF}(f/F)$, $\deg f = n$일 때, $|\mathrm{Gal}(E/F)| \mid n!$ 임을 증명하라.

3 $E = \boldsymbol{Q}[\sqrt{2}, \sqrt{3}, \sqrt{5}]$ 에 대하여 다음 물음에 답하라.

(1) $\sigma_2(\sqrt{2}) = -\sqrt{2}$, $\sigma_2(\sqrt{3}) = \sqrt{3}$, $\sigma_2(\sqrt{5}) = \sqrt{5}$
$\sigma_3(\sqrt{2}) = \sqrt{2}$, $\sigma_3(\sqrt{3}) = -\sqrt{3}$, $\sigma_3(\sqrt{5}) = \sqrt{5}$
$\sigma_5(\sqrt{2}) = \sqrt{2}$, $\sigma_5(\sqrt{3}) = \sqrt{3}$, $\sigma_5(\sqrt{5}) = -\sqrt{5}$
을 만족하는 $\sigma_2, \sigma_3, \sigma_5 \in \mathrm{Gal}(E/\boldsymbol{Q})$가 존재함을 증명하라.

(2) $\mathrm{Gal}(E/\boldsymbol{Q})$은 알려진 어떤 군과 동형인가?

(3) $\mathrm{Gal}(E/\boldsymbol{Q})$의 모든 원소를 $\sigma_2, \sigma_3, \sigma_5$를 써서 나타내어라.

4 E가 다음 다항식의 $\boldsymbol{Q}$ 상의 분해체일 때, $\mathrm{Gal}(E/\boldsymbol{Q})$를 구하라.

(1) $x^4 - 1$ (1) $x^4 - x^2 - 2$

5 $E = \boldsymbol{Q}[\sqrt[3]{2}, \sqrt{3}i]$ 일 때, $\mathrm{Gal}(E/\boldsymbol{Q}) \cong S_3$이다. $\mathrm{Gal}(E/\boldsymbol{Q})$의 원소를 $\sqrt[3]{2}, \sqrt{3}i$ 에서의 작용으로 설명하라. ◀ $E = \mathrm{SF}(x^3 - 2)/\boldsymbol{Q})$.

6 $G = \mathrm{Gal}(GF(3^6)/GF(3^2))$ 이라고 할 때, $G \cong \boldsymbol{Z}_3$임을 보이고 G의 생성원을 구하라.

7 $K \not\equiv L$, $\mathrm{Gal}(K/\boldsymbol{Q}) \cong \mathrm{Gal}(L/\boldsymbol{Q})$를 만족하는 $\boldsymbol{Q}$의 갈로아확대 K, L의 예를 들어라.

8 다음 군을 구하라.

(1) $\mathrm{Gal}(\boldsymbol{Q}[\sqrt[3]{2}]/\boldsymbol{Q})$ (2) $\mathrm{Gal}(\boldsymbol{Q}[\sqrt[4]{2}]/\boldsymbol{Q})$

9 p, q가 서로 다른 소수일 때, $\mathrm{Gal}(\boldsymbol{Q}[\sqrt{p}, \sqrt{q}]/\boldsymbol{Q})$를 구하라.

10-1 · E · X · E · R · C · I · S · E · S · 연습문제

10 다음을 증명하라.

(1) $\boldsymbol{R}$의 자기동형사상은 양수를 양수로 보낸다.

(2) $\boldsymbol{R}$의 자기동형사상 σ와 $a, b \in \boldsymbol{R}$에 대하여

$$a < b \Rightarrow \sigma(a) < \sigma(b).$$

(3) $\text{Gal}(\boldsymbol{R}/\boldsymbol{Q}) = \{\text{id}_{\boldsymbol{R}}\}$.

11 $\boldsymbol{Q} \subset E$가 정규확대이고 $|E : \boldsymbol{Q}|$가 소수일 때, $\text{Gal}(E/\boldsymbol{Q})$는 순환군임을 증명하라.

12 $f \in F[x]$, $E = \text{SF}(f/F)$일 때, $\alpha, \beta \in E$에 대하여, β가 α의 F-켤레원이면, $\alpha^{\sigma} = \beta$인 $\sigma \in \text{Gal}(E/F)$가 존재한다.(10.2절, 보조정리 10.2.7). 이 사실을 이용하여, $E = \text{SF}((x^3 - 2)/\boldsymbol{Q})$, $\alpha = \sqrt[3]{2}$, $\omega = e^{2\pi i/3}$라고 할 때, 다음을 증명하라.

(1) $\sigma(\alpha) = \alpha\omega$, $\sigma(\omega) = \omega$를 만족하는 $\sigma \in \text{Gal}(E/\boldsymbol{Q})$가 존재한다. 이 때, $\text{o}(\sigma) = 3$이다.

(2) E의 각 원소를 켤레복소수로 보내는 함수를 τ라고 하면, $\text{Gal}(E/\boldsymbol{Q}) = \{\varepsilon, \sigma, \sigma^2, \tau, \sigma\tau, \sigma^2\tau\}$이다.

13 $E = \text{SF}((x^4 - 2)/\boldsymbol{Q})$, $\alpha = \sqrt[4]{2}$라고 할 때, 다음을 증명하라.

(1) $\sigma(\alpha) = \alpha i$, $\sigma(i) = i$를 만족하는 $\sigma \in \text{Gal}(E/\boldsymbol{Q})$가 존재한다. 이 때, $\text{o}(\sigma) = 4$이다.

(2) E의 각 원소를 켤레복소수로 보내는 함수를 τ라고 하면, $\text{Gal}(E/\boldsymbol{Q}) = \{\varepsilon, \sigma, \sigma^2, \sigma^3, \tau, \sigma\tau, \sigma^2\tau, \sigma^3\tau\}$이다.

10-2 갈로아 이론의 기본정리

✤ 이 절의 학습 내용

- 중간체 / • 고정체
- 갈로아확대의 필요충분조건
- 갈로아 이론의 기본정리

$F \subset K \subset E$를 만족하는 체 K를 $F \subset E$의 **중간체**라고 한다.

◂ 中間體 intermediate filed

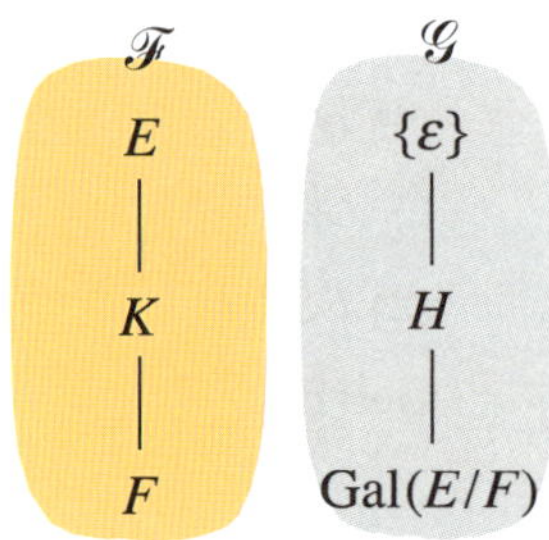

체의 확대 $F \subset E$에 대하여 집합 $\mathscr{F}, \mathscr{G}$를 다음과 같이 정의한다.

$$\mathscr{F} = \{K \mid K\text{는 } F \subset E\text{의 중간체}\},$$
$$\mathscr{G} = \{H \mid H \le \mathrm{Gal}(E/F)\}.$$

갈로아 이론의 핵심은 $\mathscr{F}, \mathscr{G}$ 사이의 관계를 규명하는 것이고, 그것은 '갈로아 이론의 기본정리' 로 요약된다. 이 정리를 소개하고 증명하는 것이 이 절의 목적이다.

id_E 는 E의 항등사상이지만 군 $\mathrm{Gal}(E/F)$ 의 원소로서는 항등원이다. 지금부터 id_E를 ε_E 또는 간단히 ε으로 나타내고, $\sigma \in \mathrm{Gal}(E/F)$ 와 $\alpha \in E, A \subset E$에 대하여 $\sigma(\alpha)$를 α^σ로, $\{\alpha^\sigma \mid \alpha \in A\}$ 를 A^σ로 나타내기로 한다.

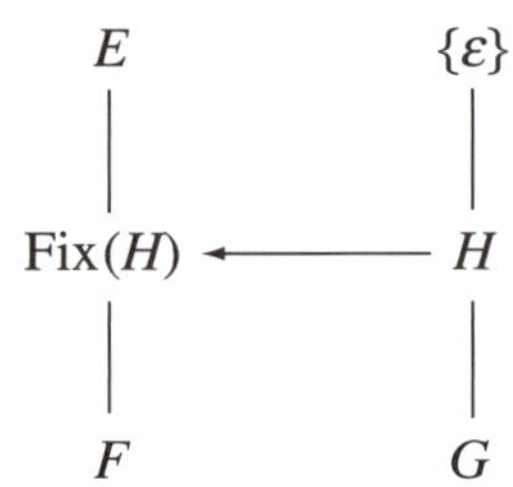

$H \in \mathscr{G}$에 대하여, H의 모든 원소에 의하여 고정되는 E의 원소 전체의 집합을 $\mathrm{Fix}(H)$로 나타낸다. 즉,

$$\mathrm{Fix}(H) = \{\alpha \in E \mid \alpha^\sigma = \alpha, (\forall \sigma \in H)\}.$$

정리 10.2.1에서 $\mathrm{Fix}(H)$는 $F \subset E$의 중간체임을 증명한다. $\mathrm{Fix}(H)$를 E에서의 H의 **고정체**라고 한다.

◂ 固定體 fixed field

정리 10.2.1

체 $F \subset E$에 대하여 다음이 성립한다.

(1) $K \in \mathscr{F} \Rightarrow \mathrm{Gal}(E/K) \in \mathscr{G}$　　　(2) $H \in \mathscr{G} \Rightarrow \mathrm{Fix}(H) \in \mathscr{F}$

◀ 이 정리는
$\mathrm{Gal}(E/\bullet) : \mathscr{F} \to \mathscr{G}$,
$\mathrm{Fix}(\bullet) : \mathscr{G} \to \mathscr{F}$
는 함수라는 뜻이다.

증명 (1) $G = \mathrm{Gal}(E/F)$, $G_K = \mathrm{Gal}(E/K)$라고 하자

우선, G_K는 군이다. (K 상의 E의 갈로아군).

$\sigma \in G_K$일 때, σ는 K의 각 원소를 고정시키므로 F의 각 원소도 고정시킨다. $\therefore \sigma \in G$. $\therefore G_K \subset G$. $\therefore G_K \leq G$, 즉, $G_K \in \mathscr{G}$이다.

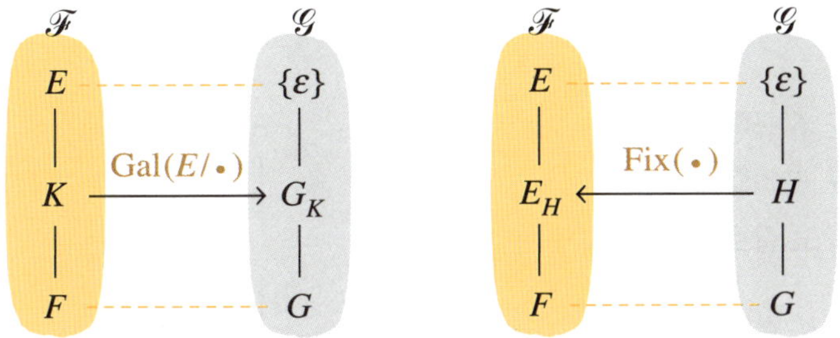

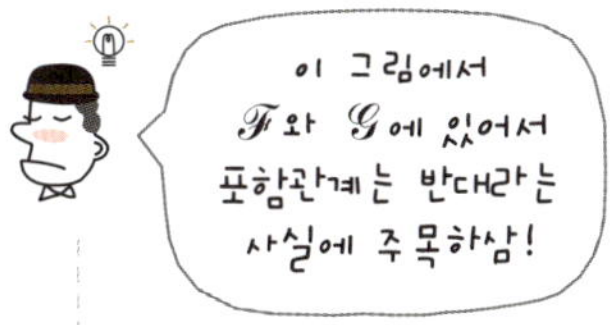

(2) $E_H = \mathrm{Fix}(H)$ 라고 하면 $F \subset E_H \subset E$임은 명백하다.

$\alpha, \beta \in E_H$, $\sigma \in H$라고 하면, $\alpha^\sigma = \alpha$, $\beta^\sigma = \beta$이므로

$$(\alpha - \beta)^\sigma = \alpha^\sigma - \beta^\sigma = \alpha - \beta. \quad \therefore \alpha - \beta \in E_H.$$

$$(\alpha\beta)^\sigma = \alpha^\sigma \beta^\sigma = \alpha\beta. \quad \therefore \alpha\beta \in E_H.$$

$$\alpha \neq 0\text{일 때, } (\alpha^{-1})^\sigma = (\alpha^\sigma)^{-1} = \alpha^{-1}. \quad \therefore \alpha^{-1} \in E_H.$$

따라서 E_H는 체이고, 그러므로 $E_H \in \mathscr{F}$이다. ▌

이제, 갈로아 이론의 기본정리를 증명하기 위한 몇 가지를 준비한다.

보조정리 10.2.2

체 $K \in \mathscr{F}$, $H \in \mathscr{G}$에 대하여 다음이 성립한다.

(1) $K \subset \mathrm{Fix}(\mathrm{Gal}(E/K))$　　　(2) $H \subset \mathrm{Gal}(E/\mathrm{Fix}(H))$

증명 $G_K = \mathrm{Gal}(E/K)$, $E_H = \mathrm{Fix}(H)$라고 하자.

(1) K의 각 원소는 G_K의 원소에 의하여 고정된다. $\therefore K \subset \mathrm{Fix}(G_K)$.

↖ K의 각 원소를 고정시키는 G의 원소 전체

(2) H의 각 원소는 E_H의 각 원소를 고정시키므로 $H \subset \mathrm{Gal}(E/E_H)$. ▌

↖ K에 의하여 고정되는 E의 원소 전체

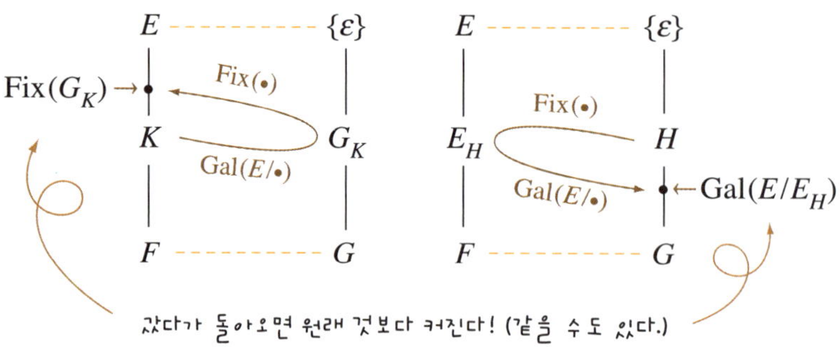

보조정리 10.2.3

체 $F \subset K \subset E$에 대하여,

(1) $F \subset E$가 정규확대일 때, $K \subset E$도 정규확대이다.

(2) $F \subset E$가 분리확대일 때, $K \subset E$도 분리확대이다.

(3) $F \subset E$가 갈로아확대일 때, $K \subset E$도 갈로아확대이다.

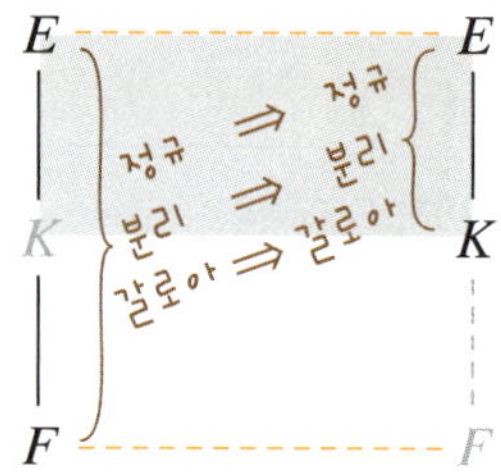

증명 (1) $\alpha \in E$라 하고, α의 모든 K-켤레원이 E에 속함을 보여야 한다. $F \subset E$가 정규확대이므로 α의 모든 F-켤레원이 E에 속한다.

$$\mu_{\alpha/F} = \mu_{\alpha/K}\, g, \text{(단, } g \in K[x]) \quad \cdots\cdots ①$$

이므로 α의 K-켤레원은 F-켤레원이다. 따라서 α의 모든 K-켤레원은 E에 속한다.

(2) $\alpha \in E$라고 하자. $F \subset E$가 분리확대이므로 $\mu_{\alpha/F}$는 중근을 갖지 않는다. 다시 ①에 의하여 $\mu_{\alpha/K}$도 중근을 갖지 않는다.

(3) 은 (1), (2) 의 결과이다. ▌

갈로아확대란 유한, 정규, 분리확대!

정리 10.2.4

$F \subset E$가 유한확대일 때,

$$F \subset E\text{는 갈로아확대} \Leftrightarrow \mathrm{Fix}(\mathrm{Gal}(E/F)) = F.$$

어떤 책에는 이것을 갈로아확대의 정의로 한다.

증명 $G = \mathrm{Gal}(E/F)$ 라고 하자.

($\Rightarrow$) $K = \mathrm{Fix}(G)$라 하고 $K = F$ 임을 보인다.

먼저 (갔다가 돌아오면 커진다. / G는 최대의 군)

$$G \subset \mathrm{Gal}(E/\mathrm{Fix}(G)) = \mathrm{Gal}(E/K) \subset G.$$

그러므로

$$\mathrm{Gal}(E/K) = G. \quad \cdots\cdots ①$$

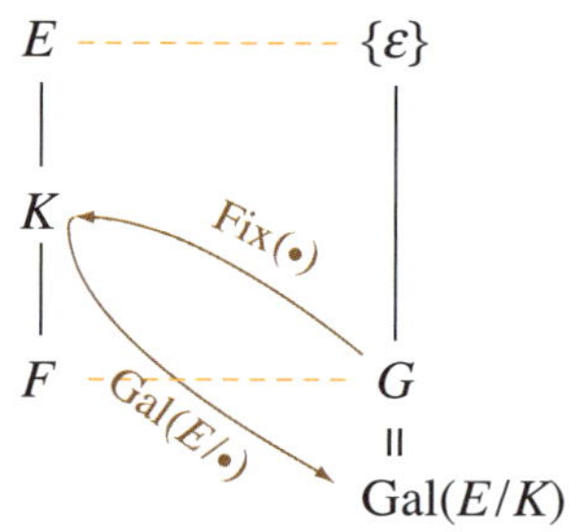

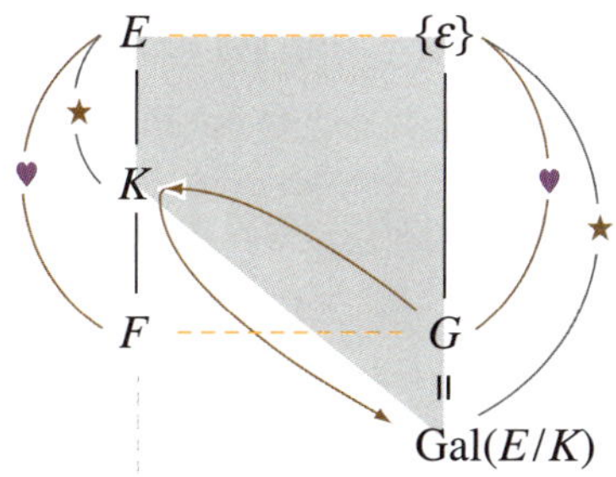

$F \subset E$가 갈로아확대이므로,

$$|E:F| = |G|. \quad \cdots\cdots ② \quad (\text{정리 } 10.1.6)$$

보조정리 10.2.3 에 의하여 $K \subset E$도 갈로아확대이다.

$$\therefore\ |E:K| = |\mathrm{Gal}(E/K)| = |G| \quad \cdots\cdots ③$$

(정리 10.1.6, ①)

②, ③으로부터 $|E:F| = |E:K|$이다.

$$\therefore\ |K:F| = 1. \quad \therefore\ K = F.$$

(⇐) $\alpha \in E$라 하자. α의 임의의 F-켤레원은 E에 속함을 보인다.

$F \subset E$가 유한확대이므로 $G = \mathrm{Gal}(E/F)$는 유한군이다.(따름정리 10.1.4).

$$f = \prod_{\sigma \in G} (x - \alpha^{\sigma})$$

로 두면 각 $\sigma \in G$에 대하여 $\alpha^{\sigma} \in E$이므로 $f \in E[x]$이다. 이 때,

◀ $\sigma : E \to E$

$$f \in (\mathrm{Fix}(G))[x]. \quad \cdots\cdots ④$$

∵ $\phi \in G$를 임의로 잡고, ϕ에 의하여 정의된 환동형사상

$$\bar{\phi} : E[x] \to E[x]$$

로 f를 보내면, (보조정리 9.3.4에서 정의된 환동형사상)

$$\bar{\phi}(f) = \prod_{\sigma \in G} \bar{\phi}(x - \alpha^{\sigma}) = \prod_{\sigma \in G} (x - \alpha^{\sigma\phi}) = \prod_{\tau \in G} (x - \alpha^{\tau}) = f.$$

$\{\sigma\phi \mid \sigma \in G\} = G$

등식 $\bar{\phi}(f) = f$는 f의 각 계수가 ϕ에 의하여 고정됨을 뜻한다.

$\phi \in G$를 임의로 잡았으므로 f의 각 계수는 $\mathrm{Fix}(G)$에 속한다

$\mathrm{Fix}(G) = F$이므로, ④로부터, $f \in F[x]$이다. (가정)

$f \in F[x]$이고 $f(\alpha) = 0$이므로 ($x - \alpha (= x - \alpha^{\varepsilon})$은 $f = \prod_{\alpha \in G}(x - \alpha^{\sigma})$의 인수)

$$f = \mu_{\alpha/F}\, g, \ (g \in F[x]). \quad \cdots\cdots ⑤$$

⑤로부터, α의 임의의 F-켤레원 (즉, $\mu_{\alpha/F}$의 근) 은 f의 근이므로 $\alpha^{\sigma}, (\sigma \in G)$, 중 하나이고, 따라서 E에 속한다.

◀ 각 $\sigma \in G$에 대하여 $\alpha^{\sigma} \in E$

그러므로 $F \subset E$는 정규확대이다.

한편, f는 중근을 갖지 않으므로, ⑤로부터, $\mu_{\alpha/F}$도 중근을 갖지 않고, 따라서 α는 F 상에서 분리가능이다.

그러므로 $F \subset E$는 분리확대이다.

이제, $F \subset E$는 유한, 정규, 분리확대이므로 갈로아확대이다. ▌

따름정리 10.2.5

$F \subset E$가 갈로아확대일 때, $F \subset E$의 임의의 중간체 K에 대하여,

$$\mathrm{Fix}(\mathrm{Gal}(E/K)) = K.$$

증명 가정으로부터 $K \subset E$는 갈로아확대($\because$ 보조정리 10.2.4)이다.

$$\therefore\ \mathrm{Fix}(\mathrm{Gal}(E/K)) = K.\ (\because \text{ 정리 } 10.2.5).\ \blacksquare$$

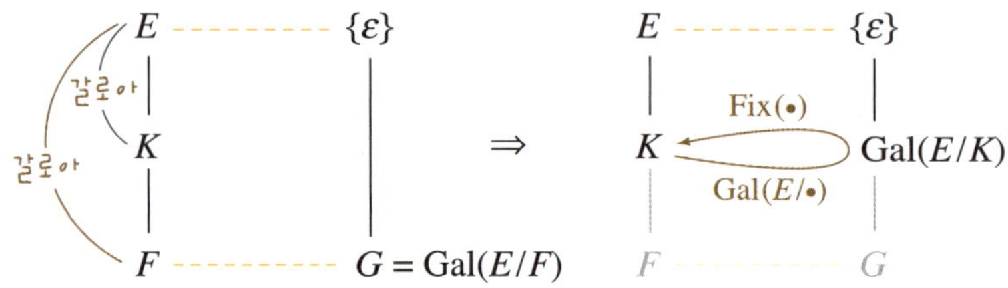

일반적으로 유한확대의 갈로아군의 위수는 확대 차수 이하이다. 다음 따름 정리는 이에 대한 간단한 증명이다.

따름정리 10.2.6

$F \subset E$가 유한확대일 때,

$$|\mathrm{Gal}(E/F)| \le |E:F|.$$

증명 $\mathrm{Fix}(G) = K$, (단, $G = \mathrm{Gal}(E/F)$) 라고 하면, $\mathrm{Gal}(E/K) = G$.

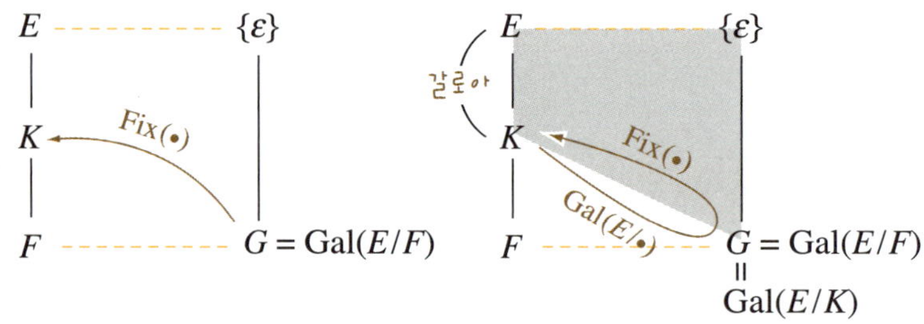

$\mathrm{Fix}(\mathrm{Gal}(E/K)) = \mathrm{Fix}(G) = K$이므로 $K \subset E$는 갈로아확대이다.

($\because$ 정리 10.2.4).

$$\therefore\ |G| = |\mathrm{Gal}(E/K)| \overset{\text{정리 } 10.1.6}{=} |E:K| \le |E:F|.\ \blacksquare$$

보조정리 10.2.7

$f \in F[x]$, $E = \mathrm{SF}(f/F)$일 때, $\alpha, \beta \in E$에 대하여, β가 α의 F-켤레원이면, $\alpha^\sigma = \beta$인 $\sigma \in \mathrm{Gal}(E/F)$가 존재한다.

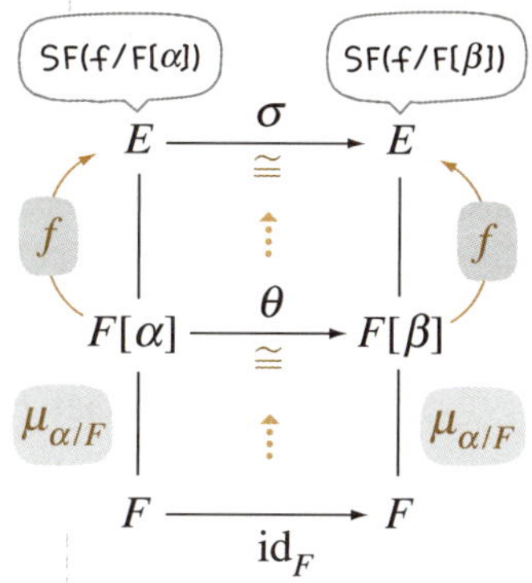

증 명 β가 α의 F-켤레원이므로, $\mu_{\alpha/F} = \mu_{\beta/F}$ 이고, 따라서 동형사상 확장정리(보조정리 9.3.5)에 의하여, $\alpha^{\theta} = \beta$를 만족하는 F-동형사상 $\theta : F[\alpha] \to F[\beta]$가 존재한다.
$F \subset F[\alpha] \subset E = \mathrm{SF}(f/F)$이므로 분해체 불변정리(따름정리 9.3.3)에 의하여, $\mathrm{SF}(f/F[\alpha]) = E$이다. 같은 논리로 $\mathrm{SF}(f/F[\beta]) = E$이다. 분해체 유일성정리(정리 9.3.6)에 의하여, θ를 확장하는 환동형사상 $\sigma : E \to E$가 존재한다. $\sigma|_F = \theta|_F = \mathrm{id}_F$이므로 $\sigma \in \mathrm{Gal}(E/F)$이고, $\alpha^{\sigma} = \alpha^{\theta} = \beta$. ∎

보조정리 10.2.8

$F \subset E$가 유한 정규확대일 때, $F \subset E$의 중간체 K에 대하여,

$$F \subset K\text{는 정규확대} \Leftrightarrow K^{\phi} = K, (\forall \phi \in \mathrm{Gal}(E/F)).$$

증 명 ($\Rightarrow$) $\alpha \in K$일 때, 임의의 $\phi \in \mathrm{Gal}(E/F)$에 대하여 α^{ϕ}는 α의 F-켤레원이다. $F \subset K$는 정규확대이므로 $\alpha^{\phi} \in K$. $\therefore K^{\phi} \subset K$.
ϕ^{-1}에 대해서도 $K^{\phi^{-1}} \subset K$가 성립한다. 이 때, $K \subset K^{\phi}$. $\therefore$ $K^{\phi} = K$.

($\Leftarrow$) $\alpha \in K$에 대하여 $\beta \in E$가 α의 F-켤레원이라 하고, $\beta \in K$임을 보이면 충분하다.
E는 F의 유한 정규확대이므로 어떤 $f \in F[x]$가 있어서 $E = \mathrm{SF}(f/F)$이다. 따라서 보조정리 10.2.7에 의하여 $\alpha^{\phi} = \beta$인 $\phi \in \mathrm{Gal}(E/F)$가 존재한다. 이 때, $\beta = \alpha^{\phi} \in K^{\phi} = K$이다. ∎
(가정)

보조정리 10.2.9

$F \subset E$가 유한 정규확대이고 K가 $F \subset E$의 중간체일 때, 임의의 $\phi \in \mathrm{Gal}(E/F)$에 대하여,

$$\mathrm{Gal}(E/K^{\phi}) = \mathrm{Gal}(E/K)^{\phi}$$

(K^{ϕ}: K의 ϕ-상, $\mathrm{Gal}(E/K)^{\phi}$: $\phi^{-1}\mathrm{Gal}(E/K)\phi$, 즉, $\mathrm{Gal}(E/K)$의 ϕ-켤레짝)

증 명 임의의 $\phi \in \mathrm{Gal}(E/F)$에 대하여,

$$\begin{aligned}
\sigma \in \mathrm{Gal}(E/K^{\phi}) &\Leftrightarrow (\alpha^{\phi})^{\sigma} = \alpha^{\phi}, (\forall \alpha \in K) \\
&\Leftrightarrow \alpha^{\phi\sigma} = \alpha^{\phi}, (\forall \alpha \in K) \\
&\Leftrightarrow \alpha^{\phi\sigma\phi^{-1}} = \alpha, (\forall \alpha \in K) \\
&\Leftrightarrow \phi\sigma\phi^{-1} \in \mathrm{Gal}(E/K) \\
&\Leftrightarrow \sigma \in \phi^{-1}\mathrm{Gal}(E/K)\phi = \mathrm{Gal}(E/K)^{\phi}.
\end{aligned}$$ ∎

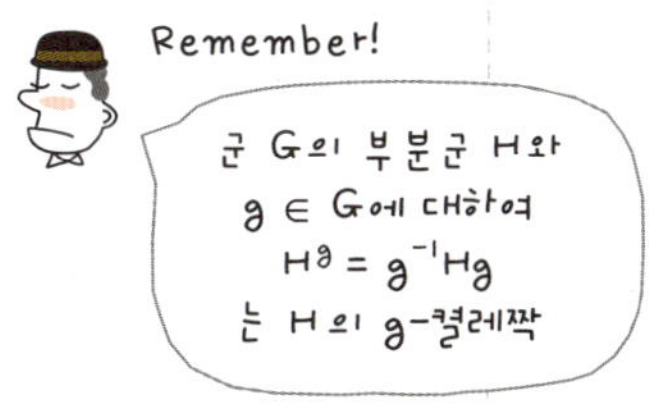

이제 갈로아 이론의 기본정리를 증명할 준비가 되었다.

정리 10.2.10 (갈로아 이론의 기본정리)

갈로아 확대 $F \subset E$에 대하여,

$$\mathscr{F} = \{K \mid K\text{는 } F \subset E\text{의 중간체}\},$$

$$\mathscr{G} = \{H \mid H \leq \mathrm{Gal}(E/F)\}$$

라고 할 때, 다음이 성립한다.

(1) $K \to \mathrm{Gal}(E/K)$로 정의되는 함수 $\Phi : \mathscr{F} \to \mathscr{G}$는 일대일대응이다.

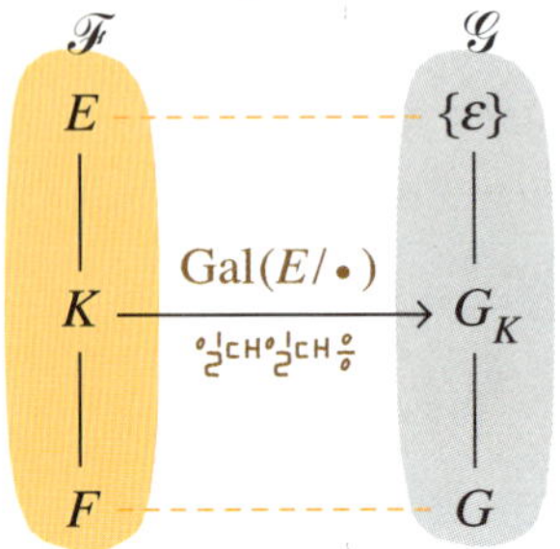

(2) $G = \mathrm{Gal}(E/F)$로 두고,

$K \in \mathscr{F}$에 대하여, $G_K = \mathrm{Gal}(E/K)$라고 할 때,

(i) $|E : K| = |G_K|$, $|K : F| = |G : G_K|$.

(ii) $F \subset K$가 정규확대일 필요충분조건은

$$G_K \lhd G. \text{ (정규부분군)}$$

더욱이, $F \subset K$가 정규확대일 때,

$$\mathrm{Gal}(K/F) \cong G/G_K.$$

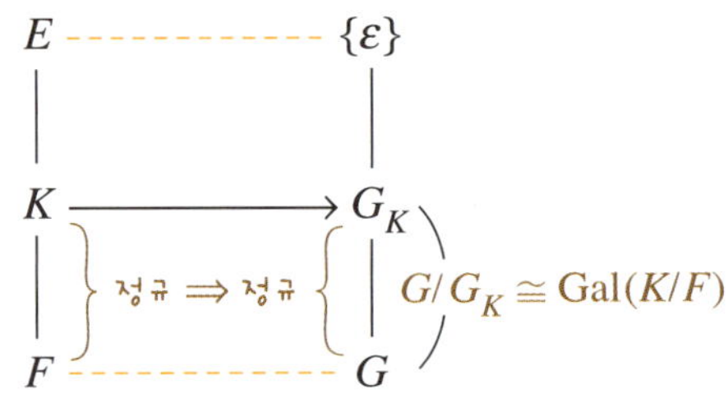

증명 (1) 함수 $\Phi : \mathscr{F} \to \mathscr{G}$, $\Psi : \mathscr{G} \to \mathscr{F}$를 각각

$$K \xrightarrow{\Phi} G_K,\ G \xrightarrow{\Psi} \mathrm{Fix}(G)$$

로 정의하고,

$$㉮\ \Phi\Psi = \mathrm{id}_{\mathscr{F}},\ ㉯\ \Psi\Phi = \mathrm{id}_{\mathscr{G}}$$

가 성립함을 보이면 된다.

㉮는 따름정리 10.2.5에서 증명되었다. (갈로아확대의 중간체는 부메랑!).

㉯는「$G_{\mathrm{Fix}(H)} = H, (\forall H \in \mathscr{G})$」와 동치이다.

$H \in \mathscr{G}$라고 할 때, 우선

$$H \subset G_{\mathrm{Fix}(H)}. \quad \cdots\cdots ①$$

$\mathrm{Fix}(H) \subset E$는 갈로아확대이므로 단순확대 ($\because$ 정리 9.4.4)이다.

$$\therefore\ E = \mathrm{Fix}(H)[\alpha], (\alpha \in E). \quad \cdots\cdots ②$$

$$h = \prod_{\sigma \in H} (x - \alpha^{\sigma})$$

로 두면, 정리 10.2.4의 증명에서와 같은 논리로 $h \in (\mathrm{Fix}(H))[x]$이다.

$h(\alpha) = 0$이므로

$$h = \mu_{\alpha/\mathrm{Fix}(H)}\, g, (g \in \mathrm{Fix}(H)[x]). \quad \cdots\cdots ③$$

(E는 Fix(H)의 갈로아확대)

$$\therefore\ |G_{\mathrm{Fix}(H)}| = |E : \mathrm{Fix}(H)|$$

$$= \deg \mu_{\alpha/\mathrm{Fix}(H)} \le \deg h = |H|. \cdots ④$$

(② ↗ =, ③ ↗ ≤)

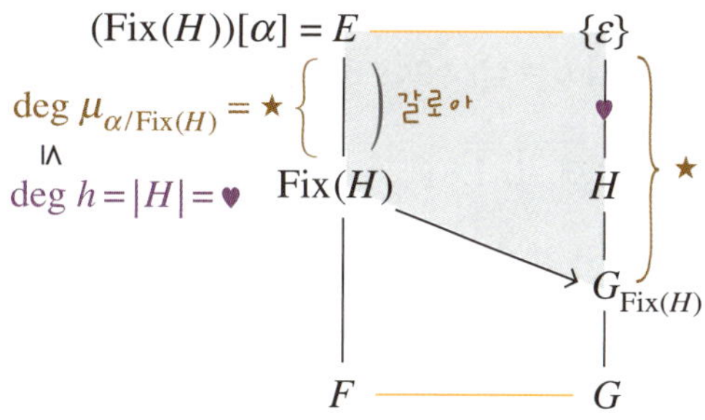

①, ④로부터, $H = G_{\mathrm{Fix}(H)}$가 성립하고,

따라서 ❹가 증명되었다.

(2) $K \in \mathscr{F}$라고 하자.

(i) $K \subset E$가 갈로아확대이므로 $|E : K| = |G_K|$이다.

(E는 F의 갈로아확대)

$$\therefore\ |G| = |E : F| = |E : K||K : F| = |G_K||K : F|.$$

$$\therefore\ |K : F| = \frac{|G|}{|G_K|} = |G : G_K|.$$

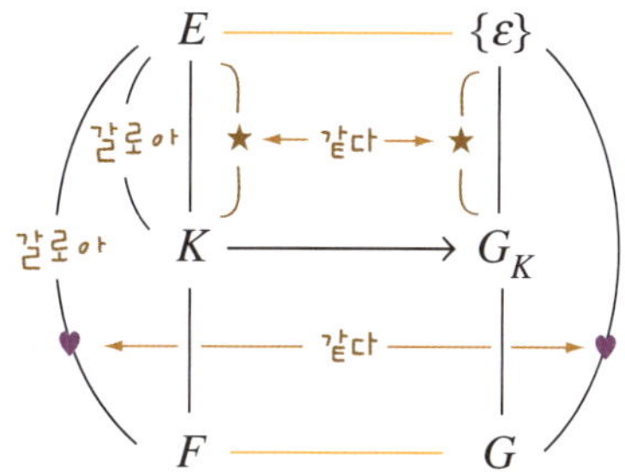

(ii) $F \subset K$가 정규확대일 필요충분조건은

$$K^{\phi} = K, (\forall \phi \in G)$$

이고 (∵ 보조정리 10.2.8), 또

$$K^{\phi} = K, (\forall \phi \in G) \Leftrightarrow \mathrm{Gal}(E/K^{\phi}) = \mathrm{Gal}(E/K), (\forall \phi \in G)$$

$$\Leftrightarrow \mathrm{Gal}(E/K)^{\phi} = \mathrm{Gal}(E/K), (\forall \phi \in G)$$

$$\Leftrightarrow \mathrm{Gal}(E/K) \lhd G$$

(보조정리 10.2.9 ↗ ⇔, $\mathrm{Gal}(E/K) = G_K$)

이므로, $F \subset K$가 정규확대일 필요충분조건은 「$G_K \lhd G$」이다.

$F \subset K$가 정규확대일 때, 임의의 $\sigma \in G$에 대하여, $K^{\sigma} = K$ 이므로,

$\bar{\sigma} = \sigma|_K$라고 하면, $\bar{\sigma} \in \mathrm{Gal}(K/F)$이다.

함수 $\theta : G \to \mathrm{Gal}(K/F)$를 $\sigma \to \bar{\sigma}$로 정의하면,

$$\theta(\sigma\tau) = \overline{\sigma\tau} = \bar{\sigma}\,\bar{\tau} = \theta(\sigma)\theta(\tau), (\sigma, \tau \in G)$$

이므로,

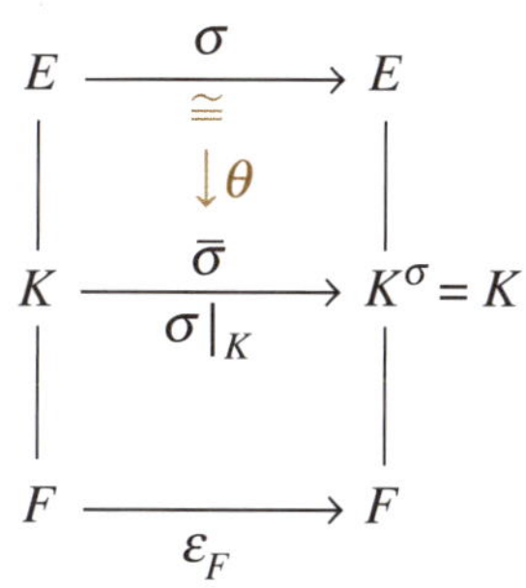

㉠ θ는 환준동형사상이다.

$\tau \in \mathrm{Gal}(K/F)$에 대하여 τ를 확장하는 $\sigma \in G$가 존재하므로,

㉡ θ는 전사이다. 더욱이

㉢ $\ker \theta = \{\sigma \in G \mid \bar{\sigma} = \mathrm{id}_K\}$

$$= \{\sigma \in G \mid \alpha^{\sigma} = \alpha, (\forall \alpha \in K)\} = G_K$$

이다. ㉠, ㉡, ㉢으로부터, 제 1 동형정리에 의하여

$$G/G_K \cong \mathrm{Gal}(K/F).\ \blacksquare$$

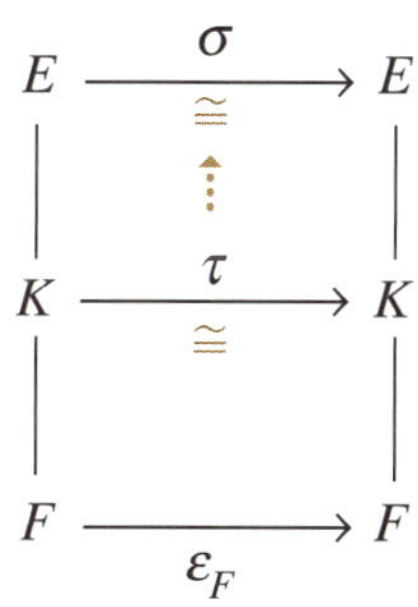

예제 10.2.11

$\boldsymbol{Q}$의 확대체 $E=\boldsymbol{Q}[\sqrt{2},\sqrt{3}\,]$에 대하여, $\mathscr{F},\mathscr{G}$ 사이의 관계를 기술하라.

풀이 예제 10.1.8에서 $G=\mathrm{Gal}(E/\boldsymbol{Q})\cong \mathbf{Z}_2\times\mathbf{Z}_2$이고,

$$G=\{\varepsilon,\sigma_2,\sigma_3,\sigma_4\}$$

의 원소는 다음과 같다.

	ε	σ_2	σ_3	σ_4
$\sqrt{2}\to$	$\sqrt{2}$	$\sqrt{2}$	$-\sqrt{2}$	$-\sqrt{2}$
$\sqrt{3}\to$	$\sqrt{3}$	$-\sqrt{3}$	$\sqrt{3}$	$-\sqrt{3}$

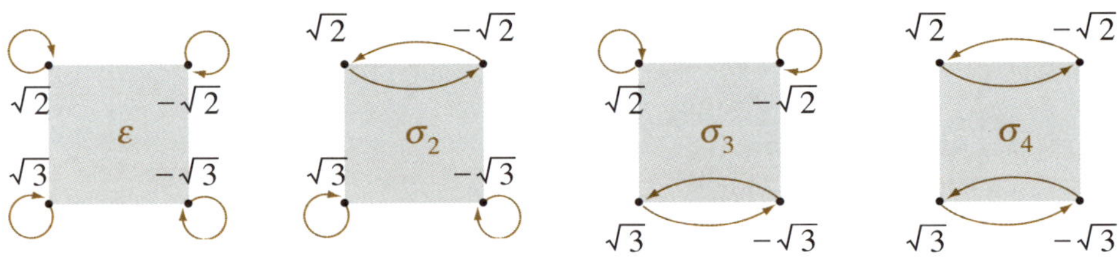

G의 부분군은 $\{\varepsilon\}$, G 및

$$H_2=\{\varepsilon,\sigma_2\},\ H_3=\{\varepsilon,\sigma_3\},\ H_4=\{\varepsilon,\sigma_4\}$$

의 5 개이고, 그 위수는 각각 $1,4,2,2,2$이다. 이들 각 부분군에 대하여 $\boldsymbol{Q}$ 상의 확대차수가 각각 $\frac{4}{1},\frac{4}{4},\frac{4}{2},\frac{4}{2},\frac{4}{2}$인 $\boldsymbol{Q}\subset E$의 중간체가 하나씩 대응되고 다른 중간체는 없다.

명백히

$$\mathrm{Fix}(\{\varepsilon\})=E,\ \mathrm{Fix}(G)=\boldsymbol{Q}.$$

$\sqrt{3}$은 σ_2에 의하여 고정되므로, $\boldsymbol{Q}[\sqrt{3}]\subset\mathrm{Fix}(H_2)$이고, $\sqrt{2}$는 σ_2에 의하여 고정되지 않으므로, $\mathrm{Fix}(H_2)\subsetneq E$이다. 여기서

$$|\boldsymbol{Q}[\sqrt{3}\,]:\boldsymbol{Q}|=2,\ \boldsymbol{Q}\subsetneq\boldsymbol{Q}[\sqrt{3}\,]\subset\mathrm{Fix}(H_2)\subsetneq E,\ |E:\boldsymbol{Q}|=4$$

이므로 $|\mathrm{Fix}(H_2):\boldsymbol{Q}[\sqrt{3}\,]|=1$이고, 따라서

$$\mathrm{Fix}(H_2)=\boldsymbol{Q}[\sqrt{3}\,]$$

이다. 같은 논리로,

$$\mathrm{Fix}(H_3)=\boldsymbol{Q}[\sqrt{2}\,],\ \mathrm{Fix}(H_4)=\boldsymbol{Q}[\sqrt{2}\sqrt{3}\,]=\boldsymbol{Q}[\sqrt{6}\,]$$

임을 알 수 있다.

G가 아벨군이므로 G_2,G_3,G_4는 모두 G의 정규부분군이다.

$\boldsymbol{Q}[\sqrt{2}\,],\boldsymbol{Q}[\sqrt{3}\,],\boldsymbol{Q}[\sqrt{6}\,]$도 실제로 모두 $\boldsymbol{Q}$의 정규확대이다.

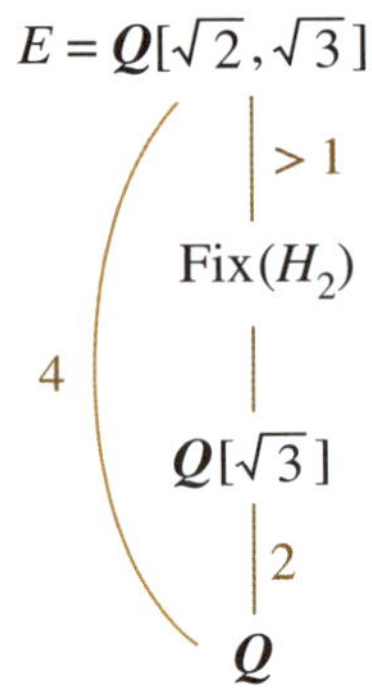

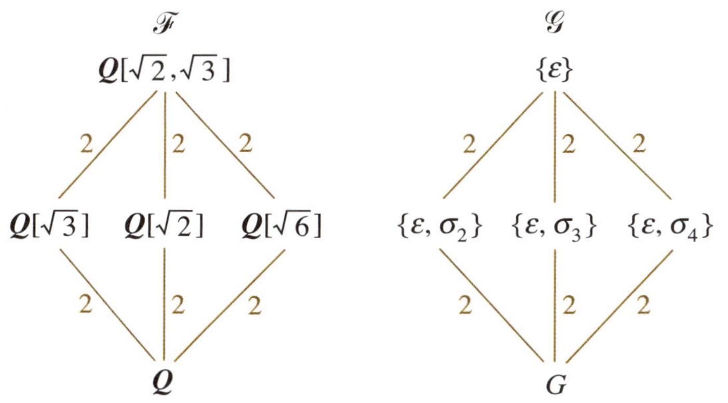

예제 10.2.12

$\boldsymbol{Q}$의 확대체 $E = \boldsymbol{Q}[\sqrt[3]{2}, e^{2\pi i/3}]$에 대하여, $\mathscr{F}, \mathscr{G}$ 사이의 관계를 기술하라.

풀 이 예제 10.1.7 에서 $G \cong S_3$이고,

$$G = \{\varepsilon, \sigma_2, \sigma_3, \sigma_4, \sigma_5, \sigma_6\}$$

의 원소는 다음과 같다. 여기서, $\omega = e^{2\pi i/3}$.

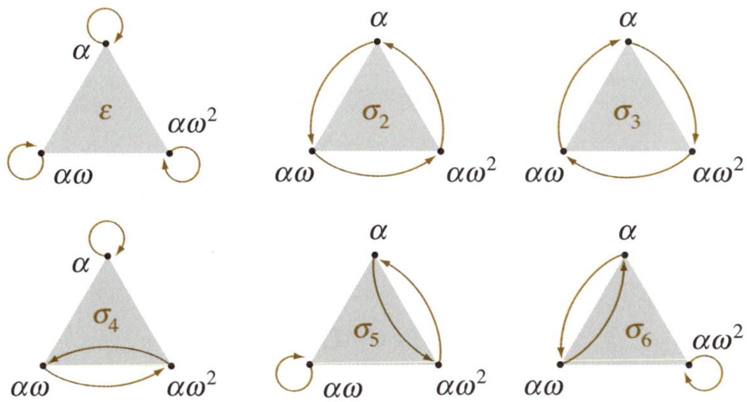

G의 부분군은 $\{\varepsilon\}, G$ 및

$$N = \{\varepsilon, \sigma_2, \sigma_3\}, H_4 = \{\varepsilon, \sigma_4\}, H_5 = \{\varepsilon, \sigma_5\}, H_5 = \{\varepsilon, \sigma_6\}$$

의 6 개이고, 그 위수는 각각 1, 6, 3, 2, 2, 2 이다. 이들 각 부분군에 대하여 $\boldsymbol{Q}$상의 확대차수가 가 각각 $\frac{6}{1}, \frac{6}{6}, \frac{6}{3}, \frac{6}{2}, \frac{6}{2}, \frac{6}{2}$ 인 $\boldsymbol{Q} \subset E$의 중간체가 하나씩 대응되고 다른 중간체는 없다.

명백히

$$\text{Fix}(\{\varepsilon\}) = E, \ \text{Fix}(G) = \boldsymbol{Q}.$$

$$\sigma_2(\omega) = \sigma_2\left(\frac{\alpha\omega}{\alpha}\right) = \frac{\sigma_2(\alpha\omega)}{\sigma_2(\alpha)} = \frac{\alpha\omega^2}{\alpha\omega} = \omega$$

이므로 ω는 σ_2에 의하여 고정된다. 같은 방법으로 ω는 σ_3에 의하여 고정된다. 따라서 $\boldsymbol{Q}[\omega] \subset \mathrm{Fix}(N)$이다.

$$|\boldsymbol{Q}[\omega] : \boldsymbol{Q}| = 2,\ \boldsymbol{Q} \subsetneq \boldsymbol{Q}[\omega] \subset \mathrm{Fix}(N) \subsetneq E,\ |E : \boldsymbol{Q}| = 6$$

이므로 $|\mathrm{Fix}(N) : \boldsymbol{Q}[\omega]| = 1$이고, 따라서

$$\mathrm{Fix}(N) = \boldsymbol{Q}[\omega]$$

이다.

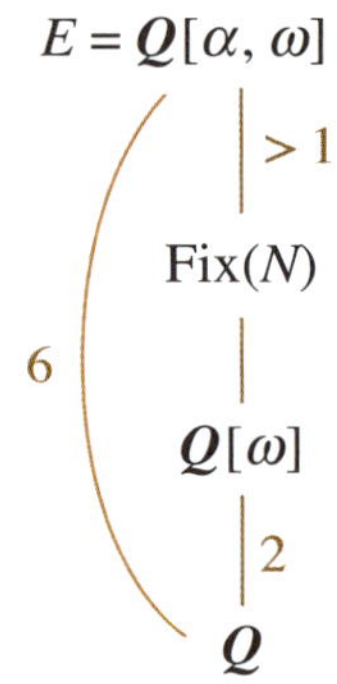

앞쪽의 그림에서 $\alpha, \alpha\omega, \alpha\omega^2$은 각각 $\sigma_4, \sigma_5, \sigma_6$에 의하여 고정된다. 위와 같은 논리로

$$\mathrm{Fix}(H_4) = \boldsymbol{Q}[\alpha],\ \mathrm{Fix}(H_4) = \boldsymbol{Q}[\alpha\omega],\ \mathrm{Fix}(H_5) = \boldsymbol{Q}[\alpha\omega^2]$$

임을 알 수 있다.

N, H_4, H_5, H_6 중 N만이 G의 정규부분군이다.

$\boldsymbol{Q}[\omega], \boldsymbol{Q}[\alpha], \boldsymbol{Q}[\alpha\omega], \boldsymbol{Q}[\alpha\omega^2]$ 중 $\boldsymbol{Q}[\omega]$만이 $\boldsymbol{Q}$의 정규확대이다.

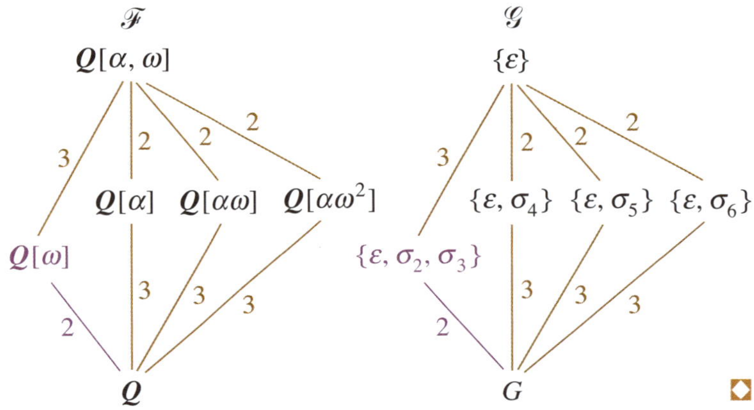

10-2 EXERCISES 연습문제

1 $F \subset E$가 갈로아확대일 때, 중간체는 유한 개임을 증명하라.

2 $F \subset E$가 갈로아확대이고, $H \le \mathrm{Gal}(E/F)$일 때, 임의의 $\alpha \in E$에 대하여, $\sum_{\sigma \in H} \alpha^{\sigma}$, $\prod_{\sigma \in H} \alpha^{\sigma}$는 $\mathrm{Fix}(H)$의 원소임을 보여라.

3 $E = \mathbf{Z}_2[\alpha]$, (단, α는 $x^2 + x + 1$의 근), 이라고 하고 $\sigma : E \to E$를 프로베니우스 동형사상이라고 할 때, $\mathrm{Fix}(\langle\sigma\rangle)$를 구하라.

4 $F \subset E$가 갈로아확대이고 $\mathrm{Gal}(E/\boldsymbol{Q})$가 위수 10 인 아벨군일 때, $F \subset E$의 중간체의 개수를 구하고 그 중간체의 확대차수를 구하라.

5 $E = \boldsymbol{Q}[\sqrt{2}, \sqrt{3}, \sqrt{5}]$에 대하여, $\boldsymbol{Q} \subset E$의 중간체 K가 다음과 같을 때, $\mathrm{Gal}(E/K)$ 의 위수를 구하라.

(1) $\boldsymbol{Q}[\sqrt{2}, \sqrt{3}]$ (2) $\boldsymbol{Q}[\sqrt{6}]$

(3) $\boldsymbol{Q}[\sqrt{30}]$ (3) $\boldsymbol{Q}[\sqrt{2} + \sqrt{6}]$

6 $\boldsymbol{Q}$의 확대체 $E = \boldsymbol{Q}[\sqrt{2}, i]$에 대하여, $\boldsymbol{Q} \subset E$의 중간체와 $\mathrm{Gal}(E/\boldsymbol{Q})$ 의 부분군 사이의 관계를 기술하라.

7 $F \subset E$가 갈로아확대이고 $\mathrm{Gal}(E/F)$가 아벨군(순환군)일 때, $F \subset E$의 중간체 K에 대하여 $\mathrm{Gal}(E/K)$, $\mathrm{Gal}(K/F)$는 아벨군(순환군)임을 증명하라.

8 $F \subset E$가 갈로아확대이고 $\mathrm{Gal}(E/F)$가 순환군일 때, $|E:F|$의 각 양의 약수 k에 대하여 확대차수 k인 $F \subset E$의 중간체가 꼭 하나 존재함을 보이고 $F \subset E$의 중간체는 이들뿐임을 보여라.

9 유한 정규확대 $F \subset E$의 중간체 K, L과 $\sigma \in \mathrm{Gal}(E/F)$에 대하여

$$K^{\sigma} = L \Leftrightarrow \mathrm{Gal}(E/K)^{\sigma} = \mathrm{Gal}(E/L)$$

임을 증명하라.

10-2 · E · X · E · R · C · I · S · E · S · 연습문제

10 $E = \mathrm{SF}((x^4-2)/\boldsymbol{Q})$, $\alpha = \sqrt[4]{2}$라고 할 때, $E = \boldsymbol{Q}[\alpha, i]$라는 사실과 연습문제 10.1.13의 $\sigma, \tau \in \mathrm{Gal}(E/\boldsymbol{Q})$를 써서, $\boldsymbol{Q} \subset E$의 중간체와 $\mathrm{Gal}(E/\boldsymbol{Q})$ 의 부분군 사이의 대응 관계를 기술하라.

11 위수 p^r인 유한체 F의 유한확대 E에 대하여, $|E:F| = n$ 일 때, $\mathrm{Gal}(E/F)$는 위수 n인 순환군이고 그 생성원은 $\alpha \to \alpha^{p^r}$로 정의된 함수 $\sigma : E \to E$임을 증명하라.

12 $\boldsymbol{Z}_p \subset GF(p^{12})$의 중간체와 $\mathrm{Gal}(GF(p^{12})/\boldsymbol{Z}_p)$ 의 부분군 사이의 대응 관계를 기술하라.

13 $E = \boldsymbol{Q}[\sqrt{2}, \sqrt{3}, \sqrt{5}]$ 에 대하여 $\boldsymbol{Q} \subset E$ 의 중간체 중 $\boldsymbol{Q}$의 4 차 확대를 모두 찾아라.

14 (1) $\zeta = \dfrac{1+i}{\sqrt{2}}$ 라고 할 때, $\zeta^2, \zeta^4, \zeta^8$을 계산하라.

(2) $x^4 + 1$의 모든 근을 구하라.

(3) $E = \mathrm{SF}((x^4+1)/\boldsymbol{Q})$라고 할 때, $\mathrm{Gal}(E/\boldsymbol{Q}) \cong \boldsymbol{U}_8$임을 보여라.

(4) $\boldsymbol{Q} \subset E$의 중간체와 $\mathrm{Gal}(E/\boldsymbol{Q})$ 의 부분군 사이의 대응 관계를 기술하라.

15 $f \in \boldsymbol{Q}[x]$에 대하여 $\mathrm{Gal}(SF(f/\boldsymbol{Q})/\boldsymbol{Q})$를 $\boldsymbol{Q}$상의 f의 갈로아군이라 하고 $\mathrm{Gal}(f)$로 나타낸다. 다음을 증명하라.

(1) f가 이차 기약다항식일 때, $\mathrm{Gal}(f) \cong \boldsymbol{Z}_2$.

(2) f가 삼차 기약다항식일 때, $\mathrm{Gal}(f) \cong \boldsymbol{Z}_3$ 또는 $\mathrm{Gal}(f) \cong S_3$.

10-3 갈로아 이론의 활용

이 절의 학습 내용

- 원시 n 제곱근 / • 원분다항식
- 작도가능 정다각형
- 거듭제곱근 확대 / • 반복된 거듭제곱근 확대
- 근호가해
- 가해군
- 오차 방정식의 불가해성

작도가능한 정다각형

$\cos 20°$가 작도가능한 수가 아니므로 정 18 각형은 작도가능하지 않다. 작도가능한 정다각형에 대하여 알아보자.

◀ 정 18 각형이 작도가능하면 $360°$ 의 18 등분을 작도할 수 있다.

이 절에서는 모든 체는 표수 0 인 것으로 한정한다.
또한 n 은 고정된 자연수를 나타내는 것으로 하고

$$\zeta = \cos\frac{2\pi}{n} + i\sin\frac{2\pi}{n} = e^{2\pi i/n}$$

으로 둔다.

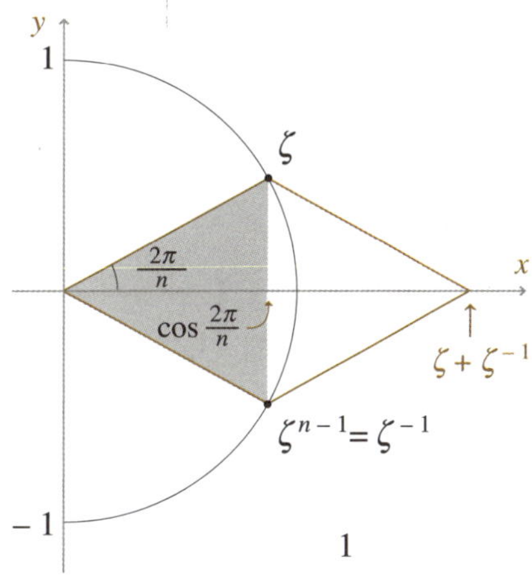

9.2 절에서와 같이, 작도가능한 수 (실수) 전체의 집합을 $\mathscr{C}$ 로 나타낸다.

$$\zeta + \zeta^{-1} = \left(\cos\frac{2\pi}{n} + i\sin\frac{2\pi}{n}\right) + \left(\cos\frac{2\pi}{n} - i\sin\frac{2\pi}{n}\right) = 2\cos\frac{2\pi}{n}$$

이므로 다음이 성립함을 알 수 있다.

- 정 n 각형은 작도가능 $\Leftrightarrow \cos\frac{2\pi}{n} \in \mathscr{C} \Leftrightarrow \zeta + \zeta^{-1} \in \mathscr{C}$.

따라서 작도가능한 정 n 각형의 특성을 찾기 위해서는 체 $\boldsymbol{Q}[\zeta + \zeta^{-1}]$ 의 성격을 관찰할 필요가 있다.

먼저 $\boldsymbol{Q}$ 상의 ζ 의 최소다항식을 찾아 보자.

$$T_n = \{1, \zeta, \cdots, \zeta^{n-1}\}$$

은 $(C^{\#}, \cdot)$의 위수 n인 순환부분군이다. $(\because T_n = \langle\zeta\rangle.)$.

◀ 1.3절 보기 5

$$o(\zeta^j) = n \Leftrightarrow \gcd(n, j) = 1 \Leftrightarrow j \in U_n$$

(따름정리 1.4.5)

◀ $U_n = \{j \in Z_n \mid \gcd(n,j) = 1\}$

이므로 T_n의 생성원의 집합은 $\{\zeta^j \mid j \in U_n\}$이다.

$\{\zeta^j \mid j \in U_n\}$의 원소를 1의 **원시 n 제곱근**이라고 한다.

◀ 原始 n 제곱근 primitive nth root of unity

$$\Phi_n = \prod_{j \in U_n} (x - \zeta^j)$$

라고 하면 Φ_n은 $\phi(n)$차 Z-다항식이며 $Q[x]$-기약이다. (appendix 참조).
그러므로 다음이 성립한다.

- $\deg \Phi_n = |U_n| = \phi(n)$. ($\phi$는 오일러 함수).
- $\mu_{\zeta/Q} = \Phi_n$이고, $|Q[\zeta] : Q| = \phi(n)$.
- $\{\zeta^i \mid i \in U_n\}$는 ζ의 Q-켤레원 전체의 집합이다.

Φ_n을 제 n **원분다항식**이라고 한다.

◀ 圓分多項式 cyclotomic polynomial

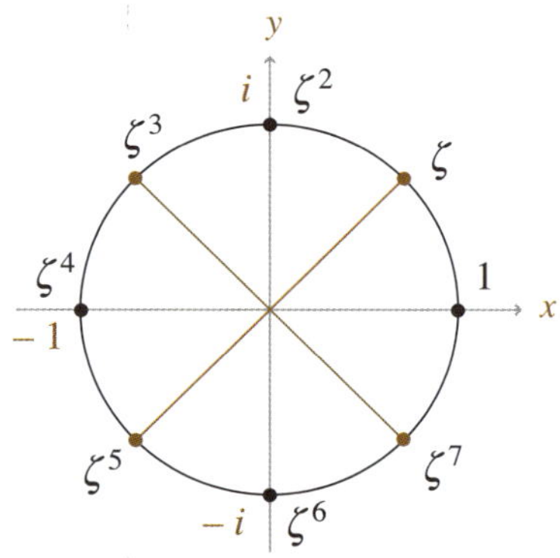

보기 1 $U_8 = \{1, 3, 5, 7\}$이므로

$$\Phi_8(x) = (x-\zeta)(x-\zeta^3)(x-\zeta^5)(x-\zeta^7).$$

$$\begin{aligned} x^8 - 1 &= (x-\zeta^0)(x-\zeta^1)(x-\zeta^2)\cdots(x-\zeta^7) \\ &= (x-\zeta^0)(x-\zeta^2)(x-\zeta^4)(x-\zeta^6)\Phi_8 \\ &= (x-1)(x-i)(x+1)(x-i)\Phi_8 = (x^4+1)\Phi_8. \end{aligned}$$

$$\therefore\ \Phi_8 = \frac{x^8-1}{x^4-1} = x^4 + 1.$$ ← Q상에서 기약 (예제 8.3.11)

보조정리 10.3.1

$\zeta = e^{2\pi i/n}$라고 할 때, $\mathrm{Gal}(Q[\zeta]/Q)$는 위수 $\phi(n)$인 아벨군이다.

증명 $Q[\zeta] = \mathrm{SF}(\Phi_n/Q)$이므로 $Q[\zeta]$는 Q의 정규확대이고, 따라서 갈로아확대이다. 그러므로

$$|G| = |Q[\zeta] : Q| = \phi(n).$$

$\sigma, \tau \in G$에 대하여 $\zeta^\sigma = \zeta^k$, $\zeta^\tau = \zeta^m$인 $k, m \in U_n$이 존재한다. 이 때, $\zeta^{\sigma\tau} = (\zeta^\sigma)^\tau = (\zeta^k)^\tau = (\zeta^\tau)^k = \zeta^{mk}$이고 같은 식으로 $\zeta^{\tau\sigma} = \zeta^{km}$이다. 따라서 $\zeta^{\sigma\tau} = \zeta^{\tau\sigma}$이다. G의 각 원소는 ζ에서의 값에 의하여 완전히 결정되므로 $\sigma\tau = \tau\sigma$이다. 그러므로 G는 아벨군이다. ∎

정리 10.3.2

정 n 각형이 작도가능할 필요충분조건은 「$\phi(n) = $ (2의 거듭제곱)」이다.

증명 ($\Rightarrow$) 정 n 각형이 작도가능하다고 하면, $\zeta + \zeta^{-1}$ 은 작도가능 수이다. 그러므로, 따름정리 9.2.7에 의하여,

$$|\boldsymbol{Q}[\zeta + \zeta^{-1}] : \boldsymbol{Q}| = (2\text{의 거듭제곱}). \quad \cdots\cdots\cdots ①$$

한편,

$$|\boldsymbol{Q}[\zeta] : \boldsymbol{Q}[\zeta + \zeta^{-1}]| = 2. \quad \cdots\cdots\cdots ②$$

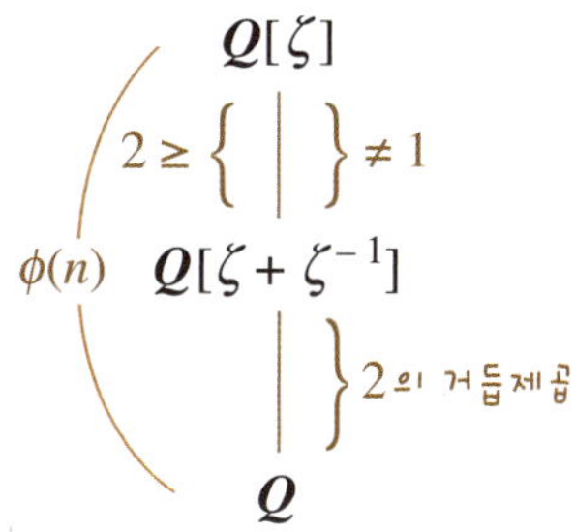

∵ 명백히 $\boldsymbol{Q}[\zeta + \zeta^{-1}] \subset \boldsymbol{Q}[\zeta]$.

$$f = (x - \zeta)(x - \zeta^{-1}) = x^2 - (\zeta + \zeta^{-1})x + 1$$

이라고 하면, $f \in (\boldsymbol{Q}[\zeta + \zeta^{-1}])[x]$ 이고, $f(\zeta) = 0$이므로

$$|\boldsymbol{Q}[\zeta] : \boldsymbol{Q}[\zeta + \zeta^{-1}]| \le 2. \quad \cdots\cdots\cdots ③$$

한편 ζ는 실수가 아니므로 $\zeta \notin \boldsymbol{Q}[\zeta + \zeta^{-1}]$ 이다. 따라서 $\boldsymbol{Q}[\zeta + \zeta^{-1}] \ne \boldsymbol{Q}[\zeta]$ 이고, 그러므로

$$|\boldsymbol{Q}[\zeta] : \boldsymbol{Q}[\zeta + \zeta^{-1}]| > 1. \quad \cdots\cdots\cdots ④$$

③, ④로부터 ②가 성립한다. ◆

$$\phi(n) = |\boldsymbol{Q}[\zeta] : \boldsymbol{Q}| = |\boldsymbol{Q}[\zeta] : \boldsymbol{Q}[\zeta + \zeta^{-1}]|\,|\boldsymbol{Q}[\zeta + \zeta^{-1}] : \boldsymbol{Q}|$$

이므로 ①, ②에 의하여

$$\phi(n) = (2\text{의 거듭제곱}).$$

($\Leftarrow$) $\phi(n) = 2^r$ 이라고 하면,

$$|\mathrm{Gal}(\boldsymbol{Q}[\zeta]/\boldsymbol{Q})| = 2^r \quad (\because \text{보조정리 } 10.3.1)$$

이고, 그러므로, 따름 정리 5.2.3에 의하여

$$\{\varepsilon\} = H_0 \subset H_1 \subset \cdots \subset H_r = \mathrm{Gal}(\boldsymbol{Q}[\zeta]/\boldsymbol{Q}),$$
$$|H_i| = 2^i$$

를 만족하는 군 $H_i, (i = 1, \cdots, r)$, 이 존재한다.

$\mathrm{Fix}(H_i) = E_i$라고 하면

$$\boldsymbol{Q}[\zeta] = E_0 \supset E_1 \supset \cdots \supset E_r = \boldsymbol{Q}$$

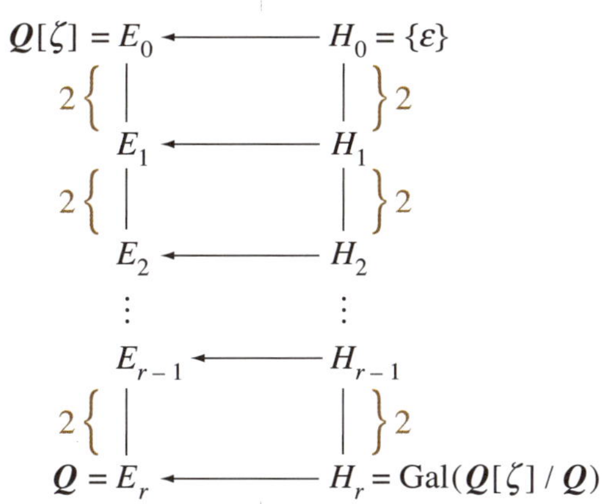

이다. 갈로아이론의 기본정리에 의하여

$$|E_{i-1} : E_i| = |H_i / H_{i-1}| = \frac{2^i}{2^{i-1}} = 2, (i = 2, \cdots, r)$$

이므로, $\boldsymbol{Q}[\zeta]$는 $\boldsymbol{Q}$의 반복된 이차확대이다.

$\zeta + \zeta^{-1} \in \boldsymbol{Q}[\zeta]$ 이므로, 정리 9.2.6에 의하여 $\zeta + \zeta^{-1}$은 작도가능한 수이다. 따라서 정 n 각형은 작도가능하다. ∎

보기 2 (1) 정 3 각형, 정 4 각형, 정 5 각형, 정 6 각형, 정 17 각형은 작도가능이다.

∵ $\phi(3)=2, \phi(4)=2, \phi(5)=4, \phi(6)=2, \phi(17)=16$은 2의 거듭제곱이다.

(2) 정 7 각형, 정 18 각형은 작도가능이 아니다.

∵ $\phi(7)=6, \phi(18)=6$은 2의 거듭제곱이 아니다.

◀ p가 소수일 때
$U_p=\{1,2,\cdots,p-1\}$.
$U_4=\{1,3\}$.
$U_6=\{1,5\}$.
$U_{18}=\{1,5,7,11,13,17\}$.

$\phi(n)$이 2의 거듭제곱인 n

다음은 정수론에서 잘알려진 사실이다.

(2 의 거듭제곱) + 1 꼴의 수를 페르마 수라 하고, 페르마 수 중 소수를 페르마 소수라고 한다.

페르마 소수는 $2^{2^k}+1$ 꼴의 소수이다.

$n=2^e p_1^{e_1}\cdots p_r^{e_r}$, (단, $p_1,\cdots,p_r$ 서로 다른 홀수인 소수), 일 때,

$$\phi(n)=2^{e-1}p_1^{e_1-1}\cdots p_r^{e_r-1}(p_1-1)\cdots(p_r-1). \quad \cdots\cdots ①$$

① 의 우변이 2 의 거듭제곱일 필요충분조건은 각 $i=1,2,\cdots,r$에 대하여 $e_i=1$이고, $p_i-1=$ (2의 거듭제곱), 즉, p_i는 페르마 소수일 것이다. 따라서 $\phi(n)=$ (2의 거듭제곱)일 필요충분조건은

$$n=2^e p_1\cdots p_r, \text{ (단, } p_1,\cdots,p_r\text{은 서로 다른 페르마 소수).}$$

◀ Fermat number

◀ Fermat prime

k	$2^{2^k}+1$
0	3
1	5
2	17
3	257
4	65537
5	$2^{32}+1$

오차방정식 불가해성

방정식 $(x^2-1)^2=2$의 근은

$$\pm\sqrt{1\pm\sqrt{2}}$$

이다. 이 근은 유리수로써 사칙계산 및 거듭제곱근을 사용하여 표현되어 있다. 일반적으로 오차 이상의 방정식의 근에 대해서는 이러한 표현이 불가능하다. 지금부터 이에 대하여 알아 본다.

여기서도 F는 체를 나타낸다.

체 $F \subset K$에 대하여,

$$K = F[\alpha], (\text{단}, \alpha^n \in F\text{인 } n \in \mathbf{Z}^+\text{가 존재.})$$

일 때, K를 F의 **거듭제곱근 확대**라고 한다.

◀ radical extension

체 $F \subset E$에 대하여, 중간체의 사슬

$$F = E_0 \subset E_1 \subset \cdots \subset E_r = E$$

가 있어서, 각 $i = 1, 2, \cdots, r$에 대하여, $E_{i-1} \subset E_i$가 거듭제곱근확대일 때, E를 F의 **반복된 거듭제곱근 확대**라고 한다.

◀ repeated radical extension

보기 3 $\zeta = e^{2\pi i/3}$이라고 할 때, $\mathbf{Q}[\zeta, \sqrt[3]{2}\,]$는 $\mathbf{Q}$의 반복된 거듭제곱근 확대이다.

$\zeta^3 = 1 \in \mathbf{Q}$ 이므로 거듭제곱근 확대

$\because\ \mathbf{Q} \subset \mathbf{Q}[\zeta] \subset \mathbf{Q}[\zeta, \sqrt[3]{2}\,]$

$(\sqrt[3]{2})^3 = 2 \in \mathbf{Q}[\zeta]$ 이므로 거듭제곱근 확대

따라서 $\mathbf{Q} \subset \mathbf{Q}[\zeta, \sqrt[3]{2}\,]$는 반복된 거듭제곱근 확대이다.

E가 F의 반복된 거듭제곱근 확대일 때, E의 원소는 F의 원소로써 사칙계산 및 거듭제곱근을 사용하여 표현될 수 있다.

보기 4 $\zeta = e^{2\pi i/3}$ 이라고 할 때, $\mathbf{Q}[\zeta, \sqrt[3]{2}\,]$의 원소는 $\mathbf{Q}$의 원소 및 $\sqrt[3]{-1}$, $\sqrt[3]{2}$로써 사칙계산을 사용하여 표현될 수 있다.

$\because\ \mathbf{Q}[\zeta]$의 원소는 $1, \zeta$의 $\mathbf{Q}$-일차결합이다. $(\because\ \zeta^2 + \zeta + 1 = 0)$.

$\zeta = (\sqrt[3]{-1})^2$이므로 $\mathbf{Q}[\zeta]$의 원소는 $\mathbf{Q}$의 원소 및 $\sqrt[3]{-1}$로써 사칙연산을 사용하여 표현될 수 있다.

$\mathbf{Q}[\zeta, \sqrt[3]{2}\,]$의 원소는 $1, \sqrt[3]{2}, (\sqrt[3]{2})^2$의 $\mathbf{Q}[\zeta]$-일차결합이다.

따라서 $\mathbf{Q}[\zeta, \sqrt[3]{2}\,]$의 원소는 $\mathbf{Q}$의 원소 및 $\sqrt[3]{-1}$, $\sqrt[3]{2}$로써 사칙연산을 사용하여 표현될 수 있다.

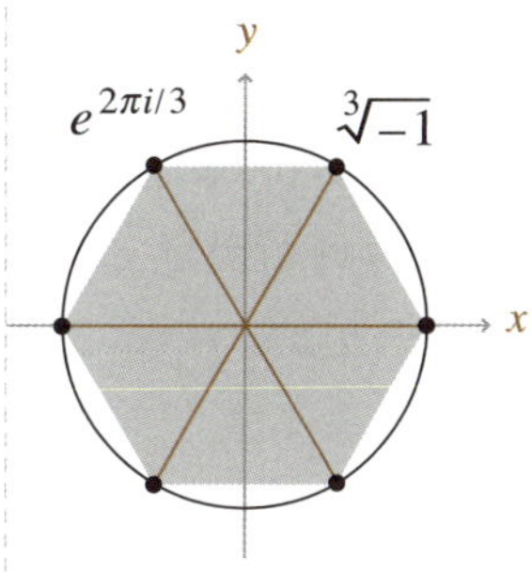

$f \in F[x]$에 대하여, f가 F의 어떤 반복된 거듭제곱근 확대 E 상에서 분해될 때, f는 F상에서 **근호가해**라고 한다. f가 F상에서 근호가해일 때, f의 근은 E에 속하므로 F의 원소로써 사칙계산 및 거듭제곱근을 사용하여 표현될 수 있다.

E내에 f의 모든해가 존재

◀ 根號可解 solvable by radicals

보기 5 $f = x^3 - 2$는 $\boldsymbol{Q}$ 상에서 근호가해이다.

$\because$ f는 $\boldsymbol{Q}$의 반복된 거듭제곱근 확대 $\boldsymbol{Q}[\zeta, \sqrt[3]{2}\,]$ 상에서

$$f = (x - \sqrt[3]{2})(x - \sqrt[3]{2}\zeta)(x - \sqrt[3]{2}\zeta^2)$$

와 같이 분해된다.

근호가해성을 알아보기 위해서는 군에 관한 다음 개념이 필요하다.
군 G의 부분군의 사슬

$$\{e\} = G_0 \le G_1 \le \cdots \le G_r = G$$

가 있어서, 각 $i = 1, 2, \cdots, r$에 대하여,

$$G_{i-1} \lhd G_i,\quad G_i / G_{i-1}\text{은 아벨군}$$

일 때, G를 **가해군**이라고 한다. 명백히 임의의 아벨군은 가해군이다.

◀ 可解群 solvable group

보조정리 10.3.3

가해군의 부분군과 인자군은 가해군이다.

증명 G가 가해군이라고 하고, G의 부분군의 사슬

$$\{e\} = G_0 \le G_1 \le \cdots \le G_r = G$$

가 가해군의 조건을 만족한다고 하자.

(i) $H \le G$일 때, $H \cap G_i = H_i$라고 하면

$$\{e\} = H_0 \le H_1 \le \cdots \le H_r = H.$$

각 $i = 1, \cdots, r$에 대하여, $H_{i-1} \lhd H_i$이다.(연습문제 3.2.1).

$a, b \in G_i$에 대하여, $G_{i-1}ab = G_{i-1}ba$이므로 $aba^{-1}b^{-1} \in G_{i-1}$.

$$\therefore\ a, b \in H_i \Rightarrow aba^{-1}b^{-1} \in H_{i-1} \Rightarrow H_{i-1}ab = H_{i-1}ba.$$

그러므로 H_i / H_{i-1}은 아벨군이다.

(ii) $N \lhd G$에 대하여, $\pi : G \to G/N$을 표준준동형사상이라고 하면,

$$\{N\} = \pi(G_0) \le \pi(G_1) \le \cdots \le \pi(G_r) = \pi(G) = G/N.$$

정리 3.3.1에 의하여 $\pi(G_{i-1}) \lhd \pi(G_i), (i = 1, \cdots, r)$.

$u, v \in \pi(G_i)$ 에 대하여, $\pi(a) = u, \pi(b) = v$인 $a, b \in G_i$가 존재한다.

$aba^{-1}b^{-1} \in G_{i-1}$이므로

$$uvu^{-1}v^{-1} = \pi(aba^{-1}b^{-1}) \in \pi(G_{i-1}).$$

$$\therefore\ \pi(G_{i-1})uv = \pi(G_{i-1})vu.$$

그러므로 $\pi(G_i)/\pi(G_{i-1})$은 아벨군이다. ∎

보조정리 10.3.4

$\zeta = e^{2\pi i/n} \in F$일 경우, $\beta \in F$에 대하여, $E = \mathrm{SF}((x^n - \beta)/F)$라고 할 때, $\mathrm{Gal}(E/F)$는 아벨군이다.

증명 $\alpha \in E$를 $x^n - \beta$의 근이라고 할 때, $x^n - \beta$의 근 전체의 집합은 $\{\alpha, \alpha\zeta, \cdots, \alpha\zeta^{n-1}\}$이고, 따라서 $E = F[\alpha]$이다.

$\phi \in \mathrm{Gal}(E/F)$에 대하여, ϕ는 α^ϕ에 의하여 완전히 결정된다.

$$\alpha^\phi \in \{\alpha, \alpha\zeta, \cdots, \alpha\zeta^{n-1}\}, \ \zeta^\phi = \zeta$$

이다. $\sigma, \tau \in \mathrm{Gal}(E/F)$에 대하여,

$$\alpha^\sigma = \alpha\zeta^i, \alpha^\tau = \alpha\zeta^j, (0 \le i, j < n-1)$$

인 i, j가 존재한다. 이 때,

$$\alpha^{\sigma\tau} = (\alpha\zeta^i)^\tau = \alpha^\tau\zeta^i = \alpha\zeta^j\zeta^i = \alpha\zeta^{i+j} = \alpha^{\tau\sigma}$$

이므로 $\sigma\tau = \tau\sigma$이다. 그러므로 $\mathrm{Gal}(E/F)$는 아벨군이다. ▌

정리 10.3.5

$f \in \boldsymbol{Q}[x]$에 대하여, $E = \mathrm{SF}(f/\boldsymbol{Q})$라고 할 때, f가 $\boldsymbol{Q}$ 상에서 근호가해이면 $G = \mathrm{Gal}(E/\boldsymbol{Q})$는 가해군이다.

증명 먼저 다음을 증명한다.

㉠ $\mathrm{Gal}(L/\boldsymbol{Q})$가 가해군인 E의 확대체 L이 존재한다.

f는 $\boldsymbol{Q}$ 상에서 근호가해이므로 조건

$$E \subset \boldsymbol{Q}[\alpha_1, \cdots, \alpha_r],$$ ← 이것을 L로 할 것이다.

$$\alpha_1^{n_1} \in \boldsymbol{Q}, \alpha_i^{n_i} \in \boldsymbol{Q}[\alpha_1, \cdots, \alpha_{i-1}], (i = 2, \cdots, r)$$

을 만족하는 $\alpha_1, \cdots, \alpha_r$과 $n_1, \cdots, n_r \in \boldsymbol{Z}^+$가 존재한다.

$n = \mathrm{lcm}\{n_1, \cdots, n_r\}$이라 하고, $\zeta = e^{2\pi i/n}$이라고 하자.

이 때, $\boldsymbol{Q}[\zeta]$는 각 $i = 1, \cdots, r$에 대하여 원시 n_i 제곱근 $e^{2\pi i/n_i}$를 포함한다. ($\because (e^{2\pi i/n_i})^n = 1$.).

$\mathrm{Gal}(\boldsymbol{Q}[\zeta]/\boldsymbol{Q})$는 아벨군이다. (보조정리 10.3.1).

$$E_0 = \boldsymbol{Q}[\zeta], E_i = \boldsymbol{Q}[\zeta, \alpha_1, \cdots, \alpha_i], (i = 1, \cdots, r)$$

이라고 하자. 각 $i = 1, \cdots, r$에 대하여 $\alpha_i^{n_i} = \beta_i$라고 하면,

$$\beta_i \in \boldsymbol{Q}[\alpha_1, \cdots, \alpha_{i-1}] \subset \boldsymbol{Q}[\zeta, \alpha_1, \cdots, \alpha_{i-1}] = E_{i-1}$$

이고, 따라서 $E_i = \mathrm{SF}((x^{n_i} - \beta_i)/E_{i-1})$이다.

그러므로 $\mathrm{Gal}(E_i/E_{i-1})$은 아벨군이다. (보조정리 10.3.4).

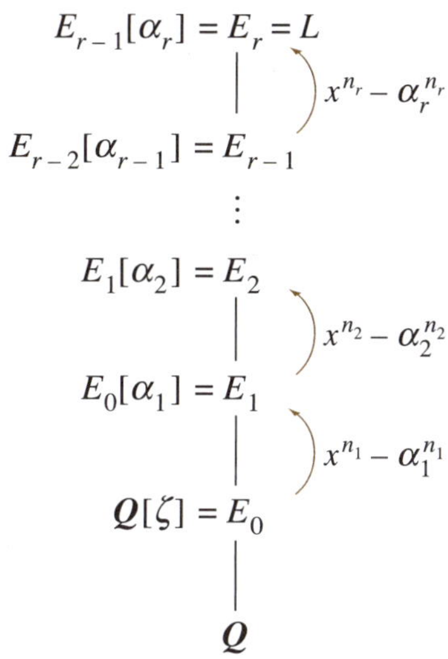

$L=E_r$로 두면 $\boldsymbol{Q}\subset L$의 중간체의 사슬

$$L=E_r\supset E_{r-1}\supset\cdots\supset E_1\supset E_0\supset \boldsymbol{Q}$$

을 얻는다.

$$g=(x^n-1)(x^{n_1}-\beta_1)\cdots(x^{n_r}-\beta_r)$$

이라고 하면 $L=\mathrm{SF}(g/\boldsymbol{Q})$이므로

L은 $\boldsymbol{Q}$의 갈로아확대이다.

$$G_i=\mathrm{Gal}(L/E_i),\ (i=0,1,\cdots,r),$$

$$G=\mathrm{Gal}(L/\boldsymbol{Q})$$

로 두면,

$$\{\varepsilon\}=G_r\subset\cdots\subset G_1\subset G_0\subset G$$

와 같은 G의 부분군의 사슬을 얻는다.

각 $i=0,1,\cdots,r$에 대하여

$E_{i-1}\subset L$은 갈로아확대(단, $E_{-1}=\boldsymbol{Q}$)이고,

$$E_i=\mathrm{SF}((x^{n_i}-\beta_i)/E_{i-1})$$

이므로 $E_{i-1}\subset E_i$는 정규확대이다.

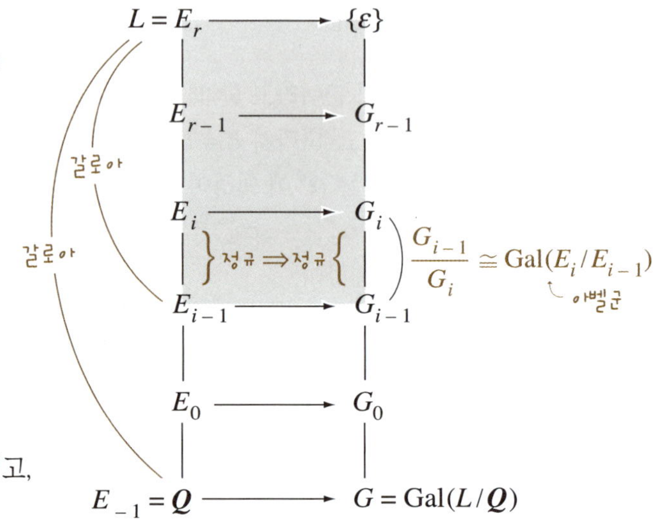

따라서 갈로아 이론의 기본정리에 의하여

$$G_i\lhd G_{i-1},$$

$$G_{i-1}/G_i\cong\mathrm{Gal}(E_i/E_{i-1}).$$

$\mathrm{Gal}(E_i/E_{i-1})$이 아벨군이므로 G_{i-1}/G_i는 아벨군이고, 따라서 G는 가해군이다.

이상의 논의로 ㉠이 증명되었다.

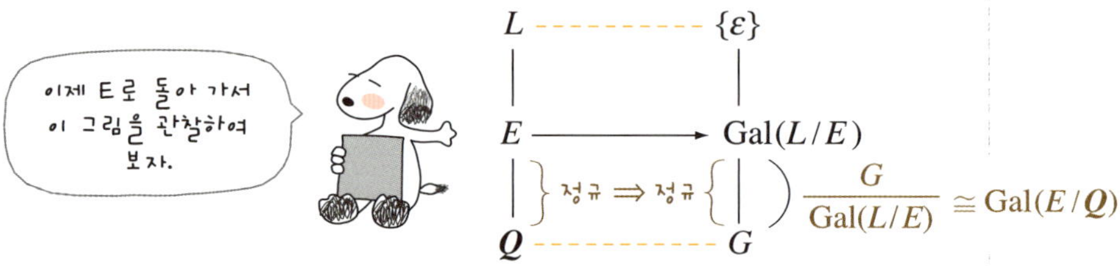

$E=\mathrm{SF}(f/\boldsymbol{Q})$이므로 $\boldsymbol{Q}\subset E$는 정규확대이고, 따라서, 갈로아 이론의 기본정리에 의하여,

$$\mathrm{Gal}(L/E)\lhd G,\quad \mathrm{Gal}(E/\boldsymbol{Q})\cong\frac{\mathrm{Gal}(L/\boldsymbol{Q})}{\mathrm{Gal}(L/E)}=\frac{G}{\mathrm{Gal}(L/E)}.$$

G가 가해군이므로 그 인자군 $\dfrac{G}{\mathrm{Gal}(L/E)}$도 가해군이다. 그러므로 $\mathrm{Gal}(E/\boldsymbol{Q})$는 가해군이다. ∎

예제 10.3.6

오차다항식 $f = 2x^5 - 10x + 5$ 는 $\boldsymbol{Q}$ 상에서 근호가해가 아님을 보여라.

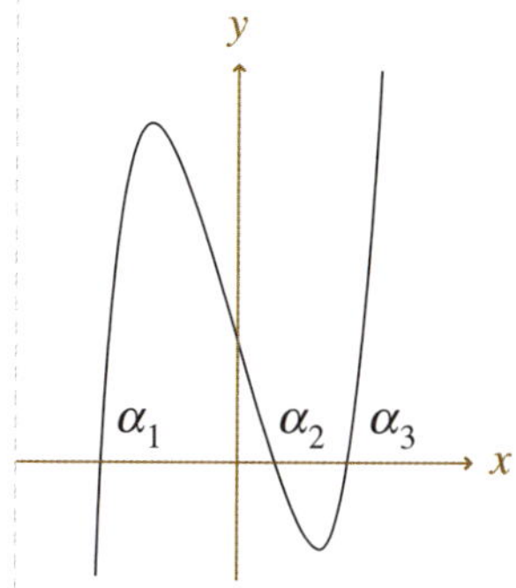

풀이 $E = \mathrm{SF}(f/\boldsymbol{Q})$, $G = \mathrm{Gal}(E/\boldsymbol{Q})$ 라고 하자.

$y = 2x^5 - 10x + 5$의 그래프의 개형은 오른쪽 그림과 같다. 여기서 f는 3 개의 실근 $\alpha_1, \alpha_2, \alpha_3$과 2 개의 허근 $\beta, \bar{\beta}$ 을 가짐을 알 수 있다.

$\Omega = \{\alpha_1, \alpha_2, \alpha_3, \beta, \bar{\beta}\}$ 라고 하면,

$$G \leq \mathrm{Sym}(\Omega) \cong S_5 .$$

G의 원소를 그에 대응하는 $\mathrm{Sym}(\Omega)$ 의 원소와 동일시하면,

❶ G는 5-사이클을 가진다.

∵ 아이젠슈타인의 판정법에 의하여 f는 $\boldsymbol{Q}$ 상에서 기약이므로 $|\boldsymbol{Q}[\alpha_1] : \boldsymbol{Q}| = \deg f = 5$ 이다.
$\boldsymbol{Q} \subset E$ 는 갈로아확대이므로 $|E : \boldsymbol{Q}| = |G|$ 이다.
$\boldsymbol{Q} \subset \boldsymbol{Q}[\alpha_1] \subset E$ 이므로 $5 \,\big|\, |G|$이다. 그러므로 코시의 정리에 의하여 G는 위수 5인 원소를 가진다. S_5에서 위수 5인 원소는 5-사이클뿐이다. ◆

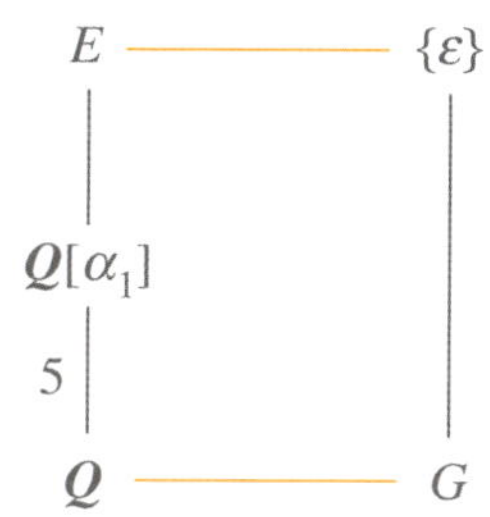

❷ G는 호환을 가진다.

∵ 복소수 z를 그 켤레복소수 $\bar{z}$ 로 보내는 동형사상 $\phi : \boldsymbol{C} \to \boldsymbol{C}$ 에 대하여, $E^{\phi} \subset E$ 이므로, $\theta = \phi|_E$ 라고 하면, $\theta \in G$ 이고,

$$\alpha_i^{\theta} = \alpha_i, (i = 1, 2, 3), \ \beta^{\theta} = \bar{\beta}, \ \bar{\beta}^{\theta} = \beta.$$

그러므로 τ는 호환이다. ◆

❸ S_5 의 부분군 H가 5-사이클 σ와 호환 θ를 포함할 때, $H = S_5$ 이다. (연습문제 10.3.8)

❶, ❷, ❸에 의하여 $G \cong S_5$이다.

S_5는 가해군이 아니므로 f는 근호가해가 아니다. ◻

appendix Φₙ의 기약성

Φ_n은 모닉 $\mathbf{Z}$-다항식이다. (연습문제 10.3.2).
Φ_n은 $\mathbf{Q}$상에서 기약임을 증명한다.
Φ_n이 단세포다항식임을 보이면 충분하다.

$$\Phi_n = fg, (f, g \in \mathbf{Z}[x]\text{는 모닉}), f\text{는 } \mathbf{Z}[x]\text{-기약}$$

이라고 하자. 우선,

1 $f(\delta) = 0$일 때, $\gcd(p, n) = 1$인 임의의 소수 p에 대하여 $f(\delta^p) = 0$

이 성립한다고 가정한다.
f의 한 근 δ를 잡고 $k \in \mathbf{U}_n$이라고 하자. k의 소인수분해를 $k = p_1 \cdots p_r$이라고 하면 **1**에 의하여 $f(\delta^{p_1}) = 0$. 다시 **1**에 의하여 $f(\delta^{p_1 p_2}) = 0$. **1**을 반복 적용하면 $f(\delta^{p_1 \cdots p_r}) = 0$, 즉, $f(\delta^k) = 0$이다. 따라서

$$\deg f = \deg |\mathbf{U}_n| = \deg \Phi_n$$

이고, 그러므로 $f = \Phi_n$이 된다.

이제 **1**을 증명한다.
$f(\delta^p) \neq 0$라고 하자. δ가 1의 원시 n제곱근이므로 δ^p도 1의 원시 n제곱근이다. 따라서 $g(\delta^p) = 0$이고, 그러므로 δ는 $g(x^p)$의 근이다.
$f = \mu_{\delta/Q}$이므로 $f \mid g(x^p)$이다. 다항식의 계수를 mod p로 읽어서 $\mathbf{Z}_p[x]$로 옮기면

$$\mathbf{Z}_p[x]\text{에서, } \bar{f} \mid \overline{g(x^p)}. \quad \therefore \bar{f} \mid \bar{g}^p. \ (\because \text{mod. } p \text{ 이항정리})$$

$h \in \mathbf{Z}_p[x]$를 $\bar{f}$의 기약인수($\mathbf{Z}_p[x]$에서)라고 하면,

$$h \mid \bar{g}^p. \quad \therefore h \mid \bar{g}. \ (\because \mathbf{Z}_p[x]\text{는 UFD}, h\text{는 기약}).$$

따라서 h는 $\mathbf{Z}_p[x]$에서 $\bar{f}, \bar{g}$의 공약수이다.

$$\overline{fg} = \bar{f}\,\bar{g}, \quad \overline{\Phi_n} = \overline{(x^n - 1)} = x^n - 1$$

$$fg = \Phi_n \Rightarrow fg \mid (x^n - 1) \Rightarrow \bar{f}\,\bar{g} \mid (x^n - 1) \Rightarrow h^2 \mid (x^n - 1).$$

($\mathbf{Z}[x]$에서, $\mathbf{Z}_p[x]$에서, $\mathbf{Z}_p[x]$에서)

그러므로 $\mathbf{Z}_p$에서 $x^n - 1$은 중근을 가지고, 따라서

$$x^n - 1, (x^n - 1)' = nx^{n-1}$$

은 공통근을 가진다. $p \nmid n$이므로 $\mathbf{Z}_p$에서 nx^{n-1}의 근은 0뿐이다.
그런데 0은 $x^n - 1$의 근이 아니다.

10-3 EXERCISES 연습문제

1 다음을 증명하라.

(1) $x^n - 1 = \prod_{d|n} \Phi_d$ (2) $\Phi_n = \dfrac{x^n - 1}{\prod_{d|n, d<n} \Phi_d}$

2 Φ_n은 모닉 $\boldsymbol{Z}$-다항식임을 증명하라.

3 문제 1을 이용하여 p가 소수일 때,

$$\Phi_p = \frac{x^p - 1}{x - 1} = x^{p-1} + \cdots + x + 1$$

임을 증명하라.

4 각 $n \in \{2, 3, 4, 5, 6, 9, 10\}$에 대하여 Φ_n을 구하라.

5 $\zeta = e^{2\pi i/n}$이라고 할 때, $\mathrm{Gal}(\boldsymbol{Q}[\zeta]/\boldsymbol{Q}) \cong \mathrm{Aut}(\boldsymbol{T}_n) \cong \boldsymbol{U}_n$임을 증명하라.

6 $E = \mathrm{SF}((x^5 + 32)/\boldsymbol{Q})$라고 할 때, $\mathrm{Gal}(E/\boldsymbol{Q})$와 동형인 군을 구하라.

7 $(1 + \sqrt{2})^{1/4} + (2 + \sqrt{3})^{1/5}$를 포함하는 $\boldsymbol{Q}$의 반복된 근호확대를 하나 찾으라.

8 S_5의 부분군 H가 5-사이클 σ와 호환 θ를 포함할 때, $H = S_5$임을 보여라.

9 S_4는 가해군임을 보여라.

10 사차 이하의 $\boldsymbol{Q}$-다항식의 갈로아군은 가해군임을 보여라.

11 다음 다항식이 $\boldsymbol{Q}$ 상에서 근호가해인지 아닌지를 판정하라.

(1) $x^6 - 2x^3 + 1$ (2) $2x^5 - 15x + 5$

참고문헌

1. 황석근, *ENV정수론*, 교우미디어 2012.
2. 황석근, 이재돈, 김익표, *ENV이산수학*, 개정 2판, 교우미디어 2012.
3. 都筑俊郎, *有限群と有限幾何*, 岩波書店, 東京, 1985.
4. 横田一郎, *群と位相*, 裳華房, 東京, 1975.
5. M. A. Armstrong, *Groups and symmetry*, Springer Verlag, New York, 1988.
6. E. Artin, *Galois theory*, 2nd ed., University of Notre Dame Press, Notre Dame Ind., 1971.
7. M. Aschbacher, *Finite group theory*, Cambridge University Press, Cambridge, 1986.
8. R. P. Burn, *Groups : A pathway to geometry*, Cambridge University Press, Cambridge, 1985.
9. M. L. Curtis, *Matrix group*, Springer Verlag, New York, 1979.
10. J. D. Dixon, *Problems in group theory*, Dover Pub. Co., New York, 1973.
11. J. Fraleigh, *A first course in abstract algebra*, 7th ed., Addison-Weley, New York, 2003.
12. J. A. Gallian, *Contemporary abstract algebra*, 5th ed., Houghton Mifflin Co., New York, 2002.
13. W. J. Gilbert and S. A. Vanstone, *Classical Algebra*, 3rd ed., Waterloo Math. Foundation, University of Waterloo, Waterloo, Ontario, 1993.
14. I. N. Herstein, *Abstract algebra*, Macmillan Pub. Co., New York, 1990.
15. I. N. Herstein, *Non commutative rings*, The Mathematical Association of America, 1968.
16. T. W. Hungerford, *Abstract algebra : An Introduction*, Sounders College Pub., Philadelphia, 1990.
17. I. M. Isaacs, *Algebra : A graduate course*, Brook/Cole Pub. Co., Pacific Grove, 1994.
18. I. Kaplansky, *Commutative rings*, The University of Chicago Press, Chicago, 1974.
19. I. Kaplansky, *Fields and rings*, 2nd ed., The University of Chicago Press, Chicago, 1972.
20. R. Lidl and G. Pilz, *Applied abstract algebra*, Springer Verlag, New York, 1984.
21. P. McCarthy, *Algebraic extension of fields*, Chelsea Pub. Co., New York, 1976.
22. B. E. Messere, *Fundamental concepts of algebra*, 2nd ed., Dover, 1981.
23. D. S. Passman, *Permutation groups*, W. A. Benjamin Inc., New York, 1968.
24. J. J. Rotman, *The theory of groups : An Introduction*, 2nd ed., Allyn and Bacon Inc., Boston, 1973.
25. I. Stewart, *Galois theory*, 2nd ed., Chapman and Hall, NewYork, 1973.

해답과 힌트

SOLUTIONS and HINTS

1 군의 기초

1-1 군의 뜻과 예

1 (1) 양의 유리수의 곱은 양의 유리수이므로 수의 곱은 $\boldsymbol{Q}^+$의 이항연산이다. 수의 곱은 결합법칙을 만족하고, $1 \in \boldsymbol{Q}^+$이 항등원이며 각 $a \in \boldsymbol{Q}^+$에 대하여 $1/a \in \boldsymbol{Q}^+$이다.
(2) (1)과 같은 식으로 증명된다.

2 (1) n차 실행렬의 합은 n차 실행렬이므로 행렬의 합은 $\mathrm{Mat}_n(\boldsymbol{R})$의 이항연산이다. 행렬의 합은 결합법칙을 만족하고, n차 영행렬이 항등원이며 각 $A \in \mathrm{Mat}_n(\boldsymbol{R})$의 덧셈에 관한 역원은 $-A \in \boldsymbol{Q}^+$.
$A, B \in \mathrm{Mat}_n(\boldsymbol{R})$의 성분을 각각 a_{ij}, b_{ij}라고 할 때, $a_{ij} + b_{ij} = b_{ij} + a_{ij}, (\forall i, j)$, 이므로 $A + B = B + A$이다. 따라서 $\mathrm{Mat}_n(\boldsymbol{R})$은 아벨군이다.
(2) 가역이 아닌 $A \in \mathrm{Mat}_n(\boldsymbol{R})$는 $\mathrm{Mat}_n(\boldsymbol{R})$에서 곱셈에 관한 역원을 갖지 않는다.

3 n차 가역 행렬의 곱은 n차 가역 행렬이므로 행렬의 곱은 $GL(n, F)$의 이항연산이다. 행렬의 곱은 결합법칙을 만족하고, n차 단위행렬이 항등원이며 각 $A \in GL(n, F)$의 곱셈에 관한 역원은 A의 역행렬 $A^{-1} \in GL(n, F)$.

4 항등원은 2, $a \in \boldsymbol{Q}^+$의 역원은 $2/a$.

5 벡터공간의 정의.

6 $a \in G$의 우역원을 b라고 하면, $ab = e$.
b의 우역원을 c라고 하면, $bc = e$.
$ba = bae = babc = b(ab)c = bec = bc = e$.
$\therefore$ b는 a의 역원이다.
$ea = (ab)a = a(ba) = ae$. $\therefore$ e는 항등원이다.

7 $a \in G$에 대하여 $ae_a = a$인 $e_a \in G$를 잡는다.
임의의 $g \in G$에 대하여 $ya = g$인 $y \in G$가 존재한다. $ge_a = yae_a = ya = g$. $\therefore$ e_a는 우항등원.
각 $g \in G$는 우역원을 가진다.

8 0이 항등원이다.

$a \in G$에 대하여 $a^{-1} = -a/(a+1)$.

9 직사각형의 두 대칭축을 좌표평면의 x축, y축에 놓을 때, 직사각형 Δ를

- 그냥 두는 것을 ε,
- x축에 관하여 대칭시키는 것을 α,
- y축에 관하여 대칭시키는 것을 β,
- 원점을 중심으로 180° 회전시키는 것을 γ

라 하면, $\mathcal{M}_\Delta = \{\varepsilon, \alpha, \beta, \gamma\}$이다.

10 (1) $\boldsymbol{Z}_5 = \{0, 1, 2, 3, 4\}, |\boldsymbol{Z}_5| = 5$
(2) $\boldsymbol{U}_{12} = \{1, 5, 7, 9\}, |\boldsymbol{U}_{12}| = 4$
(3) $\boldsymbol{T}_6 = \{1, \omega, \omega^2, \omega^3, \omega^4, \omega^5\}$,
(단, $\omega = e^{2\pi i/6}$), $|\boldsymbol{T}_6| = 6$

11 먼저 $o(a) \le 6$. $a \ne e$ 이므로 $o(a) \ne 1$.
$a^2 \ne e$ 이므로 $o(a) \ne 2$.
$o(a) = 4$이면 $a^2 = e$. $o(a) = 5$이면 $a = e$.

12 $(ab)^m = e \Rightarrow a^m b^m = e \Rightarrow a^m = b^{-m}$
$\therefore a^{mo(b)} = b^{-mo(b)} = (b^{o(b)})^{-m} = e^{-m} = e$.
$\therefore o(a) \mid mo(b)$. $\gcd(o(a), o(b)) = 1$이므로
$o(a) \mid m$. 같이 해서 $o(b) \mid m$. $\therefore o(a)o(b) \mid m$.
역으로 $o(a)o(b) \mid m$이면 $(ab)^m = e$.
$\therefore \{m \in \boldsymbol{Z}^+ \mid (ab)^m = e\}$
$= \{m \in \boldsymbol{Z}^+ \mid m$은 $o(a), o(b)$의 공배수$\}$.

13 $a \in G$에 대하여 $S_a = \{a, a^{-1}\}$ 라고 하자.
(1) $S_e = \{e\}$이므로 $|S_a| = 1$인 $a \in G - \{e\}$ 가 존재한다.
(2) $a \in A - \{e\}$이면 $a^3 = e$이므로 $a^2 \ne e$이고 따라서 $|S_a| = 2$. $a \in A \Rightarrow S_a \subset A$이고 $e \in A$이므로 $|A|$는 홀수이다.
(3) $a \in B$이면 $a^2 \ne e$이므로 $|S_a| = 2$.
$a \in B \Rightarrow S_a \subset B$이므로 $|B|$는 짝수이다.

14 문제 13 (1)에 의하여 $|G|$는 홀수이고,
$G - \{e\}$의 각 원소는 자신과 다른 역원을 가진다.

15 $\boldsymbol{U}_p = \{1, 2, \cdots, p-1\}$의 위수는 짝수이다. 그러므로 위수 2인 원소 a를 가진다. $o(a) = 2$라고 하면 $a^2 \equiv 1 (\mathrm{mod}\, p.)$. $\therefore p \mid (a^2 - 1)$.
$\therefore p \mid (a-1)$ 또는 $p \mid (a+1)$.
$\therefore a = p+1$ 또는 $a = p-1$.
$a = p+1$ 일 수 없으므로 $a = p-1$.
$1, p-1$이외에는 자신 이외의 역원을 가지므로
$(p-1)! \equiv 1 \cdot (p-1) \equiv -1 \ (\mathrm{mod}.\, p)$.

16 $R = \{\varepsilon, r, \cdots, r^{n-1}\}, F = \{f, rf, \cdots, r^{n-1}f\}$ 라고 하자. 명백히 중 어느 하나에 속하는 두 원소는 서로 다르다.
$r^k = r^j f$라고 하면, $r^{k-j} = f$. 그러나 r^{k-j}는 회전이고 f는 뒤집기이므로 $r^{k-j} = f$일 수 없다.

1-2 군의 기본 성질

1 (1) 양 변의 좌측에 a^{-1}를 곱한다.
(2) 양 변의 우측에 a^{-1}를 곱한다.

2 (1) $\phi : \boldsymbol{Z}_n \to \boldsymbol{T}_n$를 $k^\phi = \omega^k, (k \in \boldsymbol{Z}_n)$,
(단, $\omega = e^{2\pi i/n}$), 으로 정의한다.
(2) $\boldsymbol{Z}_4 = \{0, 1, 2, 3\}, \boldsymbol{U}_{10} = \{1, 3, 7, 9\}$.
$\phi : \boldsymbol{Z}_4 \to \boldsymbol{T}_{10}$을 $k^\phi = 3^k, (k \in \boldsymbol{Z}_4)$, 로 정의한다.
(3) $2\boldsymbol{Z} \cong \boldsymbol{Z}, 3\boldsymbol{Z} \cong \boldsymbol{Z}$.

3 (1) $\phi : (\boldsymbol{Z}, +) \to (\boldsymbol{Q}, +)$를 동형사상이라 하고,
$1^\phi = a$라고 하면 $\boldsymbol{Z}^\phi = \{ka \mid k \in \boldsymbol{Z}\}$. $\frac{a}{2} \in \boldsymbol{Q} - \boldsymbol{Z}^\phi$ 이므로 ϕ는 전사함수가 아니다.
(2) $\phi : (\boldsymbol{Q}, +) \to (\boldsymbol{Q}^\#, \cdot)$를 동형사상이라 하고,
$a^\phi = -1, (\frac{a}{2})^\phi = b$라고 하면
$-1 = a^\phi = (\frac{a}{2} + \frac{a}{2})^\phi = (\frac{a}{2})^\phi (\frac{a}{2})^\phi = b^2$.
(3) (2)와 같음.
(4) $\boldsymbol{U}_{10}$에서 $o(3) = 4$이다. 그러나 $\boldsymbol{U}_{12} = \{1, 5, 7, 11\}$에서는 $5^2 = 7^2 = 11^2 = 1$이므로, 위수 4인 원소가 없다.

4 $G \cong G'$이면 동형사상 $\phi : G \to G'$이 존재한다.
ϕ는 전단사함수 이므로 역함수 $\phi^{-1} : G' \to G$를 가지고, ϕ^{-1}도 전단사함수이다. $x, y \in G'$에 대하여, $a^\phi = x, b^\phi = y$ 를 만족하는 $a, b \in G$가 유일하게 존재한다.이 때, $a = x^{\phi^{-1}}, b = y^{\phi^{-1}}$이다.
$(ab)^\phi = a^\phi b^\phi = xy$이므로
$(xy)^{\phi^{-1}} = ab = x^{\phi^{-1}} y^{\phi^{-1}}$.

5 $\varnothing \ne G \subset GL(2, \boldsymbol{R})$.

$\begin{bmatrix} a & -b \\ b & a \end{bmatrix}\begin{bmatrix} c & -d \\ d & c \end{bmatrix} = \begin{bmatrix} ac-bd & -(ad+bc) \\ ad+bc & ac-bd \end{bmatrix}$,

$\begin{bmatrix} a & -b \\ b & a \end{bmatrix}^{-1} = \frac{1}{a^2+b^2}\begin{bmatrix} a & b \\ -b & a \end{bmatrix}$.

$\therefore G \le GL(2, \boldsymbol{R})$.

함수 $\phi : G \to \boldsymbol{C}^{\#}$를 $\begin{bmatrix} a & -b \\ b & a \end{bmatrix} \to a+bi$로 정의하면, ϕ는 연산을 보존하는 전단사함수이다.

6 ϕ가 동형사상이므로,
$a \in A \Rightarrow a^n = g \Rightarrow (a^{\phi})^n = g^{\phi} \Rightarrow a^{\phi} \in B$.
$\therefore A^{\phi} \subset B$.
ϕ^{-1}도 동형사상이므로,
$b \in B \Rightarrow b^n = g^{\phi} \Rightarrow (b^{\phi^{-1}})^n = g$
$\Rightarrow b^{\phi^{-1}} \in A$. $\therefore B \in A^{\phi}$. $\therefore B \subset A^{\phi}$.

7 $x^{\phi} = x^3$.

8 $(\Rightarrow)$ $a, b \in G$에 대하여
$a^{-1}b^{-1} = a^{\phi}b^{\phi} = (ab)^{\phi} = (ab)^{-1} = b^{-1}a^{-1}$.
$\therefore G$는 아벨군이다.
$(\Leftarrow)$ 명백히 ϕ는 전단사함수이다.
$(ab)^{\phi} = (ab)^{-1} = (ba)^{-1} = a^{-1}b^{-1} = a^{\phi}b^{\phi}$.

9 $\phi\psi$는 전단사함수이다. $\phi\psi$가 연산을 보존하는 것은 명백하다.

10 먼저 $(G, *)$는 군이다.
$\phi : (G, \circ) \to (G, *)$를 $a^{\phi} = a^{-1}$로 정의하면
$(a \circ b)^{\phi} = (a \circ b)^{-1} = (b * a)^{-1} = a^{-1} * b^{-1}$
$= a^{\phi} * b^{\phi}$.

11 G의 연산표는 [표1]과 같다. [표1]로부터 G는 군임을 체크할 수 있다. G는 위수가 4이면서 항등원 이외의 모든 원소의 위수가 2이다.
따라서 $G \cong V_4$. (예제 1.2.4.).

G	I	A	B	C
I	I	A	B	C
A	A	I	C	B
B	B	C	I	A
C	C	B	A	I

[표1]

G	ε	y	i	d
ε	ε	y	i	d
y	y	ε	d	i
i	i	d	ε	y
d	d	i	y	ε

[표2]

12 G의 연산표는 [표2]과 같다. [표2]는 본질적으로 [표1]과 같으므로 G는 군이고 $G \cong V_4$.

13 ε

1-3 부분군

1 $H = \{x \in G \mid x^n = e\}$라고 하면,
$a, b \in H$에 대하여, $b^{-1} = b^{n-1}$.
$(ab^{-1})^n = (ab^{n-1})^n = a^n(b^n)^{n-1} = ee^{n-1} = e$.
$\therefore ab^{-1} \in H$.

2 $x, y \in C_G(g) \Rightarrow xyg = gxy \Rightarrow xy \in C_G(g)$
$x \in C_G(g) \Rightarrow xg = gx \Rightarrow gx^{-1} = x^{-1}g$
$\Rightarrow x^{-1} \in C_G(g)$.

3 $o(g) = n$일 때, $e, g, g^2, \cdots, g^{n-1}$는 서로 다른 G의 원소이다.

4 (1) 반례 : $\langle 2 \rangle = \{0, 2, 4\}, \langle 3 \rangle = \{0, 3\} \le \boldsymbol{Z}_6$에 대하여 $\langle 2 \rangle \cup \langle 3 \rangle = \{0, 2, 3, 4\} \not\le \boldsymbol{Z}_6$.

5 $H = \left\langle \begin{bmatrix} 1 & 1 \\ 0 & 1 \end{bmatrix} \right\rangle$.

6 (2) $a + b\sqrt{2} \ne 0$일 때,
$(a+b\sqrt{2})\left(\frac{a}{a^2+2b^2} - \frac{b}{a^2+2b^2}\sqrt{2}\right) = 1$.

7 $H_i, (i \in I)$, 를 군 G의 부분군이라 하자. (단, I는 어떤 집합). $K = \bigcap_{i \in I} H_i$라고 하자.
$a, b \in K \Rightarrow a, b \in H_i, (\forall i \in I)$
$\Rightarrow a^{-1}b \in H_i, (\forall i \in I) \Rightarrow a^{-1}b \in K$.

8 (1) X를 포함하는 모든 부분군의 교집합
(2) $X \cup X^{-1}$의 유한 개의 원소의 곱 전체의 집합을 H라고 하면, $H \subset \langle X \rangle$. $a, b \in H$라고 하면 $b^{-1} \in H$이고 $ab^{-1} \in H$. $\therefore X \subset H \le G$.

9 G가 아벨군이라면, 임의의 $a, b \in G$에 대하여
$[a, b] = a^{-1}b^{-1}ab = e$. $\therefore X = \{e\}$.
$\therefore G' = \{e\}$.
$G' = \{e\}$라고 할 때, 임의의 $a, b \in G$에 대하여
$a^{-1}b^{-1}ab \in G' = \{e\}$. $\therefore a^{-1}b^{-1}ab = e$.
$\therefore ab = ba$.

10 $\boldsymbol{C}^{\#}$에서 $o(\mathbf{a}) = 4, o(\mathbf{b}) = 3$. $\mathbf{ba} = \mathbf{ab}^{-1}$.
$\therefore \langle \mathbf{a}, \mathbf{b} \rangle = \{\mathbf{a}^i\mathbf{b}^j \mid 0 \le i \le 3, 0 \le i \le 2\}$.

$\therefore |\langle \mathbf{a}, \mathbf{b} \rangle| = 12$.

11 (1) $H = He \subset HH \subset H$.
(2) $x \in H \Rightarrow x = (x^{-1})^{-1} \in H^{-1}$. $\therefore H \subset H^{-1}$.
명백히 $H^{-1} \subset H$.

12 (1) $\langle 3 \rangle = \{0, 3, 6, 9, 12\}$
(2) $\langle \alpha \rangle = \{1, \alpha, \alpha^2, \alpha^3\}$

13 (1) $\det P = -1$. (2) 4
(3) $\langle P \rangle = \{I, P, P^2, P^3\}$, (단, I는 4차 단위행렬)

14 (1) $\langle r \rangle = \{1, r, \cdots, r^{n-1}\}$ (2) $\langle f \rangle = \{1, f\}$
(3) $\langle rf \rangle = \{1, rf\}$

1-4 순환군

1 (1) $\{0, 25, 20, 15, 10, 5\}$
(2) $\{1, z, z^2, \cdots, z^7\} = \boldsymbol{T}_8$.

2 r_1, r_5.

3 $1, 3, 5, 7, 9, 11, 13, 15$.

4 $\langle g \rangle, \langle g^2 \rangle, \langle g^4 \rangle, \langle g^5 \rangle, \langle g^{10} \rangle, \langle g^{20} \rangle = \{e\}$.

5 $o(g)$는 8의 약수도 아니고 12의 약수도 아니다.

6 $\{0\}, k\mathbf{Z}, (k \in \mathbf{Z}^+, k \geq 2)$.

7 a의 거듭제곱은 a와 가환이다.

8 100, 200, 300, 400.

9 (1)
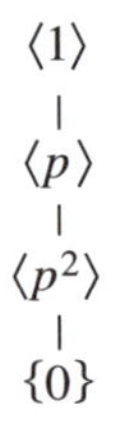

(2)
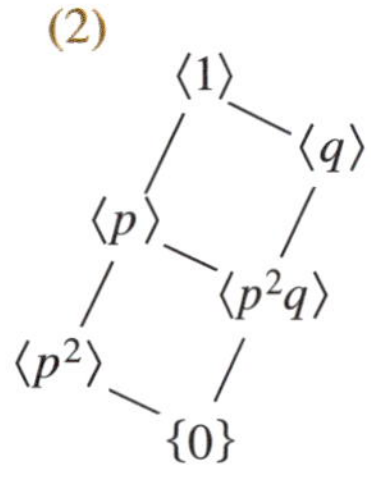

(3)
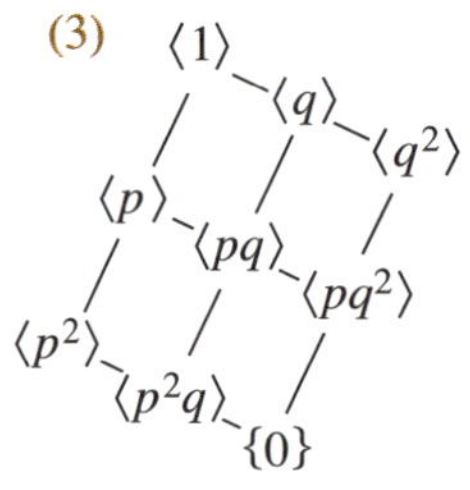

10 (1) $p^{n-1}(p-1)$. (2) $(p-1)(q-1)$.

11 $G = \langle 8 \rangle$. 생성원은 8, 12. 단위원은 16.

12 $\langle m \rangle \cap \langle n \rangle = \langle \mathrm{lcm}(m, n) \rangle$.
$\langle m \rangle + \langle n \rangle = \langle \gcd(m, n) \rangle$.

13 D_3.

14 $o(a) = 4, o(b) = 6$일 때, $o(b^2) = 3$.
$\gcd(o(a), o(b^2)) = 1$이므로
$o(ab^2) = o(a)o(b^2) = 12$. (연습문제 1.1.12).

15 $|\langle a \rangle \cap \langle b \rangle|$는 $|\langle a \rangle|, |\langle b \rangle|$의 공약수.

16 $o(e) = 1 = p^0$이므로 $e \in H$. $\therefore H \neq \varnothing$.
$a, b \in H$에 대하여, $o(a) = p^k, o(b) = p^l, k \geq l$이라고 할 때, $(ab)^{p^k} = e$. $\therefore ab \in H$.
$a \in H$에 대하여, $o(a) = p^k$라고 할 때
$o(a^{-1}) = p^k$. $\therefore a^{-1} \in H$.

17 $k \in \mathbf{Z}_n$가 생성원일 때, $n-k$도 생성원이다.

18 (1) $\langle g^r \rangle \subset \langle g^s \rangle \Leftrightarrow g^r \in \langle g^s \rangle \Leftrightarrow g^r$은 g^s의 거듭제곱
(2) $\langle g^r \rangle = \langle g^s \rangle \Leftrightarrow g^r, g^s$는 서로의 거듭제곱

19 군 G는 G의 모든 순환부분군의 합집합과 같다.
G의 모든 원소의 위수가 유한인 경우 : G의 부분군의 개수가 유한인 경우 G는 유한집합이 된다.
G가 무한 위수의 원소 g를 가질 경우 : $\langle g \rangle \cong \mathbf{Z}$.
$\mathbf{Z}$는 무수히 많은 부분군을 가진다.

20 G는 유한군이다. $g \in G - \{e\}$를 잡으면 $G = \langle g \rangle$.

21 $\langle n/d \rangle$는 $\mathbf{Z}_n$의 위수 d인 유일한 부분군. d의 약수 d'에 대하여 $\langle n/d' \rangle$은 $\langle n/d \rangle$의 위수 d인 유일한 부분군인 동시에 $\mathbf{Z}_n$의 위수 d인 유일한 부분군.

2 치환군과 대칭군

2-1 치환군

1 $A \in GL(2, R)$를 $[x, y] \to [x, y]A$로 정의되는 함수 $\phi_A : \boldsymbol{R}^2 \to \boldsymbol{R}^2$는 $\boldsymbol{R}^2$의 치환. $A \to \phi_A$로 정의되는 함수 $\phi : GL(2, R) \to \mathrm{Sym}(\boldsymbol{R}^2)$는 동형사상.

2 (1) $\mathrm{Sym}(\Omega)$는 $(1^\phi, 2^\phi, 3^\phi)$가 Ω의 순열인 함수 $\phi : \Omega \to \Omega$ 전체의 집합이므로 $|\mathrm{Sym}(\Omega)| = 3!$.
(2) $\sigma(1) = 2, \sigma(2) = 3, \sigma(3) = 1$으로 정의된 $\sigma \in \mathrm{Sym}(\Omega)$에 대하여 $\langle \sigma \rangle$.

3 (2) $x^{\phi^{-1}} = \sqrt[3]{x}$.

4 (1) $\det A = 1$. (2) 6 (3) A가 가역행렬이므로 $A \in \mathrm{Sym}(\boldsymbol{R}^2)$. $\langle A \rangle = \{I, A, A^2, \cdots, A^5\}$, (단, I는 이차 단위행렬).

5 $k \in \boldsymbol{Z}_3$에 대하여, $\boldsymbol{Z}_3$의 원소에 k를 더하는 함수를 $\phi_k : \boldsymbol{Z}_3 \to \boldsymbol{Z}_3$라고 할 때, $\mathrm{Cay}(\boldsymbol{Z}_3)$는 ϕ_k 전체.

6 $e^{\Psi} = a$라고 할 때, 임의의 $x \in G$에 대하여,
$ax = a^{\phi_x} = (e^{\Psi})^{\phi_x} = e^{\Psi\phi_x} = e^{\phi_x\Psi} = (ex)^{\Psi} = x^{\Psi}$.
$\therefore\ x^{\Psi} = ax$.

7 Cayley의 정리와 같은 방법으로 증명한다.

8 G가 유한군일 때, $\mathrm{Cay}(G)$도 유한군이므로 오직 유한 개의 부분군을 가진다. $|G| = n = |H|$일 때, $\mathrm{Sym}(G) \cong \mathrm{Sym}(H)$이다. Cayley의 정리에 의하여 문제의 주장이 성립한다.

9 $\boldsymbol{i}_{zg} = \boldsymbol{i}_z\boldsymbol{i}_g = \varepsilon\boldsymbol{i}_g = \boldsymbol{i}_g$.

10 $\boldsymbol{i}_g = \boldsymbol{i}_h \Leftrightarrow \boldsymbol{i}_g\boldsymbol{i}_h^{-1} = \varepsilon \Leftrightarrow \boldsymbol{i}_{gh^{-1}} = \varepsilon$
$\Leftrightarrow gh^{-1} \in Z(G)$.

11 (1) 2 (2) 4 (3) 4 (4) 4

12 $\mathrm{Aut}(\boldsymbol{Z}) = \langle \phi_{-1} \rangle$, 단, $\phi_{-1} : \boldsymbol{Z} \to \boldsymbol{Z}$는 $k \to -k$로 정의되는 함수. $\mathrm{o}(\phi_{-1}) = 2$이므로, $\langle \phi_{-1} \rangle \cong \boldsymbol{Z}_2$.

13 $\mathrm{Aut}(\boldsymbol{Z}_{16}) = \{\phi_k \mid k = 1, 3, 5, 7, 9, 11, 13, 15\}$.
단, $\phi_k : \boldsymbol{Z}_{16} \to \boldsymbol{Z}_{16}$는 $\boldsymbol{Z}_{16}$의 각 원소를 k배하는 함수. $\phi_1, \phi_3, \phi_5, \phi_7, \phi_9, \phi_{11}, \phi_{13}, \phi_{15}$의 위수는 차례로 $1, 4, 4, 2, 2, 4, 4, 2$.

14 $G = \boldsymbol{Z}_{10}, H = \boldsymbol{Z}_5$.

15 $g \in G$에 대하여,
$\boldsymbol{i}_g = \varepsilon \Leftrightarrow x^g = x, (\forall x \in G)$
$\Leftrightarrow xg = gx, (\forall x \in G)$.
$\mathrm{Inn}(G) = \{\varepsilon\} \Leftrightarrow \boldsymbol{i}_g = \varepsilon, (\forall g \in G)$
$\Leftrightarrow xg = gx, (\forall x, g \in G)$.

16 $G = \{\sigma \in \mathrm{Sym}(V) \mid e^{\sigma} = e\}$라고 하면,
$G \cong \mathrm{Sym}(x, y, z)$.
V_4의 임의의 원소의 제곱은 e이고, 임의의 서로 다른 두 원소의 곱은 다른 한 원소이므로 임의의 $\phi \in G$는 $\mathrm{Aut}(V_4)$의 원소이고, 임의의 $\phi \in G$는 $\mathrm{Aut}(V_4)$의 원소이다. 따라서 $\mathrm{Aut}(V_4) = G$.

2-2 대칭군

1 (1) $\sigma\tau = \begin{pmatrix} 1 & 2 & 3 & 4 & 5 & 6 & 7 \\ 4 & 6 & 7 & 3 & 2 & 5 & 1 \end{pmatrix}$

(2) $\sigma\tau^2 = \begin{pmatrix} 1 & 2 & 3 & 4 & 5 & 6 & 7 \\ 6 & 2 & 1 & 5 & 4 & 7 & 3 \end{pmatrix}$

(3) $\sigma^{-1}\tau = \begin{pmatrix} 1 & 2 & 3 & 4 & 5 & 6 & 7 \\ 6 & 3 & 2 & 4 & 5 & 7 & 1 \end{pmatrix}$

2 (1) $\sigma = (1, 2, 4)(3, 5, 6)(7)$
$\tau = (1, 3, 5, 7)(2, 4, 6)$
$\sigma\tau = (1, 4, 3, 7)(2, 6, 5)$
$\sigma^{-1}\tau = (1, 6, 7)(2, 3)(4)(5)$
(2) $\mathrm{o}(\sigma) = 3,\ \mathrm{o}(\tau) = 12, \mathrm{o}(\sigma\tau) = 12$,
$\mathrm{o}(\sigma^{-1}\tau) = 6$.

3 (1) $\rho_0 = \varepsilon, \rho_1 = \begin{pmatrix} 1 & 2 & 3 \\ 2 & 3 & 1 \end{pmatrix}, \rho_2 = \begin{pmatrix} 1 & 2 & 3 \\ 3 & 1 & 2 \end{pmatrix}$

$\rho_1 = \begin{pmatrix} 1 & 2 & 3 \\ 1 & 3 & 2 \end{pmatrix}, \rho_2 = \begin{pmatrix} 1 & 2 & 3 \\ 3 & 2 & 1 \end{pmatrix}, \rho_3 = \begin{pmatrix} 1 & 2 & 3 \\ 2 & 1 & 3 \end{pmatrix}$

(2) $\langle \rho, \mu \rangle = \{\varepsilon, \rho, \rho^2, \mu, \rho\mu, \rho^2\mu\} \le S_3$.
$|\langle \rho, \mu \rangle| = |S_3|$이므로 $\langle \rho, \mu \rangle = S_3$.

4 (1) 홀 (2) 짝 (3) 홀 (4) 짝

5 (1) $\mathscr{P}_n \le GL(n, \boldsymbol{R})$
(2) $\sigma \to P_{\sigma}$로 정의되는 함수 $\theta : S_n \to \mathscr{P}_n$이 동형사상이다.

6 $\sigma = (1, 2, 3, 4, 5)(6, 7, 8) \in S_8$의 위수는 15.

7 $S_3, \langle(1, 2, 3)\rangle, \langle(1, 2)\rangle, \langle(1, 3)\rangle, \langle(2, 3)\rangle, \{\varepsilon\}$.

8 $(4, 3, 2, 1)(7, 6, 5)$

9 (1) $\sigma = (1, 2), \tau = (1, 3), \sigma\tau = (1, 2, 3)$
(2) $\sigma = (1, 2, 3), \tau = (3, 4, 5)$,
$\sigma\tau = (1, 2, 4, 5, 3)$

10 7

11 $A_4 = \{\varepsilon, (1, 2)(3, 4), (1, 3)(2, 4), (1, 4)(2, 3),$
$(1, 2, 3), (1, 3, 2), (1, 2, 4), (1, 4, 2),$
$(1, 3, 4), (1, 4, 3), (2, 3, 4), (2, 4, 3)\}$

12 a, b, c, d가 서로 다른 원소일 때,

$(a, b)(a, c) = (a, b, c)$

$(a, b)(c, d) = (a, b)(a, c)(a, c)(c, d)$
$= (a, b, c)(c, a, d)$

13 σ^2 은 n이 홀수일 때 사이클, n이 짝수일 때 사이클이 아니다.

14 $\gcd(k, n) = 1$

15 짝치환과 홀치환의 곱은 홀치환이다.
$\therefore A_n B_n \subset B_n$.
한편 $\varepsilon \in A_n$ 이므로 $B_n = \varepsilon B_n \subset A_n B_n$.

16 τ가 홀치환일 때, $\sigma^{-1}\tau$는 짝치환

17 정리 2.2.9와 같은 방법

18 임의의 $\sigma, \tau \in S_n$에 대하여 $[\sigma, \tau] = \sigma^{-1}\tau^{-1}\sigma\tau$는 짝치환이다.

19 (1) $x_i^\mu \xrightarrow{\mu^{-1}} x_i \xrightarrow{\sigma} x_{i+1} \xrightarrow{\mu} x_{i+1}^\mu$,
$(i = 1, \cdots, r-1)$
$x_r^\mu \xrightarrow{\mu^{-1}} x_r \xrightarrow{\sigma} x_1 \xrightarrow{\mu} x_1^\mu$.

$$\therefore \mu^{-1}\sigma\mu = \begin{pmatrix} x_1^\mu & x_2^\mu & \cdots & x_{r-1}^\mu & x_r^\mu \\ x_2^\mu & x_3^\mu & \cdots & x_r^\mu & x_1^\mu \end{pmatrix} = (x_1^\mu, x_2^\mu, \cdots, x_r^\mu).$$

(2) 정리 2.1.5 (ii)에 의함

20 (1) $(1, 2, 3), (1, 3, 2), (1, 2, 4), (1, 4, 2),$
$(1, 3, 4), (1, 4, 3), (2, 3, 4), (2, 4, 3).$
(2) $(1, 2, 3, 4), (1, 2, 4, 3), (1, 3, 2, 4),$
$(1, 3, 4, 2), (1, 4, 2, 3), (1, 4, 3, 2).$
(3) $(1, 2)(3, 4), (1, 3)(2, 4), (1, 4)(2, 3).$

21 (i) $\Rightarrow$ (ii). (i)이 성립할 때, 문제 19 (1)에 의하여 σ, τ는 같은 사이클 구조를 가진다.
(ii) $\Rightarrow$ (i). $\sigma = (x_1, \cdots, x_r)(\cdot, \cdots, \cdot) \cdots (\cdot, \cdots, \cdot)$
$\tau = (a_1, \cdots, a_r)(\cdot, \cdots, \cdot) \cdots (\cdot, \cdots, \cdot)$
라고 할 때,

$$\mu = \begin{pmatrix} x_1 & \cdots & x_r & \cdot & \cdots & \cdot & \cdots & \cdot & \cdots & \cdot \\ a_1 & \cdots & a_r & \cdot & \cdots & \cdot & \cdots & \cdot & \cdots & \cdot \end{pmatrix}$$

로 두면,

$$\begin{aligned} \sigma^\mu &= (x_1, \cdots, x_r)^\mu (\cdot, \cdots, \cdot)^\mu \cdots (\cdot, \cdots, \cdot)^\mu \\ &= (x_1^\mu, \cdots, x_r^\mu)(\cdot^\mu, \cdots, \cdot^\mu) \cdots (\cdot^\mu, \cdots, \cdot^\mu) \\ &= (a_1, \cdots, a_r)(\cdot, \cdots, \cdot) \cdots (\cdot, \cdots, \cdot) = \tau. \end{aligned}$$

22 $\sigma \in Z(S_n)$ 라고 할 때, $\sigma^\mu = \sigma, (\forall \mu \in S_n)$.
$\sigma \neq \varepsilon$이라면, 필요시 원소의 이름을 바꾸어 σ는
$\sigma = (1, 2, \cdot, \cdots, \cdot)(\cdot, \cdots, \cdot) \cdots (\cdot, \cdots, \cdot)$
꼴이라고 해도 좋다. 이 때, $\mu = (2, 3)$에 대하여

$$\begin{aligned} \sigma^\mu &= (1^\mu, 2^\mu, \cdot, \cdots, \cdot)(\cdot, \cdots, \cdot) \cdots (\cdot, \cdots, \cdot) \\ &= (1, 3, \cdot, \cdots, \cdot)(\cdot, \cdots, \cdot) \cdots (\cdot, \cdots, \cdot) \neq \sigma. \end{aligned}$$

따라서 $\sigma = \varepsilon$이어야 한다.

23 $n = 5$일 경우에 대하여 증명한다. (일반적인 경우도 마찬가지)
$H = \langle (1, 2), (2, 3), (3, 4), (4, 5) \rangle$라고 하자.
$(1, 2)^{(2, 3)} = (1, 3), (1, 3)^{(3, 4)} = (1, 4),$
$(1, 4)^{(4, 5)} = (1, 5),$
$(2, 3)^{(3, 4)} = (2, 4), (2, 4)^{(4, 5)} = (2, 5),$
$(3, 4)^{(4, 5)} = (3, 5).$
따라서 H는 모든 호환을 포함한다. $\therefore H = S_n$.

24 $H = \langle \sigma, \tau \rangle$라고 하자.
$\tau^\sigma = (2, 3), (2, 3)^\sigma = (3, 4), \cdots,$
$(n-2, n-1)^\sigma = (n-1, n).$
따라서 H는 $(i, i+1)$ 꼴의 모든 호환을 포함하고 그러므로 문제 23에 의하여 $H = S_n$.

25 (1) $o(\sigma) = 4, o(\tau) = 2$
(2) $\tau\sigma\tau = \sigma^\tau = (1^\tau, 2^\tau, 3^\tau, 4^\tau)$
$= (2, 1, 4, 3) = (4, 3, 2, 1) = \sigma^{-1}$.
(3) $\langle \sigma, \tau \rangle = \{\varepsilon, \sigma, \sigma^2, \sigma^3, \tau, \sigma\tau, \sigma^2\tau, \sigma^3\tau\}$
$= D_4$.

26 $\sigma = \alpha_1 \cdots \alpha_r$, (단, $\alpha_1, \cdots, \alpha_r$은 서로 소인 사이클), 이라 하자. α_i의 길이를 l_i라고 하면 σ는 $(l_1 - 1) + \cdots + (l_r - 1)$ 개의 호환의 곱으로 표현된다.

3 잉여류와 인자군

3-1 라그랑즈의 정리

1 (2) 좌표평면에서, 기울기 2인 직선.

2 (2) $a \sim x \Leftrightarrow Ha = Hx \Leftrightarrow x \in Ha$.

3 (1) $H=\{1,11\}, H7=\{7,17\}$,
$H13=\{13,23\}, H19=\{19,29\}$.
(2) $H=\{0,5,10\}, H+1=\{1,6,11\}$,
$H+2=\{2,7,12\}, H+3=\{3,8,13\}$,
$H+4=\{4,9,14\}$.

4 (1) $\sigma^{\phi}, \sigma^{\psi} \in H$에 대하여 $\sigma^{\phi}\sigma^{\psi}=\sigma^{\phi\psi} \in H$.
(2) $H=\{\varepsilon, (1,2)(3,4), (1,3)(2,4), (1,4)(2,3)\}$. $\therefore |H|=4$. $\therefore |S_4 : H|=6$.

5 (1) S_3, 위수 6, 지수 1.
$\langle(1,2,3)\rangle$, 위수 3, 지수 2.
$\langle(1,2)\rangle, \langle(1,3)\rangle, \langle(2,3)\rangle$, 위수 2, 지수 3.
$\{\varepsilon\}$, 위수 1, 지수 6.
(2) Q_8, 위수 6, 지수 1.
$\langle \mathbf{i} \rangle, \langle \mathbf{j} \rangle, \langle \mathbf{k} \rangle$, 위수 4, 지수 2.
$\langle -\mathbf{1} \rangle$, 위수 2, 지수 4.

6 예제 3.1.4를 이용한다.

7 $\boldsymbol{U}_n$에서 $\mathrm{o}(n-1)=2$. $\mathrm{o}(n-1) \,|\, |\boldsymbol{U}_n|$.

8 G의 진부분군의 위수는 1 또는 p 또는 q.

9 $g \in G-\{e\}$를 잡으면 $\{e\} \neq \langle g \rangle \leq G$이므로 $\langle g \rangle = G$. $\langle g \rangle$가 무한군이거나 $|\langle g \rangle|$가 소수가 아닌 자연수일 때, $\langle g \rangle$는 $\{e\}$가 아닌 집부분군을 가진다.

10 Ω_H의 원소 :
$H\varepsilon=\{\varepsilon, f\}=Hf$, $Hr=\{r, r^3f\}=Hr^3f$,
$Hr^2=\{r^2, rf\}=Hrf$, $Hr^3=\{r^3, r^2f\}=Hr^2f$.
${}_H\Omega$의 원소 :
$\varepsilon H=\{\varepsilon, f\}=fH$, $rH=\{r, rf\}=rfH$,
$r^2H=\{r^2, r^2f\}=r^2fH$, $r^3H=\{r^3, r^3f\}=r^3fH$.
$\Omega_H \neq {}_H\Omega$.

11 (1), (2) 반례 : $G=D_4, H=\{\varepsilon, f\}, a=r, b=r^3f$
(3) 증명 : $Ha=Hb \Rightarrow ab^{-1} \in H$
$\Rightarrow ab^{-1}H=H \Rightarrow b^{-1}H=a^{-1}H$.

12 $Ha \to a^{-1}H$로 정의된 함수 $\theta : \Omega_H \to {}_H\Omega$는 전사이다. (문제 11의 (3)에 의하여 θ는 함수이다.)
$a^{-1}H=b^{-1}H \Rightarrow ab^{-1} \in H \Rightarrow Ha=Hb$
이므로 θ는 단사이다.

13 연습문제 1.1.13 (2)에 의하여 G는 위수 2인 원소를 가진다. a, b가 G가 위수 2인 서로 다른 원소라고 하면 $\langle a, b\rangle=\{e, a, b, ab\}$는 G의 위수 4인 부분군이다. 이 때, 라그랑즈의 정리에 의하여 $|G|$는 4의 배수가 된다.

14 $g \in G$에 대하여,
$g \in Hg_j$인 j가 존재하므로 $g=hg_j, (h \in H)$.
$h \in Kh_i$인 i가 존재하므로 $g=hg_j \in Kh_ig_j$.
$\therefore Kg=Kh_ig_j$.
$\therefore \{Kg \,|\, g \in G\}=\{Kh_ig_j \,|\, 1 \leq i \leq m, 1 \leq j \leq n\}$.
$Kh_ig_j=Kh_kg_l \Rightarrow Hg_j=Hg_l \Rightarrow g_j=g_l$.
$\therefore Kh_i=Kh_k$. $\therefore h_i=h_k$
$\therefore (i,j) \neq (k,l)$일 때, $Kh_ig_j \neq Kh_kg_l$.

3-2 인자군

1 (1) $N \triangleleft G$이므로 $NH=HN$.
(2) $x \in H$에 대하여 $N^x \subset N, H^x \subset H$.
$\therefore (N \cap H)^x \subset N^x \cap H^x \subset N \cap H$.

2 $G=N=D_n, H=\{\varepsilon, f\}$.

3 $\begin{bmatrix} a & b \\ 0 & d \end{bmatrix}$꼴의 행렬을 상방삼각행렬이라고 한다.
상방삼각행렬의 곱은 상방삼각행렬이고, 가역인 상방삼각행렬의 역행렬은 상방삼각행렬이다.
$\therefore G \leq GL(2, \boldsymbol{R})$.
$\begin{bmatrix} a^{-1} & * \\ 0 & d^{-1} \end{bmatrix}\begin{bmatrix} 1 & * \\ 0 & 1 \end{bmatrix}\begin{bmatrix} a & * \\ 0 & d \end{bmatrix}=\begin{bmatrix} 1 & * \\ 0 & 1 \end{bmatrix}$. $\therefore N \triangleleft G$.

4 (1) 위수 p인 원소 x와 위수 q인 원소 y를 잡으면, $\mathrm{o}(xy)=pq$.
(2) $|Z(G)|=p$이면 $|G/Z(G)|=q$이므로 $G/Z(G)$ 순환군. $\therefore Z(G)=G$ $\therefore |Z(G)|=pq$.

5 (i) $\Rightarrow$ (ii) : $a \in G, n \in N$에 대하여,
$(na)a^{-1}=n \in N$이므로 $a^{-1}na \in N$. $\therefore N \triangleleft G$.
(ii) $\Rightarrow$ (i) : $ab \in N \Rightarrow NaNb=N$
$\Rightarrow NbNa=N \Rightarrow ba \in N$.

6 $G=D_4, K=\{\varepsilon, f_1\}, N=\{\varepsilon, f_1, r_2, r_2f_1\}$

7 $a \in G$에 대하여,

(1) $(K\cap N)^a \subset K^a \cap N^a \subset K\cap N$

(2) $(KN)^a = K^aN^a = KN$

8 $x\in K, y\in N$에 대하여,
$x^{-1}y^{-1}xy = x^{-1}(y^{-1}xy) = x^{-1}x^y \in K$,
$x^{-1}y^{-1}xy = (x^{-1}y^{-1}x)y = (y^{-1})^x y \in N$.
$x^{-1}y^{-1}xy \in K\cap N = \{e\}$.

9 $H\le C$일 때, H는 C의 위수 $|H|$인 유일한 부분군이다. $g\in G$에 대하여, $H^g \subset C^g = C$.

10 $\phi \in \mathrm{Aut}(G), \boldsymbol{i}_g \in \mathrm{Inn}(G)$라 할 때, 임의의 $x\in G$에 대하여
$x^{\phi^{-1}i_g\phi} = (g^{-1}x^{\phi^{-1}}g)^\phi = (g^\phi)^{-1}x^{\phi^{-1}\phi}g^\phi$
$= (g^\phi)^{-1}xg^\phi = x^{i_{g^\phi}}$.
$\therefore\ \phi^{-1}\boldsymbol{i}_g\phi = \boldsymbol{i}_{g^\phi} \in \mathrm{Inn}(G)$.

11 $N\lhd G, N=\{e,a\}$라고 하면, 임의의 $g\in G$에 대하여 $a^g = a$.

12 $x\in G$에 대하여 $N^x \subset N^{gx}, (\forall g\in G)$.

13 G의 위수 n인 부분군 전체의 모임을 $\mathscr{A}$라 하고 $\mathscr{A}$의 원소의 교집합을 N이라고 하자.
$g\in G$에 대하여 $\mathscr{A}_g = \{H^g \mid H\in \mathscr{A}\}$라고 하면 $\mathscr{A}_g = \mathscr{A}$이다. $x\in N$일 때, $x^g \in H^g, (\forall H\in \mathscr{A})$, 이므로 $x^g\in N$. $\therefore N^g \subset N$.

14 $\frac{n}{m} + \boldsymbol{Z} \in \boldsymbol{Q}/\boldsymbol{Z}$에 대하여 $m\,(\frac{n}{m}+\boldsymbol{Z}) = \boldsymbol{Z}$.
$a \notin \boldsymbol{R}-\boldsymbol{Q}$일 때, $ma\notin \boldsymbol{Z}, (\forall m\in \boldsymbol{Z})$.

15 $x,y\in G$에 대하여, $[x,y] = x^{-1}y^{-1}xy$.

(1) $[x,y]^g = [x^g, y^g]$.

(2) $x,y\in G$에 대하여, $x^{-1}y^{-1}xy\in G'$
$\therefore (G'x)(G'y) = (G'y)(G'x)$

(3) G/N이 아벨군일 때, $x,y\in G$에 대하여,
$x^{-1}y^{-1}xy\in N$.

16 (1) 6 (2) 15

17 (1) 3 (2) 5

18 $|N| = 12$이면 $N\lhd S_4$, $|S_4/N| = 2$.
$\therefore\ \sigma^2\in N, (\sigma\in S_4)$. σ가 3-사이클일 때, $(\sigma^2)^2 = \sigma$이므로 모든 3-사이클은 N의 원소이다.
$\therefore\ |A_4\cap N| \ge 9$. $\therefore |A_4\cap N| = 12$. $\therefore A_4 = N$.

19 $N\lhd S_4$이라 하자.

- $|N| = 8$이면 $|S_4/N| = 3$.
$\therefore\ \sigma^3\in N, (\forall \sigma\in S_4)$.
$\mathrm{o}(\sigma) = 2$이면 $\sigma = \sigma^3 \in N$.
그런데, S_4에는 위수 2인 원소가 9개 있다.
- $|N| = 3$이면 $|S_4/N| = 8$.
$\therefore\ \sigma^8 \in N, (\forall\sigma\in S_4)$.
$\mathrm{o}(\sigma) = 3$이면 $\sigma^{-1} = \sigma^8 = \sigma^{-1}$이고, 따라서 $\sigma = (\sigma^{-1})^8 \in N$. 그런데, S_4에는 8 개의 3-사이클이 있다.

20 $(\Leftarrow)$ $g\in G$에 대하여,
$g\in Ng = xN \Rightarrow x^{-1}g\in N \Rightarrow g^{-1}x\in N$
$\Rightarrow xN = gg^{-1}xN = gN$. $\therefore Ng = gN$.

21 N이 A_4의 위수가 6인 부분군이라고 할 때,
$|A_4 : N| = 2$.
$\therefore\ N\lhd A_4, |A_4/N| = 2$.
임의의 $\sigma\in A_4$에 대하여
$N\sigma \in A_4/N$이므로
$N\sigma^2 = (N\sigma)^2 = N$.
$\therefore\ \sigma^2\in N$.
$\therefore\ \{\sigma^2 \mid \sigma\in A_4\}\subset N$.
그러나, 오른쪽 표에서,
$\{\sigma^2 \mid \sigma\in A_4\}$은 9 개의 원소로 이루어진 집합인데
$|N| = 6$이다.

A_4	
σ	σ^2
ε	ε
(1 2)(3 4)	ε
(1 3)(2 4)	ε
(1 4)(2 3)	ε
(1 2 3)	(1 3 2)
(1 3 2)	(1 2 3)
(1 2 4)	(1 4 2)
(1 4 2)	(1 2 4)
(1 3 4)	(1 4 3)
(1 4 3)	(1 3 4)
(2 3 4)	(2 4 3)
(2 4 3)	(2 3 4)

3-3 준동형사상과 동형정리

1 σ가 k개의 호환의 곱이고 τ가 l개의 호환의 곱일 때, $\sigma\tau$는 kl개의 호환의 곱이다.
$(-1)^{kl} = (-1)^k(-1)^l$.

2 $\boldsymbol{i}_g : G\to G$는 G의 자기동형사상이므로 정리 3.3.1에 의하여 $H^g \le G$.

3 $g\in G$에 대하여 H^g도 G의 위수 n인 부분군이므로 $H^g = H$.

4 $M = L^{\phi^{-1}}$이라 하자.

(1) $x,y\in M$에 대하여, $x^\phi, y^\phi \in L$.

$\therefore\ (xy)^\phi = x^\phi y^\phi \in L$. $\therefore\ xy \in M$.

$x \in M \Rightarrow x^\phi \in L \Rightarrow (x^\phi)^{-1} \in L$

$\Rightarrow (x^{-1})^\phi \in L \Rightarrow x^{-1} \in M$.

$\therefore\ M \le G$.

(2) $x \in M, g \in G$에 대하여,

$(g^{-1}xg)^\phi = (g^{-1})^\phi x^\phi g^\phi = (g^\phi)^{-1} x^\phi g^\phi \in L$.

$\therefore\ g^{-1}xg \in M$. $\therefore\ M \triangleleft G$.

5 먼저 μ_a는 준동형사상임을 보인다.

$a = kn/d, m = m'd, n = n'd$ 라고 하자.

$x + m\mathbf{Z}, y + m\mathbf{Z} \in \mathbf{Z}/m\mathbf{Z}$ 에 대하여

$(x + m\mathbf{Z}) + (y + m\mathbf{Z}) = (r + m\mathbf{Z})$ 라고 하면,

$x + y = qm + r, (q \in \mathbf{Z}, 0 \le r < m)$.

$xa + ya - ra = (x + y - r)a = qma = qm'da$

$= qm'kn \equiv 0 \pmod n$.

$\therefore\ xa + ya \equiv ra \pmod n$.

$\therefore\ x^{\mu_a} + y^{\mu_a} = r^{\mu_a} = (x+y)^{\mu_a}$ ($\mathbf{Z}_n$에서).

따라서 μ_a는 중동형사상이다.

$\phi : \mathbf{Z}_m \to \mathbf{Z}_n$이 준동형사상이라고 하자.

$1^\phi = a$ 라고 하면, 임의의 $x + m\mathbf{Z} \in \mathbf{Z}/m\mathbf{Z}$에 대하여 $(x + m\mathbf{Z})^\phi = xa + m\mathbf{Z} = (x + m\mathbf{Z})^{\mu_a}$.

한편 $o(a)$는 m, n의 공약수이므로 $o(a) \mid d$.

위수가 d의 약수인 $\mathbf{Z}_n$의 원소 전체의 집합은

$$\{k\tfrac{n}{d} \mid k = 1, 2, \cdots, d-1\}.$$

6 연습문제 5에 의하여 구하는 수는 $\gcd(90, 108) = 18$.

7 $N \triangleleft G$일 때, 표준준동형사상 $\pi : G \to G/N$에 대하여 $\ker \pi = N$.

8 $(3k)^\phi = [k]_4$ 로 정의되는 함수 $\phi : 3\mathbf{Z} \to \mathbf{Z}_4$를 생각한다.

9 $\operatorname{im}\phi = \boldsymbol{T}_n, \ker\phi = n\mathbf{Z}$.

10 함수 $\phi : GL(n, \boldsymbol{R}) \to \boldsymbol{R}^\#$을 $A^\phi = \det(A)$로 정의하면 ϕ는 전사 준동형사상. (단, $\det(A)$는 A의 행렬식).

11 $N \triangleleft G$ 이므로 $NH \le G$이고, $N \triangleleft NH$.

$\phi : H \to NH/N$을 $h \to Nh, (h \in H)$, 로정의한다.

$x, y \in H$에 대하여

$(xy)^\phi = Nxy = (Nx)(Ny) = x^\phi y^\phi, (x, y \in H)$

이므로 ϕ는 준동형사상이다.

$H^\phi = \{Nh \mid h \in H\} = \{Nnh \mid n \in N, h \in H\}$

$= NH/N$이므로 $\operatorname{im}\phi = NH/N$.

$\ker\phi = \{h \in H \mid h^\phi = N\} = \{h \in H \mid Nh = N\}$

$= \{h \in H \mid h \in N\} = N \cap H$.

12 $A_n \triangleleft S_n$이므로 $A_n \le HA_n \le S_n$.

$H \not\subset A_n$ 이므로 $A_n \ne HA_n$

$2 = |S_n : A_n| \ge |HA_n : A_n| > 1$이므로

$|HA_n : A_n| = 2$. 제 2 동형정리에 의하여

$|H : H \cap A_n| = |HA_n : A_n| = 2$. $\therefore\ H \cap A_n \triangleleft H$.

13 $\phi : G/K \to G/N$ 을 $Kx \to Nx$로 정의하면, ϕ는 전사이다.

$(KxKy)^\phi = (Kxy)^\phi = Nxy = NxNy = (Kx)^\phi (Ky)^\phi$

이므로 ϕ는 준동형사상이다.

$Kx \in \ker\phi \Rightarrow (Kx)^\phi = N \Rightarrow Nx = N \Rightarrow x \in N$

$\Rightarrow Kx \in N/K$.

$Kx \in N/K \Rightarrow Kx = Kn, (n \in N)$

$\Rightarrow x \in Kn \subset KN = N \Rightarrow (Kx)^\phi = Nx = N$

$\Rightarrow Kx \in \ker\phi$. $\therefore\ \ker\phi = N/K$.

14 $x, y \in N_G(H) \Rightarrow H^{xy} = (H^x)^y = H^y = H$

$\Rightarrow xy \in N_G(H)$.

$x \in N_G(H) \Rightarrow H^x = H \Rightarrow H = H^{x^{-1}}$

$\Rightarrow x^{-1} \in N_G(H)$.

$\therefore\ N_G(H) \le G$.

$x \in N_G(H)$일 때, $H^x = H$. $\therefore\ h^x \in H, (\forall h \in H)$.

함수 $\phi_x : H \to H$ 를 $h^{\phi_x} = h^x$ 로 정의하면,

$$H^{\phi_x} = \{h^x \mid h \in H\} = H^x = H$$

이므로 ϕ_x는 전사이다. ϕ_x는 'x-켤레짝 취하기' 이므로 단사인 준동형사상이다. $\therefore\ \phi_x \in \operatorname{Aut}(H)$.

함수 $\theta : N_G(H) \to \operatorname{Aut}(H)$ 를 $x^\theta = \phi_x$ 로 정의한다. $x, y \in N_G(H)$에 대하여,

$$(xy)^\theta = \phi_{xy} = \phi_x \phi_y = x^\theta y^\theta$$

이므로 θ는 준동형사상이다. $\forall h \in H$에 대하여

$\phi_x = \varepsilon \Leftrightarrow h^{\phi_x} = h \Leftrightarrow h^x = h \Leftrightarrow hx = xh$.

$\therefore\ \ker\phi = C_G(H)$. $\therefore\ C_G(H) \triangleleft N_G(H)$ 이고

$N_G(H)/C_G(H) \cong \operatorname{im}\theta \le \operatorname{Aut}(H)$.

15 $N_G(H) = G$ 이므로 $G/C_G(H)$는 $\operatorname{Aut}(H)$의 부분군과 동형이다. $H \cong \mathbf{Z}_p$ 이므로

$|\mathrm{Aut}(H)| = |\mathrm{Aut}(\mathbf{Z}_p)| = |\boldsymbol{U}_p| = p-1$.
$\therefore |G/C_G(H)| \,\big|\, (p-1)$.
한편 $|G/C_G(H)| \,\big|\, |G|$, $\gcd(|G|, p-1) = 1$이므로
$|G/C_G(H)| = 1$. $\therefore C_G(H) = G$.
$C_G(H) = G \Leftrightarrow h^g = h, (\forall h \in H, \forall g \in G)$
$\Leftrightarrow hg = gh, (\forall h \in H, \forall g \in G)$
$\Leftrightarrow h \in Z(G), (\forall h \in H) \Leftrightarrow H \subset Z(G)$.

16 H가 아벨군일 때 : $x^\phi, y^\phi \in H^\phi$에 대하여
$$x^\phi y^\phi = (xy)^\phi = (yx)^\phi = x^\phi y^\phi$$
H가 순환군일 때 : $H = \langle h \rangle = \{h^n \mid n \in \mathbf{Z}\}$
$H^\phi = \{(h^n)^\phi \mid n \in \mathbf{Z}\} = \{(h^\phi)^n \mid n \in \mathbf{Z}\} = \langle h^\phi \rangle$.

17 $G^\phi = G/\ker\phi$. $\therefore |G^\phi| = |G/\ker\phi| \,\big|\, |G|$.
$G^\phi = G'$. $\therefore |G^\phi| \,\big|\, |G'|$.

18 $\mathrm{o}(Ng) = |\langle Ng \rangle|$는 $|\langle g \rangle| = \mathrm{o}(g)$와 $|G/N|$의 공약수이다. $\therefore \mathrm{o}(Ng) = 1$. $\therefore Ng = N$. $\therefore g \in N$.

19 먼저 $N \lhd G$이고, $|G/N| = 2$.
$g \in G$에 대하여 $\mathrm{o}(g)$가 홀수라고 하면,
$\gcd(\mathrm{o}(g), |G/N|) = 1$.

20 임의의 $g \in H$에 대하여 $\mathrm{o}(g) \mid m$이므로
$\gcd(\mathrm{o}(g), |G/N|) = 1$. 연습문제 18에 의하여
$g \in N$. $\therefore H \subset N$.

21 $G' \le H \le G$라고 하자. G/G'는 아벨군이므로
$H/G' \lhd G/G'$. 일대일대응정리에 의하여 $H \lhd G$.

22 $\mathrm{im}\,\phi \cong G/\ker\phi$가 아벨군일 때, $G' \subset \ker\phi$.

23 $Q_8 = \{\pm 1, \pm \mathbf{i}, \pm \mathbf{j}, \pm \mathbf{k}\}$, $V_4 = \{e, x, y, z\}$.
$(\pm 1)^\phi = e, (\pm \mathbf{i})^\phi = x, (\pm \mathbf{j})^\phi = y, (\pm \mathbf{k})^\phi = z$
와 같이 정의된 함수 $\phi : Q_8 \to V_4$는 전사 준동형 사상이고 $\ker\phi = \{\pm 1\} = Z(Q_8)$.
$\therefore \mathrm{Inn}(Q_8) \cong Q_8/Z(Q_8) \cong V_4$.

24 $x \in G, A \subset G$에 대하여,
$\bar{x} = Nx, \bar{A} = \{\bar{a} \mid a \in A\}$라고 하자.
표준준동형사상 $\pi : G \to \bar{G}$를 고려하면 $H \in \mathscr{G}$에 대하여 $\bar{H} \le \bar{G}$, 즉, $\bar{H} \in \bar{\mathscr{G}}$이다.(정리 3.3.1).
함수 $\theta : \mathscr{G} \to \bar{\mathscr{G}}$를 $H \to \bar{H}$로 정의하면,
(i) θ는 단사이다.
$\because$ $H, K \in \mathscr{G}$에 대하여, $\bar{H} = \bar{K}$라고 하자. $h \in H$에 대하여, $\bar{h} \in \bar{H} = \bar{K}$이므로 $\bar{h} = \bar{k}$인 $k \in K$가 존재한다. 이 때, $h \in Nh = Nk \in Kk = K$. $\therefore H \subset K$. 같은 식으로 $K \subset N$. 그러므로 $H = K$. ◆
(ii) θ는 전사이다.
$\because$ $U \in \bar{\mathscr{G}}$에 대하여, $H = \{g \in G \mid \bar{g} \in U\}$라고 하면, $\bar{H} \subset U$. 임의의 $u \in U$에 대하여 $\bar{x} = u$인 $x \in G$가 존재한다. 이 때 $x \in H$이고, 따라서 $u = \bar{x} \in \bar{H}$이다. $\therefore U \subset \bar{H}$. 따라서 $\bar{H} = U$이다.
$H \in \mathscr{G}$에 대하여, 정리 3.3.1 (2)와 NOTE 1에 의하여, $H \lhd G \Leftrightarrow \bar{H} \lhd \bar{G}$.

4 직적과 유한 아벨군

4-1 직적

1 (1) $(1, \omega^2)$ (2) $(1, \omega)$

2 (1) $\phi : A \times B \to B \times A$를 $(a, b) \to (b, a)$로 정의.
(2) $\phi : (A \times B) \times C \to A \times B \times C$를
$((a, b), c) \to (a, b, c)$로 정의.
(3) $\alpha : A \to X, \beta : B \to Y$를 동형사상이라 할 때,
$\phi : A \times B \to X \times Y$를 $(a, b) \to (a^\alpha, b^\beta)$로 정의.

3 $\phi : (A \times B) \to (A/P) \times (B/Q)$를
$(a, b) \to (Pa, Qb)$로 정의하면, ϕ는 전사준동형 사상이고, $\ker\phi = P \times Q$.

4 12

5 (1) $p^2p^2 = p^4$ (2) $p^2p^2p = p^5$

6 (1) $\langle 3 \rangle \dot{\times} \langle 4 \rangle$ (2) $\langle 3 \rangle \dot{\times} \langle 7 \rangle$ (3) $\langle 15 \rangle \dot{\times} \langle 4 \rangle$

7 (1) $\langle 3 \rangle \dot{\times} \langle 10 \rangle$, $\langle 2 \rangle \dot{\times} \langle 15 \rangle$, $\langle 6 \rangle \dot{\times} \langle 5 \rangle$
(2) $\langle 12 \rangle \dot{\times} \langle 5 \rangle$, $\langle 15 \rangle \dot{\times} \langle 4 \rangle$, $\langle 20 \rangle \dot{\times} \langle 3 \rangle$

8 (1) $S_3 = H \dot{\times} K$, $H \ne S_3 \ne K$라면, $|H|, |K|$ 중 하나는 2 다른 하나는 3. 따라서 H, K는 아벨군이고 그러므로 S_3는 아벨군이어야 한다.
(2), (3)도 (1)과 같은 논리로 증명된다.
(4) $\boldsymbol{Q} = H \dot{\times} K$라고 하자. 임의의 $n \in \boldsymbol{Z}^+$, 임의의 $h \in H$에 대하여 $\frac{1}{n}h \in H$이다. 왜냐하면
$\frac{1}{n}h = h_0 + k_0, (h_0 \in H, k_0 \in K)$
$h - nh_0 = k_0 \in H \cap K = \{0\}$. $\therefore k_0 = 0$.

$\therefore \frac{1}{n}h = h_0 \in H.$

$h = \frac{m}{n} \in H \Rightarrow 1 = n\frac{1}{m}h \in H. \ \therefore \boldsymbol{Z} \subset H.$

$\therefore \boldsymbol{Q} \subset H. \ \therefore H = \boldsymbol{Q}.$

9 (i) $G = H_1 H_2 \cdots H_n$,
(ii) $H_i \triangleleft G, (\forall i)$,
(iii) $H_i \cap (H_1 \cdots H_{i-1} H_{i+1} \cdots H_n) = \{e\}, (\forall i)$
이 (i), (ii)′, (iii)″ 과 동치임을 보인다.
(ii)′ ⇒ (ii) 는 명백하다.
(ii)′ + (iii)′ ⇒ (iii) 를 보인다.
$n = 4$일 경우의 다음 예와 같이 증명한다.
$x_i \in H_i, x_1 x_2 x_4 = x_3$ 일 경우.
$x_1 x_2 x_4 = x_3 \Rightarrow x_1 x_2 x_3^{-1} = x_4. \ \therefore x_4 = e.$
$\therefore x_1 x_2 = x_3. \ \therefore x_3 = e.$
(ii) + (iii) ⇒ (ii)′ + (iii)′은 명백하다.

10 $G = (H_1 \dot{\times} \cdots \dot{\times} H_{n-1}) \dot{\times} H_n$ 이므로 $g \in G$에 대하여 $g = ax_n$인 유일한 $a \in H_1 \dot{\times} \cdots \dot{\times} H_{n-1}, x_n \in H_n$이 존재한다. n에 관한 귀납법에 의하여 $x = x_1 x_2 \cdots x_{n-1}$를 만족하는 유일한 $x_i \in H_i, (i = 1, 2, \cdots, n-1)$,이 존재한다.

11 (1) gcd(8, 10, 24) = 120 (2) gcd(4, 18, 5) = 180 .

12 (1) $\boldsymbol{U}_{40} \cong \boldsymbol{U}_8 \times \boldsymbol{U}_5 \cong \boldsymbol{Z}_2 \times \boldsymbol{Z}_2 \times \boldsymbol{Z}_4$
(2) $\boldsymbol{U}_{165} \cong \boldsymbol{U}_3 \times \boldsymbol{U}_5 \times \boldsymbol{U}_{11} \cong \boldsymbol{Z}_2 \times \boldsymbol{Z}_4 \times \boldsymbol{Z}_{10}$

13 $\boldsymbol{U}_{1000} \cong \boldsymbol{U}_8 \times \boldsymbol{U}_{125} \cong \boldsymbol{Z}_2 \times \boldsymbol{Z}_2 \times \boldsymbol{Z}_{100}$.
$\boldsymbol{Z}_2 \times \boldsymbol{Z}_2 \times \boldsymbol{Z}_{100}$의 원소의 위수의 최대값은 100.
위수 100인 원소의 개수는 $2 \cdot 2 \cdot 40 = 160$.

14 $\mathrm{Aut}(\boldsymbol{Z}_{20}) \cong \boldsymbol{U}_{20} \cong \boldsymbol{U}_4 \times \boldsymbol{U}_5 \cong \boldsymbol{Z}_2 \times \boldsymbol{Z}_4$.

15 (2) $(g, e) \in G \times G, (a, a) \in D$에 대하여
$(a, a)^{(g,e)} = (a^g, a^e) = (a^g, a)$
$D \triangleleft G \times G$일 때, $(a, a)^{(g,e)} = (b, b). \ \therefore a^g = a.$

16 $h \in H, k \in K$에 대하여 $hkN \subset hNk = Nhk$.

17 (2) $c \in \boldsymbol{C}$의 극형식 표현은 $c = re^{i\theta}, (r \geq 0)$.

4-2 유한 아벨군

1 $H = \{0, 3, 6, 9\}, K = \{0, 4, 8\}$.

2 (1) $\boldsymbol{Z}_2 \times \boldsymbol{Z}_2 \times \boldsymbol{Z}_3, \boldsymbol{Z}_4 \times \boldsymbol{Z}_3$
(2) $\boldsymbol{Z}_3 \times \boldsymbol{Z}_3 \times \boldsymbol{Z}_3 \times \boldsymbol{Z}_5 \times \boldsymbol{Z}_5$
$\boldsymbol{Z}_3 \times \boldsymbol{Z}_9 \times \boldsymbol{Z}_5 \times \boldsymbol{Z}_5$
$\boldsymbol{Z}_{27} \times \boldsymbol{Z}_5 \times \boldsymbol{Z}_5$
$\boldsymbol{Z}_3 \times \boldsymbol{Z}_3 \times \boldsymbol{Z}_3 \times \boldsymbol{Z}_{25}$
$\boldsymbol{Z}_3 \times \boldsymbol{Z}_9 \times \boldsymbol{Z}_{25}$
$\boldsymbol{Z}_{27} \times \boldsymbol{Z}_{25}$
(3) $\boldsymbol{Z}_2 \times \boldsymbol{Z}_2 \times \boldsymbol{Z}_3 \times \boldsymbol{Z}_3 \times \boldsymbol{Z}_5 \times \boldsymbol{Z}_5$
$\boldsymbol{Z}_2 \times \boldsymbol{Z}_2 \times \boldsymbol{Z}_3 \times \boldsymbol{Z}_3 \times \boldsymbol{Z}_{25}$
$\boldsymbol{Z}_2 \times \boldsymbol{Z}_2 \times \boldsymbol{Z}_9 \times \boldsymbol{Z}_5 \times \boldsymbol{Z}_5$
$\boldsymbol{Z}_2 \times \boldsymbol{Z}_2 \times \boldsymbol{Z}_9 \times \boldsymbol{Z}_{25}$
$\boldsymbol{Z}_4 \times \boldsymbol{Z}_3 \times \boldsymbol{Z}_3 \times \boldsymbol{Z}_5 \times \boldsymbol{Z}_5$
$\boldsymbol{Z}_4 \times \boldsymbol{Z}_3 \times \boldsymbol{Z}_3 \times \boldsymbol{Z}_{25}$
$\boldsymbol{Z}_4 \times \boldsymbol{Z}_9 \times \boldsymbol{Z}_5 \times \boldsymbol{Z}_5$
$\boldsymbol{Z}_4 \times \boldsymbol{Z}_9 \times \boldsymbol{Z}_{25}$

3 (1) $\boldsymbol{Z}_4 \times \boldsymbol{Z}_{25}, \boldsymbol{Z}_{100}$
(2) $\boldsymbol{Z}_2 \times \boldsymbol{Z}_2 \times \boldsymbol{Z}_4 \times \boldsymbol{Z}_3 \times \boldsymbol{Z}_3 \times \boldsymbol{Z}_9$,
$\boldsymbol{Z}_2 \times \boldsymbol{Z}_6 \times \boldsymbol{Z}_{108}$
(3) $\boldsymbol{Z}_2 \times \boldsymbol{Z}_2 \times \boldsymbol{Z}_4 \times \boldsymbol{Z}_3 \times \boldsymbol{Z}_5 \times \boldsymbol{Z}_5 \times \boldsymbol{Z}_5$,
$\boldsymbol{Z}_{10} \times \boldsymbol{Z}_{10} \times \boldsymbol{Z}_{60}$
(4) $\boldsymbol{Z}_2 \times \boldsymbol{Z}_4 \times \boldsymbol{Z}_4 \times \boldsymbol{Z}_{16} \times \boldsymbol{Z}_3 \times \boldsymbol{Z}_3 \times \boldsymbol{Z}_3$
$\times \boldsymbol{Z}_5 \times \boldsymbol{Z}_5 \times \boldsymbol{Z}_{25}$,
$\boldsymbol{Z}_2 \times \boldsymbol{Z}_{60} \times \boldsymbol{Z}_{60} \times \boldsymbol{Z}_{1200}$

4 $\{\boldsymbol{Z} + \frac{m}{p^n} \mid m, n \in \boldsymbol{Z}^+\}$

5 $|\{0\} \times \{0\}| = 1, |\langle 2 \rangle \times \{0\}| = 2,$
$|\boldsymbol{Z}_4 \times \{0\}| = 4, |\boldsymbol{Z}_4 \times \langle 2 \rangle| = 8,$
$|\boldsymbol{Z}_4 \times \boldsymbol{Z}_4| = 16.$

6 위수 45인 아벨군은 군은 $G_1 = \boldsymbol{Z}_3 \times \boldsymbol{Z}_3 \times \boldsymbol{Z}_5$ 또는 $G_2 = \boldsymbol{Z}_9 \times \boldsymbol{Z}_5$와 동형이다.

7 소수의 거듭제곱의 배수가 아닌 자연수.

8 p는 $|G|$의 유일한 소인수이다.(코시의 정리).
$\therefore G \cong \boldsymbol{Z}_{p^{n_1}} \times \cdots \times \boldsymbol{Z}_{p^{n_r}}.$
$n_1 > 1$이라면 G는 위수 p^2인 원소를 가진다.

9 (2) $g \in G$에 대하여 $\mathrm{o}(Tg) = n$이라면 $g^n \in T$.

10 다음을 차례대로 증명한다

(i) $r=s$ (ii) $n_r=m_s$

(ii) $(n_1, \cdots, n_r)=(m_1, \cdots, m_s)$

$G=\mathbf{Z}_{p^{n_1}}\times\cdots\times\mathbf{Z}_{p^{n_r}}, H=\mathbf{Z}_{p^{m_1}}\times\cdots\times\mathbf{Z}_{p^{m_s}}$ 이라고 하고, G, H 에서 방정식 $p^i x=0$의 개수를 각각 $\mu_G(p^i), \mu_H(p^i)$ 라고 하자.

(i) 예제 4.1.4 에서와 같이 생각하면,

$$\mu_G(p)=p^r, \mu_H(p)=p^s.$$
$$\therefore p^r=p^s. \ \therefore r=s.$$

이제 $G=\mathbf{Z}_{p^{n_1}}\times\cdots\times\mathbf{Z}_{p^{n_r}}, H=\mathbf{Z}_{p^{m_1}}\times\cdots\times\mathbf{Z}_{p^{m_r}}$.

(ii) $n_r<m_s$라고 하면 H에는 위수 p^{m_s}인 원소가 존재하지만 G에는 존재하지 않는다.

(iii) $(n_1, \cdots, n_r)\neq(m_1, \cdots, m_r)$이라 하고 $n_k\neq m_k$인 최소의 k를 잡는다. $n_k<m_k$라고 해도 좋다. 이 때,

$$\begin{array}{ccccccccccccc} n_1 & \le & \cdots & \le & n_{k-1} & \le & n_k & \le & n_{k+1} & \le & \cdots & \le & n_r \\ \parallel & & \cdots & & \parallel & & \wedge & & & & & & \\ m_1 & \le & \cdots & \le & m_{k-1} & \le & m_k & \le & m_{k+1} & \le & \cdots & \le & m_r. \end{array}$$

$\lambda_i=\min\{n_i, m_k\}$로 두면 예제 4.1.4 에서와 같이

$$\begin{array}{l} \mu_G(p^{m_k})=p^{n_1}\cdots p^{n_{k-1}}\, p^{n_k}\, p^{\lambda_{k+1}}\cdots p^{\lambda_r}. \\ \qquad\qquad\quad \parallel \ \cdots \ \parallel \quad \wedge \quad \wedge \qquad\quad \wedge \\ \mu_H(p^{m_k})=p^{m_1}\cdots p^{m_{k-1}}\, p^{m_k}\, p^{m_k}\cdots p^{m_k}. \end{array}$$

이므로 $\mu_G(p^{m_k})<\mu_H(p^{m_k})$.

11 (1) $\mathbf{Z}_2\times\mathbf{Z}_{12}\cong\mathbf{Z}_2\times\mathbf{Z}_4\times\mathbf{Z}_3$,

$\mathbf{Z}_4\times\mathbf{Z}_6\cong\mathbf{Z}_4\times\mathbf{Z}_2\times\mathbf{Z}_3$,

$\therefore \mathbf{Z}_2\times\mathbf{Z}_{12}\cong\mathbf{Z}_4\times\mathbf{Z}_6$.

(2) $\mathbf{Z}_8\times\mathbf{Z}_{10}\times\mathbf{Z}_{24}\cong\mathbf{Z}_8\times\mathbf{Z}_2\times\mathbf{Z}_5\times\mathbf{Z}_8\times\mathbf{Z}_3$,

$\mathbf{Z}_4\times\mathbf{Z}_{12}\times\mathbf{Z}_{40}\cong\mathbf{Z}_4\times\mathbf{Z}_4\times\mathbf{Z}_3\times\mathbf{Z}_8\times\mathbf{Z}_5$,

$\mathbf{Z}_8\times\mathbf{Z}_2\times\mathbf{Z}_8\not\cong\mathbf{Z}_4\times\mathbf{Z}_4\times\mathbf{Z}_8$이므로

$\therefore \mathbf{Z}_8\times\mathbf{Z}_{10}\times\mathbf{Z}_{24}\not\cong\mathbf{Z}_8\times\mathbf{Z}_2\times\mathbf{Z}_8$.

12 (1) 5 (2) 6 (3) 6 (4) 4

13 $\langle 2\rangle\times\{0\}\times\langle 3\rangle, \{0\}\times\langle 2\rangle\times\langle 3\rangle$,

$\{(0,0),(2,2)\}\times\langle 3\rangle$

14 (i) $\Rightarrow$ (ii). $G=P_1\dot{\times}\cdots\dot{\times}P_n$, 단, 각 P_i는 G의 실로우 부분군. 모든 P_i가 순환군이면 G도 순환군이므로 P_i중 하나, 이를테면 P_1은 순환군이 아니다. 이 때, $P_1\cong\mathbf{Z}_{p^{n_1}}\times\cdots\times\mathbf{Z}_{p^{n_r}}$, (단, p는 소수), $r\ge 2$. 이 때,

$\mathbf{Z}_p\times\mathbf{Z}_p$

$\cong\langle p^{n_1-1}\rangle\times\langle p^{n_2-1}\rangle\times\{0\}\times\cdots\times\{0\}\le G$.

(ii) $\Rightarrow$ (i). 순환군의 부분군은 순환군인데 $\mathbf{Z}_p\times\mathbf{Z}_p$는 순환군이 아니다.

5 군작용과 실로우 정리

5-1 군작용

1 (1) $\alpha, \beta\in\Omega$ 에 대하여,

$\alpha^{\pi_g}=\beta^{\pi_g}\Rightarrow\alpha\cdot g=\beta\cdot g$

$\Rightarrow(\alpha\cdot g)\cdot g^{-1}=(\beta\cdot g)\cdot g^{-1}$

$\Rightarrow\alpha\cdot(g\cdot g^{-1})=\beta\cdot(g\cdot g^{-1})$

$\Rightarrow\alpha\cdot e=\beta\cdot e\Rightarrow\alpha=\beta$

이므로 π_g는 단사이다. $\alpha\in\Omega$에 대하여,

$\beta=\alpha\cdot g^{-1}$라고 하면 $\beta\in\Omega$이고, 군작용조건 (i)

$\beta^{\pi_g}=\beta\cdot g=(\alpha\cdot g^{-1})\cdot g=\alpha\cdot(gg^{-1})=\alpha\cdot e=\alpha$

이므로 π_g는 전사이다. 군작용조건 (ii)

(2) $g, h\in G$라고 하자. 임의의 $\alpha\in\Omega$ 에 대하여,

$\alpha^{\pi_g\pi_h}=(\alpha\cdot g)\cdot h=\alpha\cdot(gh)=\alpha^{\pi_{gh}}$. 군작용조건 (ii)

$\therefore \pi_{gh}=\pi_g\pi_h$.

그러므로 π는 준동형사상이다.

2 $x\in\Omega, g, h\in G$에 대하여

(i) $(x\cdot g)\cdot h=(xg)h=x(gh)=x\cdot(gh)$,

(ii) $x\cdot e=xe=x, (\forall x\in\Omega)$.

3 (1) $\alpha, \beta, \gamma\in\Omega$에 대하여,

(i) $\alpha\sim\alpha$

(ii) $\alpha\sim\beta\Rightarrow\alpha\cdot g=\beta, (g\in G)$

$\Rightarrow\alpha=\beta\cdot g^{-1}\Rightarrow\beta\sim\alpha$.

(iii) $\alpha\sim\beta, \beta\sim\gamma\Rightarrow\alpha\cdot g=\beta, \beta\cdot h=\gamma, (g, h\in G)$

$\Rightarrow\alpha\cdot(gh)=(\alpha\cdot g)\cdot h=\beta\cdot h=\gamma\Rightarrow\alpha\sim\gamma$.

(2) $\alpha\in\Omega$에 대하여

$\{\beta\in\Omega\mid\alpha\sim\beta\}=\{\alpha^g\mid g\in G\}=\alpha^G$.

4 $x\in G_\alpha$에 대하여,

$(\alpha\cdot g)\cdot x^g=(\alpha\cdot g)\cdot(g^{-1}xg)=\alpha\cdot(gg^{-1})\cdot xg$

$=(\alpha\cdot x)\cdot g=\alpha\cdot g$. $\therefore x^g\in G_{\alpha\cdot g}$. $\therefore G_\alpha^g\subset G_{\alpha\cdot g}$.

$y\in G_{\alpha\cdot g}$ 에 대하여,

$\alpha\cdot gy=\alpha\cdot g$. $\therefore \alpha\cdot gyg^{-1}=\alpha$. $\therefore gyg^{-1}\in G_\alpha$

$\therefore y \in g^{-1}G_\alpha g = G_\alpha^g.\ \therefore G_{\alpha \cdot g} \subset G_\alpha^g.$

5 (1) $Hx \in \Omega, g, h \in G$에 대하여

(i) $(Hx \cdot g) \cdot h = (Hxg) \cdot h = H(xg)h = Hx(gh)$
$= Hx \cdot (gh),$

(ii) $Hx \cdot e = Hxe = Hx.$

(2) 이 작용에 대하여, $H \in \Omega$ 를 포함하는 궤도는
$H^G = \{H \cdot x \mid x \in G\} = \{Hx \mid x \in G\} = \Omega,$
H 의 스테빌라이저는
$G_H = \{x \in G \mid H \cdot x = H\} = \{x \in G \mid Hx = H\}$
$= \{x \in G \mid x \in H\} = H.$
$\therefore\ |G| = |H^G||G_H| = |\Omega||H|.$ (FCP에 의함)

6 H 가 G의 정규부분군이 아니라고 하자.
$H \le N_G(H) \le G$ 이므로 $H = N_G(H)$ 이다.
$\Omega = \{H^g \mid g \in G\}$ 상에 H 를 $(H^g) \cdot h = H^{gh}$ 로 작용시킨다. $\{H^g\}$ 가 홑궤도라면 임의의 $h \in G$ 에 대하여 $H^{gh} = H^g$.
$H^{gh} = H^g \Leftrightarrow H^{ghg^{-1}} = H \Leftrightarrow ghg^{-1} \in N_G(H)$
$\Leftrightarrow ghg^{-1} \in H \Leftrightarrow h \in g^{-1}Hg = H^g$
이므로 $\{H^g\}$ 가 홑궤도이면 $H \subset H^g$ 이고 따라서 $H = H^g$이다. 그러므로 $\{H\}$ 가 유일한 홑궤도이다. 따라서 궤도방정식은
$p = |G : H| = |\Omega| = |\{H\}| + |\mathcal{O}_1| + \cdots + |\mathcal{O}_n|.$
$\therefore\ p = 1 + |\mathcal{O}_1| + \cdots + |\mathcal{O}_n|.$
각 $|\mathcal{O}_i|$ 는 1이 아닌 $|H|$의 약수(따라서 $|G|$의 약수)이므로 위의 등식은 성립하지 않는다.

7 궤도방정식 $|\Omega| = |\Omega_0| + |\mathcal{O}_1| + \cdots + |\mathcal{O}_n|$ 에서 각 $|\mathcal{O}_i|$ 는 1이 아닌 $|G|$의 약수이므로 p의 배수이다.

8 $\Omega = N^\# = N - \{e\}$ 상에 G를 켤레짝 취하기로 작용시킨다. 이 때,
$\Omega_0 = \{x \in \Omega \mid x \cdot g = x, (\forall g \in G)\}$
$= \{x \in \Omega \mid x^g = x, (\forall g \in G)\}$
$= \{x \in \Omega \mid x \in Z(G)\}$
$= \Omega \cap Z(G) = N^\# \cap Z(G).$
$N \cap Z(G) = \{e\}$ 라고 하면 $|\Omega_0| = 0$이고, 연습문제 7에 의하여
$0 = |\Omega_0| \equiv |\Omega| = |N^\#| \equiv -1 \not\equiv 0 \pmod{p}$
와 같은 모순이 다른다.

9 $g \in G$에 대하여 함수 $\phi_g : \Omega \to \Omega$를 $\alpha \to \alpha \cdot g$, $(\alpha \in \Omega)$,로 정의하면, $\phi_g \in \mathrm{Sym}(\Omega)$.
$g \to \phi_g, (g \in G)$,로 정의된 함수
$\theta : G \to \mathrm{Sym}(\Omega)$ 는 준동형 사상이다.
$g \in \ker\theta \Leftrightarrow g^\theta = \varepsilon_\Omega \Leftrightarrow \phi_g = \varepsilon_\Omega$
$\Leftrightarrow \alpha \cdot g = \alpha\ , (\forall \alpha \in \Omega) \Leftrightarrow g \in G_\alpha\ , (\forall \alpha \in \Omega)$
$\Leftrightarrow g \in G_\Omega$. $\therefore \ker\theta = G_\Omega$. 그러므로 $G_\Omega \lhd G$ 이고, $G/G_\Omega \cong \mathrm{im}\,\theta \le \mathrm{Sym}(\Omega)$. (제1동형정리).

10 $\alpha = Hg \in \Omega, x \in G$에 대하여,
$x \in G_\alpha \Leftrightarrow \alpha \cdot x = \alpha \Leftrightarrow Hgx = Hg$
$\Leftrightarrow g^{-1}Hgx = g^{-1}Hg$, 즉, $H^g x = H^g$.

11 D_n 을 n 각형의 꼭지점의 집합 $\Omega = \{1, 2, \cdots, n\}$ 상에 작용시킨다. $1 \in \Omega$을 포함하는 궤도는 $1^{D_n} = \Omega$, 1의 스테빌라이저는 $(D_n)_1 = \{\varepsilon, f_1\}$.

12 정리 5.1.5에 의하여 $z \in Z(G) - \{e\}$가 존재한다. $o(z) = p^k, (k \ge 1)$, 이다. $x = z^{k-1}$ 이라고 하면 $o(x) = p$ 이다. 이 때, $|\langle x \rangle| = p$ 이고, $x \in Z(G)$이므로 $\langle x \rangle \lhd G$ 이다. 군의 위수에 관한 귀납법에 의하여 $G/\langle x \rangle$는 지수 p인 부분군을 가진다. 일대일 대응정리에 의하여 G도 지수 p인 부분군을 가진다.

13 $\Omega = \{1, 2, 3, 4\}$를 정사면체 Δ의 꼭짓점의 집합, Δ의 강체운동군을 G라고 하면, $G = S_4$이다.
$x \in \Omega, \phi \in G$에 대하여 $x \xrightarrow{\phi} y$ 일 때, $x \cdot \phi = y$로 정의하면 $\cdot$ 은 Ω상의 G 의 작용이다.
임의의 $x \in \Omega$ 에 대하여 $1^\phi = x$ 인 $\phi \in G$ 가 존재하므로, $1 \in \Omega$ 를 포함하는 궤도는 $1^G = \Omega$.
꼭짓점 1과, 1을 포함하지 않는 면의 중점을 지나는 직선 l 을 축으로 120°회전시키는 강체운동을 $r \in G$라고 하면 1의 스테빌라이저는
$G_1 = \{\varepsilon, r, r^2\}$. 따라서 FCP에 의하여
$|G| = |1^G||G_1| = 4 \cdot 3 = 12.$
S_4 의 위수 12인 부분군은 A_4 뿐이다. (연습문제 3.2.18).

14 꼭지점을 1, 2, 3, 4라고 한다. 꼭지점 i와 마주보는 면의 중점을 지나는 직선을 축으로하는 120°회전을 r_i, 꼭지점 i, j의 중점과 꼭지점 k, l의 중점을 지나는 직선을 축으로하는 180°회전을 $f_{ij:kl}$이라 할 때, $(1, 2, 3) \leftrightarrow r_4$, $(1, 2)(3, 4) \leftrightarrow f_{12:34}$ 등.

15 정육면체의 강체운동군 G를 면의 집합 $\Omega = \{\alpha_1,$

$\alpha_2, \alpha_3, \alpha_4, \alpha_5, \alpha_6\}$ 상에 작용시킨다.
α_1의 중점과 α_1이 마주보는 면의 중점을 지나는 직선을 축으로하는 90° 회전, 180° 회전, 270° 회전을 $r_{1;90}, r_{1;180}, r_{1;270}$이라고 하면
$\alpha_1^G = \Omega$, $G_{\alpha_1} = \{\varepsilon, r_{1;90}, r_{1;180}, r_{1;270}\}$.
$\therefore\ |G| = |\alpha_1^G||G_{\alpha_1}| = 6 \cdot 4 = 24$.
정육면체의 4 개의 대각선 $\beta_1, \beta_2, \beta_3, \beta_4$라고 하면
$G \lessdot \mathrm{Sym}(\{\beta_1, \beta_2, \beta_3, \beta_4\})$.

16 G상의 G의 '켤레취하기' 작용을 생각한다.

17 $\mathscr{P} = \{(x, y) \in G \times G \mid xy = yx\}$로 두면

$$p = \frac{|\mathscr{P}|}{|G \times G|} = \frac{|\mathscr{P}|}{|G|^2}.$$

군 G의 $\Omega = G$ 상의 켤레취하기작용에 대하여,
$\mathscr{P} = \{(x, y) \in \Omega \times G \mid x^y = x\}$
$= \{(x, y) \in \Omega \times G \mid x \cdot y = x\}$
이므로,
$|\mathscr{P}| = |G|$ (궤도의 개수) $= |G|$ (켤레류의 개수).
따라서 문제의 등식이 성립한다.

18 $3/6 = 1/2$ ($\because$ S_3의 켤레류의 개수는 3)

5-2 실로우 정리

1 실로우 2-부분군 : $\langle 5\rangle \times \langle 6\rangle \times \langle 0\rangle$
실로우 3-부분군 : $\langle 0\rangle \times \langle 4\rangle \times \langle 5\rangle$
실로우 5-부분군 : $\langle 2\rangle \times \langle 0\rangle \times \langle 3\rangle$

2 (1) • S_4의 실로우 2-부분군 :
$P = D_4$라고 하면 $P \in \mathrm{Syl}_2(S_4)$이고,
$P = \{(1), (1, 2, 3, 4), (1, 3)(2, 4), (1, 4, 3, 2)$
$(1, 3), (2, 4), (1, 2)(3, 4), (1, 4)(2, 3)\}$.
$Q = P^{(2,3)}$, $R = P^{(3,4)}$라고 하면
$Q, R \in \mathrm{Syl}_2(S_4)$이다.
P, Q, R은 서로 다르다. 왜냐하면 Q는 다음 두 위수 4인 원소를 포함한다.
$(1, 2, 3, 4)^{(2,3)} = (1, 3, 2, 4)$
$(1, 4, 3, 2)^{(2,3)} = (1, 4, 2, 3)$
또, R은 다음 두 위수 4인 원소를 포함한다.
$(1, 2, 3, 4)^{(3,4)} = (1, 3, 4, 3)$
$(1, 4, 3, 2)^{(3,4)} = (1, 3, 4, 2)$
$n_2 = 3$이므로 $\mathrm{Syl}_2(S_4) = \{P, Q, R\}$.
• S_4의 실로우 3-부분군은 다음 4개이다.
$\langle(1, 2, 3)\rangle, \langle(1, 2, 4)\rangle, \langle(1, 3, 4)\rangle, \langle(2, 3, 4)\rangle$
(2) • A_4의 실로우 2-부분군은 다음 1개이다.
$P = \{(1), (1, 2)(3, 4), (1, 3)(2, 4), (1, 4)(2, 3)\}$
• A_4의 실로우 3-부분군은 S_4의 3-부분군과 같다.

3 $\sigma = (1, 2, 3, 4)$, $\tau = (1, 3)$라고 할 때,
$|\langle\sigma, \tau\rangle| = 8, |\langle\sigma\rangle| = 4, |\langle\tau\rangle| = 2$.

4 $S \in \mathrm{Syl}_p(N)$이라 하면,
$P \cap N \subset S^x, (x \in N),\ \ S^x \subset P^g, (g \in G)$.
$\therefore\ S^x \subset P^g \cap N^g = (P \cap N)^g$
$\therefore\ |P \cap N| \le |S^x| \le |(P \cap N)^g| = |P \cap N|$.

5 임의의 $g \in G$에 대하여, $P^g \subset N^g = N$. P는 N의 유일한 실로우 P-부분군이므로 $P^g = P$.

6 $|G|$의 소인수를 $p_1, \cdots, p_r$이라 하고, G의 실로우 p_i-부분군을 P_i라고 하면,
$|P_1 \cdots P_r| = |P_1| \cdots |P_r| = |G|$.
$P_i \lhd G, (i = 1, 2, \cdots, r)$. $P_i \cap P_j = \varnothing, (i \ne j)$.

7 $g \in N_G(P)$이므로 $\langle g\rangle$는 $N_G(P)$의 p-부분군.
P는 $N_G(P)$의 유일한 실로우 p-군.

8 $P \in \mathrm{Syl}_5(G)$라고 하면 $P \cong \mathbf{Z}_5$. n_5는 $5k+1$꼴의 49의 약수이므로 $n_5 = 1$. $\therefore\ P \lhd G$.
NC-argument(연습문제 3.3.14)에 의하여

$$\frac{G}{C_G(P)} = \frac{N_G(P)}{C_G(P)} \lessdot \mathrm{Aut}(P) \cong \mathrm{Aut}(\mathbf{Z}_5) \cong \boldsymbol{U}_5 \cong \mathbf{Z}_4$$

이므로 $|G/C_G(P)|$는 $|\mathbf{Z}_4| = 4$ 의 약수이다. 한편 $|G/C_G(P)|$는 $|G : P| = 49$ 의 약수이기도 하므로 $|G/C_G(P)| = 1$이고 따라서 $C_G(P) = G$.
코시의 정리에 의하여 위수 7인 원소 $x \in G$와 위수 5인 원소 $y \in P$를 잡을 수 있다. $C_G(P) = G$로부터 $xy = yx$이므로,

$$\mathrm{o}(xy) = \mathrm{lcm}(\mathrm{o}(x), \mathrm{o}(y)) = 35.$$

9 $|G| = 3 \cdot 125$. $P \in \mathrm{Syl}_3(G)$ 라 하자.
$n_3 \in \{1, 25\}$. $\therefore$ $15 \,\big|\, |N_G(P)|$.
NC-argument를 적용한다.

10 $|G| = 3\cdot 5\cdot 7$. $n_5 \in \{1, 21\}$. $n_5 = 21$이면 G는 위수 5인 원소를 84개 가지게 된다.
$\therefore n_5 = 1$. $P \in \mathrm{Syl}_5(G)$를 잡고 NC-argument를 적용한다.

11 $n_{11} = 1$. $P \in \mathrm{Syl}_{11}(G)$를 잡고 NC-argument를 적용한다.

12 $|G| = 4\cdot 3\cdot 5$. $\mathrm{Syl}_3(G) = \{P_3\}$, $P_5 \in \mathrm{Syl}_5(G)$, $N = P_3P_5$라고 하면 $N \le G$이고 $|N| = 15$.
$\therefore N \lhd G$. $P_5 \in \mathrm{Syl}_5(N)$. $\therefore P_5 \lhd G$.

13 $|G| = 255 = 3\cdot 5\cdot 17$, $H \in \mathrm{Syl}_{17}(G)$이라고 하자.
$n_{17} = 1$이므로 $H \lhd G$. $\therefore N_G(H) = G$.
NC-argumem에 의하여 $G/C_G(H) \lesssim \mathrm{Aut}(H)$.
$|\mathrm{Aut}(H)| = |\mathrm{Aut}(\mathbf{Z}_{17})| = |\mathbf{U}_{17}| = 16$ 이므로 $|G/C_G(H)| \,|\, 16$.
한편, $|G/C_G(H)| \,|\, 255$이므로 $|G/C_G(H)| = 1$.
$\therefore G = C_G(H)$.
$G = C_G(H) \Leftrightarrow gh = hg, (\forall g \in G, \forall h \in H)$
$\Leftrightarrow H \subset Z(G)$
이므로 $H \subset Z(G)$. 그러므로 $|Z(G)|$는 $|H| = 17$의 배수이고, 따라서 $|G/Z(G)|$는 $(255/17) = 15$의 약수이다. 이 때, $|G/Z(G)| \in \{1, 3, 5, 15\}$ 이다. 위수가 1, 3, 5, 15 인 군은 순환군이므로 $G/Z(G)$는 순환군이고, 그러므로 G는 아벨군이다. $\therefore G \cong \mathbf{Z}_{255}$.

14 $12 = 4\cdot 3$. $n_3 \in \{1, 4\}$.
$n_3 = 4$ 일 경우 : $\Omega = \mathrm{Syl}_3(G) = \{P_1, P_2, P_3, P_4\}$라 하자. $g \in G$에 대하여 $\boldsymbol{i}_g \in \mathrm{Sym}(\Omega)$.
함수 $\phi : G \to \mathrm{Sym}(\Omega)$ 를 $g^\phi = \boldsymbol{i}_g$로 정의한다.
$x \in \ker\phi \Rightarrow x \in N_G(P_i), \forall i$.
FCP에 의하여, $x \in P_i, \forall i$. $\therefore x = e$. $\therefore \phi$는 단사.
G^ϕ는 $\mathrm{Sym}(\Omega)$의 모든 3-사이클을 포함한다. 그러므로 G^ϕ는 $\mathrm{Sym}(\Omega)$의 짝치환 전체의 집합이다.
$\therefore G \cong A_4$.
$n_3 = 1$ 일 경우 : $\mathrm{Syl}_3(G) = \{P\}$. $\therefore P \lhd G$.
$Q \in \mathrm{Syl}_2(G)$ 라 하면 $G = PQ$.
$Q \cong \mathbf{Z}_4$일 경우, PQ는 위수 4인 원소를 가지고,
$Q \cong \mathbf{Z}_2 \times \mathbf{Z}_2$일 경우, PQ는 위수 4인 원소를 가지지않는다. 따라서 각각의 경우 $G \cong \langle \mathbf{a}, \mathbf{b} \rangle$, $G \cong D_6$.

15 $Z(G) = 4$일 때, $|G/Z(G)| = 15$이므로 $G/Z(G)$는 순환군이 되고, 따라서 G는 아벨군이된다.

16 (1) $70 = 2\cdot 5\cdot 7$이다. 먼저 위수 70인 군으로서
Z_{70}, D_{35}, $D_7 \times Z_5$, $D_5 \times Z_7$ ········ ①
이 있다. 이들은 중심이 모두 다르므로 ①의 4개의 군 중 어느 두 개도 동형이 아니다.
$n_5 \,|\, 14$, $n_5 \equiv 1 \pmod{5}$이므로 $n_5 = 1$.
$P_5 \in \mathrm{Syl}_5(G)$라고 하면 $P_5 \lhd G$. 따라서
$P_7 \in \mathrm{Syl}_7(G)$를 잡으면 $P_5P_7 \le G$. $|P_5P_7| = 35$이고 $5 \nmid 7$이므로 P_5P_7은 순환군. P_5P_7의 생성원을 x라고 하면 $o(x) = 35$. 코시의 정리에 의하여 위수 2인 원소 $y \in G$가 존재한다. 이 때, $y \notin \langle x \rangle$이고, $|G : \langle x \rangle| = 2$이므로
$G = \{e, x, x^2, \cdots, x^{34}, y, xy, x^2y, \cdots, x^{34}y\}$.
$H \lhd G$이므로 $yxy \in \langle x \rangle$이고, 따라서 $yxy = x^k$인 k, $(1 \le k \le 34)$, 가 존재한다. 이 때
$x = y^2xy^2 = x^{k^2}$이므로 $x^{k^2-1} = e$이고, 그러므로
$35 \,|\, (k^2 - 1)$ ··············· ②
$1 \le k \le 34$인 자연수 k 중 ②를 만족하는 것은 $k = 1, 6, 29, 34$의 4개 뿐이다. 그러므로 ① 의 4개의 군이 위수 70인 군 전체이다.
(2) $66 = 2\cdot 3\cdot 11$이다. 위수 66인 군으로서
Z_{66}, D_{33}, $D_{11} \times Z_3$, $D_3 \times Z_{11}$ ······ ①
이 있다. ①의 4개의 군 중 어느 두 개도 동형이 아니다.
$n_{11} \,|\, 6$, $n_{11} \equiv 1 \pmod{11}$이므로 $n_{11} = 1$.
$P_{11} \in \mathrm{Syl}_{11}(G)$라고 하면 $P_{11} \lhd G$.
$P_3 \in \mathrm{Syl}_3(G)$ 를 잡으면 $P_3P_{11} \le G$.
$|P_3P_{11}| = 33$이고 $3 \nmid 11$이므로 P_3P_{11}은 순환군.
P_3P_{11}의 생성원을 x라고 하면 $o(x) = 33$. 코시의 정리에 의하여 위수 2인 원소 $y \in G$가 존재한다.
이 때, $y \notin \langle x \rangle$이고, $|G : \langle x \rangle| = 2$이므로
$G = \{e, x, x^2, \cdots, x^{32}, y, xy, x^2y, \cdots, x^{32}y\}$.
$\langle x \rangle \lhd G$이므로 $yxy \in \langle x \rangle$이고, 따라서 $yxy = x^k$인 k, $(1 \le k \le 32)$, 가 존재한다. 이 때
$x = y^2xy^2 = x^{k^2}$이므로 $x^{k^2-1} = e$.
$\therefore 33 \,|\, (k^2 - 1)$. ··············· ②
$1 \le k \le 32$인 자연수 k 중 ②를 만족하는 것은 $k = 1, 10, 23, 32$의 4개 뿐이다. 그러므로 ① 의 4개의 군이 위수 66인 군 전체이다.

17 $|G| = 5 \cdot 7 \cdot 17$.
$P_5 \in \mathrm{Syl}_5(G)$라고 하면 $P_5 \lhd G$.
$n_7 \neq 1 \neq n_{17}$이면, $n_7 = 85, n_{17} = 35$이고 이 때,
$|G| > 6 \cdot 85 + 16 \cdot 35 = 1070$이 되어 모순.
$\therefore n_7 = 1$ 또는 $n_{17} = 1$.
$P_7 \in \mathrm{Syl}_7(G), P_{17} \in \mathrm{Syl}_{17}(G)$이라고 하면
P_7, P_{17} 중 하나는 G의 정규 부분군.
$\therefore H = P_7 P_{17} \leq G$.
$|G : H| = 5$는 $|G|$의 최소의 소인수이므로 $H \lhd G$.
$\therefore P_7 \lhd G. P_{17} \lhd G. \quad \therefore G = P_5 \dot{\times} P_7 \dot{\times} P_{17}$.

18 (1) $105 = 3 \cdot 5 \cdot 7$. G가 단순군이면
$n_3 = 7, n_5 = 21, n_7 = 15$. 위수 3인 원소의 개수는 $2 \times 7 = 14$, 위수 5인 원소의 개수는 $4 \times 21 = 84$, 위수 7인 원소의 개수는 $6 \times 15 = 90$이다. 이 때, $|G| \geq 14 + 84 + 90 + 1 = 189 > |G|$가 되어 모순.
(2) $132 = 4 \cdot 3 \cdot 11$. G가 단순군이면
$n_3 \in \{4, 22\}$. Appendix Lemma 4에 의하여
$n_3 \neq 4$이므로 $n_2 = 22$. 또 $n_{11} = 12$.
따라서 위수 3인 원소의 개수는 $2 \times 22 = 44$, 위수 11인 원소의 개수는 $10 \times 12 = 120$.
이 때, $|G| \geq 44 + 120 = 164 > |G|$가 되어 모순.
(3) $210 = 2 \cdot 3 \cdot 5 \cdot 7 = 2 \times$(홀수). Appendix Lemma 3에 의하여 G는 단순군이 아니다.

19 위수가 30 또는 20 또는 15인 군의 지수는 2 또는 3 또는 4이다. A_5는 단순군이므로 appendix Lemma 4에 의하여 그러한 부분군은 존재하지 않는다.

20 $60 = 4 \cdot 3 \cdot 5$. $n_2 \in \{1, 3, 5, 15\} - \{1, 3\}$.
먼저 G는 지수 5인 부분군을 가짐을 보인다.
$n_2 = 5$ 일 때, $|G : N_G(P)| = 5$. 단, $P \in \mathrm{Syl}_2(G)$.
$n_2 = 15$ 일 때,
임의의 두 실로우 2-부분군의 교집합이 $\{e\}$일 때,
(위수가 2 또는 4인 원소의 개수) = 45.
$n_5 = 6$. $\therefore$ (위수가 5인 원소의 개수) = 24.
$\therefore$ (위수가 2 또는 4 또는 5인 원소의 개수) ≥ 69.
그러므로 $P \cap Q > \{e\}$인 $P, Q \in \mathrm{Syl}_2(G)$가 있다.
P, Q는 아벨군이므로 $P \cup Q \subset C_G(P \cap Q)$.
$\therefore \langle P \cup Q \rangle \leq C_G(P \cap Q)$.
$\langle P \cup Q \rangle = G$라면 $C_G(P \cap Q) = G$이고, 이 때,
$\{e\} < P \cap Q \subset Z(G)$가 되어 모순.
$\therefore \langle P \cup Q \rangle < G$. $|P| \,\big|\, |\langle P \cup Q \rangle| \,\big|\, 60$ 이므로
$|\langle P \cup Q \rangle| \in \{12, 20\}$.
$\therefore |G : \langle P \cup Q \rangle| \in \{5, 3\}$
$|G : \langle P \cup Q \rangle| \neq 3$이므로 $|G : \langle P \cup Q \rangle| = 5$.
따라서 G는 지수 5인 부분군을 가진다. $\therefore G \lesssim A_5$.
$|G| = 60$이므로 $G \cong A_5$.

21 $N \cap A_5 \leq A_5$이다. A_5가 단순군이므로,
$N \cap A_5 = A_5$ 또는 $N \cap A_5 = \{\varepsilon\}$.
$N \cap A_5 = A_5$일 때, $A_5 \subset N$.
$\therefore A_5 = N$ 또는 $N = G$
$N \cap A_5 = \{\varepsilon\}$일 때, $N \neq \{\varepsilon\}$라면 $N - \{\varepsilon\}$는 1개 이상의 홀치환으로 이루어져 있다.
N이 서로 다른 2개의 홀치환 σ, τ를 가진다고 하면 $\sigma^2 \neq e$ 또는 $\sigma\tau \neq e$이고 $\sigma^2, \sigma\tau$는 짝치환.
따라서 $N = \{\varepsilon, \sigma\}$. 이 때, $\sigma^\phi \neq \sigma$인 $\phi \in S_5$를 찾을 수 있다. 그러므로 N은 S_5의 정규부분군이 아니다.

22 $p < q < r$이라고 하면, $n_p \geq q, n_q \geq r, n_r \geq pq$.
위수가 k인 원소의 개수를 $f(k)$라고 할 때,
$f(p) \geq (p-1)q$, $f(q) \geq (q-1)r$,
$f(r) \geq (r-1)pq$.
$\therefore |G| \geq pqr + (q-1)(r-1) > pqr$.

6 환의 기초

6-1 환의 뜻과 기본성질

1 $(R, +) = \langle a \rangle$라고 할 때, $R = \{na \mid n \in \mathbf{Z}\}$.
$na, ma \in R$에 대하여
$(na)(ma) = nma^2 = mna^2 = (ma)(na)$.

2 f, g가 연속함수일 때, $f+g, fg$도 연속함수이므로, 위의 합과 곱은 $C(\mathbf{R})$ 상의 이항연산이고, 결합법칙을 만족한다.
$\mathbf{0}(x) = 0, (\forall x \in \mathbf{R})$, 으로 정의되는 함수 $\mathbf{0}$, 즉, 상수함수 $\mathbf{0}$이 $(C(\mathbf{R}), +)$의 항등원이다.
$f \in C(\mathbf{R})$의 역원은 $(-f)(x) = -f(x), (\forall x \in \mathbf{R})$,

로 정의되는 함수 $-f$이다.
명백히 $f, g, h \in C(\boldsymbol{R})$에 대하여,
$f(g+h) = fg + fh, \quad (f+g)h = fh + gh.$

3 $\varnothing \neq \boldsymbol{Z}[\sqrt{2}\,] \subset \boldsymbol{R}.$
$a + b\sqrt{2}, c + d\sqrt{2} \in \boldsymbol{Z}[\sqrt{2}\,]$에 대하여
$a + b\sqrt{2} - (c + d\sqrt{2}) = a - c + (b - d\sqrt{2}) \in \boldsymbol{Z}[\sqrt{2}\,].$
$(a + b\sqrt{2})(c + d\sqrt{2}) = ac + 2bd + (ad + bc)\sqrt{2} \in \boldsymbol{Z}[\sqrt{2}\,].$
따라서 $\boldsymbol{Z}[\sqrt{2}\,] \leq \boldsymbol{R}.$
$1 = 1 + 0\sqrt{2} \in \boldsymbol{Z}[\sqrt{2}\,].$

4 $n = 2k$라고 하면, $-a = (-a)^{2k} = a^{2k} = a.$

5 문제 4에 의하여 $a = -a, (\forall a \in R).$
$a, b \in R$에 대하여,
$(a+b)^2 = a + b = a^2 + b^2$
$(a+b)^2 = a^2 + ab + ba + b^2$
$\therefore ab + ba = 0 \quad \therefore ab = -ba = ba$

6 $\begin{bmatrix} 0 & 0 \\ 0 & 0 \end{bmatrix}, \begin{bmatrix} 1 & 0 \\ 0 & 1 \end{bmatrix}, \begin{bmatrix} 1 & 0 \\ 0 & 0 \end{bmatrix}, \begin{bmatrix} 0 & 0 \\ 0 & 1 \end{bmatrix}.$

7 $(\Rightarrow)$ $x^2 = 0$이면 x는 멱영원이다. $\therefore x = 0.$
$(\Leftarrow)$ a가 멱영원이면 $a^n = 0$인 최소의 자연수 n이 존재한다. $n = 1$임을 보이면 된다. $n \geq 2$라 하자.
n이 짝수일 때, $(a^{n/2})^2 = 0. \ \therefore a^{n/2} = 0.$ 이는 n의 선택에 위배.
n이 홀수일 때, $a^{n+1} = 0. \ \therefore (a^{(n+1)/2})^2 = 0.$
$\therefore a^{(n+1)/2} = 0.$ 이는 n의 선택에 위배.

8 $(xa - axa)^2 = xaxa - xaaxa - axaxa + axaaxa$
$= xaxa - xaxa - axaxa + axaxa = 0$

9 $x, y \in R$이라고 할 때, 임의의 $a \in R$에 대하여
$a(x-y) = ax - ay = xa - ya = (x-y)a.$
$\therefore x - y \in Z(R).$
$axy = xay = xya. \ \therefore xy \in Z(R).$

10 (1) $f(x) = a_0 + a_1 x + \cdots + a_n x^n,$
$g(x) = b_0 + b_1 x + \cdots + b_m x^m$
라고 할 때, 이를테면 $f(x)g(x)$에서 x^2의 계수는
$a_0 b_2 + a_1 b_1 + a_2 b_0 = b_2 a_0 + b_1 a_1 + b_0 a_2$
이것은 $g(x)f(x)$에서 x^2의 계수.

11 $2\boldsymbol{Z} \leq \boldsymbol{Z}, 3\boldsymbol{Z} \leq \boldsymbol{Z}$이지만 $S = 2\boldsymbol{Z} \cup 3\boldsymbol{Z}$는 $\boldsymbol{Z}$의 부분환이 아니다. 왜냐하면 $2, 3 \in S, 1 = 3 - 2 \notin S.$

12 (1) $a \in S$를 잡으면, $0_R = a - a = 0_S.$
(3) $\boldsymbol{Q}$의 부분환 $\boldsymbol{Z}$는 단위원을 가지고 $1_{\boldsymbol{Q}} = 1 = 1_{\boldsymbol{Z}}$. $\boldsymbol{Z}$의 부분환 $2\boldsymbol{Z}$는 단위원을 가지지 않는다.
(4) $\boldsymbol{Z} \oplus \boldsymbol{Z}$의 부분환 $\boldsymbol{Z} \oplus \{0\}$는 단위원을 가지고 $1_{\boldsymbol{Z} \oplus \{0\}} = (1, 0) \neq (1, 1) = 1_{\boldsymbol{Z} \oplus \boldsymbol{Z}}.$

13 $\begin{bmatrix} 0 & * \\ 0 & * \end{bmatrix} - \begin{bmatrix} 0 & * \\ 0 & * \end{bmatrix} = \begin{bmatrix} 0 & * \\ 0 & * \end{bmatrix}, \begin{bmatrix} 0 & * \\ 0 & * \end{bmatrix}\begin{bmatrix} 0 & * \\ 0 & * \end{bmatrix} = \begin{bmatrix} 0 & * \\ 0 & * \end{bmatrix}.$

14 (2) $1_R = 4, \ 1_{\boldsymbol{Z}_6} = 1.$

15 (1) $(-a)(-b) = -(a(-b)) = -(-ab) = ab.$
(2) $(a-b) + (-a+b) = a - b - a + b$
$= a - a - b + b = 0.$
(3) $a(b-c) = a(b + (-c)) = ab + a(-c)$
$= ab + (-ac) = ab - ac.$
(4) (3)과 같은 방법

16 (1) $ra, sa \in Ra$에 대하여
$ra - sa = (r-s)a \in Ra, (ra)(sa) = (ras)a \in Ra.$
(2) $n1, m1 \in S$에 대하여
$n1 - m1 = (m-n)1 \in S, (n1)(m1) = (mn)1 \in S.$

17 $S = \{(n, -n) \mid n \in \boldsymbol{Z}\}$은 $(\boldsymbol{Z} \oplus \boldsymbol{Z}, +)$의 부분군이지만 $\boldsymbol{Z} \oplus \boldsymbol{Z}$의 부분환은 아니다.

18 $S = \left\{ \frac{m}{2^n} \,\middle|\, m \in \boldsymbol{Z}, n \in \boldsymbol{Z}^+ \right\}$

19 $r, s \in R_a$에 대하여 $(r-s)a = ra - sa = 0$
$(rs)a = r(sa) = 0.$

20 S는 $C(\boldsymbol{R})$의 부부환이다.

21 $(1_R, 0_S)$는 R^*의 단위원, $(0_R, 1_S)$는 S^*의 단위원.

22 가진다. $1_S = 6.$

23 $\begin{bmatrix} a & b \\ c & d \end{bmatrix}$의 각 성분이 0, 1의 값을 취할 수 있으므로 이러한 행렬의 개수는 $2^4 = 16.$

24 (1) $\mathbf{u} = a\mathbf{1} + b\mathbf{i} + c\mathbf{j} + d\mathbf{k}$
$= \begin{bmatrix} a & 0 \\ 0 & a \end{bmatrix} + \begin{bmatrix} bi & 0 \\ 0 & -bi \end{bmatrix} + \begin{bmatrix} 0 & c \\ -c & 0 \end{bmatrix} + \begin{bmatrix} 0 & di \\ di & 0 \end{bmatrix}$
$= \begin{bmatrix} a+bi & c+di \\ -c+di & a-bi \end{bmatrix}.$
(2) $\mathbf{u}\bar{\mathbf{u}} = \begin{bmatrix} a+bi & c+di \\ -c+di & a-bi \end{bmatrix}\begin{bmatrix} a-bi & -c-di \\ c-di & a+bi \end{bmatrix}$

$= \begin{bmatrix} r & 0 \\ 0 & r \end{bmatrix} = r\mathbf{1},\ \bar{\mathbf{u}}\mathbf{u} = r\mathbf{1}.$

(단, $r = (a+bi)(a-bi) + (c+di)(c-di)$
$= a^2 + b^2 + c^2 + d^2$.

(3) $\mathbf{u}\left(\frac{1}{r}\bar{\mathbf{u}}\right) = \left(\frac{1}{r}\bar{\mathbf{u}}\right)\mathbf{u} = \mathbf{1}$.

(4) $\mathbf{x} = b\mathbf{i} + c\mathbf{j} + d\mathbf{k}$라고 하면

$\mathbf{x} = \begin{bmatrix} bi & c+di \\ -c+di & -bi \end{bmatrix}$이고 따라서

$\mathbf{x}^2 = \begin{bmatrix} bi & c+di \\ -c+di & -bi \end{bmatrix}\begin{bmatrix} bi & c+di \\ -c+di & -bi \end{bmatrix}$
$= \begin{bmatrix} s & 0 \\ 0 & s \end{bmatrix} = s\mathbf{1}$.

$s = -b^2 - c^2 - d^2 = -1$ 되도록 b, c, d를 택한다.

6-2 체와 정역

1 명백히 $(F, +)$는 아벨 군이다.
연습문제 1.2.5에 의하여 $(F^{\#}, \cdot)$는 군이다.

2 $(1, 0)$은 F의 항등원.
$(a, b) \neq (0, 0)$의 곱셈에 관한 역원은 $\frac{1}{r}(a, -b)$,
(단, $r = a^2 + b^2$).

3 $a + bi \neq 0$의 곱셈에 관한 역원은 $\frac{1}{r}(a - bi)$,
(단, $r = a^2 + b^2$).

4 (2) $(a + b\sqrt{d})(a - b\sqrt{d}) = a^2 - b^2 d$.
d가 완전제곱수($\neq 1$)의 배수가 아니므로
$a + b\sqrt{d} \neq 0$일 때, $a^2 - b^2 d \neq 0$.
$a + b\sqrt{d} \neq 0$의 곱셈에 관한 역원은 $\frac{1}{r}(a - bi)$,
(단, $r = a^2 - b^2 d$).

5 명백히 $\boldsymbol{U}_n \subset \boldsymbol{U}_{\mathbf{Z}_n}$.
$a \in \boldsymbol{U}_{\mathbf{Z}_n}$이면 $ab \equiv 1 (\mathrm{mod}\ n)$인 $b \in \mathbf{Z}_n$가 존재.
이 때, $ab = nx + 1$인 $b \in \mathbf{Z}_n$가 존재.
$\therefore ab - nx = 1$. $\therefore \gcd(a, n) = 1$. $\therefore a \in \boldsymbol{U}_n$.
$\therefore \boldsymbol{U}_{\mathbf{Z}_n} \in \boldsymbol{U}_n$.

6 $f(x) = |x| + x, g(x) = |x| - x$라고 하면
$f(x) \neq 0,\ g(x) \neq 0,\ f(x)g(x) = 0$.

7 $2\mathbf{Z}$

8 $R = \mathbf{Z} \oplus \mathbf{Z}$에서 $a = (1, 0), b = (0, 1)$은 영인자이지만 $a + b = (1, 1)$은 영인자가 아니다.

9 $a^n = 0$인 자연수 n이 존재한다. $n > 1$일 때,
$1 = 1 - 0 = 1 - a^n$
$= (1-a)(1 + a + a^2 + \cdots + a^{n-1})$.

10 $S = \{0, 2, 4, 6, 8\}$은 $\mathbf{Z}_{10}$의 부분환이고, 6은 S의 단위원이다. $a, b \in S^{\#}$일 때, ab는 10의 배수가 아니므로 $ab \in S^{\#}$. 따라서 S는 정역이다. 유한정역은 체이다.

11 $ab = 1 \Rightarrow aba = a \Rightarrow a(ba - 1) = 0$
$\Rightarrow ba - 1 = 0 \Rightarrow ba = 1$.

12 (1) $a^n = 0 \Rightarrow a^{n-1}a = a^{n-1}0 \Rightarrow a = 0$.
(2) $a^n = a \Rightarrow a^{n-1} - a = 0 \Rightarrow a^{n-1}(a-1) = 0$
$\Rightarrow a^{n-1} = 0$ 또는 $a - 1 = 0$
$\Rightarrow a = 0$ 또는 $a = 1$.

13 $1, -1$

14 $a, b \in R^{\#}$의 덧셈에 관한 위수를 각각 m, n이라고 하면, $ma = 0, nb = 0$.
$0 = mab - nab = (ma - na)b \Rightarrow \underbrace{ma}_{=0} - na = 0$
$\Rightarrow -na = 0 \Rightarrow na = 0 \Rightarrow m \mid n$.
같은 방법으로 $n \mid m$.

15 유한체 F의 위수가 서로 다른 소인수 p, q를 가지면 코시의 정리에 의하여 덧셈에 관한 위수가 각각 p, q인 원소 a, b가 존재한다. 이 때, $a, b \in F^{\#}$이므로 연습문제 14의 결과에 위배된다.

16 $0, 3, 5, 8, 9, 11$

17 정리 6.2.6의 증명과 같은 방법.

18 $a^2 = 1 \Rightarrow (a+1)(a-1) = 0$.

19 $\begin{bmatrix} 1 & 0 \\ 0 & 1 \end{bmatrix}, \begin{bmatrix} 1 & 0 \\ 1 & 1 \end{bmatrix}, \begin{bmatrix} 1 & 1 \\ 0 & 1 \end{bmatrix}, \begin{bmatrix} 0 & 1 \\ 1 & 0 \end{bmatrix}, \begin{bmatrix} 0 & 1 \\ 1 & 1 \end{bmatrix}, \begin{bmatrix} 1 & 1 \\ 1 & 0 \end{bmatrix}$.

20 사원수 환에서 $\mathbf{i}^2 = \mathbf{j}^2 = \mathbf{k}^2 = -\mathbf{1}$.

21 $mx + ny = 1$을 만족하는 정수 x, y가 존재한다. x, y 중 하나는 양수이고 하나는 음수이다. 따라서 $mk - nl = 1, (k, l \in \mathbf{Z}^+)$라고 해도 좋다.
$0 = a^{mk} - b^{mk} = a^{nl}(a^{mk-nl} - b^{mk-nl})$
$= a^{nl}(a - b)$.

7 아이디얼과 준동형사상

7-1 아이디얼과 잉여환

1 $\begin{bmatrix} 0 & * \\ 0 & 0 \end{bmatrix}\begin{bmatrix} * & * \\ 0 & * \end{bmatrix} = \begin{bmatrix} 0 & * \\ 0 & 0 \end{bmatrix}, \begin{bmatrix} * & * \\ 0 & * \end{bmatrix}\begin{bmatrix} 0 & * \\ 0 & 0 \end{bmatrix} = \begin{bmatrix} 0 & * \\ 0 & 0 \end{bmatrix}.$

2 $(\Rightarrow)$ R이 체일 때, $\{0\}$은 R의 극대아이디얼이다. (보기 15).
$(\Leftarrow)$ $a \neq 0$일 때, $\{0\} \neq \langle a \rangle \subset R$이므로 $\langle a \rangle = R$.
$\therefore 1 \in \langle a \rangle$. $\therefore ra = 1$인 $r \in R$이 존재한다.
$\therefore a^{-1} = r \in R$.

3 $R = \mathrm{Mat}_2(\boldsymbol{R})$은 나눗셈환이 아니다.
$O \neq A = \begin{bmatrix} a & b \\ c & d \end{bmatrix} \in J \lhd R, c \neq 0$라 하자.
$E_1 = \begin{bmatrix} 1 & 0 \\ 0 & 0 \end{bmatrix}, E_2 = \begin{bmatrix} 0 & 0 \\ 0 & 1 \end{bmatrix}, P = \begin{bmatrix} 0 & 1 \\ 1 & 0 \end{bmatrix}$이라고 하면
$\begin{bmatrix} 0 & 0 \\ c & 0 \end{bmatrix} = E_2AE_1 \in J$. $\therefore \begin{bmatrix} c & 0 \\ 0 & 0 \end{bmatrix} = P\begin{bmatrix} 0 & 0 \\ c & 0 \end{bmatrix} \in J$,
$\begin{bmatrix} 0 & 0 \\ 0 & c \end{bmatrix} = \begin{bmatrix} 0 & 0 \\ c & 0 \end{bmatrix}P \in J$. $\therefore \begin{bmatrix} c & 0 \\ 0 & c \end{bmatrix} \in J$.

4 아이디얼의 정의로부터 명백하다.

5 (2) $x \in I, y \in J$일 때, $xy \in I \cap J$.

6 생략

7 $2\mathbf{Z}, 3\mathbf{Z}$는 $\mathbf{Z}$의 아이디얼이다.
$2, 3 \in 2\mathbf{Z} \cup 3\mathbf{Z}$이지만 $2 + 3 = 5 \notin 2\mathbf{Z} \cup 3\mathbf{Z}$.

8 $i + j = 1$인 $i \in I, j \in J$가 존재.
$a \in I \cap J$일 때, $ai \in JI, aj \in IJ$이므로
$a = a1 = ai + aj \in JI + IJ = IJ + IJ = IJ$
$\therefore I \cap J \subset IJ$. 한편 $IJ \subset I \cap J$.

9 $a, b \in I$이면, $a, b \in I_k$인 k가 존재. 이 때,
$a - b \in I_k \subset I$.
$r \in R$이면, $ra, ar \in I_k \subset I$.

10 $s \in S, ra + na \in I_a$에 대하여
$s(ra + na) = sra + sna = sra + nsa$
$\qquad = (sr + ns)a + 0a \in I_a$.
$\because$ 예를 들어 $n = 3$일 때,
$s3a = s(a + a + a) = sa + sa + sa$
$\qquad = (s + s + s)a = 3sa = 3sa + 0a \in I_a$.

11 (1) $r \in R, x \in J$에 대하여,
$rxI = r\{0\} = \{0\}$. $\therefore rx \in J$.
$xrI \subset xI = \{0\}$. $\therefore xrI = \{0\}$. $\therefore rx \in J$.
(2) $r \in R, x \in K$에 대하여,
$Rrx \subset (Rr)x \subset Rx \subset I$. $\therefore rx \in K$.
$Rxr \subset (Rx)x \subset Ir \subset I$. $\therefore rx \in K$.

12 (1) $\gcd(m, n) = d$라고 하면
$a \in \langle m \rangle \Rightarrow a \in \langle d \rangle, b \in \langle n \rangle \Rightarrow b \in \langle d \rangle$이므로
$a + b \in \langle d \rangle + \langle d \rangle = \langle d \rangle$. $\therefore \langle m \rangle + \langle n \rangle \subset \langle d \rangle$
$xm + yn = d$인 $x, y \in \mathbf{Z}$가 존재한다. 이 때,
$d = xm + yn \in \langle m \rangle + \langle n \rangle$. $\therefore \langle d \rangle \subset \langle m \rangle + \langle n \rangle$.
(2) $\mathrm{lcm}(m, n) = l$라고 하면
$a \in \langle m \rangle \cap \langle n \rangle \Leftrightarrow a$는 m, n의 공배수
$\Leftrightarrow a$는 l의 배수 $\Leftrightarrow a \in \langle l \rangle$. $\therefore \langle m \rangle \cap \langle n \rangle = \langle l \rangle$.

13 생략

14 $R = \mathbf{Z}[x], J = \langle x^2 \rangle, I = (J$의 원소 중 x^3항이 없는 다항식 전체의 집합)일 때, $I \lhd J$이지만 I는 R의 아이디얼이 아니다.

15 $\langle a \rangle + \langle bx \rangle = \langle c(x) \rangle$라 하고, $a \neq 0$이라 하자.
$\langle a \rangle \subset \langle a \rangle + \langle bx \rangle = \langle c(x) \rangle$라 하면 $a \in \langle c(x) \rangle$
이므로 $c(x) = c \in \mathbf{Z}$이고, 따라서 $\langle a \rangle \subset \langle c \rangle$.
$c \in \langle c \rangle = \langle a \rangle + \langle bx \rangle$이므로 $c = af(x) + bxg(x)$.
양변에 $x = 0$을 대입하면 $c = ad$, (단, $d = f(0)$).
$\therefore \langle c \rangle \subset \langle a \rangle$. $\therefore \langle c \rangle = \langle a \rangle$. $\therefore \langle a \rangle + \langle bx \rangle = \langle a \rangle$.
$\therefore \langle bx \rangle \subset \langle a \rangle$. $\therefore bx = ag(x)$. 양변에 $x = 1$을 대입하면 $b = au$ (단, $u = g(1)$). $\therefore a \mid b$.

16 $a_i \in Ra_i \subset Ra_1 + Ra_2 + \cdots + Ra_n$.
$\{a_1, a_2, \cdots, a_n\} \subset I \lhd R$이라고 하면
$Ra_i \subset I, (\forall i)$. $\therefore Ra_1 + Ra_2 + \cdots + Ra_n \subset I$.

17 예제 7.1.4와 같은 방법으로 $x = 11, y = 2$.

18 $(a, b)(c, d) \in \mathbf{Z} \oplus \{0\} \Rightarrow bd = 0$
$\Rightarrow b = 0$ 또는 $d = 0$.
$\mathbf{Z} \oplus \{0\} \subsetneq \mathbf{Z} \oplus 2\mathbf{Z} \subsetneq \mathbf{Z} \oplus \mathbf{Z}$

19 $\langle 2 \rangle, \langle 3 \rangle$.

20 (1) $\mathbf{Z}_2[x]$에서 $I = \langle x^2 + x + 1 \rangle$라고 할 때,
$\mathbf{Z}_2[x]/I = \{I, I + 1, I + x, I + x + 1\}$.
$(I + 1)^2 = I + 1, (I + x)(I + x + 1) = I + 1$

이므로 $(\mathbf{Z}_2[x]/I)^{\#}$의 각 원소는 역원을 가진다. 따라서 $\mathbf{Z}_2[x]/I$은 체이다.

(2) $\mathbf{Z}_3[x]$에서 $I=\langle x^2+x+1\rangle$라고 할 때 $(x+2)^2=x^2+x+1\in I$이지만 $x+2\notin I$.

21 $f=\sum_i a_i x^i\in I[x]$, $g=\sum_j r_j x^j\in R[x]$일때,
$gf=\sum_k(\sum_{i+j=k} r_j a_i)x^k\in I[x]$.
같은 식으로 $fg\in I[x]$.

22 $(\Rightarrow)$ S의 단위원을 u라고 하면 $u^2=u$.
$x\in S\Rightarrow x=xu\in\langle u\rangle$. $\therefore S\subset\langle u\rangle$.
$x\in\langle u\rangle\Rightarrow x=ku=u+\cdots+u\in S$ $\therefore \langle u\rangle\subset S$.
($k\in\mathbf{Z}_n$) (k개의 합)
$(\Leftarrow)$ $S=\langle u\rangle$라고 할 때, 임의의 $ku\in S$에 대하여 $kuu=ku$.

23 $a,b\in I$일 때, $a^k=b^m=0$인 $k,m\in\mathbf{Z}^+$가 존재.
$k+m=n$으로 두면
$$(a-b)^n=\sum_{r=0}^{n}\binom{n}{r}a^r b^{n-r}.$$
각 r에 대하여 $r\ge k$
또는 $n-r\ge m$이므로
$a^r=0$ 또는 $b^{n-r}=0$이고, 따라서 $a^r b^{n-r}=0$.

24 (3) $R/I=\{I+0, I+1\}$.

25 $\langle 2\rangle\cap\langle 3\rangle=\langle 6\rangle$은 $\mathbf{Z}$의 소아이디얼이 아니다.

26 R/P은 유한 정역이므로 체이다.

27 $f,g\in I, h\in C(\boldsymbol{R})$일 때,
$f(2)-g(2)=0-0=0$. $\therefore f-g\in I$.
$f(2)h(2)=0h(2)=0$. $\therefore fh\in I$. $\therefore I\lhd C(\boldsymbol{R})$.
$I+f(x)\neq I$라고 하면, $f(2)\neq 0$.
$g(x)=f(x)-f(2)$라고 하면, $g(x)\in I$.
$\therefore I+f(x)=I+f(2)$
$\therefore (I+f(x))(I+\frac{1}{f(2)})=I+1$.
그러므로 $C(\boldsymbol{R})/I$는 체이다.

28 $M\subsetneqq I\lhd\mathbf{Z}[x]$라고 하면 $f(x)\in I-M$가 존재.
이 때, $f=a+xg$, $\gcd(a,p)=1$.
$\therefore ak+pl=1$인 $k,l\in\mathbf{Z}$가 존재.
$kf+pl=1+kxg$.
$\therefore 1=\underbrace{kf}_{\in I}+\underbrace{pl-kxg}_{\in M}\in I$. $\therefore I=\mathbf{Z}[x]$.

7-2 환준동형사상

1 환동형사상 $\phi:R\to R'$의 역함수 $\phi^{-1}:R'\to R$도 환동형사상이다.

2 $\begin{bmatrix} a & -b \\ b & a\end{bmatrix}\to a+bi$로 정의된 함수 $\phi:F\to\boldsymbol{C}$는 환동형사상이다.

3 $\begin{bmatrix} a & 2b \\ b & a\end{bmatrix}\to a+\sqrt{2}b$로 정의된 함수 $\phi:R\to\mathbf{Z}[\sqrt{2}]$는 환동형사상이다.

4 $x^4=1$은 $\boldsymbol{R}$에서 2 개의 해를 가지고 $\boldsymbol{C}$에서 4 개의 해를 가진다.

5 $\phi(a)\phi(1_R)=\phi(a1_R)=\phi(a)=\phi(1_R a)$
$=\phi(1_R)\phi(a)$.

6 $f(x)=\sum_i a_i x^i\in I[x]$, $g(x)=\sum_j b_j x^j\in R[x]$일 때,
$\bar{\phi}(f(x)+g(x))=\sum_i\phi(a_i+b_i)x^i$
$=\sum_i[\phi(a_i)+\phi(b_i)]x^i=\sum_i\phi(a_i)x^i+\phi(b_i)x^i$
$=\bar{\phi}(f(x))+\bar{\phi}(g(x))$,
$\bar{\phi}(f(x)g(x))=\sum_k\phi(\sum_{i+j=k}a_i b_i)x^k$
$=\sum_k(\sum_{i+j=k}\phi(a_i b_i))x^k$
$=\sum_k(\sum_{i+j=k}\phi(a_i)\phi(b_i))x^k$
$=(\sum_i\phi(a_i)x^i)(\sum_j\phi(b_i)x^j)=\bar{\phi}(f(x))\bar{\phi}(g(x))$.

7 $\ker\phi=\{(0,s)\mid s\in S\}$.

8 $5(4k+x)=20k+5x\equiv 5x\ (\mathrm{mod}.\ 10)$이므로 ϕ는 잘 정의된다. $a,b\in\mathbf{Z}_4$에 대하여,
$\phi(a+b)=5(a+b)=5a+5b=\phi(a)+\phi(b)$.
$\phi(ab)=5ab=5\cdot 5ab=(5a)(5b)=\phi(a)\phi(b)$.

9 영함수와 항등함수 $id_{\boldsymbol{Q}}$.

10 $\phi:\boldsymbol{Q}[\sqrt{2}]\to\boldsymbol{Q}[\sqrt{3}]$가 동형사상이라고 할 때, $\phi(r)=r, (\forall r\in\boldsymbol{Q})$. $\phi(\sqrt{2})=a+b\sqrt{3}$이라고 하면 $2=\phi(2)=\phi(\sqrt{2})^2=a^2+3b^2+2ab\sqrt{3}$.
$\therefore 2-a^2-3b^2=2ab\sqrt{3}$. 이 등식을 만족하는 유리수 a,b는 존재하지 않는다.

11 환준동형사상 $\phi:F\to R$에 대하여 $\ker\phi\lhd F$.

12 $A=I, B=-I\in\mathrm{Mat}_2(\boldsymbol{R})$, (단, I는 단위행렬), 에

대하여, $\det A + \det B = 1 + 1 = 2$,
$\det(A+B) = \det(O) = 0$.

13 • $T \le R'$에 대하여, $a, b \in \phi^{-1}(T)$, $\phi(a) = x$, $\phi(b) = y$라고 하면, $x, y \in T$.
$\phi(a-b) = \phi(a) - \phi(b) = x - y \in T$.
$\therefore\ a - b \in \phi^{-1}(T)$.
$\phi(ab) = \phi(a)\phi(b) = xy \in T$. $\therefore\ ab \in \phi^{-1}(T)$.
• $J \triangleleft R'$일 때, $\phi^{-1}(J) \le R$.
$a \in \phi^{-1}(J)$, $r \in R$이라고 하면,
$\phi(a) \in J$, $\phi(r) \in R'$이므로
$\phi(ra) = \phi(r)\phi(a) \in J$, $\phi(ar) = \phi(a)\phi(r) \in J$.

14 $a = \frac{mk}{d}$, $(0 \le m \le d-1)$, 일 때,
$\mu_a : (\mathbf{Z}_n, +) \to (\mathbf{Z}_k, +)$는 군준동형사상이다. (예제 3.3.2와 같은 방법). $a^2 \equiv a \pmod n$ 라고 하면 $x, y \in \mathbf{Z}_n$에 대하여
$\mu_a(xy) = axy = a^2xy = (ax)(ay) = \mu_a(x)\mu_a(y)$
이므로 μ_a는 환준동형사상이다.
역으로 $\phi : \mathbf{Z}_n \to \mathbf{Z}_k$가 환준동형사상이면, ϕ는 덧셈에 관한 군준동형사상이므로, 예제 3.3.2와 같은 방법으로, $\phi = \mu_a$, (단, $a \in \langle \frac{k}{d} \rangle$), 이다. 이 때,
$a = a \cdot 1 = \mu_a(1) = \phi(1) = \phi(1 \cdot 1) = \phi(1)\phi(1)$
$= \mu_a(1)\mu_a(1) = a^2$.

15 $\gcd(12, 30) = 6$. $\frac{30}{6} = 5$.
0, 5, 10, 15, 20, 25 중 $a^2 \equiv a \pmod{12}$를 만족하는 원소 a는 5, 25.

16 $f(x) \to f(1)$로 정의된 함수 $\phi : C(\mathbf{R}) \to R$는 전사인 환준동형사상이고 $\ker \phi = I$.

17 아니다. ($\mathbf{Z}/6\mathbf{Z} \cong \mathbf{Z}_6$는 정역이 아니다.)

18 $ab - ba \in I \Leftrightarrow I + ab = I + ba$
$\Leftrightarrow (I+a)(I+b) = (I+b)(I+a)$.

19 $f(x) \to [f(0)]_p$ 로 정의되는 함수 $\phi : \mathbf{Z}[x] \to \mathbf{Z}_p$는 전사인 환준동형사상이고, $\ker \phi = M$.
$\therefore\ \mathbf{Z}[x]/M \cong \mathbf{Z}_p$. $\mathbf{Z}_p$는 체이다.

20 (1) $x = 1$을 대입하는 환준동형사상 $\phi : \mathbf{Z}[x] \to \mathbf{Z}$는 전사함수이고, $\ker \phi = \langle x - 1 \rangle$.
$\therefore\ \mathbf{Z}[x]/\langle x-1 \rangle = \mathbf{Z}$. $\mathbf{Z}$는 체가 아닌 정역이다.
(2) $\mathbf{Z}[i]$는 정역이다.(연습문제 6.2.3).
$x = i$ 를 대입하는 환준동형사상 $\phi : \mathbf{Z}[x] \to \mathbf{Z}[i]$는 전사이고, $\ker \phi = \langle x^2 + 1 \rangle$.
$\therefore\ \mathbf{Z}[x]/\langle x^2+1 \rangle = \mathbf{Z}[i]$.
$\mathbf{Z}[i]$는 체가 아니다.($\mathbf{Z}[i]$는 2의 곱셈에 관한 역원을 갖지 않는다.).

21 (3) $a \to J + a$로 정의된 함수 $\phi : I \to \frac{I+J}{J}$ 는 전사 환준동형사상이고, $\ker \phi = I \cap J$.

22 $K + a \to I + a$로 정의된 함수 $\phi : \frac{R}{K} \to \frac{R}{I}$ 는 전사 환준동형사상이고, $\ker \phi = \frac{I}{K}$.

23 $i + k_1 = 1 = j + k_2$, $(i \in I,\ j \in J,\ k_1, k_2 \in K)$.
$1 = (i + k_1)(j + k_2) = ij + ik_2 + k_1 j + k_1 k_2$.
($ij \in I \cap J$, $ik_2 + k_1 j + k_1 k_2 \in K$)

24 $a, b, c, d \in D$에 대하여,
(i) $ab = ba$이므로 $(a, b) \sim (a, b)$.
(ii) $(a, b) \sim (c, d) \Rightarrow ad = bc \Rightarrow (c, d) \sim (a, b)$.
(iii) $(a, b) \sim (c, d), (c, d) \sim (e, f)$
$\Rightarrow ad = bc,\ cf = de$
$\Rightarrow adf = bcf,\ bcf = bde \Rightarrow adf = bde$
$\Rightarrow af = be \Rightarrow (a, b) \sim (e, f)$.

25 정리 7.2.6 의 조건을 만족하는 K의 부분정역 E에 대하여, 동형사상 $\phi : D \to E$가 존재하고, $F = \{rs^{-1} \mid r \in E, s \in E^{\#}\}$이다.
함수 $\bar{\phi} : \tilde{D} \to F$를 $\frac{a}{b} \to \phi(a)\phi(b)^{-1}$로 정의한다. 각 $x \in D$에 대하여 $\phi(x) = \hat{x}$ 라고 하면
$\bar{\phi}\left(\frac{a}{b} + \frac{c}{d}\right) = \bar{\phi}\left(\frac{ad+bc}{bd}\right) = \phi(ad+bc)\phi(bd)^{-1}$
$= (\hat{a}\,\hat{d} + \hat{b}\,\hat{c}\,)\hat{b}^{-1}\hat{d}^{-1} = \hat{a}\,\hat{b}^{-1} + \hat{c}\,\hat{d}^{-1}$
$= \bar{\phi}\left(\frac{a}{b}\right) + \bar{\phi}\left(\frac{c}{d}\right)$,
$\bar{\phi}\left(\frac{a}{b}\frac{c}{d}\right) = \phi\left(\frac{ac}{bd}\right) = \phi(ac)\phi(bd)^{-1}$
$= \hat{a}\,\hat{c}\ \hat{b}^{-1}\hat{d}^{-1} = \hat{a}\,\hat{b}^{-1}\hat{c}\ \hat{d}^{-1} = \bar{\phi}\left(\frac{a}{b}\right)\bar{\phi}\left(\frac{c}{d}\right)$
이므로 $\bar{\phi}$는 환준동형 사상이다.
명백히 $\operatorname{im}\bar{\phi} = F$, 즉, $\bar{\phi}$는 전사이다.
$\bar{\phi}\left(\frac{a}{b}\right) = 0 \Rightarrow \phi(a)\phi(b)^{-1} = 0 \Rightarrow \phi(a) = 0$
$\Rightarrow a = 0 \Leftrightarrow \frac{a}{b} = 0_{\tilde{D}}$ 이므로 $\ker \phi = \{0_{\tilde{D}}\}$.
$\therefore\ \bar{\phi}$ 는 단사이다. $\therefore\ \bar{\phi}$ 는 환동형사상이다.

26 (1) $\frac{a}{b} \to ab^{-1}$로 정의된 함수 $\phi : \widetilde{D} \to \bar{D}$는 환동형사상이다.
(2) F의 부분체 E가 D를 포함할 때,
$a, b \in D \Rightarrow a, b \in E \Rightarrow ab^{-1} \in E.$

27 $\phi : \boldsymbol{Z} \to F$가 단사인 환준동형사상이라고 하자. $\text{im}\ \phi = E$라 하고, $\bar{E} = \{ab^{-1} \mid a \in E, b \in E^{\#}\}$라고 하면, $\frac{m}{n} \to (m1_F)(n1_F)^{-1}$로 정의되는 함수 $\psi : \boldsymbol{Q} \to \bar{E}$는 환동형사상이다. 따라서 $\boldsymbol{Q} \lessdot F$이다.

28 (1) $a - b \in R = I + J$이므로 $a - b = i + j$인 $i \in I, j \in J$가 존재한다. 이 때, $a - i = b + j$.
$t = a - i = b + j$라고 하면,
$t - a = -i \in I, t - b = j \in J$이므로
$t \equiv a \pmod{I},\ \ t \equiv b \pmod{J}$. ········· ①
따라서 t는 주어진 합동식의 해이다. s가 주어진 합동식의 해라고 하면, 우선 $s \equiv a \pmod{I}$이다.
①에 의하여 $a \equiv t \pmod{I}$이므로 $s \equiv t \pmod{I}$, 즉, $s - t \in I$이다. 같은 식으로 $s - t \in J$이다. 그러므로 $s - t \in I \cap J$ 즉, $s \equiv t \pmod{I \cap J}$이다.
(2) 함수 $\phi : R \to (R/I) \oplus (R/J)$ 을 $r \to (I + r, J + r)$로 정의하면 ϕ는 환준동형사상이다. (1)을 쓰면 ϕ는 전사임을 보일 수 있다.
$\ker\ \phi = I \cap J$이다.

29 $\gcd(m, n) = 1$일 때,
$\langle m \rangle + \langle n \rangle = \boldsymbol{Z}, \langle m \rangle \cap \langle n \rangle = \langle mn \rangle$이므로
$\boldsymbol{Z}_{mn} \cong \boldsymbol{Z}/\langle mn \rangle = \boldsymbol{Z}/(\langle m \rangle \cap \langle n \rangle)$
$\cong \boldsymbol{Z}/\langle m \rangle \oplus \boldsymbol{Z}/\langle n \rangle \cong \boldsymbol{Z}_m \oplus \boldsymbol{Z}_n.$

8 여러 가지 정역

8-1 특별한 성질의 정역

1 함수 $\delta : \boldsymbol{Z}[\sqrt{2}\,] \to \boldsymbol{Z}^+ \cup \{0\}$를
$\delta(r + s\sqrt{2}) = |r^2 - 2s^2|$로 정의한다.

2 $\boldsymbol{Z}[i]$에서 $a = -4 + i, b = 5 + 3i$일 때,
$a = b(-1 + i) + (4 - i) = b(-1) + (1 - 4i).$
$\delta(4 - i) = 17 = \delta(1 - 4i).$

3 $a, b \in D, b \neq 0$에 대하여
$a = bq_1 + r_1 = bq_2 + r_2,$
$(r_i = 0$ 또는 $\delta(r_i) < \delta(b), i = 1, 2)$
라고 하면 $r_1 - r_2 = b(q_2 - q_1).$
$r_1 - r_2 \neq 0$이면
$\delta(b) \le \delta(b(q_2 - q_1)) = \delta(r_1 - r_2)$
$\le \max\{\delta(r_1), \delta(r_2)\} < \delta(b)$가 되어 모순이다.

4 (1) $\delta(1) \le \delta(1a) = \delta(a).$
(2) $(\Rightarrow)$ $\delta(1) \le \delta(u) \le \delta(uu^{-1}) = \delta(1).$
$(\Leftarrow)$ 조건 $1 = uq + r, (r = 0$ 또는 $\delta(r) < \delta(u))$를 만족하는 $q, r \in D$가 존재한다. $r \neq 0$이면 $\delta(1) \le \delta(r) < \delta(u) = \delta(1)$이 되어 모순이다.

5 (1) $u \in U_D$일 때,
$\delta(a) \le \delta(ua) \le \delta(u^{-1}ua) = \delta(1a) = \delta(a).$
(2) $b = ac.\ a = bq + r, (r = 0$ 또는 $\delta(r) < \delta(b)).\ r \neq 0$이면
$\delta(a) \le \delta(a(1 - cq)) = \delta(r) < \delta(b) = \delta(a)$
가 되어 모순이다. 따라서 $r = 0$이고, 그러므로 $cq = 1.\ \ \therefore c \in \boldsymbol{U}_D.\ \ \therefore a \approx b.$

6 $a \neq 0$에 대하여
$1 = aq + r, (r = 0$ 또는 $\delta(r) < \delta(a)).$
그런데, $\delta(r) = \delta(a)$이므로 $r = 0$이다.

7 $u \in \boldsymbol{U}_D \Leftrightarrow uv = 1_D$인 $v \in D$가 존재한다.

8 (i) $a = 1a.$
(ii) $a \approx b \Rightarrow a = ub, (u \in \boldsymbol{U}_D) \Rightarrow au^{-1} = b$
$\Rightarrow b \approx a.$
(iii) $a \approx b, b \approx c \Rightarrow a = ub, b = vc, (u, v \in \boldsymbol{U}_D)$
$\Rightarrow a = uvc \Rightarrow a \approx c.$

9 $\pi \in D$가 소원이고 $u \in \boldsymbol{U}_D, a, b \in D$일 때,
$u\pi \mid ab \Rightarrow \pi \mid u^{-1}ab \Rightarrow \pi \mid u^{-1}a$ 또는 $\pi \mid b$
$\Rightarrow u\pi \mid a$ 또는 $u\pi \mid ub \mid b.$

10 $\boldsymbol{Z}[i]$는 ED이므로 PID이다. $I = \langle a + bi \rangle$,
$S = \{x + yi \in \boldsymbol{Z}[i] \mid x^2 + y^2 \le a^2 + b^2\}$이라고 하면 는 유한집합이고
$\boldsymbol{Z}[i]/I = \{I + x + yi \mid x + yi \in S\}.$

11 $p \in \mathbf{Z}$가 소수일 때,
$p = ab \Rightarrow a = \pm 1$ 또는 $b = \pm 1$.
$n \in \mathbf{Z}$가 합성수일 때, $p = ab, a \neq \pm 1, b \neq \pm 1$인 $a, b \in \mathbf{Z}$가 존재한다.

12 $\langle ab \rangle = \langle b \rangle$일 때, $b = rab$인 $r \in D$가 존재한다. 이 때, 소거율에 의하여 $ra = 1$이므로 $a \in \boldsymbol{U}_D$.

13 $\langle a \rangle \subsetneq D$라고 하면 $a \in \boldsymbol{U}_D$.
a가 기약이면 $\langle a \rangle$는 극대아이디얼이다.
a가 기약이 아니면 a는 기약인 인수 b를 가진다. 이 때, $\langle b \rangle$는 극대아이디얼이고, $\langle a \rangle \subset \langle b \rangle$.

14 정리 7.1.10, 8.1.11이용.

15 (1) $m \in \mathbf{Z}$에 대하여 $m = m/1 \in D$.
(2) $a/b \in D, p \nmid a$일 때, $b/a \in D$.
(3) $0 \neq a/b \in I$를 잡으면 (2)에 의하여 $p \mid a$.
$\therefore\ a = p^k r, p \nmid r$인 $k \in \mathbf{Z}^+$가 존재한다. 이 때, r/b는 단위이고, $p^k = (a/b)(r/b) \in I$.
(4) $p^k \in I$인 최소의 자연수 k를 잡는다.
$0 \neq a/b \in I$에 대하여 $a = p^j r, p \nmid r, j \in \mathbf{Z}^+$라고 하면 $k \leq j$이고, $a/b = p^k(p^{j-k}r/b) \in \langle p^k \rangle$.

16 $\langle a \rangle \subset \langle b \rangle$이면 $b \mid a$. 보조정리 8.1.13에 의하여 a의 약수는 유한개이다.

17 (3) $x = 2(\frac{1}{2}x) = 2^2(\frac{1}{4}x) = 2^3(\frac{1}{8}x) = \cdots$

18 $I = I_1 \cup I_2 \cup \cdots$ 라고 하면 $I = \langle a_1, a_2, \cdots, a_k \rangle$이고, 이 때, $\{a_1, a_2, \cdots, a_k\} \subset I_n$인 n이 존재하다.

19 $\langle a \rangle + \langle b \rangle = \langle d \rangle$인 $d \in D$가 존재한다. 이 때,
$a, b \in \langle d \rangle$이므로 $d \mid a, d \mid b$이고,
$ra + sb = d$인 $r, s \in D$가 존재한다.
$c \mid a, c \mid b$이면 $c \mid (ra + sb)$, 즉, $c \mid d$이다.

20 (1) $21 = 2 \cdot 7 = (4 + \sqrt{5}i)(4 - \sqrt{5}i)$.
예제 9.1.20과 같은 방법으로 $2, 7, 4 \pm \sqrt{5}i$는 각각 기약임을 보일 수 있다.
(2) $10 = 2 \cdot 5 = (2 + \sqrt{6}i)(6 - \sqrt{6}i)$.
(3) $6 = 2 \cdot 3 = (2 + \sqrt{10})(-2 + \sqrt{10})$.

21 ED $\Rightarrow$ PID $\Rightarrow$ UFD. $\mathbf{Z}[\sqrt{5}i]$는 UFD가 아니다.

22 $8 = 2 \cdot 2 \cdot 2 = (1 + \sqrt{7}i)(1 - \sqrt{7}i)$.

23 $(3 + 2\sqrt{2})^n(3 - 2\sqrt{2})^n$
$= [(3 + 2\sqrt{2})(3 - 2\sqrt{2})]^n = 1^n = 1$.

24 $x, y \in \boldsymbol{U}_{\mathbf{Z}[i]}$에 대하여 $3 = xy$일 때,
$9 = N(3) = N(x)N(y)$이므로 $N(x) = N(y) = 3$.
$5 = (2 + i)(2 - i)$.

25 정리 8.1.18 이용.

26 $6 = (1 + \sqrt{5}i)(1 - \sqrt{5}i) = 2 \cdot 3$,
$2 + 2\sqrt{5}i = 2(1 + \sqrt{5}i)$이므로
$1, 2, 1 + \sqrt{5}i$는 $6, 2 + 2\sqrt{5}i$의 공약수이다.
x가 $6, 2 + 2\sqrt{5}i$의 공약수하고 하면, $N(x)$는 $N(6) = 36, N(2 + 2\sqrt{5}i) = 24$의 공약수이다.
따라서 $x = a + b\sqrt{5}i$라고 할 때,
$a^2 + 5b^2 \in \{1, 2, 3, 4, 6, 12\}$.
$\therefore\ x \in \{\pm 1, \pm 2, \pm 1 \pm \sqrt{5}i\}$.
$\pm 1, \pm 2, \pm 1 \pm \sqrt{5}i$ 중 어느 수도 $1, 2, 1 + \sqrt{5}i$ 모두의 배수인 수는 존재하지 않는다.

27 (1) $m + n\sqrt{5}i \in \mathbf{Z}[\sqrt{5}i] \cap I$라고 하면
$m + n\sqrt{5}i = 2x + y(1 + \sqrt{5}i), (x, y \in \mathbf{Z}[\sqrt{5}i])$.
$x = a + b\sqrt{5}i, y = c + d\sqrt{5}i$라고 하면
$m + n\sqrt{5}i = (2a + c - 5d) + (2b + c + d)\sqrt{5}i$
$\therefore\ m = 2a + c - 5d,\ n = 2b + c + d$.
$\therefore\ m - n = 2a + 2b - 6d \equiv 0 \pmod{2}$.
한편 $m - n \equiv 0 \pmod{2}$일 때, $m - n$은 짝수.
$\therefore\ m + n\sqrt{5}i = (m - n) + n(1 + \sqrt{5}i) \in I$.
(2) $2, 1 + \sqrt{5}i$의 공약수라고 하면, $N(x)$는 $N(2) = 4, N(1 + \sqrt{5}i) = 6$의 공약수이다. 따라서 $x = a + b\sqrt{5}i$라고 할 때, $a^2 + 5b^2 \in \{1, 2\}$.
$\therefore\ x = \pm 1$. (1)에 의하여 $1 \notin I$.

28 $(\Rightarrow)$는 명백하다.
$(\Leftarrow)$ $a = m + n\sqrt{d}$ 라고 할 때, $N(a) = 0$일 때,
$m^2 = n^2 d$. $n \neq 0$ 일 때, d의 소인수 p는 m^2에는 짝수개, $n^2 d$에는 홀수개 나타난다.

29 정리 8.1.14와 같은 방법으로 증명한다.

8-2 다항식환의 산술적 성질

1 $x^2 = (2x)q + r, (r = 0$ 또는 $\deg r \le 1)$, 을 만족하는 $q, r \in \boldsymbol{Z}[x]$가 존재하지 않는다.

2 $q = 2x^2 + 2x + 1, r = 2.$

3 $2x + 1.$

4 $\deg f \ge 1$일 때, 임의의 $g \in D[x]$에 대하여 $\deg fg \ge \deg f \ge 1 > 0 = \deg 1.$ $\therefore fg \ne 1.$

5 $f - g \in \langle p \rangle$이므로 $f - g = ph, (h \in F[x]).$ $h \ne 0$이면 $\deg (f - g) \ge \deg p.$

6 $x = 1$을 대입하는 환준동형사상 $\phi : F[x] \to F$에 대하여 $\ker \phi = I$이고, $I = \langle x - 1 \rangle.$

7 $f \notin F$일 때, $g = f + 1 \notin F. f \nmid g.$

8 $a \in \{1, 2, \cdots, p - 1\}$일 때, 페르마의 정리에 의하여 $a^{p-1} - 1 = 0$ ($\boldsymbol{Z}_p$에서). 인수정리를 적용.

9 $g(-a - b) = 0$이므로 $f(x) \mid g(x).$ $\therefore \gcd(f, g) = f.$

10 $a_n\alpha^n + a_{n-1}\alpha^{n-1} + \cdots + a_1\alpha + a_0$
$= \alpha^{-n}(a_n + a_{n-1}\alpha + \cdots + a_1\alpha^{n-1} + a_0\alpha^n).$

11 인수정리에 의하여
$ax^2 + bx + c = a(x - \alpha)(x - \beta).$

12 $ax^3 + bx^2 + cx + d = a(x - \alpha)(x - \beta)(x - \gamma).$

13 $f \ne 0$이라고 하면, 방정식 $f \ne 0$의 해의 개수는 $\deg f$ 이하이다.

14 $fu + gv = 1, (u, v \in F[x]).$
(1) $fhu + ghv = h$
f의 배수 f의 배수
(2) $f = hw$일 때, $hwu + gv = 1$

15 $\frac{1}{a-b}(x + a) - \frac{1}{a-b}(x + b) = 1.$

8-3 다항식의 인수분해

1 (1) $(\pm 2)(\pm 2)(x^2 - x + 2)$ (2) $4x^2 - 4x + 8$
(3) $(4x + 2)(x + 4)$

2 D가 UFD일 때, $D[x]$는 UFD.
$\therefore D[x, y] = (D[x])[y]$도 UFD.

3 (1) $F[x]$는 PID $\Rightarrow F[x]$는 UFD $\Rightarrow F[x, y]$는 UFD
(2) $I = \{f \in F[x, y] \mid (f$ 의 상수항$) = 0\}$이라고 하면 $I \lhd F[x, y].$ I는 주아이디얼이 아니다.

4 $x - y$는 일차식이므로 $\boldsymbol{Q}[x, y]$-기약
$x^2 + xy + y^2 = (x + ay)(x + by)$ 이라고 하면 $a + b = 1, ab = 1.$ 이를 만족하는 유리수 a, b는 존재하지 않는다.

5 $2x + 2$는 $\boldsymbol{Q}[x]$-기약이지만 $\boldsymbol{Z}[x]$-기약이 아니다.

6 (1) $\gcd(a, b) = d, a = a'd, b = b'd$라고 할 때, $\gcd(a', b') = 1, ab^{-1} = a'b'^{-1}.$
(2) $\alpha = ab^{-1}$로 두고, 유리수근 판정법의 증명과 같은 방법으로 증명한다.

7 p가 소수일 때, $f = x^n + p$는 $\boldsymbol{Q}[x]$-기약.

8 $f(a) \ne 0, \forall a \in \boldsymbol{Z}_5.$

9 f를 mod 3으로 읽으면 $\bar{f} = x^3 + x - 1$이다. $\boldsymbol{Z}_3 = \{0, 1, 2\}$의 원소는 어느 것도 $\bar{f}$ 의 근이 아니므로 $\bar{f}$ 는 $\boldsymbol{Z}_3[x]$-기약이다. mod 3 test에 의하여 f는 $\boldsymbol{Q}[x]$-기약이다.

10 (1) $f = x^4 - 10x^2 + 1$이라고 할 때, 유리수근 판정법에 의하여 f는 일차인수를 가지지 않는다. f가 기약이 아니면
$$f = (x^2 + ax \pm 1)(x^2 + bx \pm 1), (a, b \in \boldsymbol{Z}).$$
이 때, $a + b = 0, ab \pm 2 = -10$이고, 이를 만족하는 $a, b \in \boldsymbol{Z}$는 존재하지 않는다.
(2) $p = 3$으로써 아이젠슈타인의 판정법 이용.

11 f, g가 모두 기약이라면, $F[x]$에서 f의 약수는 f와 단위뿐, g의 약수는 g와 단위뿐이다. $f \ne g$이므로 $\gcd(f, g)$는 단위이다. 따라서 $\langle f, g \rangle = \langle \gcd(f, g) \rangle = F[x].$

12 대수학의 기본정리와 인수정리에 의하여 f 는 $\boldsymbol{C}[x]$ 에서 차수가 1인 인수를 가진다.

13 ($\Leftarrow$) 이차식 $f \in \boldsymbol{R}[x]$ 의 판별식이 음수일 때, f는 $\boldsymbol{R}$에서 근을 가지지 않으므로 $\boldsymbol{R}[x]$ 에서 차수가 1

인 인수를 가지지 않는다. 그러므로 f는 $\boldsymbol{R}[x]$-기약이다.

($\Rightarrow$) f가 $\boldsymbol{R}$ 상에서 기약이라고 하자. 대수학의 기본정리에 의하여 f는 근 $w = u + vi \in \boldsymbol{C}$를 가진다. f가 $\boldsymbol{R}$ 상에서 기약이므로 $v \neq 0$.

$g = (x - w)(x - \overline{w})$, (단, $\overline{w} = u - vi$)로 두면

$$g = x^2 - 2ux + (u^2 + v^2) \in \boldsymbol{R}[x].$$

나눗셈 알고리즘에 의하여

$$f = gq + r,\ (r = 0 \text{ 또는 } \deg r \le 1),$$

을 만족하는 $\boldsymbol{R}$-다항식 $q, r = cx + d$가 존재한다. 이 때,

$$0 = f(w) = g(w)q(w) + r(w) = 0 + r(w)$$
$$= cw + d = c(u + vi) + d = cu + d + cvi.$$
$$\therefore\ cu + d = 0,\ cv = 0.$$

$v \neq 0$ 이므로 $c = 0, d = 0$이다. 그러므로 $r = 0$이고, 따라서 $f = gq$. f가 $\boldsymbol{R}$ 상에서 기약이므로 q는 상수다항식이다. 그러므로 f는

$$f = ax^2 + bx + c, (a \neq 0)$$

꼴의 다항식이고, $\boldsymbol{R}$ 에서 근을 가지지 않으므로 $b^2 - 4ac < 0$이다.

14 f의 상수항을 a_0이라고 할 때, f의 유리수근은 (a_0의 약수)/(± 1)꼴의 수이다. (유리수근 판정법).

15 (1) 기약이 아닌 모닉 이차다항식은 $(x + a)^2$꼴 또는 $(x + a)(x + b), (a \neq b)$, 꼴. 이런 꼴의 다항식의 개수는 $p + \binom{p}{2} = p(p + 1)/2$.

(2) $(p - 1)p(p + 1)/2 = p(p^2 - 1)/2$.

(3) 모든 이차다항식의 개수는 $(p - 1)p^2$이므로 구하는 수는 $(p-1)p^2 - p(p^2 - 1)/2 = p(p - 1)^2/2$.

16 $f = a_n x^n + \cdots + a_1 x + a_0$

$g = a_n + a_{n-1}x + \cdots + a_0 x^n$이라고 할 때, $f(\alpha) = \alpha^n g(1/\alpha)$.

17 아이젠슈타인의 판정법에 의함 (a의 소인수 p는 $x^n - a$의 선두계수를 나누지 않고, 나머지 모든 계수를 나누며, p^2은 상수항을 나누지 않는다.)

18 $x^p - 1 = (x - 1)(x^{p-1} + \cdots + x + 1)$이므로

$\Phi_p = \dfrac{x^p - 1}{x - 1}$이다. $f = \Phi_p(x + 1)$ 로 두면

$$f = \frac{(x + 1)^p - 1}{(x + 1) - 1}$$
$$= \frac{1}{x}\left(x^p + \binom{p}{1}x^{p-1} + \cdots + \binom{p}{p-1}x\right)$$
$$= x^{p-1} + \binom{p}{1}x^{p-2} + \cdots + \binom{p}{p-2}x + \binom{p}{p-1}$$

p ⤴ $\quad$ p의 배수 ⤴ $\quad$ p ⤴

이므로 아이젠슈타인의 판정법에 의하여 f는 $\boldsymbol{Q}[x]$-기약이다. Φ_p가 $\boldsymbol{Q}[x]$-기약이 아니라면 Φ_p는 단세포 다항식이 아니고, 따라서 양수 차수 $\boldsymbol{Z}$-다항식 g, h가 존재하여 $\Phi_p = gh$이다. 이 때, $f = g(x + 1)h(x + 1)$이고, 이는 f가 $\boldsymbol{Q}[x]$-기약이라는 사실과 모순이다.

19 $\boldsymbol{Z}_p$ 에서 $a^p = a$ 이므로 $f = x^p + a$ 라고 할 때, $f(-a) = (-a)^p + a = -a^p + a^p = 0$.

9 체의 확대

9-1 확대체의 기본개념

1 각 $\alpha \in D^{\#}$가 단위임을 보이면 충분하다. $|D : F| = n$ 이라고 할 때, $n + 1$개의 원소 $1, \alpha, \cdots, \alpha^n$ 은 F-일차종속이므로, 모두는 0이 아닌 $a_0, a_1, \cdots, a_n \in F$ 가 존재하여

$$a_0 + a_1\alpha + \cdots + a_n\alpha^n = 0$$

이다. 여기서 $a_0 \neq 0$라고 해도 좋다. 그러므로 $1 = \alpha[-(a_1/a_0) - (a_2/a_0)\alpha \cdots - (a_n/a_0)\alpha^{n-1}]$.

2 (1) $\sqrt{3}i + \sqrt{2} = \alpha$ 로 두면 $\alpha^4 + 10\alpha + 7 = 0$

$\therefore\ \mu_{\alpha/\boldsymbol{Q}} = x^4 + 10x + 7$.

(2) $\alpha = \sqrt[3]{2}$, $\beta = \sqrt[3]{2} + \sqrt[3]{4}$로 두면 $\beta = \alpha + \alpha^2 \in \boldsymbol{Q}[\alpha]$. 예제 9.1.6과 같은 방법으로 $\mu_{\beta/\boldsymbol{Q}} = x^3 - 2x^2 - 4x - 2$.

3 예제 9.1.6과 같은 방법으로

(1) $\beta^{-1} = 1 + 2\alpha + \alpha^2$.

(2) $x^3 - 10x^2 + 5x - 1$.

4 $1,\ \sqrt[3]{5}, (\sqrt[3]{5})^2$

5 (1) $\boldsymbol{Q}[1 + i] = \boldsymbol{Q}[i] = \boldsymbol{Q}[2 - 3i]$

(2) 먼저 $\boldsymbol{Q}[\sqrt{3} + \sqrt{2}] \subset \boldsymbol{Q}[\sqrt{2}, \sqrt{3}]$.

$\sqrt{3}-\sqrt{2}=(\sqrt{3}+\sqrt{2})^{-1}$
$\in \boldsymbol{Q}[\sqrt{3}+\sqrt{2}]$.
$\sqrt{3}=\frac{1}{2}(\sqrt{3}+\sqrt{2}+\sqrt{3}-\sqrt{2})$
$\in \boldsymbol{Q}[\sqrt{3}+\sqrt{2}]$.
같은 식으로 $\sqrt{2}\in \boldsymbol{Q}[\sqrt{3}+\sqrt{2}]$.
$\therefore\ \sqrt{3}\in \boldsymbol{Q}[\sqrt{3}+\sqrt{2}]$.
$\therefore\ \boldsymbol{Q}[\sqrt{2},\sqrt{3}]\subset \boldsymbol{Q}[\sqrt{3}+\sqrt{2}]$.

6 $-\frac{1}{23}(3-4\sqrt{2})$.

7 $\boldsymbol{Q}[\sqrt{r}]=\boldsymbol{Q}[\sqrt{s}]$ 이면, $\sqrt{r}\in \boldsymbol{Q}[\sqrt{s}]$ 이므로
$\sqrt{r}=a+b\sqrt{s}$. $\therefore r^2=a^2+b^2s+2ab\sqrt{s}$.
$\therefore ab=0$. $a=0$일 때, $r=b^2s$.
$b=0$일 때, $\sqrt{r}=a\in\boldsymbol{Q}$. $\therefore r=a^2$.
$\sqrt{s}\in \boldsymbol{Q}[\sqrt{r}]=\boldsymbol{Q}$, $\therefore s=c^2, (c\in\boldsymbol{Q})$.
이 때, $r=(\frac{a}{c})^2 s$.

8 (1) x^4-6x^2+3 (2) x^4-2x^2+9
(3) $x-\pi^2$ (4) $x^3-\pi^6$ (5) $(x-1)^4-\pi^2$
(6) $(x^2+2-\pi^2)^2-8x^2$

9 (1) 의 경우 $\mu_{\alpha/\boldsymbol{Q}}\,|\,f$. $\therefore \deg \mu_{\alpha/\boldsymbol{Q}}\le \deg f$.
(2) 반례 : $\alpha=\sqrt{2}$, $f=x-\sqrt{2}$.

10 (1) $p=x^3+2x+1$
(2) $\boldsymbol{Z}_3[x]/\langle p\rangle$ 의 원소는
$ax^2+bx+c, (a,b,c\in\boldsymbol{Z}_3)$ 꼴이다.

11 (1) 명백히 $F[\alpha+c]\subset F[\alpha]$.
$\alpha+c, c\in F[\alpha+c]$이므로
$\alpha=(\alpha+c)-c\in F[\alpha+c]$.
$\therefore\ F[\alpha]\subset F[\alpha+c]$. $\therefore\ F[\alpha+c]=F[\alpha]$.
같은 방법으로 $F[c\alpha]=F[\alpha]$.
(2) $f\in F[x]$ 가 있어서 $f(\alpha^2)=0$ 일 때,
$g(x)=f(x^2)$으로 두면 $g\in F[x]$ 이고, $g(\alpha)=0$.
(3) $f\in F[x]$ 가 있어서 $f(\alpha+\beta)=0$이라고 할 때, $f(\alpha+\beta)$ 를 α에 관한 내림차순으로 정리하면
$$f(\alpha+\beta)=g_n(\beta)\alpha^n+\cdots+g_1(\beta)\alpha+g_0(\beta)$$
으로 표현되고,
$$g_n(\beta)x^n+\cdots+g_1(\beta)x+g_0(\beta)\in(F[\beta])[x].$$
(4) $f\in F[x]$가 있어서 $f(\alpha+1)=0$일 때,
$f(\alpha+1)$ 을 α에 관한 내림차순으로 정리한다.

12 (1) $\alpha=2+\sqrt{3}i$ 라고 할 때, $(\alpha-2)^2=-3$.
(2) $\alpha=(1+\sqrt{2}i)^{1/2}$ 이라고 할 때,
$(\alpha^2-1)^2=-2$.
(3) $\alpha=\sqrt[3]{2}+i$ 라고 할 때, $(\alpha-i)^3=2$
$\therefore\ \alpha^3-3\alpha^2 i-3\alpha+i=2$
$\therefore\ (\alpha^3-3\alpha-2)^2=1-3\alpha^2$

13 (1) 5 (2) 2 (3) 4

14 x가 F 상에서 대수적이면 $f\in F[x]^{\#}$ 가 존재하여
(f에서 x에 x를 대입한 것) $=0$ ……… ①
이어야 한다. 그러나 f 에서 x에 x를 대입한 것은 f 자신이므로 ①은 $f=0$ 이란 뜻이다. 이것은 $f\in F[x]^{\#}$라는 사실에 위배된다.

15 $\alpha=x^2/(x+1)$ 가 F 상에서 대수적이면 $f\in F[x]$가 있어서 $f(\alpha)=0$이다. 여기서 $f(\alpha)$ 를 α에 관한 내림차순으로 정리하면
$$a_n\alpha^n+\cdots+a_1\alpha+a_0=0$$
이등식의 양 변에 $(x+1)^n$ 을 곱하면 x 가 F 상에서 대수적란 결과가 나와서 모순이다.

16 문제 14 와 같은 방법

9-2 유한확대와 대수적확대

1 (1) $\alpha\in E$ 라고 하면 $\alpha\in F_n$ 을 만족하는 $n\in Z^+$가 존재한다. $\boldsymbol{Q}\le F_n$ 이 대수적 확대이므로 α는 $\boldsymbol{Q}$ 상에서 대수적이다.
(2) $2^{1/2^n}$의 $\boldsymbol{Q}$ 상의 최소다항식은 $x^{2^n}-2$이므로
$|\boldsymbol{Q}[2^{1/2^n}]:\boldsymbol{Q}|=2^n$. $\therefore\ |E:\boldsymbol{Q}|\ge n, \forall n$.

2 $F\subset F[\alpha]\subset E$이고 $|E:F|$가 소수이므로
$|F[\alpha]:F|=1$ 또는 $|E:F[\alpha]|=1$이다.

3 $F\subset F[\alpha^2]\subset F[\alpha]$이고 $|F[\alpha]:F|$ 는 홀수.

4 (1) $1,\sqrt{3},\sqrt{5},\sqrt{15}$
(2) $1,\sqrt{2},\sqrt{3},\sqrt{5},\sqrt{6},\sqrt{10},\sqrt{15},\sqrt{30}$
(3) $1,\sqrt[3]{2},(\sqrt[3]{2})^2,\sqrt{3},\sqrt[3]{2}\sqrt{3},(\sqrt[3]{2})^2\sqrt{3}$

5 F의 각 원소는 F상에서 대수적이므로 $F\subset A$.
$\alpha,\beta\in A$ 라고 하자. $F[\alpha,\beta]$ 는 체이므로
$\alpha\pm\beta, \alpha\beta^{\pm1}\in F[\alpha,\beta]$, ($\beta^{-1}$은 $\beta\ne0$ 일 때).

$F[\alpha, \beta]$는 F의 유한 확대이므로, F의 대수적 확대이다. 그러므로 $\alpha \pm \beta, \alpha\beta^{\pm 1}$ 은 F 상에서 대수적이고, 따라서 A에 속한다.

6 $a = b$ 일 때는 문제의 등식이 성립한다. $a \neq b$ 라고 하자. 명백히 $F[\sqrt{a} + \sqrt{b}\,] \subset F[\sqrt{a}, \sqrt{b}\,]$.
$(\sqrt{a} + \sqrt{b}\,)(\sqrt{a} - \sqrt{b}\,) = a - b \in F[\sqrt{a} + \sqrt{b}\,]$.
$\therefore\ \sqrt{a} - \sqrt{b} \in F[\sqrt{a} + \sqrt{b}\,]$.
$\therefore\ \sqrt{a}, \sqrt{b} \in F[\sqrt{a} + \sqrt{b}\,]$.
$\therefore\ F[\sqrt{a}, \sqrt{b}\,] \subset F[\sqrt{a} + \sqrt{b}\,]$.

7 (1) 문제 6에 의하여, $\boldsymbol{Q}[\sqrt{3} + \sqrt{5}\,] = \boldsymbol{Q}[\sqrt{3}, \sqrt{5}\,]$. $\boldsymbol{Q}[\sqrt{3}, \sqrt{5}\,]$의 $\boldsymbol{Q}$-기저는 문제 4의 (1)과 같다.
(2) $1, \sqrt{3}$ 또는 $1, \sqrt{5}$.

8 (1) $\mu_{\beta/F}$는 $F[\alpha]$ 상에서 기약이다. 따라서 $|F[\alpha, \beta] : F|$는 m, n의 공배수이다. 또
$|F[\alpha, \beta] : F| = |F[\alpha, \beta] : F[\alpha]|\,|F[\alpha] : F|$
$\leq |F[\beta] : F|\,|F[\alpha] : F| = mn$.
(2) $\alpha = \sqrt{2}, \beta = \sqrt[4]{2}$.

9 (1) 6 ($\because$ 문제 8에 의함)
(2) 12 ($\because \boldsymbol{Q}[\sqrt{2}, \sqrt[4]{2}\,] = \boldsymbol{Q}[\sqrt[4]{2}\,]$)

10 α는 $x^3 - \alpha^3 \in F[\alpha^3]$ 의 근이다.

11 $\alpha \in E - F$를 잡으면, $F \subsetneq F[\alpha] \subset E$.
$\therefore\ 1 < |F[\alpha] : F|\,\big|\,|E : F|$.

12 $x^2 - 3$ 이 $\boldsymbol{Q}[\sqrt[3]{2}\,]$ 상에서 기약이 아니면 $\sqrt{3} \in \boldsymbol{Q}[\sqrt[3]{2}\,]$. $\therefore\ \boldsymbol{Q}[\sqrt{3}\,] \subset \boldsymbol{Q}[\sqrt[3]{2}\,]$.
그러나 $|\boldsymbol{Q}[\sqrt{3}\,] : \boldsymbol{Q}| = 2,\ |\boldsymbol{Q}[\sqrt[3]{2}\,] : \boldsymbol{Q}| = 3$.

13 (1) $40°$가 작도가능하면 그 이등분인 $20°$도 작도가능하다.
(2) $\cos(3 \cdot 40°) = \cos 120° = -(1/2)$ 이므로 $\alpha = \cos 40°$로 두면 $4\alpha^3 - 3\alpha = -(1/2)$.
$\therefore\ 8\alpha^3 - 6\alpha + 1 = 0$

14 $1/2 = \cos(2 \cdot 30°) = \cos 60° = 2\cos^2 30° - 1$.
$\alpha = \cos 30°$로 두면 $2\alpha^2 - 1 = 1/2$.
$\therefore\ 4\alpha^2 - 3 = 0$.

15 그림에서 $1/r = r/(1-r)$. $\therefore\ r^2 + r - 1 = 0$.
$\therefore\ |\boldsymbol{Q}[r] : \boldsymbol{Q}| = 2$. $\therefore\ r$은 작도가능한 수이다.

16 $36°, 30°$가 작도가능하므로 $36° - 30° = 6°$가 작도가능하고, 따라서 그 이등분각인 $3°$가 작도가능하다. 이 때, $3°$의 배수인 각은 작도가능하다.
m이 3의 배수가 아닐 때, $3k + ml = 1$인 정수 k, l이 존재한다. 따라서 $m°$가 작도 가능하면 $1°$도 작도가능하다. $1°$가 작도가능하면
$1° + 1° = 2°, 2° + 1° = 3°, \cdots, 19° + 1° = 20°$
가 작도가능하다.

9-3 분해체

1 (1) $\alpha,\ 1 + \alpha$ (2) $\alpha, \alpha^2, 1 + \alpha + \alpha^2$

2 문제 1의 (2)에 의하여
$\mathrm{SF}(f/\boldsymbol{Z}_2)p = \boldsymbol{Z}_2[\alpha, \alpha^2, 1 + \alpha + \alpha^2] = \boldsymbol{Z}_2[\alpha]$.

3 (1) $p = x^3 + 2x + 1$는 $\boldsymbol{Z}_3$ 상에서 근을 가지지 않으므로 기약이다.
(2) $\boldsymbol{Z}_3[x]/\langle p\rangle$는 체이다.
$\boldsymbol{Z}_3[x]/\langle p\rangle = \{a + bx + cx^2 \mid a, b, c \in \boldsymbol{Z}_3\}$
이므로 $\boldsymbol{Z}_3[x]/\langle p\rangle$의 위수는 27이다.

4 $\boldsymbol{Q}[\sqrt[3]{2}, \sqrt[3]{2}\omega, \sqrt[3]{2}\omega^2] \subset \boldsymbol{Q}[\sqrt[3]{2}, \omega]$.
$\omega = (\sqrt[3]{2}\omega)/(\sqrt[3]{2}) \in \boldsymbol{Q}[\sqrt[3]{2}, \sqrt[3]{2}\omega, \sqrt[3]{2}\omega^2]$
이므로 $\boldsymbol{Q}[\sqrt[3]{2}, \omega] \subset \boldsymbol{Q}[\sqrt[3]{2}, \sqrt[3]{2}\omega, \sqrt[3]{2}\omega^2]$.

5 (1) $\boldsymbol{Q}[\sqrt[3]{2}, \omega]$, (단, $\omega = e^{2\pi i/3}$)
(2) $\boldsymbol{Q}[i]$ (3) $\boldsymbol{Q}[\sqrt{2}, i]$ (4) $\boldsymbol{Q}[e^{\pi i/4}]$

6 $\omega = e^{2\pi i/3} = (-1 + \sqrt{3}i)/2$이므로
$\boldsymbol{Q}[\sqrt[3]{2}, \omega] = \boldsymbol{Q}[\sqrt[3]{2}, \sqrt{3}i]$

7 모두 $\boldsymbol{Q}[\sqrt{2}, \sqrt[3]{2}, \sqrt{3}i]$

8 (1) $\pm\sqrt{2}$ (2) $\sqrt{2}$ (3) $2 \pm \sqrt{3}$
(4) $\pm\sqrt{2} \pm \sqrt{3}$ (5) $\pm\sqrt{2} \pm i$ (6) $\sqrt{2} \pm i$
(7) $\pm(1 \pm \sqrt{2})^{1/2}$ (8) $\pm(1 + \sqrt{2})^{1/2}$

9 (1) 2 (2) 2 (3) 4 (4) 6 (5) 2 (6) 12

10 $\deg f = n$에 관한 귀납법으로 증명한다.
$E = \mathrm{SF}(f/F)$ 라고 하자.
$n = 1$일 때, $E = F$.
$n > 1$일 때, f의 한 근 $\alpha \in E$를 잡으면,
$|F[\alpha] : F| \leq n$.

$f=(x-\alpha)g$로 두면, $g \in (F[\alpha])[x]$이고,
$\deg g = n-1, E = \mathrm{SF}(g/F[\alpha])$.
$\therefore |E:F| = |E:F[\alpha]||F[\alpha]:F| \le n \cdot (n-1)!$

11 $p-1$ (제 p 원분다항식을 생각한다.)

12 x^2-2x-2의 근은 $1 \pm \sqrt{3}$.
$\boldsymbol{Q}[1+\sqrt{3}, 1-\sqrt{3}] = \boldsymbol{Q}[\sqrt{3}]$.

13 $E = \boldsymbol{Q}[i, \sqrt{5}], |E:\boldsymbol{Q}| = 4$.

14 $\alpha \in E-F$를 잡으면 $E=F[\alpha]$이고, $\mu_{\alpha/F}$는 이차식이다. $\mu_{\alpha/F} = x^2+bx+c$라고 하면 α의 F-켤레원은 $-b-\alpha$이다.

15 $F[\alpha]$는 F의 정규확대이므로, $F[\alpha]$ 상에서 $\mu_{\alpha/F}$는 분해된다.

16 $x^4+2x^3-8x^2-6x-1$
$=(x^2+4x+1)(x^2-2x-1)$

17 (1) α를 x^2+1의 한 근이라고 할 때,
x^2+1의 모든 근은 $\alpha, 1+\alpha$.
$\therefore\ \mathrm{SF}((x^2+1)/\boldsymbol{Z}_3) = \boldsymbol{Z}_3[\alpha]$.
(2) α를 x^2+x+1의 한 근이라고 할 때,
x^2+x+1의 모든 근은 $\alpha, \alpha^2, -\alpha-\alpha^2$.
$\therefore\ \mathrm{SF}((x^3+x+1)/\boldsymbol{Z}_3) = \boldsymbol{Z}_2[\alpha]$.

18 $F=\{a_1, a_2, \cdots, a_n\}$이 체이고, $a_1 \ne 0$라고 할 때, $f = a_1 + (x-a_1)(x-a_2)\cdots(x-a_n) \subset F[x]$는 F 상에서 분해되지 않는다.

9-4 분리확대와 유한체

1 $f=\sum_{k=0}^{n} a_k x^k, g=\sum_{k=0}^{n} b_k x^k$라고 하자.
(1) $(f+g)' = \sum_{k=0}^{n} k(a_k+b_k)x^k$
$=\sum_{k=0}^{n} ka_kx^k + \sum_{k=0}^{n} kb_kx^k = f'+g'$
(2) (i) $f=a\in F$일 때 : 명백하다.
(ii) $f=x^m$일 때 : $fg=\sum_{k=0}^{n} b_k x^{m+k}$.
$(fg)' = \sum_{k=0}^{n}(m+k)b_k x^{m+k-1}$
$=mx^{m-1}\sum_{k=0}^{n} b_k x^k + x^m \sum_{k=0}^{n} kb_k x^{k-1}$
$=f'g+fg'$
(iii) 일반적인 경우 : $f_k = a_k x^k, (k=0, 1, \cdots, n)$, 라고 하면 $f=f_0+f_1+\cdots+f_n$.
$(fg)' = (f_0g+\cdots+f_ng)'$
$=(f_0g)'+\cdots+(f_ng)'$
$=(f_0'g+f_0g')+\cdots+(f_n'g+f_ng')$
$=(f_0'+\cdots+f_n')g+\cdots+(f_0+\cdots+f_n)g'$
$=f'g+fg'$.

2 n에 관한 귀납법으로 증명한다.
$n=1$일 때는 명백하다.
$n>1$일 때 : $(f^{n-1})' = (n-1)(f^{n-2})f'$이므로
$(f^n)' = (f^{n-1}f)' = (f^{n-1})'f + f^{n-1}f'$
$=(n-1)(f^{n-2})f'f + f^{n-1}f'$
$=nf^{n-1}f'$.

3 (1) $f=\sum_{k=0}^{n} a_k x^k, a_n \ne 0, n \ge 1$ 이라고 하면, f'의 선두계수는 $na_n \ne 0$.
(2) $f=x^2 \in \boldsymbol{Z}_2[x]$.

4 $\gcd(f, f') \ne 1 \Leftrightarrow f, f'$는 $\mathrm{SF}(f/F)$에서 공통근을 가진다. $\Leftrightarrow f$는 중근을 가진다.

5 (1) $\boldsymbol{Q}[\sqrt{3}+\sqrt{5}]$
(2) $1/(\sqrt{2}+i) = (\sqrt{2}-i)/3$.
$\therefore\ \sqrt{2}-i \in \boldsymbol{Q}[\sqrt{2}+i]$.
$\therefore\ \sqrt{2}, i \in \boldsymbol{Q}[\sqrt{2}+i]$.
$\therefore\ \boldsymbol{Q}[\sqrt{2}, i] = \boldsymbol{Q}[\sqrt{2}+i]$.
(3) $\alpha = \sqrt{2}+\sqrt{3}+\sqrt{5}$라고 하면
$1/\alpha = (\sqrt{2}+\sqrt{3}-\sqrt{5})/(2\sqrt{6}) \in \boldsymbol{Q}[\alpha]$.
α^2을 계산하면, $\sqrt{6}+\sqrt{10}+\sqrt{15} \in \boldsymbol{Q}[\alpha]$.
$(1/\alpha)^2$을 계산하면, $\sqrt{6}-\sqrt{10}-\sqrt{15} \in \boldsymbol{Q}[\alpha]$.
$\therefore\ \sqrt{6} \in \boldsymbol{Q}[\alpha]$.
$\therefore\ \beta = \sqrt{2}+\sqrt{3}-\sqrt{5} = 2\sqrt{6}\,(1/\alpha) \in \boldsymbol{Q}[\alpha]$.
$\alpha+\beta$를 계산하면, $\sqrt{2}+\sqrt{3} \in \boldsymbol{Q}[\alpha]$.
$\alpha-\beta$를 계산하면, $\sqrt{5} \in \boldsymbol{Q}[\alpha]$.
$\therefore\ \boldsymbol{Q}[\sqrt{2}, \sqrt{3}, \sqrt{5}] = \boldsymbol{Q}[\alpha]$.

6 $\alpha = \sqrt{p}+\sqrt{q}$라 하면,
$1/\alpha$를 계산하면 $\sqrt{p}-\sqrt{q} \in \boldsymbol{Q}[\alpha]$.
$\therefore\ \sqrt{p}, \sqrt{q} \in \boldsymbol{Q}[\alpha]$.

7 $|F:\boldsymbol{Z}_p| = m$이라고 하면, $q=p^m$. 이 때,
$|K:\boldsymbol{Z}_p| = |K:F||F:\boldsymbol{Z}_p| = nm$.

$\therefore\ |K| = p^{nm} = (p^m)^n = q^n$.

8 따름정리 9.4.9에 의하여 $\mathbf{Z}_p$의 위수 p^n인 확대체 K가 존재한다. 따름정리 9.4.6에 의하여 K는 $\mathbf{Z}_p$의 단순확대이므로 $K = \mathbf{Z}_p[\alpha]$인 $\alpha \in K$가 존재한다. 이 때, $\deg \mu_{\alpha/\mathbf{Z}_p} = n$이다.

9 $a, b \in F$에 대하여,
$\sigma(a+b) = (a+b)^p = a^p + b^p = \sigma(a) + \sigma(b)$,
$\sigma(ab) = (ab)^p = a^p b^p = \sigma(a)\sigma(b)$.
따라서 σ는 환준동형사상이다.
$\sigma(a) = 0 \Rightarrow a^p = 0 \Rightarrow a = 0.\ \therefore \ker\sigma = \{0\}$.
따라서 σ는 단사이다.
유한집합에서 자신으로 가는 단사함수는 전사이다.

10 연습문제 9의 결과이다.

11 $f = \sum_{k=0}^{n} a_k x^k$ 라고 하면
$f(\alpha^p) = \sum_{k=0}^{n} a_k \alpha^{pk} = \sum_{k=0}^{n} a_k^p \alpha^{pk}$
$= \sum_{k=0}^{n} (a_k\alpha^k)^p = \left(\sum_{k=0}^{n} a_k\alpha^k\right)^p = f(\alpha)^p = 0$.

12 (1) $x^3 - x + 1$은 $\mathbf{Z}_3$ 상에서 기약이다.
(2) $x^4 + x + 1$은 $\mathbf{Z}_2$ 상에서 기약이다.

13 mod. p이항정리에 의하여 L은 체이고 $F \subset L \subset K$이다. $\{\alpha_1, \cdots, \alpha_n\}$을 L의 F-기저라고 하면, $\alpha_1^p, \cdots, \alpha_n^p$은 F-일차독립이다. 왜냐하면
$a_1\alpha_1^p + \cdots + a_n\alpha_n^p = 0, (a_i \subset F)$, 이면,
$a_1^p\alpha_1^p + \cdots + a_n^p\alpha_n^p = 0$.
$\therefore\ (a_1\alpha_1 + \cdots + a_n\alpha_n)^p = 0$.
$\therefore\ a_1\alpha_1 + \cdots + a_n\alpha_n = 0$.
$\therefore\ a_1 = \cdots = a_n = 0$.
그러므로 $n = 1$이어야 한다.

14 F, E가 환동형이므로 $|F| = |E|$. 정리 9.4.10에 의하여 $F = E$이다.

15 $|K : \mathbf{Z}_p| = 3$. f가 $K[x]$-기약이 아니면 f는 K상에서 분해된다. $\alpha \in K$가 f의 근이라고 하면
$\mathbf{Z}_p \subset \mathbf{Z}_p[\alpha] \subset K,\ |\mathbf{Z}_p[\alpha] : \mathbf{Z}_p| = 2$.

16 $\mathrm{char}(F) = p, |F| = p^n$ 이라고 하자. 함수 $\phi : F \to F$ 를 $\phi(x) = x^2$으로 정의한다.
(i) $p = 2$일 때 : ϕ는 프로베니우스 동형사상이다. 각 $b \in F$ 에 대하여 $a \in F$가 있어서
$b = a^2 = a^2 + 0^2$.
(ii) $p > 2$일 때 : $x, y \in F$에 대하여, $x^2 = y^2$이면 $y = \pm x$이다. $\therefore\ |\phi(F)| \ge (p^n + 1)/2$.
$(p^n + 1)/2 = m, \phi(F) = \{x_1^2, \cdots, x_m^2\}$이라고 하자. 각 $a \in F$에 대하여 $a - x_1^2, \cdots, a - x_m^2$은 서로 다르다. $2m > p^n$이므로
$\{a - x_1^2, \cdots, a - x_m^2\} \cap \{x_1^2, \cdots, x_m^2\} \ne \varnothing$.
$\therefore\ a - x_i^2 = x_j^2$ 인 i, j가 존재한다.

17 (1) $64 = 2^6$이고, 6의 약수는 1, 2, 3, 6.
$\therefore\ GF(64)$의 부분체는 $GF(2^1), GF(2^2), GF(2^3), GF(2^6)$.
(1) $243 = 3^5$이고, 5의 약수는 1, 5. $\therefore\ GF(243)$의 부분체는 $GF(3^1), GF(3^5)$.

18 $E = \mathrm{SF}((x^{p^n} - x)/\mathbf{Z}_p)$이라고 하면, $E = GF(p^n)$.
$\alpha \in E$ 를 f의 근이라고 하면, $\mathbf{Z}_p[\alpha] \subset E$.
$\deg f = m$이라고 하면, $\mathbf{Z}_p[\alpha] = GF(p^m)$.
$\therefore\ m \mid n$.

19 $\mathbf{Z}_p[x]$의 분수체 $\mathbf{Z}_p(x)$

20 E가 표수 p인 유한체라고 하면 $|E| = p^n$, $(n \in \mathbf{Z}^+)$이고 $E = \mathrm{SF}((x^{p^n} - x)/\mathbf{Z}_p)$. 그러므로 $\mathbf{Z}_p \subset E$는 정규확대이다. $x^{p^n} - x$가 분리가능이므로 $\mathbf{Z}_p \subset E$는 분리확대이다. 따라서 $\mathbf{Z}_p \subset E$는 갈로아확대이다.
$\mathbf{Z}_p \subset F \subset E$일 때, $F \subset E$도 갈로아확대이다.

10 갈로아 이론

10-1 갈로아군

1 $\sigma = \phi|_Q$라고 하면, $\sigma(1) = 1$.
$\therefore\ \sigma(n) = n, (\forall n \in \mathbf{Z})$.
$\therefore\ \sigma(m/n) = m/n, (\forall (m/n) \in \mathbf{Q})$.

2 $\Omega = \{\alpha \in E \mid f(\alpha) = 0\}$라고 하면 $|\Omega| \le n$.
$\therefore\ |\mathrm{Gal}(E/F)| \mid |\mathrm{Sym}(\Omega)| \mid n!$.

3 (1) $-\sqrt{2}$는 $\sqrt{2}$의 $\boldsymbol{Q}[\sqrt{3},\sqrt{5}]$-켤레원이다. 따라서 문제의 조건을 만족하는 $\sigma_2 \in \mathrm{Gal}(E/\boldsymbol{Q})$가 존재한다. 같은 방법으로 문제의 조건을 만족하는 $\sigma_3, \sigma_5 \in \mathrm{Gal}(E/\boldsymbol{Q})$가 존재한다.
(2) $\boldsymbol{Q} \subset E$는 갈로아확대, $|E:\boldsymbol{Q}| = 8$이므로 $|\mathrm{Gal}(E/\boldsymbol{Q})| = 8$이다.
$\sigma \in \mathrm{Gal}(E/\boldsymbol{Q})$에 대하여, $a = 2, 3, 5$일 때, $\sigma(\sqrt{a}) = \pm\sqrt{a}$이므로 $\sigma^2(\sqrt{a}) = \sqrt{a}$.
$\therefore\ o(\sigma) = 2.\ \therefore\ \mathrm{Gal}(E/\boldsymbol{Q}) \cong \boldsymbol{Z}_2 \times \boldsymbol{Z}_2 \times \boldsymbol{Z}_2$.
(3) $\mathrm{Gal}(E/\boldsymbol{Q}) = \{\varepsilon, \sigma_2, \sigma_3, \sigma_5, \sigma_2\sigma_3, \sigma_2\sigma_5, \sigma_3\sigma_5, \sigma_2\sigma_3\sigma_5\}$. (단, $\varepsilon = \mathrm{id}_E$).

4 (1) $\boldsymbol{Z}_2$ (2) $\boldsymbol{Z}_2 \times \boldsymbol{Z}_2$

5 $\alpha = \sqrt[3]{2}, \beta = \sqrt{3}, \omega = e^{2\pi i/3}$라고 할 때, $\mathrm{Gal}(E/\boldsymbol{Q})$의 원소는 다음과 같다.

$$\varepsilon : \begin{pmatrix} \alpha \to \alpha \\ \beta \to \beta \end{pmatrix},\quad \sigma_2 : \begin{pmatrix} \alpha \to \alpha \\ \beta \to \beta i \end{pmatrix}$$
$$\sigma_3 : \begin{pmatrix} \alpha \to \alpha\omega \\ \beta \to \beta \end{pmatrix},\quad \sigma_4 : \begin{pmatrix} \alpha \to \alpha\omega \\ \beta \to \beta i \end{pmatrix}$$
$$\sigma_5 : \begin{pmatrix} \alpha \to \alpha\omega^2 \\ \beta \to \beta \end{pmatrix},\quad \sigma_6 : \begin{pmatrix} \alpha \to \alpha\omega^2 \\ \beta \to \beta i \end{pmatrix}$$

6 $E = GF(3^6), F = GF(3^2)$이라고 할 때, E는 $\boldsymbol{Z}_2$의 갈로아확대이고, $|E:\boldsymbol{Q}| = 6, |F:\boldsymbol{Q}| = 2$.
$\therefore |E:F| = 3.\quad \therefore |\mathrm{Gal}(E:\boldsymbol{Q})| = 3$.
$\therefore \mathrm{Gal}(E/\boldsymbol{Q}) = \boldsymbol{Z}_3$.
$\sigma : E \to E$를 프로베니우스동형사상(즉, $\sigma(a) = a^3, \forall a \in E$)이라고 하면 $\sigma^2 \in \mathrm{Gal}(E/F)$이고 $o(\sigma^2) = 3.\ \therefore \mathrm{Gal}(E/\boldsymbol{Q}) = \langle\sigma^2\rangle$.

7 $K = \boldsymbol{Q}[\sqrt{2}], L = \boldsymbol{Q}[\sqrt{3}]$.

8 (1) $\boldsymbol{Q}[\sqrt[3]{2}]$ 내에서 $\sqrt[3]{2}$의 켤레원은 $\sqrt[3]{2}$뿐이므로 $\mathrm{Gal}(\boldsymbol{Q}[\sqrt[3]{2}]/\boldsymbol{Q}) = \{\varepsilon\}$, (단, $\varepsilon = \mathrm{id}_{\boldsymbol{Q}[\sqrt[3]{2}]}$)
(2) $\boldsymbol{Q}[\sqrt[4]{2}]$ 내에서 $\sqrt[4]{2}$의 켤레원은 $\pm\sqrt[4]{2}$.
$\sqrt[4]{2}$를 $-\sqrt[4]{2}$로 보내는 $\boldsymbol{Q}[\sqrt[4]{2}]$의 $\boldsymbol{Q}$-동형사상을 σ라고 하면
$\mathrm{Gal}(\boldsymbol{Q}[\sqrt[4]{2}]/\boldsymbol{Q}) = \{\varepsilon, \sigma\}$, (단, $\varepsilon = \mathrm{id}_{\boldsymbol{Q}[\sqrt[4]{2}]}$).

9 $\mathrm{Gal}(\boldsymbol{Q}[\sqrt{p},\sqrt{q}]/\boldsymbol{Q}) = \{\varepsilon, \sigma_p, \sigma_q, \sigma_p\sigma_q\} \cong \boldsymbol{Z}_2 \times \boldsymbol{Z}_2$.
단, $\sigma_p : \begin{pmatrix} \sqrt{p} \to -\sqrt{p} \\ \sqrt{q} \to \sqrt{q} \end{pmatrix},\ \sigma_q : \begin{pmatrix} \sqrt{p} \to \sqrt{p} \\ \sqrt{q} \to -\sqrt{q} \end{pmatrix}$.

10 (1) σ를 $\boldsymbol{R}$의 자기동형사상이라 하고, $a \in \boldsymbol{R}, a > 0$이라고 하면, $a = b^2$인 $b \in \boldsymbol{R}$이 존재한다.
이 때 $\sigma(a) = \sigma(b^2) = \sigma(b)^2 > 0$.
(2) $a < b \Rightarrow b - a > 0 \Rightarrow \sigma(b-a) > 0 \Rightarrow \sigma(b) - \sigma(a) > 0 \Rightarrow \sigma(a) < \sigma(b)$.
(3) $\sigma \in \mathrm{Gal}(\boldsymbol{R}/\boldsymbol{Q}),\ a \in \boldsymbol{R}$이라고 하면 $r < a < s$인 임의의 $r, s \in \boldsymbol{Q}$에 대하여 $r < \sigma(a) < s.\ \therefore \sigma(a) = a$.

11 $\boldsymbol{Q} \subset E$는 갈로아확대이다. 따라서 $|\mathrm{Gal}(E/\boldsymbol{Q})| = |E:\boldsymbol{Q}|$는 소수이고, 그러므로 $\mathrm{Gal}(E/\boldsymbol{Q})$는 순환군이다.

12 (1) $F = \boldsymbol{Q}[\omega]$라고 할 때, $E = F[\alpha]$이고 $\alpha\omega$는 α의 F-켤레원이다. 따라서 보조정리 10.2.7에 의하여 $\sigma(\alpha) = \alpha\omega, \sigma(\omega) = \omega$를 만족하는 $\sigma \in \mathrm{Gal}(E/\boldsymbol{Q})$가 존재한다.
$\sigma(\alpha) = \alpha\omega, \sigma^2(\alpha) = \alpha\omega^2, \sigma^3(\alpha) = \alpha\omega^3 = \alpha$
$\sigma^3(\omega) = \omega$이므로 $\sigma^3 = \varepsilon$이다. ($\because \mathrm{Gal}(E/\boldsymbol{Q})$의 원소는 α, ω에 의하여 완전히 결정됨.)
(2) $\mathrm{Gal}(E/\boldsymbol{Q})$는 위수 6인 군이고, 다음 다이어그램에 의하여 $\varepsilon, \sigma, \sigma^2, \tau, \sigma\tau, \sigma^2\tau$는 서로 다름을 알 수 있다. ($\because \mathrm{Gal}(E/\boldsymbol{Q})$의 원소는 α, ω에 의하여 완전히 결정됨.)

$$\begin{array}{ccccc} \alpha & \xrightarrow{\sigma} & \alpha\omega & \xrightarrow{\sigma} & \alpha\omega^2 \\ \downarrow\tau & & \downarrow\tau & & \downarrow\tau \\ \alpha & & \alpha\omega & & \alpha\omega^2 \end{array}$$

$$\begin{array}{ccccc} \omega & \xrightarrow{\sigma} & \omega & \xrightarrow{\sigma} & \omega \\ \downarrow\tau & & \downarrow\tau & & \downarrow\tau \\ \omega^2 & & \omega^2 & & \omega^2 \end{array}$$

13 연습문제 12와 같은 방법으로 증명된다. 다만 다이어그램은 다음과 같이 바뀐다.

$$\begin{array}{ccccccc} \alpha & \xrightarrow{\sigma} & \alpha i & \xrightarrow{\sigma} & -\alpha & \xrightarrow{\sigma} & -\alpha i \\ \downarrow\tau & & \downarrow\tau & & \downarrow\tau & & \downarrow\tau \\ \alpha & & -\alpha i & & -\alpha & & \alpha i \end{array}$$

$$\begin{array}{ccccccc} i & \xrightarrow{\sigma} & i & \xrightarrow{\sigma} & i & \xrightarrow{\sigma} & i \\ \downarrow\tau & & \downarrow\tau & & \downarrow\tau & & \downarrow\tau \\ -i & & -i & & -i & & -i \end{array}$$

10-2 갈로아이론의 기본정리

1 $F \subset E$가 갈로아확대이므로 유한확대이고 $|\mathrm{Gal}(E/F)| = |E:F| < \infty$. 따라서 $\mathrm{Gal}(E/F)$는 단지 유한개의 부분집합을 가지고, 그러므로 $F \subset E$의 중간체는 유한 개이다.

2 정리 10.2.10의 증명에서 $h = \prod_{\sigma \in H}(x - \alpha^\sigma)$의 모든 계수는 $\mathrm{Fix}(H)$에 속한다. $|H| = n$일 때,
$\sum_{\sigma \in H} \alpha^\sigma = \pm$ (h의 $n-1$차 항의 계수),
$\prod_{\sigma \in H} \alpha^\sigma = \pm$ (h의 상수항의 계수).

3 $\{0, 1\}$.

4 $G = \mathrm{Gal}(E/F) \cong \mathbf{Z}_{10}$이므로 G는 위수 $1, 2, 5, 10$인 부분군을 꼭 하나씩 가진다. 따라서 $F \subset E$는 확대차수 $10, 5, 2, 1$인 확대를 꼭 하나씩 가진다

5 $K \subset E$는 갈로아확대이므로 구하는 수는 $8/|K:\mathbf{Q}|$이다.
(1) 2 (2) 4 (3) 4 (4) 2

6 $f = (x^2-2)(x^2+1)$라고 할 때, $E = \mathrm{SF}(f/\mathbf{Q})$.
$G = \mathrm{Gal}(E/F)$라고 하면, $|G| = 4$.
f의 근은 $\pm\sqrt{2}, \pm i$이므로
$G = \{\varepsilon, \sigma, \tau, \sigma\tau\} \cong \mathbf{Z}_2 \times \mathbf{Z}_2$.
단, $\sigma : \begin{pmatrix} \sqrt{2} \to -\sqrt{2} \\ i \to i \end{pmatrix}$, $\tau : \begin{pmatrix} \sqrt{2} \to \sqrt{2} \\ i \to -i \end{pmatrix}$.
G의 부분군과 $\mathbf{Q} \subset E$의 중간체는 다음과 같다.

G,	$\langle\sigma\rangle$,	$\langle\tau\rangle$,	$\langle\sigma\tau\rangle$,	$\{\varepsilon\}$
$\updownarrow$	$\updownarrow$	$\updownarrow$	$\updownarrow$	$\updownarrow$
$\mathbf{Q}$,	$\mathbf{Q}[i]$,	$\mathbf{Q}[\sqrt{2}]$,	$\mathbf{Q}[\sqrt{2}i]$,	E

7 아벨군(순환군)의 부분군과 잉여군은 아벨군(순환군)이다.

8 위수 n인 순환군 G는 n의 각 양의 약수 k에 대하여 위수 k인 부분군을 꼭 하나씩 가지고 G의 부분군은 이들뿐이다.

9 보조정리 10.2.9, 정리 10.2.10의 결과이다.

10

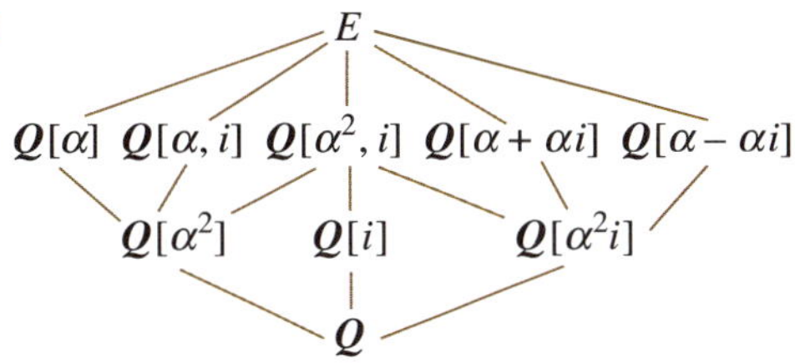

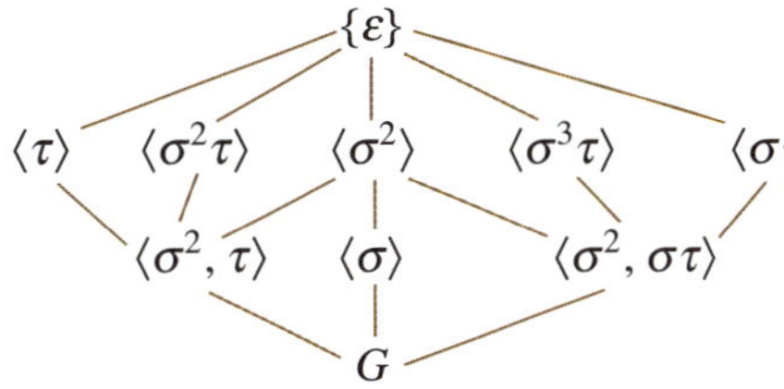

11 연습문제 9.4.20에 의하여 $F \subset E$는 갈로아확대이다. 따라서 $|\mathrm{Gal}(E/F)| = |E:F| = n$.
임의의 $a \in F$에 대하여, $a^\sigma = a^{p^r} = a$이므로 $\sigma \in \mathrm{Gal}(E/F)$.
$\mathrm{o}(\sigma) = k$라고 할 때, 임의의 $\alpha \in E$에 대하여, $\alpha^{p^{rk}} = \alpha^{\sigma^k} = \alpha, (\forall \alpha \in E)$, 이므로 E의 모든 원소는 $x^{p^{rk}} - x$의 근이다. 따라서 $k \geq n$.
한편 $\alpha^{\sigma^n} = \alpha^{p^{rn}} = \alpha, (\forall \alpha \in E)$, 이므로 $k \leq n$.
$\therefore\ k = n$. $\therefore\ \mathrm{Gal}(E/F) = \langle\sigma\rangle \cong \mathbf{Z}_n$.

12 다음 그림에서 σ는 $GF(p^{12})$의 각 원소 α를 α^p로 보내는 함수(프로베니우스 동형사상)이다.

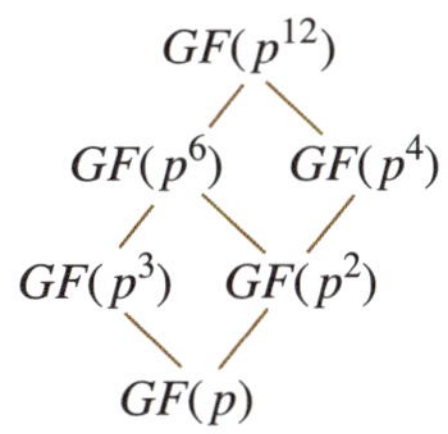

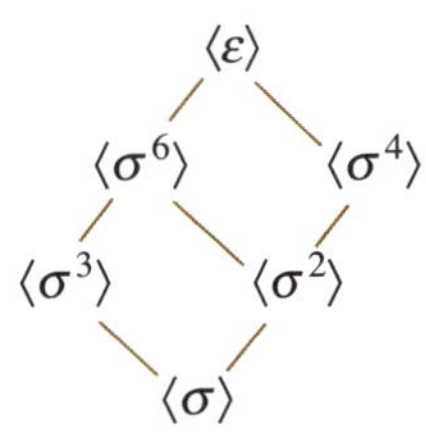

13 $\mathrm{Gal}(E/\mathbf{Q})$는 정확히 7개의 위수 2인 원소를 가진다.(연습문제 10.1.3). 구하는 체는 그 각각의 고정체이다.
$\mathbf{Q}[\sqrt{2}, \sqrt{3}]$, $\mathbf{Q}[\sqrt{2}, \sqrt{5}]$, $\mathbf{Q}[\sqrt{3}, \sqrt{5}]$,
$\mathbf{Q}[\sqrt{2}, \sqrt{15}]$, $\mathbf{Q}[\sqrt{3}, \sqrt{10}]$, $\mathbf{Q}[\sqrt{5}, \sqrt{6}]$,
$\mathbf{Q}[\sqrt{6}, \sqrt{10}]$.

14 (1) $\zeta^2 = i, \zeta^4 = -1, \zeta^8 = 1$.
(2) $\zeta, \zeta^3, \zeta^5, \zeta^7$.
(3) $E = \mathbf{Q}[\zeta]$ 이고 $x^4 + 1$이 상에서 기약이므로 $|E:\mathbf{Q}| = 4$.

$\boldsymbol{Q} \subset E$가 갈로아확대이므로 $|\mathrm{Gal}(E/\boldsymbol{Q})| = 4$.
ζ를 ζ^k로 보내는 함수를 $\sigma_k : E \to E$라고 하면
$\mathrm{Gal}(E/\boldsymbol{Q}) = \{\sigma_1, \sigma_3, \sigma_5, \sigma_7\}$.
$k \to \sigma_k$로 정의된 함수 $\phi : \boldsymbol{U}_8 \to \mathrm{Gal}(E/\boldsymbol{Q})$ 군동형사상이다. ($\boldsymbol{U}_8 = \{1, 3, 5, 7\}$임에 유의한다.)

(4)

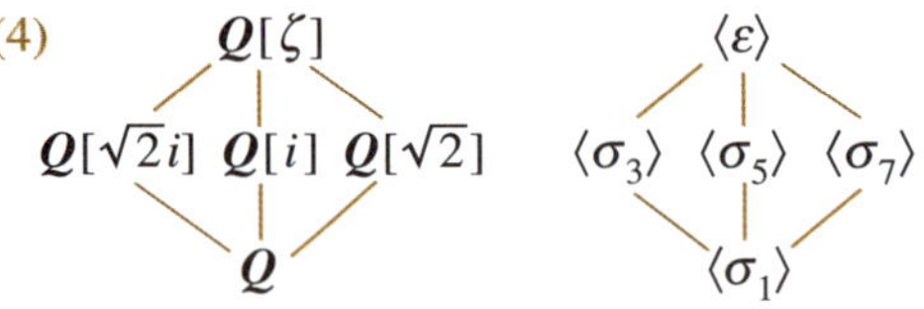

15 $SF(f/\boldsymbol{Q})$에서 f의 근 전체의 집합을 Ω라 하고 $G = \mathrm{Gal}(f)$라고 하면, $G \leqslant \mathrm{Sym}(\Omega)$.

(1) $2 = |G| \le |\mathrm{Sym}(\Omega)| = 2$.

(2) $E = SF(f/\boldsymbol{Q})$ 라고 하면 $|E:\boldsymbol{Q}|$는 3의 배수인 6의 약수. $\therefore |G| = |E:\boldsymbol{Q}| = 3$ 또는 6.

$G \leqslant S_3$이므로 $G \cong \boldsymbol{Z}_3$ 또는 $G \cong S_3$.

10-3 갈로아 이론의 활용

1 (1) $x^n - 1 = \prod_{\delta \in \boldsymbol{T}_n} (x - \delta)$.
이 등식의 우변에서 인수를 $d|n$에 따라 모으면

$$x^n - 1 = \prod_{d|n} \prod_{\delta} (x - \delta) = \prod_{d|n} \Phi_d .$$

(2)는 (1)의 양 변을 $\prod_{d|n,\, d<n} \Phi_d$ 로 나눈 것.

2 연습문제 1 (2)의 우변의 분모를 g라고 하면, n에 관한 귀납법에 의하여 g는 모닉 $\boldsymbol{Z}$-다항식이다. 따라서 $\boldsymbol{Z}[x]$ 내에서 long division에 의하여 $x^n - 1$를 g로 나눌 수 있다.

3 $\Phi_1 = x - 1$이므로 연습문제 1 (2)에 의하여

$$\Phi_p = \frac{x^p - 1}{\Phi_1} = \frac{x^p - 1}{x - 1} = x^p + \cdots + x + 1.$$

4 $\Phi_2 = x + 1$.
$\Phi_3 = x^2 + x + 1$.
$\Phi_5 = x^4 + x^3 + x^2 + x + 1$.

$$\Phi_4 = \frac{x^4 - 1}{\Phi_1 \Phi_2} = \frac{x^4 - 1}{x^2 - 1} = x^2 + 1.$$

$$\Phi_6 = \frac{x^6 - 1}{\Phi_1 \Phi_3 \Phi_2} = \frac{x^6 - 1}{(x^3 - 1)\Phi_2} = \frac{x^3 - 1}{\Phi_2}$$

$$= \frac{x^3 - 1}{x + 1} = x^2 - x + 1.$$

$$\Phi_9 = \frac{x^9 - 1}{\Phi_1 \Phi_3} = \frac{x^9 - 1}{x^3 - 1} = x^6 + x^3 + 1.$$

$$\Phi_{10} = \frac{x^{10} - 1}{\Phi_1 \Phi_5 \Phi_2} = \frac{x^{10} - 1}{(x^5 - 1)\Phi_2} = \frac{x^5 + 1}{x + 1}$$

$$= x^4 - x^3 + x^2 - x + 1.$$

5 $G = \mathrm{Gal}(\boldsymbol{Q}[\zeta]/\boldsymbol{Q})$라고 하자.
$\sigma \in G$에 대하여, $\boldsymbol{T}_n^{\sigma} \subset \boldsymbol{T}_n$이므로 $\boldsymbol{T}_n^{\sigma} = \boldsymbol{T}_n$.
$\therefore \sigma|_{\boldsymbol{T}_n} \in \mathrm{Aut}(\boldsymbol{T}_n)$. 함수 $\theta : G \to \mathrm{Aut}(\boldsymbol{T}_n)$를 $\theta(\sigma) = \sigma|_{\boldsymbol{T}_n}$으로 정의하면 θ는 군준동형사상이고, $\ker\theta = \{\varepsilon\}$, (단, ε는 G의 항등원).
$|\mathrm{im}\,\theta| = |G| = |\boldsymbol{Q}[\zeta] : \boldsymbol{Q}| = \phi(n) = |\mathrm{Aut}(\boldsymbol{T}_n)|$
이므로 $\mathrm{im}\,\theta = \mathrm{Aut}(\boldsymbol{T}_n)$.
$\boldsymbol{T}_n \cong \boldsymbol{Z}_n$이므로 $\mathrm{Aut}(\boldsymbol{T}_n) \cong \mathrm{Aut}(\boldsymbol{Z}_n) \cong \boldsymbol{U}_n$.

6 $E = \boldsymbol{Q}[e^{2\pi i/10}]$ 이므로 $\mathrm{Gal}(E/\boldsymbol{Q}) \cong \boldsymbol{U}_{10}$.

7 $\boldsymbol{Q}[\sqrt{2}] \subset \boldsymbol{Q}[\sqrt{2}, \sqrt{3}]$
$\subset \boldsymbol{Q}[\sqrt{2}, \sqrt{3}, (1 + \sqrt{2})^{1/4}]$
$\subset \boldsymbol{Q}[\sqrt{2}, \sqrt{3}, (1 + \sqrt{2})^{1/4}, (2 + \sqrt{3})^{1/5}]$

8 $\sigma = (1, 2, 3, *, *)$, $\theta = (1, 3)$일 때,
$\sigma^2 = (1, 3, *, *, *) \in H$이다. 그러므로 처음부터 $\sigma = (1, 2, 3, 4, 5)$, $\theta = (1, 2)$라고 가정해도 좋다.
$\theta^{\sigma} = (2, 3)$, $(2, 3)^{\sigma} = (3, 4)$, $(3, 4)^{\sigma} = (4, 5)$,
$(1, 2)^{(2,3)} = (1, 3)$, $(1, 3)^{(3,4)} = (1, 4)$,
$(1, 4)^{(4,5)} = (1, 5)$ 이 모두 H에 속한다.
이와 같은 추론으로 모든 호환이 H에 속함을 알 수 있다. 따라서 $H = S_5$.

9 $N = \{\varepsilon, (1, 2)(3, 4), (1, 3)(2, 4), (1, 4)(2, 3)\}$이라고 하면 N은 $(a, b)(c, d)$ 꼴의 모든 S_4의 원소를 포함하고 있으므로 S_4의 정규부분군이다.
$\{\varepsilon\} \triangleleft N \triangleleft A_4 \triangleleft S_4$로부터 S_4는 가해군이다.

10 k차 $\boldsymbol{Q}$-다항식의 갈로아군은 S_k의 부분군과 동형이다. S_3, S_4는 가해군이다.

11 (1) $x^6 - 2x^3 + 1 = (x^3 - 1)^2$은 근호가해이다.
(2) 예제 10.3.6과 같은 방법으로 이 다항식은 근호가해가 아니다.

찾아보기

ㄱ

ㄴ

ㄷ

ㄹ

ㅁ

ㅈ

ㅊ

ㅋ

ㅍ

ㅎ

기호 찾아보기

교우 ENV 시리즈 4

ENV 현대대수

초판 1쇄 발행 2014년 2월 25일
초판 2쇄 발행 2022년 10월 25일

지 은 이 황석근
펴 낸 이 오상훈
펴 낸 곳 교우미디어
주 소 서울시 동대문구 약령시로 8 교우빌딩 2층
전 화 (02) 925-2866, (02) 925-2861~2
팩 스 (02) 925-2860
이 메 일 kyowoo@kyowoo.co.kr
홈페이지 www.kyowoo.co.kr
등록번호 제305-2011-000007호

ISBN 979-11-85417-01-1 94410
978-89-968148-5-6(전4권)

값 38,000 원